Geschichte

des

Pietismus.

Von

Albrecht Ritschl.

Zweiter Band.

Der Pietismus in der lutherischen Kirche des 17. und 18. Jahrhunderts.

Erste Abtheilung.

Bonn,
Adolph Marcus.
1884.

Geschichte

des

Pietismus

in der

lutherischen Kirche des 17. und 18. Jahrhunderts.

Von

Albrecht Ritschl.

Erste Abtheilung.

Bonn,
Adolph Marcus.
1884.

Unveränderter photomechanischer Nachdruck

Archiv-Nr. 32 26 662
1966

Walter de Gruyter & Co., vormals G. J. Göschen'sche Verlagshandlung — J. Guttentag, Verlagsbuchhandlung — Georg Reimer — Karl J. Trübner — Veit & Comp., Berlin 30

Printed in Germany

Vorrede.

Die Arbeit an dem vorliegenden Bande der Geschichte des Pietismus habe ich im Sommer 1880, bald nach dem Erscheinen des ersten begonnen. Daß ich erst in diesem Jahre damit fertig geworden bin, ist theilweise dadurch verursacht, daß ich inzwischen die zweite Auflage der Lehre von der Rechtfertigung und Versöhnung bearbeiten mußte. Dieses hat mich ein ganzes Jahr gekostet. Andere Verzögerungen, die ich selbst unangenehm genug empfunden habe, entsprangen aus der Schwierigkeit, die nöthigen Bücher herbeizuschaffen. Denn wie oft habe ich, um ein Buch zu erreichen, mich nach einander an verschiedene Bibliotheken wenden müssen! Solche Correspondenzen nahmen oft mehr Zeit weg, als die Ausbeutung eines solchen Buches für meinen Zweck. Nun ist auch die Geschichte des Pietismus in der lutherischen Kirche des 17. und 18. Jahrhunderts, welche ich hiemit vorlege, nicht so weit hinuntergeführt, wie ich ursprünglich beabsichtigt hatte. Die Württembergische und die Zinzendorf'sche Gruppe des Pietismus habe ich für einen folgenden Band zurückstellen müssen, weil der vorliegende einen Umfang erreicht hat, welcher nicht noch vermehrt werden durfte. Ich habe aber auch gemeint, mit der Herausgabe des Stoffes, den ich bisher bearbeiten konnte, nicht zögern zu sollen. Denn einerseits begehren meine Freunde die Fortsetzung meiner

Arbeit kennen zu lernen. Andererseits bin ich es meinen Gegnern schuldig, alles zu thun, was zur Berichtigung ihrer Vorurtheile dienen kann. Nun hat der Professor Frank in Erlangen in der Vorrede zu seinem System der christlichen Sittlichkeit den Streit gegen mich auf die Behauptung hinausgespielt, daß in der (scholastischen) Metaphysik, der Mystik und dem Pietismus die theoretischen und die praktischen Bürgschaften des vollständigen und richtigen Christenthums enthalten seien. Bisher hatte ich angenommen, daß man dafür die heilige Schrift und die symbolischen Bücher ansieht, und achte deshalb jenes Vorgeben als Anzeige davon, daß man sich scheut, den Streit gegen mich nach diesen Maßstäben zu führen. Nun aber ist es weiterhin merkwürdig, daß Frank in dem bezeichneten Buch, so viele Einwendungen er gegen mich erhebt, gar nicht für dasjenige eintritt, was ich unter den Titeln der Mystik und des Pietismus als unevangelisch in Anspruch nehme. Es wird also zur gegenseitigen Aufklärung dienen, wenn dieser Theolog und die sich an seiner vom Zaun gebrochenen Protestation gegen mich ergötzen, von mir darüber Unterricht annehmen, welchen Sinn die individuelle Mystik hat, die nach meiner Kenntniß der Sache ein der lutherischen Kirche fremdes Element ist, und wie sich der Pietismus, zunächst der der Halle'schen Schule, zu der Aufgabe verhält, welche unsere Kirche zu lösen hat. Ferner würden die Vertreter dieser Schule sich gewaltig gewundert haben, wenn sie ahnten, daß ein Nachkömmling zugleich für den Pietismus und für die scholastische Metaphysik einzutreten verspricht, welche sie selbst nicht abschätzig genug beurtheilen konnten und deren Gebrauch sie aus der Theologie ausgeschieden wissen wollten. Endlich verkennt dieser Gegner seine Stellung zu mir, indem er, scheinbar um mich zu entschuldigen, in einem Zusammenhang, welcher keine Gründe einschließt, es ausspricht, ich wüßte nicht, was ich in meiner Methode der Theologie thäte, das heißt daß ich das

Christenthum untergrübe. Ist Frank seines eigenen Verfahrens so sicher, daß er nicht besorgen dürfte, denselben Vorwurf gegen sich herauszufordern? Aus der folgenden Geschichte des Pietismus mag er sich davon überzeugen, daß diese Art, den theologischen Gegner zu ächten, nur dem zum Schaden gereicht, welcher sich dazu für berechtigt hält. Bei dem Angriff also, den Frank gegen mich zu richten für angemessen erachtet hat, ist seine Unklarheit und seine Ueberhebung eben so groß, wie sein Anspruch auf wissenschaftlichen Credit gering.

Göttingen, 7. September 1884.

Der Verfasser.

Inhalt.

Viertes Buch.

Mystik in der lutherischen Kirche des 17. Jahrhunderts.

27. Die Herkunft der Lehre von der mystischen Vereinigung mit Christus in der jüngern lutherischen Theologie.

Der Pietismus tritt in der lutherischen Kirche unter entgegengesetzten Bedingungen auf, als es in der reformirten Kirche der Fall war. Man wird auf diese Thatsache gefaßt sein, wenn man die Verschiedenheit der beiden Kirchenbildungen richtig erwägt. Der Pietismus ist im Allgemeinen eine Wendung zu eigenthümlicher Praxis des Christenthums in den evangelischen Kirchen, und zwar in der Form von Privatversammlungen oder Conventikeln. Nun ist der Calvinismus schon an sich auf die gesetzliche Heiligkeit der christlichen Gemeinde gerichtet, und in der niederländischen Kirche schreibt die Kirchenordnung die Uebung gewisser Privatversammlungen vor, in welchen die kirchliche Lehre zum Zwecke des christlichen Lebens genauer als sonst möglich eingeprägt werden sollte. Im Grunde ist diese besondere Vorschrift in der Landeskirche die Anerkennung der Thatsache, daß der Calvinismus fast überall außerhalb Genf's im Kampfe mit der Staatsgewalt oder in der Gleichgiltigkeit gegen dieselbe, also gemäß dem Grundsatze der Freiwilligkeit seine Existenz gewonnen hat. In diesem Sinne werden nun hier die Conventikel empfänglich für die mystische Devotion, welche einerseits Lodensteyn, andererseits Johannes Teellinck der Jüngere aufgeboten haben, um den praktischen Zug des Calvinismus zu verstärken oder vor Mißbrauch zu bewahren. Dieser Pietismus fand die kirchlich berechtigten Organe schon vor, welche zur Aufnahme und zur Behauptung seiner neuen Anregungen bereit waren. Seinen fremdartigen Charakter aber hat auf diesem Gebiete der Pietismus bewährt, indem er den Bestand der Landeskirche unterhöhlt und die kirchliche Lehre von der Heilsordnung zersetzt hat.

Die lutherische Kirchenbildung ist ebenso bestimmt wie irgend eine andere darauf gerichtet, daß die Kirchenglieder mit der richtigen Frömmigkeit die sittliche Pflichtübung verbinden. Allein diese Aufgabe wird nicht, wie im Calvinismus, auf die Präcisität der Erfüllung des statutarischen Gesetzes gestellt, sondern nach dem Grundsatze bemessen, daß die Kinder Gottes gemäß dem heiligen Geiste das Gesetz als ein Ganzes in der Form der Freiheit sowohl erkennen als auch erfüllen [1]. Ferner ist die lutherische Kirche so ausschließlich in der Ordnung der Landeskirche zu Stande gekommen, daß sie ursprünglich keine Privatversammlungen mit dem Stempel der Freiwilligkeit in sich zugelassen hat. Die Combination zwischen der Tendenz auf gesetzliche Präcisität und engeren Vereinigungen ist in diesem Gebiete erst aufgetreten, nachdem die ursprüngliche Ordnung der Frömmigkeit verschoben, zersetzt und durch fremde Motive verdeckt worden ist.

Diese Erscheinungen sind demnächst nachzuweisen. Vorher aber darf darauf aufmerksam gemacht werden, daß die eben berührte Deutung des Sittengesetzes mit einer eigenthümlichen Unklarheit behaftet ist, und daß darum die im Lutherthum unternommene Erhebung des Sittengesetzes über die statutarische Form zunächst theils unwirksam geblieben ist, theils Schaden gestiftet hat. In dem Calvinismus wird das statutarisch gedachte Gesetz gerade dem Wiedergeborenen vorgehalten, um ihn daraus seine Pflichten erkennen zu lassen. Lutherisch dagegen ist der Grundsatz, daß der Wiedergeborene als solcher dem statutarischen Gesetz entzogen, daß er jedoch zugleich unter dasselbe d. h. unter die das Gebot begleitende Drohung und den Zwang gestellt ist, sofern der Wiedergeborene noch mit Sünde behaftet ist. Ferner lehrt demgemäß der sechste Artikel der Concordienformel, daß die guten Werke, welche der Wiedergeborene in freiem Entschluß ausübt, Wirkungen des heiligen Geistes, daß aber die Werke, welche ihm nach seinem alten Menschen durch die Drohungen des Gesetzes abgewonnen werden, Gesetzeswerke und nicht Geistesfrüchte sind. Diese Entscheidung ist unmöglich richtig. Denn wenn es in dem Kampfe zwischen dem neuen und dem alten Menschen schließlich zum guten Werke kommt, so muß dasselbe in Kraft des heiligen Geistes aus freiem Entschlusse geschehen; wenn dabei die Erinnerung an die Drohungen des statutarischen Gesetzes mitgewirkt hat, so ist darin

---

1) **Formula Concordiae, sol. decl. art. VI. 4. 6. 12.**

nur eine Modification der regelmäßigen Willensbewegung des Wiedergeborenen bezeichnet, nicht aber ein entgegengesetztes Verhältniß in seinem wirksamen sittlichen Willen begründet. Die Gesetzeswerke also müssen zugleich als Geistesfrüchte gedacht werden. Im andern Falle würde sich keine Einheit des guten Charakters im Wiedergeborenen ergeben, sondern nur ein Aggregat von Willensbestimmungen entgegengesetzter Art. So wie also diese Lehre in der Concordienformel beschaffen ist, ist sie unklar und in demselben Maße unpraktisch. Allein auch wenn man von dem Fehler in dieser Lehrbildung absehen könnte, so ist doch der Hauptgedanke der Freiheit im Gesetze und in seiner Erkenntniß nicht zur nothwendigen Deutlichkeit erhoben worden. Wenn der Christ in der Erwägung des Gesetzes, welches ihm nicht in der statutarischen drohenden und verdammenden Form gegenüber steht, frei und selig sein soll, so muß er es aus dem Gesammtzweck des Lebens, aus dem höchsten Gut oder der vollkommenen sittlichen Gemeinschaft, dem Reiche Gottes erkennen. Sonst würde eben die statutarische Form des Gesetzes nicht überboten werden. Nun aber ist jene Ergänzung der „Freiheit im Gesetz" von keinem Lutheraner der ersten Epoche vollzogen worden. Deshalb ist dieser Gedanke niemals zur richtigen Verwendung gelangt. Oder vielmehr, es hat sich daran, daß das Lutherthum auf die Freiheit der Gesetzerfüllung bei seinen Angehörigen rechnete, der Schein geknüpft, als ob es eigentlich gegen die Erfüllung des Gesetzes gleichgiltig sei. Und als man diesem Schaden entgegenzuwirken unternahm, ohne die richtige Combination zu finden, ist man theils in den casuistischen Büchern auf die Methode des statutarischen Gesetzes zurückgefallen, theils hat man zugleich das natürliche innere Gesetz des Gewissens aufgeboten, theils hat man sich auf die Gesichtspunkte der mittelaltrigen Mönchsaskese besonnen. Diese Verkümmerungen hat die lutherische Auffassung der sittlichen Aufgabe im christlichen Leben erfahren, weil sie von Anfang an nicht klar, nicht praktisch und nicht schriftmäßig in dem möglichen Umfange ausgeführt worden war.

Der Kern der christlichen Vollkommenheit besteht nach der Augsburgischen Confession Art. XVI in „rechter Furcht Gottes und rechtem Glauben an Gott" d. h. in der Ehrfurcht und Zuversicht zu Gott. Denn wie der Mangel daran der grundlegende Zug im Sündenstande ist (Art. II), so ist jenes religiöse Verhalten der Erfolg der durch Christus herbeigeführten Rechtfertigung oder Versöhnung mit Gott (C. A. XX. 24. 37. Apol. C. A. II. 8. 18. 34. 35. 45. III. 4. 46. 182. VIII. 73). Durch diese Erkenntniß ist der Bann des katholischen Christenthums überschritten, welches auf den timor filialis gestimmt ist, die Art von Ehrfurcht vor Gott, welche nur durch die Angst geleitet ist, daß man in jedem Augenblick in Versuchung ist, den Vater zu verletzen. Die von Luther gemeinte ehrfürchtige Zuversicht auf Gott ist vielmehr zugleich der Träger der gegenwärtigen Seligkeit und der Grund der Freiheit in dem göttlichen Gesetze. Denn diese kann als Attribut des Wiedergeborenen nur gemäß dem Antriebe gedacht werden, daß man auf Gottes Leitung und Schutz für das im bestimmten Berufe zu leistende Lebenswerk, so wie auf seine Liebe auch in den Fällen des Leidens vertrauen darf. Diesen dem Lutherthum eigenthümlichen Besitz bezeugt die Reihe von geistlichen Liedern, welche unter der Masse dieser Dichtungen hauptsächlich den Weg in das Herz des Volkes gefunden haben, und in keinem kirchlichen Gesangbuch fehlen. Indem ich an die Lieder dieses Gepräges erinnere, welche vor dem Beginne der pietistischen Epoche gedichtet sind [1]), will ich keineswegs andeuten, daß die Zeugnisse des Vorsehungsglaubens und seiner maßgebenden Bedeutung in der

---

1) Luther: Ein feste Burg ist unser Gott.
Adam Reusner (1496—1575): In dich hab ich gehoffet.
Albrecht Mgr. von Brandenburg (1522—57): Was mein Gott will.
Martin Schalling (1532—1608): Herzlich lieb hab ich dich o Herr.
Ludwig Helmbold (1532—98): Von Gott will ich nicht lassen.
Caspar Bienemann (1540—91): Herr, wie du willst, so schick's.
Martin Rinkart (1586—1649): Nun danket alle Gott.
Anonymus (vor 1598): Wer Gott vertraut.
Anonymus (vor 1609): Auf meinen lieben Gott.
Paul Flemming (1606—40): In allen meinen Thaten.
Paul Gerhardt (1606—76): Warum sollt' ich mich denn grämen; Ist Gott für mich, so trete; Befiehl du deine Wege; Sollt ich meinem Gott nicht singen; und andere.
Georg Neumark (1621—81): Wer nur den lieben Gott läßt walten.
Ernst Stockmann (1634—1712): Gott der wird's wohl machen.
Johann Jakob Schütz (1640—95): Sei Lob und Ehr dem höchsten Gut.
Christian Tietze (1641—1703): Sollt' es gleich bisweilen scheinen.
Samuel Rodigast (1649—1708): Was Gott thut, das ist wohlgethan.
Anonymus (vor 1673): Alles ist an Gottes Segen.

Frömmigkeit mit diesen Liedern erschöpft sind, noch daß sie mit dem Eintreten des Pietismus aufhören. Allein es kommt jetzt nur auf den Zeitraum vor dem Pietismus an, in welchen auch noch jüngere Zeitgenossen von Spener eingerechnet werden dürfen. Mit Ausnahme einiger Gerhardt'schen Lieder fehlt in diesen Bekenntnissen des lebendigsten Glaubens jede bestimmte Hinweisung auf den theoretischen Zusammenhang ihres Inhaltes mit der Lehre von der Rechtfertigung aus dem Glauben. Darin liegt aber kein Grund dagegen, daß der Historiker sie in diesem Zusammenhang und in keinem andern versteht. So verstanden bilden diese echtesten Urkunden der von Luther eingeführten Ausprägung des Christenthums die Regel, an welcher die Veränderungen zu messen sind, die gleichzeitig in dem Lutherthum eintreten. Diese Lieder sind namentlich ein Ersatz dafür, daß die lutherische Theologie seit der dritten Ausarbeitung von Melanchthon's loci theologici nicht mehr der Augsburgischen Confession treu geblieben ist, sondern die Beziehung zwischen der Versöhnung durch Christus und der Zuversicht auf Gottes Gnade und Hilfe hat ausfallen lassen. Denn Melanchthon behandelt zwar den Gegenstand, aber nicht unter dem Gesichtspunkt des Rechtfertigungsglaubens, sondern unter dem des heiligen Geistes; danach verschwindet das Thema stückweise aus den Lehrbüchern, bis endlich Johann Gerhard den Glauben an die göttliche Vorsehung zur natürlichen Religion schlägt, indem er unter den vielen Folgen der Rechtfertigung, die er aufführt, die praktische Folge, auf die es allein ankommt, nicht mehr zu finden versteht [1]). Vielleicht könnte nun zu Ehren der Schultheologie behauptet werden, daß die Zuversichtslieder vor Johann Gerhard aus dem Rechtfertigungsglauben, die nach ihm aus der natürlichen Theologie entworfen seien. Indessen müßte von dieser Annahme vor Allen Paul Gerhardt ausgeschlossen werden; übrigens wird dieselbe durch die Gleichartigkeit der Stimmung in allen vorliegenden Liedern wenig begünstigt; endlich verstößt die Annahme gegen alle sonstigen Beobachtungen an den verschiedenen Erscheinungen der dem Leben abgewandten Schultheologie. Dieselbe richtet weder so viel Schaden noch so viel Segen an, wie diejenigen meinen, welche außer ihrer Schultheologie von der Kirche und dem

1) Christl. Lehre von der Rechtfertigung und Versöhnung 2. Aufl. I. S. 181 ff. 348 ff. Geschichte des Pietismus I. S. 86.

christlichen Leben so gut wie nichts wissen. Also jene Lieder sind trotz Johann Gerhard der Ausdruck der Frömmigkeit, welche aus dem Glauben an die Versöhnung durch Christus entspringt und diesem Grunde des Heiles direct entspricht.

Als Wirkung des göttlichen Geistes ist ferner nach lutherischer Lehre die Frömmigkeit auf den Rahmen der durch die Predigt des göttlichen Wortes und die Ausübung der Sacramente festgestellten Gemeinschaft der Gläubigen angewiesen. Ich will hiemit die Sätze des Augsburgischen Bekenntnisses Art. V erläutern: Per verbum et sacramenta tanquam per instrumenta donatur spiritus sanctus, qui fidem efficit. Damnant anabaptistas et alios, qui sentiunt, spiritum sanctum contingere sine verbo externo per ipsorum praeparationes et opera. Denn da der positive Satz weder von einer mechanischen Wirkung des gepredigten Wortes in jedem einzelnen Falle zu verstehen ist, noch überhaupt an dem einzelnen Menschen als solchem erprobt werden soll, so muß man sich der unverkennbaren Wechselbeziehung zwischen dem 5. und dem 7. Artikel der Confession versichern, um deren Meinung zu finden. Diese ist in dem Satze auszudrücken, daß die Gemeinde der Gläubigen und die heilsamen Wirkungen des Wortes Gottes sich decken. Demgemäß fällt auch die Gesammtheit der Erfahrungen vom heiligen Geiste, welche in der Gemeinde stattfinden, unter den Spielraum der Predigt des göttlichen Wortes. Daher kann keine der individuellen Erscheinungen von Inspiration oder Ekstase, welche man gerade vom heiligen Geiste ableitet, einen Werth neben der öffentlichen Predigt oder gegen sie in Anspruch nehmen, sondern ist entweder als eine entfernte Wirkung der Predigt zu begreifen, oder hat überhaupt keinen Werth, oder ist eine Störung des gemeinschaftlichen Christenthums. Damit stimmt überein, was in Luther's großem Katechismus von der Taufe gelehrt wird, daß sie das nächste Motiv der Heilsgewißheit des Einzelnen bildet, auch indem man als Kind sie empfangen hat. Danach sind alle Heilserfahrungen auch ungewöhnlicher Art, welche man im besondern Sinne auf den heiligen Geist zurückführen möchte, ebenso bestimmt der Taufe unterzuordnen und als Anwendungen der durch sie vermittelten Gnade zu begreifen. Denn diese hat an dem Sacrament ebenso ein das individuelle Leben umfassendes Organ, wie an der öffentlichen Predigt des göttlichen Wortes das Organ zur Umfassung der ganzen Gemeinde. Nach lutherischer Lehre also ist keine Beobachtung und Deutung der Erscheinungen von Religion an dem Einzelnen richtig, wenn er nicht von vorn herein als Glied der Gemeinde der Gläubigen gedacht wird. Denn, wie Luther in demselben Katechismus lehrt, die Gemeinschaft der Gläubigen ist die Mutter jedes Christen, da sie als Trägerin des göttlichen Wortes die Einzelnen gebiert und ernährt. Die Sündenvergebung aber, welche man einmal in der Taufe empfangen hat, indem man in die Gemeinde Christi eintritt, dauert fort, wenn man im Glauben steht oder in der Reue wieder den Glauben ergreift.

Diese Grundsätze der lutherischen Kirche stelle ich fest, um weiterhin an der Vergleichung mit ihnen die Veränderungen nachzuweisen, welche die Auffassung der Frömmigkeit und dessen, was im richtigen Sinne als Kirchlichkeit zu verstehen ist, innerhalb des Lutherthums erfahren hat. Solche Veränderungen treten in der asketischen Literatur durch Verwendung mittelaltriger, namentlich mystischer Vorbilder schon früh ein. Bei dem Mangel eigener Leistungsfähigkeit unter den Lutheranern schien die günstige Beurtheilung, welche Luther der sogenannten „Teutschen Theologie" des Deutschordenspriesters in Frankfurt am Main und den Predigten von Tauler gewidmet hatte [1]), zur rückhaltlosen Aneignung dieser Documente katholischer Frömmigkeit zu berechtigen. Die „Teutsche Theologie" in der von Luther 1518 besorgten vollständigen Ausgabe ist während des 16. Jahrhunderts, mit Einschluß der 1597 durch Joh. Arndt bevorworteten Ausgabe 26 mal abgedruckt worden, und zwar, wie die Druckorte beweisen, nur im Gebiete des Lutherthums [2]). Von Tauler's Predigten beginnen die Aus-

---

1) Schon Nic. Hunnius, Betrachtung der neuen Paracelsischen und Weigelianischen Theologie (1622) S. 27 hat daran erinnert, daß das Lob Tauler's in Luther's Resolutiones de virtute indulgentiarum (1518), Opp. var. arg. II. p. 180, nicht unbedingt, sondern nur im Vergleich mit der scholastischen Theologie ausgesprochen sei, und Gottl. Wernsdorff, Von der mystischen Theologie (1729), verweist darauf, daß die Billigung der „Teutschen Theologie" durch Luther 1516, also vor der Entscheidung erfolgt sei. Uebrigens stellt der letztere a. a. O. S. 173 ff. fest, daß Luther die Mystik in der Vertretung durch Dionysius Areopagita wiederholt, und zwar wegen ihrer Platonischen Art und Herkunft verworfen, ferner die äußerste Incongruenz der Bilder des Hohenliedes mit der Reue, welche den Glauben begleiten muß, behauptet. Vgl. den Anhang zu diesem Capitel.

2) Vgl. die Vorrede zu der Ausgabe von Franz Pfeiffer.

gaben protestantischer Verleger erst 1621 mit dem in den meißnischen Dialekt übertragenen Text (Hamburg, mit Vorwort von Arndt) und mit der deutschen Rückübersetzung aus Surius lateinischer Paraphrase durch Schwenkfeld's Anhänger Daniel Sudermann, gedruckt in Frankfurt am Main [1]). Daß man aber unter den Lutheranern schon vor dieser Zeit auf Tauler besonders achtete, wird durch mehrere Auszüge aus seinen Predigten dargethan, welche noch dem 16. Jahrhundert angehören [2]). Martin Moller, Pastor zu Sprottau und zu Görlitz, einer der ältesten lutherischen Asketiker seit dem Abschluß des Concordienwerkes, befolgt ganz überwiegend Muster aus dem Mittelalter. Seine **Meditationes sanctorum patrum** [3]) sind Uebersetzungen von Gebeten von Augustin, Bernhard, Tauler, Hieronymus, Anselm und Cyprian.

Die Bereitwilligkeit der Lutheraner, auf die mittelaltrige Mystik einzugehen, ist im Ganzen daraus zu erklären, daß das Problem der individuellen Heilsgewißheit in der Mystik wie bei dem Reformator Luther dasselbe ist. Unter diesem Eindruck und bei der Uebereinstimmung, welche auch in gewissen Mittelgedanken stattfindet, hat man damals wie noch heute die gänzlich entgegengesetzte Richtung der auf beiden Seiten dargebotenen Lösungen übersehen. Die Mystik stützt sich ebenso bestimmt auf die Gnade Gottes, wie es das Lutherthum thut, und die Verneinung des eigenen Willens, welche die Mystik vorschreibt, ist wörtlich im Einklang mit dem lutherischen Lehrsatze von der Unfreiheit des Willens. Aber der Sinn dieser Combination ist auf beiden Seiten verschieden. Bemerkenswerth ist ferner, daß die eine wie die andere Methode in der Anschauung der christlichen Freiheit gipfelt. Ich weiß nun wohl, daß man Luther's Schrift über dieses Thema auf „den Geist der deutschen Mystik zurückführt, welche dem christlichen Leben neue Gestalt und Inhalt gewann". Allein der behauptete Zusammenhang beschränkt sich auf die identische Aufgabe, Freiheit als wesentliches Attribut des christlichen Lebens zu begründen. Wer jedoch überhaupt zu unterscheiden vermag, wird aus der

---

1) Vgl. C. Schmidt, Johannes Tauler S. 68—72.

2) Michael Neander, Theologia Bernhardi et Tauleri. Witebergae 1584. Glaser, Tauleri geistreiche Lehre von den fürnemsten Hauptstücken der heiligen Schrift.

3) Zwei Theile, Görlitz 1584. 91.

Vergleichung der Schrift Luther's etwa mit den parallelen Stellen des Buches „Von geistlicher Armuth" [1]) sich überzeugen, daß etwas gerade Entgegengesetztes dort und hier vorgeführt wird. Die Freiheit ist nach Luther die geistige Beherrschung der Welt, welche aus der Versöhnung mit Gott oder der Rechtfertigung durch Christus dem Gläubigen zusteht, als eine Bestimmung, die er nur durch seine Zuversicht auf Gott auszuüben braucht. Die Freiheit des Mystikers ist die Abgezogenheit von der Welt, welche seiner Vereinigung mit Gott entspricht; denn Gott ist eigentlich nur die Verneinung der Welt. Diese Freiheit erwirbt man aber in der mystischen Methode durch die diätetischen und asketischen Uebungen, welche den Menschen von den weltlichen Dingen abziehen und die Individualität seines Willens, so wie das Selbstgefühl seiner Eigenthümlichkeit aufheben. Die Selbstthätigkeit, welche an den Erwerb dieser Freiheit in Gott gesetzt werden soll, ist freilich nicht die der erscheinenden guten Werke, sondern die des innern Grübelns. Allein es ist von ganz gleichem Werth, wenn im vulgär-katholischen Sinn die Gerechtigkeit vor Gott aus dessen Gnade und aus der Cooperation der Gläubigen abgeleitet wird, und wenn für die Mönche und Nonnen die Vereinigung mit Gott, das Versinken in seine Gnade durch Mißhandlung des Leibes, durch Ueberreizung der Phantasie und durch absichtliche Abstumpfung des Selbstgefühls erfolgen soll. Wie ist es nun aber zu erklären, daß diese so verschiedenartigen Methoden der Frömmigkeit verwechselt und die mittelaltrige für die lutherische Lehre eingesetzt worden ist? Die Mystik ist die Vorwegnahme der zukünftigen Seligkeit. Diese wird im katholischen Christenthum als die Vereinigung mit Gott durch Erkennen und Liebe so dargestellt, daß damit jedes Verhältniß des Seligen zur Welt aufhört, weil ja auch Gott nur abgesehen von der Welt erkannt und geliebt werden soll. Wenn die Reformation eine neue Epoche des Christenthums bezeichnen soll, so kam es nicht blos darauf an, das Lebensideal für die Gegenwart anders oder entgegengesetzt zu bestimmen als im Katholicismus, sondern auch darauf, daß die Deutung der zukünftigen Seligkeit in Einklang damit gesetzt wurde. Dieses aber ist nicht geschehen. Nirgendwo findet sich eine Spur davon, daß diese Aufgabe als

---

1) In der Ausgabe von Denifle S. 8. Vgl. meine Untersuchung des Buches von geistlicher Armuth; Zeitschr. für Kirchengeschichte. IV. S. 343.

solche aufgefaßt worden sei. Vielmehr dauert auch im Kreise der Reformation unter der Fortwirkung des neuplatonischen Gottesbegriffs die Vorstellung von dem Schauen Gottes als Form der vollendeten Seligkeit fort, ohne daß die Beherrschung der Welt und die Verbindung mit allen Seligen als nothwendige Merkmale jenes Zieles, entsprechend der diesseitigen Lebensaufgabe hinzugefügt worden wären. Unter dem Einflusse dieses Umstandes ist es zu verstehen, daß auch die Erfahrung der gegenwärtigen Seligkeit von Lutheranern wieder auf die Linie der mittelaltrigen Mystik zurückgeführt worden ist. Wenn das berechtigt war, so hätte es vor allen Dingen der Herstellung des klösterlichen oder gar des einsiedlerischen Lebens bedurft [1]). Da aber diese Bedingung im Allgemeinen nicht erfüllt worden ist, so ist zu erwarten, daß die gegenwärtige Vereinigung mit Gott im Sinne der Mystik von Lutheranern nur in verkümmerter Weise erstrebt oder erzielt wird. Man verbirgt sich diese Thatsache freilich in dem Maße, daß man die reinen und vollen mittelaltrigen Erscheinungen der Sache für ungesund, den eigenen nachgemachten und durch Inconsequenzen eingeschränkten Besitz für die gesunde Mystik erklärt [2]). Es giebt jedoch keine in ihrer Art normale Mystik, wo man nicht einsiedlerisches Leben führt! Die weit verbreitete Liebhaberei an derselben unter evangelischen Christen ist eben Dilettantismus.

Nach diesen allgemeinen Erörterungen über die Wiederaufnahme der mittelaltrigen Mystik in das Lutherthum ist der Vorgang selbst zunächst an dem Gedankenkreise eines asketischen Schriftstellers nachzuweisen, welcher in der Hauptsache als Vertreter des correctesten Lutherthums zu schätzen ist. Stephan Praetorius [3])

---

1) Wie Tersteegen versuchte. Bd. I. S. 478.

2) Vgl. Rechtfertigung und Versöhnung (2. Aufl.) I. S. 123.

3) Geboren 1536 zu Salzwedel in der Altmark, seit 1565 bis an seinen Tod 1603 Prediger daselbst. — Von seinen Schriften liegen vor: Achtundfünfzig schöne auserlesene geist- und trostreiche Tractätlein, herausgegeben durch Johann Arndt, 2 Theile, Lüneburg 1622 (wiederholt aufgelegt), ferner Opuscula sacra Praetoriana selecta, Lilium convallium, Luscinia cantatrix, Rosa nobilis, Cantabrica, cum praefatione Jo. Chr. Meurer. Soltquellae 1724 (an A. H. Francke gewidmet). Vgl. Theologia pastoralis practica Bd. VI. (1744); C. J. Cosack, Zur Geschichte der evangelischen ascetischen Literatur in Deutschland. Basel 1871. S. 1—96. Der Auszug aus Praetorius Tractaten, welchen Martin Statius verfertigt hat: „Geistliche

folgt der Spur Luther's **erstens** in der Methode und Anwendung der Gotteserkenntniß. Niemand, sagt er, hat richtige Meinungen über Gottes Gesinnung gegen uns, wer nicht göttlich erleuchtet, d. h. aus der heiligen Schrift belehrt ist. Denn ohne dieses gilt Gott allen als von Natur menschenfeindlich. Auch in uns, die wirklich bekehrt sind, kommen oft solche Gedanken vor. „Denn der leidige Teufel will den frommen Gott auch zum Teufel machen.“ Aber jene verwerfliche natürliche Gotteserkenntniß ist eben von verschiedenen großen Nachtheilen begleitet. Sie verwickelt die Christen in immerwährende Sorgen und Schmerzen, da sie doch ohne Aufhören vor Gott unserem lieben Vater in kindlicher Zuversicht, mit allen Freuden, ohne Sorge um ihre Schwachheit spielen und tanzen sollen, ihm zu Lob und Ehren und sich selbst zum Wohlgefallen. Denn das thuen alle Geschöpfe. Und wahrlich in den kleinen Fischen und Mücken ist fast mehr Vertrauen, Muth, Freude und Lust, als in uns armen und melancholischen Menschen. Allein die heilige Schrift stellt Gott ganz anders dar, hauptsächlich in dem Sohn, der Gottes eigentliches Bild ist; denn sie läßt Gott als menschenfreundlich erkennen, indem er das Menschengeschlecht mit wirklicher Liebe umfaßt [1]). **Zweitens** versichert sich Praetorius der Rechtfertigung oder Sündenvergebung in der Gestalt des positiven und activen Selbstgefühls der Gotteskindschaft. Denn gemäß der Rechtfertigung kennen die Gläubigen ihren Schöpfer als ihren Hüter, ja vielmehr als ihren Vater, und finden ihre Ruhe in seiner Gnade. Der **lebendige Glaube** nämlich ist das volle Vertrauen von Gott geliebt zu sein. Und wenn auch die auserwählten Kinder Gottes ihre Unwürdigkeit anerkennen, so ruhen sie doch auf dem Herzen ihres himmlischen Vaters. Menschliche Vernunft kann nicht begreifen und ausreden, wie groß das Vertrauen in unserem Herzen ist. Oder ist es etwas geringes, mit Herz und Mund sprechen zu können: der Herr ist mein Heil, wen soll ich fürchten? Ja wenn er mich tödtet, so hoffe ich mit festem Vertrauen auf ihn; das wissen und verstehen alle die treff-

---

Schatzkammer der Gläubigen“, macht entfernt nicht den Eindruck, welcher von den eigenen Schriften des Mannes ausgeht.

1) Opuscula p. 203—205. Vgl. H. **Schultz**, Luthers Ansicht von der Methode und den Grenzen der dogmatischen Aussagen über Gott. Zeitschr. für KG. IV. S. 77—104.

lichen Heroes nnd streitbaren Helden im Reiche Christi. Diesen lebendigen Glauben an Gottes väterliche Vorsehung begleitet der Gemüthsfriede, das gute Gewissen, und dieses Gut erscheint in der Freude, welche der Freude der seligen Engel gleich steht. Dazu kommt der Geist der Kindschaft in der brennenden Gegenliebe gegen Gott und die stete Anrufung seines Namens, ferner die Geduld, welche die Leiden und die Verzögerung des Trostes erträgt, die Danksagung, endlich die Demuth. Das alles entspricht dem Dufte der Lilie des Thales, mit welcher der Gläubige verglichen wird [1]). Die Heiterkeit und Fröhlichkeit ist die Lebensstimmung, welche Praetorius in immer wiederholten Aufforderungen dem Gläubigen einschärft, als den unumgänglichen Ertrag seiner Rechtfertigung und Annahme zum Kinde Gottes. Und er ist mit solcher Ausschließlichkeit hierauf bedacht, daß andere Rücksichten dagegen zu kurz kommen. „Schmücken, schmücken ist der Christen Arbeit und sonst nichts." „Der Christen ganzes Leben soll eine königliche Hochzeit sein, das ist hohe unaussprechliche Freude und Wonne." „Unser ganzes Leben soll nunmehr nichts anderes sein als ein ewiges Freudenfest ohne Dunkel und Trübsal" [2]). Diese Gemüthsrichtung hat noch ihre eigenthümliche Färbung darin, daß sie an einen lebhaften Natursinn angeknüpft wird, welcher durch die oben angeführten Titel der lateinischen Tractate und durch manche ähnliche unter den deutschen sich kund giebt. Auf der Spur Luther's hält sich Praetorius drittens, indem er das Selbstgefühl der erfahrenen Rechtfertigung und der Gotteskindschaft durch den Empfang der Taufe vermittelt und durch die Erinnerung an sie gesichert sein läßt. Darauf wird die Betrachtung und Belehrung fast in jedem Tractat hinausgeführt, daß die Christen durch die Taufe schon selig sind. Denn in der Sündenvergebung wird zugleich die neue ewige Gerechtigkeit, welche Christus den Sündern erworben hat, oder die Majestät, die ihm selbst eigen ist, mitgetheilt. Demgemäß achtet es Praetorius für geziemend, daß die Prediger alle Gläubigen, da sie getauft sind, als Bekehrte achten und behandeln, und ihnen nicht erst die Bekehrung als etwas Zukünftiges zumuthen sollen. Er protestirt wiederholt gegen die neumodische Art der Predigt, welche den Christen nur vorhält, daß und wie

1) Opuscula p. 68—85.

2) Tractate I. S. 42. 43. 415.

sie selig werden sollen. Vielmehr sind unter der Voraussetzung der Taufe die Gläubigen wiedergeboren und bilden die Kirche, die heilige Versammlung der Kinder Gottes, welche an dessen Reiche, d. h. an allen himmlischen Gütern theilnehmen. Sie haben die Versicherung dieses Standes in erster Linie an Taufe und Abendmahl; da aber diese Mittel auch Ungläubigen zu Theil werden, so dient den Gläubigen zu jenem Zweck das Zeugniß des heiligen Geistes, d. h. sie erkennen ihren Heilsbesitz und werden ihrer Herrschaft gewiß in ihrem Gemüthsfrieden und ihrer Freudigkeit. Da nun aber die Gläubigen als solche die Auserwählten sind, so verlieren sie das in der Taufe ihnen angeeignete Heil nicht, auch indem ihr Glaube mitunter schläft und sie Sünde wider das Gewissen begehen. Denn in der Reue reinigt der Glaube wieder den Menschen von der begangenen Sünde, indem er sich auf die unverlorene Gnade stützt. Wäre es anders zu verstehen, so käme es darauf hinaus, daß wer durch Sünde die Gnade verloren, sie durch Buße und Reue wiederum verdient, was nicht annehmbar ist. Praetorius hat in manchen Aeußerungen über diesen Punkt die praktischen Schwierigkeiten zu gering geachtet [1]). Denn einmal hat er stets nur die wirklich Gläubigen als die Subjecte des gemeinten Vorganges von Sünde und Reue vor Augen, welche also unmöglich daran denken, die Freiheit zu sündigen aus der Unverlierbarkeit ihres Heiles zu folgern; er scheint also die Prämisse der ewigen Erwählung im reformirten Sinne zu begünstigen [2]). Ferner hält er seine Betrachtung immer blos im Allgemeinen. Denn darin ist sein Interesse und sein Gesichtskreis von merkwürdiger Beschränktheit, daß er der Aufgabe des neuen Gehorsams keine specielle Aufmerksamkeit schenkt. Indessen eine Bedingung jener Seite des christlichen Lebens hat Praetorius gerade von seinem Standpunkt aus vortrefflich auszudrücken vermocht. Es ist der Satz, welcher einmal vorkommt: „Es ist unmöglich, daß ein starker fröhlicher Muth, Danksagung und ein freiwilliger neuer Gehorsam können folgen, wo nicht die Seligkeit vorhergeht und der Geist Christi vorhanden ist. Dieser Grund muß da sein, ehe gute Werke in uns können aufgerichtet und erbaut werden“ [3]).

---

1) Cosack a. a. O. S. 46 ff.

2) Spener, Theol. Bedenken IV. S. 109.

3) Morgenröthe evangelischer Weisheit. Tractate I. S. 789.

Das ist im Einklang mit dem dritten und vierten Artikel der Concordienformel, wenn auch daselbst diese Folgerung nicht vorgesehen ist.

Praetorius stellt sich in den bezeichneten Lehrpunkten als einen musterhaften Lutheraner dar. Ungeachtet dessen läßt sich gerade an ihm in anderen Beziehungen die Fortwirkung mittelaltriger Motive oder der Rückgang zu ihnen nicht verkennen. Von dem lutherischen Lebensideal vertritt er die religiöse Seite mit aller Klarheit und Kraft; aber für die sittliche Seite desselben, für den Werth der weltlichen Berufsarten als Formen des christlichen Lebens ist er nicht besonders aufgeschlossen. Nur an einer Stelle, wo es nicht umgangen werden konnte [1]), in einer Art von Katechismus, wird auf die Frage: wie gebrauchst du solche Seligkeit, geantwortet: ich thue, was mir in meinem Amte befohlen ist und diene meinem Nächsten; obgleich das auch kein vollständiger Ausdruck des Gedankens Luther's ist, daß jeder in seinem weltlichen Beruf geistliche Person sei. In dem einzigen Tractat von Praetorius, wo man diesen Satz noch erwarten dürfte [2]), ist er nicht für die Gliederung des Dienstes gegen die Nächsten verwendet worden. Dennoch hat er in einer besondern Anwendung jener Wahrheit sich nicht entziehen können. Es ist bekannt, daß die mittelaltrige Ethik, so weit sie weltliche Berufsarbeit gestattete, dem Ackerbau das Handwerk und diesem den Handel nachgesetzt hat, und daß auch Luther und Melanchthon diese Ansicht theilen [3]). In ganz gleichem Sinne beginnt Praetorius seinen Tractat „Seefahrertrost" mit dem Wunsche, es wäre besser, wenn man des Kaufens und Verkaufens entrathen, und sich auf Ackerbau und Handwerk beschränken könnte. Da aber jenes ebenso wenig möglich ist als dieses, so sollen die Christen wissen, daß Kaufen und Verkaufen per se licitum und von Gott nachgegeben sei, sofern man sich dabei in Gottesfurcht hält und nicht wider christliche Liebe handelt [4]). Der Tractat welcher die Anleitung dazu bietet, überschreitet also die von vorn

---

1) Kinderlehre in fünf Fragen gestellt. Tractate I. S. 749.

2) Anleitung zum christlichen Leben. Tractate II. S. 94 ff.

3) Vgl. Uhlhorn, Liebesthätigkeit im Mittelalter. Zeitschr. für Kirchengeschichte IV. S. 65; Erhardt, Die nationalökonomischen Ansichten der Reformatoren. Stud. u. Krit. 1880. S. 682; 1881. S. 123.

4) Tractate II. S. 386. Vgl. Cosack S. 31.

herein innegehaltene Linie mittelaltriger Anschauung thatsächlich im Sinne des lutherischen Lebensideals. Aber andere Erklärungen von Praetorius beweisen, wie stark er trotzdem von der mittelaltrigen Lebensanschauung durchdrungen ist. Die schon erwähnte „Anleitung zum christlichen Leben" ist der einzige Tractat, welcher den Gesammtumfang der Aufgabe zu entfalten verspricht, indem er auf die Früchte des Glaubens dringt. Praetorius nimmt den Anlaß dazu von der Zunahme der Laster und Unsitten, unter welchen er speciell die neue Kleidung der Weiber und Männer rügt. Und welche Belehrung setzt er dem entgegen? Nach der iustificatio und sanctificatio, welche er in der Taufe nachweist, ermuntert er zur contemplatio, in der der neue Gottesmensch seine neue Gestalt und seine himmlischen Güter ordentlich beschaut und sich damit belustigt; weiter folgt applicatio, daß man sich die erkannten Güter zueignet, dann devotio, der Dank und die Gegenliebe gegen Gott, continentia, die Abwendung von der Herrlichkeit und den Wollüsten dieser Welt und die Genügsamkeit mit dem zum Leben Nothdürftigen, endlich beneficentia, der Dienst gegen den Nächsten. Diese Aufgabe wird in dem Maße höher gestellt als die Enthaltsamkeit, als diese auch ein Mönch wird leisten können. Aber außer einigen Allgemeinheiten kommt hier nicht mehr zur Sprache, als was in das Gebiet der zufälligen Wohlthätigkeit, also der Almosen im Sinne des Mittelalters gehört. Speciell wird nur noch daran erinnert, daß man die Prediger des Evangeliums nicht Noth leiden lasse. Das ist dürftig genug, und um so dürftiger, je ausführlicher die contemplative Seite der Frömmigkeit dargestellt ist. Und welche Wirkung gegen die Unsitten der Zeit kann man von dieser Anleitung erwarten? Der Werth des weltlichen Berufes für das christliche Leben, dessen Anerkennung hier zu vermissen ist, kann nur durch die sittliche Deutung des Reiches Gottes sicher gestellt werden. Praetorius aber versteht unter diesem Titel ausschließlich die himmlischen Güter, die Christus den Menschen erworben hat und in der Taufe schenkt! Grundsätzlich schätzt Praetorius das active Leben höher als das contemplative. Thatsächlich aber tritt er nur für die letztere Form der christlichen Frömmigkeit ein, und verneint die unumgänglichen Bedingungen, unter denen das active Leben steht. Von der Lilie des Thales nimmt er nämlich den Anlaß, die Einsamkeit als die Unterstützung der frommen Meditation zu empfehlen, und wiederholt diesen Gedanken auch abgesehen von dem bezeichneten Anlaß. Das öffentliche Leben, den Verkehr mit dem Volke, bezeichnet er ferner einfach als seelengefährlich. Denn das Volk, sagt er, ist ein blindes und starrköpfiges Thier, und verachtet namentlich die Wissenschaften [1]). Demgemäß ist der knapp ausgeführte Abriß von Lebensregeln am Schluß des Tractates **Cantabrica** vielmehr stoisch als christlich. Die Wunden des Herzens, heißt es hier, soll man nur Gott enthüllen; denn nirgendwo findet sich zuverlässige Treue, weder beim Bruder, noch bei der Schwester, noch bei irgend einem Andern, dem man noch so viele Wohlthaten erwiesen hat. Wenn man endlich aus diesem Leben abgerufen wird, so soll man freudig folgen, da dieses Leben nicht unser Haus, sondern nur eine schlechte Herberge ist. Dieser Pessimismus ist im Mittelalter berechtigt oder pflichtmäßig. Bei Luther ist dieselbe Stimmung ein unausgeschiedener Rest mittelaltriger Bildung. Die Herrschaft dieser Stimmung bei seinen Nachfolgern bedroht aber die Geltung der Lebensanschauung, welche gerade Praetorius mit so viel Kraft aus der Wahrheit der Rechtfertigung durch den Glauben ableitet. Oder kann man auf die Dauer in seinem individuellen Leben Gott gegenüber getrost, freudig und selig und zugleich der von Gott geleiteten Menschenwelt gegenüber durchaus verstimmt, verzweiflungsvoll und unselig sein? Wo der Pessimismus die allgemeine Weltanschauung bildet, da droht er auch den lebendigen Glauben aufzuzehren, welchen Praetorius so treffend gezeichnet hat. Und was anderes wird dann in dessen Stelle einrücken, als eine Contemplation von irgend einem vorreformatorischen Gepräge?

Uebrigens hat Praetorius selbst schon den Weg dahin gewiesen [2]). In einer Erörterung über den heiligen Geist nach Gal. 4, 6 heißt es: „Wo der göttliche Geist gegenwärtig ist, da sind auch der Vater und der Sohn, **aeterna ista beatitudo**. Denn es kann nichts höheres gedacht werden, als von dem himmlischen Oele durchdrungen und geweiht zu sein. Wenn dieses nicht Antheil an der Gottheit und Annäherung an das Wesen Gottes ist, so weiß ich nicht, was es sein sollte". Das Eigenthümliche an dieser Vorstellung ist nun wiederum, daß die **unio mystica**, dieser

---

1) Opuscula p. 128—131.

2) Das Folgende nach Opusc. p. 274, Tractate I. S. 69. 276. 490. 517. Vgl. Cosack S. 41 ff.

hervorragendste Ertrag der Gnade, dem Gläubigen durch die Taufe zukommt. In Folge derselben, sagt Praetorius anderwärts, sind wir der göttlichen Natur theilhaft geworden, und deshalb auch begnadet mit der Majestät und Herrlichkeit des Vaters und des heiligen Geistes. Wir sollten deshalb billig Götter heißen. Dieser Gedanke ferner wird in der übertriebensten Weise ausgeführt in dem Tractate: „Lob und Preis der heiligen Taufe, wider die großen Wiedertäufer, die Jesuiten". Hier begegnen uns folgende Sätze: „Ein Gläubiger und Getaufter ist nicht allein Christophorus, sondern auch Christus. In der Taufe wohnet Gott, die heilige Dreifaltigkeit. Es vermenschet sich Christus durch seinen Geist in uns, wie wir durch denselben Geist in ihn vergöttert werden. Wir werden Götter und göttlicher Natur theilhaftig". Praetorius beruft sich für diese Behauptungen auf gleichartige gelegentliche Aeußerungen Luther's [1]), welche an bekannte neutestamentliche Stellen anknüpfen. Allein er überbietet eben Luther durch die absichtliche Formulirung dieser Gedankenreihe. Zu deren Ausprägung aber hat er sich durch Dionysius Areopagita anleiten lassen, den er noch für einen Schüler des Paulus hält, und aus dessen Hierarchia ecclesiastica er einmal die mit seinen Formeln übereinstimmende Lehre von der Taufe aushebt, und als Anhang zu einer Predigt „vom Namen Jesu" mittheilt. Freilich vermag er an diese Form der Mystik keinen andern praktischen Erfolg zu knüpfen, als welcher sich auch aus der Deutung der Taufe auf die Sündenvergebung ergiebt, nämlich daß man immer und von Herzen fröhlich sei, auch unter schwerem Kreuz. Indessen stellt doch Praetorius zur Erwägung, ob wir von dem Glanz der Gerechtigkeit Jesu Christi in uns etwas gewinnen und über der Imputation noch etwas gerechter vor Gott werden, oder aber nicht. „Von den Gelehrten, die darüber disputiren, sagen die Einen Ja, die Anderen Nein, und haben so ein Wesen. Aber der Herr Christus sagt bei Joh. 17, daß wir unsere Vollkommenheit aus dem haben, daß Christus in uns ist, und wir eins in ihm sind, und daß wir um solcher Gemeinschaft vor Gott willen von Gott also geliebt werden, wie Christus vom Vater geliebt wird." Das steht nun freilich nicht geschrieben; allein Praetorius Meinung ist deutlich die, daß die räumliche oder substantielle d. h.

1) Zusammengestellt bei Köstlin, Luther's Theologie II. S. 461 ff.

dingliche Gegenwart Gottes im Gläubigen und die natürliche chemische Durchdringung zwischen beiden die Wirkung des Gnadenwillens in der Rechtfertigung oder Adoption zwar voraussetzt, aber an Inhalt und Werth überbietet. So unterscheidet sich Praetorius formell von Andreas Osiander; seine Lehrweise aber kommt in diesem Punkte effectiv auf das Interesse dieses Mannes hinaus.

Wenn Luther gelegentlich anerkennt, daß die Gläubigen Götter heißen, daß Christus der Substanz nach in den Gläubigen lebt, daß dieselben göttlicher Natur theilhaftig sind, so ergiebt sich aus der Deutung dieser Prädicate jedesmal, daß er in ihnen die Güter findet, welche durch die Rechtfertigung oder Versöhnung verliehen sind, oder den Zusammenhang, welchen die Gläubigen als Ganzes mit Christus haben. Jene Prädicate bedeuten also für Luther nichts, was über den Sinn und den Werth der Rechtfertigung hinausginge; sie gelten ihm nur als aparte Ausdrücke für dieses Verhältniß. Darum hatte schon Andreas Osiander kein Recht, für seine besondere Lehre die Uebereinstimmung Luther's mit ihm zu behaupten. Nichts desto weniger hat Osiander seinen Gegnern so weit imponirt, daß sie die biblischen Anhaltpunkte für seine zurückgewiesene Lehre von der Justification in Betracht gezogen, namentlich daß sie gemäß Joh. 14, 23 den Begriff der inhabitatio totius trinitatis in die Heilsordnung aufgenommen haben. Davon weiß Melanchthon in der dritten Ausarbeitung der Loci noch nichts. Hingegen in seiner Postille knüpft er an den bezeichneten Text eine Erörterung über die Einwohnung der Dreieinigkeit im Gläubigen, welche auf dasselbe hinausführt, was früher aus der Verleihung des Geistes allein abgeleitet worden war, nämlich die renovatio vitae sive sanctificatio, die Kraft zu den guten Werken, welche auf die Gerechtsprechung im Glauben folgt [1]. Nachdem auch

---

1) Loci theol. C. R. XXI. 767: (Spiritus sanctus) sic regnat, ut dona sua, iustitiam, vitam, consilium, gubernationem successus et alia bona impertiat. — Postilla. C. R. XXIV. 896: Nihil gloriosius de homine dici potest, quam ut sit domicilium dei, et deus in eo habitet non otiosus, sed ita ut per sp. s. accendat lucem et sapientiam et iustitiam et laetitiam . . . Orditur Chr. a vocatione per verbum . . . In hoc verbo, cum fide apprehendimus Christum, promittit nobis Chr. dilectionem patris, quae est iustificatio. Postea de sanctificatione dicit: veniemus ad eum. Quo ordine veniunt personae divinitatis ad nos?

andere Gegner von Andreas Osiander diesen Begriff in Gebrauch genommen hatten, hat gemäß der Deutung Melanchthon's der Lehrtitel in die Concordienformel Aufnahme gefunden. Die inhabitatio dei wird (III. 54) als eine Folge der Rechtfertigung im Glauben dargestellt; zugleich (§ 65) wird dieser Begriff gegen die uneigentliche Deutung auf die Wirkungen Gottes verwahrt. Welche praktische Beziehung bei jener Combination gedacht ist, wird in dem sehr isolirt stehenden Satze nicht ausgesprochen; indessen ist außer Zweifel, daß die Wirkung der inhabitatio patris et filii et spiritus sancti nach § 41 zu bestimmen ist: Cum persona iam est iustificata, tum etiam per sp. s. renovatur et sanctificatur, unde deinceps bona opera sequuntur. In diesem Sinne hat auch Conrad Schlüsselburg [1]) die Sache verstanden.

Stephan Praetorius denkt bei seinem Begriff von der unio mystica nicht an die Begründung der guten Werke, sondern knüpft an sie die Seligkeit oder die Freudigkeit im Leben. Er stellt also jene Combination in Concurrenz mit der Rechtfertigung. Viel deutlicher hat sein jüngerer Zeitgenosse Philipp Nicolai [2]) diese verhängnißvolle Wendung des Begriffs von der Einwohnung der Dreieinigkeit vollzogen. Kann denn eine Betrachtung des ewigen Lebens für correct lutherisch gehalten werden, in welcher die Rechtfertigung aus dem Glauben nicht als der zureichende Grund desselben anerkannt wird? Die beiden asketischen Werke Nicolai's decken sich trotz abweichender Anlage und Eintheilung fast durchaus in Hinsicht des Inhaltes und der Argumente. Ja den latei-

---

Filius est efficax per verbum, ostendit patrem. Ita simul adest pater; et pater ac filius spirant in cor tuum spiritum sanctum . . . qui accendit novos motus, quales describuntur in lege. Vgl. den Brief an Albrecht von Preußen 10. April 1555. C. R. VIII. p. 457.

1) Siehe unten Cap. 28.

2) Geboren 1556 in Mengeringhausen, Grafschaft Waldeck, Prediger seit 1583 in Herdecke, Cöln und Wildungen, 1596 in Unna, Westfalen, 1601 Hauptpastor zu St. Katharinen in Hamburg, gestorben 1608. — Seine lateinischen Schriften in 2 Bänden, die deutschen in 4 Bänden Folio herausg. von Dedekenn. Hier kommen in Betracht: Freudenspiegel des ewigen Lebens, zuerst Frankfurt a. M. 1599, neue Ausg. von Mühlmann, Halle 1854, — Theoria vitae aeternae, Historische Beschreibung des ganzen Geheimnisses vom ewigen Leben, zuerst 1606; mit Vorrede von Matth. Hoe von Hoenegg, Hamburg 1628.

nischen Titel der jüngern Schrift übersetzt der Verfasser in der Vorrede selbst auch als Spiegel des ewigen Lebens. Die einzige Abweichung zwischen beiden Ausarbeitungen besteht demnach darin, daß in der ältern Gestalt das ewige Leben ausschließlich in der Projection der Zukunft und der Jenseitigkeit erörtert, in der spätern Darstellung aber schon auf die Gegenwart bezogen wird. „Ein Christenmensch, von Gott erleuchtet spricht: ich bin schon selig und ein Bürger der Stadt Gottes im Himmel". Der Satz beweist aber zugleich, daß der Maßstab dieses Bekenntnisses die Hoffnung auf die jenseitige Vollendung ist; demgemäß kommt der Standpunkt, welchen die ältere Schrift einnimmt, auch in der jüngern wieder zu gelegentlicher Geltung. In der Theoria vitae aeternae wird nun das ewige Leben so definirt: „Es ist eine süße Vereinigung aller gottseligen Christen mit dem Sohn Gottes und durch ihn mit dem Vater und dem heiligen Geist, welche besteht in wahrer Liebe und Gegenliebe, und darin, daß wir durch diesen himmlischen Bund und geistliche Wollust unser Wesen und unsere Wonne in Gott haben, und der dreieinige Gott in jedem auserwählten Christen wohnet und ruhet, und macht ihn theilhaftig seiner göttlichen Natur; daher ein solcher Mensch Gemeinschaft mit Gott hat, Ein Geist mit ihm, und Tempel der Dreieinigkeit ist, läßt sich von derselben regieren und den inwohnenden Gott das Leben seiner Seele sein, wie die Seele das Leben seines Leibes ist".

In dem Gedanken dieses Lutheraners ist die unio mystica, welche Praetorius nur erst angefangen hat auf die Wechselbeziehung zwischen der Rechtfertigung im Glauben und dem Kindschaftsbewußtsein aufzutragen, zu dem Hauptbegriff ausgewachsen, welchem alle übrigen Beziehungen der Heilsordnung untergeordnet werden. Während Luther die Vollkommenheit der ersten Menschen auf Gottvertrauen und Gehorsam bestimmt, so weiß Nicolai, daß Adam, ehe er sündigte, durch die Einwohnung der Dreieinigkeit ausgezeichnet gewesen ist; darin besteht eben auch das Ziel der Erlösung durch Christus. Im Sinne Luther's ist die Rechtfertigung durch den Glauben der unüberschreitbare Maßstab für die Stellung des Menschen zu Gott und zur Welt und für seine Selbstbeurtheilung in diesen Verhältnissen. Allerdings bedient auch Luther sich des Bildes der Verlobung oder der Ehe, um die enge Verbindung des Glaubens mit Christus zu deuten. Der gegenseitige Austausch, welcher damit begründet wird, bezieht sich aber darauf, daß

Christus die Sünden des Gläubigen auf sich nimmt, um sie zu überwinden, und daß er demselben Heil und Versöhnung, Sieg über den Tod und Sicherheit vor demselben mittheilt [1]). Das sind nun die Güter, welche in der Rechtfertigung eingeschlossen sind. Die geistliche Brautschaft und Vermählung mit Christus ist also bei Luther nur eine Hilfsvorstellung, welche dem Gedanken der Rechtfertigung im Glauben dienstbar gemacht ist, nicht aber das selbständige Schema für geistlich-sinnliche Genußsucht, welche er vielmehr verwirft [2]). Nicolai dagegen degradirt die Rechtfertigung zu einer Anfangsbedingung der unio mystica, indem er an diese erst die praktischen Folgen anknüpft, welche ursprünglich der Rechtfertigung zugehören. In dem „Freudenspiegel" werden die von Christus erworbenen Güter in drei abgestuften Gruppen dargestellt. Die Wurzelgüter sind die Leistung der Genugthuung durch Christus, die Anrechnung derselben zur Vergebung der Sünden, der Sieg Christi über den Teufel; die Stammgüter sind die Adoption zu Kindern Gottes, die himmlische Brautlust in dem Verkehr mit dem Bräutigam Christus, die Einwohnung der Dreieinigkeit; die Fruchtgüter sind Friede und Freude, Liebe gegen den Nächsten, Anbetung Gottes, Hoffnung und Streben nach dem himmlischen Vaterlande. Aehnlich ist es auch in dem spätern Buche vorgetragen. Die Hauptidee der Einwohnung Gottes leitet Nicolai aus seinem theologischen Grundbegriff, daß Gott die Liebe ist, und daraus ab, daß der Mensch zur Gegenliebe berufen wird; wenn das ewige Leben darein gesetzt wird, daß man Gott erkennt (Joh. 17, 3), so soll dies dasselbe sein wie die wechselseitige Liebe. Dieser Satz wird daran erprobt, daß Adam sein Weib „erkannte", und nichts reicht nach Nicolai näher an die Vorstellung vom ewigen Leben heran, als die intimste eheliche Gemeinschaft [3]). Nur wird diese Verbindung durch das ewige Leben noch darin überboten, daß die Gegenseitigkeit der Liebe zwischen Gott und Mensch zum Ineinander beider sich erhebt. Hiemit soll etwas Höheres aufgewiesen sein, nämlich daß die beiden Factoren in einen Kuchen oder

---

1) De libertate christiana. Opp. ad hist. ref. pertin. Tom. IV. p. 227. 228.

2) Vergl. den Anhang zu diesem Capitel.

3) Das kommt auch bei Staupitz vor, der natürlich nicht der Erste ist, welcher solche Sachen ausspricht.

einen Klumpen verschmelzen, und so der Mensch der göttlichen Natur theilhaft wird. Die ethische Betrachtungsweise, mit welcher begonnen war, wird durch diese physikalische Auskunft als unzureichend abgestoßen. Unter dem Gesichtspunkt wiederum, daß die Liebe bleibt, auch indem Glaube und Hoffnung vergehen, wie er aus 1 Kor. 13, 13 fälschlich anführt, wird der seligmachende Glaube nur als ein Stück der wahren Erkenntniß Gottes, oder als Stückwerk herabgesetzt. Sehr begreiflich; wenn man sich berechtigt achtet, von dem eschatologischen Maßstab der ewig bleibenden Liebe aus die dem gegenwärtigen Leben entsprechende Heilsordnung zu beurtheilen, so wird der Glaube, und werden die ihm entsprechenden Güter der Rechtfertigung und der Gotteskindschaft als untergeordnete elementare Verhältnisse erscheinen. Wenn sie also doch als die Wurzelgüter oder als das Fundament aller anderen anerkannt werden, so ist dies schwerlich in einem andern Sinn verständlich, als in welchem das Tridentinische Concil (sess. VI. 8) den Glauben humanae salutis initium, fundamentum et radix omnis iustificationis nennt. Nicolai legt Werth darauf, daß in dem Vorgang der Wiedergeburt Gott als der Vater und die Kirche als Mutter zusammenwirken, und daß die Taufe der Kinder den Eingang in den mütterlichen Schooß der Kirche vermittelt, wo sie bis zum Ausgang in das jenseitige Leben ausgetragen werden. Allein das höchste Gut der Einwohnung Gottes knüpft er nicht, wie Praetorius, an dieses Sacrament. Um jenes Gut, und vorher die geistliche Verlobung mit dem Bräutigam Christus zu gewinnen, wird auch nicht, wie es die abendländische Mystik unternimmt, auf eine besondere Methode von körperlicher Diät, von activer Heiligung und fortgesetzter Contemplation verwiesen. Das Dasein und die Geltung dieser Güter wird einfach behauptet als folgerechte Steigerung der im persönlichen Glauben gewissen Sündenvergebung und Adoption. Und über das ganze Gefüge dieser Schilderung des ewigen Lebens ist ein Element von sinnlicher Genußsucht ausgegossen, in welche auch die Deutung des geistlichen Brautstandes nach den Bildern des Hohenliedes einschlägt. Sofern aber die Vollendung des ewigen Lebens erst jenseits bevorsteht, wird die Contemplation dieses Zustandes und die Sehnsucht nach ihm als die einzige werthvolle Leistung dargestellt. Um so mehr, da Nicolai über die Stellung der Christen zur Welt den vollsten Pessimismus ausbreitet. Von diesem Jammerthal gilt ihm nur das Stichwort des Predigers: Alles ist eitel. Was in der Welt als göttliche Gaben Dank verdient, das tägliche Brot nach Luther's bekannter Erklärung, der Ehestand und die weltliche Polizei, sind blos Accidenzen der Wiedergeburt, Existenzbedingungen, unter deren Geltung die Wiedergeburt erlebt werden soll. Von der sittlichen und gottesdienstlichen Bedeutung der weltlichen Berufe weiß Nicolai nichts. Auf diese Dinge, sagt er, bezieht sich das Evangelium nicht; solches können auch die Unchristen, und bedarf es hiezu keiner Sacramente, keines Evangelium und keiner Absolution.

Unter welcher Auctorität hat Nicolai vermocht, diesen Entwurf christlicher Welt- und Lebensanschauung zu bilden, welcher sich so weit von Luther entfernt? Er führt in beiden Schriften übereinstimmend eine Reihe von umfangreichen Betrachtungen unter dem Namen Augustin's an, in welchen namentlich die Gegenliebe gegen Gott, das Aufgehen in Gott als dem wahren Leben, die Gemeinschaft mit dem Bräutigam Christus in den Bildern des Hohenliedes hervorstechen. Er hat ohne Zweifel aus diesen Allegationen die Richtung seines Denkens gewonnen, und zwar in der Meinung, daß er von Augustin sich diese Richtung dürfe geben lassen. Nun aber sind die Schriften, denen er den eigenthümlichen Antrieb verdankt, De spiritu et anima, Manuale, Soliloquia ad deum, Meditationes [1]), nicht Schriften Augustin's, sondern Compilationen aus Schriften von Anselm, Bernhard, Hugo von St. Victor und noch jüngeren Schriftstellern. Die vorgebliche Verbesserung der Frömmigkeit durch die unio mystica beruht also bei Nicolai ebenso wie bei Praetorius, auf Mustern apokrypher Art und Herkunft. Der ältere von beiden hat sich bei seiner Deutung der Taufe an die griechische Mysteriosophie angelehnt, der jüngere in seiner Deutung der Wiedergeburt im Glauben an lateinische Mystik, der letztere so, daß er die Einwohnung Gottes als selbstverständliches Attribut der Wiedergeburt behauptet, und seinen Gläubigen die Mühe erspart, welche sich Mönche und Nonnen

---

1) Im 17. Bande der dritten Venetianischen Mauriner-Ausgabe in Quart, 1797. Dieselben sind im 16. und 17. Jahrhundert wiederholt abgedruckt und in alle Sprachen übersetzt worden, und zwar von katholischen Editoren. Unter den Lutheranern hat schon Martin Moller im zweiten Theile seiner Meditationen von diesen Mustern Gebrauch gemacht.

haben geben müssen, um jenes Ziel zu erreichen. Das ist auch der Maßstab für die Abweichung, welche auf diesem Punkt zwischen Nicolai und Lodensteyn obwaltet. Dieser Reformirte denkt die Wirkung des heiligen Geistes ebenfalls als die Einwohnung der ganzen Dreieinigkeit (I. S. 167). Allein Lodensteyn setzt auf der Bahn seines subjectiven mystischen Aufschwunges die besondere **unio mystica** als das Attribut der Feinen, welche die Linie der Getauften überschreiten. Deshalb faßt er mit diesem Attribut die Aufgabe der quietistischen Selbstverleugnung zusammen. Solche Verpflichtung ist nicht eingeschlossen, indem Nicolai die **unio mystica** jedem regelmäßigen, auch jedem schwachen Glauben zurechnet, und dabei diesem scheinbar so hohen Attribut keine andere Wirkung beimißt, als die Freudigkeit, welche doch schon die specifische Wirkung der Rechtfertigung ist.

Daß diese Deutung der **unio mystica** auf den Stand des einzelnen Gläubigen eine Neuerung, und daß unter jenem Titel bisher die Gemeinschaft Christi, des Hauptes mit der Kirche verstanden worden ist, hat Lucas Osiander [1]) bezeugt. Es giebt auch eine Literatur, in welcher der Gedanke Luther's, dem Melanchthon sich nie aufgeschlossen hat, und der für die lutherische Dogmatik verloren gegangen ist, fortgepflanzt wird, nämlich daß die Erlösung für die Kirche erworben ist, und daß der Einzelne dieselbe als Glied der Kirche erfährt. Dieser Gedanke wird in das Bild der Ehe Christi mit der Kirche eingekleidet, welches Luther als Hilfsvorstellung beiläufig für die Deutung der Rechtfertigung der Einzelnen verwendet hatte (S. 22). Ich kenne von dieser Gedankenreihe fünf Darstellungen binnen 112 Jahren; vielleicht sind noch mehrere aufzufinden. Die älteste derselben ist von Joachim Westphal, Pfarrherrn zu Gerbstädt in der Grafschaft Mansfeld: „Geistliche Ehe Christi und der Kirche, seiner Braut" als Erklärung von Hosea 2, 19. 20 (Eisleben 1568). Die Ausführung dessen, was in dieser Ehe der Kirche verliehen wird, gründet sich wie bei Luther auf den Austausch der Sünde der Menschen gegen die Gerechtigkeit, die Christus verleiht, und hält sich auf der Linie, welche in der „Freiheit eines Christenmenschen" bezeichnet ist, daß mit der zugerechneten Gerechtigkeit Christi der Schutz und die Erhörung der Bitten der Kirche verliehen worden, ferner das Sacrament

1) Theologisches Bedenken gegen J. Arndt (1624) S. 223. 331. 335.

seines Leibes und Blutes zu seinem Gedächtniß gestiftet ist, und als Tischdiener die Diener am Wort eingesetzt sind. Hienach richtet sich die Braut als Ehefrau, indem sie aus Liebe zu Christus Glauben und Treue hält, sich in das Kreuz fügt und Gehorsam übt. Dem schließt sich an Martin Moller's Mysterium magnum [1]). Hier werden die Beziehungen der Combination zwischen Christus und der Kirche allerdings an der einzelnen Seele anschaulich gemacht, aber so, daß deren Erfahrungen das Beispiel für die Ordnung des Ganzen abgeben und stets auf diese zurückgeführt werden. Das Thema wird aus Matth. 22, 2—14; Hosea 2, 19. 20; Joh. 3, 29. 30; Ephes. 5, 25—27; 2 Kor. 11, 2; Apok. 19, 7—9 abgeleitet; aus dem Hohenlied kommt kein Citat vor, und es fehlt in dieser Schrift wie in der vorigen die dem Hohenlied entsprechende Temperatur durchaus. Ungeachtet der breiten Ausführung des leitenden Bildes an allen denkbaren Beziehungen (Trauung, Malschatz, Morgengabe, Kleidung, Geschmeide, Hochzeitlader, Brautdiener u. s. w.) dient dieser Apparat doch immer nur dem Gedanken, daß in der Kirche der Einzelne durch die Predigt und die Sacramente seine Rechtfertigung erfährt. Nur dem Scheine nach werden dieselben Beziehungen durch den Titel der Einwohnung der Dreieinigkeit in den Gläubigen überboten. Denn da dieses Attribut mit der Verbindung aller Gläubigen in der ganzen Christenheit unter dem Haupte Christus zusammenfällt, so bietet es nur einen andern Ausdruck für die Rechtfertigung und Heiligung dar, die man in der Kirche erfährt. Diese Darstellung ist trotz gleichlautender Ausdrücke von dem verschieden, was Nicolai vorträgt. In dieser Reihe finden wir ferner Andreas Cramer (geb. 1582 gest. 1640), zuletzt Superintendent zu Mühlhausen in Thüringen, als Verfasser der Vorrede zu einem Tractat „Neujahrsgeschenke" [2]). Demnächst schließt sich Caspar Mauritius [3]) an, obgleich der Titel

1) Mysterium magnum. Fleißige und andächtige Betrachtung des großen Geheimniß der himmlichen Geistlichen Hochzeit und Verbündniß unseres Herrn Jesu Christi mit der christgläubigen Gemeine, seiner Braut, und wie man dasselbe nützlich und mit Freuden bedenken und tröstlich gebrauchen soll. Görlitz 1595.

2) In „Der gläubigen Kinder Gottes Ehrenstand und Pflicht", herausgegeben von Spener. 1667. 1688.

3) Geb. zu Tondern 1615; Prof. der Theol. in Rostock 1650, zugleich

seiner Schrift etwas ganz anderes erwarten läßt. Die Vereinigung mit Gott knüpft dieser Theolog, wie Praetorius und Moller, an die Taufe, „da wir mit Gott in Christo und mit der heiligen Gemeinde vereinbart werden". Die Vereinigung mit der heiligen Dreifaltigkeit, die darüber hinaus behauptet wird, wird auf die aus der Liebe Gottes geschöpfte Gegenliebe gedeutet, welche in der Nächstenliebe erscheint, also in nächster Analogie zur Concordienformel. Und da auch die Vereinigung mit der Gemeinde nach dem Vorbilde Christi das Motiv der Nächstenliebe ist, so begründet sie die Gemeinthätigkeit in den Sacramenten, in Danksagung, Bitte, Sabbathsfeier, Schule, Leiden, Sieg. Wie man sieht, eine höchst correcte Verwendung des Begriffs der Kirche für das christliche Leben, der man selten genug begegnet. Endlich tritt in diese Reihe Spener mit der über Eph. 5, 32 gehaltenen Traurede für Johann Wilhelm Petersen und Johanna Eleonora von Merlau [1]). Im Anschluß an Augustin vergleicht er die Entstehung der Kirche mit der Entstehung Eva's. Wie diese, als Adam schlief, aus seiner Seite formirt wurde, so ist die Kirche in Kraft des Todes, in welchem Christus entschlief, aus seiner Seite geboren worden, als aus ihr Wasser und Blut, die Sacramente flossen, durch welche die Kirche gezeugt und erhalten wird. Und mit Luther läßt er die Vereinigung so vor sich gehen, daß Christus die Sünden der Menschen auf sich nimmt, und dafür ihnen, damit sie Kirche sind, seine Gnadengaben mittheilt. Was so dem Ganzen gilt, bewährt sich auch an den einzelnen Gläubigen; deren Erfüllung mit dem Geist und den Kräften Christi wird lediglich von ihrer Angehörigkeit zur Gemeinde abgeleitet [2]).

Aber indem Nicolai diesem Gedankengang fern geblieben ist, und durch seine Deutung der unio mystica als des Inhalts des individuellen Heilsglaubens das Gewicht der Rechtfertigung ver-

---

Superintendent daselbst 1656, Pastor zu S. Jacobi in Hamburg 1662, gest. 1675. Der beste Weg zur Reinigung, Erleuchtung, Vereinigung. Hamburg 1676.

1) Die Vereinigung Christi mit seiner Kirche und jeglicher gläubigen Seele (gehalten 7. Sept. 1680). Hamburg 1690.

2) Ich notire noch N. Röper, Hellleuchtender Spiegel der Liebe des himmlischen Bräutigams und seiner geistlichen Braut, der christlichen Kirche, vorgestellt aus dem Hohenliede Salomonis, in 91 Predigten. Jena 1662.

kürzt hat, ohne durch den von ihm bevorzugten Gedanken eine eigenthümliche Richtung der Frömmigkeit zu motiviren, so ist der Erfolg seines Unternehmens die Bildung einer neuen Lehre in der lutherischen Dogmatik gewesen. Ueber den Ursprung des Locus de unione mystica, welcher in den dogmatischen Werken von Brochmand, Hülsemann, Calov, König, Quenstedt, Hollatz seinen Platz hat, weiß man bisher nur so viel, daß die Lehre zuerst von dem Marburger Professor Feuerborn 1618 formulirt worden sei[1]). Nach den oben gemachten Mittheilungen ist der Hamburger Hauptpastor Nicolai der Erfinder dieser Lehre. Dazu kommt nun eine akademische Darstellung, welche größeres Interesse gewährt als die von Feuerborn. Von dem Wittenberger Balthasar Meisner liegt eine 1622 gehaltene Promotionsrede unter dem Titel Christianus vor[2]). Nach der Erklärung des Namens wird die Erörterung über das Wesen und die Beschaffenheit des Christen (de Christiani natura et conditione) daran geknüpft, daß Luther einmal die Formel aus 2 Petr. 1, 6, particeps divinae naturae adoptirt hat. Demgemäß wird der Stand der Wiedergeburt dahin gedeutet, daß Christus per fidem suscipitur adeoque in nobis per inhabitationem gratiosam vivere et regnare incipit. Da nun zu diesem Erfolge Gott als der Vater und die Kirche als die Mutter zusammenwirken, so ergiebt sich der zweite Satz, daß Christus, obgleich er als der zweite Adam die Kirche erzeugt, wiederum von der Kirche in jedem einzelnen Gläubigen geboren wird. Dabei wird die Rechtfertigung gar nicht in der Weise berücksichtigt, welche ein Lutheraner innehalten müßte; vielmehr wird die Wiedergeburt nach einem anderen Maßstabe beschrieben als dem, daß sie auf der Rechtfertigung fußt. Wie nämlich in der natürlichen Erzeugung drei Principien concurriren, materia, privatio,

---

1) Gaß, Geschichte der protestantischen Dogmatik I. S. 368. Krebs, de unionis mysticae quam vocant doctrinae lutheranae origine et progressu. Marburg 1871. Feuerborn's Syntagma sacrarum disquisitionum ist freilich erst 1642 erschienen, eine Sammlung von Entwürfen zu akademischen Disputationen.

2) Wittenberg 1624. Die von Tholuck, Lebenszeugen der lutherischen Kirche S. 209 als neuer Abdruck bezeichnete Abhandlung Meisner's De vero Christiano eiusque natura, praestantia et unione cum Christo, Straßburg 1697, ist ohne Zweifel mit der von 1622 identisch.

forma, quae subintroducitur, so soll die Wiedergeburt in dem Herzen als **materia, privative** als die Tödtung des alten Adam durch die Predigt des Gesetzes, **formative** als die Belebung durch die Predigt des Evangeliums, nämlich als **fides iustificans** erfolgen. So weit hält sich Meisner auf der Linie der Concordienformel. Aber sein Interesse an der Darstellung des gemeinsamen Begriffs ist so gesteigert, daß der Gedanke von der Rechtfertigung zurückgedrängt wird. Und daß Meisner darin von Nicolai abhängig ist, erkennt man aus dem ferneren Satze, die Kirche, indem sie den Wiedergeborenen aufnimmt, sei dem Mutterleibe vergleichbar, in welchem der Embryo ein verborgenes Leben führt, bis die Geburt durch die Kirche in dem Uebergang aus dem irdischen Leben in das jenseitige Leben der vollständigen Schauung Gottes erfolgt. Wie Nicolai beruft Meisner sich auf die pseudoaugustinischen Soliloquien. Indem er weiterhin den **modus subsistendi** der Christen erörtert, bezeichnet er ebenso wie jener Vorgänger die Welt als die unfreundliche Wüste, in welcher der Wiedergeborene als Fremdling existirt. Derselbe ist aber zugleich Organ Christi und übt als solches die diesem zukommende Kraft der Ueberwindung der Welt, welche den Stand der Seligkeit bezeichnet. In dieser Gedankenreihe ist die **unio mystica** Prädicat des einzelnen Gläubigen als solchen. Danach aber wird der Titel auf das Schema der Einheit des Hauptes und der Glieder bezogen. Daraus nämlich soll folgen, daß der Gläubige wie Christus in zwei Naturen besteht, allerdings nicht von Natur, aber durch Gnade. Ferner soll daraus folgen, daß die Gläubigen mit Christus in der Gemeinschaft der Leiden, der Wohlthaten und der Aemter stehen. Wegen der mystischen Vereinigung wird Christi Genugthuung und Leiden zu dem unsrigen; ebenso wird Christi Gerechtigkeit, Heiligkeit und Ehre uns zu Theil; ferner sind wir Propheten, indem wir die evangelische Lehre bekennen; Priester, indem wir uns Gott weihen, insbesondere indem wir die Opfer des Gebetes, des Almosens, der Reue, des Martyrium bringen; Könige, indem wir über Fleisch, Welt. Teufel siegen und die weltlichen Güter gesetzmäßig brauchen. Diese mystische Vereinigung mit Christus ist endlich das Motiv der Verbindung der Kirchenglieder unter einander durch Glauben und Liebe, der Beweis der Liebe Gottes gegen uns, so wie der Schlüssel des Trostes und der Antrieb zur schuldigen Dankbarkeit gegen Gott.

Dieser erste ausführliche Entwurf einer Lehre von der unio mystica in der lutherischen Theologie zeigt deutlich ein doppeltes Gesicht. Meisner hat nämlich eine neue und die hergebrachte Deutung des Begriffes auf einander geschichtet, ohne sich über ihre Verschiedenartigkeit Rechenschaft zu geben. Denn wenn die Qualität des Gläubigen als particeps divinae naturae, im Sinne der Wiedergeburt, der unio mystica als dem Antheil an dem Haupte Christus gleich wäre, so ergäbe sich der Widersinn, daß die Rechtfertigung von der Wiedergeburt abhängig gemacht wird. Ist dies aber die Absicht Meisner's nicht, so sind die beiden mit einander verbundenen Ideen zunächst gleichgiltig gegen einander, und stehen überhaupt nur in dem zufälligen Verhältniß der Gleichnamigkeit. Aber indem Meisner in dem zweiten Theil seiner Ausführung sich den oben angeführten Asketikern Westphal und Moller anschließt, ergiebt sich die bisher nicht gekannte Thatsache, daß lutherische Theologen, welche nicht in dem melanchthonischen Schema der Heilslehre befangen sind, die unio mystica in demselben Sinne wie Calvin als die insertio in Christum (Inst. III. 1, 1; 2, 30. 35) als die Stellung in der Gemeinde gedacht haben, innerhalb deren die Rechtfertigung und Wiedergeburt der Einzelnen zu verstehen ist. Hierin aber sind sie der Weisung von Luther und Brenz treu geblieben [1]). In dieser Richtung also liegt Meisner's Auffassung dessen, was er speciell unio mystica nennt. Nun hat er es aber nicht wie Calvin und dessen Nachfolger verstanden, diesem Gedanken das neue Prädicat der Theilnahme an der göttlichen Natur für den Wiedergeborenen unterzuordnen, und deshalb ergiebt sich bei ihm die Unordnung, welche auch in der Darstellung der Sache durch Heinrich Müller in Rostock [2]) wiederkehrt. Die leitenden Theologen aber, welche auf der Spur von Nicolai und Meisner den neuen Begriff der unio mystica in das System aufnehmen, haben als Melanchthonianer die nachweisliche ältere Deutung dieses Begriffes nicht gekannt. Uebrigens haben sie die neue Lehre von der unio

1) Vgl. Rechtfertigung und Versöhnung 2. Aufl. I. S. 176. 209. Hiedurch wird die Angabe Schneckenburger's berichtigt (Vergleichende Darstellung I. S. 200 ff.), daß diese Deutung der unio mystica ausschließlich reformirt, die andere ausschließlich lutherisch sei. Der letztern sind wir schon bei Lodenstein (I. S. 167) begegnet. Also beide Fassungen kommen hier wie dort vor.

2) Göttliche Liebesflamme (1677) S. 188 ff.

mystica von gewissen Bestimmungen gereinigt, mit denen sie von deren frühesten Vertretern vorgetragen worden ist. Dieses betrifft namentlich den Satz Nicolai's, daß die Vereinigung mit Gott zu Einem Klumpen führe (unio substantialis), und die Sätze von Praetorius, daß der Gläubige vergöttert werde und deshalb Christus selbst sei (unio personalis). Auch die Combination der unio mystica mit der Taufe setzen die späteren Dogmatiker nicht fort. Was aber ist die Wirkung dieser Vorsicht? Die von ihnen aufgenommene Lehre wird nur negativ, nicht positiv definirt. Was die Einwohnung der Trinität im Gläubigen und wie sie ist, erfährt man von ihnen nicht. An dieses geheimnißvolle Datum wird ferner keine eigenthümliche praktische Folge geknüpft. Quenstedt begründet auf die unio mystica, ebenso wie Praetorius und Nicolai, die Freudigkeit der Stimmung, Calov, ebenso wie Meisner, die Würde der Könige und Priester. Beides ist im richtigen Lutherthum in der Rechtfertigung durch den Glauben gewährleistet, und bedarf keiner andern Ableitung. Auch der Satz der Concordienformel, daß die inhabitatio totius trinitatis gleich regeneratio und der Grund der sanctificatio sei, wirkt hier nicht mehr nach. Diese Lehre von der unio mystica also ist in der spätern lutherischen Dogmatik ein bloßer Luxusartikel, unschädlich vielleicht, vielleicht auch schädlich, wenn andere Interessen mit dem dogmatischen Rechtstitel verknüpft werden sollten.

Anhang.

Luther's Urtheile über Mystik.

1. Operationes in Psalmos, in Ps. 5 (1519). Opp. exeg. lat. (Erl.) XIV. p. 239.

Proinde quae in Canticis de sponso et sponsa velut lascive et de hominum carnali amore dicuntur, imo et omnia, quae inter sexum maris et foeminae etiamnum geruntur, non significant nisi extreme contraria voluptatibus illis, nempe fidei, spei, caritatis perfectissima opera, hoc est mortem et infernum, sicut ibi dicit: Fortis ut mors dilectio et dura sicut infernus, aemulatio (Cant. 8, 6) . . . Quae de libidinis ardore intelligi nequaquam possunt (Also zwischen den christlichen Tugenden und der bräutlichen und ehelichen Liebe besteht nicht die Analogie, durch welche sich die Mystiker leiten lassen, da die Reue, welche jene Tugenden nothwendig begleitet, der Wollust durchaus ungleich ist). Multa multi de theologia mystica negativa, propria, symbolica moliuntur et fabulantur, ignorantes nec quid loquantur, nec de quibus affirment; neque enim quid affirmatio aut negatio sit, aut quomodo utra fiat, noverunt; nec possunt commentaria eorum citra periculum legi. Senserunt autem contraria negativae theologiae, hoc est, nec mortem nec infernum dilexerunt (d. h. die Anleitung zur Reue oder Buße). Ideo impossibile fuit, ut non fallerent tam se ipsos quam suos lectores. Haec admonendi gratia dicta velim, quod passim circumferuntur commentaria Dionysii super theologiam mysticam, hoc est mera irritabula inflaturae et ostentaturae se ipsam scientiae.

2. De captivitate Babylonica ecclesiae (1520). Opp. lat. var. arg. (Erl.) V. p. 104.

Dionysius Areopagita in theologia mystica, quam sic inflant ignorantissimi quidam theologistae, etiam perniciosissimus est, plus Platonizans, quam Christianizans, ita ut nollem fidelem animum his libris operam dare vel minimum. Christum ibi adeo non disces, ut si etiam scias, amittas. Expertus loquor.

3. Eine von Löscher, Vollständiger Timotheus Verinus Bd. I. S. 31 aus dem Ms. mitgetheilte Stelle aus einer Disputation Luther's wider die Antinomer, 1537.

Ad speculationes de maiestate dei nuda dederunt occasionem Dionysius cum sua mystica theologia et alii eum secuti, qui multa scripserunt de spiritualibus nuptiis, ubi deum ipsum sponsum, animam sponsam finxerunt. Atque ita docuerunt, homines posse conversari et agere in vita mortali et corrupta natura et carne cum maiestate dei inscrutabili et aeterna sine medio. Et haec certe ipsorum doctrina recepta est pro summa et divina, in qua et ego aliquamdiu versatus sum, non tamen sine meo magno damno. Ut istam Dionysii mysticam theologiam et alios similes libros, quibus tales nugae continentur, detestemini tanquam pestem aliquam, hortor. Metuo enim cum ipso fanaticos homines futuros, qui talia portenta rursum in ecclesiam invehant et per hoc sanam doctrinam obscurent et prorsus obruant.

4. Resolutiones disputationum de indulgentiarum virtute (1518). Opp. lat. var. arg. II. p. 180.

Quam multi sunt, qui usque hodie has poenas (horrorem proximum desperationis horrori) gustant, cum et Ioh. Taulerus in suis teutonicis sermonibus quid aliud docet, quam earum poenarum passiones, quarum et exempla nonnulla adducit? Atque hunc doctorem scio quidem ignotum esse scholis theologorum, ideoque forte contemptibilem, sed ego plus in eo (licet totus Germanorum vernacula sit conscriptus) reperi theologiae solidae ac sincerae, quam in universis omnium universitatum scholasticis doctoribus repertum est, aut reperiri possit in suis sententiis.

28. Das wahre Christenthum von Johann Arndt.

Die vier Bücher vom wahren Christenthum [1]), welche dem Namen ihres Verfassers den hohen Ruhm eingetragen haben, daß er Luther's Reformationswerk ergänzt oder fortgesetzt habe, beziehen sich nicht auf die Seligkeit im christlichen Glauben, wie die vorhergehenden Erbauungsschriften, sondern sollen die Regeln des christlichen Lebens einem Geschlechte einschärfen, welches im Ganzen als unbußfertig und des christlichen Namens unwürdig bezeichnet wird. Arndt spricht in der Vorrede zu den vier Büchern von 1610 es aus, er wolle dem Mißbrauche entgegentreten, daß die sich Christi und seines Wortes mit vollem Munde rühmen, zugleich ein unchristliches Leben führen. Zu diesem Zwecke wolle er die Einfältigen lehren, daß das Christenthum in Erweisung eines lebendigen, thätigen Glaubens durch rechtschaffene Gottseligkeit, durch Früchte der Gerechtigkeit stehe. Die Klage über diesen sitt-

1) Johann Arndt geb. 1555 zu Ballenstedt, 1583 Pastor zu Badeborn in Anhalt, 1590 entlassen, weil er die calvinistischen Veränderungen des Kirchenwesens im Fürstenthum Anhalt nicht billigte, 1590 Pastor zu Quedlinburg, 1599 zu Braunschweig, 1608 zu Eisleben, 1611 Generalsuperintendent zu Celle, gest. 11. Mai 1621. — Das erste Buch vom wahren Christenthum ist 1605 erschienen, die sämmtlichen vier zuerst Magdeburg 1610. In späteren Ausgaben erscheinen sechs Bücher; die beiden letzten sind von anderen Herausgebern aus kleineren Schriften von A. zusammengestellt. Unter diesen sind bemerkenswerth im sechsten Buch die „Wiederholung und Verantwortung der Lehre vom wahren Christenthum", zuerst Lüneburg 1620, im fünften Buch der Tractat vom wahren Glauben und heiligen Leben, und der ursprünglich lateinisch geschriebene Tractat de unione credentium cum Christo Jesu capite ecclesiae. Mir liegt hievon eine Ausgabe 8. ohne O. und J. vor mit der Bemerkung auf dem Titelblatt, daß der Verf. noch nicht die Zeit gefunden habe, die Schrift ins Deutsche zu übersetzen. Hiedurch wird die Angabe Rambach's in seiner Gesammtausgabe von Arndt's Schriften (3 Bde. Fol. Leipzig und Görlitz 1735. 36) im 3. Bande Vorrede S. 14, daß dieser Tractat zuerst deutsch 1620, nachher lateinisch in Quart erschienen sei, berichtigt. Von der Rambach'schen Ausgabe enthalten die beiden ersten Bände die Postillen über die Evangelien und die Psalmen.

lichen Verfall des lutherischen deutschen Volks ist in der Zeit des Wechsels der beiden Jahrhunderte weit verbreitet; wir sind ihr schon in dem Munde von Praetorius (S. 17) begegnet. Anstatt aller anderen Zeugnisse gleichen Inhaltes, deren Fülle unerschöpflich ist, will ich nur noch einen Anhänger von Arndt darüber zu Wort kommen lassen, Moritz Rachelius, Pastor zu Lunden in Ditmarschen [1]). Es wird nicht möglich sein, durch die Vergleichung dieser Schilderungen mit der gleichartigen Beurtheilung des „bürgerlichen Christenthums" in den Niederlanden durch Lodensteyn und seine Nachfolger festzustellen, in welchem der beiden Länder die Volkssitte verderbter gewesen ist. Denn die einzelnen Züge in den Klagen gleichen sich durchaus, und ebenso das Zugeständniß auf beiden Seiten, daß die äußere Kirchlichkeit neben allen den denkbaren Untugenden nicht zu vermissen sei. Auch darüber läßt sich nicht entscheiden, in welchem Maße die Klagen auf beiden Seiten übertrieben sind, oder in welchem Umfange und mit welchem Gewichte gute Sitte in beiden Völkern damals vertreten gewesen ist. Die Klagen über den Verfall des sittlichen Lebens [2]) in den Völkern haben eigentlich seit der zweiten Hälfte des Mittelalters nicht aufgehört, seit jenem Zeitpunkte, in welchem die Aufgabe der christlichen Volksbildung und der Reform des christlichen Lebens überhaupt ins Auge gefaßt worden ist. Man kann auch nicht behaupten, daß das sittliche Zartgefühl, welches jene Rügen und diese

---

1) Schola Arndiana, darinnen vier unterschiedliche Hausen gefunden werden derjenigen welche Arndt's Bücher theils guter theils böser Meinung gebrauchen. Rostock 1627. Von den historischen Maulchristen, die sich des Christenthums rühmen und pro forma zur Kirche, zur Beichte und zum Abendmahl kommen, heißt es weiter S. 101, daß jetzt die Zeit der großen Sicherheit nach der Vorhersagung Christi erfüllt werde. „Denn wann hat man größere Verachtung Gottes, seiner Diener und seines heiligen Wortes erfahren? wann ist die Gotteslästerung so arg gewesen? wann ist die Unbändigkeit unter den Menschen, da keiner auf den andern nichts geben will, ärger gewesen? wann hat man mehr Unzucht und Hurerei, die jetzt zur Tugend werden will, in der Welt erfahren? wann ist Fressen und Saufen, Schinden und Schaben, Kargen und Geizen so gemein gewesen? wann hat man mehr der stinkenden Hoffart in der Kleidung erfahren, als eben jetzt geschieht?"

2) Vgl. Tholuck, Geist der luther. Theologen Wittenberg's (1852) S. 95: Die Kanzelklagen über die traurigen Zustände der Kirche lauten durch alle Jahrhunderte hin egal.

Versuche hervorgerufen hat, in dem Gebiete unserer Reformation erheblich gesteigert oder wesentlich verändert worden ist. Vor und nach der Epoche im 16. Jahrhundert ist es ferner stets nur ein vielleicht nicht sehr zahlreicher Theil der kirchlichen Amtsträger, in dessen Kreise jene Desiderien laut werden. Auch die Mittel, welche man zur Besserung des Volkslebens verwendet, sind vor und nach der Reformation wenigstens in den Völkern deutschen Stammes nicht verschiedenartig. Denn hier ist auch im 15. Jahrhundert die religiöse Schriftstellerei wie die Predigt, wenn die letztere überhaupt ethischen Inhaltes war, auf die langsame Methode der Belehrung und Ueberzeugung gestellt. Die Bußpredigt, welche in Italien im 15. Jahrhundert von einer Reihe hervorragender Männer aus den Franciscaner-Observanten geübt worden ist [1]), kommt damals in Deutschland zu keiner erheblichen Geltung. Vielleicht war das Unternehmen, durch momentane Erregung des Affectes die Umkehr des Charakters, die allgemeine Versöhnung nach der Vorschrift der Bergpredigt, die Verzichtleistung auf die Mittel des Luxus herbeizuführen, nur angezeigt in einem Volke von so lebhafter Phantasie, wie das italienische ist, und auch bei diesem schwerlich von dauerndem Erfolge. Bei den Deutschen versprach diese Methode einen solchen überhaupt nicht. Nur in Einer Beziehung ist die religiöse Belehrung durch Luther auf einen andern Fuß gestellt worden, als vorher. Die Methode der gesetzlichen Zucht hat er durch den Grundsatz ersetzt, daß die Zuversicht auf Gott den freien Entschluß zur Erfüllung des göttlichen Gesetzes in sich schließt. Dieser Grundsatz ist ja nachher wieder in Schatten gestellt worden durch die Hervorhebung der schulmäßigen Rechtgläubigkeit, und im Calvinismus zugleich durch das Dringen auf Präcisität. Aber wie jene Combination die einzig brauchbare Grundformel zur Erzeugung des guten Charakters ist, so wird eine darauf gegründete Anleitung zum christlichen Leben als Erneuerung der Absicht Luther's anzusehen sein. Darin liegt nun der Vorzug von Arndt und seinen Genossen. Es ist im Allgemeinen correct lutherisch, daß Arndt in der schon angeführten Vorrede das wahre Christenthum, welches nicht in Worten oder in äußerlichem Schein, sondern im lebendigen Glauben steht, als

1) Vgl. J. Burckhardt, Die Cultur der Renaissance in Italien, Basel 1860. S. 467—473.

das folgerechte Gefüge von Glaube, Hoffnung, Liebe des Nächsten, Geduld, Demuth, Gottesfurcht bezeichnet.

Arndt ist durch die Einwendungen, welchen sein Werk begegnete, zu der ausdrücklichen Erklärung bewogen worden, daß er kein vollständiges Lehrsystem beabsichtigt habe. Das vornehmste Stück des wahren Christenthums, die reine Lehre, hat er gar nicht behandeln wollen, sondern nur das christliche Leben, wie es als innere Veränderung des Herzens durch die Buße und als Handeln nach Außen zu unterscheiden sei [1]). Aber auch die von ihm verfaßten vier Bücher sind nicht in systematischem Zusammenhang mit einander entworfen. Das erste Buch, welches fünf Jahre vor den anderen erschien, ist ursprünglich als etwas Ganzes in sich gemeint, wobei auf keine Ergänzung gerechnet wird. Es ist also nur eine nachträgliche, vielleicht nicht ganz zuverlässige Auskunft in der Vorrede zum dritten Buch des W. Ch., daß die drei Bücher auf die Normirung von drei Stufen des christlichen Lebens, auf den Anfang in der Buße, auf das Mittelalter der vermehrten Erleuchtung und auf das vollkommene Alter der gänzlichen Vereinigung mit Gott durch die Liebe angelegt seien. Das vierte Buch giebt Arndt selbst nur für einen Anhang aus, in welchem er die Uebereinstimmung des christlichen Lebens mit der Erschaffung der Welt und der ursprünglichen Bestimmung des Menschen nachweist. Wenn es also nicht ausbleiben konnte, daß in den verschiedenen Büchern vom W. Ch. sich viele Wiederholungen finden, so ist es im Allgemeinen auch mehr als zweifelhaft, daß Arndt den systematischen Sinn besessen hat, um alle seine Ausführungen auf einander und auf die von ihm wiederholt bezeugte Anerkennung der lutherischen Bekenntnißschriften zu berechnen. Sein Werk verräth es auch nicht, daß seine theologische Bildung gerade bei den praktischen Problemen in einem sorgfältigen Studium der symbolischen Bücher wurzelt. Vielmehr hat er sich von Jugend auf mit Tauler's Predigten, mit der „deutschen Theologie", sowie mit Thomas von Kempen's Nachahmung Christi beschäftigt und deren Impulse in sich aufgenommen. Die Proben davon bietet das Wahre Christenthum an unzähligen Stellen. Insbesondere hat Arndt das dritte Buch, wie er selbst bekennt, durchaus nach Tauler's Gedanken gearbeitet. Er hat ferner in das 34. Capitel des zweiten Buchs eine Darstellung vom

1) Vorrede zur Wiederholung und Verantwortung u. s. w.

Gebet aufgenommen, welche ihm handschriftlich und anonym zugekommen war, in welcher man jedoch, als Valentin Weigel's Werke seit 1612 im Druck erschienen waren, eine Schrift dieses Mannes erkannte. Endlich ist ein Theil des zweiten Buches vom 13.—27. Capitel (mit Unterbrechungen) aus der „Theologie des Kreuzes Jesu Christi" von Angela da Foligno, einer quietistischen Nonne des 13. Jahrhunderts, entlehnt. Aber schon in dem ersten Buche gaben sich die Einflüsse der mittelaltrigen Vorbilder von Arndt so deutlich kund, daß von da an die Bemängelung seiner lutherischen Rechtgläubigkeit ihn bis an sein Lebensende und darüber hinaus verfolgte. In greifbarer Gestalt liegen diese Einwendungen in der nach Arndt's Tode erschienenen Schrift des Tübinger Propstes, Professors und Kanzlers Lucas Osiander [1]) des Jüngern vor. Allein die Epoche machende Bedeutung von Arndt's Werk giebt sich in der rückhaltlosen Zustimmung kund, mit welcher eine Reihe von Anhängern die Richtigkeit oder die Zulässigkeit seiner Lehre zu vertheidigen unternahmen. Dahin gehören Dilger in Danzig, ein übrigens unbekannter Arzt Breler, der auch das W. Ch. ins Lateinische übersetzt hat, Saubert in Nürnberg, ferner die speciellen Widerleger von Osiander, Varenius in Hitzacker, Egard in Nortorf (Holstein), endlich Rachelius in Lunden [2]).

Lucas Osiander ist nicht ganz frei von jener bekannten idiotischen Art des theologischen Urtheils, welche durch jede von dem gewohnten Schema abweichende Darstellung verletzt wird, und für solche befremdende Erscheinungen schon im Voraus eine Reihe von Ketzernamen bereit hält. Osiander hat es nämlich nicht be-

---

1) Geb. 1571, gest. 1638. Theologisches Bedenken und christliche treuherzige Erinnerung, welcher Gestalt Johann Arndten genanntes W. Ch. nach Anleitung des Wortes Gottes und der reinen evangelischen Lehre anzusehen sei. Tübingen 1624.

2) Daniel Dilger, Herrn J. A. richtige und in Gottes Wort wohlbegründete Lehre in den 4 Büchern vom W. Ch. 1620. — Melchior Breler, Mysterium iniquitatis pseudoevangelicae, h. e. dissertatio apologetica pro doctrina beati J. A. Goslar 1621. — Joh. Saubert, Unparteiisches Urtheil, wofür man die Bücher J. A. vom W. Ch. zu halten habe. 1625. — Heinrich Varenius, Christliche, schriftmäßige, wohlbegründete Rettung der vier Bücher vom W. Ch. Lüneburg 1624. 1689. — Paul Egard, Ehrenrettung J. A. d. i. — was von Osiandri Urtheil und Censur über das W. Ch. sei zu halten. Lüneburg 1624. Moritz Rachelius s. o. S. 35.

greifen können, daß Arndt's Entwurf des praktischen Christenthums Gesichtspunkte befolgen durfte, welche in der theoretischen Theologie nicht vorkommen. Alles was Arndt über innerliche Aneignung des Christenthums vorträgt, begleitet Osiander mit dem Vorwurfe, daß hiemit der Weg zu Schwenkfeld und Weigel eingeschlagen werde. Er hat dabei das Verfahren der Consequenzmacherei in einem solchen Umfange geübt, daß er sich und den Herzog von Württemberg, dem er sein Buch gewidmet hat, mit der Aussicht auf die Wiederholung der Gräuel der Münster'schen Wiedertäufer ängstigt, wenn Arndt's Lehre ihren Lauf ungehindert nehmen würde. Diese unzweifelhaften Ungerechtigkeiten und Uebertreibungen in gewissen Punkten der Bestreitung Arndt's haben nun dessen Vertheidiger zu der Meinung geführt, daß ihres Meisters lutherische Rechtgläubigkeit in jeder Beziehung aufrecht erhalten werden könne. Deshalb haben sie sich darauf gelegt, Alles zu beschönigen, was einem lutherisch geschulten Leser bedenklich klingen muß. Aber die Restrictionen, welche diese Vertheidiger den Aussprüchen von Arndt widmen und welche in den späteren Ausgaben des W. Ch. unter dem Texte Aufnahme gefunden haben, sind immer nur auf die einzelne Stelle berechnet, und können gegen den Gesammteindruck nicht aufkommen, daß die Befolgung mittelaltriger Muster durch Arndt sein Lutherthum erheblich abgewandelt hat. In solchen Punkten hat Osiander richtiger geurtheilt, namentlich wenn er zu bezeugen im Stande war, was bis dahin als lutherische Lehre üblich gewesen ist.

Die Vertheidiger konnten allerdings beweisen, daß Arndt nicht wie Schwenkfeld und Weigel dachte, indem er das äußerlich gepredigte und geschriebene Wort Gottes und den Geist oder den Glauben, durch den es wirksam wird, einander entgegenzusetzen pflegte. Denn diesen Gegensatz hat er meistentheils nicht absolut gemeint. Vielmehr hat er die lutherische Combination zwischen dem gehörten Worte Gottes und dem Geiste Gottes nicht nur im W. Ch. grundsätzlich vorausgesetzt, sondern auch nachträglich in den Schriften „Vom wahren Glauben und heiligen Leben“ Capitel 4, und „Verantwortung“ Capitel 6 ausdrücklich vorgetragen. Wo Arndt einen Gegensatz zwischen Wort oder Schrift und Geist oder Glaube ausspricht, hebt er auch jenen Grundsatz regelmäßig nicht auf. Vielmehr gilt derselbe für die allgemeinen und normal verlaufenden Bedingungen der Bekehrung und Wiedergeburt. Der

Gegensatz von Wort und Geist kommt jedoch zur Geltung in den einzelnen Fällen der Bekehrung, welche nicht glatt verlaufen, sondern eine starke Spannung zwischen der Indisposition und der Bestimmung eines Menschen zum christlichen Leben verrathen. So lange die Schwierigkeiten dieser Lage noch nicht nach dem erstrebten Erfolge beurtheilt werden können, so lange vielmehr dieser Erfolg unklar ist, muß von dem noch unwirksamen Worte Gottes die in sich unmeßbare Instanz des Geistes Gottes unterschieden, und von ihr die Belebung des gepredigten Wortes Gottes erwartet werden. Der Tübinger Theolog, der blos seine dogmatische Regel kannte, ohne die praktische Anwendung derselben zu bedenken, hat zugleich nicht beachtet, daß die Distinction, welche er an Arndt verketzerte, bei Luther, wie bei orthodoxen Lutheranern nicht selten ist [1]). Also indem die praktische Aufgabe des W. Ch. den Gebrauch dieser Formel für das Bedürfniß der einzelnen verhältnißmäßig Unbußfertigen unumgänglich machte, so behauptet zugleich Arndt die Norm der allgemeinen Combination zwischen Wort und Geist Gottes, welche dem lutherischen Lehrbegriffe entspricht.

Anders steht es mit dem Verständniß und der Ausprägung des andern Poles der lutherischen Gesammtanschauung, nämlich des Grundsatzes der Rechtfertigung durch den Glauben. Formell und theoretisch richtig spricht Arndt aus, daß der Glaube als Zuversicht und Vertrauen auf Gottes Gnade in Christus sich die Vergebung der Sünden aneignet, oder daß die Gerechtigkeit, welche ohne eigenes Verdienst gewonnen wird, in dem Gehorsam, Verdienst und Blut Christi bestehe, welche die Sünde des Gläubigen zudeckt (I, 5; III, 2). Allein er weiß mit dieser Erkenntniß keine eigenthümliche Gemüthsrichtung, keine specifische Seite des christlichen Lebens zu begründen. Obgleich er die Tractate von Stephan Praetorius herausgegeben hat, klingt dessen Verwendung der Rechtfertigungsidee so gut wie gar nicht im W. Ch. nach. Der lebendige Glaube, den Arndt meint, ist nur vorübergehend als der Glaube an Gottes Vorsehung prädicirt, welcher diese Richtung gerade in Folge der Sündenvergebung nimmt. Diese Eigenschaft wird vielmehr sogleich überboten durch den Inhalt der Vereinigung

---

1) Vgl. Varenius 1. Th. (2. Aufl.) S. 156. 163. 178. Jul. Müller, Verhältniß zwischen der Wirksamkeit des heil. Geistes und dem göttlichen Wort. Erster Artikel, in Stud. u. Krit. 1856. S. 332. 338 ff.

mit Gott und der weltflüchtigen Ruhe in Gott [1]). Das heißt, die Wahrheit der Sündenvergebung in Christus wird nicht als der Grund der unumgänglichen religiösen Geistesthätigkeit, der lebendigen Zuversicht auf Gott in allen Lagen des Lebens verwendet, sondern als theoretische Voraussetzung eines zunächst passiven Besitzes, der mystischen Vereinigung mit Gott im Glauben, vorgetragen. Darin also ist Arndt auf demselben Standpunkt, wie sein Zeitgenosse Nicolai (S. 23), ohne daß es zu entscheiden wäre, ob er von demselben abhängig ist oder nicht. Es ist allerdings bemerkenswerth, daß die mystische Vereinigung mit Gott, beziehungsweise die Einwohnung der Dreieinigkeit im Gläubigen im ersten Buch des W. Ch. nicht weiter erörtert wird; um so bedeutender ist im zweiten und im dritten Buche der von jenem Gedanken gemachte Gebrauch; besonders durchgeführt ist er dann in dem nachträglichen Tractat **de unione credentium.**

Ich stelle zunächst fest, daß diese Werthbestimmung des lebendigen Glaubens auf die zwei in einander geflochtenen Gesichtspunkte begründet wird, daß Christus die menschliche Natur angenommen hat, und daß er mit den Gläubigen als Haupt vereinigt ist. Der erste Gedanke nämlich wird von Arndt ebenso gedeutet wie von Athanasius. „Die Vereinigung, die wir mit Gott haben in Christo, ist größer als die, welche wir von Adam hätten ererben können, indem Christus unsere menschliche Natur angenommen und dieselbe so hoch gereiniget hat in ihm selber. Bleibt auch mit derselben einmal angenommenen Natur ewig vereinigt, und in derselben alle Gläubige (mit allen Gläubigen). Denn Christus ist

---

1) I, 5. Durch diese herzliche Zuversicht und herzliches Vertrauen giebt der Mensch Gott sein Herz ganz und gar, ruhet allein in Gott, läßt sich ihm, hanget ihm allein an, vereinigt sich mit Gott, wird theilhaftig alles dessen, was Gottes und Christi ist, wird ein Geist mit Gott, empfängt aus ihm neue Kräfte, und also wird der Mensch aus Gott durch den Glauben neu geboren. III, 2. Des wahren lebendigen Glaubens Eigenschaft ist, Gott getreulich anzuhangen, seine ganze Zuversicht auf Gott setzen, ihm von Herzen vertrauen, sich ihm ganz ergeben, seiner Barmherzigkeit sich lassen, mit Gott sich vereinigen, eins mit Gott sein und bleiben, allein in Gott ruhen und seinen innerlichen Sabbath halten, alle Creaturen ausgeschlossen nichts begehren denn Gott allein als das höchste vollkommene Gut, und das alles durch Christum Jesum, welcher ist der Anfänger und Vollender unseres Glaubens.

ganz unser und wir sind ganz sein. Und so rein als er nun seine menschliche Natur gemacht in seiner Person, so rein hat er unsere Natur auch für Gott gemacht, welches wir in der Verklärung an jenem Tage erfahren werden" (II, 3, 6; vgl. 10, 15). Unio illa divinae et humanae naturae nonne certissimum et infallibile est symbolum unionis dei cum hominibus? Ego in vobis et ipsi in me, ait salvator noster, ut dilectio, qua me diligit, sit in ipsis. Ideo Christus in membris suis habitans vivificat ea et efficit in ipsis virtutem spiritualem (de unione 4). Von Gott aus ist der Grund dieses Verhältnisses seine versöhnende Liebe in Christus, dann das Wort Gottes, die Taufe und das Abendmahl. Insofern behauptet Arndt die Linie, auf welche Praetorius diese Gedankenreihe gestellt hat. Allein dieselbe gilt für Arndt doch nicht blos als die objective Werthbestimmung des Glaubenslebens, welche von den dogmatischen Theologen nachher fixirt ist; sondern für ihn steht im Vordergrunde die subjective Beschäftigung mit diesem Ziele des activen Glaubens durch die Selbstverleugnung oder Absagung des eigenen Willens (II, 6, 3. 6), durch Buße und Bekehrung (10, 15; de unione 6), durch das innerliche, beziehungsweise das übernatürliche Gebet (nach Angela da Foligno), da unser erschaffener Geist verschmelzet und versenket wird in den Geist Gottes (20, 4), durch den Geschmack der Liebe Gottes (28, 4), welche der Hauptinhalt des vorliegenden Verhältnisses ist. Indem dasselbe mit den Bildern des Hohenliedes in dem Schema der geistlichen Ehe des einzelnen Gläubigen mit Christus ausgeführt wird (de unione 7. 8), ist der griechische Gesichtspunkt der Deutung gegen das lateinisch-mittelaltrige Muster aufgegeben.

Arndt ist unter den Lutheranern der Erste, welcher dieses specifische Element der mittelaltrigen Devotion als die Hauptaufgabe des lebendigen Glaubens eingeführt hat. Osiander bezeugt diese Thatsache, indem er bemerkt, daß die von Arndt gemeinte Vereinigung etwas Anderes bedeute als die Versöhnung, und daß man bisher unter unio mystica in der lutherischen Theologie nur die Verbindung Christi mit der Kirche verstanden habe (S. 26). Was Varenius dagegen einwendet, dient auch nur zur Bestätigung der Aussage Osiander's. Jener beruft sich nämlich dagegen nur auf einen unvollständig angeführten Satz von Conrad Schlüsselburg [1]), in welchem die participatio naturae divinae über die iustificatio hinaus gleich der inhabitatio trinitatis ad regenerationem gesetzt wird, der gemäß Christus auch als iustitia essentialis et aeterna wirksam ist. Diese Combination wird jedoch Schlüsselburg, was Varenius verschweigt, im Sinne der Concordienformel (S. 21) zur Begründung der guten Werke und des Kampfes gegen die Sünde verwendet, bedeutet also etwas ganz Anderes, als was Arndt daran knüpft. Endlich hat Schlüsselburg, indem er gegen Schwenkfeld schreibt, den Titel der participatio naturae divinae nur von seinem Gegner angenommen, um demselben einen abweichenden Sinn beizulegen. Von Nicolai's und und von Meisner's Interesse an der unio mystica weiß Varenius noch nichts. Hätte er aber auch auf diese Zeitgenossen sich berufen, so würde dadurch Osiander's geschichtliches Zeugniß nicht widerlegt worden sein. Die nach dem Vorbilde des heiligen Bernhard bemessene Erneuerung des Liebesverkehres mit dem Bräutigam Christus tritt bei Arndt als die Praxis ein, welche die Formel der unio mystica zunächst ausfüllt, und welcher alle übrigen Anforderungen des wahren Christenthums untergeordnet werden. Varenius hat sich nun ferner bemüht, das Recht der Formel durch alle die alttestamentlichen, johanneischen und paulinischen Sätze von Einwohnung Gottes und von Christus in uns zu bewähren, welche später von Poiret und Arnold zum Beweise dessen angeführt werden, daß die Mystik das ursprüngliche Christenthum sei [2]). An sich aber bezeichnen namentlich die Sätze des N. T. nur ein Erkenntnißproblem, welches nicht durch die mechanischen und physischen Vorstellungen der Mystik, welche ja auch in anderen Religionen vorkommt, sondern durch die Beziehungen des Willensbegriffes richtig gelöst wird. Jedenfalls folgt aus den biblischen Sätzen nichts weniger, als daß sie ihre Ergänzung und Ausfüllung durch das Spiel der bräutlichen Liebe erwarten. Denn die beiden auch von Arndt wieder zusammengebrachten Elemente sind eigentlich ganz disparat. Die Formeln: Christus in uns u. s. w. drücken eine Erhebung des menschlichen Wesens der Gläubigen zu gottgemäßer Haltung aus; die Schemata des Hohenliedes dienen immer dazu,

---

1) Catalogus haereticorum (1599) lib. X. p. 152; vgl. Varenius Th. I. S. 448.

2) Varenius Th. I. S. 453 ff.

den göttlichen Factor zu degradiren. Oder, um es deutlicher zu sagen, das Liebesspiel, bei welchem nicht die Ehrfurcht vor dem Herrn, sondern der Verkehr mit dem Freunde auf dem Fuße der Gleichheit maßgebend ist (I. S. 49), ist eine praktische Verleugnung der Gottheit Christi [1]). Der Unterschied in dem Gebrauch, welchen Arndt und welchen der heil. Bernhard von der Combination zwischen mystischer Vereinigung und Liebesspiel mit dem Bräutigam machen, kann nicht gering geschätzt werden. Für Bernhard ist dieses Liebesspiel der Weg zu der mystischen Vereinigung, der Erfahrung von der Identität des Schauenden mit Gott; für Arndt ist die Vereinigung nur der im System festgestellte Rechtstitel für das Liebesspiel mit dem Bräutigam [2]). Arndt behauptet in dieser Beziehung ebenso wie die meisten Niederländer die niedrigere Linie der Devotion, und leitet nicht absichtlich zu der Verschmelzung mit und dem Aufgehen in Gott an, wenn auch gelegentlich eine von ihm aufgenommene Redensart dahin weist. Denn dazu hätte die ganze Zucht des Klosterlebens erneuert werden müssen. Also zeigt sich die ungünstige Lage, in welche er sich durch seine Abhängigkeit von fremden Mustern gebracht hat, darin, daß er im Gebrauche gewisser Formeln gar nicht dessen sich bewußt ist, was dieselben eigentlich bedeuten, und welche Bedenken ein Lutheraner gegen sie haben müßte.

Der praktische Charakter, welchen Arndt im Christenthum zur Geltung bringen wollte, also die gründliche Sinnesänderung

---

1) In der Rambach'schen Ausgabe der Sämmtlichen Werke von Arndt, im dritten Bande findet sich hinter dem 6. Cap. des 3. Buchs des W. Ch. ein Gedicht in 15 Strophen über Hoheslied 7, 11. 12 „Ach was mach ich in den Städten", welches von durchaus weltlicher Haltung ist, nur in den beiden vorletzten Strophen Anspielungen auf die Wunden Christi enthält, und ein Muster von verfehltem Geschmack ist. Dieses Gedicht ist weder von Arndt, noch findet es sich in der ursprünglichen Ausgabe des W. Ch., sondern ist von Heinrich Müller in Rostock in dessen „Geistliche Liebesflamme, oder zehn geistliche Lieder, in welchen der Autor seinem Freund und Liebhaber Jesu sein brennendes Herz zeiget" innerhalb dessen „Geistlicher Seelenmusik". Frankfurt 1659. Ich theile es unten im Anhang zu Capitel 29 mit.

2) Dasselbe ist der Fall bei Christian Hohburg (geb. 1607, gest. 1675) Theologia mystica (Amsterdam 1655. 56) 3. Theil S. 51, und bei Joh. Heinr. Ursinus, Superintendent zu Regensburg (geb. 1607, gest. 1667) vgl. Tholuck, Lebenszeugen S. 388.

oder Buße, wird von ihm richtig so bezeichnet, daß die Tödtung des alten Menschen und die Belebung des neuen in einander seien (I, 4). Davon macht er aber nicht die Anwendung auf seine Leser, daß sie in dem Gebiete ihres täglichen Lebens sich nach diesem Gesichtspunkte zu richten, und in der Uebung des Guten das Böse in sich vernichten sollen; vielmehr stellt er die Buße als die Selbstverleugnung in das Gebiet der contemplativen Selbstbeurtheilung und Selbstbearbeitung. Und zwar kommt es hier nicht darauf an, daß Jeder die Schuld seiner Sünde in dem besondern Umfange, in welchem er an der gemeinsamen Sünde Theil nimmt, für sich feststellt; sondern gemäß dem Typus der allgemeinen angeerbten Sünde soll man sich für den unwürdigsten, elendesten Menschen halten, die Welt verschmähen mit ihrer Ehre und Herrlichkeit, seine eigene Weisheit und Vermögen für nichts achten, sein eigenes Leben hassen und der Welt absterben. So viel ich weiß, ist es ein werthvoller Zug an Luther's Auffassung des Christenthums, daß er die Sünde als Schuld gegen Gott und Menschen erkennen gelehrt hat. Er hat auch in diesem Sinne den Begriff von der Erbsünde wieder so geschärft, wie Augustin sie gemeint hatte. Die Ansicht Zwingli's, daß die Erbsünde nur Krankheit und Fehler und nicht Schuld sei, hat deshalb Luther nicht genügt. Nun aber ist die Uebertragung des Prädicats der Schuld auf eine als angeerbt vorzustellende Sünde nach den Verhältnissen dieses Begriffs undenkbar. Die präcise Auffassung der Sünde als Schuld kann immer nur an die besondere active oder habituelle Sünde geknüpft werden, die Einer für sich feststellt, und woran er seinen Antheil an der gemeinschaftlichen Sünde mißt. Sobald aber die bußfertige Selbstbeurtheilung auf die angestammte also allgemeine Sünde gerichtet wird, verschwindet das Attribut der Schuld. Diese unwillkürliche Folgerichtigkeit in der praktischen Verwerthung der Erbsünde tritt nun ebenso wie bei den Männern des Mittelalters, auch bei Arndt ein, indem er sie nur als Gräuel und Abscheu (I, 1. 13), als Elend (I, 19), als Krankheit (II, 1) darstellt. Beleidigung Gottes und Schuldgefühl findet er erklärlicher Weise nur in den einzelnen Thatsünden (II, 10, 9).

Die bezeichnete Schätzung der Erbsünde rechtfertigt es aber keineswegs, daß Arndt, nicht anders wie die niederländischen Pietisten, dem Büßenden die Einprägung seiner Nichtigkeit vorschreibt (I, 19; II, 6. 10; III, 8). Der Gedanke, daß Gott alles allein sei, und daß der Mensch vor Gott seiner Nichtigkeit sich bewußt werden müsse, ist keine nothwendige Folge der Bedeutung des allgemeinen Sündenelendes, an dem jeder Theil nimmt, und ist ebenso wenig im lutherischen Lehrbegriff begründet. Denn gerade in dem Mißgefühl des Elendes bewährt der Sünder den Werth seiner Bestimmung zur Seligkeit. Zu dieser Voraussetzung des Gefühls vom Elend der Sünde befähigt und berechtigt ihn der lutherische Lehrbegriff, indem er die Sünder als Gegenstände der erlösenden Liebe Gottes kennen lehrt. Der Begriff von Gottes Souveränetät, aus welchem die Calvinisten der zweiten Generation die Nichtigkeit des Menschen ableiten (I. S. 135), ist im Lutherthum nicht gangbar. Wie kommt also Arndt, dem der Calvinismus ein Gräuel gewesen ist, zu der gleichen Ansicht? Varenius [1]) hat zu Arndt's Rechtfertigung einige gleichartige Aeußerungen Luther's namentlich aus der Schrift gegen Erasmus angeführt. Aber, auch wenn Arndt aus dieser Quelle geschöpft hätte, so würde er eben den lutherischen Lehrbegriff nicht befolgt haben, in welchem die Gedankenreihe, daß Gott dem nichtigen Menschen gegenüber frei zur Erwählung oder zur Verwerfung sei, keine Aufnahme gefunden hat. Denn dieses ist der mittelaltrige, insbesondere scotistische und nominalistische Begriff von Gott, den übrigens Luther überwunden und officiell abgestoßen hat durch den Gedanken, daß Gott in Christus als die Liebe und Gnade offenbar ist [2]). Aber derselbe Begriff von Gottes Absolutheit und die daraus gezogene Folgerung der Nichtigkeit des Menschen gilt auch bei Tauler und bei Thomas von Kempen (III, 8). Von diesen Mustern also hat Arndt die Zumuthung entlehnt, daß die Menschen in der Buße auf ihre Nichtigkeit gegen den Gott, der allein alles ist, sich stimmen sollen. In dem dritten Buche des W. Ch. wird das Gefühl der Nichtigkeit in der Buße gedeutet als der formelle Verzicht auf die Eigenheit des Willens, einschließlich der Entfernung vom Interesse an den Creaturen überhaupt. Denn wenn der Wille so in reines Leiden sich versetzt hat, kann die Vereinigung mit Gott, dem lautern Wirken, vor sich gehen (III, 2. 4. 9. 15). Nun hat gelegentlich auch Luther den Gedanken ausgesprochen, daß man die göttlichen

---

1) A. a. O. Theil 1. S. 626 ff.

2) Kattenbusch, Luther's Lehre vom unfreien Willen und von der Prädestination nach ihren Entstehungsgründen untersucht. Göttingen 1875.

Wirkungen in uns leiden und dazu selbst nur stille sein soll. Hienach aber hat sich Arndt gewiß nicht gerichtet; denn er knüpft an das passive Verhalten des Willens gegen Gott die Wirkung, daß Gott sich zur Vereinigung mit solcher Seele geben muß (III, 2, 4; 5, 1). Dieser Satz wird zwar einmal auf Gottes Gnade und Barmherzigkeit, das anderemal aber darauf gegründet, daß die Natur keine leere Statt duldet. Da kommt also die metaphysische oder pantheistische Wurzel dieser quietistischen Gedankenreihe an den Tag, deren Erkenntniß bei Tauler als Mittel zum Zweck der Vereinigung mit Gott dient. Denn nur darum führt die Aufhebung der eigenen Creatürlichkeit oder die Nichtssetzung durch die Verneinung des eigenen Willens zur Ausfüllung des leergewordenen Raumes durch Gott, weil dieser ausschließlich das Sein ist (I. S. 472).

Wenn die Buße in dieser contemplativen Beschäftigung bestehen soll, so ist es folgerecht, daß vor dem Verkehr in der Gesellschaft gewarnt wird (I, 23). „Denn gleichwie dem menschlichen Leibe nicht besser ist, denn wenn er in seinem Hause ist (!), also ist es der Seele nicht besser, als wenn sie in ihrem eigenen Hause ist, das heißt in Gott ruht". Ueberdies sind die zeitlichen Güter nur zur Probe der Heiligung für die Pilger auf Erden bestimmt (I, 17). „In dieser Welt ist alles den Christen ein Kreuz, eine Versuchung, eine Anreizung zum Bösen, ein Gift und Galle". Deshalb muß man sein Interesse von den Dingen abziehen, um sich des ewigen Vaterlandes würdig zu halten. So etwas durfte Arndt lehren, wenn er es mit einer Mönchsgesellschaft zu thun hatte; innerhalb der bürgerlichen Gesellschaft ist diese Zumuthung unausführbar. Und wie diese Anweisung zu dem Bekenntniß der lutherischen Kirche stimmen wird, verräth die Definition der „rechten Vollkommenheit eines christlichen Lebens" in der Vorrede zum dritten Buch. „Denn die Vollkommenheit ist nicht, wie etliche meinen, eine hohe, große, geistliche, himmlische Freude und Andacht, sondern sie ist die Verleugnung deines eigenen Willens, Liebe, Ehre und Erkenntniß, deiner eigenen Nichtigkeit, eine stete Vollbringung des Willens Gottes, inbrünstige Liebe des Nächsten, ein herzliches Mitleiden und in Summa, eine solche Liebe, die nicht begehret, denket, suchet, denn Gott allein, soviel in der Schwachheit dieses Lebens möglich ist. Darin stehet auch die rechte christliche Tugend, die wahre Freiheit und Friede, in Ueberwindung des Fleisches und fleischlichen Affecten". Der Lutheraner Arndt weiß also in diesem Gedankengange nichts von der Vollkommenheit, welche die Augsburgische Confession lehrt; so wie er sich ausdrückt, brauchte Luther's Reformation gar nicht stattgefunden zu haben. Die Antithese, in welche er seinen Begriff von der Vollkommenheit gestellt hat, ist vielmehr auch nur ein Beweis davon, daß Arndt's besondere Gedanken im Mittelalter heimisch sind. Zuerst (I, 21, 9) hat er selbst gefordert, daß man die Liebe Christi, ihre Süßigkeit und Kraft im Herzen schmecken, fühlen und empfinden müsse. Je mehr er sich in die mystische Betrachtungsweise eingelassen hat, scheint es ihm unsicher geworden zu sein, daß auf die Freude als die nothwendige Begleitung der Vereinigung mit Christus zu rechnen sei. „Unser Freund ist allezeit bei uns, aber er lässet sich nicht allezeit merken, außer wenn das Herz still ist" (III, 6). Wenn also das ewige Leben zwar im Jenseits von der Freude begleitet ist, so ist dessen vorläufiger Besitz an die Selbstverleugnung gebunden, wobei die Seele oft genug sich verlassen findet, und „danach seufzet und jammert, daß sie ihren lieblichen Bräutigam möchte finden". In der angeführten Aeußerung über die Vollkommenheit entscheidet also Arndt sich nur für die quietistische Auffassung gegen die ursprüngliche Erwartung und Forderung der abendländischen Mystik.

Auf welche Art geistiger Thätigkeit endlich kommt alle die Anstrengung hinaus, welche er seinen Lesern zumuthet? Das höchste Ziel, wonach sich alles richtet, ist die Empfindung der Schönheit Gottes; dieser Gesichtspunkt gerade ist das wichtigste Motiv für die Selbst- und Weltverleugnung. „Es ist solch eine Lieblichkeit und Schönheit in Gott; möchte ihn unsere Seele nur einen Augenblick sehen von ferne, sie kehrete sich nicht von Gott um alle diese Welt" (III, 7. 10; II, 30). Wie also die Sünde unter dem Gesichtspunkt der Häßlichkeit beurtheilt wird, so werden Gott und Christus, der Bräutigam, durch ihre Schönheit und deren Anziehungskraft empfohlen. Das „wahre Christenthum" ist demgemäß vor der blos verständigen äußerlichen Aneignung der Lehrformeln durch einen Zug der Innerlichkeit und durch die Tendenz auf Gesammtanschauung ausgezeichnet. Aber dieselbe ist an einem ästhetischen Gesichtspunkt orientirt, welcher, wie sich zeigen wird, auch die sittlichen Beziehungen und Aufgaben des Christenthums beherrscht. Darin aber wird nicht die Betrachtungsweise erreicht, welche der lutherischen Auffassung des Christenthums entspricht. Das Lutherthum nimmt ebenfalls die Phantasie in Anspruch durch den Satz, daß der Gläubige, indem er um der Versicherung seines Heiles willen von sich selbst, von seinen Leistungen oder von seinen Sünden absieht, Christus anzuschauen hat als den Träger des göttlichen Gnadenwillens oder den Mittler der Sündenvergebung. Dabei handelt es sich aber weder um die Befriedigung der geistigen Genußsucht, noch um die Vorspiegelung der Harmonie mit einem Urbilde von Schönheit, auf welche der Einzelne als den letzten Zweck sich zu fixiren hätte. Sondern die Anschauung Christi bedeutet die Unterordnung des Willens unter das Muster der göttlichen Gnade in einem Menschen, welcher der religiösen Gemeinschaft, in die man sich eben durch jene Anschauung einreiht, sowohl ihre Versöhnung mit Gott gewährleistet, als auch den obersten gemeinschaftlichen Zweck im Guthandeln einprägt. So betrachtet bietet die gläubige Anschauung Christi keinen Anlaß zur Anknüpfung einer einsamen und gegen die Anderen gleichgiltigen ästhetischen Beschäftigung mit dem Träger der göttlichen Gnade. Die Umbiegung der lutherischen Formel in das Liebesspiel mit dem Bräutigam Christus läßt die Befreiung, auf welche es ankommt, verkümmern. Denn bräutliche Liebe ist immer von einer gewissen Selbstsucht und Selbstgefälligkeit begleitet; ein solcher Zusatz ist in der lutherischen Formel jedenfalls nicht vorgesehen, sondern ausgeschlossen.

In gleichem Mißverhältniß zu dieser Formel steht aber auch das ganze dritte Buch des W. Ch., welches nach dem Muster Tauler's gearbeitet ist. Die lutherische Ansicht von der Unvollkommenheit des christlichen Lebens schließt es ja nicht aus, daß es auf Wachsthum im Glauben ankommt (I, 21, 9); allein die Deutung des vollkommenen Mannesalters in Christus, welche in dem dritten Buch des W. Ch. ausgeführt ist, verletzt die Regel des lutherischen Bekenntnisses ebenso, wie sie auf falsche Benutzung eines Ausspruches Christi gegründet ist. Das Wort Christi an die Pharisäer, welche nach den sinnenfälligen Zeichen der zu erwartenden Herrschaft Gottes fragen, ἡ βασιλεία τοῦ θεοῦ ἐντὸς ὑμῶν ἐστιν (Luk. 17, 21), kann unmöglich die Gegenwart des Reiches Gottes in dem Gemüthe der Fragenden behaupten, sondern nur die Gegenwart jener Größe in demselben Raume, den die jüdische Religionsgemeinschaft einnimmt [1]). Arndt deutet es auf die innere Lebensführung der nach seiner Anweisung geübten Gläubigen; eine Auslegung, auf welche man in der vulgären Ueberlieferung auch jetzt immer noch stößt. Er folgert aber daraus, daß die Gläubigen den Umfang aller religiösen Güter in sich selbst zu beschauen haben. „In unserem Herzen ist die rechte Schule des heiligen Geistes, die rechte Werkstatt der heiligen Dreifaltigkeit, das rechte Bethaus im Geist und in der Wahrheit". Der von Arndt angerufene heilige Bernhard mochte behaupten, daß eine Seele, die einmal gelernt hat in sich einzukehren, um die Gegenwart Gottes in ihrem Innern zu suchen, nach der Empfindung der Süßigkeit dieser heiligen Uebung nicht geneigt sei, wieder in das Sinnenbegehren auszugehen. Lutherisch ist diese Anweisung nicht. Denn Luther hat die Gläubigen von der Selbstbeschauung, die ihnen immer nur die Mängel des eigenen Heilsstandes zeigen muß, abgerufen zu der Anschauung der Gnadengegenwart Gottes in Christus, der als der Versöhner über ihnen steht und für sie einsteht. Demgemäß ist es auch nicht im Einklang mit der lutherischen Schätzung des gepredigten Wortes, daß Arndt (III, 15) mit Tauler die Offenbarung des ewigen Wortes in der Seele, und die dem gleichgeltende Einsprache Gottes in den ihn liebenden Menschen behauptet. Ob Arndt bei dieser Behauptung vorbehalten hat, daß diese inneren Erscheinungen nur entfernte Wirkungen der öffentlichen Predigt seien, ist nicht zu entscheiden. Wenn er aber Tauler vollständig verstanden hat, so ist jene Annahme zu seinen Gunsten schwerlich treffend. Denn das ewige Wort, welches dem Menschen näher ist, als seine eigene Natur und Gedanken, bedeutet die Werthbestimmung des Ursprunges des Menschen aus Gott, welche durch ihre metaphysische Art über alle geschichtlichen Mittel der Gemeinschaft der Menschen mit Gott übergreifen soll, also auch über das Mittel des gepredigten Wortes. Und wenn Arndt demnächst sagt, der Spruch: wer mich liebt, wird mein Wort hören (Joh. 14, 23), beziehe sich *nicht allein* auf die äußerlichen Versammlungen in den Kirchen, *sondern auch* auf das geheime Liebesgespräch mit Gott im Herzen, so hat er eben diese Erfahrung als die andere Art dem Hören der Predigt nicht untergeordnet, sondern entgegengesetzt. Die Vertheidiger von Arndt welche diese Ausdrücke mit der von ihm anerkannten Schätzung der

---

1) Wie *Osiander* S. 179 ff. ganz richtig auseinandersetzt.

Predigt auszugleichen suchen, beachten nicht, daß der individuelle Typus bei Tauler und bei Luther trotz aller Aehnlichkeit verschieden ist in Temperament und in Temperatur. Der Versuch, diese Typen identisch zu nehmen, kann also nur dahin führen, daß dem einen der andere untergeschoben wird.

Dieses bewährt sich auch noch an der Motivirung der religiösen Tugenden und der sittlichen Pflichten. Arndt hat dem Gedanken, welcher Luther's Buch von der Freiheit eines Christenmenschen beherrscht, wiederholt den kräftigsten Ausdruck verliehen. „Ein gläubiger Christ sein, ist ein hoher Name über alle Namen in der Welt, über alle Stände und Aemter, über alle Zeit, Ort Gesetz und über die ganze Welt. Wiederum aber, ein wahrer Christ sein im Leben, ist der allerniedrigste Name unter allen Namen in der Welt. So hoch nun der Glaube einen Christen über alles erhöhet, so tief erniedrigt die Liebe einen Christen unter Alles" (II, 11). „Das geistliche Königreich eines Christen stehet darin, daß er durch den Glauben über Alles erhaben ist, daß ihm kein Ding schaden kann zur Seligkeit; ja es müssen ihm alle Dinge unterworfen sein und helfen zur Seligkeit. Denn denen, die Gott lieben, müssen alle Dinge zum Besten gedeihen. . . . . Das laß mir eine köstliche Freiheit sein und Gewalt nach dem inwendigen Menschen. . . . . Also kann auch kein äußerlich Ding der Seele an ihrem geistlichen Priesterthum schaden. . . . . Es erneuert auch der Glaube den ganzen Menschen, wirket in ihm alle christlichen Tugenden und Werke der Barmherzigkeit, nicht daß er damit etwas bei Gott verdiene, sondern daß er dankbar sei. . . . . Ich will aus schuldiger Dankbarkeit, meinem lieben Gott zu Ehren, meinem Nächsten wieder also werden, wie mir Christus geworden ist. . . . . Endlich ist es des Glaubens Art, daß er alles Kreuz lindert und überwindet und sich des Kreuzes rühmet" (III, 3). An der Uebereinstimmung mit Luther fehlt in diesen Sätzen nur, daß die doppelte Würde der Christen und deren Ausübung nicht aus der Rechtfertigung oder der Versöhnung abgeleitet ist. Jene Prädicate werden vielmehr in der ersten Stelle daran angeknüpft, daß die Gläubigen in Christus sind, in der zweiten daran, daß der Glaube die Seele mit Christus als die Braut mit dem Bräutigam vereinigt, und in diesem Schema richtet sich die Doppelstellung der Gläubigen nach dem V o r b i l d e Christi in Höhe und Niedrigkeit, in Königthum und Priesterthum. Dieser mittelaltrige Maßstab, welcher schon im ersten Buch, Cap. 37 eingeführt wird, beherrscht nun die Darstellung der religiösen Tugenden, welche im zweiten Buche vom 12. Capitel an verläuft. Was hier über Geduld, Demuth und Hoffnung, über Vorsehungsglaube und Gebet vorgetragen wird, bildet den werthvollen und mustergiltigen Kern des Werkes. Für die praktische Einprägung dieser Wahrheiten kommt es ja auf die methodische Grundlage derselben weniger an. Unzählige Menschen werden aus diesen Ausführungen des W. Ch. den Trost, die Erhebung, den Antrieb geschöpft haben, womit das Christenthum sich in allen Particularkirchen gleichmäßig fruchtbar erweisen kann. Die evangelischen Leser, welche sich hieran erbaut haben, werden zugleich die Nachklänge katholischer Art, die das Buch darbietet, an sich haben abgleiten lassen, ohne durch sie gestört zu werden. Allein die Instanz des Vorbildes Christi zeigt sich doch auch hier als ungenügend für die Darstellung des sittlichen Lebensganges der Gläubigen. Denn hier kommt es theils nur zur Aufstellung des allgemeinen Grundsatzes der Nächstenliebe (I, 32. 39), theils zur Empfehlung einer weltflüchtigen Haltung, welche der Ausbreitung des christlichen Handelns gerade in der gegebenen Weltstellung hinderlich entgegentritt (I, 17. 23). Wenn mit den Dingen dieser Welt auch der weltliche Beruf als etwas gedeutet wird, zu welchem der Christ sich als Fremdling verhalten soll, so ist die Nachfolge Christi nicht als die Norm erwiesen, welche für das evangelische Christenthum paßt. Dadurch aber wird das Urtheil bestätigt, daß Arndt's Wahres Christenthum eine Urkunde für die Zersetzung der lutherischen Lebensanschauung ist, welche schon am Anfange des 17. Jahrhunderts eingetreten ist.

Daß Arndt's Anerkennung der lutherischen Bekenntnisse aufrichtig war, steht außer Zweifel. Ob er jedoch außer den im täglichen Gebrauch gegen Papisten und Calvinisten vorkommenden Controverslehren auch den übrigen Inhalt jener Urkunden des deutschen Protestantismus beachtet hat, ist mehr als zweifelhaft. Die Apologie der Augsburgischen Confession enthält eine Stelle [1]), welche den Titel der Nachfolge Christi in ganz bestimmter Weise modificirt. Der katholische Sinn des Vorbildes Christi, welcher auch bei Arndt gilt, bietet immer denselben Stoff dar, die allgemeine Entfremdung von den weltlichen Dingen, die Bereitschaft zu leiden

1) Art. XIII. de votis monasticis § 45—50.

und die unbestimmte Güte und Milde des Charakters. Mit diesem verallgemeinerten und abgeschwächten Inhalt wird die Forderung Christi an den reichen Jüngling, sein Eigenthum aufzugeben und ihm zu folgen, welche streng genommen als der evangelische Rath an die Mönche verstanden wird, auch zur Regelung des christlichen Lebens überhaupt verwendet. Dagegen erklärt Melanchthon, daß der Verzicht auf das Eigenthum den besondern Beruf des reichen Jünglings, die ihm zugemuthete Nachfolge Christi die allgemeine Regel des sittlichen Gehorsams ausdrücke. Nun seien die Berufe verschieden; in jedem Berufe aber bestehe die christliche Vollkommenheit im Gehorsam. Also besteht nach evangelischer Lehre die Nachfolge Christi in der treuen Erfüllung des einem Jeden zustehenden Berufes. Diese Aufstellung ist in sich deutlich genug. Zu ihrer Erläuterung wird die Betrachtung dienen, daß alle Selbst- und Weltverleugnung, alle Bereitwilligkeit zu leiden, und alle Güte und Menschenliebe, die an Christus zu beobachten sind, ihre Einheit in seinem Berufe der Gründung des Reiches Gottes und der Versöhnung der Menschen finden. Im Ganzen genommen also würde die Lebensführung Christi jede directe Nachahmung ausschließen. Wenn deshalb bei lutherischen und calvinistischen Theologen die Forderung auftritt, daß die Gläubigen Christus in seinem Amte nachahmen sollen, so wird dieselbe schon abgeschwächt, indem man dafür die drei Aemter des Königs, des Propheten und des Priesters einsetzt; und was daraus als Leistungen des Gläubigen abgeleitet wird (S. 30), hat mit Christus keine specifische Aehnlichkeit mehr. Um so weniger ist dieses der Fall, wenn aus den einzelnen Zügen der Erscheinung Christi eine allgemeine Tugendtafel entwickelt wird; denn hiebei wird erst recht die Einheit des Charakters des Vorbildes preisgegeben. Diese Bedingung für den Werth der Vorstellung wird nur gewahrt, wenn man unter der Leitung Melanchthon's die Treue Christi in seinem materiell einzigen und unwiederholbaren Berufe als den formellen Maßstab für den sittlichen Gehorsam in jedem gemeinnützigen Berufe anerkennt. So und nicht anders entspricht man der Regel des Protestantismus und entgeht den Selbsttäuschungen und der ziellosen Spannung, welche die katholische Lebensregel in ihrer verallgemeinerten Fassung hervorrufen muß.

Es ist zur Beurtheilung des von Arndt eingenommenen Standpunktes lehrreich, hiemit zu vergleichen, wie einer seiner Anhänger und Vertheidiger, Paul Egard (S. 38), den Titel der Nachfolge Christi und die Bedeutung der weltlichen Berufe in Einklang zu setzen versucht. Es liegt von ihm ein Tractat vor: „Vom edeln Leben Jesu Christi, nach welchem alle Liebhaber Jesu ihr Leben richten sollen" 1). Diese Aufgabe aber wird weder durch die zusammenhängende Erzählung, noch unter einem einheitlichen Gesichtspunkt gelöst, sondern in der Zersplitterung unter die drei Titel von der wahren Gottseligkeit, von dem göttlichen Amte und von dem Kreuze Jesu Christi. Im ersten Theil wird eine Tafel der religiösen und der sittlichen Tugenden mit Beweisstellen theils aus den Evangelien theils aus den prophetischen Büchern des A. T. begründet und zur Ermahnung der Leser verwendet. Der zweite Theil wird durch folgende Sätze eingeleitet: „Wenn wir des Herrn Jesu Privat- und Amtsleben beschauen und durchsuchen, so finden wir ihn in allen Ständen, welche er heiliget. Darum wollen wir den Herrn Jesum durch alle Stände führen, und ihn allen Menschen vor Augen stellen, daß sie von ihm lernen ihre Amtswerke in dem Herrn zu verwalten." Darauf folgen drei Capitel, in denen Jesus dargestellt wird 1. als Prediger, Dolmetscher (der heiligen Schrift), Professor, Zuhörer, Schüler, 2. als König oder Fürst, Beamter, Rath, Kanzler, Kriegsmann, Edelmann, Gesandter, Richter, Unterthan, 3. als Vater, Bräutigam, Ehemann, Hausvater, Kind, Knecht, Jüngling, Jungfrauen Sohn, Wittwen Sohn, Kind im Mutterleibe verschlossen. Der letzte Titel wird benutzt zur Belehrung über das „Amt einer Schwangern". Dieser Schriftsteller meint also, um die protestantische Werthschätzung der weltlichen Berufe in Einklang mit der Regel der Nachfolge Christi zu setzen, Christus als den Träger aller stofflich noch so verschiedenen Berufe darstellen zu sollen 2). In diesem Verfahren ergiebt sich einmal, daß oberflächliche Analogieen genügend geachtet werden, um gewisse Aemter mit der geschichtlichen Erscheinung Jesu zu identificiren, welche genau genommen in der Eigenthümlichkeit Christi

---

1) Egard's Geistreiche Schriften, in 3 Bänden herausg. von Spener. Gießen 1679. 81. 83. Vgl. Tholuck, Lebenszeugen S. 397 ff.

2) Dieser Lutheraner hat natürlich keine Ahnung davon, daß Luther gerade das Gegentheil von dem sagt, was er zu erweisen sich herausnimmt. Vgl. Von weltlicher Obrigkeit, wie weit man ihr Gehorsam schuldig ist. Walch X. S. 446.

gar keinen Platz finden (z. B. Professor, Fürst, Richter); andererseits wird es nur durch willkürliche Uebertragung alttestamentlicher Typen erreicht, Christus als Vater, Bräutigam, Ehemann erscheinen zu lassen. Christus hat als solcher „Centralmensch" nicht existirt; nur auf dem Wege der Mythisirung ist es möglich, alle jene Amtstitel auf ihn zu häufen, welche durch den wirklichen Lebensberuf Christi als für ihn unmöglich ausgeschlossen sind. Diese cumulative Mythenbildung macht die Vorstellung von Christus ebenso undeutlich, wie es in der Evacuation des Lebens Jesu durch Unterstellung von Mythen geschieht. Jene Geschmacklosigkeit also ergiebt sich, wenn man das Vorbild und die Nachfolge Christi im Sinne des Mittelalters stofflich versteht und sie zugleich im Sinne unserer Reformation auf die Berufe des weltlichen Lebens anwenden will. Schließlich kommt dabei immer nur die formelle Vorschrift heraus, daß man in jedem Beruf vernünftig, treu, umsichtig handeln soll. Egard konnte sich also den Umweg zu diesem Ziel ersparen, wenn er die Deutung der Sache in der Apologie der Augsburgischen Confession beachtet hätte.

Allein die Tafel der Berufe, in denen er den Herrn Jesus auftreten läßt, entbehrt auch der Vollständigkeit. Egard durfte noch eine vierte Gruppe von Berufen bilden, indem er Jesus darstellte als Ackerbauer, Bergmann, Handwerker, Kaufmann, Seefahrer, Tagelöhner u. s. w.; die biblischen Beweisstellen dafür hätte er nach seiner Art leicht finden können. Warum hat er das dringende Bedürfniß nach der christlichen Regelung dieser Lebensberufe nicht erkannt? Vermuthlich hat dieser Mann des praktischen Christenthums, welcher wie Arndt den Betrieb der akademischen Theologie seiner Zeit mit Recht rügt, noch etwas zu viel akademischen Hochmuth beibehalten. Auch Praetorius befolgt einen solchen Maßstab, indem er dem Volke, diesem blinden und starrköpfigen Thier, welchem man um des Christenthums willen aus dem Wege gehen soll, namentlich die Verachtung der Wissenschaften zum Vorwurfe macht (S. 18). Beginnt für diese frommen Männer die Existenz des Menschen, also auch des Christen, erst mit dem Abiturientenexamen? Haben sie Luther's reformatorisches Wort nicht beachtet, daß ein Schuster, ein Schmidt, ein Bauer, welche ein jeglicher mit seinem Amt und Werke dem andern nützlich und dienstlich sein sollen, sämmtlich geweihte Priester sind? Egard spricht es zwar aus, daß man seine weltlichen Geschäfte wohl verrichten und doch dabei in Christus bleiben könne [1]); aber damit meint er nicht dasselbe wie Luther im großen Katechismus (I. 4. § 145). Denn da er auf contemplative Frömmigkeit gerichtet ist, so gilt ihm die Verbindung zwischen Christenthum und weltlichen Geschäften doch nur als eine Ausnahme, und er bevorzugt vor der Arbeit die Absonderung von dem Getümmel der Welt, damit man daheim sich allein um göttliche Dinge bekümmern könne. Daß die Contemplation, welche nur in der Entfernung von der Arbeitsgesellschaft der Menschen gedeiht, einen aristokratischen Zug hat, ist außer Zweifel. In dem Maße als diese Männer des praktischen Christenthums die Lutheraner auf die Contemplation zurückführen, finden sie sich bestärkt in dem akademischen Vorurtheil, daß der Nährstand tief unter dem Lehr- und Beamtenstande stehe. Demgemäß richten sie auch ihr praktisches Christenthum nicht nach den Bedingungen ein, unter denen die Menschen daran Theil nehmen können, welche ihre tägliche und stündliche Aufmerksamkeit auf weltliche Dinge verwenden müssen, wenn nicht ihre eigene Existenz, aber auch die der ganzen Gesellschaft gefährdet werden soll. Die Rügen, welche diese frommen Prediger gegen die Unfruchtbarkeit der akademischen Theologie richten, erscheinen demgemäß in ihrem Munde weniger berechtigt, da sie selbst an ihrem Theile von der aristokratischen Rücksichtslosigkeit gegen die Bedürfnisse des Volkes nicht frei sind.

Der Herausgeber der Sämmtlichen Schriften Arndt's, Rambach, hat die Bedeutung des W. Ch. dadurch hervorzuheben gesucht [2]), daß dieses Buch trotz der ihm widerfahrenen Anfechtungen Anerkennung nicht blos bei Lutheranern, sondern auch bei Reformirten und bei Katholiken gefunden habe. Der letztere Erfolg wird an einer Reihe von Fällen nachgewiesen. Man könnte dieselben als Proben des universell christlichen Werthes des Buches verstehen, wenn nicht zuletzt ein Jesuit erwähnt würde, welcher die Abhängigkeit von katholischen Quellen als den Grund der Schätzbarkeit des W. Ch. bezeichnet. Demgemäß bedeuten auch die übrigen Lobsprüche von Katholiken über das W. Ch. nicht, daß sie sich dem evangelisch-lutherischen Typus angenähert, sondern vielmehr, daß sie in dem Buch des Lutheraners ihr angestammtes Eigenthum wieder erkannt haben. Um jene Zeugnisse zu ergänzen, führe ich

1) Werke 2. Theil S. 228.

2) Vorrede zum ersten Band S. 19.

noch an, daß schon der Convertit Christoph Besold[1]) die Ansicht geäußert hat, die Bücher vom W. Ch. seien aus den vornehmsten katholischen Scribenten, besonders Kempis, Tauler, Ludwig von Granada zusammengezogen, über den Artikel der Rechtfertigung und der guten Werke würden darin durchaus katholische Reden gebraucht, also seien hier „einer andern und höheren Theologie, als den lutherischen Prädicanten bisher bekannt gewesen, etlicher Maßen Fundamente gelegt". Besold verweist zur Bewährung dieser Behauptung auf Lucas Osiander, und fügt hinzu: „Ebenso hat auch sonst unter den Lutheranern keiner jemals etwas geschrieben, was devot oder geistreich geschienen, der es nicht allein von den Katholischen genommen. Wie denn Johann Gerhard's Meditationes[2]), auch was Martin Moller und Andere haben ausgehen lassen, was einen mehreren Glanz der Gottesfurcht hat, aus den Katholischen gezogen ist." Dieses Urtheil des Convertiten ist zwar etwas übertrieben, indessen wird man demselben so viel einräumen müssen, daß die mystischen Motive in der lutherischen Lebensanschauung etwas Fremdes sind. Eine eigenthümliche Probe dafür bietet gerade die religiöse Entwickelung des eben berührten Mannes. Er erwähnt nämlich in der Vorrede zu seiner Conversionsschrift, daß der Anstoß an der Lauheit und ungeistlichen Haltung des Lutherthums ihn zu den Schriften von Tauler, Ruysbroek, Suso, Kempis und anderen gleichartigen Männern geführt, daß er in ihnen die wahre Gottseligkeit erkannt und dadurch allmählich zum Uebergang in die katholische Kirche sich disponirt habe. In den Publicationen mystischer Lebensgrundsätze[3]), welche

1) Geb. in Tübingen 1577, Prof. der Rechte daselbst 1610, katholisch geworden nach der Schlacht bei Nördlingen 1634, nachdem er schon mehrere Jahre vorher dazu entschlossen, aber durch die schwedische Occupation der vorderöstreichischen Länder, namentlich der Stadt Rottenburg daran gehindert gewesen war, danach Prof. in Ingolstadt, gest. 1638. Vgl. Geistliche und erhebliche Motiven, warum Chr. Besold . . . zur alten katholischen Kirche sich begeben hat. Ingolstadt 1637. S. 122.

2) Sind aus Anselm's Meditationen geschöpft. Vgl. Hasse, Anselm von Canterbury I. S. 231.

3) Er führt a. a. O. als hauptsächliche Schrift der Art Axiomata theologico-philosophica an. Diese Schrift ist mir nur bekannt geworden durch zahlreiche Auszüge in Melchior Breler's Mysterium iniquitatis pseudo-evangelicae, Goslar 1621 (S. 38). Dieser Schriftsteller führt die

er in dieser Epoche vorgenommen, habe er die Controversfragen theils glimpflich entschieden, theils ganz unberührt gelassen. Allmählich aber habe er sich von der Richtigkeit des Katholicismus durchdrungen. Aus dem, was vorliegt, erkennt man nun auch, daß die Mystiker, welche seinem Bedürfniß nach praktischem Christenthum entgegenkamen, ihm nicht anders als es bei Arndt der Fall war, eine gegen den Streit der Confessionen neutrale Lebensanschauung eröffneten. Besold meinte zu deren Aneignung um so berechtigter zu sein, als die „deutsche Theologie" von Luther so hoch gelobt und von Arndt, dem um die Kirche Christi so sehr Verdienten, kürzlich wieder herausgegeben sei [1]). Er bewegt sich demnach in den bekannten Ideen von dem absolut ausschließenden Verhältniß zwischen Gott und Welt und von der Vereinigung mit Gott und Christus durch die Aufhebung des eigenen Willens, sowie von der Nothwendigkeit der Buße und der Reinheit des Lebens zum Zweck der richtigen Gotteserkenntniß. Breler hat auch, ehe er Besold's Conversion ahnen konnte, die Uebereinstimmung zwischen ihm und Arndt in diesen Hauptbedingungen des praktischen Christenthums außer Zweifel gestellt. Demgemäß ist es schwerlich richtig, was Hartmann [2]) sagt, Besold, der sich durch das Verderben der Zeit, namentlich durch die theologischen Streitigkeiten angewidert gefunden, habe, statt mit gläubigem Sinn und starkem Muth diesen Uebeln entgegenzutreten, in einer weichlichen Mystik Trost und Halt für sich gesucht. Er, dem das einfach kräftige W. Ch. nicht genügte, habe sich zu katholischen mystisch-asketischen Werken gewandt, die ihn der katholischen Kirche entgegenführten. Die Mystik von Besold ist nicht weichlicher, als die von Arndt, und diese ist nicht einfacher und kräftiger als jene; denn es ist bei beiden der gleiche Stoff aus der gleichen Quelle. Beide haben auch den Uebeln der Zeit nichts Anderes entgegenzusetzen vermocht, als die Zumuthung, sich in die Einsamkeit des contemplativen Lebens zurückzuziehen. Die entgegengesetzten

---

Sätze nostri Besoldi immer als Bestätigungen der gleichartigen Gedankenreihen von Arndt an. Ferner Axiomatum de consilio politico appendicula (theologica). Frankfurt 1622, — theils Lesefrüchte aus mancherlei, vorherrschend mystischen Büchern, theils eigene Sentenzen des Verfassers. Endlich Tractatus de fundamento verae philosophiae, welchen Breler p. 143 citirt.

1) Bei Breler p. 172.

2) Bei Herzog RE. II. S. 112.

Entscheidungen, welche beide in kirchlicher Hinsicht getroffen haben, hängen von anderen Umständen ab. Aus Besold's Bekenntnissen ergiebt sich einmal, daß er den Zusammenhang des Fastens und der mechanischen Gebetsübung am Rosenkranze mit der Aufgabe der mystischen Selbstverleugnung und Contemplation erkannt hat, daß er dadurch über die Neutralität, in der ihm die Mystik zuerst erschien, hinausgeführt und von ihrer positiven Zugehörigkeit zum Katholicismus überzeugt worden ist. Ferner hat sich mit seiner Werthschätzung der contemplativen aristokratischen Zurückgezogenheit der Zweifel an dem Erfolge jeder auf das Ganze gerichteten Reformation verbunden. So wie er in der Epoche seiner mystischen Neutralität diesem Gedanken Ausdruck verleiht [1]), läßt er schon seinen Rückgang zum Katholicismus erwarten. An diesem Punkte gerade scheiden sich die Wege von Besold und von Arndt; von hier aus läßt sich erkennen, warum die Zulassung der mystischen Gedankenreihen in das Lutherthum durch den letztern weder ihn demselben entfremdet noch bei der Mehrzahl seiner Anhänger den Bestand des Lutherthums untergraben hat. Der christliche Glaube lebt von der Anerkennung des Zieles des Reiches Gottes, also des Sieges des Guten in der Menschheit, oder der fortschreitenden moralischen Verbesserung des Ganzen, auch wenn man von der reformatorischen Arbeit an dieser Aufgabe in einer bestimmten Zeit noch so wenig Erfolge wahrnimmt. Dieses Glauben gegen den Augenschein ist die nothwendige Paradoxie im Christenthum. Dieselbe ist gleich weit entfernt von dem aristokratischen Pessimismus, welcher in Besold's Aeußerungen auftritt, wie von dem Optimismus, nach welchem die von ihm gewünschten aber nicht gemachten Erfahrungen bemessen sind, und in welchem sich die officielle Selbstbeurtheilung der katholischen Kirche bewegt. Besold's Verzweifelung an jeder Reformation des Ganzen ist gewiß unrichtig; denn so wie er sich ausspricht, kann seine Meinung nicht nur, sondern muß

1) Appendicula theologica. Axioma 499: Omnis mundi reformatio videtur vana et inanis, quia regnum Christo non est de hoc mundo; et cum pauci potentes, pauci sapientes perveniant ad Christum, periculo et mali suspicione vix caret, si coram mundo potentes et sapientia clari stabilire velint veram religionem vel instituere mundi reformationem. 500: Reformatio mundi vel reductio veritatis fulguri comparatur a salvatore nostro (Mth. 24, 27), quod multis in locis simul conspicitur, sed parum tamen durat.

auch gegen das Recht des Christenthums überhaupt gewendet werden. Hingegen hat Arndt's unverrückte Anerkennung der Reformation Luther's, deren religiöse Grundsätze durch seinen Rückgang auf die Mystik zwar vielfach verdeckt, aber doch nicht völlig verdrängt worden sind, die allgemeine Bedeutung, daß er an Reformation der Menschheit in dem von Luther gesteckten Umkreis glaubt, und daß er diesem Ziele des Christenthums mit seinem Glauben und seiner Arbeit treu bleibt, auch gegen den Augenschein. Darum finden sich auch bei ihm keine directen Ausdrücke des Pessimismus, welchen Praetorius (S. 18) und Nicolai (S. 24) kund gegeben haben, obgleich gewisse Voraussetzungen dazu auch für Arndt gelten. Er hat also diesem Keim der Versuchung zum Abfall vom Protestantismus in sich nicht Statt gegeben, wie es bei Besold der Fall war. Arndt stellt in dieser wichtigen Rücksicht eine Wendung der Gemüthsstimmung dar, welche dem Bestande des Lutherthums vortheilhaft ist. Dadurch aber wird fürs Erste der Fehler ausgeglichen, welcher in der Aufnahme der mystischen, speciell der quietistischen Elemente besteht, und der Schaden zurückgehalten, welcher unter anderen Verhältnissen dem Lutherthum aus der Einmischung dieser incongruenten Stoffe erwachsen muß.

Man würde die oben vorgenommene Analyse des Wahren Christenthums gründlich mißverstehen, wenn man in ihr die Absicht einer allgemeinen Verurtheilung der Leistung von Arndt vermuthete, weil ich nachweise, daß er fremde Gedankenreihen in die lutherische Lebensanschauung eingemischt hat. Diese Thatsache wird nicht mit Recht geleugnet oder verschleiert werden können, wenn man die Bekenntnißurkunden der lutherischen Kirche vollständig kennt. Aber was demgemäß ein Fehler ist, ist keine persönliche Verschuldung; denn der Fehler ist geschichtlich daraus zu erklären, daß die lutherische Lebensanschauung nicht im klaren Flusse geblieben, sondern durch das Uebergewicht der objectiv-dogmatischen Interessen eingeschränkt und undeutlich geworden war. Der Protestantismus ist nicht in voller Kraft und Rüstung, wie die Athene aus dem Haupte des Zeus entsprang, aus dem mittelaltrigen Schooße der abendländischen Kirche entbunden worden. Die Unvollständigkeit seiner ethischen Orientirung, die Zersplitterung seiner Gesammtanschauung in die Reihe der einzelnen Dogmen, die vorwiegende Ausprägung seines Besitzes in spröder Verständigkeit sind Mängel, welche den Protestantismus bald im Nachtheil gegen die

Fülle der mittelaltrigen Theologie und Asketik erscheinen ließen. In dieser Schwäche [1]), welche mit eigenen Mitteln zu überwinden damals nicht unternommen wurde, hat man sich durch Wiederaufnahme von aristotelischer Schultheologie und von mystischen Maßstäben der religiösen Praxis zu kräftigen gesucht. Unter diesem Gesichtspunkt ist auch das relative geschichtliche Recht der Combination zu verstehen, welche in Arndt's Wahrem Christenthum vorliegt, sofern nämlich die Aufnahme mystischer Frömmigkeit dem Glauben an das Recht der lutherischen Reformation untergeordnet worden ist.

In der Pietät gegen die eigene angestammte Kirche bewährt sich auch die schuldige Rücksicht auf die unumgängliche Rechtsform der Kirche überhaupt. Hierin ist der Abstand Arndt's von Schwenkfeld ausgedrückt und hierin hat sein Anhänger Christian Hohburg [2]) sich von ihm getrennt. Es wird geeignet sein, auch diesen Mann, der sich einer großen Theilnahme unter seinen frommen Zeitgenossen zu erfreuen hatte, mit Arndt zu vergleichen. Ihn hat die Mystik nicht wie Besold zur katholischen Kirche, aber zur Indifferenz gegen jede Confession geführt. Geboren in Lüneburg 1607, hat er in Königsberg studirt, darauf eine Lehrerstelle zu Lauenburg an der Elbe, dann zu Uelzen bekleidet. Er ist ursprünglich von Arndt angeregt [3]), aber alsbald auch mit Schwenkfeld bekannt geworden. In Uelzen hat er aus eigener Vollmacht an die ihm amtlich obliegenden Predigten ein stehendes Gebet angeknüpft, in welchem er den damaligen Krieg als die Strafe der Heuchelei, d. h. des blos scheinbaren Christenthums unter den Deutschen bezeichnete [4]), wahrscheinlich mit demselben Recht, mit welchem einige Jahre später der Convertit Joh. Scheffler den Krieg für die Strafe der deutschen Reformation ausgegeben hat.

---

1) Ueber deren Ursachen das 6. Capitel des ersten Bandes Auskunft giebt.

2) Lebenslauf des seligen Christian Hohburg, von dessen Sohne aufgesetzt. 1676. Vierte Auflage 1698. (Sehr oberflächlich, ohne genaue Zeitangaben.)

3) Darauf weist seine Schrift hin: Praxis Arndiana oder Herzensseufzer über die 4 Bücher wahren Christenthums J. A., welche den Kern der Lehre dieses hocherleuchteten Lehrers erklären. 1642.

4) Angehängt an: Heutiger langwieriger verwirrter Teutscher Krieg. Lüneburg 1644.

Da er nun auf dieses Gebet nicht verzichten wollte, wurde er abgesetzt; und nun entwickelte er eine ausgedehnte quasi reformatorische Schriftstellerei, theilweise unter fremden Namen [1]), in welcher er schließlich bei der Ansicht ankam, das innerliche Christenthum sei in völliger Gleichgiltigkeit gegen Babel, die rechtliche Form der Kirche, in der man steht, zu erstreben. Diesen Grundsatz hat er auch in seinem Leben erprobt. Nach seiner Absetzung in Uelzen war er erst in Hamburg Privatlehrer, darauf Corrector in der Stern'schen Buchdruckerei zu Lüneburg; da berief ihn der Herzog August von Braunschweig-Lüneburg zu Wolfenbüttel auf die Pfarre in Borne. Er konnte sich aber hier nicht lange behaupten, weil seine Rechtgläubigkeit mehr als verdächtig war. Ich führe nur an, daß er sich gegen alles Streiten über das Abendmahl erklärte, und zugleich in Uebereinstimmung mit Schwenkfeld die Einsetzungsworte so auslegte, daß *τὸ σῶμά μου* wegen des Artikels Subject und *τοῦτο* Prädicat im Satze sei [2]). Demnach soll Christus sagen, sein Leib sei für die Seelen, was das Brot für den Leib ist. Von Borne vertrieben, ließ er sich durch einen Freund bewegen, nach Gelderland zu ziehen, wo er von 1649 an gegen 5 Jahre Hausprediger bei einem vornehmen Manne war, den der Sohn nicht nennt, danach bis 1669 Pastor in Lathum in Geldern. Der Sohn hebt hervor, daß sein Vater weder im Dienst der lutherischen, noch in dem der reformirten Kirche zu einem besondern Amtsgelübde angehalten worden sei. In Lathum hat er die oben angeführten Schriften über Mystik geschrieben. Allein die Schrift: Der unbekannte Christus, in welcher der bestehenden Kirche jede rechte Erkenntniß Christi abgestritten wird, zog ihm die Suspension von seinem Amte zu; er legte es darauf nieder. In Amsterdam, wohin er sich zurückzog, trat er in vorübergehende Berührung mit Labadie (I. S. 226), siedelte dann bei Ausbruch des Krieges 1672 nach Hamburg über, und ließ sich hier bestimmen, vor der Mennoniten-

1) Teutsch-evangelisches Judenthum, 1644. Elias Praetorius, Spiegel der Mißbräuche beim Predigtamt im heutigen Christenthum, 1644. El. Praetorius, Lutherischer Pfaffenputzer, 1648. Bernh. Baumann, Von dem teutsch-evangelischen ärgerlichen Christenthum. Theologia Mystica, 3 Theile 1655. 56. Postilla mystica, 1665. Der unbekannte Christus, 1669, und vieles Andere.

2) Praxis Davidica (Erklärung mehrerer Psalmen). Lüneburg 1647. S. 653.

gemeinde zu predigen, ohne sich ihren besonderen Satzungen anzuschließen. In dieser Stellung ist er 1675 gestorben. Er vollendet den Beweis dafür, daß die Mystik an sich kein Entscheidungsgrund für die Stellung zur Kirche ist. Der Mystiker Besold ist durch den Pessimismus in Hinsicht der Reformation der Kirche zum Katholicismus zurückgeführt; Hohburg ist auch nicht blos durch die Neutralität der Mystik gegen die festgestellten Confessionsunterschiede zur Neutralität gegen jede rechtliche Kirchengestalt gebracht worden. Dafür ist auch auf pessimistische Ueberhebung als den Grundzug seines Charakters zu rechnen, welche ich aus dem zugleich weichlichen und verdrüßlichen Ausdruck des Bildes von Hohburg erkenne, das seiner Biographie beigegeben ist.

29. Jesusliebe in Poesie und Prosa.

Der Aufschwung, welchen die deutsche Dichtung im 17. Jahrhundert genommen hat, ist auch dem religiösen Zweige derselben zu Gute gekommen. Die literarische Uebersicht über die geistlichen Dichtungen jener Zeit, welche seit geraumer Zeit vorhanden ist [1]), ist nur bisher noch nicht benutzt worden, um eine Lücke in der Geschichte der lutherischen Kirche auszufüllen. Denn das Vorurtheil, daß alles, was zum Kirchenliede geworden ist, durchaus dem lutherischen Lehrbegriffe entspreche, hält ebenso wenig Stich wie die gleiche Voraussetzung über die theoretische Theologie jener Epoche. Vielmehr ergiebt sich, daß in der deutschen, d. h. in dem Rahmen der lutherischen Kirche verlaufenden Liederdichtung neben der correcten Ausführung des Gottvertrauens die Motive mittelaltriger Frömmigkeit in großem Umfange fortdauern und nach und nach zu gesteigertem Ausdrucke kommen. Was davon der Epoche vor dem Auftreten des Pietismus angehört, kann hier nicht übergangen werden. Es ist zwar nicht eine directe Vorbereitung dessen, was von Spener und Francke ausgegangen ist, allein es setzt sich fort

1) E. E. Koch, Geschichte des Kirchenliedes und des Kirchengesanges der christlichen, insbesondere der deutschen evangelischen Kirche. Stuttgart 1846, dritte vermehrte Aufl. 1866—76. Acht Bände.

innerhalb des von diesen Männern eröffneten Umschwunges der religiös-sittlichen Lebensansicht. Namentlich ist dasjenige, was man blos als die eigenthümliche Richtung der Frömmigkeit von Zinzendorf zu kennen pflegt, nur eine geringe Modification des Stoffes und der Manier, welche durch eine lange Reihe von Dichtern und prosaischen Asketikern im 17. Jahrhundert vertreten sind. Wie kann man denn die passionirte Privatliebe zum Herrn Jesus und die Beschäftigung mit den sinnlichen Merkmalen seines versöhnenden Leidens dem Grafen so anrechnen, wie es in der gangbarsten Geschichtsdarstellung geschieht [1]), da doch dieser vom heiligen Bernhard angeschlagene Ton durch die Asketiker und die Dichter in der lutherischen Kirche seit dem Ende des 16. Jahrhunderts weiter getragen worden ist.

Von den Gedichten des heiligen Bernhard ist der **Jubilus rhythmus de nomine Jesu: Jesu dulcis memoria** gewissermaßen das Feldzeichen geworden, unter welchem sich die Dichter in der lutherischen Kirche sammeln. Mir sind fünf Nachbildungen desselben binnen hundert Jahren bekannt geworden. Schon Martin Moller (1584) hat es übersetzt in dem jambischen Metrum der Urschrift und deshalb am besten: O Jesu süß, wer dein gedenkt; in dieser Gestalt hat Arndt das Lied in das „Paradiesgärtlein" (1612) aufgenommen. Johann Heermann (1630) giebt das Lied in Alexandrinern wieder, Benjamin Praetorius (1659) in Trochäen, Heinrich Müller (1659) in der Strophe: Wie schön leuchtet der Morgenstern, Christian Knorr von Rosenroth (1684) in amphibrachyschem Versmaß (viermal ⏑–⏑). Das Lied Bernhard's vergegenwärtigt in der Kürze alle charakteristischen Züge der Jesusliebe, welche in dessen Predigten über das Hohelied ausgeführt sind, und die Regel der Contemplation im Mittelalter bilden. Das Lied ist so passionirt und so sinnlich gestimmt wie möglich [2]).

---

1) Kahnis, der innere Gang des deutschen Protestantismus. Dritte Ausgabe (1874). Erster Theil S. 239 ff.

2) **Jesum quaeram in lectulo**
Clauso cordis cubiculo,
Privatim et in publico
Quaeram amore sedulo . . . .
Qui te gustant, esuriunt,
Qui bibunt, adhuc sitiunt,
Desiderare nesciunt

Derselbe Typus beherrscht aber auch die sieben Lieder der **Rhythmica oratio ad unumquodlibet membrorum Christi patientis et a cruce pendentis.** Die einzelnen Wunden und Schmerzen Christi werden hier vergegenwärtigt als die sinnenfälligen Beweise seiner Menschenliebe und die Motive unseres Mitleides, dann als die Mittel der Heilung oder Reinigung von den einzelnen correspondirenden Sünden, aber so, daß die durch Christus erweckte Gegenliebe sich stark macht zum Leiden mit ihm und zur Unterdrückung der Sündentriebe, endlich als Schutz und Trostmittel im Sterben des dankbar Liebenden. Diese Lieder sind bekanntlich von Paul Gerhardt (1607—1676) nachgedichtet (1659). Auch in dieser Gestalt haben sie ihren Charakter nicht eingebüßt, und es ist schwerlich zufällig, daß nur das siebente Lied: O Haupt voll Blut und Wunden, in kirchlichen Gebrauch gekommen und geblieben ist. Trotzdem kann diesem Liede nicht zugestanden werden, daß es ein treffender und erschöpfender Ausdruck evangelischer Karfreitagsstimmung ist. Denn die Schilderung der Leiden ist nicht auf den Gehorsam Christi hinausgeführt, und die allgemeine Versöhnung wird an jene Schilderung nicht geknüpft. Aber dem Gepräge dieser Lieder Bernhard's entspricht es, daß in den Dichtungen wie den Erbauungsbüchern in der lutherischen Kirche, welche demnächst vorzuführen sind, die sinnliche Seite des Leidens Christi, Angstschweiß, Blut und Wunden, ohne den Hintergrund und das Motiv des Gehorsams zwar als Erscheinungen der stellvertretenden Leistung Christi, aber daneben nur als Motive der Gegenliebe und wiederum als Heil- und Reinigungsmittel gegen die Sünden, nicht aber als Träger der allgemeinen Versöhnung gedeutet werden. Allerdings kommt diese Anschauungsweise namentlich in der früheren Zeit auch bei Luther vor, z. B. in dem Lied über die Taufe:

Nisi Jesum, quem diligunt . . . .
Quocunque loco fuero,
Mecum Jesum desidero
Quam laetus, cum invenero,
Quam felix, cum tenuero.
Tunc amplexus, tunc oscula,
Quae vincunt mellis pocula,
Tunc felix Christi copula,
Sed in his parva morula.

Christ unser Herr zum Jordan kam. Es unterliegt jedoch keinem Zweifel, daß seine eigenthümliche Auffassung der Versöhnung und der Taufe nicht zur Geltung in solchen Sätzen kommen, wie „Da wollt' er stiften uns ein Bad, zu waschen uns von Sünden, ersäufen auch den bittern Tod durch sein selbs Blut und Wunden"; „der Glaub im Geist die Kraft versteht des Blutes Jesu Christi, und ist für ihn ein rothe Fluth von Christus Blut gefärbet, die allen Schaden heilen thut". Das sind vielmehr Bilder von mittelaltrigem Gepräge, welche in keinem Zusammenhang mit der lutherischen Lehre stehen, und auf dieselbe auch nicht reducirt werden können.

Die erste selbständige Verwendung findet die Verehrung Jesu nach dem Muster Bernhard's in dem „Geistlichen Brautlied der gläubigen Seelen von Jesu Christo ihrem himmlischen Bräutigam, gestellet über den 45. Psalm des Propheten David" von Philipp Nicolai. Wenn man dieses mehr rhetorische als poetische Product mit den mystischen Combinationen in den Erbauungsbüchern dieses Mannes vergleicht, so ist es ziemlich maßvoll in der sinnlichen Färbung. Allein es verräth zu wenig Kenntniß und Urtheil, daß der letzte Herausgeber des „Freudenspiegels" behauptet, in diesem Liede sei die reine Lehre so wohl verwahrt, und deshalb sei es dem Teufel so sehr ein Dorn im Auge gewesen und so viel ebionitisches Gebell dagegen erhoben worden [1]). Mögen auch alle möglichen Prädicate Christi in dem Liede: Wie schön leuchtet der Morgenstern, zusammengestellt sein, so ist doch die charakteristische Temperatur in demselben nach einem Grade der Gleichheit zwischen der liebenden Seele und dem geliebten Seelenbräutigam bemessen, in welchem die Gottheit Christi praktisch verleugnet wird. Was hat ferner dieses Lied überhaupt mit der reinen Lehre zu thun, da es keine Anspielung auf Versöhnung, Sündenvergebung und Buße enthält, sondern sich in Wendungen ergeht wie: „Mein Herz heißt dich ein lilium, dein süßes Evangelium ist lauter Milch und Honig, ei mein Blümlein ... deiner kann ich nicht vergessen; Von Gott kommt mir ein Freudenschein, wenn du mit deinen Aeugelein mich freundlich thust anblicken; Er ist mein Schatz, ich bin sein Braut, sehr hoch in ihm erfreuet; Daß ich möge mit Jesulein, dem wunderschönen Bräutgam mein in steter Liebe wallen.

Der erste wirkliche Dichter, den die lutherische Kirche aufzu-

1) Mühlmann a. a. O. S. 377.

weisen hat, ist Johann Heermann[1]). Wackernagel hat wohl Recht ihn vor dem Urtheil zu bewahren, daß er von Martin Opitz das Versemachen gelernt habe. Soweit jedoch Heermann und die folgenden Dichter unter dem Einfluß von Opitz stehen, ist nicht zu übersehen, daß dieser nicht nur „Salomons des Hebräischen Königs Hoheslied" (Breslau 1627) nachgedichtet, sondern zugleich die Deutung der Braut auf „ein Herz, das Gott liebet", gebilligt hat. Der religiöse Charakter, welchen Heermann's lateinische und deutsche Gedichte kund geben, ist jedoch weniger lutherisch, als man regelmäßig annimmt. Diejenige Liebe zu Jesus, welche der Grundzug seiner Stimmung ist, ist nun einmal auf keinem andern Boden heimisch als auf dem des mittelaltrigen Katholicismus. Und gerade der Fuß der Gleichheit mit dem geliebten Jesus wird durch Heermann als Pflicht und Recht der liebenden Seele in bezeichnender Weise aufrecht erhalten:

Nicht selten hat mein Herz der Zweifel eingenommen,
Ob auch die Liebe dir, Herr Jesu, sei willkommen,
Damit ich dich beschenk. Ach wer bin ich? wer du?
Die Gleichheit wahrlich will da treffen übel zu,
Die doch nothwendig ist, soll anders sein die Liebe
Von ungefärbter Art. Wann ich mich so betrübe,
Dann kommt mir tröstlich ein dein Wille, daß du mir
Befohlen, daß ich soll mit Liebe dienen dir.

---

1) Geboren 1585 zu Raudten in Niederschlesien, 1611 Pastor in Köben gest. 1647. — Sein Hauptwerk ist Devoti musica cordis, Haus- und Herzmusica, das ist Allerlei geistliche Lieder aus den heiligen Kirchenlehrern und selbsteigener Andacht . . . verfaßt durch Johannem Heermannum, zuerst Leipzig 1630. Ferner Exercitium pietatis, das ist Inbrünstige Seufzer, andächtige Lehr- und Trostsprüchlein für die liebe Jugend, aus den Sonn- und Festtagsevangelien verfasset. Breslau 1630 und öfter. — Johann Heermanns Geistliche Lieder, herausgegeben von Philipp Wackernagel (Stuttgart 1856) — enthält außer der devoti musica cordis eine Auswahl aus den übrigen Liedersammlungen, welche ebendaselbst in der biographischen Einleitung nachgewiesen werden. Zu erwähnen sind noch die lateinischen Gedichte, mit denen H. begonnen, und die er als Epigrammatum libelli IX. Jenae 1624 gesammelt hat. Das erste Buch derselben: Amores et suspiria sacra ist unter dem Titel: Geistliche Buhlschaft und Liebesseufzer übersetzt von M. Tobias Petermann, Schulrector zu Pirna. Dresden 1651. Angehängt sind auch einzelne aus den übrigen Büchern der Epigrammata ausgezogene Gedenksprüche oder Geistliche Symbola.

Wie du nun Jesu willst, so lieb ich dich von Herzen,
Doch muß ich sagen, daß nicht ohne Weh und Schmerzen;
Dich lieb ich, doch nicht ich. Die Liebe gegen dir,
Sie sei auch, wie sie sei, die kömmet nicht von mir.
Zum Brunnquell hat sie dich, du regest meine Sinne
Durch deinen heilgen Geist, daß ich dich lieb gewinne.
Bist etwa du von mir nur einen Augenblick,
So gehet meine Lieb, Herr alsobald zurück.
Weil ich denn liebe dich auf dein Geheiß und Willen,
Weil deinen Willen hilft dein Geist in mir erfüllen,
Wie sollte zweifeln doch mein Herze nun in mir,
Daß meine Liebe nicht sei angenehme dir?

Mit diesem Liede aus der lateinischen Sammlung ist zu vergleichen der Vers aus dem Liede „Um Freude des heiligen Geistes in Traurigkeit" in der Herzensmusik (Wackernagel Nr. 25):

Wie ein Bräutgam seiner Braut,
Wann er mit Liebe sie anschaut,
Sich freuet inniglich,
Also hast du auch in dir
O Gott Lust und Freud an mir:
Ei so gieb, daß ich auch mich
Freu, so oft ich denk an dich.

In der mittelaltrigen Gestalt ist diese Liebesdevotion zu dem süßen Herrn Jesus möglichst außer Berührung mit dem Bewußtsein von der Sünde. Denn, wie Bernhard (I. S. 48) lehrt, muß man die Buße hinter sich haben und in der Heiligung vorgeschritten sein, wenn man sich überhaupt zu dem Kusse vom Munde des Heilandes erheben darf. Es ist also eine Abweichung von diesem Vorbilde, daß Heermann ebenso reichlich der Erinnerung an die Sünde und der Bußfertigkeit, wie der individuellen Liebe zum Bräutigam Ausdruck verleiht, welche hervorgerufen wird durch die Anstrengungen und Leiden, unter denen er seine Liebe in der Erlösung bewiesen hat. Und man könnte geneigt sein, hierin die specifisch lutherische Ergänzung des nun einmal nicht abzuleugnenden Elementes mittelaltriger Frömmigkeit zu erkennen. Den Hauptstoff der Herzensmusik bilden nach der ursprünglichen Ueberschrift „Andächtige Buß- und Trostlieder", und an Bekenntnissen der Buße fehlt es auch nicht in den **Amores et suspiria**. Indessen ist zu beachten, daß die bezeichnete Ueberschrift den Zusatz hat „Aus den Worten der heiligen Kirchenlehrer". Als solche werden über einzelnen Gedichten Augustin, Bernhard, Tauler genannt. Während nun auf jeden der beiden letzteren Gewährsmänner drei Lieder kommen, so sind mit Augustin's Namen zwölf bezeichnet, und diese bilden den Kern der Buß- und Trostlieder. Bei Augustin's Namen ist jedoch an die schon (S. 25) vorgekommenen pseudonymen Schriften Soliloquia, Meditationes, Manuale zu denken [1]). Das Capitel der Soliloquia, nach denen von Heermann's Liedern Nr. 5. 7. gedichtet sind, entspricht der Schrift des Hugo a S. Victore, Arrha animae; die Capitel der Meditationes aber, aus denen neun der Lieder geschöpft sind, entsprechen der zehnten und der zweiten Rede des Anselm von Canterbury. Hieraus erklärt es sich, daß die angeführten Bußlieder in durchaus mittelaltriger Weise die Sünde nicht als Schuld, sondern als Elend, Schwäche, Häßlichkeit darstellen, und daß die Lieder, welche sich über die Erlösung verbreiten, nicht auf den lutherischen Lehrbegriff, sondern auf die abweichende Gedankenbildung des Anselm zurückgehen.

Denn nach Anselm besteht die Genugthuung des menschgewordenen Gottes in dem überpflichtmäßigen Leiden als solchem,

---

1) Nach der Numerirung Wackernagel's:

1. So wahr ich lebe, spricht dein Gott, Med. 2.
5. Was bin ich, o Herr Zebaoth, Solil. 2 (Abs. 3).
7. O Jesu Christe, Gottes Sohn, Solil. 2 (Abs. 1. 2).
9. Hilf mir mein Gott, Med. 1.
11. Ich armer Sünder weiß, Med. 2 (Abs. 2).
12. Kein größer Trost kann sein, Med. 5.
13. Ach Herr wie schrecklich ist dein Grimm, Med. 6.
15. O Herr mein Gott, ich hab zwar dich, Med. 8 (Abs. 3).
16. Ich glaub, o Gott, von Herzensgrund, Med. 8 (Abs. 1. 2).
18. Herzliebster Jesu, Med. 7.
20. Herr Jesu Christ, mein höchste Lust, Med. 39.
59. Jesu, deine tiefen Wunden, Manuale 22.

Zur Literatur der Pseudo-Augustinischen Schriften trage ich aus Zuchold's Bibliotheca theologica nach, daß in Deutschland zwischen 1830 und 1862 zwei katholische Ausgaben und zwei katholische Uebersetzungen derselben, außerdem aber „für evangelische Christen" eine Uebersetzung der Meditationen, mit Lebensbeschreibung Augustin's, von August Krohne 1854, der Soliloquien und des Manuale von Christian Müller 1857, beide Stuttgart bei Liesching, erschienen sind. Vgl. meinen Aufsatz: Ein Beitrag zur Hymnologie der deutschen lutherischen Kirche in den deutsch-evangel. Blättern 1881. S. 93—103.

nach lutherischer Lehre in dem Gehorsam Christi, welcher in Thun und Leiden erscheint, namentlich aber dem letztern erst den Werth verleiht, den es für die Erlösung darbietet. Die Heermann'schen Lieder nun, welche die Erlösung durch Christus darstellen, ergehen sich im Anschluß an die Reden Anselm's immer in der Ausmalung der einzelnen Leiden Christi, allein an den Gehorsam im Leiden erinnert kein einziges Wort. Indem Heermann seine Aufmerksamkeit auf das Blut und die Wunden Christi als Mittel der Erlösung fixirt, richtet er sich abwechselnd nach Bernhard und nach Anselm, auch dann, wenn er die Motive beider nahe an einander rückt. Im Sinne Jenes ist es, daß die Leiden Christi als die sinnenfälligen Beweise seiner Liebe zu den Menschen, im Sinne dieses, daß sie als die Genugthuung an Gott für die Sünden der Menschen gedeutet werden. Aus der Anlehnung an die pseudo-augustinischen Schriften erklärt sich aber noch eine andere Eigenthümlichkeit der Anschauung Heermann's von der Erlösung. In beiden Liedersammlungen stechen Ausdrücke wie Sündenkoth, Sündenschlamm, Sündenwurm, Stank und Unflat, Scheusal, hervor. Dieselben sind jenen Vorlagen entnommen [1]). Sie kommen aber der Vorstellung entgegen, daß das Blut Christi das Mittel der Reinigung von jenen Attributen der Sünde ist. Diese Beziehung wird freilich nicht gerade in den Vordergrund geschoben; um so geschmackloser aber ist die Ausführung des Liedes „Jesus Christus das purpurrothe Blutwürmlein": O Mensch, merk auf, was ich dir sag (Wackernagel Nr. 17). Das ist eine so gewaltsame Mischung von incongruenten Motiven wie möglich. Deshalb kann es nicht auffallen, daß Heermann auch die am meisten ungeistige Combination in der Deutung der Leidensgestalt Christi, welche Bernhard in Anlehnung an das Hohelied angegeben hat, sich nicht entgehen läßt. Zu den Amores et suspiria sacra gehört ein Lied, das in der Uebersetzung Petermann's so lautet:

Will dem Stößer nicht zum Raube
Etwa sein die Turteltaube,
Sucht sie ihre Zuversicht,
Wo der Baum und Fels sich bricht.

---

1) Soliloq. 2. Vas sterquilinii, concha putredinis, plenus foetore et horrore. 6. Inutilis vermis, foetens peccatis. Medit. 8. Labes meae pollutionis. Manuale 24. Lacus miseriae et lutum faecis.

Satan ist der starke Geier,
Der verfolgt mich ungeheuer;
Mich ein armes Täubelein
Will sein Rache schlingen ein.
Deiner Seiten tiefe Wunde
Ist der Felsritz jede Stunde.
Glaubensflügel nehm ich an,
Daß ich dahin fliehen kann.
Komm ich hin, bald ich mich friste
Vor des argen Feindes Liste
Wer in Christus Wunden liegt,
Sicherlich sich freut und siegt.

Endlich darf ich nicht unterlassen, die Abhängigkeit Heermann's von Anselm an einer Stelle desjenigen Liedes nachzuweisen, welches eines der schönsten Karfreitagslieder ist: Herzliebster Jesus, was hast du verbrochen? Hier wird von dem Gedanken der Stellvertretung der Leiden Christi für die Schuld des Menschen fortgeschritten zu der Frage, womit der Gläubige die Liebe und Treue Christi vergelten könne, und die Antwort ertheilt:

Doch ist noch etwas, das dir angenehme:
Wann ich des Fleisches Lüste dämpf' und zähme,
Daß sie aufs neu mein Herze nicht entzünden
Mit alten Sünden.
Weils aber nicht besteht in eignen Kräften,
Fest die Begierden an das Kreuz zu heften,
So gieb mir deinen Geist der mich regiere,
Zum Guten führe.

Dieser Zusammenhang entspricht der vorbildlichen Rede Anselm's genau [1]); nur ist die letzte Wendung in derselben als unstatthafte

1) Augustini Meditat. 7. Quid, rex meus et deus meus, quid retribuam tibi pro omnibus, quae tribuisti mihi? Non enim inveniri in corde potest hominis, quod condigne talibus referatur praemiis. Numquid sagacitas machinari potest humana, cui comparetur miseratio divina? Nec est creaturae moliri officium, quo iuste creatoris recompenset praesidium. Est autem, nate dei, in hac tua admirabili dispositione, est cui fragilitas mea in aliquo suppeditet, si tua visitatione compuncta mens carnem crucifigat cum vitiis et concupiscentiis: et si hoc a te conceditur, quasi iam tibi incipit compati, quia et tu pro peccato dignatus es mori.

Andeutung eines Verdienstes der Buße von Heermann übergangen. Aber so sehr es im Sinne des Mittelalters ist, daß der Einzelne von der erlösenden Liebe Christi den directen Anlaß zur individuellen Gegenliebe und zum Vorsatz des eigenen Bußleidens nimmt, so ist umgekehrt das lutherische Verständniß der Erlösung durch Christus darauf gestellt, daß man sich durch sie frei von der Schuld und selig in der gegründeten Zuversicht auf Gott findet. Erst unter Voraussetzung dieser Erfahrung ist der Vorsatz der Buße, die das Leben ausfüllen soll, berechtigt als eine Pflicht, welche der allgemeinen Geltung der Erlösung entspricht. Nach lutherischer Lehre schafft die durch Christus vermittelte allgemeine Sündenvergebung dem Gläubigen Frieden und Ruhe des Gewissens; Heermann aber singt (Wackernagel Nr. 24):

Denn wer dich liebt, den liebest du,
Schaffst seinem Herzen Fried und Ruh,
Erfreuest sein Gewissen;
Es geh ihm, wie es woll auf Erd,
Wenn ihn gleich ganz das Kreuz verzehrt,
Soll er doch dein genießen.

Wenn es wahr ist, daß die Reformation Luther's eine höhere und reichere Stufe christlicher Frömmigkeit eröffnet hat, als das lateinische Mittelalter behauptet, so nimmt Heermann die Höhe, die ihm zukommt, nicht ein, indem er den Vorbildern mittelaltriger Jesusliebe nachgeht, sondern dadurch, daß er der Zuversicht auf Gott frischen und kräftigen Ausdruck verleiht, der Zuversicht, welche gemäß der Versöhnung durch Christus auch im Leiden Stand hält. Und hieran hat er es weder in seinem Leben noch in seiner Dichtung fehlen lassen. Ich erinnere nur an die Lieder (bei W. Nr. 26. 42) mit den Ueberschriften: Gott verläßt Keinen und Ein täglich Gebet (O Gott du frommer Gott). Für diese Art der Dichtung bietet das Mittelalter keine Vorbilder; sie ist der charakteristische Ertrag des Lutherthums, denn dieses ist das in der Welt stehende und mit Gottes Hilfe sie besiegende und beherrschende Christenthum.

Unter den zahllosen Gedichten von Johann Rist[1]) ist die geistliche Poesie durch zehn Sammlungen vertreten. Für die vor-

1) Geboren 1607 zu Ottensen, Pastor zu Wedel an der Elbe in Holstein, gest. 1667. — Vgl. das Verzeichniß seiner Sammlungen geistlicher Lieder bei Koch.

liegende Aufgabe kommt jedoch nur die älteste Sammlung der 50 „Himmlischen Lieder" (zuerst 1641. 42) in Betracht. Hier finden sich einige Gedichte, zu welchen das bräutliche Verhältniß zwischen Christus und der Seele und die Bedeutung der Wunden Christi den Stoff abgiebt. Das erste ist der Fall in dem Weihnachtsgesang: Ermuntre dich mein schwacher Geist und trage groß Verlangen, und in dem Loblied: Jesus du mein liebstes Leben, meiner Seelen Bräutigam. Charakteristisch für die Stimmung in diesen Liedern ist aus dem Weihnachtslied der Vers:

O liebes Kind, o süßer Knab, holdselig von Geberden
Mein Bruder, den ich lieber hab, als alle Schätz auf Erden
Komm Schönster in mein Herz hinein,
Komm eiligst, laß die Krippe sein
Komm komm, ich will bei Zeiten
Dein Lager dir bereiten.

Aus dem Loblied:

Komm, mein Liebster, laß mich schauen,
Wie du bist so wohlgestalt,
Schöner als die schönste Frauen,
Allzeit lieblich, nimmer alt . . . . .
Komm du süßes Blümelein
Laß mich deinen Balsam riechen,
Du mein Leben komm heran,
Daß ich dein genießen kann.

Die Seltenheit dieser Betrachtungsweise erweckt freilich die Vermuthung, daß Rist in diesen Liedern seinen Vorgänger Heermann nachgeahmt hat. Namentlich findet sich die in dem Weihnachtslied vorkommende Zusammenstellung der Prädicate Christi als Vater, Bräutigam und Bruder auch in einem von Heermann's lateinischen Gedichten. Jedenfalls ist der Geschmack in dem „Karfreitagsgesang, worin beschrieben wird die geistreiche Erlustigung einer erleuchteten Seelen in den fünf Wunden ihres am Kreuz hangenden allerliebsten Heilandes und Seligmachers Jesu Christi" — von der Art, welche nur bei einer gewaltsam erkünstelten Nachahmung verständlich ist. Man höre: die fünf Wunden sind fünf Keller voll Wein, fünf Tische voll auserlesener Speisen, fünf Quellen um sich an ihnen weiß zu waschen, fünf Thüren, durch die man in des Himmels Garten sieht; fünf Höhlen, da kann man sich verkriechen, fünf Apotheken stehn bereit voll wunder-süßer Lieblichkeit, voll edler Specereien, fünf Perlen trefflich hoch von Schatz;

O Jesu, liebster Bräutigam
Dein Leib, der aus der Kelter kam,
Der hat mir angezogen
Den rothen Schmuck, den Perlenpracht,
Der meinen Geist so fröhlich macht,
Daß er wird ganz bewogen:
Jetzt fühl ich, o mein süßer Mund,
Du liebest mich aus Herzensgrund.

Zinzendorf hat mit dem Gegenstande kaum unbescheidener gespielt als dieser Dichter. Aber Rist giebt in seinen Liedern dem Dank für Gottes Güte und dem Vertrauen auf seinen Schutz viel reicheren Ausdruck, als jenen verfänglichen Stoffen. Ich erinnere nur an das Lied: Werde munter mein Gemüthe.

In mäßigerer aber auch abgestumpfterer Weise bedient sich Benjamin Praetorius[1]) derselben Motive. Ein erstes Weihnachtslied hat am Ende der Strophen den Kehrreim:

Liebster Jesu, sei geküßt,
Daß du Freund und Bruder bist.

Ein anderes Weihnachtslied hat die Ueberschrift: Christi und der gläubigen Seele geistliche Vermählung, gestiftet durch die Menschwerdung unseres Heilandes. Hier heißt es:

Der König selbst hat ihm vertraut
Mein arme Seel als liebe Braut
In Gnaden anzunehmen .....
So nahe wieder dich zu ihm,
Im Glauben ihn lob, ehr und rühm
Für seine Lieb und Treue.

In einem andern Lied: Das Lieb-zwingende Kindlein Jesus, lautet der Anfang:

Der Sternen edle Kraft wirkt in der Menschen Sinn;
Mehr giebt dein Blicken doch, daß ich dich lieb gewinn,
Dich o du süßes Kind, und sehr entzündet bin.

---

1) Geboren in Weißenfels, bezeichnet sich als substituirten Pfarrer zu Großlissa bei Delitzsch in „Jauchzendes Libanon", gegen 80 geistliche Lieder, Leipzig 1659. 2. Aufl. 1668. Geburts- und Todesjahr nicht bekannt. S. o. S. 64.

Ich steure dem Weinen, wenn Jesulein lacht,
Den Morgen sein schönstes Lieb-Auge mir macht;
Sein widrig Gesichte bringt traurige Nacht.

Ferner im Karfreitagslied:

Zum Kuß hat er sein Haupt geneigt,
Sein Herz die offne Seite zeigt .....
Hinzu mein durstig Herz dich neig
Bei Jesu Seiten dich erzeig;
Sie frischet als ein Maienthau
Bei Nacht die Regen-durstig Au.
Sein blutend Herz- und Wundensaft
Ist mir ein Heilbrunn, Trost und Kraft,
Wo er den Schweiß im Garten ließ,
Ist meiner Seelen Paradies.

Diesen Gedichten aber steht gegenüber das Zuversichts-Lied desselben Mannes: Sei getreu bis an das Ende, daure redlich aus den Kampf, welches in kirchlichen Gebrauch aufgenommen ist.

Christian Keimann[1]) ist der Dichter des Liedes: Meinen Jesum laß ich nicht. Ich will dahin gestellt sein lassen, ob die ausgeprägt individuelle Haltung desselben es dazu geeignet macht, von der Gemeinde gesungen zu werden, welche darauf angewiesen ist, ihr Bekenntniß in dem Ausdruck der Mehrheit auszusprechen. Daß aber das Lied zum Kirchenlied geworden ist, verdankt es der Einfachheit seiner Haltung und der Abwesenheit des sinnlichen Schmuckes, in welchem andere Jesuslieder einhergehen. Wie wenn er sich für diese Enthaltsamkeit entschädigen wollte, hat Keimann die Entbehrung des Geliebten und das Wiederfinden desselben nach bekannten Vorbildern im Hohenliede geschildert in dem Liede: Mein schönster und liebster Freund unter den Leuten. Das Thema der Verlassung hat ja schon Bernhard nur auf die Willkür des Bräutigams gestellt. Soll dieser Titel auf gewisse Anfechtungen der Heilsgewißheit angewendet werden, so würde den Ansprüchen des Lutherthums gemäß die eigene Sünde oder die Zerstreutheit des Weltlebens als das Correlat jenes Gefühlszustandes in Betracht gezogen werden. Davon ist bei Keimann nicht die Rede. Deshalb verläuft das Lied in einer ganz gewöhnlichen, weltlichen

1) Geboren 1607 zu Pankraz in Böhmen, 1638 Rector in Zittau, gest. 1662.

Darstellung, welche erst am Schluß durch Anspielung auf die Wunden des Geliebten durchkreuzt wird. Dadurch aber wird die Geschmacklosigkeit dieses Machwerkes vollendet [1]). Vielleicht hat Keimann in diesem Gedicht sich nach einem ähnlichen Gedicht des spanischen Karmeliters Johannes de Cruce (I. S. 468) gerichtet [2]). Aber dieser Mystiker führt die weltliche Haltung seiner Dichtung rein durch, indem er den geistlichen Sinn der ausgesprochenen Beziehungen unter dem Texte andeutet. Auf ein solches allegorisches Verständniß rechnet vielleicht auch das Gedicht Keimann's, aber einmal ist die Allegorie an den Einzelnheiten nicht durchführbar, und dann paßt dazu doch nicht die Erwähnung der Wunden des Geliebten; kurz diese Mischung verschiedenartiger Rücksichten stellt einen groben ästhetischen Fehler dar.

In nächster Verwandtschaft mit Heermann steht als Dichter geistlicher Lieder Johann Franck [3]), während er zugleich in weltlicher Poesie sich auf der manierirten Bahn von Opitz bewegt. Mit jenem hat er die gewandte Behandlung der Sprache und die hauptsächlichen religiösen Motive, die Bilder von Bräutigam und Braut, von Blut und Wunden Christi gemein. Wie Heermann spricht er den bei Tauler vorkommenden, schon von Arndt wiederholten Gedanken aus, daß ein einziges Tröpflein des Blutes Christi genügt hätte, die Wunden der Menschen zu heilen und der Sünden Glut zu löschen. Wie Heermann begründet er durch die stellvertretenden Leiden Christi den Vorsatz der Buße oder wenigstens die Bitte, daß der Wundenschmerz Christi unsere Wunden heilen, uns zu Ehren bringen, unsere Ruhe und unser Leben herbeiführen möge, nicht aber den Gedanken, daß der Gehorsam Christi uns diese Güter gesichert hat. Daneben vermag er dem Vorsehungsglauben kräftigen Ausdruck zu verleihen, z. B. in dem Liede: Gott ist mein Trost und Zuversicht. Dieses Element hat er nun auch in seine Jesus-

1) Es wird im Anhang zu diesem Capitel unter Nr. 1. mitgetheilt.

2) Welches in Uebersetzung durch Georg Philipp Harsdörfer in Johann Michael Dilherr's „Göttlicher Liebesflamme" (Amsterdam 1651) vorangestellt ist.

3) Geboren zu Guben (Niederlausitz) 1618, Rathsherr 1648, Bürgermeister daselbst 1661, gestorben 1677. — Seine Teutschen Gedichte (1674) umfassen in zwei Bänden das Geistliche Sion und den Irdischen Helicon. Eine Auswahl aus jenem ersten Theil unter dem Titel: Johann Franck's Geistliche Lieder herausg. von J. L. Pasig, Grimma 1846.

lieder zu verflechten und dadurch denselben eine Haltung zu verleihen gewußt, welche sie von den sonst gleichartigen Dichtungen unterscheidet. In den Liedern: Jesu meine Freude; Meinen Jesum will ich lieben, ist der Jesus, dem der Dichter seine Liebe zuwendet, nicht blos als der Gegenstand der höchsten Freude, sondern zugleich als der Träger des göttlichen Schutzes, als der Grund des Trotzes gegen Satan, Welt und Hölle anerkannt. Das hat dem ersten Liede die Ehre des kirchlichen Gebrauches verschafft, trotz des sentimentalen Anfanges; und nur das ist an dem Liede mißlich, daß die erste Hälfte der Melodie, deren Gang in Moll zu der im ersten Vers ausgesprochenen Sehnsucht nach Jesus paßt, auch die energischen Vorsätze in den folgenden Versen tragen soll. Weniger entfernt sich von dem allgemeinen Geschmack das Lied: Du o schönes Weltgebäude, namentlich in dem Kehrreim am Schlusse jeder Strophe: Wenn ich könnte bei dir sein, allerschönstes Jesulein.

Heinrich Müller[1]), Verfasser mehrerer prosaischer Erbauungsbücher, gehört in diese Reihe als Dichter der unten bezeichneten zehn Geistlichen Liebeslieder. Dieselben werden eröffnet durch die Uebersetzung von Jesu dulcis memoria (S. 64), ergehen sich aber meistens in einer sehr sinnlich geschilderten Sehnsucht nach dem Genusse der Liebe Jesu, indem sie sich an Texte des Hohenliedes anlehnen. Bei dem Thema der Verlassung bringt der Dichter allerdings einigemale die eigene Verschuldung in Ansatz; allein dazu will die spielende und sinnliche Schilderung der Sehnsucht und wieder des Genusses der Liebe Jesu nicht passen. Aus dem Thema, daß die Braut vor Liebe krank ist, macht der Dichter, daß die Seele vor Liebessehnsucht stirbt:

Wenn nun der Geist aus seiner Höhle
Gewichen, soll die Grabschrift sein:
Hie schläfet die verliebte Seele,
Die für süßbittrer Liebespein

1) Geboren zu Lübeck 1611, Archidiakonus in Rostock 1653, Professor der Theologie 1662, Superintendent daselbst 1671, gestorben 1675. — Seine „Himmlische Liebesflamme oder zehn geistliche Liebeslieder, in welchen der Autor seinem Freund und Liebhaber Jesu sein brennendes Herz zeiget. Cant. 2, 16. Mein Freund ist mein und ich bin sein, der unter den Rosen weidet“, — stehen in „Geistliche Seelenmusik“ (Frankf. 1659. 1668), einem systematischen Kirchengesangbuch, vor der Liedersammlung.

Gestorben und gegangen ein,
Wo Lieb und Leben ewig sein.

Ferner:

Nun ich weiß, du wirst mich nicht
In der Dürre gehen lassen;
Deiner Augen Gnadenlicht
Wird mich freundlich bald ansehen;
Deines Mundes süßen Kuß
Werd ich haben ohn Verdruß.
Dann will ich zu tausendmal
Küssen dich, mein liebster Schatz,
Da der Engel Freudenplatz,
Wir zusammen ohne Pein
In dem Lieben werden sein.

Das Eigenthümliche an diesen Gedichten ist, daß die Seele die Initiative zur Liebe Jesu behauptet, ohne daß der Vorbehalt der Erweckung der Liebe durch den heiligen Geist, den z. B. Heermann macht, zum Ausdruck kommt. Dieser so zu sagen pelagianische Zug zeichnet auch das Lied aus, welches nach Cant. 7, 11. 12 den Freund auf das Land hinausruft: Ach was mach ich in den Städten. Dasselbe ist schon (S. 44) als Interpolation in Arndt's Wahres Christenthum zur Sprache gekommen; es ist würdig, neben das ähnliche Lied von Keimann gestellt zu werden [1]).

Der Kanzler zu Rudolstadt, Ahasverus Fritsch [2]) hat

1) Im Anhang zu diesem Capitel unter Nr. 2.

2) Geboren zu Mücheln in Thüringen 1629, seit 1657 in Diensten des Grafen von Schwarzburg-Rudolstadt, 1682 Kanzler, gestorben 1701. — Vgl. Kleine Schriften von A. F. mit Vorausschickung dessen Biographie von C. F. Freiherr von Moser, herausg. von Spiller von Mitterberg. Coburg 1792. Die „121 Neue himmelsüße Jesuslieder — theils abgefaßt theils colligiret von A. F.", welche mir in dritter Auflage (Jena 1675) vorliegen, repräsentiren nicht die ursprüngliche Ausgabe von 1668, die nur 72 Lieder umfaßt. Ferner enthält das Werk: „Himmelslust und Weltunlust" (Jena 1670) als zweiten Theil 33 (nach Koch) Schöne Himmelslieder, in der Ausgabe Leipzig 1679 — 55 derselben. Auch das mir in 10. Auflage (Frankfurt 1723) vorliegende „Seufzende Turteltäublein, darin etliche hundert der allerkräftigsten und herzbeweglichsten Jesusseufzerlein befindlich" — enthält einen Anhang von „Neuen Liedern", aber ohne Bezeichnung des Verfassers, neben anderen bekannten Liedern.

außer zahlreichen juristischen Schriften nicht weniger als 177 religiöse und moralische Bücher und Tractate verfaßt. Die beiden Liedersammlungen, die sich unter dieser Zahl befinden, bestehen nun nicht blos aus seinen Dichtungen, sondern umfassen auch solche von anderen verwandten Dichtern. Da er aber die Verfasser nicht angiebt, so ist es nicht in jedem Falle sicher, welche Lieder ihm selbst angehören. Die, welche von den Sachkundigen auf Fritsch zurückgeführt werden, stellen hauptsächlich die Verlassenheit und die Sehnsucht nach der Wiederkehr des Seelenfreundes dar, und zwar ohne daß die obwaltende Noth der Seele mit deren Sünde in Verbindung gesetzt würde. Ich erinnere nur an folgende Wechselrede:

Seele.

Hast du denn Jesu dein Angesicht gänzlich verborgen,
Daß ich die Stunde der Hilfe muß warten bis morgen?
Wie läßt du doch
Süßer Herr Jesu mich noch
Stecken in Aengsten und Nöthen?

Jesus.

Mußt du denn, Liebste, dich also von Herzen betrüben,
Daß ich ein wenig zu lange bin außen geblieben?
Weißt du denn nicht,
Wie ich mich habe verpflicht,
Liebste, dich ewig zu lieben?

Von jener Art ist auch das bekannte Lied: Liebster Immanuel, Herzog der Frommen. Unter den „Jesusliedern“ befindet sich eins, welches ohne Zweifel Ueberarbeitung des Keimann'schen: Mein schönster und liebster Freund unter den Leuten, ist. Es beginnt: Mein Liebster, mein Schönster, mein Tröster im Leiden, geht übrigens dem erstern von Vers zu Vers parallel und bewegt sich nur in einer weniger harten Sprache und besseren Reimen als jene Vorlage. Wenn nicht gegründeter Einspruch erfolgt, wird Fritsch für diese Spielerei verantwortlich zu machen sein. Denn der Geschmack des oben angeführten „Turteltäubleins“ berechtigt zu dieser Annahme. Auf 160 Herzensseufzer zum täglichen wiederholten Gebrauch, in welchen alle Schlagworte der Mystik vorkommen, folgt „das allerkürzeste und allerkräftigste Gebet“, d. h. eine 12 Seiten (in Sedez) umfassende Erörterung, daß dieses Gebet in dem Wort Jesus besteht, dann „das jauchzende Jesusherz“ 23 Seelen-Andachten über den schönen salomonischen Brautspruch: Mein Freund ist mein und ich bin sein (Cant. 2, 16), weiterhin „Ein Liebeslied des seufzenden Turteltäubleins" [1]), darauf anhangsweise neue und bekannte Lieder. Was man sich unter den Herzensseufzern vorzustellen hat, mögen zwei Proben beweisen: „Mein Jesulein, mein Herzelein, mein Schätzelein, mein Brüderlein, du bist ja mein; ja ja allerdings bist du mein; mein bist du, mein bleibest du in alle Ewigkeit. O du liebes Mein! du seliges Mein". „Ach Herr ich bin von Natur arm, blind und blos, elend und jämmerlich, ich bin nichts, ich habe nichts, ich kann nichts, ich tauge nichts, ich vermag nichts, aber durch deine Gnade und Barmherzigkeit bin ich was ich bin, was ich habe und vermag". Dieser Satz stellt übrigens die Originalität von Schortinghuis (I. S. 328) in Hinsicht der „fünf theueren Nichtse" in den Schatten.

So vollständig wie die beiden vorigen Dichter geht Christian Knorr von Rosenroth [2]) nicht in dem Element der Jesusliebe auf. Im Ganzen wiegt in seinen Gedichten ein moralisirender Zug vor, den man aufklärerisch nennen könnte. Indessen, wie der Dichter außer dem Jubilus Bernhard's (S. 64) noch andere mittelaltrige Lieder übersetzt hat, so folgt er in den gerade moralisirenden Gedichten der Consolatio philosophiae des Boethius. Eben diese mittelaltrige Temperatur seiner Gesammtanschauung erklärt auch den selbständigen Ausdruck seiner Jesusliebe, der jedoch ebenso gemäßigt ist, wie in ihm die Erinnerung an die eigene Verschuldung vorschlägt:

Du hast, o Seelenfreund, mich ja mit dir vertrauet,
Mich Armen, da du mich so huldreich angeschauet
In meinem Angstgeschrei, als mich die Noth besprang
Und ich vor vieler Schuld schier mit Verzweiflung rang.
So gieb doch ferner mir, dir einzig anzuhangen
Und außer dir sonst nichts Erfreulichs zu verlangen;
Erhitze mich doch stets mit deiner Liebesbrunst,
Auf daß mich nichts ergetz als diese Gnadengunst.

---

1) Im Anhang zu diesem Capitel Nr. 3.

2) Geboren 1636 zu Altrauden in Schlesien, seit 1668 im Dienst des Pfalzgrafen Christian August von Sulzbach, gest. 1689. — Neuer Helicon mit seinen neun Musen, das ist Geistliche Sittenlieder, von Erkenntniß der wahren Glückseligkeit und der Unglückseligkeit falscher Güter, dann von den Mitteln zur wahren Glückseligkeit zu gelangen und sich in derselben zu erhalten. Nürnberg 1684.

Es kommen endlich drei Frauen aus dem hohen Adel in Betracht, deren zahlreiche Gedichte, hauptsächlich Jesuslieder, neuerdings in einer Auswahl zugänglicher gemacht sind [1]). Es sind die Gräfin Aemilie Juliane von Schwarzburg-Rudolstadt, geborene Gräfin von Barby [2]), die Landgräfin Anna Sophie von Hessen-Darmstadt, Aebtissin von Quedlinburg [3]) und Ludaemilie Elisabeth, Gräfin von Schwarzburg-Rudolstadt [4]). Ich darf mir ersparen, Proben dieser Dichtungen mitzutheilen. Dieselben haben keine Originalität; sie sind aber von gemäßigter edler Haltung; insbesondere ist es den beiden unverheiratheten Damen nachzurühmen, daß sie nur vom Herzensfreund sprechen und sich der Bilder des Brautstandes enthalten. Diese keusche Haltung contrastirt auf das Wohlthuendste mit der widernatürlichen Stimmung, in welcher es den Männern gelingt, ihre Seele, weil das Wort weiblichen Geschlechtes ist, mit allen Aufregungen bräutlicher Sehnsucht zu dem Manne anzufüllen.

Wenn es noch einer Probe bedarf, daß das Thema der Jesusliebe ein katholisches Motiv der Frömmigkeit und nichts weniger als ein charakteristisches Gut des Lutherthums ist, so ist auf die „Heilige Seelenlust“ des Convertiten Johann Scheffler [5]), genannt Angelus Silesius, zu verweisen. Man kann sich jenes

---

1) Geistliche Sängerinnen der christlichen Kirche deutscher Nation, herausg. von W. Schircks. Halle 1855. 56. Drei Hefte.

2) Geboren 1637, vermählt mit Graf Albrecht Anton von S. 1665, gestorben 1706. — Ihre Gedichte gesammelt in „Der Freundin des Lammes geistlicher Brautschmuck“. Rudolstadt 1714.

3) Geboren 1638, gestorben 1683. — Vgl. „Der treue Seelenfreund Jesus Christus, mit nachdenklichen Sinngemälden, anmuthigen Lehrgedichten und neuen geistreichen Gesängen abgebildet und vorgestellet“. Jena 1658. Vermehrte Ausgabe Frankf. und Leipz. 1675.

4) Geboren 1640, gestorben 1672. — Vgl. „Die Stimme der Freundin, d. i. Geistliche Lieder, welche aus brünstiger und bis ans Ende beharrten Jesusliebe verfertigt und gebraucht“ u. s. w. Rudolstadt 1687.

5) Geboren zu Breslau 1624, Doctor der Medicin in Padua 1648, zur römisch-katholischen Kirche übergetreten 1653, Priester 1661, gestorben 1677. — Heilige Seelenlust oder Geistliche Hirtenlieder der in ihren Jesum verliebten Psyche. Die ersten drei Bücher Breslau 1657, der vierte Theil später o. J. Zweite mit einem fünften Theil vermehrte Ausgabe, Breslau 1668. — Vgl. August Kahlert, Angelus Silesius, eine literarhistorische Untersuchung. Breslau 1853.

verhehlen, wenn man nur die Lieder des Mannes kennt, die in unseren kirchlichen Gesangbüchern enthalten sind: Ich will dich lieben meine Stärke; Liebe, die du mich zum Bilde; Mir nach, spricht Christus unser Held. Allein an ihrem ursprünglichen Ort, zwischen den endlosen Variationen der spielenden Verliebtheit in Jesus, nehmen sie sich anders aus; sie unterscheiden sich nicht qualitativ, sondern nur durch einen Grad von Idealität von der in sinnliche Erregungen ausgehenden Mehrzahl der Lieder. Man könnte nun veranlaßt sein zu fragen, ob irgend welche Lieder Scheffler's vor seiner Conversion gedichtet sind, oder vor der Zeit, in welcher er am Lutherthum irre wurde. Zu vermuthen ist nämlich, daß er einen ähnlichen Weg genommen hat, wie Besold, daß er noch während seiner Stellung in der lutherischen Kirche seine Ueberzeugung auf die Mystik gegründet hat. Dafür spricht zunächst seine von Kahlert mitgetheilte Dichtung: „Christliches Ehrengedächtniß des Herrn Abraham von Franckenberg", jenes Anhängers von Jakob Böhme, mit welchem Scheffler in näherem Verkehr gestanden hat. In diesem Gedicht, welches zu Anfang 1652 verfaßt ist, lobt er den Verstorbenen als einen Helden, welcher diese Welt verachtet und seinen Geist durch Gott in die Ewigkeit aufgeschwungen, welcher Gott lauter geliebt und die Tugend geübt hat, und schließt mit folgenden Versen, welche den Sinnsprüchen im „Cherubinischen Wandersmann" (1657) gleichartig sind.

Wer Zeit nimmt ohne Zeit, und Sorgen ohne Sorgen,
Wem gestern war wie heut, und heute gilt wie morgen,
Wer alles gleiche schätzt, der tritt schon in der Zeit
In den gewünschten Stand der lieben Ewigkeit.

Ferner ist in seiner Conversionsschrift [1]) bemerkenswerth der Vorwurf gegen die lutherische Kirche, daß in ihr die geheime Kunst der Gemeinschaft mit Gott, theologia mystica, welche doch der Christen höchste Weisheit ist, als Schwärmerei freventlich verworfen werde. Also der Geschmack an der Mystik hat ihn zu der katholischen

1) Gründliche Ursachen und Motiven, warum er von dem Lutherthum abgetreten und sich zur katholischen Kirche bekannt hat. Olmütz 1653. — Die Angabe Kahlert's S. 18, daß in dieser Schrift 55 Punkte, in denen die lutherische Lehre falsch sei, aufgeführt werden, finde ich nicht bestätigt. Es werden 20 Argumente gegen die lutherische und 16 für die römisch-katholische vorgetragen.

Kirche als deren Heimath hingezogen. Und es scheint eine Reihe von Jahren verflossen zu sein, ehe dieser Zug zur Entscheidung kam. Denn schon 1647 ist ihm die Bekanntschaft mit Schriften Böhme's, die er in Holland machte, zu einem Argument gegen die lutherische Kirche ausgeschlagen, da er daran die Uneinigkeit der Lutheraner unter einander, indem doch Böhme als Lutheraner gestorben sei, erkannt hat [1]). Hienach ist es nicht wahrscheinlich, daß irgend etwas in den Sammlungen der Jesuslieder und der Sinnsprüche, welche beide 1657 erschienen, schon in der Epoche seiner ungebrochenen Anhänglichkeit an die lutherische Kirche gedichtet ist. Denn einmal ist ihm diese Gesinnung schon früh verloren gegangen, außerdem weiß er nur, was freilich nicht richtig ist, daß die Mystik von den Lehrern der lutherischen Kirche insgemein verworfen werde. Nach seiner Erfahrung also schließen sich Lutherthum und Mystik aus. Höchstens könnte man daran denken, sein früheres Lutherthum habe soweit in ihm nachgewirkt, daß er für gewisse katholische Pointen nicht zugänglich gewesen ist. Dies gilt für das Lied: Mir nach, spricht Christus unser Held. Denn hier wird die Geduld im Leiden weder als Verdienst, noch wie es in den katholischen Gebetbüchern regelmäßig der Fall ist, als eigenes Opfer an Gott dargestellt. Nur weil diese specifisch katholischen Wendungen fehlen, ist auch das Lied für uns erträglich. Darf man vielleicht behaupten, daß der katholische Dichter sich auf diesem Punkte noch einigen lutherischen Takt bewahrt hat?

Neben der Reihe der dichterischen Darstellungen der Jesusliebe findet sich eine Menge von prosaischen Erbauungsbüchern gleicher Richtung, welche gegen das Ende des 17. Jahrhunderts besonders zahlreich werden. Die Motive des Hohenliedes sind in denselben theilweise als die äußerlichste Decoration angewendet, theils klingen sie nur in den entscheidenden Punkten der im Allgemeinen rechtgläubigen Erörterungen an; manche dieser Bücher jedoch haben ihr durchgehendes Gepräge daher. Meistentheils sind sie mit Bildern versehen, auf welchen die Seele weiblich gekleidet dem Bräutigam gegenübersteht, oder die Beziehungen zwischen Erde und Himmel durch Seile und Leitern versinnlicht werden. Diese unbeschreiblichen Bilder sind fast noch bezeichnender für die herrschende

1) Schutzrede für seine Christenschrift wider Scherzer und Chr. Chemnitz. Neisse 1664.

Manier der Erbauung als die süßliche Redeweise, welche in den Büchern vorherrscht. Es wird genügen, eine Anzahl von Titeln anzuführen.

Brustbild der Liebe Jesu, vorgestellt an dem Jünger, welcher an der Brust Jesu lag und erkläret durch Augustinum Fuhrmann. Verfaßt 1629. Gedruckt zuerst Amsterdam 1652.

Geistliches Myrrhenbüschlein, darinnen sieben Fastenandachten von unseres gekreuzigten Herrn und Heilandes Jesu Christi Person, Gestalt, Striemen und Wunden, Schmerzen, Blut, sieben Kreuz-Worten und bitterem herbem Tode — publiciret durch M. Thomas Securius, zu St. Ulrich in Sangerhausen Pfarrern. Mit einer Vorrede des Hochwürdigen Herrn D. Matthias Hoe von Hoenegg. 1640. Zum vierten Mal aufgelegt Leipzig 1672.

Göttliche Liebesflamme, das ist Christliche Andachten, Gebete und Seufzer über das königliche Brautlied Salomonis, darinnen ein gottseliges Herz fürnemlich zu eifriger Betrachtung der unverschuldeten Liebe Christi und seiner schuldigen Gegenliebe wird angemahnet, mit künstlichen Kupferstücken und anmuthigen Liedern (von Georg Philipp Harsdörffer) — aufgesetzet durch Johann Michael Dilherr[1]). Amsterdam 1651. 1658.

Himmlischer Liebeskuß oder Uebung des wahren Christenthums fließend aus der Erfahrung göttlicher Liebe, vorgestellt von D. Heinrich Müller[2]) 1659. Fünfte Auflage Frankfurt und Leipzig 1679.

Göttliche Liebesflamme oder Aufmunterung zur Liebe Gottes durch Vorstellung dessen unendlicher Liebe gegen uns. Mit vielen schönen Sinnbildern versehen, vorgebildet von D. Heinrich Müller (nach seinem Tode von der Familie herausgegeben). Frankfurt am Main 1677.

Sancta Amatoria, Geistliche verliebte Gedanken derer, die sich allein in ihrem Heiland verlieben und nach ihm für Liebe, Freude und Begierde immer brennen, zur Erinnerung der geistlich Verliebten, zur Aufmunterung Christum zu lieben, zur Bestrafung der Weltverliebten und zum Trost aller in Christo Verliebten vorgestellet aus dem Liebesgespräch zwischen Christo und Petro

1) Vgl. Tholuck Lebenszeugen S. 363—379.

2) S. o. S. 77. Vgl. Krabbe, Heinrich Müller und seine Zeit. Rostock 1866.

Joh. 21, 15—17 von M. Petro Hesselio Pastorem zum Pesthof. Hamburg 1672.

Jesum liebender Seelen Herzens-Zufriedenheit in allerhand Fällen auf eines jeden Noth und Anliegen gerichtet — von Barbara Elisabeth Schubartin, Joh. Schubart's weiland gewesenen Amtsschössers in Düben hinterlassenen Tochter. Leipzig 1674.

Jesus meine Liebe gekreuzigt, d. i. ein überaus schönes und nützliches Büchlein, in welchem durch 59 Passionsandachten zu begierlicher Betrachtung des schmerzlichen Leidens Christi aufgemuntert wird durch Martinum Hyllerum. Hamburg 1677.

M. Johann Quirsfeld's (in Pirna) Geistliche Hochzeit des Lammes, aus 14 Kernsprüchen der H. S. in ebenso vielen Liebesspiegeln mit schönen Kupfern allen reinen Liebhabern Jesu lehr- und trostreich vorgebildet. Leipzig 1677.

M. Johann Quirsfeld's Neuvermehrte himmlische Gartengesellschaft, bestehend in 50 geistlichen Gesprächen zwischen Christus und einer gläubigen Seelen, ein jedes mit einem sonderbaren Kupfer gezieret. Mitau 1682.

Die himmelsschöne königliche Brautkammer, welche der überirdische Salomo und hochverliebte Menschenfreund Jesus Christus seiner liebsten Sulamithin d. i. einer jeden gläubigen Seelen und himmelsächzenden Jesusbraut tröstlich zubereitet und sie aufs holdseligste dahin einladet — gezeiget von Christiano Zeisen, Pfarrer zu Oltzschau (in Sachsen). Leipzig 1677.

Betrachtung der von Jesu geliebten und in Jesum verliebten Seelen, oder Anmuthige Vorstellung der geistlichen Buhlschaft und Vermählung einer gläubigen Seele mit ihrem Heiland Christo Jesu, — angestellet und zu Erweckung der süßen Jesusliebe ausgehändigt von M. Joh. Heinr. Weyhenmayer, Pfarrern zu Altheim (bei Ulm). Augsburg 1685.

Himmlische Jesus-Betkunst, Gott im Geist und in der Wahrheit anzubeten, worinnen der Jesusliebende Beter zu allen Zeiten — erhörlich zu beten schriftgründlich angewiesen wird, — mit nachsinnlichen Kupfern gezieret und durch des h. Geistes Gnadenhülfe verfertiget und ausgestellet von M. Daniel Weimar. Zwickau 1688.

D. Johann Lassenii, Weiland Prof. und Pastor an der Teutschen Gemeine (zu Kopenhagen), Verliebte Sulamithin, oder heilige Betrachtungen über 26 auserlesene Machtsprüche heiliger

Schrift, zu Beförderung der Liebe des gekreuzigten Jesu. Kopenhagen 1699.

Φῶς καὶ εὐφροσύνη oder die beständigste Seelenvergnügung, welche durch Betrachtung des allertheuersten Jesusnamens in dem wahren Glaubenslicht des seligmachenden Worts Gottes und unserer symbolischen Bücher erwecket zu seiner eigenen und anderer Jesum-liebenden Erbauung vorgestellet M. Christophorus Ernestus Scultetus, nebst Approbation einiger Schwedischen Theologen, auch Censur und Approbation der theol. Fac. in Rostock, wobei ein besonderes Sendschreiben des D. Fecht an den Autorem. Hamburg 1707.

Herzwallende und von heiliger Liebe erregte Funken der Liebe Jesu, oder 25 Betrachtungen, wodurch gottselige Herzen zu schuldiger Gegenliebe ihres Gottes und vertraulicher Hoffnung auf dessen Liebe in Kreuz und Leiden ermuntert — nebst 25 emblematischen Vorstellungen schöner Kupfer — herfürgegeben von Wolfgang Christoph Deßler[1]), ad Spiritum sanctum Conrector. Nürnberg 1712.

Diese Proben poetischer und prosaischer Literatur werden genügen, um es festzustellen, daß die katholische Art der Devotion zum gekreuzigten Heilande nach den Vorbildern von Anselm und Bernhard und namentlich die Motive des Hohenliedes viel früher und in einem breitern Strome in die lutherische Kirche sich ergossen haben als in die reformirte Kirche der Niederlande und Deutschlands. Diese Art von praktischem Christenthum ist neben der Schultheologie angesiedelt worden, ohne daß sie von den Vertretern derselben jemals angefochten worden wäre. Denn diese Richtung der Frömmigkeit erschien vielmehr als berechtigt, seitdem die Schultheologie den Lehrtitel von der unio mystica aufgenommen und auf denselben die praktischen Wirkungen übertragen hatte, die eigentlich der Rechtfertigung zukamen. Demgemäß ist es auch zu verstehen, daß ein im Ganzen so gesundes Erbauungsbuch wie Joachim Lütkemann's[2]) Vorschmack göttlicher Güte (zuerst

1) Geb. 1660 gest. 1722. Von ihm sind die Lieder: Wie wohl ist mir o Freund der Seele und: Mein Jesu, dem die Seraphinen. Andere Schriften desselben bei Koch.

2) Geb. 1608, Prof. der Philosophie in Rostock 1643, Hofprediger und Generalsuperintendent in Braunschweig 1649, gestorben 1655.

1643) seinen Culminationspunkt in den Capiteln von der Vereinigung der Seele mit Gott, und von der gläubigen Seele Schönheit erreicht, von wo an die Betrachtung in dem Colorit des Hohenliedes sich fortsetzt. Lütkemann hat sich wahrscheinlich gerade durch die Reception der Lehre von der unio mystica in die Schultheologie zu dieser Manier berechtigt gefunden. Dasselbe wird auch von Heinrich Müller vermuthet werden dürfen. Denn daneben kommen auch, wie oben (S. 27) angeführt worden ist, noch immer Erbauungsschriften vor, welche die neuere Deutung der Vereinigung mit Gott durch Christus nicht darbieten, um so deutlicher aber den altlutherischen Gedanken von der Vereinigung der Glieder mit dem Haupte Christus als den Rahmen für die individuelle Heilsordnung zur Geltung bringen. Für die Beurtheilung der Dichter, welche der Jesusliebe vorherrschenden Ausdruck verleihen, kommt aber wiederum noch dieses in Betracht. Sie bewähren ihren lutherischen Charakter zugleich dadurch, daß sie auch die Zuversicht auf Gott in der gesundesten Darstellung vertreten haben[1]). Man kann sich dabei um so weniger des Eindruckes erwehren, daß der Gebrauch der Bilder des Hohenliedes und die vorherrschende sinnliche Anschauung vom Leiden Christi in demselben Maße eine unfreie Haltung der Dichter und Erbauungsschriftsteller war, als jene Motive bewußter Weise aus den mittelaltrigen Quellen übernommen worden sind. Wenn ein ernsthafter Beamter und juristischer Schriftsteller, wie Ahasverus Fritsch sich in solchen Tändeleien mit dem Jesulein ergeht, wie oben (S. 80) angeführt ist, so verräth sich darin keine in sich zusammenhängende Charakterart. Wenn geistliche Dichter wie Joh. Rist und Joh. Franck nach dem Vorbilde von Opitz auch weltliche Lieder mit dem Aufgebot der ganzen griechischen Mythologie verfertigt haben, wenn ferner Joh. Michael Dilherr in Nürnberg dem daselbst 1644 gestifteten Blumenorden oder der Gesellschaft der Pegnitzschäfer angehört hat, welche neben dem modernen italienischen Schäferspiel auch das geistliche Schauspiel im Kirchengebäude wieder in Aufnahme zu bringen

1) Auch der S. 85 genannte Weyhenmayer hat außer dem angeführten Buche geschrieben: Betrachtung der Gottgelassenen und vergnügten Seele, d. i. wie sich eine jede gläubige Seele in ihrem ganzen Leben, Thun und Lassen, Glück und Unglück, Kreuz und Trübsal — dem Willen ihres lieben Gottes gänzlich ergeben — auch darin ihr einiges Vergnügen haben und suchen solle. Augsburg 1697.

suchte, so wird auch die geistliche Schriftstellerei dieser und der verwandten Männer, soweit sie sich nach den bekannten mittelaltrigen Mustern richtet, als unfreie Manier beurtheilt werden müssen.

Die gesammte Bildung des deutschen Volkes im 17. Jahrhundert trägt ja dieses Gepräge an sich. Man wird darin zunächst eine Folge der geistigen Erschöpfung erkennen dürfen, welche sich nach dem Kampfe um die Reformation in dem religiös gespaltenen und politisch zerrissenen Volke eingestellt hat. Diese Erschöpfung bewährt sich aber insbesondere schon darin, daß Luther's Unternehmen direct fast nur den Besitz der „reinen Lehre" zum Resultat gehabt hat. Denn diese blieb außer directem Zusammenhang mit den ethischen und ästhetischen Bedürfnissen stehen, die einem Volke auf Grund der religiösen Bildung erfüllt werden sollen. Daß jenes Ergebniß den Umständen gemäß unvermeidlich und daß es zweckmäßig war, um den Boden für die reformatorische Ausgestaltung des Christenthums gegen den Katholicismus abzugrenzen, ist früher (I. S. 93) dargethan worden. Aber eben die Schulform der reinen Lehre ist wirklich nur die vorläufige und nicht die endgiltige Gestalt des Protestantismus. Es kam schon damals und kommt noch immer darauf an, die Totalität seiner Weltanschauung aus der Verhärtung und Zersplitterung seiner Dogmen wieder zu entbinden, und dieselbe für den Anbau des religiösen Gefühls und die Ausbreitung der sittlichen Lebensansicht wirksam zu machen. Sobald diese Aufgabe sich aufdrängte, erforderte sie Geduld und mußte ihr Ziel auf Generationen hinaus stecken. Kann man sich wundern, daß die Bildung des religiösen Gefühls, als dessen Antrieb wieder erwachte, sich ebenso fremder Muster bediente, wie die weltliche Poesie, indem sie ihre Farben aus dem Gebiet der griechischen Mythologie entlehnte, auf den Bildungsstoff des Humanismus zurückgriff? Aber die ganze Lage des deutschen Volkes im 17. Jahrhundert in Hinsicht der sittlichen Bildung, der Ansicht von der Natur und der gesellschaftlichen Einrichtungen beweist es, daß auch der protestantische Theil desselben die Linie des Mittelalters noch nicht überschritten hatte. Wenn man diesen Standpunkt der Betrachtung einnimmt, und demnach von der Concordienformel an auf einen mühevollen und langsamen Gang des Protestantismus zur Entfaltung seiner Eigenthümlichkeit rechnet, wird man billig urtheilen können über die hauptsächlich durch Johann Arndt vermittelte Aufnahme katholischer Motive der Frömmigkeit im Lutherthum. Zumal daraus zunächst im Ganzen keine Gefährdung seiner kirchlichen Existenz entsprang, und die der lutherischen Rechtfertigungslehre entsprechende Zuversicht des Gläubigen auf Gott in allen Lagen des Lebens nicht aufgezehrt wurde. Aber eben auch nur unter dem bezeichneten Gesichtspunkt ist solches Urtheil möglich. Steht es nun fest, daß vom Anfang des 17. Jahrhunderts an ein starker Strom mittelaltriger Frömmigkeit in die lutherische Kirche hineingeleitet worden ist, so wird auch die hergebrachte Vorstellung von dem normalen Zustande dieser Kirche in jener Zeit, weil in ihr die reine Lehre vollständig geherrscht habe, zu berichtigen sein. Wenn diese Kirche als der reiche Mann gefeiert wird, welcher den für eine Kirche werthvollsten Besitz heimgebracht hat, so ist die Thatsache vergleichungsweise die, daß dieser reiche Mann, um die täglichen Bedürfnisse des Lebens zu bestreiten, Anlehen bei seinem Gegner macht, weil er es nicht versteht, seinen in reinem Golde aufgespeicherten Schatz in kleines Geld umzusetzen. Es giebt ja damals asketische Schriftsteller, welche sich von dem Stoffe der mystischen Devotion frei gehalten haben, aber in dem Maße als dieses der Fall ist, führen sie einen trockenen lehrhaften Ton und sprechen das Gefühl nicht an, haben deshalb auch keine hervorragende Bedeutung gewonnen. Hingegen diejenigen, welche echt lutherische Gedankenreihen mit Lebhaftigkeit erörtern und dem Gefühl nahe bringen, sind zugleich auch auf die Elemente des Hohenliedes gestimmt. Und dadurch blieb die Reinheit der Lehre nicht unberührt. Denn die Lehre von der **unio mystica** in der Dogmatik, unter deren Schutze die Asketik sich an den Stoffen der mittelaltrigen Devotion nährte, und welche erst im Zusammenhang mit der Aufnahme dieser Stoffe überhaupt aufkam, ist, an den symbolischen Büchern gemessen, nicht rein und nicht lutherisch. Sie macht vielmehr der Lehre von der Rechtfertigung directe Concurrenz, und wo sie in der erbaulichen Betrachtung hervortritt, ist der Gedanke von der Rechtfertigung um seine positive praktische Wirkung, die Seligkeit im Gottvertrauen, in der Demuth und Geduld verkürzt. Kann man also mit Grund behaupten, daß damals die lutherischen Symbole, wie sonst nie wieder, richtig und vollständig verstanden worden sind und als lebendige Norm die Ueberzeugung der Vertreter des Lutherthums ausgefüllt haben?

Anhang.

Nr. 1. von **Christian Keimann** (S. 75).

1. Mein schönster und liebster Freund unter den Leuten,
Der unter den Rosen stets pfleget zu weiden,
War von mir gegangen, dieweil ich geschlafen,
Ich war die verlassenste unter den Schafen.

2. Was soll ich nun machen? wo soll ich ihn finden?
Ich liefe zur Eichen, ich liefe zur Linden,
Ich rufte mit heller Stimm durch die Steinritzen,
Gleichwie der Hirsch schreit in der brennenden Hitzen.

3. Ich lief durch den Wald auch, durch alle Stadtgassen,
Ich sucht ihn auf allen gepflasterten Straßen,
Da konnt ich doch nirgend den meine Seel liebet
Antreffen, drum war ich von Herzen betrübet.

4. Ich suchte mit Fackeln, ich suchte mit Lichtern,
Die Wächter zur Mitternacht machten mich schichtern,
Sie schlugen mir Wunden von Seufzen und Heulen,
Sie rissen mir abe vor Trauern den Schleier.

5. Ihr Töchter von Zion, ach helft mir doch suchen,
Bat ich sie, sonst müßt ich mein Leben verfluchen;
Denn ich bin ganz müde von Suchen und Laufen,
Ich möchte Blut weinen, die Haare ausraufen.

6. Ihr Töchter von Zion von Tugend und Ehren,
Euch thu ich bei Himmel und Erden beschwören,
Wenn ihr ihn, den meine Seel liebet, werdt sehen,
So saget, ich möchte vor Liebe vergehen.

7. Und als ich kaum hatte die Rede vollendet
Und mich zu den Töchtern von Zion gewendet,
Da fand ich, da fand ich, den liebet mein Seele,
Ihm troffen die Locken von Thauen wie Oele.

8. Er kam auf den Bergen mit Hüpfen und springet,
Gleichwie ein jung Rehe vom Jäger umbringet,
Schön weiß und roth war er vor Andern geschmücket,
Sein Haupt auch vom Golde und Seiden gesticket.

9. Die Augen die blinken wie Augen der Tauben,
Ganz völlig wie stehen am Reben die Trauben,
Die Backen die wachsen wie Kräuter auf Erden,
So von Apothekeren zugericht werden.

10. Die Lippen wie Rosen schön färblich gemenget
Und waren mit fließenden Myrrhen besprenget,
Die Hände wie Silber ohn Flecken so reine
Wie güldene Ringe von Edelgesteine.

11. Weiß Elfenbein künstlich versetzt mit Rubinen
Keinn Preis noch Lob bei den Geliebten verdienen,
Wie marmelne Säulen die Beine hoch stunden,
Auf güldenen Füßen schön oben und unten.
12. Die Lippen die waren ganz prächtig zu sehen,
Vor allen erwählet, wie Cedern hoch stehen,
Aus seinen Kühlbächlein wie Zuckersaft flossen,
Aus welchen sie flossen wie Honig ergossen.
13. Ein solcher, ein solcher mein Freund ist, ein solcher,
Untr allen den Menschen ist nicht mehr ein solcher;
Ihr Töchter Jerusalem, saget auf Erden
Ob auch noch ein solcher gefunden möcht werden.
14. Den hab ich verloren, den hab ich gefunden,
Er liebt mich inbrünstig, drum ist er voll Wunden;
Ich will ihn nicht lassen nun von mir weg scheiden,
Ich will ihn heimbringen nach Hause mit Freuden.
15. Damit ich nicht komme in vorigen Jammer,
So will ich ihn schließen in meine Schlafkammer,
Ihn herzen und küssen und lieblich empfangen
Und also erstatten das lange Verlangen.

Nr. 2. von **Heinrich Müller** (S. 77).

Lied über die Worte des Hohenliedes 7, 11. 12. Komm mein Freund, laß uns aufs Feld hinausgehen und auf den Dörfern bleiben, da will ich dir meine Brüste geben.

1. Ach was mach ich in den Städten, da nur List und Unruh ist,
Liebster Freund, komm laß uns treten auf das Feld, da ohne List,
Ohne Sorgen, Müh und Pein
Wir im Lieben können sein.
2. Findet sich gleich größer Prangen in der Stadt als auf dem Feld,
So hab ich doch kein Verlangen nach der Schönheit dieser Welt;
Draußen hab ich deinen Kuß
Ohne Müh und ohn Verdruß.
3. Sollt ich deinen Kuß empfangen in der Stadt vor jedermann,
Und an deinen Lippen hangen, daß mein Feind es schauet an,
Würde meine Liebespein
Nur genannt ein Heuchlerschein.
4. Fleisch und Blut hat nie erfahren, wie der Herr so freundlich ist;
Sehen denn die Lästerschaaren, daß man geistlich trunken ist
Aus dem Strom der Wollustpracht,
So wird alles nur veracht.

5. Wie ein Bräutgam pflegt zu küssen im Verborgnen seine Braut,
Läßt es niemand gerne wissen, wann er ihr sein Herz vertraut,
So giebst du, wenn wir allein,
Deiner Brüste süßen Wein.
6. Wann mich deine Liebesflammen, süßer Jesu, zünden an,
Wann du Leib und Seel zusammen führest auf den Wollustplan,
So bricht alles, was in mir,
Wie ein voller Strom herfür.
7. Mein Herz wallet und die Fülle schüttet es zum Mund heraus,
Mein Fuß stehet auch nicht stille, springet fröhlich in dein Haus,
Meiner Augen liebstes Paar
Weinet auch vor Freuden gar.
8. Wie die Quelle sich ergießet, wenn sie reich an Wassern ist,
Und vor Reichthum überfließet, so ist der, der dein genießt,
Sein verliebter Freudenstand
Muß sein aller Welt bekannt.
9. Er erdichtet Liebespsalmen, singet, springet, jubilirt,
Seine Hände sind voll Palmen, seine Zunge triumphirt,
Seine Flamme kann er nicht
Bergen, Alles muß ans Licht.
10. Wenn dies nun ein Weltkind höret, meint es, er sei rasend toll,
Sein Gehirn sei ihm verstöret oder süßen Weines voll,
Alles wird verlacht, verhöhnt,
Was er von der Liebe tönt.
11. Drum mein Freund, komm laß uns reisen auf das Feld, da wir allein
In versüßten Liebesweisen wollen fest verknüpfet sein,
Tausendmal will ich da dich
Küssen, und du wieder mich.
12. Da, da wollen wir die Herzen blößen und vor Augen sehn,
Deinen ich, du meinen Schmerzen, da, da solls vor Lieb geschehn,
Daß wir uns mit süßen Weisen
Fröhlich um die Wette preisen.
13. Du wirst singen: Meine Taube, kommst zu meiner Wundengruft,
Daß dich kein Feind mehr anschnaube, hier ist eine sichre Kluft,
Lege dich an meine Brust
Und genieße süßer Lust.
14. Dann werd ich vor Freuden springen in die offne Wundenthür
Und o Jesu, Jesu singen, o wie süße bist du mir!
Ich bin dein und du bist mein,
Ewig soll die Liebe sein.
15. Hörts ihr Blumen auf der Auen, hörts ihr Vöglein in der Luft,
Ich will mich in Lieb vertrauen meinem Jesu, der mich ruft,
Ich bin sein und er ist mein,
Ewig soll die Liebe sein.

Nr. 8. von **Ahasverus Fritsch** (S. 79).

1. Gleich dem Turteltäubelein, weil ich bin so gar allein,
Seufze, ächze, girre ich, in dem Wald verirr ich mich.
2. Fladdre immer hin und her. Wenn mein Liebster bei mir wär,
Wollt ich schon vergnüget sein, alles Aechzen stellen ein.
3. Keine Stunde geht vorbei, daß ich nicht ganz ängstig schrei;
Dich, mein Jesu, ich so such; finds ich dich, hab ich genug.
4. Tief im Thale schweb ich noch, kann mich nimmer schwingen hoch,
Wenn du mich nicht holest ein, darfs um mich geschehen sein.
5. Ach der Stoßfalk mich sehr schreckt; wenn kein Stein noch Baum mich deckt,
Der da hohl ist, bleibe ich ihm zur Beute sicherlich.
6. Dorten geht der Wildschütz her, der verlanget nichts nicht mehr,
Als daß er mich fangen möcht, und in seine Stricke brächt.
7. Gehet dieses ihm nicht an, sieht er, wie er sonsten kann
Durch die Kugel, durch den Pfeil mich erlegen so in Eil.
8. Regen, Wolken, Donner, Blitz, wo ich armes Täublein sitz,
Brechen mit Gewalt hinein, ach, wo werd ich sicher sein.
9. Nun den Felsen seh ich dort, ein für mich erwünschten Ort,
Eiligst will ich fliehen hin, weil darin ich sicher bin.
10. Deine offne Seite ist, allerliebster Jesu Christ,
Dieser Fels und dieser Stein, ach mein Liebster laß mich ein.
11. Weil ich hier ganz sicher sitz, soll aus diesem Felsenritz
Nimmermehr was locken mich, hier will leben, sterben ich.
14. Wenn ich denn gestorben bin, fährt die Seel gen Himmel hin,
Da sie denn als deine Braut dir auf ewig wird vertraut.
15. Lachen, küttern werd ich froh, nimmer ächzen, girren so,
Weil nach so viel Angst und Leid ich erlange Himmelsfreud.
16. Nimmer bin ich dort allein; du mein Schatz wirst um mich sein,
Und die Engel ohne Zahl in dem hohen Himmelssaal.
17. Hole mich doch bald dahin, da ich ewig selig bin.
Nun, mein Herr, es bleibt dabei, ich von Herzen Amen schrei.

Fünftes Buch.

Die Grundformen des Pietismus in der lutherischen Kirche.

30. Philipp Jakob Spener. 1. Seine theologische und kirchliche Stellung.

Eine Menge von Anzeigen legen die Annahme nahe, daß Spener[1]) seine Förderung des praktischen Christenthums in derselben Richtung erstrebt habe, welche Johann Arndt eingeschlagen hat. Seine in den lateinischen und deutschen Bedenken gesammelten Privatbriefe enthalten unzählige Lobsprüche für diesen Mann und dessen „Wahres Christenthum". Ueberdies hat Spener, indem er seine Pia desideria zuerst als Vorrede zu einer neuen Ausgabe von Arndt's Postille veröffentlichte, dadurch seine Uebereinstimmung mit der Tendenz jenes Vorgängers bezeugen wollen. Er hat ferner „Wochenpredigten über des seligen J. A. geistreiche drei erste Bücher vom wahren Christenthum" (Frankfurt 1706) gehalten. Endlich hat er in der „Wahrhaftigen Erzählung dessen, was wegen des sogenannten Pietismi in Teutschland von einiger Zeit vorgegangen"

1) Geboren zu Rappoltsweiler im Elsaß 13. Januar 1635, nach seinem Studium in Straßburg und Reisen, die ihn nach Basel, Genf, Stuttgart, Tübingen führen, seit 1663 Prediger in Straßburg; 1666 Senior des evangelisch-lutherischen Ministeriums zu Frankfurt am Main; 1686 Oberhofprediger in Dresden; 1691 Propst an der Nicolaikirche in Berlin; gestorben 5. Februar 1705. — Ein „Vollständiger Catalogus" aller seiner Schriften, Frkf. 1711 ist angehängt an „Drei christliche Predigten von Versuchungen" Frkf. 1712. Die wichtigste Quelle für seine Geschichte sind die „Theologischen Bedenken und andere briefliche Antworten". 4 Theile, Halle 1700—1702; „Letzte Theologische Bedenken" mit einer Lebensbeschreibung Spener's herausgegeben von Carl Hildebrand von Canstein. 3 Theile, Halle 1711; die Lebensbeschreibung besonders herausg. von Joachim Lange. 1729. Consilia et iudicia theologica latina, opus posthumum. 3 Theile, Frankf. 1709. Zu vergleichen Hoßbach, Ph. J. Spener und seine Zeit. 2 Theile, Berlin 1828, wieder abgedruckt 1853. 61; Tholuck in der Real-Encyklopädie XIV. S. 614—634; Schmid, Gesch. des Pietismus S. 42 ff.

(Frankfurt 1697) Arndt als den Anfänger des Werkes Gottes in der Uebung der Gottseligkeit, in welches er selbst eingetreten sei, dargestellt. Indessen ist es nicht gerathen, aus diesen meistens sehr allgemein gehaltenen Zeugnissen der Anerkennung zu schließen, daß Spener in jeder Beziehung in Arndt's Spuren einhergehe. Wo er sich deutlich ausspricht, beschränkt er sein Lob darauf, daß Arndt die Wiedergeburt aus dem Glauben, die Theilnahme des lebendigen Glaubens an Tod und Auferweckung Christi, die Nothwendigkeit der Nachfolge Christi in Glauben, Leben und Buße richtig deute und eindringlich empfehle[1]). Hingegen nirgendwo erkennt er ausdrücklich an, daß die mystischen Gedankenreihen im „Wahren Christenthum" für ihn maßgebend sind. Aus allen Anzeigen vielmehr ergiebt sich, daß Spener für seine Person nicht zur Mystik disponirt war, mit seiner religiösen Erfahrung ihr fern stand, und höchstens in beschränktem Umfange sich dieser Methode des innerlichen Lebens anbequemt hat, wo ein directer Anlaß ihn gewissermaßen dazu nöthigte. Zunächst versteht er ja die unio mystica in der altlutherischen Weise von der Vereinigung Christi mit der Kirche (S. 28). Demgemäß hat er auch die neutestamentlichen Formeln, welche Poiret und Arnold, sowie die heutigen Pietisten als den Rechtstitel für die mystische Deutung des Christenthums verstehen, ganz anders ausgelegt. In einem Bedenken von dem Formali des geistlichen Lebens stellt er die Frage, ob es die Gnade oder Christus oder der Glaube oder die uns geschenkten Kräfte sei. Er entscheidet über den zweiten Fall[2]): „Christus selbst ist nicht das Formale, oder in ihm bestehet nicht eigentlich das geistliche Leben, sondern er gehört vielmehr zur causa efficiente, und ist das geistliche Leben etwas, das von ihm gleichsam ausfließt. Und wenn man zu Gal. 2, 20 und Kol. 3, 3 sagen sollte, er werde zur forma unseres Lebens gemacht, so ist doch solches die Meinung nicht, sondern es wird nur gezeiget, daß unser geistliches Leben also aus Christo herkomme, daß er vielmehr als wir darin wirke .... Daher wüßte ich das Formale in nichts anderes zu setzen als in die neue Art des im Menschen geborenen neuen Menschen oder göttlichen Natur (2 Petr. 1, 4), welche Art besteht in einem göttlichen Licht einer lebendigen Erkenntniß

1) Bedenken III. S. 182. 237. 473. 827.

2) Bedenken I. S. 192. 193. von 1692.

Gottes und in der göttlichen Kraft, aus der der Wiedergeborene nicht allein Gutes zu thun vermag, sondern einen Trieb dazu hat und dem göttlichen Willen gleich gesinnt ist". Kann man in praktischer Weise diese Frage anders beantworten als in der Aufzeigung der subjectiven Fähigkeiten, welche Spener bezeichnet? So hat er sich auch schon 1678 in einem Privatbrief an seinen Gegner Conrad Dilfeld in Nordhausen geäußert[1]). „Was den innern Menschen anlangt, weiß ich nicht, wie mein hochgeehrter Herr auf die Rede kommt, daß ich dadurch verstehe die sonderbare genaue Vereinigung eines Christen mit Christo. Welches mir ganz ungereimt geredet zu sein deuchtet. Der innere Mensch ist der Geist aus Geist geboren und begreift also den Menschen, wie er nun in Kraft des Glaubens in der Wiedergeburt zu einem andern Menschen geworden ist in erleuchtetem Verstand, himmlisch gesinnten Willen und dergleichen". Nichts desto weniger fährt er fort: „Was die Lehre von der Vereinigung Christi mit seinen Gläubigen anlangt, so bin ich versichert, daß es der Schrift gemäß sei, nicht nur Christi Geist, Gnade, Wirkung, sondern Christus selbst wohne in uns, und er selbst vereinige sich mit uns". Zugleich beruft er sich auf Brochmand, Dannhauer, Hülsemann und auf Form. Conc. III. 65, wo in antithesi der Satz: quod non deus ipse sed dona dei duntaxat in credentibus habitent, ausgeschlossen wird. Aber eine Annäherung an Nicolai und Arndt ist hiemit nicht gemeint. Denn in einem spätern Schreiben an Dilfeld declarirt Spener die Einwohnung Christi in den Gläubigen dahin, daß die Wohnung (der Gläubige) von Christus Leben und Kraft hat, und was der Mensch thut, nicht mehr blos sein eigen, sondern auch Christi Werk in und durch ihn ist. Er hält also die Linie der Concordienformel (S. 21) inne, indem er die sanctificatio als den Zweck der inhabitatio denkt. Daneben bezieht er die Vereinigung Christi mit seinen Gläubigen darauf, daß „sie seine Glieder so wahrhaftig sind, als er ihr Haupt ist"[2]), vertritt also die Ansicht von der unio mystica, welche Lucas Osiander als die altlutherische bezeichnet hat (S. 26). Demnach ist die Deutung, welche Arndt der unio mystica auf den Liebesverkehr des Gläubigen mit der Seele verliehen hat (S. 44), Spener

1) A. a. O. III. S. 273 ff. I. S. 191.
2) A. a. O. III. S. 302. 303.

persönlich fremd. Allein die ihm eigene Behutsamkeit des Urtheils erlaubte ihm nicht, über die außerordentlichen Entzückungen, welche nach dem heiligen Bernhard von Hohburg, Lütkemann und Heinrich Müller bezeugt wurden, abzusprechen. „Die wir nur eine geringe oder fast keine Erfahrung davon haben, dürfen nicht weiter gehen, als mit Behutsamkeit Anderen vorstellen, was uns anderer gottseliger Christen Erfahrung und die Betrachtung der göttlichen Güte lehret, vor allem aber müssen wir nicht leugnen, was wir nicht wissen noch erfahren haben . . . . Sonderlich kommt es uns nicht zu, zu bestimmen, was Gott in gläubigen Seelen thue, da der Bräutigam mit seiner Braut also umgehet, daß er es Andern eben nicht sehen läßt"[1]). In den Predigten über Arndt's Wahres Christenthum accommodirt er sich seiner Vorlage auch in dieser Beziehung noch etwas näher, ohne jedoch in Widerspruch mit der eben angeführten Aeußerung zu treten. In einer Predigt über Cant. 5, 17 entsprechend dem 6. Capitel des 3. Buchs von Arndt läßt sich Spener auf den Begriff der unio mystica so weit ein, daß er sie ähnlich wie der heilige Bernhard (I. S. 57) erkennen will in unerwarteter Erkenntniß einer göttlichen Wahrheit oder eines Bibelspruchs, in starkem Triebe zur Liebe Gottes oder anderem Guten, in brünstigem Verlangen nach Gott oder der Seligkeit. Aber über Bewegungen der Art, welche das gemeine Maß übertreffen, will er schweigen, „da es mir an Erfahrung mangelt". Und so bezeugt er auch nur die Erfahrung Anderer, indem er ferner die Einwohnung Gottes in ungemeiner Freude nachweist, denn er citirt das an der angeführten Stelle des Arndt'schen Buches eingeschobene Lied von Heinrich Müller (S. 91). Also auch dieser Grad von Anschmiegung an Arndt läßt erkennen, daß dessen mystische Gedankenreihen Spener fremd geblieben sind. Bei seiner Duldung und Anbequemung an diese Art der Frömmigkeit ist es ihm natürlich nicht schwer gewesen, in engem Verkehr mit Ahasverus Fritsch (S. 78) zu stehen; er hat dessen „Hohe Jesusschul", Nürnberg 1687 mit einer Vorrede begleitet, und ihm seine Schrift „Der Klagen über das verdorbene Christenthum Mißbrauch und rechter Gebrauch" (1685) gewidmet.

Hat also Spener seinen Abstand von der Arndt'schen Schule und von der durch Fritsch bezeichneten Richtung des praktischen

1) A. a. O. I. S. 299. 300.

Christenthums nicht hervorgehoben, sondern vielmehr darüber hinweg gesehen, so kommt es für den Geschichtsforscher darauf an, denselben vollständig zu bezeichnen. Die eigenthümliche Nichtunterscheidung und verhältnißmäßige Nachgiebigkeit, welche Spener in diesem Verhältniß geübt hat, wird als geschichtliches Datum anzuerkennen und seine Folgen werden zu deuten sein. Aber wie verschieden von Arndt's weltflüchtiger Tendenz ist die Schätzung, welche Spener dem bürgerlichen Beruf zuwendet. Wenn er es natürlich billigt, daß einer mehr nach dem himmlischen Vaterland als nach den irdischen Dingen verlange [1]), so hat er daraus doch nicht wie Arndt den Schluß gezogen, daß die Christen wie aller weltlichen Dinge, so auch ihres Berufes als Fremdlinge sich bedienen sollen (S. 52). Vielmehr erklärt er mit ausdrücklicher Berufung auf Luther, daß alle äußerlichen Berufsgeschäfte, welche dem gemeinen Nutzen dienen, im Glauben geübt und zu einem eigentlichen Gottesdienst gemacht werden sollen, indem der allgemeine Christenberuf jenen Geschäften ihr Maß verleiht und ihre Regel vorschreibt. Hinzugefügt wird, daß wer unter dem Vorwande der Uebungen des Christenthums den Berufsarbeiten sich ganz oder zu viel entzieht, sich damit versündigt, und sich in die Versuchung der Faulheit, des Vorwitzes, der Entziehung von der Liebe des Nächsten begiebt [2]). Ferner ist Spener in dem Anbau der Casuistik auf der Bahn seines Lehrers Dannhauer geblieben. In der Beurtheilung von „Fällen" steht er mitten im Leben. Und es sind mitunter seltsame Fragen, welche durch seine Gutachten beantwortet werden z. B. ob vornehmere Weibspersonen ihre Kinder selbst stillen sollen, ob es niedrigen Obrigkeiten im Gewissen verantwortlich sei, wenn sie der hohen Obrigkeit die Bieraccise nicht richtig abführen, ob Assecuranzcontracte unchristlich, ob Section von Leichen erlaubt sei, ob die Schneidergesellen das Recht haben, von dem ihnen zur Bearbeitung übergebenen Seidenstoff einen Theil für sich zu behalten und die Meister zu verlassen, die darauf nicht eingehen wollen [3]). Andererseits lehnt er immer wieder die Anfragen von Politikern wie von Kaufleuten ab, ob sie nicht zum Zweck ungestörter Frömmigkeit ihre sittlich gefährlichen Berufs-

1) A. a. O. II. S. 413.
2) A. a. O. II. S. 272. V. S. 166.
3) II. S. 225. 227. 364. 375.

stellungen aufgeben sollen [1]). Diese Bedenken sind ohne Zweifel in den Kreisen einheimisch, welche der Anregung Speners gefolgt sind; man kann schon hieran sich überzeugen, daß in den Pietismus Motive eingemündet sind, welche Spener's Lebensanschauung verleugnen. Freilich über den Entschluß einer Jungfrau zur Ehelosigkeit, welcher vielleicht ebendahin gehört, urtheilt Spener, daß er als Gelübde unzulässig sei, aber mit dem Vorbehalte der Abänderung im gegebenen Falle sich empfehle. Hiemit verbindet er den Wunsch, daß einige Klöster mit Beseitigung ihrer Uebelstände die Reformation überstanden haben möchten, um Personen beider Geschlechter, welche den ehelosen Stand wählen, angemessene Stätten darzubieten [2]). Jedoch ist diese Aeußerung um so unverfänglicher, als Spener in anderen Fällen sich erinnert, daß Fräuleinstifter evangelischer Confession bestehen, aber den Eintritt in dieselben um der Frömmigkeit willen widerräth, weil sie eine verweltlichte Gesellschaft in sich schließen [3]). Hingegen ist es wieder nur ein bestimmter Fall, in welchem er einer eben verheiratheten jungen Fürstin empfiehlt, ihre weibliche Umgebung, ihr „Frauenzimmer" so anzuordnen, daß sie wie die Vorsteherin eines auserwählten jungfräulichen Klosters an ihrem Hof sein möge [4]). Offenbar war dieses der den Umständen entsprechende Rath. Denn wenn ein klösterliches Institut auf Grund evangelischer Ueberzeugung ohne die sittlichen Uebelstände, welche dem katholischen Vorbilde anhaften, sich überhaupt halten könnte, warum sollte man nicht seinen Wunsch darauf richten? Von Lodenstein's Ansicht darüber (I. S. 161) bleibt Spener's Billigung katholischer Anstalten weit entfernt [5]).

Spener ist seiner Absicht und seiner Selbstbeurtheilung gemäß nichts mehr und nichts weniger als rechtgläubiger Lutheraner. Auch die beiden einzigen Lehren, in denen er von anderen rechtgläubigen Theologen abweicht, nämlich die Forderung der Wiedergeburt als Bedingung richtiger Theologie und die Hoffnung besserer Zeiten für die Kirche, will er so angesehen wissen, daß sie, die eine gerade rechtgläubig, die andere nicht im Widerspruch mit der Recht-

---

1) II. S. 422. 424—453.
2) Consilia II. p. 8.
3) Bedenken II. S. 189. 417.
4) A. a. O. II. S. 653.
5) A. a. O. III. S. 164.

gläubigkeit seien. Die Prüfung jenes allgemeinen Anspruches wird aber die eigenthümliche Thatsache wieder ins Licht stellen, daß Spener seine wirkliche Rechtgläubigkeit gerade im Gegensatz gegen solche zu bezeugen hatte, welche man entweder direct dem Pietismus zurechnen muß, oder welche in den von Spener angeregten Kreis der Frommen die schon bereit stehenden Stoffe des Sectenthums hineinzutragen beabsichtigen. Zunächst hat über den allgemeinen Begriff der Kirche Spener sich ausführlich ausgesprochen in der Schrift: Der Klagen über das verdorbene Christenthum Mißbrauch und rechter Gebrauch (1685). Dieselbe war dadurch hervorgerufen worden, daß unter den Genossen seiner besonderen Versammlungen eine Gruppe zu der sectirerischen Ueberschätzung dieses Unternehmens vorgeschritten war, und von dem Abendmahl sich zurückhielt, um nicht durch die Gemeinschaft mit Unwürdigen die heilige Handlung und sich selbst zu verunreinigen. Das stimmt mit der Ansicht überein, welche in der niederländischen Kirche sich als die Wurzel der pietistischen Verbindungen erwiesen hat (I. S. 116). Ferner erörtert Spener 1699 den Begriff der Kirche übereinstimmend einem Prediger gegenüber [1]), welcher in seiner Gemeinde nur einen Haufen von Sündern erkannte, deshalb Gesetz ohne Evangelium predigte und außerdem die Sacramente nebst den verwandten kirchlichen Handlungen eingestellt hatte, die Taufe, weil er sie nur bei Kindern gläubiger Aeltern oder vielleicht gar erst nach ertheiltem Unterricht für berechtigt hielt, das Abendmahl, weil er lauter Unwürdige vor sich zu haben meinte, die es zur Verdammniß empfangen würden, die Absolution, weil sie bei Unbekehrten nicht angebracht war, die Trauung, um den göttlichen Segen nicht an Unbekehrten zu entheiligen. Der ungenannte Mann erinnert deutlich an Lodensteyn und Nethenus. Dagegen erklärt nun Spener, so lange noch das Wort Gottes aus der Propheten und Apostel Schriften in einem Haufen gehandelt und angehört, auch die Gnadenmittel gebraucht werden und der Haufe sich äußerlich zur Lehre Christi bekennt, sei eine Kirche da. Die Taufe insbesondere verleihe jedem für sich und seine Nachkommen das Recht an die Gnadengüter und die Wiedergeburt auch an die Kinder, mag auch dieselbe wieder verloren gehen und im Leben durch die Buße erneuert werden müssen. Demgemäß dürfe das Gesetz nicht ohne das Evan-

1) Bedenken IV. S. 686.

gelium gepredigt, Abendmahl und Absolution aber müssen auch auf die Gefahr ihres Mangels an Segen verwaltet und in demselben Sinne auch die Trauung vollzogen werden. Diese Grundsätze haben ihr Recht, auch wenn der Zustand der christlichen Gemeinde noch so mangelhaft und verdorben sei. Denn die Beurtheilung der korinthischen und galatischen Gemeinden durch Paulus stelle es fest, daß grobe sittliche Schäden, Mangel der Zucht, ja ein Uebergewicht irriger Lehre das Dasein von Kirche nicht aufheben. Für die lutherische Auffassung der Kirche durch Spener ist nichts bezeichnender als seine Combination der Wiedergeburt mit der Kindertaufe, als welche den Glauben hervorruft. Er setzt dieselbe auch einmal der calvinisirenden Deutung entgegen, welche Großgebauer in Rostock ausgesprochen hatte, daß die Taufe das Siegel der Wiedergeburt bei denen sei, die durch den Glauben wiedergeboren wären[1]). Indem also Spener hierin mit Stephan Praetorius (S. 15) übereinkommt, lehnt er doch dessen Ansicht von der Unverlierbarkeit der Taufgnade für die Gläubigen ab, und beschränkt sich auf den rechtgläubigen Satz, daß jede auf Verlust des Glaubens folgende Bekehrung die Taufgnade wieder herstelle. Dieser Satz des großen Katechismus aber hat im Lutherthum den wichtigen Sinn, daß jeder Fall von nothwendiger Bekehrung eines durch die Taufe bezeichneten Gliedes der Kirche die durch Evangelium und Sacramente begründete Gemeinde der Gläubigen voraussetzt. Die wahre Kirche, die er meint, findet Spener als die evangelisch-lutherische wegen der Reinheit ihrer Lehre vor, obgleich er nach deren Lehre nicht daran zweifelt, daß auch außerhalb ihres statutarischen Umfanges Gläubige vorhanden sind, welche selig werden. Er erwägt daneben wiederholt die Frage, ob eine Vereinigung der großen Kirchen möglich sei. Indem er dieselbe für die römische Kirche unbedingt verneint, läßt er die Frage in Hinsicht der Ausgleichung mit Reformirten und Arminianern einmal zu, von der Erfahrung aus, daß die Lehre von der particularen Gnade in der reformirten Kirche selten offen gepredigt werde und den Laien meist gar nicht bekannt sei, und von der Erwägung aus, daß die reformirte Lehre vom Abendmahl den Glaubensgrund nicht umstoße, sondern nur den Trost verringere. Indessen hält er das Project der Union wegen der Stellung der Theologen zu der Sache

1) A. a. O. I. S. 164.

für unausführbar, und äußert die Besorgniß, daß man durch solches Unternehmen anstatt zweier Parteien drei oder vier bekommen könne [1]). Spener hat demgemäß abgelehnt, sich an den Berathungen über Union zu betheiligen, für welche der König von Preußen 1703 eine Commission einsetzte.

Wenn jene Erwägungen über Kirchenunion bei Spener durch Glieder der lutherischen Kirche angeregt wurden, so hatten sie nicht viel zu bedeuten, und waren dem Bestande der lutherischen Kirche nicht gefährlich [2]). Ernstlicher war deren Ansehen bedroht, wenn die mannigfachen Anklagen gegen den geistlichen und theologischen Stand, welchen lutherische Prediger während des dreißigjährigen Krieges und danach zu erheben fortfuhren, sich zu dem Urtheile zuspitzten, daß nicht blos die römische, sondern auch die lutherische, ja überhaupt jede verfaßte Kirche als solche Babel sei. Von Weigelschen Voraussetzungen aus hat Adolf Held, um 1630 Pastor in Stade, unter dem Eindruck ungerechter Behandlung hat der Chiliast Lorenz Seidenbecher die Linie jenes Urtheils über die lutherische Kirche und die Auctoritäten in ihr erreicht. Als

---

1) A. a. O. II. S. 453. IV. S. 494.

2) Eine eigenthümliche persönliche Unionsstellung nimmt im 17. Jahrh. Augustin Fuhrmann († 1644), Pastor an der lutherischen Gemeinde zu Tscheplowitz bei Brieg und zweiter Hofprediger des reformirten Herzogs Joh. Christian von Liegnitz und Brieg ein. Er war als quietistischer Mystiker (S. 84) gegen die Unterschiede der beiden Confessionen, in deren keiner wahres christliches Leben gehegt werde, gleichgiltig. Der genannte Herzog ist für die Geschichte des reformirten Pietismus insofern wichtig, als er 1627 der lutherischen Geistlichkeit seines Fürstenthums Reformationsvorschläge eröffnen ließ, in welchen zur Herstellung christlichen Lebens Verstärkung des katechetischen Unterrichts, Wiederholung der Predigten, Hausbesuch eingeschärft und beklagt wird, daß manche Uebungen der ersten Christenheit, weil sie im Papstthum mit Mißbräuchen verunstaltet seien, z. B. Fasten und Ohrenbeichte durch die Reformation abgeschafft sind. Vgl. Christfürstliches Bedenken von nothwendiger Ergreifung der Mittel, wodurch Gottes gerechtes Gericht . . . wo nicht abgewendet, doch etlicher Maßen gemildert werden möge. Herausgegeben durch Amadeum von Friedeleben (Abraham von Franckenberg) 1627. Dittelbach (I. S. 379) hat es 1676 wieder abdrucken lassen. Auch Spener erwähnt es mit Zustimmung 1678 (Bedenken III. S. 224). Vgl. Koffmane, Die religiösen Bewegungen in der evangel. Kirche Schlesiens während des 17. Jahrhunderts (Breslau 1880) S. 11. 39, wonach Tholuck, Kirchl. Leben des 17. Jahrh. I. S. 308 zu berichtigen ist.

allgemeinen Grundsatz hat darauf Christian Hohburg (S. 62) diese Ansicht verkündet. Man erkennt endlich aus Spener's Schrift (S. 103) über die unter den Frankfurter Conventikelleuten eingerissene Separation deutlich, daß auch diese die lutherische Kirche für Babel erklärten. Die gleiche Meinung, mit einer nicht uninteressanten Modification versehen, ist von den Anhängern Böhme's aus an Spener herangetreten. Wie stark dessen Einfluß in den Kreisen, die auf Spener hörten, im Vordringen gewesen ist, kann man aus den zahllosen Bedenken desselben erkennen, welche Anfragen über den Werth der Böhme'schen Schriften beantworten. Zu Spener's Zeit hatte Böhme in der lutherischen Kirche offenbar Weigel's und Schwenckfeld's Einwirkung überflügelt. Der letztere besaß seine außerhalb der Kirche organisirte Anhängerschaft; Weigel's revolutionäre Ideen über Gesellschaft und Staat waren geeignet mehr abzustoßen als anzuziehen. Böhme hingegen kam es zu gut nicht blos, daß er solchen Tendenzen fremd war, sondern auch daß er gegen den Einspruch des Görlitzer Pastors Gregorius Richter sich als Mitglied der lutherischen Kirche behauptet hatte. Auch Böhme's Anhänger, welche namentlich in Schlesien in den gebildeten Ständen, freilich kaum im geistlichen, nachweisbar sind, welche durch Briefwechsel und religiöse Zusammenkünfte eng mit einander verkehrten, welche dabei das Verderben der Kirche und die Nothwendigkeit einer Reformation nach dem Maßstabe ihrer mystischen Tendenz lebhaft erörterten, hielten zugleich an ihrer Stellung in der lutherischen Kirche fest. Ihre Zusammenkünfte, in denen Laien Erbauungsreden hielten, widersprechen dem nicht. Ihnen fehlte von Hause aus der Antrieb, Anhänger in den nicht gebildeten Ständen zu werben; sie sind also nicht eigentlich sectirerisch. Sie sind auch nicht direct Vertreter des Pietismus, da an ihrem Meister ebenso seine quasi philosophische wie seine religiöse Art sie als Männer von Bildung interessirte[1]).

Es liegt nun aus 1686 ein Bedenken darüber vor, ob die evangelische Kirche mit Recht Babel zu schelten und ob von ihr auszugehen sei, welches von einem Anhänger Böhme's, wahrscheinlich Joh. Jakob Zimmermann aus Württemberg, an Spener gebracht und von ihm ausführlich beantwortet ist[2]). Der Inhalt

1) Vgl. Koffmane S. 17—38.
2) Bedenken I. S. 341. III. S. 697.

jener Schrift giebt einen bedeutsamen Aufschluß darüber, in welcher Gesinnung gegen die lutherische Kirche die Böhmisten ihre Stellung in derselben zu behaupten trachteten. Aus der Feststellung des Begriffs von Babylon nach den verschiedenen biblischen Stellen wird gefolgert, daß keine christliche Particularkirche der Gegenwart vollständig dem Begriffe Babels entspreche, daß hingegen nicht blos in der römischen, sondern auch in der evangelischen und reformirten Kirche Merkmale von Babel oder antichristliche Züge vorkommen. Der Name Babel paßt in jeder Kirche auf die Menschen, welche auf ihre selbst genommenen Namen trotzen, aus eigener Macht übermenschliche Sachen unternehmen, über Andere sich erheben, fremden Gottesdienst stiften, dabei die Frommen ächten und in allem diesem wohl zu thun meinen. In diesem Sinne ist auch die lutherische Kirche, was ihr äußerliches Regiment betrifft, nicht frei von Babel. Dahin gehört insbesondere das Concordienbuch, dessen Urheber, die Fürsten, keine göttliche Auctorität zu dessen gesetzlicher Einführung in die Kirche nachweisen können. Denn daß Fürsten und Geistlichkeit hiebei vom heiligen Geist geleitet gewesen wären, wird dadurch widerlegt, daß derselbe der ganzen Kirche zukommt, im Concordienwerk aber der dritte Stand nicht mitgewirkt hat. Dieses Verfahren ist auch nicht als ein Rest römischen Antichristenthums zu betrachten, sondern ist die Frucht des bei uns erneuerten Babylon. Die dem Concordienbuch gemäße Lehre gilt allerdings als die reine und vollkommene, aber sie ist es nicht durchgehends. Wird nun gefordert, daß man die Fehler derselben anzeige, so ist das eine mißliche Zumuthung. Wenn nämlich aus anderen Kirchenparteien solche Nachweisung der Fehler der lutherischen Lehre erfolgt, so wird es geachtet, als ob uns eine Gans anpfiffe; wenn aber einer der Böhmisten es unternähme, so wäre er gemäß der Geltung des Concordienbuches, wie die Erfahrung beweist, schon verloren. Viele sind der Meinung, Jakob Böhme sei der lutherischen Kirche als Reformator gesetzt; der Verfasser will sich enthalten, ehe er gefragt wird, seine Ansicht darüber zu äußern; aber in der Art, wie die berufenen Auctoritäten in der Kirche mit ihm umgehen, will er eben gerade erkennen, daß der Antichrist auch bei uns herrscht. Soll man nun deswegen aus der Kirche austreten, um von Babel auszugehen? Beim Uebertritt in eine andere Kirche würde dieses nicht erreicht werden, aber auch nicht in der Separation von jeder bestehenden Kirche. Denn da der Antichrist im

Tempel Gottes sitzt, so würde man mit der Trennung von jeder Kirche auch die Zugehörigkeit zu dem Tempel Gottes verscherzen, und zugleich durch Bildung einer neuen Partei ein neues Babylon aufrichten. Der Ausgang aus Babel, ohne den man nicht selig werden kann, besteht also darin, daß man die antichristlichen Bedingungen der Kirche meidet und in Christus eingeht, d. h. mit der zu erstrebenden Gelassenheit des Willens die volle Gleichgiltigkeit gegen die statutarischen Bedingungen der Kirche verbindet. Diese Regel gilt auch für die Theologen, welche sich davor bewahren wollen, Antichristen zu werden.

Ich brauche an dieser Stelle nicht auszuführen, was Spener schon 1681 bemerkt hat, daß die Behauptung von babylonischem Wesen in allen Kirchen allmählich den gefährlichsten Indifferentismus erwecken müsse [1]). Es kommt vielmehr darauf an, welche positive Stellung zu diesem Programm Spener eingenommen hat. Er hat es mit seiner ganzen Milde und mit ausführlicher Erörterung aller einzelnen Behauptungen beantwortet, jedoch ohne die Gesammtanschauung des Gegners als solche zu beurtheilen. Hätte Spener dieses unternommen, so würde er eine scharfe Beleuchtung der Heuchelei, welche jenes Schriftstück durchzieht, nicht haben zurückhalten können. Für seine eigene Rechtgläubigkeit zeugt nun der mit exegetischen Mitteln aufrecht erhaltene Satz, das Babylon der johanneischen Apokalypse bezeichne die römische Kirche und nichts anderes. Es ist in der Gegenwart schwer, sich in dieses Stück lutherischer und reformirter Rechtgläubigkeit hineinzufinden. Denn wenn wir von dem nordamericanischen Lutherthum mit Recht absehen, so wird jetzt das Zeugniß der Schmalkaldischen Artikel, daß der Papst der Antichrist sei, gerade von denen in den Wind geschlagen, welche sich ihrer lutherischen Rechtgläubigkeit vor der Welt am meisten rühmen. Welches praktische Motiv dient zur Erklärung dieser Veränderung? Für Männer wie Spener ist ohne Zweifel die Erfahrung entscheidend, daß die Verfolgung des Protestantismus durch die römische Kirche oder in ihrem Namen zu seiner Zeit mit ungeschwächten Kräften und nach Gelegenheit der Umstände fortdauerte. Hob nicht gerade Ludwig XIV. das Edict von Nantes auf und traf die anderen Maßregeln zur Einschränkung des Protestantismus im Elsaß und in Straßburg?

---

1) Cons. lat. II. p. 62.

Wurde nicht durch Leopold I. der Protestantismus in Ungarn unterdrückt? Die Wiederkehr solcher Erscheinungen glauben die heutigen Orthodoxen, indem sie sich zum Kampfe gegen die Aufklärung mit den Römischen verbunden achten, nicht mehr befürchten zu dürfen. Aber warum? Weil sie zugleich glauben, daß die segensreiche Wirkung der Aufklärung in der modernen staatlichen Gesetzgebung, nämlich der Grundsatz der kirchlichen Parität niemals außer Wirkung gesetzt werden könne, während die Auctoritäten ihrer ultramontanen Bundesgenossen nichts mehr verwerfen als die staatliche Gleichstellung der Kirchen. Auf diesen Grundsatz steuert nun schon das Böhmistische Bedenken hin, indem es zunächst die Parität der Kirchen in Hinsicht des babylonischen Verderbens, und darin ihren blos relativen Werthunterschied geltend macht. Dieses Sectenthum, das sich in der lutherischen Kirche behaupten und sie von innen aushöhlen will, ist demgemäß schon selbst ein Element der Aufklärung, wenn man diese, wie ich glaube, mit Recht dahin versteht, daß sie alle Ordnungen und Gegensätze des Lebens als relativ erkennen lehrt. Und wie komisch! Nachdem die Böhme'sche Tendenz das Ihrige dazu gethan, die lutherische Kirche der Aufklärung preiszugeben, haben sich die Pietisten des 19. Jahrhunderts an Böhme gestärkt, um der Aufklärung entgegenzuwirken!

Ich habe nicht widerstehen können, diese Wechselfälle bemerklich zu machen, um hervorzuheben, welche Bedeutung die durch die Tradition und durch die Zeitverhältnisse motivirte Behauptung, die römische Kirche sei Babel, für Spener's Rechtgläubigkeit hat. In seiner Bestreitung des Böhmistischen Gegners aber zieht noch die Widerlegung des antichristlichen Charakters des Concordienbuches die Aufmerksamkeit auf sich. Spener erinnert an die in der Vorrede desselben enthaltene Erklärung, daß es den katholischen Gegnern gegenüber darauf angekommen sei, den Vorwurf der Unsicherheit und Veränderlichkeit in der Lehre abzulehnen und zugleich die Streitigkeiten unter den Theologen zu schlichten. „Beide Ursachen sind ehrlich, christlich und wichtig und haben keine antichristliche Absicht" Ferner bezeugt Spener, daß der Abstand der Symbole gegen die übergeordnete Auctorität der h. Schrift anerkannt, daß ihnen deshalb keine Unfehlbarkeit beigelegt werde, daß sie keine Schranke gegen möglichen Fortschritt der Wahrheitserkenntniß bilden, daß Zweifel gegen Einzelheiten ihres Inhaltes an sich nicht verboten und daß dieselben „nicht mit Vorwand der Auctorität der symbolischen Bücher abzuweisen, sondern aus dem Worte Gottes zu berichtigen seien, als welches allein unser Richter bleibet". Falls jemand einen wirklichen Fehler in der Lehre der Symbole nachwiese, was Spener freilich niemals eintreten zu sehen hofft, so müsse man sich dem fügen. Endlich seien diese Bücher nicht von der Nothwendigkeit, daß die Kirche sie schlechterdings haben müsse, und daß alle Glieder derselben davon wissen und ihnen ausdrücklich beipflichten müßten. „Denn es war die Kirche die wahre Kirche, ehe sie dieselben hatte, und sind allein gewisse Begebenheiten gewesen, die sie etlicher Maßen nothwendig gemacht haben". Man wird diese Erklärungen correct finden und doch urtheilen dürfen, die entgegengesetzte Ansicht in dem Böhmistischen Bedenken sei dadurch mit veranlaßt, daß der Gebrauch der symbolischen Bücher in der Praxis der Kirchenbehörden nicht immer mit jener Begrenzung ihres Werthes übereingestimmt hat. Die persönliche Ueberzeugung Spener's ergiebt sich noch aus einem Bedenken von 1699 „ob den symbolischen Büchern quia oder quatenus zu unterschreiben" [1]). Er verwirft die letztere Formel, wenn sie als die Mentalreservation zu erkennen wäre, daß man mit den Symbolen eigentlich nicht übereinstimme, und erklärt selbst sich dem quia anzuschließen, da er die Symbole in der eigentlichen Lehre der Schrift conform erkenne, wenn auch nicht verbindlich für Nebendinge, die zu der Lehre eigentlich nicht gehören. In dieser Beziehung erinnert er an gewisse Ausstellungen, die er schon früher [2]) gegen manche Punkte der Symbole gemacht hat. Er findet an der Augsburgischen Confession und ihrer Apologie auszusetzen die Gelindigkeit in der Rüge römischer Lehren und Mißbräuche, welche von jesuitischen Polemikern zu ihrem Vortheil benutzt wird, den Mangel an Unterscheidung zwischen unsichtbarer und sichtbarer Kirche, die Bezeichnung der Absolution als Sacrament, die Behauptung, daß das Gebet für die Todten nicht unnütz sei, die Bezeichnung des Franciscus als Heiligen, manche Erklärungen von Schriftstellen, manche Irrthümer in Anführung von Kirchenvätern, und die Schwäche mancher Beweisführung. Wenn also unter der Berücksichtigung der schwachen Gewissen zulässig sein soll, die Symbole

1) Bedenken I. S. 596.

2) 1688. Letzte Bedenken III. S. 275.

mit quatenus zu unterschreiben, wie es im Herzogthum Braunschweig üblich, so wird damit gerade die oberste Auctorität der h. Schrift nach lutherischem Grundsatze vorbehalten. Daß Spener wegen dieser Aufstellungen Anfechtungen seiner Rechtgläubigkeit erfahren hat [1]), ist bekannt. Daß dieser Widerstreit bisher noch nicht geschlichtet ist, ist nicht minder bekannt. Mit ihrer Ansicht aber, daß die Auctorität der Symbole der der h. Schrift gleichkomme, sind die Gegner Spener's Neuerer, und den Muth ihrer Meinung haben sie aus der Angst um den Bestand ihrer Herrschaft in der Kirche geschöpft.

In der Lehre von der Rechtfertigung kann es nicht darauf ankommen, Spener's formale Rechtgläubigkeit besonders nachzuweisen; hingegen ist es von Wichtigkeit zu ermitteln, welche Merkmale derselben sich an dem von ihm geforderten lebendigen Glauben ergeben. Denn in dieser Hinsicht setzt er die hauptsächlich von Arndt vertretene Richtung fort, um den Erscheinungen des unfruchtbaren Bekenntnißlutherthums entgegen zu wirken. Die Grenzen, in denen sich seine Grundsätze bewegen, lassen sich in folgenden Erörterungen feststellen. Einmal hält er bestimmt darauf, die Rechtfertigung und ihre Gewißheit im Glauben nicht mit der Heiligung zu vermengen. Diesen Fehler rügt er gerade an den englischen Büchern, denen er übrigens viel zu verdanken erklärt, Bayley's **Praxis pietatis**, Sonthom's Kleinod der Kinder Gottes, Dyke's Selbstbetrug [2]). Andererseits erklärt er, daß zum Glauben niemand kommen wird ohne Buße und Fühlung der Sünden, worin das Gesetz sein Werk hat; aufs wenigste ist solches der ordentliche Weg [3]). Sogleich aber fügt er zu diesem allgemeinen dogmatischen Satz praktische Erläuterungen hinzu, welche den verschiedenen Fällen der Erfahrung gewidmet sind. Nach den Erfahrungen Luther's von den terrores conscientiae [4]), welche Melanchthon z. B. im 5. Art. der Apologie der Augsburgischen Confession als nothwendige Voraussetzung der Glaubenszuversicht vorgeschrie-

---

1) Vgl. Hoßbach II. S. 315 ff.

2) Bedenken I. S. 335. 337.

3) A. a. O. II. S. 162.

4) Nach diesem Maßstabe will er z. B. die Zwickauer Propheten gemessen wissen. Brief an Melanchthon vom 13. Januar 1522 bei de Wette II. S. 124.

ben hat, obgleich er selbst sie schwerlich aufweisen konnte, wäre keine Glaubenszuversicht berechtigt, welche nicht dem höchsten Grade des Sündengefühls abgerungen ist. Weiter würde folgen, daß man sich in jene Schrecken des Gewissens absichtlich hineinzusteigern hätte, wenn sie nicht aus der besondern Lebenslage entspringen. Diese Folgerung hat schon Arndt in der von den mittelaltrigen Mystikern entlehnten Form der nothwendigen Vernichtung gezogen. Allein das ist doch nicht der Zustand, welchen Luther und die lutherischen Dogmatiker meinen. Deren Vorschrift einer den Höllenstrafen gleichen Angst um die Sünde war in ihrem Lebenskreise unwirksam geblieben; und ich vermuthe, daß die Unverständlichkeit und Unausführbarkeit dieser Bedingung des lutherischen Christenthums für die Meisten viel dazu beigetragen hat, dessen praktische Anwendung auch in den anderen Beziehungen zu durchkreuzen. Wie mißlich jene von Luther's individuellen Erfahrungen abstrahirte und von keinem apostolischen Zeugnisse gedeckte Regel für die Praxis des christlichen Lebens ist, ergiebt sich endlich noch aus zwei Rücksichten. Einmal schließt die Vorschrift der terrores conscientiae in dem oben nach Luther festgestellten Sinne die Anweisung auf die Erfahrung eben so hoher und andauernder Freudigkeit im Glaubensstande, und überhaupt die Erwartung in sich, daß in allen Gläubigen die gleiche Stärke der Zuversicht auf Gott und der gleich starke Antrieb zu guten Werken obwalte. Nun aber wird das Gegentheil davon aus der Erfahrung festgestellt, und demnach gelehrt, der Glaube sei nicht blos bei verschiedenen Personen, sondern auch in derselben Person bald stark, bald schwach, und die Freudigkeit sei intermittirend. Werden in der Glaubenslehre diese Zugeständnisse an die Erfahrung gemacht, so steht damit nicht im Gleichgewicht, daß die Forderung der die Reue begleitenden Unlust auf ein gleich hohes Maß für Alle berechnet wird. Dabei haben nun die Dogmatiker zweitens nicht beachtet, daß die Erziehung die Absicht hat, die an den natürlichen Begehrungen haftenden Erregungen der Lust und der Unlust zu mäßigen, um eine regelmäßige Einwirkung auf den Willen zu erreichen. Nur unter dieser Bedingung werden die Gefühle moralischer Lust und Unlust zur Geltung gebracht. Dieselben sind nicht nur anderer Art als die rein individuellen Gefühle und Affecte, sondern sie tragen als solche nothwendig das Maß an sich, auf welches diese Reihe eben durch die Erziehung hingeführt werden soll. In die Klasse der moralischen

Gefühle gehören aber auch die **terrores conscientiae** und die **laetitia spiritualis**, welche in der **poenitentia** auf einander folgen sollen. Nun haben die Dogmatiker von Anfang an den Unterschied der natürlichen individuellen und der durch Erziehung bedingten moralischen Gefühle und den Unterschied ihrer Temperatur nicht klar gestellt. Aus ihrer Darstellung ergiebt sich vielmehr der Eindruck, daß der in der Kirche erzogene Mensch seine Reue und seine Seligkeit in der maßlosen Weise empfinden soll, welche die individuellen Gefühle bei einem affectvollen Menschen vor der gelungenen Erziehung zu haben pflegen. Das aber ist ein fehlerhafter Ansatz.

Es ist nun das Verdienst von Spener, auf diesem Gebiet der Lehre solche Bedingungen bezeichnet zu haben, deren Recht und Nothwendigkeit durch die eben gemachten Bemerkungen festgestellt ist. Denn die Schmerzen über die Sünde, welche der Hölle vergleichbar sind, findet er nur bei einem Theile der Christen angezeigt. „Bei Anderen geht es gelinder her und wird kaum die Kraft des Gesetzes gespüret, daß der Trost des Evangeliums gleich wieder alles heilet". Er führt demnächst aus, wie in den Fällen von Sünden das Gesetz das Gefühl von deren Unwerth hervorruft. „Indessen bleibt der Glaube an Jesum und die stete Vorstellung seiner Güter das Vornehmste, womit ein Kind Gottes umgeht, das Gesetz aber sieht es mehr von Weitem an, daß es eine Verwahrung vor Sicherheit werde". Er erinnert hiefür an Stephan Praetorius, mit dem Vorbehalt, daß derselbe über den Gebrauch des Gesetzes theilweise nicht correct gelehrt habe. Diese Deutung des Rechtfertigungsglaubens auf die Stetigkeit des christlichen Charakters ist von besonderem praktischen Werthe. In einem gegebenen Falle konnte Spener sich der Sinnesweise anbequemen, welche auf die Angst des Bußkampfes gestimmt war, und hier spricht er es aus, daß unter Umständen die Angst im Sündengefühl, welche sich des Trostes weigert, nützlicher sei als der zugleich angewendete Trost. Als jedoch die Frankfurter Separatisten 1684 die Bußangst als die unumgängliche Bedingung der Wiedergeburt vorschrieben, wiederholte Spener die oben angezeigten Grundsätze in deutlicherer Weise [1]). „Daß ein jeder zu seiner Wiedergeburt durch eine solche V e r w e s u n g gehen müsse, daß die Seele eine Weile ebenso wenig Labsal empfinde als Christus an dem Kreuz, saget mir die Schrift nirgends". Er giebt zu, daß

1) Bedenken III. S. 476. 588.

solche, welche heroischen Charakters und Wirkens sind (er meint offenbar Luther) gelegentlich in eine solche Hölle geführt werden; aber dies betreffe nicht ihre erste Bekehrung, sondern falle in ihren Gnadenstand. „Daß aber alle Bekehrung auf solche Weise geschehen müsse, wird weder Gottes Wort noch die Erfahrung lehren". Bei Anderen nämlich, welche Gott mehr mit Liebesseilen zieht, läßt er die selige Geburt mit geringeren und kürzeren Schmerzen vor sich gehen. In Hinsicht dieser Klasse leugnet er auch die von Großgebauer aus englischen Autoren geschöpfte Regel, daß man die Zeit seiner Bekehrung müsse angeben können [1]).

Die Seligkeit wohnt dem Glauben bei, sofern er in dem Tode und der Auferweckung Christi die Vergebung der Sünden erfährt. Zugleich aber knüpft Spener mit Arndt die Correctheit und den Werth des Glaubens daran, daß er gemäß jenem Wechsel in Christus auch die Abwendung von der Sünde und den kräftigen Antrieb zu gottseligem Leben in sich schließt. Ohne dieses sind Taufe, Absolution und Abendmahl unwirksam. Dieser Satz hat jedoch nicht den Sinn der katholischen Lehre; da die guten Werke nicht als Bedingungen sondern als begleitende Merkmale der im Glauben erfahrenen Rechtfertigung geachtet werden. „Deshalb kann ein rechtschaffen Kind Gottes mit großer Glaubensfreudigkeit vor Gott stehen, leben und sterben" [2]). Also das Wesen des Glaubens besteht in der festen Zuversicht auf die Versöhnung mit Gott; und da hierin die Werthschätzung des höchsten Gutes und der Ehre Gottes über alle irdischen Güter eingeschlossen ist, so schließt der richtige Glaube die Herrschaft der Sünde aus, welche sich an die Hochschätzung der irdischen Güter knüpft [3]). Auf „Empfindlichkeit" des Glaubens, d. h. auf ein gesteigertes Lustgefühl darf man jedoch nicht rechnen; das ist keine nothwendige Zugabe; vielmehr hat man sich auf Anfechtung durch Finsterniß, Unempfindlichkeit und Dürre gefaßt zu machen. In diesem Falle tritt das sehnliche Verlangen nach der Gnade, worin übrigens Spener nicht mit den reformirten Pietisten (I. S. 322) schon das Wesen des Glaubens erkennt, als die Erscheinung des Gnadenstandes ein,

1) Bedenken I. S. 197*.
2) Bedenken III. S. 249. 356. I. S. 251. IV. S. 4.
3) Bedenken III. S. 401. 607.

welche den Umständen angemessen ist [1]). Die eigentliche Probe des Gnadenstandes und der Rechtfertigung im Glauben aber hat man in der Liebe und dem Gehorsam, oder in dem Werke der Heiligung zu suchen, welches durch die Dankbarkeit aus dem Versöhnungsglauben entspringt [2]). Daß Spener auf diese Seite des Christenthums besonders bedacht gewesen ist, bewähren z. B. auch seine zwei Bände Predigten über „des thätigen Christenthums Nothwendigkeit und Möglichkeit" (1679. 2. Aufl. 1687).

Der Gedanke ist in der lutherischen Kirche nichts Neues, sondern ist in der Apologie der Augsburgischen Confession (III. 155) vorgetragen, und von den Dogmatikern wiederholt worden. Indem jedoch Spener der Sache näher tritt, zeigt dieselbe eine bedenkliche Seite. Freilich weist er die Deutung dieser Combination, daß sie zu dem Glauben an die Möglichkeit gesetzlicher Vollkommenheit des Handelns berechtigt, ohne Weiteres ab. Indessen erkärt er die Möglichkeit, die göttlichen Gebote zu halten, bei den Wiedergeborenen für nothwendig [3]), und gesteht den Gläubigen das Prädicat der Vollkommenheit im Sinne von Aufrichtigkeit, Redlichkeit, und gemäß Philipper 3 von Streben nach Vollkommenheit zu [4]). Die quantitative Vollkommenheit, die Erfüllung des Gesetzes spricht er dabei in Uebereinstimmung mit den Symbolen den Gläubigen ab. Unter diesen Voraussetzungen dienen zur Versicherung des Gnadenstandes, nach Spener, die guten Werke, welche aus Selbstverleugnung, d. h. mit der Absicht auf die Ehre Gottes unternommen werden. Allein ist das eine immer klare und deutliche Sachlage? Und kommen sie zu Stande, so füllen sie doch nicht das Leben des Gläubigen aus, sondern sind unterbrochen durch Fälle von Selbstsucht und Sünde. Eben deswegen soll man ja von seinem activen Leben absehen und sein Vertrauen auf Christus allein setzen; und nun, um die Aechtheit desselben zu erproben, soll man darauf achten, daß man doch ein aufrichtiges,

---

1) Bedenken I. S. 36. II. S. 391. 491. III. S. 580. IV. S. 4. Letzte Bedenken I. S. 231.

2) Bedenken I. 323. III. S. 136. 355. Beiläufig reflectirt darauf auch Theodor Brakel (I. S. 272).

3) Bedenken I. S. 185.

4) De perfectione christiana. Vorrede zu Balth. Köpke, Dialogus de templo Salomonis Lips. 1688.

wenn auch lückenhaftes Streben hat, zu Gottes Ehre zu handeln. Ist es dann nicht kürzer und einfacher, sich Gott gegenüber auf die Aufrichtigkeit unseres Strebens nach dem Guten, auch in seiner lückenhaften Ausführung zu verlassen? Oder wenn man seinen Gnadenstand an den zur Ehre Gottes beabsichtigten Werken zu erproben hat, welches sind solche Werke und welche nicht? Leitet also die erste Reflexion zu der Selbstbeurtheilung an, welche in der „Aufklärung" die dogmatischen Schranken durchbrochen hat, so verstrickt die andere in gesetzliche Scrupulosität. Beide Wege sind in der orthodoxen Lebensordnung angelegt, und sie kommen zu Tage, so wie Spener mit jener Ordnung Ernst macht. Denn einerseits folgert er aus der hergebrachten Beziehung von Röm. 7, 14 ff. auf den Stand des Wiedergeborenen, daß derselbe die Sünden, die er begeht, nicht sich sondern der in ihm waltenden Schwäche zurechnet, und in seiner aufrichtigen guten Absicht sich darüber beruhigt. Andererseits bekennt er, daß er aus eigener Erfahrung die Schwierigkeit kenne, zu prüfen, welche Handlungen unter dem Zweck der göttlichen Ehre und unter diesen oder jenen Umständen zu thun oder zu unterlassen seien [1]). Wie einfach war die Entscheidung, wenn der Verehrer der symbolischen Bücher beachtet hätte, daß der ihm wohlbekannte Satz des Augsburgischen Bekenntnisses von der christlichen Vollkommenheit die Probe der Rechtfertigung aus dem Glauben bietet. So aber, wie er sich erklärt, trägt er zwei Völker im seinem Schooße, das Volk der scrupulösen Gesetzespietisten und das Volk der Aufgeklärten. Die letztere Thatsache ist bisher so gut wie unbekannt; sie wird noch weitere Bestätigung erfahren.

Daß die Rechtgläubigkeit keine einfache und in sich identische Geistesrichtung ist, wie Viele glauben, ergiebt sich weiterhin, wenn man den Conflict zwischen Dilfeld und Spener in Hinsicht der Bedingungen der wahren Theologie in Betracht zieht. Die neuen Unternehmungen, welche Spener in Frankfurt seit 1670 zur Hebung des praktischen Christenthums begonnen und 1675 durch seine Pia desideria beleuchtet hatte, waren mit großer Lebhaftigkeit von seinem Schwager Johann Heinrich Horb, Inspector (Superintendent) in der hintern Grafschaft Sponheim zu Trarbach an

---

1) Bedenken I. S. 138*. III. S. 141. II. S. 382. 392.

der Mosel aufgenommen worden [1]). Derselbe hatte nicht nur die **Pia desideria** mit einem zustimmenden (dem ersten) Gutachten begleitet, sondern auch seit 1676 seine Amtsthätigkeit auf die von Spener verfolgten Ziele gerichtet. Er war aber der Mystik zugänglicher als Spener. Durch die Intrigue eines Amtsgenossen verlor er 1678 sein Amt, wurde 1679 Superintendent in der Reichsstadt Windsheim in Franken, 1685 Hauptpastor an St. Nicolai in Hamburg. Diesen Gesinnungsgenossen Spener's nahm Georg Conrad Dilfeld, Diakonus in Nordhausen, mit in Angriff in der „**Theosophia Horbio-Speneriana** oder Sonderbare Gottesgelahrtheit Herrn H. Horbii und seines Schwagers Speneri, allen hochgelahrten und rechtschaffenen Theologis reiner evangelisch-lutherischer Kirchen zu fernerem Nachsinnen vorgestellt" (1679). Den Satz Spener's, den er in den **Pia desideria** vorgetragen hatte, daß die Theologie ohne eine besondere Gabe des heiligen Geistes nicht erlernt werden, und daß ein Unwiedergeborener kein wahrer Theolog sein könne, ist im Allgemeinen nicht neu. Die Dogmatiker, z. B. Gerhard, Quenstedt, Musaeus unterscheiden zwischen buchstäblicher und geistlicher Erkenntniß, von denen die letztere nur den Frommen zukommt. Spener's übereinstimmenden Satz bezichtigt Dilfeld des subtilen Enthusiasmus. Er für seine Person nämlich war der Ansicht, daß die Theologie als die Fertigkeit, die Glaubensartikel zu beweisen, zu erklären, zu vertheidigen, nur durch Fleiß, ohne einen andern Beistand des heiligen Geistes, als auch bei der Erlernung anderer Disciplinen stattfindet, erworben werden könne, möchte man auch zugleich gottlos sein und in herrschenden Sünden wider das Gewissen leben [2]). Das ist ein crasser Ausdruck der Lebensrichtung, in welcher sich alle die rechtgläubigen Pastoren bewegten, über welche seit Arndt die Klagen immer lauter und dringender geworden waren. Allein der Besitzstand, in welchem sie sich befanden, und welcher noch keine erhebliche Einschränkung erfahren hatte, berechtigte diese Klasse von Theologen dazu, sich eben für rechtgläubig zu halten. Spener aber trat mit demselben Anspruch seinem Gegner entgegen in der Schrift: „Die allgemeine Gottes-

---

1) Hoßbach I. S. 157. Goebel, Christl. Leben in der rheinisch-westfäl. Kirche II. S. 591 ff.

2) Hoßbach I. S. 165 ff. Vgl. Spener, Allgem. Gottesgelahrtheit II. S. 31.

gelahrtheit aller glaubigen Christen und rechtschaffenen Theologen“ (1680), in zwei Theilen, von denen der erste dogmatisch, der andere polemisch ist [1]).

Die Controverse im Allgemeinen angesehen ist für Spener zu entscheiden. Einmal weist er schon in den Pia desideria auf den Grundsatz Joh. 7, 17 und die verwandten Aussprüche im Briefe des Johannes hin [2]), daß die Erkenntniß Gottes, und die Ueberzeugung von dem göttlichen Werthe des Christenthums an der Erfüllung der Gebote hänge, und er folgert, daß mit unsittlicher Lebensführung keine brauchbare Erkenntniß Gottes verbunden sein könne. Zweitens bieten ihm die heilige Schrift, die Väter der allgemeinen Kirche und die lutherischen Theologen die unzweifelhaften Zeugnisse dafür, daß christliche Gotteserkenntniß nicht in natürlicher Vernunft, sondern in dem Geiste Gottes gegründet ist, und daß, was von jedem Christen gilt, auch auf den Theologen sich erstreckt. Und allerdings ist es absurd, wenn Dilfeld für jede Disciplin, z. B. Jurisprudenz und Mathematik denselben Beistand des heiligen Geistes behauptet, welchen er für die Theologie angemessen findet. Für jene Erkenntnisse ist der heilige Geist überhaupt nicht maßgebend. Allein wenn auch Spener in diesen Beziehungen einfach Recht hatte, so ergaben sich Schwierigkeiten in der Beurtheilung der speciellen Verhältnisse. Er hatte den kirchlichen Grundsatz zu beachten, der gegen die Donatisten gilt, daß das Wort Gottes seine Kraft und Wahrheit aus sich selbst bewährt, daß es dieselbe nicht von der Gottseligkeit des Predigers empfängt und durch die Gottlosigkeit eines solchen nicht verliert [3]). Spener ist hiedurch genöthigt, Dilfeld soweit zuzustimmen, daß auch das Wort Gottes, das ein Gottloser predigt, wenn er bei dem rechten Sinne desselben bleibt, zweckentsprechend auf die Zuhörer wirke. Jedoch von Dilfeld weicht dieser Satz darin ab, daß Spener als Nothfall

1) Dieser Gegensatz ist vorher zweimal verhandelt worden, erst in Helmstedt 1598—1601 zwischen dem Theologen Daniel Hofmann und Mitgliedern der philosophischen Facultät, namentlich Johann Caselius, danach in Magdeburg zwischen einem Schüler Hofmann's, Andreas Cramer (S. 27) und Joh. Kotzebue so wie dem Rector des Gymnasiums Sigmund Evenius 1622—24. Vgl. J. G. Walch Bibl. theol. sel. II. p. 649. 667; Henke, Calixt I. S. 68 ff.; Tholuck, Lebenszeugen S. 407 ff.

2) Ebenso Allg. Gottesgelahrtheit I. S. 36. Consilia III. p. 54.

3) Bedenken I. S. 174. III. S. 415.

zugesteht, was der Gegner als die Regel behauptet hatte. Denn überhaupt konnte von dessen Standpunkt aus so geschlossen werden. Wenn die Theologie aus dem heiligen Geist an dem überlieferten Gefüge von Lehren ihren Inhalt haben soll, — und daran wollte Spener nichts geändert wissen, — so hat jeder rechtgläubige Theolog diese Erkenntniß, die er bezeugt und für die er eintritt, aus dem heiligen Geist gewonnen. Indem also Spener zugiebt, daß demgemäß der heilige Geist durch das richtig ausgesprochene und gedeutete Wort Gottes auch im Munde des gottlosen Predigers heilsam wirkt, so unterscheidet er doch von dem Vortrag der richtigen Lehre des Evangeliums, welchen ein solcher übt, die Erklärung und Anwendung desselben namentlich in dem Stoffe des dritten Glaubensartikels. In Hinsicht dieser Seite des Predigtamtes behauptet er, daß die persönliche Erfahrung und Frömmigkeit aus dem heiligen Geiste die Wirksamkeit des göttlichen Wortes im rechten Sinne bedinge. Dieses ist nun aber eine Seite am Predigtamt, welche über die theologische Erkenntniß hinausliegt. Daß ein Theolog ein guter Seelsorger auch in der Predigt sei, hängt von natürlichen Gaben und von erworbener Fertigkeit ab, welche zu seiner Theologie hinzukommen, und welche im heiligen Geist wurzeln müssen, sofern der christliche Gemeinsinn, der dem heiligen Geiste entspricht, in den Leistungen der Seelsorge einen eigenthümlichen Spielraum hat. Ist nun die Theologie doch immer nur dazu bestimmt, die Frömmigkeit zu pflegen, so wird freilich diese hoffentlich aus dem heiligen Geist geschöpfte seelsorgerliche Fertigkeit dazu kommen müssen; hiemit aber hat Spener doch keine Bedingung der Theologie als solcher bezeichnet. Ebenso ist darüber zu urtheilen, daß Spener vorschreibt, man solle das theologische Studium mit Uebung der Selbstverleugnung und mit Gebet betreiben. Denn hiemit hat er es deutlich nicht sowohl auf die richtige Gotteserkenntniß, als vielmehr auf die fruchtbare Verwendung derselben in der Seelsorge abgesehen [1]). Jedoch solchen einzelnen Aeußerungen stehen die Erörterungen in der „Allgemeinen Gottesgelahrtheit" gegenüber, in welchen die eben bezeichnete Unterscheidung nicht angewendet wird. Die Salbung durch den Geist, welche Spener hier betont, und durch Lütkemann's und Heinrich Müller's Ausführungen anschaulich macht, ist als die unumgängliche Bedingung

1) Consilia I. p. 265. III. p. 52.

für die regelmäßige theologische Erkenntniß gemeint. Und sofern dieselbe durch asketische Mittel erworben werden soll, um das buchstäbliche, rein verständige Erkennen in der Theologie zu überbieten, so vermag ich nicht einzusehen, daß Spener den Vorwurf eines subtilen Enthusiasmus von sich ablehnen konnte. Denn diese Behauptung Dilfeld's wird eben auch nicht widerlegt, indem Spener nachweist, daß er mit den Grundsätzen von Weigel, den Quäkern und den Donatisten nicht einverstanden ist. Daß er einem gewissen Zuge nach dieser Seite Statt gegeben hat, verräth er deutlich durch seine Aufstellungen, und dasselbe wird durch die ferneren Wirkungen seiner Ansicht bestätigt.

Unter den Umständen, welche damals obwalteten, war nichts anderes möglich, als daß die beiden Parteien auf die entgegengesetzten Abwege geriethen, und daß die streitige Frage ungelöst blieb. Und unter der für beide Parteien geltenden Voraussetzung ist die Frage bis heute in der Schwebe. Indem das Gefüge der lutherischen Dogmatik die Gotteserkenntniß ist, welche von Dilfeld wie von Spener als die richtige und unüberschreitbare Form der christlichen Wahrheit anerkannt wird, kommt der Widerspruch zwischen beiden darauf hinaus, ob der Kirche gedient ist mit einer blos verständigen Aneignung jener Erkenntniß, welche gleichgiltig wäre gegen die sittliche oder unsittliche Gesinnung des theologischen Subjects, oder ob es im Dienste der Kirche auf Ueberzeugung von der Wahrheit der theologischen Lehren ankommt, welche in Wechselwirkung stände mit der durch das Christenthum geforderten sittlichen Gesinnung und Lebensführung. Es ist derselbe Gegensatz, welcher in dem reformirten Pietismus seit Lodensteyn zwischen der buchstäblichen und der empfindlichen Erkenntniß des Christenthums angenommmen ist. Nun ist Ueberzeugung oder Erfahrung bei einer Erkenntniß nur dann möglich, wenn dieselbe als ein gegliedertes Ganze besessen wird (I. S. 336). Insbesondere fordert die Vorschrift Joh. 7, 17 eine Theologie, deren sämmtliche Lehren in einem deutlichen Verhältniß dazu stehen, daß man durch die Erfüllung der göttlichen Gebote sich von der Göttlichkeit der Offenbarung Christi überzeugt. Das ist jedoch bei dem durch Melanchthon ausgeprägten Gefüge der loci theologici, welches ohne wesentliche Veränderung fortgepflanzt worden ist, nicht der Fall; die orthodoxe Theologie, auch wenn sie System genannt wurde, ist kein gegliedertes Ganze überhaupt, also auch nicht auf jene praktische Ueberzeugung hin als Ganzes geordnet. Die Aneignung dieser Theologie kann von der richtigen sittlichen Gesinnung begleitet sein; sie bildet aber ebenso wenig ein directes Motiv hiezu, als sie zu einer persönlichen religiösen Ueberzeugung direct und mit moralischer Nothwendigkeit anleitet. Insofern hat Dilfeld den Umständen gemäß Recht; nur ist mit seiner formellen Rechtgläubigkeit der Kirche nicht gedient. Das höhere Recht Spener's hingegen würde erst zur Geltung kommen an einer Umarbeitung der Theologie zu einem Ganzen, das nach dem von ihm betonten Gesichtspunkt der praktischen Ueberzeugung gegliedert ist. Soll es aber sein Bewenden haben bei dem hergebrachten Gefüge der Theologie, so behält Spener's Forderung einer Auffassung desselben aus dem göttlichen Geiste das Gepräge subtilen Enthusiasmus. Denn wenn die Selbstverleugnung und das Gebet als Hebel des theologischen Studiums verwendet werden sollen, so heißt dies, daß man durch eine gewaltsame Absperrung der theologischen Erkenntniß von allen übrigen Erkenntnissen und durch den formalen Willensentschluß, sie gegen alle Zweifel und Einwendungen aufrecht zu erhalten, ein Surrogat von Ueberzeugung erreiche. Dieses Verfahren aber hat seinen Ort neben den Gnadenmitteln ebenso wie das Aufgebot der Phantasie, um in dem Liebesverkehr mit dem Bräutigam sich der Salbung durch den Geist Gottes zu versichern. Die Absichtlichkeit in diesen Unternehmungen, um sich mit gewissen Wahrheiten zu durchdringen, ist eben nicht von der Wirkung des göttlichen Wortes umfaßt, sondern steht auf einem ganz andern Standpunkt. Freilich hatte Spener nichts weniger im Sinn, als durch solche Methoden die kirchliche Bedingtheit der Gotteserkenntniß zu verletzen; indem er aber die Lösung des Problems der richtigen Theologie nicht fand, so hat er thatsächlich dem subtilen Enthusiasmus die Wege gebahnt, dessen zersetzende Wirkungen die Kirche bald genug erfahren sollte [1]).

1) Die wiederholten Beweise von Ungunst gegen scholastische Methode und Gebrauch Aristotelischer Philosophie in der Theologie haben keinen besondern Werth, da Spener übrigens an dem Unterbau der Schultheologie, der natürlichen Gotteserkenntniß festhält. Jene Aeußerungen zeigen also höchstens, daß es ihm in dem Gefüge der hergebrachten Theologie nicht mehr geheuer war, ohne daß er über sie hinaus zu gelangen vermochte. Daß er die Metaphysik für die Wissenschaft von Gott gehalten hat, beweisen Aeußerungen, die ich in „Theologie und Metaphysik" S. 64 angeführt habe.

Die Hoffnung auf einen bessern Zustand der Kirche auf der Erde, welcher mit der Bekehrung des jüdischen Volkes und dem Sturz der römischen Kirche zusammentreffen wird, hat Spener zuerst 1675 in den Pia desideria ausgesprochen. Da Luther auf die specielle Erwartung der Judenbekehrung trotz Röm. 11, 25 nicht eingetreten war, so hat Spener ferner im Anhang zu seiner Schrift eine große Zahl übereinstimmender Zeugen für die Geltung der Vorhersagung des Paulus aus der alten und aus der lutherischen Kirche beigebracht. Man könnte nun vermuthen, daß Spener, der in der Formulirung dieser Aussicht mit Coccejus (I. S. 145) zusammentrifft, sie auch von demselben entlehnt habe. Indessen obgleich er ihn als Schriftausleger schon 1677, und nachher wiederholt rühmt, so bekennt er doch 1679, daß er gerade über den vorliegenden Gegenstand dessen Erörterungen noch nicht gelesen habe [1]). Zugleich hat Spener die ganz individuelle Veranlassung seiner Hoffnung besserer Zustände der Kirche ausdrücklich bezeugt. Als er einmal in Frankfurt in großer Niedergeschlagenheit über die Lage der Kirche in die Betstunde kam, wurde gerade gesungen: Darum spricht Gott, ich muß auf sein, die Armen sind verstöret, ihr Seufzen dringt zu mir herein, ich habe ihr Klag erhöret u. s. w. Diese Worte haben ihn so ergriffen, daß er sie als Antwort Gottes auf seinen Kummer verstanden und niemals aus der Erinnerung verloren hat, „die mich auch nicht betrügen wird" [2]). Demgemäß hat er dann die biblischen Argumente dafür gefunden, unter welchen ihm Hosea 3, 4. 5, Röm. 11, 25 das Merkmal der Judenbekehrung, die Apokalypse den Sturz Babels, des päpstlichen Rom, als besondere Merkmale seiner Hoffnung darboten. Er beruft sich dabei auf Luther, der gerade in den bedrängtesten Umständen am festesten auf die Rettung gehofft hat [3]), und bezeugt wiederholt, daß die bezeichnete Hoffnung eine ermunternde Wirkung habe, auch wenn man vielleicht darauf verzichten müsse, den Eintritt jener Ereignisse selbst zu erleben [4]). Im Laufe der Zeit hatte er ferner Anlässe genug, seine Ansicht negativ genauer zu bestimmen. Schon 1674 grenzt er sie gegen die Meinung von Horb ab, welcher die

---

1) Consilia III. p. 149. 454. Bedenken III. S. 356.

2) Bedenken III. S. 765.

3) Consilia III. p. 122.

4) Bedenken II. S. 93. Letzte Bedenken I. S. 116.

Nähe des jüngsten Tages als pflichtmäßigen Glaubensartikel geltend machte, ohne welchen der Trieb zur Gottseligkeit nicht aufrecht zu erhalten wäre [1]). Ferner lag es ihm ob, zur Idee des tausendjährigen Reiches Stellung zu nehmen. Gelegentlich spricht er sich absichtlich so aus, als ob ihm die 1000 Jahre und die an ihren Anfang verlegte Auferstehung der Märtyrer unklar sei, indessen erklärt er später ganz präcis, er rechne jene Periode nicht wie Coccejus, Sandhagen in Lüneburg und Winckler in Hamburg auf die Vergangenheit, sondern auf die Zukunft, denke sie erfüllt von einer glänzenderen Erscheinung des bisher verlaufenden Reiches Christi, glaube aber nicht, daß dieser Zustand mit der körperlichen Auferweckung der Gerechten seinen Anfang nehme [2]). Also die besseren Zeiten der Kirche sind gleich der glänzenderen Gestalt des Reiches Christi oder dem tausendjährigen Reiche. Danach soll wieder eine Zeit der Glaubenslosigkeit oder unberechtigten Sicherheit folgen, wofür Luc. 18, 8 angeführt wird [3]). Diese Frage Christi, welche einer momentanen Hoffnungslosigkeit Ausdruck giebt, also keinen dogmatischen Sinn hat, wurde ihm nun überhaupt gegen die Hoffnung besserer Zeiten vor dem göttlichen Gerichte eingewendet. Er unternahm es also, den Satz anders auszulegen [4]), nämlich so, daß wenn Christus seine Erwählten bald gegen ihre Bedränger rechtfertigen wird, er schwerlich den bestimmten Glauben an diese Hilfe und das anhaltende Gebet darum bei den Gläubigen finden werde. Aber den Glauben überhaupt bei seinen Erwählten zu finden, konnte, wie Spener meint, der Herr gar nicht in Zweifel ziehen. So verstanden würde diese Frage Christi nicht ausschließen, daß man auf eine Besserung der Kirche in gewisser Zeit rechnen dürfe. Aber nicht nur ist der Streit gegenstandlos, weil der Satz überhaupt nicht dogmatisch ist, sondern für Spener selbst schob sich vor seine günstige Erwartung alsbald eine ganz andere vor. Erfahrungen der Gegenwart und

---

1) Bedenken I. S. 221.

2) 1685. Bedenken I. S. 214. Consilia I. p. 8.

3) 1677. Bedenken I. S. 217.

4) Behauptung der Hoffnung künftiger besserer Zeiten in Rettung des insgemein gegen dieselbe unrecht angeführten Spruches Luc. 18, 8. Frankf. 1692. Darauf beziehen sich noch drei gegen den Superintendenten Pfeiffer in Lübeck u. A. gerichtete Schriften von 1694. 96. 97.

Rücksichten auf die Offenbarung des Johannes legten es ihm nahe, erst eine fast völlige Unterdrückung der evangelischen Kirche durch die römische zu erwarten, ehe das Gericht über diese den herrlichen Zustand der erstern möglich machen wird [1]).

Spener behielt von Anfang an vor, in diesen Zukunftsgedanken keinen Anlaß zu geben, daß anders Denkende ihm die Gemeinschaft verweigerten. Dennoch hat er wegen dieses „subtilsten Chiliasmus" wiederholt sich gegen solche vertheidigen müssen, welche, wie er sagt, so alle bessere Hoffnung abschwören, daß sie die Judenbekehrung und den Sturz Roms in Abrede stellen. Dieser Conflict dreht sich um eine abweichende Schätzung der Stimmung, welche den Gedanken an die Zukunft begleitet, und deshalb kann er weder durch Beweis noch durch Widerlegung ausgeglichen werden. Es ist ja erwiesen, daß Spener's Zukunftshoffnung ihren Grund in einer individuellen Gemüthsbewegung hatte; erst gemäß dieser fand er in der h. Schrift die Anhaltspunkte, welche die Stimmung dauernd machten. Dieselbe war in der Richtung auf die bekannten Data ursprünglich optimistisch; dann schob sich eine pessimistische Schätzung der zunächst zu erwartenden Ereignisse vor. Je nachdem Spener die nähere oder die fernere Zukunft in Betracht zog, mußte seine Stimmung in den äußersten Gegensätzen abwechseln. Damit verglichen behaupten seine orthodoxen Gegner die Absicht, sich aller Gemüthsbewegungen in Hinsicht der Zukunft zu enthalten [2]). Dabei hatten sie den Vortheil, wenn sie nicht überhaupt gleichgiltig in Sachen der Religion waren, ihre geistige Kraft auf die Aufgaben der Gegenwart zu richten. Die kirchliche Norm in dem 17. Artikel des Augsburgischen Bekenntnisses ist gegen diesen Gegensatz indifferent. Mit seinem Interesse an der Zukunft verstieß Spener weder gegen die positiven noch gegen die negativen Sätze dieses Artikels. Aber seine Gegner konnten doch geltend machen, daß es mehr im Sinne der Kirche sei, ohne das Aufgebot wechselnder Stimmungen über zukünftige einzelne Ereignisse die Gewissenhaftigkeit auf das Endgericht zu richten, als die Hauptsache, auf welche es ankommt. Denn das ist der eigenthümliche Werth jenes Artikels, daß obgleich die Reformatoren in der

---

1) 1680. 1684. Bedenken III. S. 386. 579. Aehnlich Campegius Vitringa 1691 (Gesch. des Pietismus I. S. 294).

2) Consilia I. p. 8.

dringendsten Erwartung des Endes der Welt gestanden haben, ihre einzige öffentliche Erklärung zur Sache überhaupt nichts von dieser Stimmung kund giebt. Darum kann es der Kirche gleichgiltig sein, wenn ein Mann wie Spener sich bald pessimistisch bald optimistisch mit Dingen beschäftigte, welche vor dem Endgericht eintreten werden; zumal er damit keinen anders Denkenden behelligen wollte. Allein es ist nicht im Sinne der Kirche, wenn große Gruppen in ihr einen hervorragenden Werth auf die wechselnden gereizten Stimmungen legen, mit denen sie den gefürchteten oder den ersehnten Ereignissen einer immer unberechenbaren Zukunft entgegensehen. Am wenigsten aber ist es ein Bedürfniß der lutherischen Kirche, daß ihre nüchtere Anerkennung der Wiederkunft Christi zum Gericht eine dogmatische Ergänzung durch die zukünftige Bekehrung der Juden, den Fall der römischen Kirche u. s. w. finde. Denn das lutherische Christenthum ist zwar darauf gestellt, daß alle seine Grundsätze schriftgemäß, nicht aber darauf, daß alle in der Schrift nachweisbaren religiösen Vorstellungen heilsnothwendige Wahrheiten sind. In dem letzten Grundsatz weichen eben der Calvinismus und der Pietismus vom Lutherthum ab, jener indem er die Lehre von der doppelten Prädestination, dieser indem er das Detail urchristlicher Hoffnungen für obligatorisch erklärt. Spener's bescheidene Art schützte ihn davor, daß er sich mit seiner Hoffnung auf bessere Zustände der Kirche von der kirchlichen Bahn entfernte. Allein er hat damit doch den Anlaß gegeben, daß eine der Kirche und ihrem Interesse fremde unruhige, wechselnde, reizbare Stimmung in Hinsicht der Zukunft in denjenigen erweckt wurde, welche seinen Weisungen folgten.

---

31. Philipp Jakob Spener. 2. Seine Anbahnung einer Reform der Kirche.

Die Bedeutung, welche Spener in der Kirchengeschichte einnimmt, knüpft sich nicht an seine Theologie. In ihr bewegte er sich auf vorgeschriebenen Bahnen; und worin er sich von denselben entfernte, ist ziemlich versteckt. Das Gedächtniß, das er sich gestiftet hat, beruht auf seiner Absicht, eine Reformation der lutherischen

Kirche vorzubereiten. Es ist jedoch bis auf den heutigen Tag streitig, inwieweit er als Reformator oder als Deformator der Kirche zu achten ist. Die Thatsache, an die sich diese entgegengesetzten Beurtheilungen knüpfen, ist die Existenz der Collegia pietatis, welche er ins Leben geführt, durch sein Beispiel anderen empfohlen, welche er als den Kern einer Besserung des christlichen Lebens in der Kirche gepflegt, und als Träger des Rechts des dritten Standes vertheidigt hat. Diese neue Unternehmung, welche nur ganz vereinzelte und versprengte Vorläufer in der lutherischen Kirche Deutschlands gehabt hat, beginnt im Jahre 1670 zu Frankfurt am Main; was außerdem zu einer Reformation der Kirche erforderlich wäre, hat Spener 1675 in der Vorrede zu Arndt's Postille ausgeführt, welche gleichzeitig abgesondert unter dem berühmten Titel der „Pia desideria oder Herzliches Verlangen nach gottgefälliger Besserung der wahren evangelischen Kirche“ erschienen ist, begleitet von den übereinstimmenden Gutachten der beiden Schwäger Spener's, Heinrich Horb in Trarbach (S. 116) und Joachim Stolle, Hofprediger in Rappoltsweiler. Der Werth und die Bedeutung dieser Schritte und der von Spener dabei gehegten Absicht ist nun daran zu messen, daß seit der Mitte des 17. Jahrhunderts, seit der durch den Abschluß des Krieges erreichten Ruhe die öffentliche Meinung in der Kirche Deutschlands eine vorwiegende Richtung auf die praktische Bewährung des Christenthums kundgiebt. Dagewesen ist diese Richtung immer. Neben dem blos verständigen und streitsüchtigen Betriebe der akademischen Theologie hat seit dem Anfange des Jahrhunderts nicht blos die ganz oder halb mystische Geistesbewegung, welche Arndt begonnen hat, immer weitere Kreise gezogen, sondern daneben findet eine nüchternere specifisch lutherische Methode der Erbauungsliteratur zahlreiche Vertreter. Wenn auch nicht in erschöpfender aber doch in durchaus maßgebender Weise hat Tholuck durch mehrere höchst verdienstvolle Schriften [1]) es klar gestellt, daß vor Spener die lutherische Kirche eine immer stärkere Bewegung auf das Ziel hin wahrnehmen läßt, in dessen Dienst dieser Mann sich gestellt hat.

1) Das akademische Leben des 17. Jahrhunderts. 2 Theile. Halle 1853. 54. Lebenszeugen aus der luther. Kirche vor und während des 30jährigen Krieges. Berlin 1859. Das kirchliche Leben des 17. Jahrh. 2 Theile. Berlin 1861. 62. Das erste und dritte Werk zusammen unter dem Titel: Vorgeschichte des Rationalismus.

Nichts desto weniger ist Spener's Schrift durch eine gewisse Vollständigkeit, durch die Idealität und die Mäßigkeit seiner Forderungen, so wie durch die Originalität in deren Motivirung vor allem, was Andere früher vorgeschlagen hatten, ausgezeichnet. Er zeigt zuerst, daß alle drei Stände in der Kirche verderbt seien, der Regierstand durch die gegen die kirchlichen Interessen gleichgiltige Caesareopapie, der Lehrstand wenn nicht durch ärgerliche Sitten, so doch durch den Mangel an echtem religiösem Sinn, der Hausstand durch die zahlreichen Unsitten nicht nur, sondern durch die begleitende Zuversicht auf die mechanische Wirkung der Gnadenmittel. Er schärft diese Rügen durch den Eindruck, welchen die Gebrechen der lutherischen Kirche auf Juden und Papisten machen müssen, und welcher sie davon abhalten wird, sich der wahren Kirche anzuschließen. Aber wie dem einzelnen Christen, so ist auch der Kirche als einem Ganzen die Bestimmung zur Vollkommenheit gesetzt, und gewiß nicht vergebens, da der Kirche die Erreichung dieser Stufe zugesichert ist, indem die Bekehrung des jüdischen Volkes und der Sturz der römischen Kirche dereinst erfolgen soll. Um nun den Weg zu diesem Ziele zu bahnen, macht Spener sechs Vorschläge. 1) Es kommt darauf an, das Wort Gottes reichlicher unter die Leute zu bringen. Dazu wird außer den regelmäßigen Predigten dienen, daß die Lesung der Bibel in den Häusern gefördert, daß Predigten über biblische Bücher und nicht blos über die Perikopen gehalten, endlich daß besondere Versammlungen eingerichtet werden, in denen nach dem Vorbilde der ältesten Kirche unter der Leitung des Pastors ein Austausch des Schriftverständnisses stattfinden und ein engerer gegenseitiger Anschluß der Gemeindeglieder unter einander und mit dem Pastor erreicht werden würde. 2) Es kommt darauf an, das geistliche Priesterthum gemäß der Deutung Luther's in fleißige Uebung zu setzen. Dieses Recht der gegenseitigen religiösen Anregung und Zucht, welches in der römischen Kirche durch das Privilegium des Klerus unterdrückt ist, würde seinen Ort gerade in den vorgeschlagenen speciellen Versammlungen finden. 3) Es kommt auf die Einschärfung der Wahrheit an, daß das Christenthum nicht im Wissen, sondern in der Bethätigung der Liebe besteht, in Uneigennützigkeit, in Bezähmung des Unwillens über erfahrene Beleidigungen, in Enthaltung von der Rache, in Billigkeit bei Behauptung der eigenen Rechte, in Versöhnlichkeit und Feindesliebe. Zur Erreichung solcher Gesinnung soll man dem Beichtvater oder auch einem andern rechtschaffenen Menschen Rechenschaft ablegen und deren Anleitung suchen. 4) In dem Verhalten gegen solche, welche als Mitglieder anderer Religionsgemeinschaften Irrgläubige oder welche überhaupt Ungläubige sind, ist nicht sowohl das Disputiren, als vielmehr Fürbitte, Milde, gutes Beispiel anzuwenden, um sie zu gewinnen. Was in dieser Hinsicht jedem Christen ziemt, gilt ebenso auch für die Prediger. 5) Zu diesem Zweck kommt es darauf an, die theologische Vorbildung der Prediger auf den Universitäten zu verbessern, sittliche Aufsicht über die Studirenden zu führen, das Fach der Polemik zurückzustellen, die Frömmigkeit durch Lectüre von Tauler, der deutschen Theologie, Thomas von Kempen zu pflegen. 6) Die Predigten sollen zweckmäßiger eingerichtet, nicht mit Gelehrsamkeit und Kunst ausgestattet, sondern auf den Anbau des innern christlichen Lebens gerichtet werden.

Was die **Pia desideria** ferner auszeichnet, ist das Uebergewicht der Reformvorschläge über die Rügen der Uebelstände in der Kirche, so wie die Kürze und die Mäßigung in diesen Rügen. Spener verfährt in dieser Schrift sehr verschieden von den gleichzeitigen lutherischen Predigern, welche den allgemeinen Schaden in der Kirche hauptsächlich von dem Verderben des geistlichen Standes herleiteten, und in dieser Richtung die schärfsten Ausdrücke nicht sparten. Es sind außer Hohburg (S. 62) hier zu nennen Joachim Betke (1601—63), Prediger in Linum bei Fehrbellin, Friedrich Breckling (1629—1711), Prediger zu Handewith in Schleswig, nachher in Zwolle (Oberyssel), 1665 abgesetzt, Heinrich Ammersbach (1632—1691), Pastor in Halberstadt, endlich Johann Michaelis [1]). Der letztere ist trotz alles Schimpfens auf

---

1) Geboren zu Wittenberg 1638, war er bis 1682 im Schul- und Kirchendienst, und als Regenten- und Priesterschänder verrufen, in stetem Streit mit allen drei Ständen, gegen die er den Elenchus schonungslos übte. Nachher war er als Apostolischer Wahrheitszeuge, Knecht und Kanzellist Jesu auf der Wanderschaft, bis er in Altona Wohnsitz nahm. Von seinen Schriften ist ein Theil gedruckt, deren Titel bei Jöcher zu den eben bezeichneten Qualitäten des Mannes passen. Seine Autobiographie: „Wagen und Wege des großen Gottes“, drei Theile, Altona 1699, dürfte die erste ihrer Art aus der religiösen Bewegung jener Zeit sein. Sie ist auch culturgeschichtlich von nicht geringer Bedeutung. Daß der Mann an einem Größenwahn litt, ergiebt sich fast unvermeidlich aus einer von ihm 1704 veröffentlichten „Merkwürdigen

Babel gut lutherisch, die anderen in der Weise Hohburg's mystisch gesinnt. Aber auch vor den lutherischen Theologen, welche früher auf Reformgedanken gerathen sind, hat Spener einen gewaltigen Vorsprung. Eine ziemlich bunte Reihenfolge von Mängeln, welche indirect auf die erforderlichen Verbesserungen hinweisen, hat der 1626 gestorbene Wittenberger Professor Balthasar Meisner (S. 29) in Vorlesungen vorgetragen, deren Publication auf Anlaß von Spener's Schrift erfolgt ist [1]). Daß hier unter den Anforderungen an die Obrigkeit auch das Bedürfniß von Zuchthäusern vorkommt, erinnert an Sarcerius (I. S. 67). In engeren, der Verfassung der Kirche entsprechenden Grenzen hält sich ein Gutachten, „wie das tief gefallene Christenthum wieder aufzurichten", welches 1636 die Straßburger theologische Facultät an Herzog Ernst den Frommen von Sachsen-Gotha ausgestellt hat, als dessen Verfasser Johann Schmid (1594—1658) anzusehen ist. Hier werden unter Anderem öffentliche Katechismuslehre, welcher auch die Alten beizuwohnen haben, häusliche Einübung des Katechismus, Hausbesuche des Pastors, selbständige Beschäftigung der Gemeindeglieder mit christlichen Uebungen empfohlen [2]). Dahinter bleibt Johann Quistorp der Jüngere, Professor in Rostock (1624—1669), weit zurück. In einer Inauguralrede von 1649 de afflicto ecclesiae statu, welche 1659 unter dem Titel Pia desideria gedruckt worden und in den nächsten Jahren noch zweimal erschienen ist, hat er gegen die großen von ihm anerkannten Uebelstände hauptsächlich dieses Mittel vorzuschlagen gewußt, der Prediger habe seine Predigt zum Schlusse in zwei oder drei Fragen fein deutlich und laut zusammenzufassen, diese so lange zu wiederholen, bis Väter und Mütter sie verständen und den Ihrigen beibringen könnten [3]).

Geschichte, so sich in Altona mit J. M. einem Knecht Christi und Zeugen der Wahrheit zugetragen". Ein Bekannter von ihm, der in Tobsucht verfallen war, und den er mit der Anrede als Teufel gereizt hat, hat ihn zu Boden geworfen, gewürgt und seinen Kopf auf den Boden gestoßen, bis er durch Andere von diesem Angriff befreit wurde. Daran will er nachweisen, daß der Satan ihn den Wahrheitszeugen hat umbringen wollen, daß aber Christus der Herr seinen Knecht durch Zusprung von Außen und anderer Leute Hilfe am Leben erhalten hat!

1) B. Meisneri pia desideria, 1679. Vgl. Tholuck, Lebenszeugen S. 208.

2) Tholuck a. a. O. S. 224.

3) Krabbe, Heinrich Müller und seine Zeit. S. 178 ff.

Außerdem schlägt er zur Wiederherstellung der Kirchenzucht die Einrichtung von Kirchencollegia vor, in denen Laienälteste mit dem Pastor zusammen wirken. Am ausführlichsten unter den Vorgängern Spener's hat der Diakonus in Rostock, Theophilus Großgebauer (1628—1661) die Mittel zur Hebung des kirchlichen Lebens erwogen in seiner „Wächterstimme aus dem verwüsteten Zion", welche kurz vor seinem Tode 1661 erschienen ist [1]. Er verlangt, daß die Geistlichen nicht blos Prediger, sondern zugleich Haushalter über Gottes Geheimnisse und Hirten sein, d. h. daß sie auch Seelsorge an den Einzelnen üben sollen. Zur Unterstützung des Predigers in diesem Berufe, ferner zur Ausübung der Zucht sollen demselben Aelteste an die Seite gesetzt werden. Aber Großgebauer geht noch weiter; er will diesen Aeltesten auch die Aufsicht über die Prediger selbst anvertrauen, ob sie recht studiren, recht predigen und ob sie in ihrem Hause ein gutes Beispiel geben. Ferner verlangt er eine andere Vorbildung der Prediger, daß sie nicht sowohl auf Controversen als auf Gottseligkeit geübt werden sollen, verlangt die Einschärfung des geistlichen Priesterthums für die Gemeindeglieder, verlangt endlich Synoden. Insbesondere fordert er eine Umgestaltung des Beichtwesens nach den Grundsätzen, daß die Bußfertigkeit die Sündenvergebung in sich schließt, die Unbußfertigkeit aber sie auch vom Pastor nicht erfährt, und daß die Schlüssel nicht den Pastoren, sondern der Gemeinde anvertraut sind. Diese Ansichten entfernen sich theilweise ziemlich weit von der bisherigen Verfassung der lutherischen Kirche. Spener hat an ihnen keinen Anstoß genommen, hat jedoch an dem der „Wächterstimme" angehängten Tractat „von der Wiedergeburt" eine calvinisirende Deutung der Taufe auszusetzen gefunden, welche seiner Meinung nach aus den englischen Asketikern geschöpft war, mit denen sich Großgebauer beschäftigt hätte [2]. Wiederherstellung der Zucht in der lutherischen Kirche sei es mit, sei es ohne Unterstützung des Pastors durch Aelteste ist auch noch von Anderen vor Quistorp und Großgebauer als Mittel zur Besserung der lutherischen Kirche vorgeschlagen worden. Namentlich die Einrichtung der Disciplin in Genf hat hin und her eine anziehende Wirkung auf lutherische Geistliche geübt. In dieser Beziehung ist bemerkens-

1) Schmid, Gesch. des Pietismus S. 9 ff. Krabbe a. a. O. 187 ff.
2) Bedenken I. S. 164. 80*. III. S. 554. S. oben S. 111.

werth, daß kein Geringerer als Jakob Andreae in seinen jüngeren Jahren dazu geneigt war. Als er Diakonus in Göppingen, und sein Schwager Caspar Lyser Diakonus in Nürtingen war, erwogen 1554 beide das Project, das Herzogthum Württemberg mit einer Institution, wie die in Genf, auszustatten. Lyser wandte sich an Calvin mit der Bitte, Brenz dazu zu bestimmen; als jener ausweichend antwortete, brachte er sein Anliegen direct an den Herzog Christoph; allein Brenz hat den Plan, auf welchen der Herzog eingehen wollte, vereitelt [1]). Auf jenes Project seines Großvaters ist Johann Valentin Andreae [2]) zurückgekommen. Im Jahre 1610 hat die Kirchenzucht, die er in Genf kennen lernte, einen so tiefen Eindruck auf ihn gemacht, daß wenn ihn nicht die Verschiedenheit der Religion abgehalten hätte, die sittliche Uebereinstimmung ihn dort gefesselt haben würde. Mit allem Eifer hat er von da an getrachtet, etwas Aehnliches in seiner heimischen Kirche durchzusetzen. Das hat er auch in seinem Amte zu Calw erreicht; und in seiner umfassenderen kirchlichen Stellung zu Stuttgart hat er literarisch wie amtlich dem Grundsatze der Kirchenzucht Bahn zu brechen versucht. Wenn er dabei mit Zorn die Erfahrung machte, daß der Herzog kraft seiner bischöflichen Gewalt einen vornehmen Mann der Kirchenbuße wegen Unzucht entzog, so wäre es ihm vielleicht nützlich gewesen zu wissen, daß solche Fälle in der reformirten Kirche der Niederlande, wo doch die calvinische Disciplin als Gesetz feststand, fast regelmäßig waren (I. S. 104). Die Genfer Kirchenzucht hat hundert Jahre nach Andreae einem Manne pietistischer Richtung nicht minder imponirt. Der Däne Erich Pontoppidan, welcher in seinem Roman „Menoza" seine eigenen zwischen 1720 und 1723 gemachten Reiseerfahrungen benutzt, stellt der Disciplin in Genf ein ähnliches günstiges Zeugniß aus [3]).

---

1) Hartmann, Johann Brenz, Leben und ausgewählte Schriften (Elberfeld 1862) S. 233 f. Corpus Reformatorum XLII. p. 49. 214.

2) Geboren 1586, Diakonus in Vaihingen 1614, Decan in Calw 1620, Hofprediger und Consistorialrath in Stuttgart 1639, gestorben 1654. — Vgl. Hoßbach, J. V. Andreae und sein Zeitalter. 1819. Tholuck, Lebenszeugen S. 314—337.

3) Geboren 1698 zu Aarhus in Jütland, 1747 Bischof von Bergen in Norwegen, gest. 1764. — Menoza ein asiatischer Prinz, welcher die Welt umhergezogen um Christen zu suchen, aber des Gesuchten wenig gefunden. 3 Theile. Kopenhagen 1742. 43. In deutscher Uebers. 1747. Vierte Auf-

Wenn man aber mit diesen Aeußerungen Fremder vergleicht, daß gerade in der Mitte des zwischen ihnen verlaufenen Jahrhunderts Labadie die Zucht in Genf im Verfall gefunden, und der Verweltlichung der dortigen Gesellschaft hat entgegentreten müssen (I. S. 204), so wird die wirkliche Bedeutung der Disciplin selbst in Genf erheblich einzuschränken sein. Aus der Ferne angesehen oder nach dem Buchstaben des Gesetzes beurtheilt macht diese Einrichtung einen gewaltigen Eindruck. Kann man sich wundern, daß sie gerade in der ihr eigenthümlichen Anknüpfung an die selbständige Localgemeinde auch noch anderen Lutheranern die Möglichkeit ihrer Annahme vorspiegelte? Vor Großgebauer hat schon 1636 Johann Matthaeus Meyfart [1]), Professor in Erfurt, bekannt durch seine Schilderung und Beurtheilung des Unwesens auf den Universitäten, sich in dieser Richtung geäußert. In einer „Christlichen Erinnerung, welchergestalt gute Ordnung und heilsame Zucht . . . erhalten . . . oder wieder aufgerichtet werden müsse“, stellt er die Vorschläge auf „zu bedenken ob das evangelische Volk nicht in gewisse Ordnungen zu vertheilen und demselben etliche vorzustellen seien“, und „weil auch die Kirchenschlüssel nicht zu entbehren, so müssen dieselben aus Höfen, Kammern und Canzleien zurückgegeben, und der christlichen Gemeinde durch den erwählten Rath frei zu gebrauchen gelassen werden“. Im Vergleich mit solchen in die Ferne greifenden Projecten kam es für die lutherische Kirche, wenn ihr einmal durch Kirchenzucht geholfen werden sollte, darauf vielmehr an, theils den für sie doch immer feststehenden Grundsatz der Kirchenzucht gegen die polizeiliche Strafe abzugrenzen, theils die Unterdrückung der den Geistlichen zustehenden Zuchtgewalt durch die Ungunst der weltlichen Obrigkeit abzuwehren. Diesen Weg hat neben Valentin Andreae dessen Freund Johann Saubert [2]), Pfarrer in Nürnberg, freilich mit nicht besserem Erfolge eingeschlagen.

Spener erwähnt in den Pia desideria der Kirchenzucht als eines Vorzuges der alten Kirche neben den anderen, durch deren Schilderung er die Gegenwart zu beschämen unternimmt. Aber

---

lage 1759. Neuer Abdruck (mit einigen Verkürzungen) Berlin 1859. Zwölfter Brief.

1) Geboren 1590, gestorben 1642. Vgl. Henke, Georg Calixtus und seine Zeit. II, 1. S. 82 ff. Tholuck a. a. O. S. 209 ff.

2) Geboren 1592, gestorben 1646. Vgl. Tholuck a. a. O. S. 344 ff.

er denkt auch an die Wiederaufrichtung der Kirchenzucht als ein höchst wichtiges Mittel zur Herstellung des kirchlichen Lebens. Nur entbindet er sich davon, diesen Gegenstand besonders zu erörtern, „da ich nicht alle Mittel (auch nicht die Erziehung der Jugend) hier anführe"; er begnügt sich, auf Saubert's „Zuchtbüchlein" zu verweisen. Principiell ist er der Meinung, daß die Kirchenbuße als ein hohes Gut, wo sie besteht, ernstlich fortgesetzt, ja auch wo sie nicht ist, und es geschehen könnte, eingeführt werde. Im Anschluß an Meyfart, Quistorp und Großgebauer ist er ferner überzeugt, daß die ganze Gemeinde und nicht blos die oberen Stände, sondern sie unter der Mitwirkung von Gemeindeverordneten zur Uebung der Disciplin befugt sind. Unter den obwaltenden Umständen aber, da jene Einrichtung über seine, ja über menschliche Kräfte geht, wären die Consistorien in Obacht zu nehmen, welche noch einigermaßen für Disciplin sorgen [1]). Nach Maßgabe seiner Frankfurter Erfahrungen bedauert er 1681, daß in den Reichsstädten Consistorien fehlen. Aber wo sie bestehen, hat er an ihnen auszusetzen, daß sie unter dem vorwiegenden Einfluß der Politiker stehen, und als untergeordnete Staatsbehörden keinen deutlichen

1) Schmid S. 87 referirt aus einem Bedenken von 1686 (Letzte Bedenken I. S. 575) mit scheinbar genauer Allegation der Worte Spener's, daß derselbe die Presbytern, die gewählten Vertreter der Gemeinden, als die eigentlichen Inhaber der Kirchengewalt darstelle, welche, da sie die letzte Entscheidung zu geben hätten, den beiden anderen Ständen übergeordnet wären. Diese „unlutherische Ansicht" hat Schmid Spener lediglich angedichtet. Jenes Gutachten des Frankfurter Prediger-Conventes ist gerichtet an eine lutherische Gemeinde in den Niederlanden, und berücksichtigt die in diesem Gebiete geltende „Niederländische KO." von 1596, welche, wie es auch in der reformirten Kirche der Fall ist, Consistorien als die rechtsfähigen Vertreter der einzelnen Gemeinde aus gewählten Aeltesten und den Predigern aufrichtet. Diese Ordnung, auf welche das Gutachten eingeht, ist also thatsächliche Verfassung der lutherischen Kirche in den Niederlanden. Diese von der Landesobrigkeit unabhängige Kirchenverfassung lutherischer Gemeinden ist nicht weniger lutherisch als die in Deutschland geltende landesherrliche Kirchengewalt. Spener entscheidet nun die Frage, ob die Ausschließung vom Abendmahl unter dieser Verfassung dem Prediger allein oder dem Consistorium zustehe, für den letzteren Fall. Das stimmt mit dem reformirten Typus dieser Verfassung überein. Vgl. Mejer, Zur Gesch. der Anschauungen vom Wesen evangelischer Consistorien. Zeitschr. für Kirchenrecht Bd. 19. S. 206—222. Die Kirchenordnung findet sich in Benthem's Holländischem Kirch- und Schulenstaat, 1698.

kirchlichen Charakter mehr haben. Jedoch aus seiner Erfahrung in Dresden giebt er 1691 einen Aufschluß über diese Lage der Sache. „Die Hände werden dem Predigtamt wegen der Disciplin von der Obrigkeit gehemmt, weil leider die meisten Prediger sich einer größern Macht zur Ausübung ihrer Affecte eher mißbrauchen, als zum Besten der Seelen bedienen würden". Er hat „die Meisten unseres Ordens von solchem Sinn befunden, daß ihnen eine freiere Gewalt in solchem wichtigen Werk zu geben nicht nützlich wäre". Also die Pastoren mißbrauchen die Disciplin, und dadurch sind die Consistorien genöthigt, sie lieber verfallen zu lassen! Aber auch aus einer andern Rücksicht verhehlt Spener nicht, daß er von dem Erfolg der Disciplin so gar große Hoffnung nicht habe. Denn einerseits trifft sie, wo sie besteht, regelmäßig nur die eine Art von Vergehen gegen das sechste Gebot, andererseits werden die Kirchenstrafen regelmäßig widerwillig, also mit größerer Versündigung geleistet, und nur wie jede weltliche Strafe gescheut, zumal an ihr weltliche Nachtheile sogar für die Nachkommen haften [1]). Diese Gründe erklären es, daß in Spener's Reformunternehmung die Aufrichtung der Disciplin thatsächlich ausfällt; er hat dem, was er theoretisch billigt, keinen Nachdruck verliehen. Was ihn persönlich angeht, so hat er vielmehr durch seine Beurtheilung der thatsächlichen Verhältnisse den Verfall der Disciplin in der lutherischen Kirche sowohl erklärt als gerechtfertigt. Er hat in diesem Gebiete sich durchaus enthalten, calvinisches Wesen auf den Boden der lutherischen Kirche zu verpflanzen. Wenn er als Urheber des Pietismus überhaupt dessen persönliches Muster wäre, so ist er den niederländischen Feinen möglichst unähnlich, welche in erster Linie den Kampf für die Gemeindedisciplin gegen die hemmenden Wirkungen der weltlichen Obrigkeit führen. In wieweit ist er dieser Gruppe überhaupt ähnlich?

Wenn man die **Pia desideria** mit den Bestrebungen von Voet und von Lodensteyn vergleicht, so ist ein wesentlicher Unterschied nicht zu verkennen. Spener ist auf keine gesetzlichen, statutarischen Mittel bedacht; indem er den Weg einer auf freie Ueberzeugung rechnenden Erziehung zum lebendigen Christenthum einschlägt, behauptet er die Linie des Lutherthums. Vermuthlich in dieser Gesinnung hat er es unterlassen, die Kirchenzucht, obgleich er sie in

---

1) Bedenken III. S. 467. 612. 879.

thesi billigt, in die Reihe seiner reformatorischen Vorschläge aufzunehmen.' Darin mag man auf dem Standpunkte des Calvinismus eine Schwäche erkennen. Jedoch ist es vielmehr ein Beweis von Stärke, mindestens von Takt, wenn man sich einer Forderung enthält, die den Umständen gemäß unausführbar ist. Andererseits ist die dritte Forderung, daß unter den Leistungen der Liebe namentlich die Nachgiebigkeit und Versöhnlichkeit, also die in Christi Bergpredigt vorgeschriebenen Tugenden zur Ausübung kommen sollen, von charakteristischer Bedeutung. Auf die Erwirkung dieser Tugenden, welche der heilige Franz seinem Orden eingeprägt hatte, drängten die Reformbestrebungen des spätern Mittelalters hin; nach diesem Maßstabe fand Erasmus, daß es zwar viele Lutheraner aber wenige Evangelische gebe[1]). Hievon hatte die Reformation Luther's die Aufmerksamkeit abgelenkt, da jenes Ziel durch keine gesetzlichen Mittel, keine Synode, keine Reform der römischen Curie, endlich durch keine neue Ordensstiftung erreichbar war. Dessen ungeachtet ist es das unverrückbare Ziel jeder Verbesserung der Kirche; und daß Spener diesen Gedanken nach den seit 150 Jahren eingetretenen Verwickelungen wieder in sein unverlierbares Recht eingesetzt hat, erscheint mir, bei der Vergleichung der wechselnden Bestrebungen nach Kirchenreform, als ein charakteristisches Verdienst des Mannes, auch wenn diese Aufgabe alsbald wieder verschleiert worden ist. Denn dieser Erfolg religiöser Erziehung muß nun einmal der parteiischen Auffassung des Christenthums abgerungen werden, und die richtig verstandene Lebensansicht unserer Reformation ist die entsprechende Anleitung dazu.

Die nächstliegende praktische Beziehung der **Pia desideria** ist jedoch in dem zweiten Punkt ausgedrückt, in der Aufrichtung und fleißigen Uebung des geistlichen Priesterthums, d. h. in der Bildung der **ecclesiolae in ecclesia**. Das Recht dieser Unternehmung hat Spener noch in einer besondern Schrift[2]) aus der Bibel und den gleich gerichteten Ueberzeugungen Luther's begründet. Denn er verstand das Priesterthum der Gläubigen nicht blos von dem Opfer ihrer Heiligung und ihres Gebetes, sondern mit Luther auch von der gegenseitigen Belehrung und Erbauung aus Gottes Wort,

1) Spongia adversus aspergines Hutteni. Opp. omnia (Lugd. Bat. 1706) Tom. X. p. 1656 B. C.

2) Das geistliche Priesterthum. Frkf. 1678. Vierte Aufl. 1700.

welche unbeschadet des Predigtamtes den Gemeindegliedern zusteht. Demgemäß würde „wiederum die alte apostolische Art der Kirchenversammlungen in Gang gebracht, da neben unseren gewöhnlichen Predigten auf die Art wie Paulus 1 Kor. 14. schildert, auch Andere, welche mit Gaben und Erkenntniß begnadet sind, jedoch ohne Unordnung und Zanken mit dazu reden und ihre gottselige Gedanken über die vorgelegte Materien vortragen, die Uebrigen aber darüber richten mögen". In Hinsicht dieser Bedingung zur Besserung der Kirche konnte Spener, als er die Pia desideria veröffentlichte, auf eine fünfjährige Erfahrung sich berufen. Von sich aus hatte er in seinem Frankfurter Amte in dem öffentlichen Gottesdienst die Katechismusprüfungen in Aufnahme gebracht, um die Wirkung des christlichen Unterrichtes zu verstärken[1]). Indessen 1670 ließ er sich durch einige Gemeindeglieder[2]) dazu bestimmen, in seinem Hause regelmäßige Zusammenkünfte von Männern und Frauen zu veranstalten, in welchen eine bestimmte Lectüre getrieben wurde, und eine Unterhaltung über dieselbe stattfand. Spener hatte sich der Zustimmung seiner Collegen versichert; obrigkeitliche Erlaubniß suchte er nicht nach. Uebrigens waren die Geschlechter in diesen Versammlungen durch eine bewegliche Wand getrennt, und nur die Männer nahmen das Wort. Es wurde darauf gehalten, daß kein Urtheil über Andere stattfand, und aller Klatsch wurde ausgeschlossen. Im ersten Jahre las man aus Baily's Praxis pietatis, Lütkemann's Vorschmack göttlicher Güte, Hunnius, Auszug der nothwendigsten Glaubenswahrheiten; seit 1674 oder 1675 beschränkte man sich auf die Lesung und gemeinschaftliche Erklärung des Neuen Testaments[3]). Im Jahre 1682 erlangte Spener nach einigen vergeblichen Versuchen die Erlaubniß der Obrigkeit, die Versammlungen in die Kirche zu verlegen.

Die Uebung des allgemeinen Priesterthums in der gegenseitigen Privatermahnung der Laien war von den Theologen, namentlich

---

1) Bedenken III. S. 144.

2) Tholuck RE. XIV. S. 618 nennt als diese Männer den Rechtsconsulenten Lic. Johann Jakob Schütz und den Gymnasiallehrer Diefenbach. Auf Grund welcher Quelle, sagt er nicht, habe ich auch nicht ermitteln können.

3) Bedenken III. 108 ff. Sendschreiben an einen christeifrigen ausländischen Theologum wegen seiner Lehr und sogenannter Collegiorum pietatis. 1677.

auch von Spener's Lehrern Joh. Schmid und Conrad Dannhauer in Straßburg stets anerkannt, und von Großgebauer neuerdings besonders eingeschärft worden. Mehr als dieser engste Privatverkehr ist auch in den Schmalkaldischen Artikeln III. 4 nicht gemeint, wenn die Predigt des Evangeliums zur Vergebung der Sünden auch per mutuum colloquium et consolationem fratrum zugestanden wird. Spener und Francke wenden diesen Satz schwerlich mit Recht auf ihre Versammlungen an. Ueber jene Linie aber geht der Plan zu einer „Fraternität oder Philadelphia, unter guten Freunden aufzurichten" hinaus, welchen 1631 die Wittenberger Facultät nicht gemißbilligt hat [1]). Weiterhin hat zuerst Heinrich Müller es im Allgemeinen zweckmäßig gefunden, daß die Frommen oft zusammenkommen, mit einander von Christi Reich zu reden, je nachdem sie die Anmuthung ihres Herzens dazu treibet [2]). Vereinzelte Fälle von Conventikeln innerhalb der lutherischen Kirche reichen aber bis an den Anfang des Jahrhunderts hinauf. In Görlitz hat der Pastor Martin Moller (S. 27) seit 1600 Hausversammlungen mit mehreren Gemeindegliedern gehalten, an denen auch Jakob Böhme theilnahm. Im Jahre 1623 hat der Hofprediger Heiland in Butzbach (Oberhessen), ein Anhänger von Arndt und nicht frei von Weigel'schen Einflüssen, weil er daheim mit etlichen Bürgern ein Collegium gehalten und ihnen die Bibel erklärt, die Bedrohung abgesetzt zu werden erfahren [3]). Im zweiten Viertel des Jahrhunderts hält man in Cottbus Privatversammlungen, in welchen hauptsächlich Stephan Praetorius gelesen wird [4]). Im Jahre 1663 haben in Hamburg drei Candidaten einigen geringen Leuten Luther's Katechismus erbaulich erklärt. Von Heinrich Müller wurden sie durch ein Gutachten kraft des allgemeinen Priesterthums dazu legitimirt, jedoch durch das Ministerium vom Abendmahl ausgeschlossen und zwei von ihnen aus der Stadt vertrieben [5]). In Lübeck hat 1664 ein Student Thomas Tantow

---

1) Consilia Witeberg. III. p. 147. Vgl. Tholuck in der RE. XIV. S. 620.

2) Bei Spener Geistl. Priesterthum S. 127.

3) Die beiden Fälle bei Tholuck, Kirchl. Leben I. S. 103.

4) Cosack a. a. O. S. 82, nach Theologia practica pastoralis (Magdeburg und Leipzig) Stück 46. S. 610 ff.

5) Tholuck a. a. O. II. S. 143. Die Acten in dem Vierten Theil von Arnold's KG. Sect. III. Nr. XIV.

einen Conventikel gegründet, der separatistischen Charakter an sich trägt. Jener Mann hatte in den Niederlanden sich zu Breckling gehalten; er machte den Anspruch, daß seine Genossen das Abendmahl unter sich feiern dürften, ohne dadurch aus der Kirche auszuscheiden. An seine Stelle trat 1666 der als lutherischer Pastor in Arnheim abgesetzte Jakob Taube, der mit der Augsburgischen Confession als Menschensatzung nicht mehr ganz einverstanden war, und danach, wie Hohburg, den Mennoniten in Altona gepredigt hat[1]).

Von diesen Fällen findet sich bei Spener keine Kenntniß; sie haben also auch nicht als Vorbilder auf ihn wirken können. Die Behauptung Goebels[2]), daß Spener sich in der Einrichtung der Conventikel nach Labadie, dem er in Genf begegnet war, gerichtet habe, ist unbegründet. Denn Spener selbst unterscheidet sein eigenes Unternehmen ausdrücklich von Labadie's schismatischer Absicht, kennt also ihn gar nicht als Ordner innerkirchlicher Conventikel, welche derselbe auch nicht in Genf, sondern erst in Holland veranstaltet hat. Indessen erwähnt Spener gleichzeitig 1679, er habe von dem Bestehen eines Conventikels in der lutherischen Gemeinde zu Amsterdam unter der Leitung eines Predigers Fischer als Student in Straßburg (1654—59) Kenntniß gehabt. Damals ist er nämlich einem Studenten Fischer begegnet, welcher als Goldschmiedegeselle in dieser Gesellschaft erweckt worden war, sich der Theologie zu widmen[3]). Die seinem eigenen Unternehmen vorausgehende Kenntniß von Conventikeln weist also nach Holland; hier aber ist die besprochene Einrichtung in der lutherischen Gemeinde zu Amsterdam etwa um 1650 ohne Zweifel eine Nachbildung reformirter Muster. Und Spener weigert sich so wenig diese Thatsache auch für sich als giltig zu erkennen, daß er 1678 als theologische Auctorität für die collegia pietatis ausschließlich Voet

---

1) Arnold KG. III. Cap. 15.

2) Gesch. des christlichen Lebens II. S. 560. Was daselbst S. 555 ff. von Einflüssen reformirter Art auf Spener angegeben wird, ist ebenfalls nicht richtig.

3) Bedenken III. S. 292. 547. Die gleichzeitig von ihm erwähnten Conventikel von Berger in Schweinfurt, Spizel in Augsburg, Winckler in Werthheim sind nicht, wie Tholuck, Kirchl. Leben II. S. 143 angiebt, Vorbilder, sondern Nachahmungen von Spener's Unternehmen. Speciell für den ersten Fall folgt dies aus Bedenken III. S. 107, daß die Einrichtung daselbst 1675 in das dritte Jahr dauert.

anruft, dessen Erörterung in den Disputationes selectae Tom. V. kürzlich zu Hanau in deutscher Uebersetzung erschienen war [1]). Die Aeußerung ist nicht so zu verstehen, daß Spener 1670 sich nach Voet's Ausführungen gerichtet hat, als seine Freunde ihm den Vorschlag zu den Conventikeln machten. Allein mochten diese aus welchem Grunde immer auf diese Einrichtung verfallen sein, so hat Spener sich zu derselben nicht ohne die Erinnerung an den Amsterdamer Vorgang entschließen können; und da die Rechtfertigung der Sache aus der heiligen Schrift durch Gleichgesinnte in der lutherischen Kirche seinem Unternehmen erst nachfolgte [2]), so konnte er eine theologische Begründung ältern Datums nur von dem Reformirten Voet entlehnen. Er muß sich also der Nachahmung eines Institutes der reformirten Kirche genügend bewußt gewesen sein, wenn er auch, da der Vorschlag von Anderen ausging, nicht die vorausgehende Absicht befolgt hat, ein solches in die lutherische Kirche zu übertragen. Er hat auch auf die Conventikel in den Niederlanden, namentlich auf die Ausbreitung derselben seit 1672 seine Aufmerksamkeit gerichtet, indem er 1677 die Ueberzeugung äußert, daß Gott daselbst nicht nur viele gute Seelen behalten, sondern auch durch neuliche Züchtigung viel Gutes bei Vielen gewirkt habe, und daß dort der Ort sein möchte, wo die Gleichgesinnten in Deutschland Zuflucht finden würden, wenn sie vor der heranziehenden Verfolgnng weichen müßten [3]). Er ist also von der Gleichartigkeit seines Unternehmens mit den niederländischen Erscheinungen ebenso überzeugt, wie mit der zeitlichen Priorität derselben bekannt gewesen. Uebrigens hat sich sein Weg mit dem reformirten Pietismus in Deutschland nicht gekreuzt. Als Horche, Reitz und Klopfer in der Nähe von Frankfurt ihr Wesen trieben,

---

1) Bedenken III. S. 222. I. S. 16*.

2) Ahasv. Fritsch, Von Erbauung des Nächsten durch gottselige Gespräche. — Christoph Kriegsmann, Symphonesis christiana, oder von den einzelnen und Privatzusammenkünften der Christen. 1678. — Just. Christoph Schomer, Prof. in Rostock, Vier Disputationen de collegiis privatae pietatis; de collegiali dicendi libertate in synaxibus christianis; de syncretismo collegiali; de utilitate collegiorum, 1685. Gesammelt in De collegiatismo tam orthodoxo quam heterodoxo. Luneb. 1692. — Joh. Olearius (Oberhofprediger in Halle) Biblische Erklärungen (Leipzig 1678—81. Fünf Bände fol.) zu 1 Kor. 14, 23.

3) A. a. o. III. S. 162.

war Spener schon in Berlin. Er hat sich über diese Männer mit persönlicher Theilnahme geäußert, aber ihre separatistischen Tendenzen mißbilligt [1]).

Weil Spener durch Andere, also zufällig zu seinem Unternehmen veranlaßt worden war, so gewann er erst aus der Erfahrung, die er daran machte, und aus den Erfolgen, welche sich zeigten, die Einsicht in die Bedeutung der Sache, welche er zuerst in den **Pia desideria**, dann aber noch deutlicher in einer Menge von Privatäußerungen kund gab. Er knüpft nämlich an die **collegia pietatis** die Aussicht auf eine Vollendung der Reformation Luther's. Die Nothwendigkeit einer solchen erkennt er zwar nicht in Hinsicht der Lehre, da dieselbe alle zur Seligkeit nothwendigen Wahrheiten in sich schließt; nur meint er, daß es nöthig sei, gewisse Leute zu hindern Glaubensartikel zu machen, in welche die Kirche niemals eingewilligt hat. Die neue Reformation vielmehr soll die Kirche in einen heiligeren und seligeren Stand versetzen [2]). Dazu bedarf es aber einer Veränderung in den leitenden Ständen. Die rechtliche Leitung der Kirche in Deutschland durch die Obrigkeiten war schon zu Spener's Zeit auf dem Wege zum Territorialsystem; oder wie er sich ausdrückt, sie sehen ihr **ius episcopale** als ein **regale** an, erkennen darin nicht mehr eine Dienstpflicht gegen die Kirche, sondern ein Accidens ihrer Macht, sie üben eine **Caesareopapia**. Die Nachlässigkeit und die Mißbräuche in Ausübung des Kirchenregimentes bieten also vielmehr Hemmungen als Förderungen für die Kirche dar. Unter diesen Umständen ist auch nicht auf die nothwendige Reform des geistlichen Standes von Oben zu rechnen. Vielmehr hat Spener in Dresden (S. 134) die Erfahrung gemacht, daß die Neigung der Pastoren zu Uebergriffen in der Disciplin und die Verwendung derselben zu selbstsüchtigen Zwecken nur dazu diente, die Consistorien in ihrer weltlichen Geltung zu befestigen. Mit der Verderbniß der oberen Stände trifft nun das Uebel zusammen, daß der dritte Stand fast ohne alle Vertretung und Fähigkeit zu handeln ist. „Wo aber die christliche Kirche recht in ihre Ordnung gesetzt werden soll, so muß die Verfassung also sein, daß alle drei Stände selbst ihr Werk

---

1) Letzte Bedenken I. S. 231.
2) Bedenken III. S. 164. 180. 242.

haben und mit einander concurriren"[1]). Diese nothwendige Einrichtung ist aber erst recht nicht zu erwarten, da die oberen Stände selbst sich nicht zu helfen wissen. Wenn nun Spener beabsichtigt, durch die Bildung der collegia pietatis nicht nur dem dritten Stande religiös aufzuhelfen, sondern auch ihn zu befähigen, sich geltend zu machen, so sah er darin nur eine Vorbereitung der Reformation, die er forderte. Eben an jedem Orte, wo es angezeigt ist, soll der Prediger durch die Privatversammlungen die wahren und eifrigen Christen zu genauerer christlicher Freundschaft verbinden, als den Kern der Gemeinde pflegen, und diese Genossenschaft zu weiterem reformatorischem Vorgehen bereit halten. Die ecclesiolae in ecclesia werden eben aus solchen bestehen, in welchen der Pastor die Schafe Christi erkennt; sie sollen aber, indem sie sich nicht von der Kirche trennen, sich möglichst erweitern, damit auch die anderen Gemeindeglieder in Gährung kämen und sich assimiliren ließen[2]). Dieses einzige Mittel, um der Kirche aufzuhelfen, fand Spener in der „Deutschen Messe und Ordnung des Gottesdienstes" von Luther (I. S. 73) angedeutet, und fand sich durch diesen bekannten Vorschlag einer engern Gemeindebildung zu seinem Vorhaben um so mehr berechtigt, als er die Feier des Abendmahles durch die engere Gemeinde in dem Projecte Luther's mißbilligte[3]). Die engere Verbindung zu christlicher Freundschaft und gegenseitiger sittlicher Ermahnung und Zucht wollte er also immer nur in den einzelnen Gemeinden und möglichst unter der Leitung der Pastoren eingerichtet wissen. Alsbald tauchten Projecte von besonderen Verbindungen auf, welche die überall zerstreuten Frommen zusammenfassen sollten. Spener aber hat drei solcher Vorschläge, 1672 den einer „Heiligen Liebesgesellschaft", 1677 den einer „Fruchtbringenden Jesusgesellschaft", deren Statuten Ahasverus Fritsch schon hatte drucken lassen, 1680 ein neues Project, welches Christen aller drei Confessionen umfassen sollte, von sich abgelehnt[4]). Denn er fand es überflüssig, sich zu den allgemeinen Christenpflichten

---

1) A. a. O. III. S. 411. 485. I. S. 262.

2) Bedenken III. S. 111. 114. 130. Consilia III. p. 110. 129.

3) Consilia III. p. 71.

4) Bedenken III. S. 65. 194. An dem Plan von Fritsch ist bemerkenswerth die Aufgabe, sich der verlassenen armen Kinder anzunehmen und sie zur Schule und Gottesfurcht aufzuziehen. Letzte Bedenken III. S. 77.

unter den Ceremonien der damals üblichen literarischen Gesellschaften zu verbinden. Als aber das Unternehmen der Collegia alsbald großen Erfolg hatte, und die Freunde Spener's ihn als den begrüßten, welcher auch die eigentliche directe Aufgabe der kirchlichen Reform zu lösen berufen sei, hat er in richtiger Erkenntniß seiner Fähigkeiten sich dessen geweigert. Er meinte, daß es ihm an der einem Reformator nöthigen Klugheit und Weisheit und an der Kraft des Geistes von oben, nämlich an dem rechten Heldenmuth mangele. Als deshalb Jemand 1687 ihn antreiben wollte, mit reformatorischer Energie aufzutreten, lehnte er diese Zumuthung einfach ab [1]).

Wir haben das Programm der Conventikel kennen gelernt. Innerhalb desselben hatte Spener eine Mannigfaltigkeit des Betriebes zugelassen. Die ihm erwünschteste Methode schildert er in dem Verfahren seines Schwagers Horb. Er räth 1678, daß man die Zeit nicht mit Lesen und Unterhaltung über das Gelesene verbringen, sondern gleich alles auf die Praxis anwenden solle. In diesem Sinne leitet Horb dazu an, daß nach Lesung und nothdürftiger Erklärung eines Satzes aus dem N. T. jeder die eigenen Mängel bezeichnet, welche ihm in Beziehung auf das Thema bewußt sind. Jeder bringt die Wunden seiner Seele, die Hindernisse des Guten, die Lockungen zum Bösen, die er erfährt, zur Sprache, um Rath und Unterstützung bei den Anderen zu suchen, und sich in neuem Vorsatz zu befestigen. Wiederum giebt man Rechenschaft von seinem Leben, wie der empfangene Rath Erfolg gehabt hat. In dieser Weise erprobt sich der Vortheil der genausten Selbstbeobachtung, daß man sein natürliches Verderben erkennt, und aus der Anregung des heiligen Geistes nicht ohne Früchte bleibt. Das Ziel wäre eine Stille des Gemüthes, welche dem Christen ziemt und die Werkstatt aller Tugenden ist. Im Vergleich damit hat Horb die Haltung der unter Spener's Leitung stehenden Frommen gerügt: „Die lieben Leute kommen zu viel zusammen, reden zu viel, klagen zu viel, urtheilen zu viel. Sie sehen einander zu viel nach, sie suchen das rechte Wesen in einer beständigen Erhebung des Gemüths durch Betrachtungen; ich aber in geduldiger Unterwerfung des Willens unter Gott und Menschen, sanftmüthiger Beherrschung aller Affecte, demüthiger Ver-

1) Bedenken III. S. 226. 416. 711. IV. S. 204.

nichtung seiner selbst, fleißiger Verrichtung des Berufs, als vor Gott, nicht den Menschen zu gefallen, Absonderung von der Welt Gleichheit. Das ist ein vernünftiger Gottesdienst, dabei ich meine Seele täglich erheben kann; bei dieser (nämlich bei der ersten Methode) aber allein nicht beruhen lasse. Ich nenne diese eine geistliche Faulheit, dabei niemand gebessert wird. Das Christenthum in einer beständigen Süßigkeit und fühlenden Vergnügung zu suchen ist kindisch; Christo zu folgen und dabei nichts suchen, ist männlich" [1]). Wie merkwürdig ist es, daß in dieser Schilderung dieselben Formen wiederkehren, welche in der Mystik des Mittelalters gegen einander aufgetreten sind (I. S. 468). Nicht minder bemerkenswerth aber ist die Stellung, welche Spener zu denselben einnahm. Was Horb in seinem Kreise durchsetzte, ist die einfache Folgerung aus Spener's Lehre vom werkthätigen Glauben, nämlich die Probe desselben an einer scrupulosen Beurtheilung der eigenen sittlichen Leistungen und Absichten. Die Conventikel waren ferner der geeignete Ort, um die **correptio fratrum** zu üben, welche Spener im Allgemeinen mit Bedingungen der Vorsicht einschränkt, aber gerade unter den Frommen angezeigt findet [2]). Man kann sich also nicht wundern, daß Spener die Praxis in Horb's Conventikel billigt, so wie er 1677 das gleiche Verfahren Untereyck's in Bremen [3]) lobend erwähnt. Was er aber billigt, das hat er selbst in seinem nächsten Kreise nicht erreicht; hier wird das Gefühlschristenthum angebaut, welches Spener immer nur als seltenen Ausnahmefall zugesteht, und das auch nicht seiner Lehrweise entsprach. Man kann dieses zunächst daraus erklären, daß der größere Umfang seiner Genossenschaft, der bald den Kirchenraum occupirte, zu einer vorwiegend doctrinären Unterhaltung über die heilige Schrift nöthigte und die individuellen moralischen Bekenntnisse, welche Horb hervorzurufen verstand, unmöglich machte.

Die **Pia desideria** haben auf die Zeitgenossen einen höchst bedeutenden Eindruck gemacht. Spener fand für sie die überwiegende Zustimmung einer großen Zahl einflußreicher Theologen, und in den nächsten Jahren erschienen nicht wenige Schriften gleicher Rich-

---

1) Consilia I. p. 132. Anderwärts Bedenken III. S. 382 wird dieser Unterschied nicht zur Geltung gebracht.

2) Bedenken II. S. 281.

3) Bedenken III. S. 71.

tung [1]). Indessen unter den Correspondenten Spener's waren doch manche, welche auf die Hoffnung besserer Zeiten und die Bekehrung der Juden, auf die Herabsetzung der Schultheologie nicht eingehen konnten; andere warnten vor dem nahe liegenden Mißbrauch der Privatversammlungen. Ich unterlasse es, auf die verleumderischen Gerüchte über die Conventikel einzugehen [2]), zu deren Widerlegung Spener 1677 das „Sendschreiben an den christeifrigen Theologen" (S. 136) richtete. Indessen rechtfertigen es die angeführten Angaben über die doppelte Stimmung, welche in den Conventikeln angebaut wurde, daß den Theilnehmern an den Collegia pietatis alsbald der Name „Pietisten" angehängt wurde. In einem Falle beklagte es Spener, daß einem Theologen der Name „Spenerianer" beigelegt worden ist, da er selbst doch nichts Besonderes in der Kirche erstrebe [3]). Auch gegen den Titel der „Pietisten", der in Oberdeutschland aufgekommen war, oder der „neuen Christen" protestirt er aus dem Grunde, weil nichts als das allgemeine und alte Christenthum in diesem Kreise getrieben werde, und derselbe weder eine Secte, noch einem Mönchsorden ähnlich sei [4]). Ich muß bei dieser Gelegenheit auf einen Charakterzug Spener's aufmerksam machen, der noch durch andere Beweise bestätigt wird, auf einen Mangel an Unterscheidung der Geister, oder eine Anbequemung an Bestrebungen, die er im Allgemeinen von sich und seiner eigentlichen Meinung zu unterscheiden weiß. Dieses gerade ist der Fall in der eben festgestellten Abweichung zwischen seiner und Horb's Conventikelpraxis. Was er an seinem Schwager billigt, weil es in der Folgerichtigkeit seines eigenen Grundsatzes liegt, bringt er in seiner nächsten Umgebung nicht zur Ausführung, und was er als eine Sache von zweifelhaftem Werthe kennt, duldet und pflegt er sogar an seinen nächsten Genossen. Er macht sich dadurch zum Diener einer ihm fremden Richtung, den Umständen gemäß oder in der Anbequemung an gewisse Personen, deren Energie der seinen überlegen gewesen sein wird. Nun ist sowohl der absichtliche Betrieb

---

1) Hoßbach I. S. 137 f. Die speciellen Data in „Gründliche Beantwortung des . . . Unfugs der Pietisten". 1693. S. 23 ff.

2) A. a. O. I. S. 144 f. Aus dem „Sendschreiben" und Letzte Bedenken III. S. 182 ff.

3) Bedenken III. S. 462.

4) A. a. O. III. S. 383. 484. 781.

des Gefühlschristenthums etwas Besonderes und Neues, als auch der von Horb gepflegte Methodismus der moralischen Selbstbespiegelung und öffentlichen Selbstbeurtheilung in der Gesellschaft der Frommen. Denn dieses Verfahren geht ohne Zweifel über das gelegentliche mutuum colloquium, welches als Recht des allgemeinen Priesterthums zugestanden war, weit hinaus. Es lagen also in beiden Fällen wirkliche Neuerungen vor. Aber diese Thatsache und der Abstand der doppelten Praxis von den entsprechenden unbestimmten dogmatischen Begriffen über Versicherung des Heiles verhehlt sich Spener, indem er den Sondernamen des Pietismus als ein Unrecht von seinen Anhängern ablehnt. Ist nun hiebei natürlich keine absichtliche Unwahrheit im Spiele, so bleibt keine andere Ausnahme übrig, als daß Spener, hierin sehr abweichend von seinem Schwager Horb, gewisse Erscheinungen der Frömmigkeit nach ihrem verschiedenen Werthe, und den Abstand derselben von den entsprechenden dogmatischen Sätzen zu beurtheilen nicht vermocht hat oder nicht geneigt war.

Dieser Mangel an Unterscheidung und die damit zusammenhängende Nachgiebigkeit entspricht einer der schätzbarsten Seiten an Spener's Persönlichkeit, nämlich seiner Milde und Vorsicht in der Beurtheilung Anderer; zugleich bestätigt jener Charakterzug das eigene Urtheil Spener's, daß er selbst kein Reformator sei. Aber sofern er sich zutraute, eine Reform der Kirche wenigstens vorzubereiten, giebt diese Eigenthümlichkeit Spener's die Erklärung der Thatsache an die Hand, daß er bei aller Absicht auf correcte Kirchlichkeit und bei aller seiner wirklichen Rechtgläubigkeit solche Bestrebungen, die ihm ebenso fremd waren, wie sie unlutherisch sind, beschützt oder ihnen die Einwirkung auf die lutherische Kirche erleichtert hat. Dieser Umstand ist schon in seiner Stellung zu den mystischen Elementen von Arndt und seinen Nachfolgern berührt worden (S. 100). Spener ist so aufrichtig zu bekennen, daß er keine Erfahrung weder von den Entzückungen durch den Bräutigam noch von der quietistischen Gelassenheit habe. Jedoch seiner Bescheidenheit und Milde gemäß läßt er die Erfahrungen Anderer in diesen Methoden der Frömmigkeit gelten. Indem er sich kein allgemeines Urtheil über die Berechtigung derselben in der lutherischen Kirche bildet, unterscheidet er sie eben nicht von der Heilsordnung, welche in den symbolischen Büchern angezeigt ist. Ueber Tauler urtheilt er, derselbe sei in der Schätzung der Gnade und des Verdienstes Christi so weit vorgeschritten, daß er in der That diejenige Rechtfertigung lehre, welche eigentlich aus dem Glauben ist. Daraus sei es erklärlich, daß gelegentlich Katholiken ganz frei von der Werkgerechtigkeit sind, welche ihre Kirche vorschreibt, während umgekehrt werkgerechte Katholiken bei Tauler das nicht finden, woraus Luther zum Reformator geworden ist [1]). Also diese Ansicht, mit welcher in der Gegenwart Alle sich täuschen, welche von pietistischen Voraussetzungen aus die Reformation Luther's zu verstehen sich getrauen, hat Spener in die Welt gesetzt! Dem allem steht aber gegenüber das Gesammturtheil über die Mystiker einschließlich Tauler's, welche er gelesen hat, daß sie mehr Kunst und Bemühung des Gemüthes an den Heilsweg verwenden, als mit der in der heiligen Schrift gezeigten Einfachheit verträglich ist [2]). Ich meine, wenn Spener dieses Urtheil gefällt hat, so ist die andere Beurtheilung nur aus der Nachgiebigkeit gegen die von Arndt her geltende Ueberlieferung zu erklären. Mißlicher sind die Aeußerungen über Hohburg (S. 61). Er mißbilligt die Heftigkeit, welche namentlich in dessen pseudonymen Schriften herrscht; er billigt in den mystischen Arbeiten desselben die Hauptsache. Was ihm aber daran nicht gefällt, bezeichnet er nicht genau, und will sich nicht auf die Frage einlassen, ob Hohburg des Weigelianismus schuldig sei; vielmehr will er das, worin er mit jenem nicht einig ist, in Geduld tragen, wie er für sich der Geduld Anderer bedarf. Er will um so weniger gegen ihn, wie gegen Betke und Breckling auftreten, als sie unter dem Grundsatze zu beurtheilen sind: Wer nicht wider mich ist, ist für mich; er will keinen, den die Kirche noch in ihrem Schoße duldet, angreifen und keinen fremden Knecht richten, endlich will er über sie lieber schweigen, so wie er selbst lieber verschwiegen bleibt [3]). Ueber die Anhänger Schwenkfeld's urtheilt Spener 1690, daß sie durch den Mangel lebenskräftiger Lehrart und erbaulicher Gemeindeordnung in der lutherischen Kirche von derselben fern gehalten würden; wenn erst jene Erfordernisse zur Ausführung kämen, sei zu erwarten, daß Jene allmählich sich anschließen werden. Diese Nachsicht richtet sich gegen Leute, welche

---

1) Bedenken I. S. 313. IV. S. 67. III. S. 714. 828. Consilia I. p. 270.

2) Bedenken III. S. 161.

3) Bedenken III. S. 188. 271. 303. 348. 638. 646. IV. S. 127.

wie Hohburg die Kirche für Babel erklären, oder wie die Schwenkfelder dem reinen Sectenprincip anhangen. Aber während er ferner sich für Molinos interessirt, macht er doch eine Grenze gegen die Bourignon und Poiret. Die erstere ist ihm durch ihre Betonung des innern Lichtes, der andere durch seinen Grundsatz der Gelassenheit verdächtig, durch welchen er die Protestanten in Schlesien bei eintretender Verfolgung zum Papstthum disponiren würde [1]).

Man sieht hieraus, daß Spener unter Umständen ein abweisendes Urtheil über Erscheinungen von Mystik abzugeben vermochte. Um so eigenthümlicher nimmt sich die Neutralität gegen Jakob Böhme aus, welche er mit gesteigerter Zähigkeit auch da aufrecht erhielt, wo ihm aus seiner öffentlichen Geltung zur Pflicht gemacht wurde, ein entschiedenes Urtheil über den Werth der Lehre jenes Mannes zu bilden. Die unzähligen Erklärungen über Böhme in allen Bänden der Bedenken und in anderen Schriften kommen immer darauf hinaus, daß Spener ihn nur theilweise gelesen habe, und daß er ihn nicht genügend verstehe, um ein Urtheil über ihn zu haben; daß er Entgegengesetztes über ihn höre, daß aber ein Urtheil über ihn aus der Gesammtheit seiner gründlich verstandenen Schriften geschöpft sein müsse. Er meint, daß einer seiner Anhänger eine systematische Synopsis seiner Lehre verfertigen solle; ehe nicht dieses Hilfsmittel vorliege, wolle er selbst sich jedes definitiven Urtheils enthalten. Man kann die immer wiederkehrenden Anfragen über diesen Gegenstand nur daraus verstehen, daß unter Spener's Anhängern eine weit verbreitete Neigung obwaltete, sich mit Böhme zu beschäftigen. Nichts desto weniger hat er 1697 in einer der Schriften gegen Pfeiffer dessen Provocation auf eine präcise Entscheidung, ob Böhme ein Irrgeist oder ein göttlicher Lehrer sei, damit abgewiesen, er sei nicht verpflichtet dessen Schriften zu lesen, welche sein Gegner selbst eine rechte Gehirnmarter nenne; auch nicht als Doctor theologiae, und auf den viele Augen stehen, sei er dazu verpflichtet; es sei genug von ihm, sich auf keine Seite einzulassen. Allein in diesem Zusammenhange kommt doch das Gleichgewicht zwischen Verdachtsgründen gegen Böhme und Anerkennung desselben nicht mehr zum Ausdruck, vielmehr das Zeugniß, daß ernste Christen und eifrige Pastoren den Theosophen hoch halten, und daß einer von diesen gerade im Verständniß der Schrift und

1) Bedenken I. S. 314. 315. 317. IV. S. 138. Letzte Bedenken I. S. 95.

in der Buße durch Böhme gefördert worden sei[1]). Die Neutralität, zu welcher sich Spener durch Jahrzehnte hindurch forcirt, ist also eine für Böhme wohlwollende; es ist deutlich, daß er allmählich sich für ihn hat erwärmen lassen. Nun aber war die Sympathie für Böhme unter Spener's Anhängern im Vordringen begriffen[2]). Wenn er also als Privatmann oder als Doctor der Theologie der Lesung der Böhme'schen Schriften und eines Urtheils über sie sich enthalten mochte, so durfte er als Haupt seiner Partei jene Zumuthung nicht ablehnen. Und es ist doch auffallend, daß wenn auch Spener Böhme's Gotteslehre und chemische Kosmologie nicht verstand, er nicht die von Böhme vorgeschriebene Praxis des christlichen Lebens zu beurtheilen sich getraute, welche der viel gelesene „Weg zu Christo" lehrt, und überdies sich nicht dessen erinnerte, was er verstand, nämlich daß Böhme einen Zug zu kirchlichem Indifferentismus ausübte (S. 108). Hat er es nicht über sich vermocht, wenigstens um des willen vor Böhme zu warnen, so läßt Spener's Haltung auf diesem Punkt die schuldige Gewissenhaftigkeit vermissen. Diese vorsätzliche Fahrlässigkeit wiegt aber auch alle Sorgfalt auf, die er auf die lutherische Rechtgläubigkeit und Kirchlichkeit verwendet hat. Denn er hat durch diese schlaffe Toleranz und diese Zurückhaltung seines Urtheils den Sectirern nicht blos die Thür der lutherischen Kirche weit geöffnet, sondern denselben auch das Organ weiteren Wirkens in den von ihm gestifteten Conventikeln dargeboten.

Man kann ja keine Statistik des damaligen Conventikelwesens aufstellen. Allein daß bei Beginn des neuen Jahrhunderts unter den Pietisten in Deutschland die enthusiastische und Böhmistische Art hervorstach und die schlichten rechtgläubig Gesinnten unter ihnen zurücktraten, geht vorläufig aus dem für 1700 giltigen Zeugnisse von Wilhelm Brakel (I. S. 301) hervor. Man denke ferner

1) Rettung der gerechten Sache gegen Pfeiffer S. 230—246. Vgl. Bedenken I. S. 321. II. S. 409. III. S. 189. IV. S. 136.

2) Erst in der Zeit seit 1670 nimmt die Polemik von Jakob Böhme Notiz. Bis gegen den Schluß des Jahrhunderts erscheint eine Reihe von Schriften wider ihn von Joh. Fabricius, Tobias Wagner in Tübingen, Joh. Müller, Abr. Calov, Erasm. Francisci, Christoph Holtzhausen, Abr. Hinckelmann und einem Ungenannten (E. J. H.). Als Apologet Böhme's tritt unter dem Namen Joh. Matthaei Joh. Jak. Zimmermann auf. Vgl. J. G Walch, Bibl. theol. sel. II. p. 92. 94.

daran, daß wenn die Schriften von Hohburg, Betke, Breckling, gegen welche Spener ebenfalls eine wohlwollende Neutralität behauptete, demgemäß zur Lectüre der Pietisten dienten, dieselben zur steifen Abneigung gegen den geistlichen Stand angeleitet wurden. In eigenthümlicher Weise hat Spener gerade an seiner Frankfurter Pflanzschule Erfahrungen davon machen müssen. Nur hat die bisherige Forschung diese Thatsache, daß Spener in der Hauptsache den Anstoß zu einer ihm eigentlich fremden religiösen Bewegung gegeben hat, nicht gewürdigt. Tholuck will Spener nicht einmal als den Urheber einer neuen Richtung, sondern nur als den wirksamsten Förderer und Vertreter derselben anerkennen, der durch seine lautere Persönlichkeit, durch seine Mäßigung und Milde alle geistesverwandten Elemente um sich sammelte [1]). Im Widerspruch dagegen wird Spener von Kramer als der Urheber des Pietismus reclamirt, dem er sein eigenthümliches Gepräge aufgedrückt habe, und wird von demselben als der Vater und Hauptträger der neuen sich zu einer kirchlichen Macht entwickelnden Erscheinung gefeiert [2]). Spener steht allerdings in der Reihe der praktischen Bestrebungen des Jahrhunderts nicht als der Anfänger da; nichts desto weniger macht er in dieser Geschichte durch die Gründung der Conventikel Epoche. Aber er hat denselben eben nicht so sein Gepräge verliehen und sie mit seiner Art durchdrungen, daß nicht etwas ihm Fremdes daraus hervorging, theils gemäß der Folgerichtigkeit der Sache, theils durch die von ihm beförderte Einmischung der bekannten sectirerischen Motive. Daß Spener der Patron einer ihm heterogenen Geistesbewegung geworden ist und zwar zunächst durch die Nachsicht, Toleranz, Neutralität gegen die extravaganten Geister, ist, wie ich gegen Kramer noch besonders bemerke, gerade von Zeitgenossen richtig erkannt worden. Ein Gegner Spener's widmet ihm folgende Reime [3]):

Wie nun auf seine Lehr jedweder Neulingsgeist
Sogar ohn alle Scheu in Schriften provocirte,

---

1) Kirchl. Leben im 17. Jahrh. II. S. 37. 41.

2) Aug. Herm. Francke, ein Lebensbild I. S. 63. 64.

3) Idea Pietismi oder Kurzer Entwurf von der Pietisten Ursprung, Lehr und Glauben. Durch ein Sendschreiben in gebundener Rede gezeiget von Orthodoxophilo. Frkf. u. Lpz. 1712. S. 6. Der Verfasser ist Erdmann Neumeister, Pastor in Hamburg, welcher das Gedicht in seinem „Alter und neuer Beweis, daß die Pietisterei keine Fabel ist" (1726), wiederholt hat.

Er aber seines Orts sich niemals opponirte
Und vielmehr dieses noch auf seine Schultern nahm,
Daß er die Schändlichsten sich mühte zu vertreten,
Wenn Arnold, Petersen und Dippel selbsten kam,
Die, was an ihnen war, die Wahrheit höchst verdrehten,
Ja über diesem noch nicht wohl zu sprechen war,
Wenn treue Lehrer sich der Lüge widersetzten,
So hat er mehr und mehr der Redlichen Verdacht
Von einer Neuerung sich auf den Hals geladen
Und bei der Kirche sich gar schlecht verdient gemacht.

Es kommt nicht darauf an, daß die Angabe wegen Arnold u. s. w. nicht völlig richtig ist; setzen wir für die genannten drei Männer Hohburg und Böhme, so hat der Reimschmidt die Situation bezeichnet, wie sie gewesen ist.

Allein Spener hat doch noch mehr dazu gethan. Er hat über den Verfall und die Reformbedürftigkeit der Kirche sich gelegentlich kaum weniger scharf ausgesprochen als die oben genannten Männer, welche als Förderer des Separatismus anzusehen sind; und indem er selbst nicht der Reformator sein wollte, hat er durch eigenes Beispiel und unvorsichtige Reden eine Agitation eröffnet, welche die beabsichtigte Reform an Unberufene auslieferte [1]). Und nicht erst in der Epoche des Streites hat er sich dazu fortreißen lassen. Im Thätigen Christenthum (Dom. 21. p. Trin. p. m.) sagt er: „Ach daß ich eine einzige Gemeinde wüßte, welche rechtschaffen in allen Stücken, in Lehre, Verfassung und Uebung alles dessen, was einer apostolischen und in Lehre und Leben christlichen Gemeinde gleich wäre". Er fordert freilich keine Gemeinde, welche ganz ohne Unkraut wäre, aber doch solche, wo Lehrer und Zuhörer mit demjenigen Eifer ihr Christenthum sich angelegen sein ließen, daß man sagen könnte, die Prediger führten ihr Amt aus Trieb des heiligen Geistes, und der größte Theil der Zuhörer sei der Welt abgestorben und führe ein nicht nur ehrbares sondern göttliches Leben. Andere Aussprüche Spener's drücken den Zweifel aus, welcher aus seiner Ansicht von der Theologie entspringt, ob

1) Ich schöpfe das Folgende aus Samuel Schelwig (Prediger und Professor in Danzig), Die sectirerische Pietisterei, 1. Theil, 1696 (es folgen noch zwei Theile dieser Schrift 1696. 97). — Schelwig ist ein vorsichtigerer Gegner von Spener als Andere, und läßt ihn stets mit seinen eigenen Worten reden.

die Diener des Wortes die reine Lehre, an welcher der Bestand der Kirche hängt, nach ihrer Kraft verstehen und mit solcher Treue, wie sich ziemt, den Gemeinden vortragen. Er behauptet es ferner als unbezweifelbar, daß die große Masse der Kirchenglieder unwiedergeboren ist, und in ihrer alten Natur, außer göttlicher Gnade steht. Auch zu solchen Behauptungen hat er sich fortreißen lassen, welche er dem Böhmisten 1686 noch bestreitet, daß die lutherische Kirche trotz ihres Unterschieds von dem großen Babel an dem Verderben Babels theilnehme, daß namentlich unter den ihm entgegenstehenden Doctoren und Collegien ein päpstischer Geist herrsche. Diese Aeußerungen, welche Spener großentheils im Streit gethan hat, in deren Richtung aber seine Nachfolger, namentlich Francke weiter urtheilten, sind von dem Standpunkt nicht zu unterscheiden, auf welchem leidenschaftliche Personen zum Separatismus gelangen. Spener ist bei ruhigem Blute weit davon entfernt, sich nach dem Grundsatze zu richten, mit welchem der Pietismus in der reformirten Kirche einsetzt, nämlich daß die vorgebliche Reinheit der apostolischen Gemeinden in Lehre und Leben das Muster sei. Diese Meinung kommt jedoch auch bei Spener zum Vorschein, so wie er die Kirche nach dem empirisch pessimistischen Maßstabe beurtheilt. Schon der Ausdruck „Verfall der Kirche" setzt diese Ansicht voraus; denn als verfallen kann man, wie ihm ein Gegner vorhält, nur bezeichnen, was in seiner Art einmal in denkbarer Vollkommenheit dagewesen ist. Auch das muß die Leute an der Kirche irre machen, wenn ein Ueberschlag der einzelnen Mitglieder und der einzelnen Prediger angestellt und nun der Mehrzahl jener der Glaube, dieser die zweckmäßige Vertretung der reinen Lehre abgesprochen wird. Welcher Ernstgesinnte wird nicht die Versuchung zu dieser Betrachtung erfahren haben? Allein im Sinne der Reformation ist sie nicht. Wer an seinem Orte seine Schuldigkeit als Christ thut, hat aus dem Glauben zu urtheilen, daß wo das Evangelium rein und lauter gepredigt wird, Gott seine Gemeinde hat; und den Werth dieses Glaubens darf man nicht durch die Sorge durchkreuzen, daß die Gemeinde Gottes umfangreicher sein und mehr in die sinnliche Wahrnehmung fallen möge, als man es beobachtet. Sonst tritt man eben auf den der Kirche entgegengesetzten Boden der Secte.

Die Reformation der Kirche, welche Spener vorbereiten wollte, sollte nicht die Lehre, sondern das Leben und die Verfassung treffen.

Es ist schon angedeutet, daß Spener's Schätzung der Conventikel als einer von dem positiven Kirchenrecht ausgenommenen Einrichtung zu einer Ausrenkung der bestehenden Verhältnisse führen mußte (S. 140). Dem entspricht es, daß er gelegentlich jedem Prediger nicht blos die Pflicht auferlegt, täglich an seiner und seiner Gemeinde Reformation zu arbeiten (das geht das christliche Leben im Allgemeinen an), sondern auch das Recht einräumt, Vorschläge zur Besserung der Kirche (natürlich in der Verfassung) zu machen und der Ueberlegung und Beurtheilung Aller zu übergeben [1]). Das würde doch die Auflösung aller Ordnung bedeuten, und die Unberufenen könnten unter dieser Voraussetzung von den Berufenen nicht unterschieden werden. Die Vorschläge, welche in diesem Sinne Spener selbst gemacht hat, mußten unter jenen Voraussetzungen einem Manne wie Schelwig bedenklich genug vorkommen. Unter den Dingen, welche Spener abgestellt zu sehen wünscht, führt Schelwig an den Zwang der evangelischen Perikopen, welche ihm nicht Gelegenheit bieten, von dem Sündenverderben, von der Selbstverleugnung, der Kreuzigung des Fleisches, von dem alten und neuen Menschen zu predigen; die Ausübung der Taufe durch Besprengung, während sie ursprünglich als Untertauchung gemeint und so in der griechischen Kirche vollzogen werde; die Anwendung des Exorcismus bei der Taufe; die herkömmliche oberflächliche Behandlung der Beichte [2]); die Bezeichnung der Verstorbenen als Seliger. Auch darauf verweist Schelwig, daß Spener eigentlich die Entfernung der Unwürdigen vom Abendmahl wünsche, und nur deshalb davon absehe, weil sie unausführbar sei. Ferner hat Spener zwar im Grundsatze die Bedeutung des Predigtamtes hoch gehalten; allein Schelwig weist ihm Aeußerungen des Inhaltes nach, daß die meisten Lehrer, die Hirten insgemein fleischliche, unwiedergeborene Leute seien, ihre Pflicht nicht wahrnehmen, das Ihre suchen und nicht was Christi ist. Diese Urtheile entspringen deutlich einer Parteisucht, welche in Spener durch die Streitigkeiten erweckt wurde, und ihn dazu verleitete, seine Anhänger

1) Schelwig a. a. O. S. 37.

2) Die Gleichgiltigkeit Spener's gegen Exorcismus und Beichtzwang vor der Theilnahme am Abendmahl ist danach zu verstehen, daß in der lutherischen Kirche von Straßburg beide Einrichtungen nicht vorkamen. Letzte Bedenken I. S. 607.

als die einzigen rechtschaffenen Prediger den Anderen entgegenzusetzen. Denkt man an die Unsicherheit des Maßstabes, welche durch Spener's Forderung der theologia regenitorum ausgedrückt ist, so ist die Unterscheidung zwischen den unzureichenden Trägern und der Würde des Amts nicht geeignet das Mißtrauen zu heben, welches Spener gegen die Mehrzahl des lutherischen Klerus heraufbeschwor. Spener hatte damit begonnen, ebenso den obrigkeitlichen Stand in der Kirche des Verderbens anzuklagen wie den Lehrstand. Jenen bezichtigte er der Caesareopapie und der Auffassung seines Dienstes gegen die Kirche als eines Regals (S. 140). In dem Maße aber, als er bei theologischen Facultäten und Ministerien Widerstand fand, und in deren Gegenwirkungen eine Analogie zum Papstthum entdeckte, versuchte er die Interessen seiner Anhänger unter dem Schutze der Obrigkeiten sicher zu stellen. So legt ihm wenigstens Schelwig sein Auftreten gegen den Bekenntnißrevers aus, welchen das Ministerium in Hamburg 1690 seinen Mitgliedern ohne Vorwissen und Genehmigung des Rathes der Stadt auferlegte. Die Sache, von welcher später ausführlich die Rede sein wird, ist streitig; und eine oben (S. 134) angeführte Aeußerung Spener's, daß das zunehmende Uebergewicht der Staatsgewalt in der Kirche durch die Uebergriffe der Pastoren verschuldet sei, bezeichnet gewiß die Sachlage richtig. Allein auch wenn die Protection durch die Obrigkeit von Spener selbst in der durch Schelwig angeregten Weise nicht erstrebt worden ist, so haben seine nächsten Anhänger Francke, Schade und Canstein die gerügte Verschiebung des Gewichtes der beiden oberen Stände in der Kirche, welche im 18. Jahrhundert hervortritt, verstärken helfen. Mit Ausnahme des letzten Punktes hat schon Schelwig selbst neben den Ansichten Spener's über Verfall und Reformation der Kirche und über das Predigtamt die noch derberen Urtheile von Anhängern desselben beigebracht. Aus allen diesen Zeugnissen ergiebt sich, daß Spener's ursprünglich möglichst conservative Haltung gegen die Kirche und ihre Lehre durch seine Streitlage erheblich erschüttert worden ist. Der seiner Absicht nach vorsichtige und tolerante Mann ist, indem er die Collegia pietatis mit ihren weitgehenden Ansprüchen neben und außerhalb der rechtlichen Ordnung der Kirche ansiedelte und als den Hebel für eine Reformation derselben geachtet wissen wollte, folgerecht zum Urheber kirchenfeindlicher und separatistischer Bestrebungen geworden. Hievon kann er nicht entlastet werden, auch wenn er es immer abgeleugnet hat, daß solche Erscheinungen ihm ihren Ursprung verdanken. Wie oft begegnet man seit Spener bei Pietisten und bei Theologen, die ihnen günstig sind, der Berufung auf Luther's Ausspruch in der „Deutschen Messe" (S. 141), als habe Luther dadurch das Recht des Pietismus in der Kirche im Voraus bezeugt! Der Grund, aus welchem Luther das Project engerer Gemeinschaftsbildung auszuführen unterließ, die Befürchtung, daß es eine Rotterei geben würde, wird dabei immer unterschlagen.

Die Rotterei ist in nächster Folge von Spener's Unternehmen nicht ausgeblieben. In einem langen Vertheidigungsschreiben von 1680 erwähnt er den Vorwurf gegen sein Collegium, daß einige darin Sonderlinge, d. h. Separatisten geworden seien, insbesondere, daß einige der Genossen sich ihren ordentlichen Aemtern oder Berufen aus Rücksicht auf ihre Christenpflicht entziehen. Er stellt beides in Abrede. Der letztere Fall trat ihm freilich erst später entgegen, indessen liegt doch schon aus den siebziger Jahren ein Gutachten vor, ob man die Handlung, um sich der Welt loszureißen, bei noch habenden Schulden, verlassen könne [1]). Andererseits wird sich ergeben, daß ein Hauptanhänger Spener's schon seit 1676 sich grundsätzlich des Abendmahls enthalten hatte. Also ganz zuverlässig ist jene Verantwortung Spener's von 1680 nicht. Allein was in diesem Jahre wahrscheinlich noch nicht ganz deutlich constatirt werden konnte, der Zug zur Separation unter Spener's Anhängern in Frankfurt, wird von ihm unter dem 15. October 1683 eingestanden. Ein Theil derselben hatte sich von der Theilnahme am Abendmahl zurückgezogen, um nicht mit solchen communiciren zu müssen, welche sie für unwürdig achteten. Spener führt als die wahrscheinliche Ansicht derselben an, der Zweck des Abendmahls und die Hauptsache in ihm sei die Vereinigung der Gläubigen zu dem geistlichen Leibe Christi. Indem er diese Wirkung als etwas Nebensächliches zugiebt, behauptet er die Linie des Lutherthums; hingegen jene Meinung der Separatisten und die daran geknüpfte praktische Folgerung kommt mit der Meinung der strengen Calvinisten überein, welche separatistische Neigung verräth (I. S. 116). Jene Frankfurter Frommen behaupten aber ferner, daß die Glaubensgewißheit nur bei solchen berechtigt

---

1) Bedenken II. S. 440. Vgl. S. 424. 428. 432. 451. 453.

sei, welche den Bußkampf, die „Verwesung" durchgemacht haben (S. 113). Diese Forderung steht in directem Verhältniß zu dem Cultus des Seligkeitsgefühls, welcher in der Frankfurter Genossenschaft betrieben wurde (S. 142). Die Bewegung, welche lange vor Spener verborgen worden war, ist bis zum Anfang 1684 vollständig an den Tag getreten, indem die Anhänger der Separation theils von seinen nunmehr in der Kirche stattfindenden Versammlungen fern blieben, theils auf Befragen Spener's in Aburtheilung über Personen, Laien wie Prediger sich ergingen [1]). Vom 5. September 1684 ist Spener's gegen die Separation gerichtete Schrift „Der Klagen über das verdorbene Christenthum Mißbrauch und rechter Gebrauch" datirt, welche auf dem Titel die Jahreszahl 1685 trägt. Noch ehe dieselbe ausgegeben sein konnte, erschien nun gegen den Schluß der Herbstmesse zu Frankfurt ein „Discurs über die Frage, ob die Auserwählten verpflichtet seien, sich nothwendig zu einer heutigen großen Gemeinde und Religion insonderheit zu bekennen oder zu halten. Nur zur Communication der Kinder Gottes". Diese Schrift, deren Herkunft durch eine vorausgeschickte Notiz des Verlegers verschleiert werden sollte, war böhmistischen Ursprungs, wie ich vermuthen muß, von Joh. Jak. Zimmermann verfaßt, der sich damals bei dem Urheber der Frankfurter Separation aufhielt. Der Discurs erschien wichtig genug, daß ein Prediger Joh. Christoph Holtzhausen in Frankfurt noch 1684 eine ausführliche Widerlegung veröffentlichte: „Oeffentliche Anrede an den Autorem des bei Ausgang dieser Herbstmesse hervorgekommenen Discurses u. s. w.".

Die Separation unter den Anhängern Spener's war offenbar eine spontane Bewegung, nicht die studirte Nachahmung irgend eines Musters. Spener urtheilt in einem Rückblick auf das Ereigniß im Jahre 1700 gewiß ganz richtig, daß die Erscheinung aus dem Mangel an Geduld entsprungen ist, welcher sich leicht oder fast immer einfindet, wo mit besonderer Kraft auf das rechtschaffene Wesen in Christo getrieben wird [2]). Er bezeugt in der Vorrede zum dritten Bande der Teutschen Bedenken, dieses Unglück habe das schöne Wachsthum des Guten auf einmal niedergeschlagen,

---

1) Bedenken III. S. 351. 573. 588. I. S. 321. Letzte Bedenken III. S. 172 ff.

2) Bedenken II. S. 49.

so daß er bis zu seinem Abgange nach Dresden 1686 nicht vermocht hat, seine Genossenschaft in den vorigen gesegneten Stand zu bringen; und kurz nach seinem Abgang nach Dresden spricht er sich gegen einen der Separatisten so gut wie verzweifelnd an dem von ihm gepflegten Unternehmen aus [1]). Der Urheber jener Bewegung war der Lic. Joh. Jak. Schütz, welcher den Anlaß zu dem Collegium Spener's gegeben hatte, ein reicher Advocat von vielseitiger Bildung. Spener bekennt, von demselben mehr in seinem Christenthum gelernt zu haben, als irgend Jemand von ihm selbst. Schütz hat sich nun schon seit 1676 von dem Abendmahl zurückgezogen. Er ist auch ohne Zweifel der Jurist, von dem Spener 1680 berichtet, daß er seine Geschäfte um seiner religiösen Interessen willen eingeschränkt habe. Wie er bis zum Jahre 1683 einen erheblichen Bruchtheil der Frommen auf dieselbe Bahn geführt hat, bleibt uns verborgen. Allein nicht nur die überlegene Charakterart des Mannes, sondern auch sein Reichthum dürfte die Anziehung erklären, welche er ausübte. Und obgleich er das prächtige Lied: „Sei Lob und Ehr dem höchsten Gut" gedichtet hat, worin nichts von grüblerischer Gefühlsseligkeit vorkommt, so möchte gerade ihm der Cultus derselben in dem Frankfurter Collegium zuzurechnen sein. Denn einerseits suchen gerade Juristen, wie damals Ahasverus Fritsch, in der Religion gern eine Anregung, welche dem geistigen Gepräge ihrer Berufsgeschäfte möglichst entgegengesetzt ist, andererseits ist schon (S. 87) bemerkt worden, daß die Dichter sentimentaler Jesusliebe auch der energischen Zuversicht auf Gott den treffendsten Ausdruck zu geben vermocht haben. Spener hat übrigens vergeblich sich bemüht, Schütz von der Separation abzubringen; derselbe ist in ihr 1695 gestorben. Es dient endlich zu richtiger Würdigung der Sache, daß nach seinem Tode seine Anhänger zur Kirche zurückgekehrt sind [2]).

---

1) Letzte Bedenken III. S. 172.

2) Consilia III. p. 217. I. p. 402. Bedenken III. S. 351. — Mit der Tochter von Schütz hat Oetinger 1729 Bekanntschaft gemacht. Sie ist von ihrem Vater in allerlei Wissenschaften und in der heil. Schrift unterrichtet worden, beschäftigt sich mit der Kabbala, liebt die Contemplation, discurrirt sehr solide, hat Abscheu vor dem Heirathen, übrigens ist sie reich. Oetinger's Selbstbiographie herausg. von Ehmann S. 58. 59. Auch Edelmann (Selbstbiographie S. 240. 312) hat 1737 sie kennen gelernt.

War die Separation das Resultat des Spener'schen Collegium in Frankfurt, so wird sich überhaupt fragen, ob die Einrichtung, so wie ihr Urheber sie gedacht hat, in richtigem Verhältniß zu der Verfassung der lutherischen Kirche und dem Zweck einer Reform derselben steht. Wenn sich ergeben sollte, daß Spener ein Institut der reformirten Kirche in die lutherische eingeführt hat, so braucht darin noch kein Widerstreit gegen das Lutherthum enthalten zu sein. Allein jener Fall liegt überhaupt nicht vor, obgleich Goebel und Schmid [1]) dieses behauptet haben. Denn was Goebel in seiner pietistischen Tendenz als reformirten Begriff von der Kirche ausgiebt, und was Schmid deswegen als richtig acceptirt, weil es möglichst unlutherisch lautet, entspricht nicht den Bekenntnissen der reformirten Kirche. Hat aber auch Spener sich nach den ihm bekannten Vorbildern von Conventikeln in Holland gerichtet, so fehlt seinem Unternehmen das specifisch reformirte Gepräge, welches auf der Beziehung der Feinen zu dem Institut der Kirchenzucht beruht. Darin, wie Spener seine Collegia meinte, als Mittel der Erziehung des dritten Standes, damit derselbe im Einklang mit den anderen Ständen der Kirche zu deren Wohle sich geltend machen könnte, lag im Allgemeinen nichts, was dem Charakter der lutherischen Kirche zuwider wäre. Zumal Spener die Versammlungen unter die Leitung des Pastors gestellt wissen wollte. Um so auffallender ist es, daß er die Competenz der Obrigkeit über dieselben grundsätzlich in Abrede stellt, und blos für ihren Mißbrauch zur Unordnung gelten läßt, da er die nach dem Vorbilde der apostolischen Ordnung gehaltenen Versammlungen als ein christliches Grundrecht betrachtet [2]). Zunächst hat Spener hiebei vergessen, daß die Obrigkeit der Stand in der Kirche ist, welcher für deren Rechtsordnung sorgt, und daß alle so genannten Grundrechte nur dann Rechtswirkung haben, wenn sie in die positive Ordnung aufgenommen sind. Ferner tritt in Spener's Argument unwillkürlich die maßgebende Bedeutung desselben Grundsatzes auf, der die pietistische Richtung Lodenstehn's offen und deutlich bezeichnet. Diese Uebereinstimmung ist jedoch für dasjenige charakteristisch, was Spener mit seinen Collegia herbeigeführt hat. Denn die Aufnahme eines vorgeblichen Instituts

1) Goebel II. S. 540. Schmid S. 441.
2) Bedenken II. S. 81 ff.

der apostolischen Kirche bedeutet die Zersetzung der unter anderen Bedingungen entstandenen und bestehenden lutherischen Kirchenverfassung. Dahin gehört es, daß Spener schon 1677 zugesteht, Versammlungen dürften auch unter Leitung von Candidaten stehen, oder überhaupt von Laien gebildet sein, und Frauen darin das Wort führen [1]). Conventikel dieser Art also verrathen vielmehr Gleichgiltigkeit gegen das Zusammenwirken des dritten Standes mit den beiden anderen, als eine Vorbereitung zum Einklang mit ihnen. Und wenn man sich dieses vorgebliche Ziel doch nur in der Wahrung gewisser Formen des gemeinsamen Rechtes denken kann, so tritt in der gesteigerten Formlosigkeit der Conventikel, welche Spener zuläßt, vielmehr die Disposition zum Gegentheil von dem an den Tag, wodurch diese Organisation des dritten Standes gerechtfertigt werden soll. Die in ihnen versammelten rechtschaffenen Christen werden gerade dazu angeleitet, sich selbst als die ausschließlichen Träger des Rechtes in der Kirche anzusehen. Verbindet sich hiemit die Abneigung gegen die Zustände der Kirche, welche deren Verfall und den des Predigtamtes darstellen, so werden die Conventikelleute folgerecht und nothwendig Separatisten.

Andererseits werden sie nicht vor den Schranken stehen bleiben, welche die einzelnen Kirchen von Rechts wegen scheiden. Spener rühmt es 1677, daß nicht allein unter den Lutheranern, sondern auch unter Reformirten und Papisten eine Theilnahme an seinem Unternehmen sich kundgiebt; er weiß, daß Reformirte regelmäßig in seinem Collegium sind, obgleich er leugnet sie zu kennen; er meint zugleich, daß er trotz seiner Mißbilligung der reformirten Lehre einen Bekenner derselben wegen seiner persönlichen Eigenschaften rühmen, lieben und zum genaueren Freunde haben könne [2]). Diese Bekenntnisse sind nach Gelegenheit der Sachlage in Frankfurt gethan, wo es außer den drei christlichen Kirchen keine christliche Genossenschaft gab. Allein würde Spener Anhänger von Böhme, Schwenkfeld, Fox, wenn sie sich in seinem Collegium einfanden, abgewiesen haben? Gewiß nicht. Nun steht fest, daß Spener durch seine Privatversammlungen nur der lutherischen Kirche einen Dienst leisten wollte. Allein so wie er sie übrigens gedacht hat, sind sie indifferent gegen die Confessionsunterschiede

1) Bedenken III. S. 157. Letzte Bedenken III. S. 179.
2) Bedenken III. S. 195. 202. 258.

derjenigen, welche in ihnen eine Frömmigkeit anbauen, die in ähnlicher Weise schon in den außerkirchlichen Gemeinden der Schwenkfelder und den verdächtigen Gruppen der Böhmisten vorgebildet ist. Uebrigens mochten ja die Conventikelleute in den rechtlichen Formen den verschiedenen Kirchen angehörig bleiben. Ist aber das letztere auf dem Standpunkte der Conventikel gleichgiltig, so sind sie nur in der Tendenz vollkommen verständlich, welche Aufklärung heißt. Es ist das zweite Mal, daß Spener als unabsichtlicher Urheber dieser Richtung erscheint (S. 116). Die bisher angeführten Beweisstücke sind allerdings etwas verborgen. Was wird man aber zu dem offenen Bekenntniß sagen, welches Spener in zwei Briefen von 1677 ablegt, daß Streitigkeiten über Lehrunterschiede und Feststellung von nothwendigen Glaubenswahrheiten, welche die Leute aus dem Volke nicht begreifen, nichts werth seien, da doch aufrichtiger Glaube und dessen Wirkung, unverfälschte Liebe das Einzige sind, worauf es im Zeitalter der Apostel ankam [1]). Das stimmt fast wörtlich mit der Definition der christlichen Vollkommenheit im 16. Artikel der Augsburgischen Confession überein; allein es hat einen durch die Umstände veränderten Sinn. Dort sind Gottesfurcht und Glaube eingeordnet in den Gedankenkreis von Versöhnung mit Gott durch Christus, von Evangelium und kirchlicher

---

1) Consilia I. p. 27. Fide in Jesum Chr. sincera et huius fructu dilectione infucata omnia illa (ab apostolis) definiebantur, qua christianos facerent. Nunc forte unum aliudve dogma ad salutem necessarium contendimus, quod in scriptura fundatum esse non alii dignoscunt, quam consequentiarum et quidem plurium se excipientium adeoque regularum logicarum apprime callentes. Reliqui ex plebe vix capiunt, quod res sit, nisi quod talia verba his saepius auribus hausere, repetunt, quorum vim ipsi ignorant. Haec plerorumque fides est circa plurima dogmata. quae etiam ad salutem necessaria multi inculcant, h. e. notitia aliquarum vocum, quas ab aliis auditas memoria complectuntur: quod tamen longe a verae fidei natura abesse certus sum, cum cogito quod illa hypostasis sit divina earum rerum, quas deus spiritu suo in cordibus nostris obsignat. — P. 28: Futurum reor, ut taedio tot controversiarum magna ex parte inutilium multi pii ex nostro et politico ordine aliorsum cogitationes flectant, et omissis illis subtilitatibus solam pietatem simplicissimae de Jesu nostro doctrinae in sacris libris clarissime propositae superstructam urgeant, et gemina christianae doctrinae capita, quae fide recta et dilectione continentur, amplectentes ad veterem et apostolicam redeant simplicitatem.

Gemeinschaft. Zu Spener's Zeit ist dieser Zusammenhang unverständlich geworden, und jene Folgerungen sind nicht mehr von ihm beherrscht. Vielmehr sind sie gemeint im Gegensatze zu den Bedingungen des kirchlichen Lehrbegriffs, also auch in Unabhängigkeit von demselben. Das aber ist Aufklärung.

Freilich hat Spener nur an den elementarsten Fäden dieser Richtung gesponnen, und ist noch weit entfernt von deren vollendeter Ausprägung. Demgemäß kann es nicht auffallen, daß er einer gewissen Form des Aberglaubens günstig war, welche von der vollen Aufklärung abgestoßen wird, ich meine das „Aufschlagen der Bibel", das Däumeln. Als Spener 1686 die Berufung nach Dresden empfangen hatte, und aus sich keinen Entschluß zu ihrer Annahme fassen konnte, indem er aus der Erwägung der Gründe und Gegengründe keiner göttlichen Entscheidung gewiß wurde, legte er dem Frankfurter Magistrat die Frage vor, ob die Vocation göttlich sei oder nicht. Da nun dieser die Beantwortung der Frage ablehnte, richtete Spener dieselbe an 5 Theologen, welche den Gründen für die göttliche Fügung beistimmten. Dem Schreiben an jeden dieser Männer hat nun Spener in einem Postscript hinzugefügt, daß am Tage nach Empfang der Vocation seine älteste Tochter das neue Testament aufgeschlagen habe, „wie meine Kinder mit meiner Erlaubniß, und nicht um künftige Dinge zu erforschen, sondern sich mit einander aufzumuntern zu thun pflegen", und daß sie Apgesch. 7, 3 und auf der Kehrseite des Blattes an entsprechender Stelle V. 10 desselben Capitels gefunden habe. Zu diesem Votum für seinen Abgang von Frankfurt sei noch gekommen, daß mehrere seiner Zuhörer, die davon gehört, fast übereinstimmende Sprüche gefunden haben. Einen jener Fälle berichtet Canstein in Spener's Biographie. Eine vornehme Dame, in deren Hause er auf der Reise nach Dresden eingekehrt ist, hat in ihrer Sorge um ihn nach ernster Fürbitte für Spener, um einen Spruch zu seiner Stärkung zu finden, die Bibel aufgeschlagen und Sacharja 4, 7 gefunden, worin jener erkannt hat, daß nach der ihm eben zu Theil werdenden Erhöhung ihm eine Erniedrigung bevorstehe. Gleiches hat sich ereignet, als die Berufung nach Berlin an ihn ergangen war [1]). Wenn auch aus diesen Notizen

1) Bedenken III. S. 682. II. S. 201. Letzte Bedenken, Vorrede S. 25. 30.

nicht hervorgeht, daß Spener selbst diese Methode der Aufschlagung der Bibel geübt hat, so hat er sie theils geduldet, theils auf sie Werth gelegt, und sie ist in dem von ihm geleiteten Kreise regelmäßig geübt worden, wenn auch nicht um die auf die Zukunft gerichtete Neugierde zu befriedigen, aber um über einen gefaßten oder zu fassenden Entschluß ein göttliches Zeugniß zu gewinnen [1]).

Das Däumeln in der Bibel, welches schon I. S. 529. 547 vorgekommen ist, bildet also seit dem Anfang dieser pietistischen Bewegung eine Eigenthümlichkeit der Partei. Und indem sie als eine Neuerung gerügt wird, ist zu erkennen, daß die Sitte im deutschen Protestantismus nicht hergebracht ist. Dieser Schluß wird nicht dadurch hinfällig, daß einzelne Beispiele dieses Verfahrens in der frühern Zeit entdeckt werden können. Spener nämlich begleitet seine Angabe über das von seiner Tochter geübte Däumeln mit der Notiz: „Etwas dergleichen ist auch dem seligen D. Geier, als er auch wegen des Berufs nach Dresden beängstigt war, mit Aufschlagung eines Gebetbuches begegnet". Vor dem Ausbruch des dreißigjährigen Krieges, in der Zeit, als die Fäden zu dieser Katastrophe sich verwickelten, hat der Pfälzische Staatsmann Christoph von Dohna 1607 in der Sorge um die Zukunft durch Aufschlagen der Bibel versucht, ob ihm vielleicht ein Trostspruch in die Augen fiele [2]). Der Werth dieser Methode ist aus ihrem Ursprung zu erkennen. Es war Sitte der Römer in der Kaiserzeit, Sortilegien in Büchern, namentlich in poetischen, insbesondere in denen des Homer und des Virgil zu suchen. Nach dieser Methode fand bekanntlich auch Augustin durch Aufschlagen der Bibel den Entschluß zum Eintritt in die christliche Kirche. Derselbe bezeugt ferner, daß das Verfahren bei den Christen seiner Zeit üblich war, und er billigt es, falls es nicht rein weltlichen Interessen dienstbar gemacht wird [3]). Diese Angaben Augustin's finden Bestätigung durch eine Reihe von sonst bezeugten Fällen in der Kirche

1) Vgl. in der „Rettung der gerechten Sache wider Pfeiffer" S. 206 die Notiz, daß der oben (S. 155) genannte Prediger Holtzhausen in seiner Schrift: Capistratus boehmicolarum rabula, Frkf. 1692, das Aufschlagen der Bibel neben der Gelindigkeit gegen die Heterodoxen den Pietisten zum Vorwurf gemacht hat.

2) Joh. Voigt, Hof- und Gesandtschaftsleben des Grafen Chr. von Dohna, in Raumer's Histor. Taschenbuch. 1853. S. 41.

3) Marquardt, Römische Staatsverwaltung S. 100.

des Abend- wie des Morgenlandes, die bis in das 15. Jahrhundert reichen. Insbesondere hat man durch das Däumeln in der Bibel in der Epoche zwischen Augustin und dem Beginn des Mittelalters der Einsetzung von Klerikern göttliche Beglaubigung zu verschaffen gesucht. Andererseits haben Synoden jener Epoche die Sache verboten [1]). Durch Aufschlagen des Missale ließ der heilige Franz über die Aufnahme seines ersten Anhängers entscheiden [2]). In der Zeit der Renaissance werden die Sortes Virgilianae wieder aufgenommen; Petrarca aber däumelte in Augustin's Confessionen, als er 26. April 1336 einen hohen Berg bei Avignon bestiegen hatte, und wurde bei dem Genuß der weiten Rundschau über Land und Meer durch Conf. X. 8 überrascht, wo mit der Bewunderung der großen Erscheinungen der Natur die Ungeneigtheit der Menschen, ihr eigenes Innere zu betrachten, in mahnenden Contrast gestellt wird [3]). Von dieser Epoche ist die Wiederkehr der Sortilegien im Pietismus, welche Struve in dem Umfang, den Augustin zugelassen hatte, billigt, durch eine lange Frist getrennt. Aber dieser Fall ist auch geschichtlich schwerer erklärlich, als die Disposition eines Petrarca dazu, und der Gebrauch, den der heilige Franz davon machte. Bei diesem ist ohne Zweifel populärer Aberglaube im Spiel. Bei dem hochgebildeten Petrarca hat das Däumeln den Sinn eines ästhetischen Spiels. Wenn Spener es gestattete oder dazu anleitete, so war seine Stellung dazu eine andere als bei jenen Beiden. Nichts desto weniger läßt sich aus der Gleichartigkeit der Bildungsverhältnisse in den Epochen des Pietismus, der Renaissance und der Feststellung des römischen Kaiserthums die Bedeutung des Orakelsuchens in diesen Zeiten errathen. Diese Bildungskreise befinden sich in der Schwebe zwischen verschiedenartigen Lebensmotiven. Sie sind einerseits noch gebunden an eine Macht öffentlicher religiöser Sitte, zugleich aber im Begriff, eine damit contrastirende Richtung einzuschlagen, deren mögliche Ziele

---

1) Darüber vgl. Burkh. Gotthelf Struve, de sortibus sacri codicis, Virgilianis, Homericis. Observationes selectae ad rem literariam spectantes Tom. IV. (Halae 1701) p. 265—303. Der Verfasser, geb. 1671, gest. 1738, war Professor der Geschichte und der Rechte in Jena.

2) Evers, Analecta ad fratrum minorum historiam p. 8.

3) Burckhardt, Cultur der Renaissance in Italien, S. 528. Koerting, Petrarca's Leben und Werke, S. 109.

und Erfolge noch nicht deutlich sind. Die Unsicherheit der Stimmung, welche daraus hervorgeht, soll nun mit den besonderen Ansprüchen an die Weltordnung durch diese Orakelsucherei ausgeglichen werden. Daß Spener und seine Anhänger daran betheiligt sind, steht in directem Zusammenhang mit dem Zuge Spener's und des deutsch-lutherischen Pietismus zur Aufklärung. Denn indem dieser Antrieb eines aufstrebenden individuellen Selbstgefühls bei ihm und den Seinigen noch nicht abgegrenzt ist gegen das Gewicht der kirchlichen Lebensordnung, indem aber schon die Naivetät des schlichten unreflectirten Vertrauens auf Gottes Weltordnung aufgegeben ist, werden die unklaren Ansprüche auf besondere Bedeutung in der Welt an die künstliche Uebung des Gottvertrauens gewiesen, damit die innere Spannung des Gemüthslebens gelöst werde.

---

32. Der Pietismus in der zweiten Hälfte der öffentlichen Wirksamkeit Spener's.

Dasjenige, was als Pietismus in den durch Spener eröffneten Collegia nachgewiesen ist, das Streben nach Gefühlsseligkeit einerseits, die scrupulose Selbstprüfung auf Moralität andererseits, endlich der Zug zur ganzen oder halben Separation, ist den Erscheinungen in der reformirten Kirche, welche seit Lodensteyn verlaufen sind, im Ganzen gleichartig. Eine Ungleichheit erscheint dabei nur in zwei Punkten. Als Urheber des Pietismus in der lutherischen Kirche ist Spener für seine Person selbst nicht Pietist. Lodensteyn aber durfte als der erste Pietist bezeichnet werden (I. S. 190), weil er für die von ihm vorgeschriebene quietistische, gesetzliche und halb separatistische Praxis mit seiner Person eintrat. Zweitens hat der Pietismus in Deutschland ausgiebigen literarischen Widerspruch erfahren, sobald er eine gewisse Verbreitung erreicht hatte und Dauerhaftigkeit versprach, während er in den Niederlanden von diesem Hinderniß länger als ein halbes Jahrhundert verschont blieb. Spener erfuhr freilich, so lange er in Frankfurt wirkte, nur durch Dilfeld einen literarischen Angriff. Allein seine Amtszeit in Dresden und in Berlin ist durch eine

Masse von Streitigkeiten ausgefüllt worden. Die Schriften seiner Gegner waren nun nicht ausschließlich wissenschaftlich begründet und sachlich abgemessen, sondern meistens zugleich gegen Spener's Person und Ehre gerichtet und absichtlich beleidigend. Aber nicht blos ist durch dieses Verfahren, das von Spener und seinen Anhängern erwidert wurde, der Streit vergiftet worden, sondern er war aus anderen Rücksichten auch erfolglos und unfruchtbar in der Sache. Die Gegner nämlich haben meistens den Abstand zwischen Spener's persönlicher Ueberzeugung und den Besonderheiten und bedenklichen Seiten der Erscheinungen nicht beachtet, welche Pietismus zu nennen waren; oder sie haben unverfängliche Unternehmungen, für welche Spener voll eintreten konnte, in übertreibender und entstellender Weise gedeutet, und ihn unter dieser Bedingung dafür verantwortlich gemacht, oder sie haben willkürlich erdachte Consequenzen aus seinen besonderen Meinungen ihm und den Seinigen aufgebürdet. So haben die frühsten Gegner den Status causae undeutlich gemacht oder gar verfälscht. Spener aber, nachdem er in einem ersten Falle dasjenige, was als pietistische Secte angefochten wurde, als kirchlich unanstößig rechtfertigen konnte, hat durch die Fortsetzung dieser Vertheidigungsart in anderen Fällen die richtige Auffassung der Thatsachen auch seinerseits verschoben. Das was wirklich außer der Ordnung war, hat er theils beschönigt, theils in ein milderes Licht gesetzt, oder mit Nachsicht behandelt; soweit es als befremdend anerkannt werden mußte, hat er seinen Antheil oder irgend eine Mitschuld daran in Abrede gestellt. In dieser Hinsicht folgte er im Ganzen der Wahrheit; denn aus dem, was er erstrebt hatte, war meistentheils etwas geworden, was ihm fremd war. Allein in einzelnen Fällen stellte er das Zusammentreffen mißlicher Folgen mit den von ihm gegebenen Anregungen als zufälliger dar, als es ihm bei anderer Gelegenheit bewußt war. Ueber die Separation in der Frankfurter Genossenschaft hat er im Jahre 1700 geurtheilt, daß sie aus einem Mangel an Geduld entsprungen sei, welcher bei dem ernsthaften Betriebe der Gottseligkeit leicht und fast immer eintrete (S. 155). Als jedoch vorher in der „Ausführlichen Beschreibung des Unfugs der Pietisten" ihm diese Separation vorgehalten worden war, erwiderte er 1693 in der „Gründlichen Beantwortung" (S. 148), daß jene Thatsache nicht aus dem collegio entstanden sei, und daß sich solche Steine des Anstoßes ebensowohl an anderen Orten finden, wo keine solche collegia gehalten werden. Hierin hat er doch das Gewicht der Gelegenheitsursache zu gering geschätzt, und die Conventikel mehr nach seiner guten Absicht, als danach beurtheilt, was nach ihrer Stellung neben der Kirchenordnung und nach der Regel der menschlichen Verhältnisse von ihnen zu erwarten war. Auch darin übt Spener ein fast vorsätzliches Mißverständniß der Einwendungen der Gegner, daß er deren Bezeichnung einer pietistischen Secte immer im schärfsten Sinne als definitive Trennung von der Kirche versteht, und da dem die Thatsachen nicht entsprachen, den Pietismus als ein berechtigtes Erzeugniß in der Kirche darstellt, natürlich so, daß er die Extravaganzen von ihm unterscheidet. Aus dieser Art von Vertheidigung ist eine Unsicherheit über das Streitobject selbst entstanden, der gemäß die Frage aufgeworfen worden ist, an detur pietismus [1]). Eine solche Frage, „ob die Pietisterei eine Fabel sei" hat 1715 die theologische Facultät zu Rostock amtlich zu beantworten gehabt [2]). Endlich hat Löscher in dem „Timotheus Verinus" unter den pietistischen Schriftstellern zwei Klassen unterschieden, die an den von ihm bezeichneten 32 Irrthümern entweder in gröberer oder in subtilerer Weise betheiligt seien. Zu der ersten rechnet er die, welche von mystischer Grundlage aus zum grundsätzlichen Bruche mit allem geordneten Kirchenthum, zum Indifferentismus oder Separatismus vorgeschritten sind; zu der zweiten Klasse die, welche in der lutherischen Kirche eine relative Veränderung der hergebrachten Lehrweise erstreben, also doch Fühlung mit derselben behaupten. Diese Gruppe besteht in der Halle'schen Facultät und ihren nächsten Anhängern. Er will endlich eine dritte Klasse statuiren, nämlich die, welche wie Buddeus in Jena wenigstens die übliche Bestreitung des Pietismus mißbilligen [3]).

Diese Eintheilung gilt eben den theologischen Vertretern der neuen Richtung. Achtet man jedoch auf die Laien, welche sich in derselben bewegten, so kann ja nicht zweifelhaft sein, daß unter denselben eine große Zahl gewesen sein muß, welche von der dogmatischen und kirchlichen Bestimmtheit Spener's nicht abgewichen sind. Allein diese werden Gott bekannt sein; zur Cognition der

---

1) In der S. 149 angeführten Schrift Idea pietismi.

2) J. G. Walch, Religionsstreitigkeiten in der luther. K. I. S. 552.

3) Unschuldige Nachrichten 1711. S. 711.

Kirchengeschichte kommen sie kaum. Ueberhaupt wenn der Anbau der Frömmigkeit in den Conventikeln sich in den Schranken gehalten hätte, welche Spener's persönlichem Vorbilde entsprachen, so würde der Neck- und Spottname „Pietismus“ zu keiner Bedeutung in der Kirchengeschichte gelangt sein. Object besonderer Aufmerksamkeit, so wie geschichtlicher Forschung und Beurtheilung ist der Pietismus zuerst in seiner geschärften, auf künstliche Methoden der Heilsgewißheit gestellten, halb oder ganz separatistischen Gestalt geworden. Das ist die Gestalt, von welcher Spener sich selbst mit Recht unterscheidet; zu deren Auftreten als gemeinsamer Sache in der lutherischen Kirche ist er jedoch die Gelegenheitsursache gewesen. Eben dieser Zusammenhang nun ist durch die Streitliteratur undeutlich gemacht worden, und deshalb ist auch in der Gegenwart von vorn herein nicht auf die allgemeine Bereitwilligkeit zur Anerkennung dieses Standpunktes der Betrachtung zu rechnen. An der eben bezeichneten Unsicherheit entscheidet sich aber das Recht des von mir befolgten Planes. In dem Gange des reformirten Pietismus ist die Unsicherheit über das, was so zu nennen wäre, von vorn herein nicht zu finden. Dort ist die Abstufung des gesetzlichen und des evangelischen Charakters der „Feinen“ unter einander und von dem kirchlichen Gepräge des Calvinismus ganz deutlich. Die deutliche Erscheinung der Sache, welche auch die frühere ist, zu kennen, ist nun gerade vortheilhaft für das Verständniß der verwickelteren Verhältnisse, die durch Spener herbeigeführt sind. Hiezu rechne ich noch die andere Thatsache, deren Spuren wiederholt hervorgetreten sind, daß Spener nicht nur zu dem Pietismus, sondern auch zu der religiösen Aufklärung Antriebe gegeben hat. So etwas ist im reformirten Pietismus nicht angelegt. Vielmehr werden die Abweichungen von demselben, welche in Lavater und Jung-Stilling vorkommen, gerade als entfernte Wirkungen von Spener und den Hallensern verständlich werden, auch sofern diese Männer dem Elemente der Aufklärung Bahn gebrochen haben.

Die theologischen Streitigkeiten, zu welchen Spener und seine Anhänger den Anlaß gegeben haben, bilden fast den einzigen Stoff, an welchem die bisherige Geschichtschreibung den Pietismus in Deutschland verlaufen läßt. Auffallend genug ist diese Thatsache, wenn man beachtet, daß der Pietismus, wie man ihn auch sonst auffassen oder würdigen mag, sich als eine Form praktischen

Christenthums einführt. Und von seinen Wirkungen gäbe es nichts zu berichten, als daß er theologisch angefochten und vertheidigt worden ist? Der Tübinger Theolog Christian Eberhard Weißmann [1]) hat zuerst dieses Verfahren eingeschlagen. Allein er bezeichnet dasselbe ausdrücklich als einen Nothbehelf, da die pietistische Bewegung noch im Flusse sei, und was die Betheiligung der Laien betrifft, von dem Beschauer noch gar nicht fixirt werden könne. Danach hat nun Johann Georg Walch in Jena zum Zweck des Unterrichtes in der Polemik als einem der Hauptfächer akademischer Theologie die noch immer unentbehrliche und in ihrer Art musterhafte Geschichte der literarischen Streitigkeiten, welche sich auf den Pietismus bezogen, aufgestellt. Dieses Material aber haben Joh. Matthias Schröckh und H. Ph. K. Henke in die Kirchengeschichte so aufgenommen, als wenn damit die geschichtliche Erscheinung des Pietismus erschöpft wäre. Durch diesen Gesichtspunkt ist bis jetzt die Beschäftigung mit dem Pietismus gebunden worden. Nachdem Hoßbach seiner Biographie Spener's einen Auszug aus dem Walch'schen Werke angehängt hatte, hat Schmid seine Geschichte des Pietismus so ausschließlich auf die Ergebnisse jenes Vorgängers begründet, daß für ihn die Geschichte des Pietismus mit dem Erlöschen des Streites um denselben aufhört. Da also diese Seite der Sache, welche die unfruchtbarste ist, bisher so ausgiebige Behandlung erfahren hat, so werde ich den Streitigkeiten um den Pietismus nur beiläufig Beachtung zuwenden.

Sie entsprangen daraus, daß Anregungen von Spener sich auf der Universität Leipzig in einer Weise geltend machten, welche einem hochmögenden Professor der Theologie unbequem wurde. Nun gehört es ja auch zu den Pia desideria, daß das akademische Studium der Theologie anders eingerichtet werde, daß die Beschäftigung mit der Bibel verstärkt und die mit der Schuldogmatik und Zubehör eingeschränkt, daß ferner Uebung der Frömmigkeit in Gebet und guten Sitten für die Bildung theologischer Ueberzeugung eingesetzt werde. Dieses Erforderniß zur Besserung der Kirche bildete jedoch weder die Spitze, noch stand es im Mittelpunkte der Reformunternehmungen Spener's, sondern verhielt sich zu seiner Stiftung der Collegia pietatis nur nebensächlich. Denn

1) Introductio in memorabilia ecclesiastica historiae sacrae novi testamenti. 2 Tomi 1718. 19. Ed. 2. 1745. P. II. pag. 108.

Spener war auch nicht in einem akademischen Amte. Daß also seine Vorschläge zur Besserung des theologischen Studiums auf Universitäten den Anstoß zu einem großen Theile der Anfechtungen gaben, welche die letzte Zeit seines Lebens ausfüllten, hängt mit Umständen zusammen, welche seiner eigentlichen Thätigkeit nicht am nächsten stehen. Deshalb bilden die **Collegia philobiblica** und **biblica** in Leipzig und das Schicksal, das ihnen bereitet wurde, nur eine Episode in dem, was als Geschichte des Pietismus zu erforschen ist. Die Bedeutung, die jenen Ereignissen wirklich zukommt, ist die, daß dem Pietismus, weil er auf akademischem Boden sich bemerklich gemacht hatte, die directe Absicht untergeschoben wurde, ein abweichendes theologisches System aufzustellen. Denn indem seine akademischen Gegner sich für nichts Anderes als für theoretische Theologie interessirten, so trauten sie auch Spener und seinen Genossen nur die gleichartige Absicht zu. Der Pietismus hat allerdings dazu beigetragen, die Gestalt der Theologie zu verändern; das aber ist erst später zu Tage getreten. Die voreilige und übertreibende Art, in welcher diese Wirkung als Haupttendenz Spener's demselben angerechnet wurde, ist nicht blos unwahr und ungerecht, sondern hat auch der theologischen Methode nicht vorbeugen können, welche sich danach aus dem Pietismus niedergeschlagen hat.

1. In demselben Monat Juli 1686, in welchem Spener das Amt des Oberhofpredigers in Dresden antrat, vereinigten sich in Leipzig acht Magister zu gemeinschaftlicher Auslegung des A. und N. T. aus den Urtexten [1]). Unter ihnen waren August Hermann Francke und Paul Anton die Gründer. Dieselben standen damals noch nicht in persönlichem Verkehr mit Spener, waren vielmehr, wenn Anton richtig berichtet, durch denselben Carpzow zu ihrem Unternehmen des **Collegium philobiblicum** angeregt worden, welcher nachher als ihr Hauptgegner auftrat. Als diese exegetischen Uebungen immer mehr Theilnehmer fanden, wurden sie in einen akademischen Hörsaal verlegt, und der Professor Valentin Alberti

---

1) Das Folgende nach Schmid S. 116 ff.; Kramer, A. H. Francke I. S. 19 f. 43 f. Daselbst sind auch die Quellen angegeben. Vgl. Tholuck über Joh. Benedict Carpzow II. in Herzog RE. II. S. 585. Eine große Masse der Streitliteratur bis 1700 ist mir zugänglich gewesen in den 12 Sammelbänden der Göttinger Bibliothek **Acta pietistica** in Quart.

übernahm das Präsidium. Spener, welchem von der Sache Nachricht gegeben wurde, ermunterte die Unternehmer durch zwei Briefe [1]), und legte ihnen die Richtung auf erbauliche Praxis ihrer Bibelauslegung nahe. Indessen blieb derselben ihr gelehrter Charakter bewahrt. Als Francke und Anton im Herbst 1687 Leipzig verließen, bestand das Collegium unter verminderter Theilnahme fort. Es kam wieder in Aufnahme, als Francke im Februar 1689 nach Leipzig zurückgekehrt war. Indessen knüpften sich das Aufsehen und die Gegenwirkungen nicht an das Collegium philobiblicum, sondern an eine Reihe von Vorlesungen über neutestamentliche Bücher und Methode des theologischen Studiums, welche bis in den August 1689 von Francke und Anton gehalten wurden. In ihnen wurde trotz der vorherrschenden gelehrten Form die praxis pietatis als Hauptzweck getrieben. Den ersten Conflict mit dieser durch großen Beifall der Studenten getragenen Richtung erhob Carpzow 7. August in einer Leichenpredigt für einen Anhänger Francke's, und als dagegen der Professor der Poesie Joachim Feller in einem Sonnett den Verstorbenen als einen Pietisten, „der Gottes Wort studirt und nach demselben auch ein heilges Leben führt", feierte, ging eine Denunciation nach Dresden, und hatte noch in demselben Monat zwei Aufforderungen des Kurf. Kirchenraths an die Universität zur Folge, Bericht zu erstatten, sowie Francke und seine Anhänger zu vernehmen.

Indem diese und die folgenden Ereignisse in den gegenseitigen Streitschriften nachher wiederholt erörtert werden, wird Carpzow von Spener beschuldigt, aus Haß gegen ihn und Neid gegen Francke diese Schritte gethan, und weiterhin durch anonyme Schmähschriften den Streit geschürt zu haben. Mit seinem Namen ist er als Gegner des Pietismus zuerst in drei Programmen von 1690. 91, nachher in zwei Programmen 1695 aufgetreten. Dazwischen hat er 1692 die interimistische Führung des Decanats der theologischen Facultät dazu mißbraucht, den sächsischen Landtag gegen den Pietismus durch ein Bedenken einzunehmen, welches er ohne ordnungsmäßige Mitwirkung seiner Collegen aufgestellt hatte [2]). Dadurch wird freilich der Verdacht verstärkt, daß zwei anonyme Schmähschriften [3]) mindestens von ihm veranlaßt sind.

1) Consilia I. p. 243. III. p. 696.

2) Schmid S. 143. 235. 236.

3) Imago pietismi; in deutscher Ausgabe, die mir vorliegt: Ebenbild

Indessen können die Angaben Spener's, Carpzow habe ihm sein Dresdener Amt beneidet, und seinem Hasse Ausdruck verliehen, seitdem Spener beim Kurfürsten in Ungnade gefallen sei, durch nichts bestätigt werden [1]). Ich übergehe diesen Klatsch, in welchem Spener offenbar einer persönlichen Neigung von sehr zweifelhaftem Werthe nachgegeben hat. Jedenfalls findet eine starke Uebereinstimmung der Ansicht vom Pietismus in diesen Schriften mit den Fragen statt, welche in der Untersuchung gegen Francke und Genossen 4. bis 10. October 1689 den Angeklagten wie den Zeugen vorgelegt worden sind; diese aber müssen von Carpzow veranlaßt worden sein. In ihnen spricht sich der Verdacht aus, daß Francke das philosophische Studium bei Seite setze, die systematische Theologie gegen das Studium der Bibel gering schätze, daß er von Molinos, dessen Guida espiritual er 1687 in lateinischer Uebersetzung edirt hatte, etwas angenommen habe, daß er eine Vollkommenheit der Wiedergeborenen bis zur Sündlosigkeit für möglich halte, daß er das Predigtamt verachte, sich über die symbolischen Bücher hinwegsetze, endlich daß er Privatversammlungen mit Ungelehrten halte. Indem alle diese Vorhaltungen von Francke mit Recht verneint werden konnten, würde man keine Vorstellung davon haben, was er damals eigentlich gelehrt hat, wenn nicht der Brief eines pseudonymen Jakob Andersohn, Holsatus, Hamburg 20. Sept. 1690 vorläge, der darüber Bericht erstattet. Hienach hat Francke die Studenten, welche wegen Armuth nicht lange die Universität besuchen konnten, dazu angewiesen, auf philosophische Studien zu Gunsten des Bibelstudiums, einschließlich der Grundsprachen, zu verzichten, und hat im Allgemeinen gelehrt, für die Vorbereitung zur Predigt keine gelehrte Exegese und keine rhetorische Kunst zu verwenden. Ueberdies hat er praktische Gesinnung für den Zweck des Schriftstudiums vorgeschrieben, nach dem von Spener hervorgehobenen Gesichtspunkt, daß der die Wahrheit des Christenthums verstehen wird, der Gottes Gebote zu erfüllen strebt; hat er die

---

der Pietisterei 1691 (als Verfasser wird M. Roth, Prediger in Halle, genannt). — Ausführliche Beschreibung des Unfugs, welchen die Pietisten zu Halberstadt im Monat December 1692 gestiftet; dabei zugleich von dem pietistischen Wesen insgemein etwas gründlicher gehandelt wird. 1693 (als Verfasser wird M. G. Chr. Marquart genannt).

1) Letzte Bedenken III. S. 566.

Vorbereitung durch Gebet gefordert, hat davor gewarnt bei dem Schriftstudium sich Vorurtheilen und menschlichen Auctoritäten gegen den klaren Sinn des Ausdrucks zu überlassen, und den rechten Vernunftgebrauch empfohlen, nur daß man nicht danach die Schrift regulire. Endlich heißt es, müsse man den Zustand der heutigen Kirche mit dem der alten vergleichen, und mit Leuten, die in der heil. Schrift geübte Sinne hätten, umgehen, um von ihnen etwas Erbauliches zu lernen, zugleich darauf bedacht sein, wie man das Gelernte wieder zur Erbauung Anderer verwenden könnte.

Diese Grundsätze constituiren vielleicht eine neue theologische Schule in der lutherischen Kirche, deren Wurzeln deutlich in Spener's Auffassung der Theologie liegen; zugleich lassen diese Angaben die praktische Energie Francke's erkennen, welche mehr als irgend etwas Anderes seine geschichtliche Bedeutung begründet hat. War sich Francke bewußt nur diese Linie innezuhalten, so war die gegen ihn gerichtete Inquisition gegenstandlos. Demgemäß lautete der Bericht der Universität vom 21. October 1689 günstig für ihn; allein Francke ging nun seinerseits in einer durch ein Rechtsgutachten von Chr. Thomasius unterstützten Apologie dazu vor, bei dem Kurfürsten von Sachsen Beschwerde über die theologische Facultät zu führen, daß sie die heilige Schrift mit den Studenten weniger treibe als ihre eigenen Bücher. Dadurch gereizt verbot ihm die Facultät im Anfang 1690, theologische Vorlesungen zu halten; er beschränkte sich von da an auf solche, die ihm als Magister in der philosophischen Facultät zustanden, bis er im Januar 1691 Leipzig verließ. Hingegen durfte der mit ihm eng verbundene M. Caspar Schade seine exegetischen Vorlesungen fortsetzen; in diesen fanden sich auch Bürger ein; als sie zahlreicher wurden, stellte Schade von selbst diese Vorlesungen ein. Darauf hin begannen die von der religiösen Bewegung ergriffenen Bürger selbständig Conventikel zu halten. Darüber berichtete nun das Leipziger Consistorium 13. März 1690 nach Dresden und führte so eine neue Untersuchung herbei, an welcher Consistorium, Universität, theologische Facultät und Magistrat betheiligt waren. Der Erfolg war das Verbot der Conventikel am 6. August 1690, worauf noch 14. November der Befehl erging, daß den des Pietismus verdächtigen Studenten die Beneficien zu entziehen, oder wenn sie sie behalten wollten, ein Revers über ihre Meinungsänderung aufzuerlegen sei. Das **collegium philobiblicum** war unter diesen aufregenden Umständen schon im April 1690 aufgelöst worden, nachdem der Professor Alberti das Präsidium niedergelegt hatte.

Ueber die erste Inquisition liegt ein Theil der Protokolle vor, welcher von Seiten der pietistischen Partei veröffentlicht ist. Aus zwei an den Kurfürsten gerichteten Bedenken Spener's von 1690 geht ferner hervor, daß er außer jenem Actenstück vier andere eingesehen hat, welche zur zweiten Inquisition gehören und welche den oben genannten vier Behörden entsprechen werden [1]). Ob demnach ein anderes Zeugniß, welches im Ganzen sechs Volumina zählt, richtig ist, muß dahin gestellt bleiben [2]). Nun ist die Behandlüng, welche Spener der Sache zuwendet, auf möglichste Verkleinerung der Unordnungen gerichtet, welche sich neben den an sich correcten Bestrebungen der Magister nachweisen lassen, und welche er diesen nicht angerechnet wissen will. Aber auf einzelne Fälle von Fanatismus macht doch er selbst aufmerksam, und erwähnt unter ihnen, daß ein eifriger Zuhörer Francke's seine Nachschrift einer Vorlesung über Metaphysik verbrannt hat, weil ihm dieselbe verglichen mit dem Schriftstudium nichts genützt habe, ferner daß ein Student der Medicin, Gaulicke, verschiedenen Weibern gegenüber Reden geführt hat, welche ein unrichtiges Verständniß der Lehren von Rechtfertigung und Heiligung verrathen. Spener fügt hinzu, daß der ihm bekannte Inquisit aparte Ansichten schon kund gegeben habe, ehe er Francke's Zuhörer geworden war. Um was es sich gehandelt hat, erfahren wir aus einem Auszug aus den Berichten der theologischen Facultät [3]). Gaulicke hat die Vollkommenheit der Wiedergeborenen im Sinne der möglichen Sündlosigkeit verstanden, hat behauptet, Christus sei nicht für die Sünden gestorben, die man täglich begehe, sondern nur für Adam und Eva, d. h. für die Erbsünde, hat darauf verwiesen, daß der Beichtstuhl nicht in der Bibel begründet sei, und

---

1) Gerichtliches Leipziger Protokoll in Sachen die sogenannten Pietisten betreffend, sammt Chr. Thomasii Rechtlichem Bedenken und Apologia Hrn. M. Francke's 1692. — Spener's Teutsche Bedenken III. S. 777. 805.

2) Doppelte Vertheidigung des Ebenbildes der Pietisterei. Freiburg 1692. In der Vorrede.

3) Bei Löscher, Vollständ. Timotheus Verinus II. S. 135.

hat das Abendmahl als Gedächtnißact gedeutet. Die Vollkommenheit bis zur Sündlosigkeit soll auch der M. Joh. Christian Lange in einer Predigt von seiner eigenen Person behauptet haben. Vergleicht man damit, daß derselbe Satz schon im Herbst 1689 bei Pietisten in Zürich vorkommt, welche ihn von einem Studenten Walter aus Lüneburg empfangen hatten (I. S. 495), so ergiebt sich, daß Spener's Lehre ganz gröblich mißverstanden worden ist. Daß nun Studenten und Magister dazu fähig waren, ist zunächst für den fanatischen Drang bezeichnend, welcher wider die Absicht Spener's und Francke's durch ihre Ansprüche an das christliche Leben in ihren Anhängern entbunden wurde. Jedoch gerade bei diesem Punkte darf man nicht unbeachtet lassen, wie verhängnißvoll die herrschende Lehrweise dazu gewirkt haben muß. Denn in dieser wurde der Begriff der christlichen Vollkommenheit immer nur quantitativ gedeutet, und deren Möglichkeit in diesem Sinn mit Recht verneint. Der qualitative Begriff derselben, obgleich in der Augsburgischen Confession und deren Apologie bezeugt, war in der rechtgläubigen Theologie völlig verschollen. Wurde nun dieser Sinn des Begriffs von Spener in seiner Weise wieder aufgestellt (S. 115), so vermochten Theologen ihn gerade deswegen nicht zu verstehen, oder sie verstanden ihn falsch, weil ihre Vorstellung durch die ausschließliche Geltung des quantitativen Begriffes vorweg eingenommen war. Die Fanatiker behaupteten demnach wider Spener die Möglichkeit unsündlichen Lebens; die Rechtgläubigen aber meinten diesen Gedanken Spener selbst anhängen zu dürfen. Diese Gebundenheit durch die Gewöhnung an die hergebrachten Formen der Lehre wird man auch als den eigentlichen Grund des Widerstandes ansehen dürfen, welchen an diesem Punkt, wie an den meisten anderen Carpzow und seine nächsten Genossen gegen Spener richteten. Was dabei an Bosheit mit unterlief, ist immer nur das Anhängsel der Unfähigkeit, sich in andere Schemata theologischer Begriffe hineinzufinden. Es würde unbegreiflich sein, daß jene Mißdeutung der christlichen Vollkommenheit, welche Spener in der Perfectio christiana gerade verneint, ihm immer wieder als seine eigene Lehre vorgerückt worden ist, wenn nicht jene specifische Bornirtheit als ein vorherrschender Charakterzug unter mittelmäßigen Theologen immer wieder aufträte, wo etwas ihnen Ungewohntes ausgesprochen wird. Carpzow aber darf um so mehr mit besonderen Rügen darüber im Interesse des Pietismus verschont werden, als auch pietistisch afficirte Theologen sich seitdem mit seinem Fehler recht tief durchdrungen haben.

2. Noch bevor die Angelegenheit in Leipzig zum Schlusse gekommen war, traten in Hamburg Conventikel zu Tage, die den Anlaß zu noch härterem Zusammenstoß der Parteien gaben. Diese Ereignisse aber hatten ein Vorspiel, in welchem der pietistische Anspruch auf Beherrschung der öffentlichen Sitte eine Niederlage erlitt. Es ist bekannt, daß die lutherische Ansicht Mitteldinge wie Tanzen und Schauspiele in thesi freiließ, ihren Mißbrauch aber verpönte, während die calvinistische Ansicht Mitteldinge auf diesem Gebiet überhaupt nicht anerkannte, sondern jene Vergnügungen im Ganzen als Sünde rechnete, und nur Ausnahmen zuließ (I. S. 105). Der Widerspruch im Grundsatze erlaubte also Annäherung beider Gruppen in der Praxis; diese aber war eben nicht in feste Grenzen einzuschließen, sondern unterlag der casuistischen Schätzung der Umstände. Spener erklärt gegen Voet den Gebrauch kosmetischer Mittel, die Perücken und das Gesundheittrinken für Mitteldinge; hingegen das Tanzen, obgleich auch dieses Vergnügen indifferent sei, mißbilligt er in der Gestalt, wie es geübt wird, als widerchristlich [1]). Er gab damit nicht die Linie der Betrachtung auf, welche die Lutheraner grundsätzlich behaupteten, näherte sich aber in praxi dem Calvinismus. Es ist jedoch der calvinistische Grundsatz selbst, welchen Spener's Anhänger Johann Winckler [2]) in Hamburg gegen das Kunstinstitut der Oper geltend machte. Diese seit 1678 ständig gewordene Einrichtung war schon durch den Pastor an St. Jacobi, Anton Reiser, einen Freund Spener's, mit den aus den Kirchenvätern gezogenen Verboten angefochten worden, welche in der calvinistischen Theorie galten. Als nach einer durch öffentliche Unruhen herbeigeführten Unterbrechung das Spiel 1687 wieder eröffnet werden sollte, versahen sich dessen Interessenten mit billigenden Gutachten des Pastors zu St. Jacobi, Joh. Friedr. Mayer, des anders gesinnten Nachfolgers von Reiser, sowie der theologischen und juristischen Facultäten in Wittenberg und Rostock

---

1) Bedenken II. S. 473—503.

2) Geb. 1642, seit 1684 Pastor an St. Michaelis in Hamburg, vorher seit 1679 Superintendent in Werthheim, gestorben 1705. Vgl. Geffcken, Joh. Winckler und die Hamburgische Kirche in seiner Zeit. 1861. S. 18—52.

Dagegen aber richtete Winckler, unterstützt von seinen drei Diakonen, im November 1687 ein öffentliches Schreiben an seine Gemeinde, in welchem er die Oper nicht blos wegen der gegenwärtigen Lage der Religion und öffentlichen Sitte, sondern an sich als widerchristlich, als streitend gegen die Buße, den Glauben, die Liebe zu Gott und den Nächsten verurtheilte. Innerhalb des Ministeriums wurde diese Schrift durch Mayer widerlegt mit den lutherischen Argumenten und mit übermüthiger Abfertigung der individuellen Bekenntnisse, welche Winckler in seine Deduction eingeflochten hatte. Diese Schrift Mayer's verräth die Haltung, welche er in den folgenden Verwickelungen einnimmt, deutlich genug; sie fand auch unter den Amtsgenossen nur sehr getheilte Anerkennung; indessen vermochte Winckler doch nicht, seine Ansicht durchzusetzen und das Opernspiel zu hintertreiben. Für die Stellung des Pietismus in diesem Conflict ist bemerkenswerth, daß Spener in zwei an Winckler gerichteten Briefen den Standpunkt, den dieser eingenommen hat, nicht will gelten lassen [1]). Spener also behauptet auch hierin die Linie des Lutherthums, während sein Anhänger auf die des Calvinismus hinübergetreten ist.

Der Zusammenstoß zwischen Mayer und Winckler ist maßgebend für die Verwickelungen, welche wenige Jahre darauf im Schooße des Ministeriums zu Hamburg eintraten. Dort also begegnen wir Conventikeln von Bürgern, welche ohne Leitung durch Geistliche schon 1686 bestanden, welche jedoch nicht von Spener, sondern ursprünglich von Breckling inspirirt waren, und hauptsächlich durch den Anhänger Böhme's, Joh. Jakob Zimmermann [2])

---

1) Letzte Bedenken III. S. 270. 605. Gegen Komödien, wie sie gewöhnlich sind, spricht er sich 1676 aus, billigt aber die Schauspiele von Andr. Gryphius. Consil. II. p. 94.

2) Geboren zu Vaihingen in Württemberg 1644, Diakonus zu Bietigheim, wurde durch den Pfarrer zu Löchgau, Ludwig Bronquell für Böhme und den Chiliasmus gewonnen, abgesetzt 1684. Er revanchirte sich durch die Schrift: „Beinahe ganz aufgedeckter Antichrist", 1685. Als Mathematiker gewann er eine außerordentliche Professur in Heidelberg, verließ sie wegen der Kriegsunruhen, hielt sich 1685. 86 bei Schütz in Frankfurt auf, und bestärkte ohne Zweifel denselben in seiner Separation, kam 1689 nach Hamburg, schrieb unter dem Namen Joh. Matthaei „Orthodoxia theosophiae teutonico-Boehmianae", Frankf. 1691, wollte mit seinen Hamburger Anhängern nach Pennsylvanien auswandern, starb jedoch auf der Reise in Rotterdam 1697.

zusammengehalten wurden. Nun gehörten dem Hamburger Ministerium drei Anhänger Spener's an, außer Joh. Winckler noch Abraham Hinckelmann und Heinrich Horb. Deren Verhalten zu jenen Conventikelleuten war verschieden. Während Horb sie dem Ministerium denuncirte [1]) und eine Untersuchung ihres Bestandes und ihrer Meinungen herbeiführte, werden die beiden Anderen vom Ministerium beschuldigt, Personen aus jenem Kreise beschützt und befördert, so wie den Verdacht von ihnen abgelenkt zu haben. In der ersten Publication aus den Acten des Ministeriums, welche vorliegt, nämlich der „Abgenöthigten Schutzschrift gegen Spener" (24. Januar 1691) werden die Ansichten jener Conventikelleute dahin resumirt, die Bibel sei kein Mittel der Erleuchtung, sondern ein bloßes Zeugniß, sie sei nicht nöthig zur Seligkeit, sei an vielen Stellen verfälscht; Bibel und Abendmahl bilden nur ein vorläufiges Bedürfniß der Gläubigen, man könne im Fortschritt zur Vollkommenheit sie entbehren; Juden, Heiden, Türken können selig werden, ohne Christus zu kennen, denn das Licht in ihnen sei Christus; die Verpflichtung der Geistlichen auf die symbolischen Bücher sei unbillig und vor Gott schwer zu verantworten; Böhme zu verurtheilen sei nicht rathsam. Sie leugnen endlich die drei Personen in Gott, gestatten jedem geistlichen Priester d. h. jedem frommen Laien das Abendmahl auszutheilen, und indem sie die Mängel der lutherischen Kirche rügen, lassen sie es trotzig darauf ankommen, ob sie aus derselben ausgestoßen werden. Diese Data kehren theils wieder, theils werden sie ergänzt und an bestimmte Personen geknüpft in den zahlreichen Schriften, die 1694 zwischen dem Ministerium und dem Pastor Mayer einerseits und Hinckelmann und Winckler andererseits gewechselt wurden. Beide, namentlich aber der letztere werden in vier auf einander folgenden „Abfertigungen von dem Ehrw. Predigtamt in Hamburg" damit beschwert, die Conventikelleute geflissentlich entschuldigt und ihnen, insbesondere Zimmermann und zwei anderen ortsfremden Theologen, welche Conventikel hielten, Eberhard Zeller [2]) und Nicolaus

1) Joh. Friedr. Mayer, Mißbrauch der Freiheit der Gläubigen zum Deckel der Bosheit (1692) S. 19.

2) Dieser Württemberger hatte als Diakonus zu Göppingen durch pietistische Unternehmungen die Kirchenordnung verletzt, kam seiner Absetzung durch Niederlegung seines Amtes zuvor, wurde nach seinem Hamburger Aufenthalt Pfarrer zu Wallau in Hessen-Darmstadt, hatte dort mit seiner

Lange [1]) Vorschub geleistet zu haben. Die beiden letzteren sind Anhänger Spener's. Sie haben in den Conventikeln dem Separatismus entgegen zu wirken gesucht. Es liegt nun von ihnen ein „Zeugniß eines guten Gewissens in dem theuren Glauben des hl. Evangelii" (herausgegeben 1692) vor, in welchem sie ein formell rechtgläubiges Bekenntniß mit der Klage über seit drei Jahren erlittene Verfolgung begleiten. Hier verrathen sie ihre Haltung durch folgenden Satz: „Wir haben unter der Ermahnung zu bleiben bei den heilsamen Worten Christi und bei der Lehre nach der Gottseligkeit, Niemandes ungewöhnliche Redensarten jemals anders gebilligt, als sofern wir darunter solcher schwacher Mitglieder rechtgläubigen Sinn und gute Meinung spüren konnten, als wir denn durch Gott gelehret sind 1 Kor. 1, 10." Nun ist die Anklage auf Protection dieser sämmtlichen Leute und auf Vertuschung ihrer Extravaganzen von Hinckelmann und Winckler trotz ihres Widerspruches in den meisten Punkten nicht völlig abzuwälzen [2]). Dabei aber drehte sich der Streit um die Frage, ob in diesen Erscheinungen eine Religionsgefahr zu erkennen sei oder nicht. Die Entscheidung darüber ist eine Geschmackssache, oder richtet sich als Bejahung nach dem Werthe der reinen Lehre, als Verneinung nach dem Werthe persönlicher wenn auch irregeleiteter Frömmigkeit. War nun das Ministerium der ersten Ansicht, so erinnert Winckler's Nachsicht gegen die Anhänger Böhme's und Breckling's an den Grundsatz, nach welchem Spener über jenen nicht urtheilen und über diesen nicht zum Schaden reden wollte (S. 146). Winckler also vertritt im vorliegenden Falle den Pietismus insofern, als er zur Nachsicht gegen radicale und separatistische Bestrebungen und zur Unterschätzung enthusiastischer und kirchenfeindlicher Frömmigkeit anleitet.

Gemeinde Streit wegen pietistischer Zumuthungen. Vgl. Schelwig, Itinerarium pietisticum (1695) S. 52; Spener, Gewissensrüge gegen Schelwig (1696) S. 20.

1) Geboren 1659, Superintendent zu Brandenburg a. H., gestorben 1720, war der ältere Bruder von Joachim Lange in Halle. Siehe unten Cap. 41.

2) So viel unbewiesener Klatsch auf Winckler gehäuft sein mag, so kann ich doch nicht mit Geffcken a. a. O. S. 124 annehmen, daß gar kein Anlaß zur Beschwerde gegen ihn vorlag. Das Streitobject kommt zwischen dem Klatsch deutlich genug zum Vorschein.

Diese Dinge, namentlich die Haltung Hinckelmann's und Winckler's gegen die Conventikel muß man sich vergegenwärtigen, um das richtige Urtheil über den Schritt zu gewinnen, welchen nun das Hamburger Ministerium auf Anlaß seines Seniors Samuel Schultz that. In dem Convent am 14. März 1690 nämlich legte der Senior den Geistlichen einen Revers vor, in welchem sie ihre Zustimmung zu den symbolischen Büchern wiederholen und die seit einiger Zeit bekannt gewordenen **Pseudophilosophos, Antiscripturarios, laxiores Theologos** und andere **Fanaticos**, namentlich Jakob Böhme, auch **Chiliasmum tam subtiliorem quam crassiorem** verwerfen, und ihre Vertreter nicht mehr für Brüder anerkennen, übrigens sich verbinden sollten, alle Neuerungen in der Kirche zu verhüten. Das Gewicht dieses Antrages stand nun außer Verhältniß zu der Veranlassung. Hiemit nämlich sollten nicht blos die Conventikel bekämpft, sondern auch die drei Anhänger Spener's proscribirt werden. Denn unter den **laxiores theologi** waren gerade sie gemeint, die Conventikel aber waren durch den Abzug von Zimmermann und seinen speciellen Anhängern schon zu Ende gekommen. Hinckelmann [1]) hat später den Pastor Mayer als den Urheber dieses Vorgehens und seinen Haß gegen Spener als das Motiv dazu bezeichnet, nachdem schon Spener ihn als den hauptsächlichen Schürer des demnächst erfolgenden Streites genannt hatte. Privatim hat Spener sogar die Meinung geäußert, die Eifersucht auf den amtlichen Erfolg der drei Spenerianer habe ihn zur Anstiftung der ganzen Sache bewogen [2]). Während Mayer eine Menge von Proben schlechten Charakters kund gegeben hat, verräth die letztere Aeußerung auch den weniger guten Charakterzug Spener's, welcher schon in seiner Beurtheilung Carpzow's hervorgetreten ist. Der Haß gegen Spener und seine Anhänger bei einem Manne, der die **Pia desideria** mit Zustimmung begrüßt hatte, ist jedoch völlig erklärlich, wenn er wahrnahm, daß die Anregung lebendiger Frömmigkeit zu einer grundsätzlichen Nachsicht gegen extravagante, fanatische

---

1) Aufrichtige Fürstellung des wahren Ursprungs der in Hamburg entstandenen Unruhe. 1694. S. 11. Vgl. über Mayer Tholuck, Geist der luther. Theologen Wittenbergs, S. 234 ff. und in Herzog's RE. IX. S. 209, dazu eine Menge charakteristischer Züge bei Geffcken.

2) Freiheit der Gläubigen. 1691. S. 14. 15. Letzte Bedenken III. S. 818. 567.

und kirchenfeindliche Tendenzen ausgeschlagen war. Dagegen konnte es ihm gleichgiltig erscheinen, daß die unmittelbare Gefahr für die Kirche nicht mehr bestand; sie konnte in jedem Augenblick wieder eintreten. War Mayer dieser Meinung, so kann man ihn eines Unrechtes darin nicht zeihen, daß er eine Gegenwirkung gegen die Träger der entgegengesetzten Ansicht anregte; sein Unrecht beginnt erst mit der feindseligen Uebertreibung in dem von ihm wenigstens gebilligten Vorschlage des Reverses, und es setzt sich fort in den immer bedenklicheren Schritten gegen die drei Amtsgenossen, welche er folgen ließ.

Die drei verweigerten die Unterschrift des Reverses, weil er ohne Vorwissen und Befehl des Rathes der Stadt aufgestellt sei, Horb zugleich mit dem Spener'schen Grunde, daß er Böhme, dessen Schriften er nicht gelesen, nicht verdammen könne. Obgleich nun der Rath schon 9. April 1690 den Revers annullirt, späterhin ihn zwar zugestanden, die drei aber von der Unterschrift ausgenommen hatte, so entspann sich doch ein öffentlicher Streit dadurch, daß die Parteien in dem Ministerium für die Stellung, die sie einnahmen, Gutachten bei Facultäten, beziehungsweise bei Theologen ihrer Gesinnung einholten. Für die Minorität trat mit einem solchen unter Anderen Spener ein. Und hiebei ließ er seine übliche Vorsicht so vermissen, daß sein Bedenken als Provocation erscheinen mußte. Er, der sonst über alle geheimen Dinge wohl unterrichtet war, beachtete nicht, daß das Hamburger Ministerium gerade gegen ihn gereizt war durch den kurz vorher gemachten aber durchgefallenen Vorschlag eines der drei Hamburger Pastoren, Spener zum Consulenten des Hamburger Ministeriums zu ernennen; er nahm ferner von der bedenklichen Art der dortigen Conventikel und dem Verdacht, den seine Anhänger durch Nachsicht gegen dieselben erregt hatten, keine Notiz; endlich ließ er sich die ungeschickt genug gestellten Fragen gefallen, die wahrscheinlich Horb ihm vorlegte. Dieselben beschränkten sich nicht auf die directe kirchenrechtliche Sachlage, nämlich ob der Revers ohne die Genehmigung des Rathes giltig sei, und ob eine solche specielle Verpflichtung in einer Particularkirche ohne Einwilligung der ganzen Kirche zu Recht bestehe. Vielmehr folgten noch Fragen über den Chiliasmus, über die Verdammlichkeit Böhme's, endlich darüber, ob das Verbot aller Neuerungen einen gewissenhaften Geistlichen hindern dürfe, gegen den Mißbrauch des Beichtstuhls durch unwissende oder gottlose Gemeindeglieder anders einzuschreiten, als seine Vorgänger im Amte. Das Bedenken Spener's vom 16. August 1690 entschied dahin, daß erst die Auctorität des Rathes den Revers giltig mache. Bei der Verneinung der zweiten Frage beachtete Spener nicht, daß es gar kein objectives Urtheil darüber giebt, ob die Specialverfügungen im Reverse neue Zusätze zu der kirchlichen Lehrordnung oder wie die Gegner dachten, Auslegungen derselben seien. Die Beantwortung der anderen Fragen aber erfolgte in dem Vortrag der entsprechenden Privatmeinungen Spener's über die Hoffnung besserer Zeiten in der Kirche, und über die Freiheit, Böhme nicht zu verdammen, wenn man ihn nicht gelesen habe.

Spener also überschritt die Grenze der Bescheidenheit, indem er dem Ministerium, dem er an amtlicher Auctorität nicht überlegen war, indirect gewisse Privatmeinungen als maßgebend für die öffentliche Lehrordnung in der Hamburgischen Kirche vortrug. Zugleich machte er durch seine bekannte eigensinnige Ablehnung, Böhme's Schriften zu lesen und sie zu verdammen, sich dessen verdächtig, die Extravaganzen der Hamburger Conventikelleute in Schutz zu nehmen. Man kann es also dem Ministerium nicht verdenken, daß es seine „Abgenöthigte Schutzschrift" nur gegen ihn, und nicht gegen andere Vertheidiger der Minorität richtete. Dazu ist es bewogen worden „durch das Ansehen, in welches ihn seine Clienten bei der ganzen Kirche bringen wollen, daß man alle seine Ansichten müßte annehmen oder sich gefallen lassen, und dadurch, daß alle unsere Unruhe von D. Spener's anfänglich wohlscheinenden, kann auch wohl sein wohlgemeinten aber gefährlichen Ausgang nach sich ziehenden Meinungen und Recommendationen auch Patrociniren der verführerischen Neulinge herrührt". Uebrigens findet das Ministerium, daß Spener's Bedenken eine der evangelischen Kirche präjudicirliche Schrift sei, in welcher den symbolischen Büchern Abbruch geschieht, und den Irrgläubigen das Wort geredet wird. Damit ist hauptsächlich die Unzulässigkeit alles Chiliasmus gemeint.

Spener hat diese Schutzschrift auf 126 Quartseiten Punkt für Punkt beantwortet durch „Die Freiheit der Gläubigen von dem Ansehen der Menschen in Glaubenssachen", 1691. Der Titel paßt eigentlich nur auf die Einleitung, welche die Lehre über die Freiheit von der Sünde, vom Gesetz und von menschlicher Auctorität in rechtgläubiger Weise vorträgt, dadurch aber insinuirt, daß in dem

Vorgehen des Hamburger Ministeriums eine Verletzung des letztgenannten Rechtes der Christen liege. Darüber aber konnte man eben verschiedener Ansicht sein, je nachdem die Ausschließung Böhme's und des Chiliasmus als Auslegung der symbolischen Bücher oder als neuer Zusatz zu denselben beurtheilt wurde. Spener hat sich nicht klar gemacht, daß dieser Streit überhaupt nicht entschieden werden konnte, daß also seine Ausführungen den Eindruck der Rechthaberei machen mußten, und daß er dadurch den Verdacht der Gegner bestätigte, er, der Oberhofprediger des Kurfürsten von Sachsen wolle den anderen Kirchen in Deutschland sein Gesetz auferlegen, und zwar ein Gesetz voll Neuerungen und Verletzungen der bisher geltenden Regel. Ich glaube eben bei dieser Gelegenheit darauf hinweisen zu sollen, daß Spener sich selbst nicht treu geblieben ist, indem er in einem Falle, der durch die Entscheidung des Hamburger Rathes abgemacht war, und dessen theoretische Beurtheilung zweifelhaft ist, als Angreifer auftrat und den Schein auf sich nahm, als ob er ein neues Recht durch seine persönliche Auctorität und das zunehmende Gewicht seines Anhanges der lutherischen Kirche aufzwingen wolle. Mochte Mayer gerade dieses Unrecht gegen seine drei Amtsgenossen begangen haben, so fuhr Spener in dem gleichen Unrecht gegen ihn fort. Daß dem so ist, ergiebt sich auch aus der persönlichen Wendung gegen Mayer, welche er in der vorliegenden Schrift schon auf dem Titel bezeichnete, und weiterhin durch klatschhafte Angaben rechtfertigte, daß derselbe als Verfasser der „Abgenöthigten Schutzschrift" und Verbreiter derselben sich der Streitsache am heftigsten angenommen habe. Spener hatte keine Ursache, sich in dieser Angelegenheit seiner Unschuld zu rühmen; er zeigt sich ebenso streitsüchtig als sein Gegner. Er durfte sich also nicht wundern, daß derselbe in seiner Replik: „Mißbrauch der Freiheit der Gläubigen zum Deckel der Bosheit", 1692, den Streit ganz auf das Gebiet der Persönlichkeiten und der rohen Rechthaberei hinüberspielte.

Der Schriftwechsel in dieser Sache war noch in vollem Gange, als Horb durch einen auffallenden Schritt den gegen die Pietisten schwebenden Verdacht der Irrlehre auf das Entschiedenste wach rief [1]). Er vertheilte 1693 an die Kinder und die Dienstboten, welche ihm Neujahrsgeschenke brachten, eine Schrift: „Die Klugheit der

1) Ueber denselben Geffcken S. 69 ff., Schmid S. 213 ff.

Gerechten, die Kinder nach den wahren Gründen des Christenthums von der Welt zu dem Herrn zu erziehen". Horb wußte nicht, daß Poiret, der quietistische Mystiker, ihr Verfasser war, und hatte die dem entsprechenden Aeußerungen in ihr nicht beachtet. Es kam darin genug vor, was gegen den lutherischen Lehrbegriff wirklich oder wahrscheinlich verstieß, und ein angehängtes Gebet von Joh. Ruysbroek trägt das Gepräge der quietistischen Selbstwegwerfung unverkennbar an sich. Hinckelmann und Winckler haben von Anfang an den Schritt Horb's mißbilligt, und dieser selbst mußte nachher anerkennen, daß sich an der Schrift manches aussetzen lasse, daß die Materie von der Unterweisung der Kinder nicht zur Genüge ausgeführt, und daß zu wünschen sei, der Lehre von der Rechtfertigung und sonderlich von der Taufe wäre mit Mehrerem gedacht worden [1]). Diese und andere Zeugnisse der Nachgiebigkeit haben ebensowenig wie die Geneigtheit des Rathes für Horb ihn vor dem Sturm retten können, den Mayer und die Majorität des Ministeriums gegen ihn anfachten. Als die Bürgerschaft auf die Seite des letztern trat, und Pöbeltumulte Mayer's Haß gegen den Spenerianer unterstützten, mußte Horb 27. November 1693 die Stadt verlassen. Die Aufregung richtete sich aber weiter in brutaler Weise gegen seine Frau; und der Rath wurde genöthigt 20. Januar 1694 zu verfügen, daß auch sie mit ihrer Habe binnen vier und zwanzig Stunden die Stadt räumen solle. Horb starb 26. Januar 1695, ohne Genugthuung erlangt zu haben; Mayer behauptete mit der für die Sache der Rechtgläubigkeit aufgebotenen Demagogie den Platz gegen den Pietismus, welchen er weiter in den Personen Hinckelmann's und Winckler's bekämpfte, bis nach einem vergeblichen Einschreiten des Kaisers der Rath der Stadt Hamburg es im Sommer 1694 erreichte, den Streit durch Vergleich der Mitglieder des Ministeriums zu Ende zu bringen.

Die Einzelheiten dieser Angelegenheit interessiren hier nicht; um so wichtiger ist es, Spener's Urtheil über den unvorsichtigen Schritt seines Schwagers zu vernehmen. Dasselbe ist geschrieben [2]), als der von Horb veranlaßte Streit die Hamburger Kirche zerrüttete,

---

1) Christliche Declarationsschrift, wie ein und anderer passus des Büchleins . . . secundum analogiam fidei verstanden werden könne. 1693.

2) Vgl. Gründliche Beantwortung des Unfugs der Pietisten. 1693. S. 160.

und als der literarische Streit noch nicht beendet war, den Spener durch sein Bedenken über den Hamburger Revers hervorgerufen hatte. In dieser Lage bedauert Spener, daß Horb das Buch von Poiret verbreitet hat, nachdem aus Schuld feindseliger Leute ärgerliche Unruhen daher entstanden sind. „Wie es aber einem ehrlichen und christlichen Mann begegnen kann, weil er sich nichts Böses bewußt ist, daß er meinet, Andere werden auch nicht leicht in Verdacht ziehen, woran er nichts Böses sieht, also ging es auch Herrn Horbio; und wie er unwissend, wer der Autor desselben sei, was er gelesen, in dem rechten und mit unserer Lehre einstimmigen Sinne gelesen und sich keine arge Gedanken davon gemacht hat, also hat er nicht gezweifelt, andere Herzen und Augen werden mit gleicher Liebe erfüllt sein und Alles wohl nehmen; daher es ihm nicht einmal verdächtig, viel weniger irrig vorgekommen ist". Ist das nicht ein eclatanter Fall der vorsätzlichen Nichtunterscheidung fremder Lehrweise von der kirchlichen, durch welche Spener die lutherische Kirche allen möglichen fanatischen und enthusiastischen Bewegungen geöffnet hat? Nicht wegen des bedenklichen Inhaltes der Schrift bedauert er deren Verbreitung durch Horb, sondern nur weil und nachdem sie Unruhe angerichtet hat. Und wie naiv ist die Zumuthung, die Gegner, auf deren Aufmerksamkeit Horb seit drei Jahren gefaßt sein mußte, sollten die verdächtige Schrift ebenso nach der nicht vorhandenen Uebereinstimmung mit der reinen Lehre lesen, wie dieses Horb selbst gethan haben soll! Konnte nicht Spener sich selbst sagen, daß er mit solcher Nichtachtung seiner Gegner seine Sache compromittirte und Oel ins Feuer goß?

3. Wie tief der Pietismus die Leute afficirte, erkennt man deutlich aus dem Vorkommen von ekstatischen, visionären, pseudoprophetischen Erscheinungen, welche gleichzeitig an verschiedenen Orten namentlich bei Personen weiblichen Geschlechtes auftauchen. Die ersten Erscheinungen dieser Art kommen gegen Ende 1691 vor. Es sind drei Dienstmägde, die Halberstädtische Katharina, die Quedlinburgische Magdalene, die Erfurtische Liese, welche eigentlich Anna Maria Schuchart hieß. Wir wissen von ihnen durch Briefe, welche an Francke und Breithaupt geschrieben, in Abschrift unter den Gesinnungsgenossen zu Halle herumgingen, und durch die Indiscretion eines Leipziger M. Marquart publicirt wurden [1]. Die

---

1) Nachricht von drei begeisterten Mägden . . . zusammengetragen von

Berichterstatter, die Prediger Achilles in Halberstadt und Sprögel in Quedlinburg, sind an ihren Wohnorten die Leiter pietistischer Versammlungen gewesen. Von der Magdalene heißt es: „Sie ist so brünstig, daß sie kaum den Namen Jesu oder die Erinnerung seiner Liebe und Gnade leiden kann; alsbald sie davon redet oder daran gedenket, wird sie hingezücket“. Von der Katharina: „In einem wunderstillen seligen freudigen Zustand befindet sich das liebe Kind Gottes. Ich weiß nicht, ob ich einen Menschen gesehen habe, da die Liebe der Welt und die Vernunft so getödtet und die Liebe Jesu so brünstig sei als bei ihr. . . . . . Sie rühmet (an ihrem Entzückungszustand) die überschwängliche Freude, die ihr der Herr schenket“. Die Magdalene, welche vor ihrer Katalepsie „ein grundböses Mensch war, nimmt bei fast allen an sie ergehenden Fragen Gelegenheit von der Reinheit des Herzens zu reden. . . . . Ich habe sie nach dem Paroxysmo gefragt, wo sie gewesen; sie antwortete, bei Christo. . . . Sie will von nichts als von Christo wissen; der müsse im Herzen sein, spricht sie“. Die Bewunderer führen die eine Magd zur andern; zu der Quedlinburgerin, welche so matt ist, daß sie das Bett hütet, werden an einem Tage 100, an einem andern 300 Personen zugelassen, um sie zu sehen. Die Erfurterin hat Visionen von der Hölle, in welcher eine große Menge verdammter Geistlicher gelegen habe; sie droht dem Rathe der Stadt schwere Gerichte. Sie redet in der Ekstase rhythmisch; sie äußert sich über den Gnadenstand Anderer, und dies wird von dem Berichterstatter D. Brückner, Professor der Rechte, mit Aufmerksamkeit angenommen. Von dieser Erfurterin berichtet im folgenden Jahr Francke aus Halle Aehnliches an Spener, und fügt das Mirakel hinzu, daß sie wiederholt in vieler Zeugen Gegenwart aus der Stirn und aus den Händen Blut geschwitzt habe; er erwähnt zugleich, daß zwei Mädchen in Halle von so überschwänglicher Freude erfüllt sind, daß es ihnen unmöglich ist, die Stimme an sich zu halten, auch wo es anstößig ist. Während Spener sich dagegen zurückhaltend benimmt, urtheilt Francke über diese und

---

A. H. Francke. 1692. Francke erwiderte in: Entdeckung der Bosheit, so mit einigen jüngst unter seinem Namen publicirten Briefen begangen. 1692. Dagegen: M. Gabr. Christoph Marquart, Kurze Antwort auf Francke's Entdeckte Bosheit über seine drei begeisterten Mägde. Dieser M. Marquart soll nach J. G. Walch I. S. 697 der Verfasser der „Beschreibung des Unfugs“ (S. 170) sein.

ähnliche Erscheinungen, daß Gott auf solche Weise anfange seine Wunder kund zu thun und noch immer herrlicher hervorbrechen werde [1]). Er sollte bald genug über die folgenden Proben bedenklich werden.

Auf solche Fälle von Enthusiasmus hat es nun die „Ausführliche Beschreibung des Unfugs der Pietisten“ (1693) hauptsächlich abgesehen. In Quedlinburg war der Hofdiakonus Sprögel, dessen Magd die genannte Magdalena Elrich war, der Mittelpunkt des Pietismus, und mehrere Candidaten so wie einige Frauen die Agitatoren für denselben. „Was Hohburg, der hier seine Postilla mystica geschrieben, nicht zu Wege gebracht hat, damit dringen jetzt die Spenerischen Creaturen durch“. Die Wittwe eines Abdeckers, Anna Eva Jacobs, genannt die Schinder-Anna, stand hier in großem Ansehen bei den Pietisten; in einer Krankheit wird sie von den Häuptern derselben besucht und reichlich unterstützt, sie dankt dafür nicht; denn, sagt sie, Jene geben nicht von ihrem Eigenthum, sondern bringen, was Gott schickt; sie hat Träume, welche für göttliche Offenbarungen gehalten werden; demgemäß wird sie 1692 in das Haus eines wohlhabenden Mannes aufgenommen, dessen zwei andächtige Töchter sie pflegen. Hier hat sie Visionen, nachdem sie auf göttlichen Befehl drei Tage und Nächte gebetet und gefastet hat. Sie sieht die Dreieinigkeit, den Vater mit langem Bart, den Sohn mit den geöffneten Wunden, den h. Geist in gelber Taubengestalt, sie sieht die Auferstehung der Todten, die Hölle, den Himmel. Sie fordert zur Buße auf, weil das Ende der Welt nahe wäre. Unter diesen Bezeugungen wollen ihre Pflegerinnen wahrgenommen haben, daß sie dreimal Blut geschwitzt und dreimal Blut geweint hat. Als sie in kataleptischem Zustande war, sind drei Geister in Priester- und Engelgestalt zu ihr gekommen, welche auch von einer gerade anwesenden

---

1) Kramer, Beiträge zur Geschichte Francke's, Briefwechsel zwischen Spener und Francke S. 263. 273. Spener schreibt daselbst S. 297, 6. Mai 1693, daß von der Schuchart Dinge erzählt werden, die einem Christen nicht anstehen, und daß er von den beiden Anderen höre, ihr Christenthum bezeuge sich sehr schlecht. In Hartwig Bambamii „Neuvermehrter Pietistischer Katechismus“ wird ein Protocoll des Quedlinburger Stiftsconsistoriums vom 29. October 1700 mitgetheilt, in welchem die Schwester der Magdalene Elrich bezeugt, daß diese ein uneheliches Kind bekommen hat. Vgl. Unschuldige Nachrichten 1717. S. 615.

Frau gesehen worden sind; zugleich ist ein unsichtbares Geräusch in der Kammer vor sich gegangen, als ob Katzen auf einander losgefahren sind. Diese und ähnliche Dinge haben einen großen Zulauf auch aus anderen Orten herbeigeführt, und in dem Zimmer der Kranken wurden pietistische Versammlungen gehalten. In Untersuchung gezogen, hat die „Blutschwitzerin" die Vorhaltung der Betrügerei damit abgelehnt, daß auch eine andere Frau desselben Kreises Aehnliches an sich erfahren hat. Gleichzeitig erregte in Quedlinburg der Goldschmidt Heinrich Kratzenstein Aufsehen. Er erklärte die Bibel für todten Buchstaben, der erst durch den Geist lebendig werde, verwarf die Kindertaufe, erkannte das Abendmahl nur als Erinnerungsact an, erklärte sich für berufenen Reformator der Kirche, er sei der Elias; endlich gab er Vorhersagungen von sich, die nicht eintrafen. Eine Hauptsache bei ihm aber war der Grundsatz, dem wir in Labadie's Kreise begegnet sind (I. S. 232), daß die Ehe nur für die Wiedergeborenen giltig sei. Demgemäß aber begnügte er sich nicht damit, seine ungläubige Frau zu verlassen, sondern behauptete zugleich, eine andere sei ihm von Gott unmittelbar angetraut, und verlangte, daß diese, welche selbst von Kratzenstein nichts wissen wollte, ihm ausgeliefert werde. Der Mann war also, wer weiß durch welche Anregung, ein extremer Fanatiker, welcher selbst sich von den Pietisten unterschied, und von ihnen Widerstand erfuhr. Daß Spener in einem ausführlichen Gutachten 12. Januar 1693 dessen Offenbarungen nicht für göttlich anerkannte, weil sie ebenso wie seine Ansichten von Ehe und Ehescheidung gegen die heilige Schrift verstießen, war in der Ordnung. Nichts desto weniger gab er dadurch Anstoß, daß er nicht den andern gesetzten Fall, Kratzenstein sei ein verfluchter Bösewicht, zugeben wollte. Seine aufgeklärte Entscheidung, der Mann habe sich in seiner unvergnügten Ehe durch den Aerger über seines Weibes Bosheit eine starke Milzbeschwerde zugezogen, und von da kämen seine Irrthümer, war den Zeitgenossen noch nicht zugänglich. Zugleich wurde Spener indirect compromittirt, da ein Brief bekannt wurde, in welchem sein specieller Anhänger Bartholomaeus Meyer, als Generalsuperintendent in Wolffenbüttel abgesetzt, den Goldschmidt in Quedlinburg als Propheten und seine Sache als Gottes Sache anerkannte [1]).

1) Nach dem Tode Kratzenstein's, welcher ihn 2. Juni 1696 vom

In dem pietistischen Kreise, welchen zu Halberstadt der Hospitalprediger M. Andreas Achilles, ein Freund Francke's, um den Pietismus durch eine Schrift gegen die Imago pietismi verdient, leitete, zeichnete sich Anna Margaretha Jahn durch prophetische Entzückungen aus. Sie machte damit Aufsehen, und erklärte auf Befragen ihrem Pastor Wurtzler, daß sie den Herrn Jesum „fleischlich" im Herzen trage und daß ihre Offenbarungen göttlichen Ursprungs seien. Im Beichtstuhl, den sie einmal wieder besucht, behauptet sie, keine Sünde zu thun, auch kein Bedürfniß der Vergebung zu haben, sondern blos dem Aergerniß derer vorbeugen zu wollen, welche Vergebung erstrebten; das Abendmahl wolle sie auch nicht zu diesem Zweck, sondern nach Christi Befehl zu seinem Gedächtniß brauchen. Nun stirbt Wurtzler nach kurzer Krankheit 19. December 1692. Ehe er noch beerdigt ist, hat die Jahn in der Versammlung eine Entzückung, und dictirt in ihr einen Brief an den Verstorbenen, welchen der Canonicus Schlütte und der Studiosus Semler nachschreiben. Dieser Brief im Namen des Herrn Jehova, mehr als drei Quartseiten lang, kündigt in der schwülstigsten, von Wiederholungen angefüllten Redeweise dem Verstorbenen als antichristlichem Thier die Verdammniß an. Er wird auf die Weisung der Prophetin, daß Wurtzler wieder zum Leben kommen werde, wenn er ihn erhalte, wohl addressirt und verschlossen in das Sterbehaus gesendet, jedoch traf die vorhergesagte Wirkung nicht ein. Am folgenden Abend befiehlt die Prophetin, aus der Judengasse die sogenannte dicke Judenfrau zu holen, an der sie heut große Wunder thun wolle. Sie schreit dieselbe in einer confusen apokalyptischen Rede an, die vier Quartseiten einnimmt und anderthalb Stunden gedauert hat, man weiß nicht. ob zu dem Zweck, den tumor ventris zu zerstören, oder, was in dem „Unfug" selbst als fraglich aber doch als möglich hingestellt wird, in der Erwartung, daß die Jüdin den Messias gebären werde. Denn daß der Messias demnächst das tausendjährige Reich eröffnen und den Juden die Erlösung bringen werde, wird als eine Ueberzeugung Halberstädtischer Pietisten nachgewiesen. Eine Probe der Stimmung in diesem

---

Gefängniß erlöste, hat ihm ein Verehrer „eine Rede über den seligen Abschied H. K. eines getreuen und bis aufs Blut beständigen Zeugen der Wahrheit" in Streckversen gewidmet. In A. P. Tom. VI., ein zweites Exemplar mit Porträt Tom. IX.

Kreise geben außerdem zwei Briefe von Heinrich Burchard Küster, der eine an den Kurfürsten von Brandenburg, der andere, 18. Januar 1693 an die Gemahlin des Oberpräsidenten von Danckelmann als Begleitschreiben des ersten [1]); in beiden wird erklärt, die Glaubwürdigkeit der Jahn stehe für die Vollendung des göttlichen Reiches ein, aber der Widerstand gegen ihre Offenbarungen, nämlich die alsbald eingeleitete gerichtliche Untersuchung, müsse dahin führen, daß die Krone des Königreiches und Gerichts Christi in der ersten Auferstehung nach Apok. 20 ewig verscherzt werde. Nämlich die Jahn, dann Semler und andere Betheiligte waren verhaftet worden; außerdem verlangte die Moritzgemeinde Genugthuung wegen der ihrem verstorbenen Pastor angethanen Schmach, und die Vertreter der Bürgerschaft trugen auf Austreibung sämmtlicher Pietisten an. Inzwischen war Achilles ohne Urlaub nach Berlin zu Spener gereist. Noch vor Ablauf des Jahres 1692 äußert sich dieser in zwei Briefen an Francke über die Sache, nachher noch 14. Januar 1693. Die Formeln: unser gute M. Achilles, die gute Jungfer Jahnin, beweisen, wie nahe diese Gesellschaft Spener gestanden hat; er kann freilich nicht umhin, sich mehr dagegen zu entscheiden, daß das Auftreten des Mädchens göttlich sei, als dafür; aber man sieht deutlich, wie lästig ihm diese Entscheidung ist. „Unser gute M. Achilles mag keine günstige Sentenz bekommen, und ich, weil ich auch suspectus bin, vermag nichts für ihn". In der „Beantwortung des Unfugs" freilich erklärt er, an den Vorgängen in Halberstadt keinen Theil und keine Schuld zu haben, und die Bezeugungen der Jahn nicht für göttlich zu halten. Die Nachgiebigkeit von Achilles gegen die Befehle der Prophetin mißbilligt er, kann aber sich nicht enthalten, der Vorsicht, die derselbe in der früheren Leitung seines Conventikel bewiesen, ein günstiges Zeugniß auszustellen. Daß er sich für ihn bei den Vorgesetzten in Berlin unbilliger Weise bemüht habe, stellt er in Abrede. Allein das ist eben nicht das Ganze. Charakteristisch für Spener bleibt doch, was seine Privatbriefe beweisen, wie gern er sich seines Anhängers angenommen hätte, und wie leid es ihm gewesen, daß er über die gute Jungfer Jahn nicht günstiger hat urtheilen können. Gutachten von theologischen Facultäten und von Aerzten stellten die Göttlichkeit ihrer Bezeugungen ebenfalls in Abrede. Der Ausgang der

---

1) Handschriftlich im IV. Bande des Acta pietistica.

Inquisition war, daß Achilles und Semler des Landes verwiesen wurden. Ueber die Jahn hat, während sie gefangen saß, ihre Mutter geäußert, an dem Unglück der Tochter sei niemand anders schuld als der bekannte Generalsuperintendent Bartholomaeus Meyer, M. Achilles, M. Friedel und Semler, welche sie zu allem verleitet haben, was sie Extravagantes begangen hat. Achilles wurde 1695 Pfarrer zu Dornum in Ostfriesland, und setzte dort seine aufregende Wirksamkeit fort. Hieher folgte ihm die Jahn; sie hing sich an einen Mediciner Joh. von Spreckelsen aus Hamburg, reiste mit ihm umher, obgleich sie ohne älterlichen Consens kein Aufgebot und kirchliche Trauung erreicht hatten, bis sie die letztere 1697 erlangten [1]). Achilles wurde 1716 seines Amtes in Dornum entsetzt und starb 1721 in Halle.

Im Jahre 1692 tritt in Lübeck die Frau Adelheid Sibylla Schwartz als Prophetin auf. Dort war ein lebhafter Verkehr von Pietisten, dem der Superintendent D. August Pfeiffer, auch literarisch, nach Kräften entgegenwirkte. Dieses Verhalten bewog die genannte Frau zu einer „Ernstlichen Offenbarung Gottes", welche dem „Bischof der Gemeine in Lübeck" ins Haus geschickt wurde, und so beginnt: „Du, an welchem meine Seele einen Ekel hat, siehe, ich werfe dich in ein Bette, das mit Pech und Schwefel brennt, so du nicht umkehrest und wahre Buße thust". Dieser Schritt zog ihr die Ausweisung aus der Stadt zu. Sie reiste nun nach Halle, Erfurt, Berlin, giebt an Francke gründlichen Bericht über diesen Conflict, „über dessen Umstände sich gewißlich zu verwundern", wird von Spener dringend erwartet, schließlich aber desavouirt. Indem Spener Francke und Breithaupt instruirt, bei der im Sommer 1693 bevorstehenden Anwesenheit des Kurfürsten in Halle „ihre so Unschuld als Displicenz an einigen Dingen, so von Studiosis vorgegangen, zu bezeugen, und sie diesesmal nicht eben blos zu entschuldigen, sonderlich aber zu weisen, daß alle Unordnungen nicht aus ihrer Lehre sondern von anderen Orten herkomme", erwähnt er zugleich, „wie uns denn die sonst liebe Frau Schwartzin nicht wenig Ungelegenheit gemacht hat, die sich darnach so leicht nicht stillen lassen als sie angefangen sind" [2]). Damit

1) Vgl. Bartels, Der Pietismus in Ostfriesland. Ztschr. für Kirchengeschichte, 4. Bd. S. 393.

2) Kramer, Beiträge S. 263. 267. 296. 303.

übereinstimmend lautet die gleichzeitige öffentliche Erklärung in der „Beantwortung des Unfugs", daß die Dinge in Lübeck den sogenannten Pietismus nicht angehen, da der Ursprung der Versammlungen daselbst älter sei als Spener's Wirksamkeit. Wir können nur die Incongruenz dieser Erklärung Spener's mit seiner Theilnahme für die sonst liebe Frau Schwartzin erkennen.

4. Für die theologische Auffassung des Pietismus in der zweiten Generation ist ein Document, welches in Gotha seinen Ursprung hat, von Interesse. In Gotha hatten 1692 fünf junge Theologen pietistischer Richtung sich zusammengefunden, der Subconrector Wiegleb, die Candidaten Heybach, Hauslehrer beim Generalsuperintendenten Fergen, ferner Keßler, Jacobi, Meyfart. In den von ihnen geleiteten Conventikeln kommt, wie die „Beschreibung des Unfugs" mittheilt, ein ekstatisches Frauenzimmer vor. Während Wiegleb einen Psalm liest, fährt das sogenannte Hallische Weib, Namens Krapp, in die Höhe, als ob sie in der Luft schwebte, klatscht in die Hände und ruft laut: Die Herrlichkeit des Herrn ist da, Hallelujah, ich sehe den Herrn Jesum und die heiligen Engel; worüber Keßler ohnmächtig geworden sein soll. Während der Generalsuperintendent der pietistischen Bewegung durch praktische Predigtweise indirect entgegenkam, ist sie von dem Diakonus Hack auf der Kanzel bekämpft worden. Von ihm angeregt, unternahm es der Rath der Stadt, die Predigtweise Fergen's und seine vorgebliche Protection der pietistischen Candidaten erst dem Consistorium, darauf der Regierung zu denunciiren, und führte so die Untersuchung der Sache durch eine fürstliche Commission herbei. Diese wies den Rath zurecht, und erließ ein Edict der vormundschaftlichen Regierung, das 11. September 1692 von der Kanzel verlesen wurde, in welchem ausgesprochen wird, daß die Anklage des Raths den Generalsuperintendenten und die Candidaten mit Unrecht belaste. In der Untersuchung waren nun die letzteren veranlaßt worden, eine vom 12. Juli datirte Confession zu überreichen, welche 1693 von einem Gegner in Begleitung eines gegen sie gerichteten Bedenkens herausgegeben worden ist. Jene Confession in neun Artikeln ist nun sowohl, was die in ihr berührten Lehrpunkte, als was die Art ihrer Deutung betrifft, für das Verständniß der pietistischen Theologie von nicht geringer Bedeutung.

Nachdem andere Offenbarungen als die in der heiligen Schrift abgelehnt sind, wird mit Berufung auf Spener's „Allgemeine

Gottesgelahrtheit" die Erkenntniß Gottes unter die Bedingung der Erleuchtung durch den heiligen Geist gestellt. Weil aber derselbe nicht in eine boshaftige Seele kommt, auch der Mensch erst aufwachen muß vom Sündenschlaf und geistlichen Tode, ehe ihn Christus erleuchten kann, so folgt, daß kein Gottloser dieses göttlichen Lichts fähig sei, wenn er auch aller Wissenschaft mächtig wäre. Vielmehr können gemeine Leute, wenn sie mit herzlichem Gebet in der Schrift forschen, von den Gründen ihrer Seligkeit jene Erleuchtung haben. Die Wiedergeburt als Annahme zur Gotteskindschaft erfolgt freilich in der Taufe; da aber die Meisten die Taufgnade verscherzen, so müssen sie Alle durch das Wort Gottes von Neuem wiedergeboren werden. Dieser Stand ist nun nicht nothwendig etwas Unbeständiges, was wieder verloren ginge, sondern kann durch die Wachsamkeit des Gläubigen vor allen muthwilligen und herrschenden Sünden für das ganze Leben bewahrt werden. Der Kern dieses Standes ist der lebendige Glaube, welcher die Erleuchtung, die Zuversicht auf die göttliche Gnade in Christus, die freudige Gewißheit der Gotteskindschaft in sich schließt und den freien Antrieb zu guten Werken mit sich führt. Die Voraussetzung aber für das Entstehen des lebendigen Glaubens ist, wie mit Berufung auf die Apol. C. A. ausgeführt wird, die Zerknirschung über die Sünde, der Schmerz, in welchem die Erblust ausgefegt wird. Indem darauf der lebendige Glaube eintritt, so kann der neue Gehorsam nicht ausbleiben, welcher in Kreuzigung des Fleisches, in Verleugnung seiner selbst und in der Nachfolge Christi, d. h. Demuth und Geduld besteht. „Der lebendige Glaube bringt auch die Rechtfertigung mit sich". Wo aber die Erneuerung des Lebens fehlt, ist zu schließen, daß die Rechtfertigung noch nicht erfolgt ist. Jene nun erscheint darin, daß man die Gebote Gottes h ä l t, wenn auch nicht sie e r f ü l l t. Denn dieses hätte die Bedeutung, daß man die Gebote in einer solchen Vollkommenheit hielte, um damit Gott etwas abzuverdienen. Obgleich also diese Stufe im gegenwärtigen Leben nicht erreicht wird, so muß dennoch nach einem höhern Grade der Vollkommenheit gestrebt werden. Endlich neuntens wird die Erklärung abgegeben, daß das heut zu Tage übliche Tanzen, Kartenspielen, Komödien besuchen, Scherzen, Schwänke erzählen und dergleichen nicht indifferent oder Mitteldinge, sondern Sünde und Gräuel vor Gott seien. Mit Berufung auf Spener's Vorrede über die drei

Predigten von der verbotenen Weltliebe werden als Gründe für diese Ansicht angeführt, daß was Gott gefällig sein soll, aus dem Glauben (Röm. 14, 23!) fließen, aus Liebe zu Gott und dem Nächsten hervorgehen, im Namen Jesu geschehen (Kol. 3, 17), zur Ehre Gottes gereichen, dem Nächsten nicht zum Aergerniß dienen muß, daß endlich der Christ nicht Herr über seine Zeit ist, und sich vor Versuchung zu hüten hat.

In dieser Schrift bildet zunächst der letzte Artikel das Programm, welchem die Pietisten treu geblieben sind. Was die fünf Gothaer Candidaten verurtheilen, konnte einem gewissenhaften Pfarrer wohl das Leben vergällen. Man lese nur die 1697 erschienene Schrift von Justinus Töllner (geb. 1656), abgesetztem Pfarrer zu Panitzsch, Sommerfeld und Althen unter der Inspection Leipzig, „Unrechtmäßige Absetzung", worin er einen sechsjährigen erfolglosen Kampf mit seinen Gemeinden und dem Leipziger Consistorium schildert. Seine Bauern gaben ihm durch die Unsitte des Pfingstbiers, einer von Tanzen und Schreien begleiteten Schlemmerei, welche in der Pfingstwoche fünf Tage dauerte, gerechten Anstoß. Sie wurden durch die Nachgiebigkeit der Polizeibehörde darin bestärkt, als der Pfarrer durch seine Vorstellungen schon einen Theil der Leute von der wüsten Sitte abgebracht hatte. Was aber schlimmer ist, das Consistorium in Leipzig, zu dem als Theologen der Prof. Alberti und der Superintendent Lehmann gehörten, hemmte alle seine kirchenordnungsmäßigen Schritte in der Gemeinde mit der schlaffen Erklärung, daß das Pfingstbier ein Mittelding sei, und daß der Pfarrer seine Vollmacht überschreite, indem er im Beichtstuhl die Absolution denen vorenthielt, welche in der Theilnahme an jenem Vergnügen keine Sünde erkennen wollten. Was Alberti ihm öffentlich nachsagt, daß er das Tanzen an und für sich für verdammlich erklärt und Niemand zum Beichtstuhl gelassen habe, der es nicht habe verschwören wollen, erklärt er für unwahr; er habe nur die übliche Art des Tanzens verurtheilt. Er wurde abgesetzt, da man ihn auch als Anhänger des Chiliasmus kannte und ihm die Abstufung in der Auctorität der Schrift und der symbolischen Bücher übel nahm [1]). Aber die

1) Er ist 1697 von Francke als Inspector der Schulen im Waisenhaus angestellt worden und hat als solcher bis zu seinem Tode 1718 gewirkt. Adam Bernd, Prediger in Leipzig (Eigene Lebensbeschreibung. 1738, S. 448), schildert ihn nach einem Besuch 1708 als einen Mann von verdrießlicher

Haltung, welche das Leipziger Consistorium nach dem Zeugnisse dieser Schrift einnahm, gereicht demselben nicht zur Ehre. Man stelle sich nur die ländlichen Unsitten vor, um zu begreifen, daß die pietistischen Pastoren, welche auch noch sonst abgesetzt worden sind, weil sie das Abendmahl solchen versagten, die getanzt hatten [1]), wahrscheinlich völlig im Rechte gewesen sind.

Die allgemeine doctrinäre Art aber, in welcher die Gothaer Candidaten das Problem der Mitteldinge behandelten, eröffnete einen literarischen Streit, in welchem Mehrere von ihnen wiederholt das Wort ergriffen [2]). Es ist unnöthig, denselben zu verfolgen, da der Gesichtspunkt, unter welchem der richtige Gebrauch der Erholung überhaupt und ihrer Mittel zu verstehen ist, von den Gegnern der Pietisten nicht entdeckt wurde. Nur das darf erwähnt werden, daß die pietistischen Gegner der Mitteldinge alsbald die Auctorität von Voet anriefen. Sie geben dadurch zu erkennen, daß sie in dieser Sache eine für den Calvinismus charakteristische Lebensansicht in das Lutherthum einführen. Calvinistisch ist in der Gothaer Confession auch die Auffassung des christlichen Lebens als eines Zusammenhanges, in welchem nicht regelmäßig auf solche Sünden gerechnet wird, die den Verlust der Gnade nach sich ziehen, sondern vielmehr auf eine in Stufen zunehmende Vollkommenheit, die doch nicht als Sündlosigkeit reclamirt wird [3]). Dieser Satz ist die Folge der gesteigerten Aufmerksamkeit auf das active Leben; dabei war es naturgemäß, daß man auf Ansichten hinauskam, die bisher schon im Calvinismus galten. Aber die übrigen Glieder der Heilsordnung, welche die vorliegende Schrift enthält, sind im specifischen Sinne pietistisch und unlutherisch. Den Mittelpunkt bildet der Satz, daß nicht die Taufe, sondern der durch den Bußkampf erreichte lebendige Glaube, welcher sich auf der Bahn zur Vollkommenheit des Lebens bewährt, die Wiedergeburt gewährleiste. In dieser Behauptung giebt sich eine Entscheidung zwischen verschiedenartigen Elementen des lutherischen Lehrbegriffes kund. Spener selbst erkannte die Taufe als die Gewähr

---

Stimmung, der an Bernd's Heiterkeit und an seiner Absicht, Wittenberg zu besuchen, Anstoß genommen hat.

1) Walch I. S. 794. 982.

2) A. a. O. II. S. 358—400.

3) Zu vermuthen ist, daß die Gothaer Candidaten in dieser Beziehung sich nach Francke gerichtet haben.

des Heilsstandes an, welche auch für diejenigen gilt, die die Taufgnade verloren und wiedergewonnen haben. Dieser Grundsatz des lutherischen Katechismus war nun gleichgiltig gegen die in C. A. und Apologie vorgetragene Lehre von der poenitentia, welche auch in Melanchthon's gemessenen Ausdrücken die Forderung eines Bußkampfes in sich schließt, die Luther den Zwickauer Propheten entgegengehalten hat (S. 111). Es ist durchaus in Uebereinstimmung, daß Spener, indem er jenen Werth der Taufe festhielt, den Bußkampf für das Entstehen des lebendigen Glaubens außer Ansatz brachte. Aber seine Anhänger in Gotha vertreten eben die umgekehrte Ansicht. Dieselben bringen eine lutherische Lehre zu praktischer Geltung, welche bisher blos auf dem Papier gestanden hatte. Die Hochschätzung der Regel des Bußkampfes aber schiebt die Bedeutung der Taufe für die Selbstbeurtheilung des Christen bei Seite, und macht damit den Gesichtspunkt ungiltig, unter welchem die lutherische Kirchlichkeit bis dahin bewahrt worden war. Ein Leben, welches auf Bußkampf und Durchbruch zum Glauben gestellt wird, mag noch so viele Proben christlicher Vollkommenheit mit sich führen; es ist aber von dem Boden des geschlossenen kirchlichen Zusammenhanges weggerückt; und wo es einen entsprechenden Boden der Gemeinschaft findet, in der Secte oder in der Clique oder in der Aufklärung, das ist bei jenem Grundsatze nicht vorgesehen. Weiterhin ist in dieser Confession deutlich, daß die Lehre von der Rechtfertigung, indem sie der Deutung der Wiedergeburt angehängt wird, vielmehr Gegenstand der Verlegenheit als fester Richtpunkt des christlichen Selbstbewußtseins ist. Ihre praktische Beziehung ist schon in der Annahme und Gewißheit der Gotteskindschaft an rechter Stelle zur Geltung gebracht worden. Also geben die Gothaischen Bekenner, indem sie nachträglich auf die Rechtfertigung als etwas Besonderes zurückkommen, dadurch kund, daß sie, Dank ihrer rechtgläubigen Schulung, die Lehre nicht mehr verstehen. Endlich kann man sich an den Bedingungen, welche für die richtige Gotteserkenntniß gestellt werden, die Verfänglichkeit der Aufstellungen Spener's über die theologia regenitorum recht anschaulich machen. Was nämlich unter Gotteserkenntniß zu verstehen ist, ist doppeldeutig. Einmal ist sie gemeint als religiöse Ueberzeugung, und so verstanden erfordert sie keine Gelehrsamkeit und ist nicht denkbar in Begleitung von Gottlosigkeit. Diese Gotteserkenntniß aber wird nur in einem Gefüge von

Gedanken nachweisbar sein, welches von der überlieferten, auch für die Pietisten giltigen wissenschaftlichen Theologie abweicht. Dieses theoretische Wissen hingegen, so wie es vorliegt, ist gänzlich gleichgiltig gegen besondere moralisch-religiöse Anforderungen. Indem nun die Verschiedenheit der beiden unter dem Titel der Gotteserkenntniß gemeinten Gedankenreihen nicht beachtet wird, so geben Spener's hier reproducirte Grundsätze den Antrieb dazu, daß die überlieferte Theologie, die als theoretische Erkenntniß in sich kein zureichender Grund persönlicher religiöser Ueberzeugung ist, durch einen formalen Willensentschluß zur Ueberzeugung erhoben werden soll. Unter dieser Bedingung aber werden gewisse Verschiebungen in ihr von geringerem oder größerem Umfange nicht ausbleiben. Die fernere Geschichte wird den Beweis dafür an die Hand geben.

5. Zunächst kommt es aber darauf an, wie die Anregungen Spener's zu separatistischen Folgerungen gebraucht worden sind. Charakterköpfe des separatistischen Pietismus sind der Hufschmidt Christoph Tostleben in Bölitz bei Leipzig und sein Hauslehrer Joh. Georg Schilling [1]). Sie kamen auf Grund des Pietisten-Edictes des Herzogs Christian von Sachsen-Merseburg 1693 in Untersuchung, der letztere auch in Haft. Auf diese Veranlassung hin berichtet Tostleben in einer weitläufigen Eingabe an das Consistorium zunächst über sein eigenes Leben. In gewandter Rede stellt er die Selbstbespiegelung zur Schau, an welcher die pietistische Frömmigkeit ihr Element hat, und die Rechthaberei, welche sich durch den Gebrauch der Sprache Kanaans über ihre Beziehung zu dem natürlichen Menschen täuscht. Er hat es erst mit dem Wege des Gesetzes versucht, dann den Trost des Evangeliums bei verschiedenen Predigern in der Nähe seines Wohnortes gesucht, bis er durch Predigten Spener's und Francke's den Frieden gefunden hat. Sein Pfarrer freilich hat dieselben quäkerische Bücher genannt. Tostleben hielt darauf Conventikel in seinem Hause, zu welchen sich Leute aus Leipzig, namentlich Studenten einfanden. Er machte sich ein Geschäft daraus, Andere zu bekehren,

1) Die Quelle sind 11 handschriftliche Actenstücke, offenbar Copieen aus den Acten des Consistoriums in Merseburg, in A. P. Tom. VI. Schon Schmid S. 306 hat sie benutzt, jedoch ohne sie anzugeben. — Der Schmidt in Bölitz kommt schon vor in „Historische Relation, was mit etlichen Leipzigschen Studiosis, welche von Skeuditz nach Merseburg gefangen geführt worden, zugetragen". 1691. A. P. I.

indem er ihnen Bücher seiner Farbe zusandte. Seit dem Erscheinen des Edictes ist sein Verhältniß zu seinem Pastor, den er vorher zu strengerem Verfahren in der Beichte ermahnt hat, gestört. Derselbe stichelt auf die Pietisten als Heuchler und Scheinheilige, die sich in die Häuser schleichen, und die man nicht mehr grüßen soll. Als ihm Tostleben darauf ankündigt, daß er am Abendmahl nicht mehr theilnehmen werde, hat ihn der Pastor verklagt. Auf die in der Untersuchung vorgelegten Fragen erklärt er, daß er das Abendmahl von dem Pastor nicht nehmen werde, so lange er ihn für keinen rechten Kirchendiener halte; daß er nicht eher in seine Pfarrkirche gehen werde, bis nicht die wahre Kirche, d. h. rechtgläubige Herzen darin zu finden seien, und der Pastor aufhöre ihn Schwärmer und Ketzer zu nennen, daß er demselben nicht das Recht zugestehe, ihm die Sünden zu vergeben, sondern nur die von Gott verliehene Verzeihung zu verkündigen, daß er es auf das Urtheil einer theologischen Facultät nicht ankommen lasse, da die heilige Schrift ausreiche, um für ihn günstig zu entscheiden. Verzückungen, wie sie Schilling hatte, verwunderten ihn nicht, da solche in der Schrift, aber auch durch Tauler bezeugt seien; übrigens lege er keinen Werth auf sie, da das Wort Gottes die einzige Richtschnur sei. Hoffnung besserer Zeiten erschiene ihm mehr begründet als nicht begründet zu sein; er halte aber mehr von der geistlichen Auferstehung, in der man täglich den Sünden entwüchse, während die sich in den Chiliasmus einließen, daneben alles vergäßen und sich nicht einmal recht vorbereiteten [1]).

Schärfer spricht sich der Stud. Theol. Schilling in seiner dem Consistorium eingereichten „Verantwortung und Glaubensbekenntniß“ aus. Er findet die Gemeinde der Heiligen nur im Conventikel, nicht in der Kirche, welche der Abgötterei voll ist, und in welcher er lauter Sünder geduldet sieht, keinen Frommen aber, der ihm ebenbürtig wäre; und wenn Einzelne der Art da wären, so

1) In der Sammlung ausgewählter Materien zum Bau des Reiches Gottes, 3. Band (1734) S. 664 ist mitgetheilt: Auszug aus Christoph Tostlöwen's Roß=Arzenei=Buch, welches er seinen Kindern aufgezeichnet hinterlassen. Hieraus wird hervorgehoben, daß wie T. Alles mit Gebet, als der Universalmedicin oder dem Lapis philosophorum unternommen, er auch die Kur der kranken Pferde, die ihm als Hufschmidt zustand, mit einem Gebet begonnen hat, das a. a. O. abgedruckt ist. Man erkennt hieraus, daß das Andenken an den Mann lange fortgedauert hat.

seien sie ihm unerkennbar. Die Warnung davor, daß man die Gemeinde verlasse, gelte nur in Beziehung auf die freiwilligen Gemeinden der Urzeit, welche durch die Liebe mit einander verbunden waren. Er will nicht mehr in die Kirche kommen, sondern aus Babel ausgehen, um den Gerichten sich zu entziehen, welche dieses treffen werden. Und er meint dabei auch das Abendmahl nicht zu entbehren, gemäß Luther's Satz: Crede et comedisti et bibisti. Das Aergerniß, das er dadurch geben könnte, giebt er nur der Welt. Der Meinung, daß die Conventikel die urchristlichen Verhältnisse wieder erneuern, entspricht die weitere Ansicht, daß nachdem der heidnische Kaiser und nach ihm das Papstthum in die Christenheit gekommen sind, der Krebs um sich gefressen und sich in der Kirche eingewurzelt hat, so daß keine menschliche Kunst, sondern nur der Herr selbst ihn ausrotten kann. Während Carpzow oder Marquart in dem „Unfug" gegen die von Spener angeregte Bewegung dieselbe Verdächtigung wie Osiander gegen Arndt aussprach, nämlich, daß ein Münster'scher Aufruhr in Aussicht sei, beugt Schilling mit der Erklärung vor, die Pietisten sännen auf keine Rebellion, sondern böten sich der Verfolgung geduldig dar. Aber indem er die Obrigkeit als Gottes Ordnung anerkennt, verkündet er göttliche Strafen über sie, wenn sie ihr Amt mißbraucht, insbesondere päpstlichen Gewissenszwang gegen solche übt, welche über die Augsburgische Confession hinaus an die Bibel als deren Quelle gehen. Schilling hat nach dem Zeugnisse Tostleben's Entzückungen erfahren. Indem er zum vollen Separatismus entschlossen ist, kehren bei ihm die Merkmale wieder, welche der Pietismus aus Lodensteyn's Schule an sich trägt, welche aber bei Spener keine Anknüpfung haben. Und nun die Erziehung, welche der Mann an die Kinder seines Principals verwendete! Nachdem dieselben früh angekleidet waren, mußte ein jedes in besonderem Raume ein freies Gebet mit Bekenntniß seiner besonderen Untugenden sprechen, und der Lehrer behorchte sie dabei. Der Unterricht begann mit dem Morgensegen, den der Lehrer jeden Tag in freier Rede modificirte, und dann die Kinder nachsprechen ließ. Dann wurde ein Psalm nebst einem Spruch repetirt, und auf die Einschärfung der Gottseligkeit ausgelegt, ebenso ein Capitel der Bibel. Jetzt folgten die weltlichen Lernübungen, welche durch Repetition des Katechismus, durch dessen Erklärung und Einschärfung der Gottseligkeit beschlossen wurden. Dann wurden die Kinder in Hof und Garten entlassen, wo sie jedoch nicht spielen durften, sondern etwas Nützliches thun mußten. Zur Mahlzeit zwischen 10 und 11 Uhr mußten sie mit niedergeschlagenen Augen antreten; während derselben führte der Lehrer einen erbaulichen und christlichen Discurs. Zum Schluß der Mahlzeit wurde aus Sirach oder dem neuen Testament gelesen, und Kinder wie Gesinde darin examinirt, ferner ein oder zwei Buß- oder geistliche Lieder gesungen, sowie Kinder und Gesinde ermahnt, sich bis zur nächsten Mahlzeit vor Sünde zu hüten. Dann mußten die Kinder sich draußen wieder nützlich machen, wobei sie von dem Lehrer beaufsichtigt, zur Gottesfurcht und Eintracht ermahnt wurden; das kleinste Kind aber empfing über ein Blümchen Demonstrationen der Schönheit und Allmacht Gottes, nebst Ermahnung zum Gehorsam gegen ihn. An den ferneren Unterricht schloß sich der Abendsegen nebst moralischer Application auf die Kinder. Dieselben wurden nun wieder in den Garten gelassen. „Er ging aber immer auf und ab und hinterschlich die Kinder, ehe sie es versahen, und so oft er sie begegnete, erinnerte er sie, ohne Unterlaß zu beten und stets an Gott zu denken". Er ließ sie auch nie ins Dorf unter die bösen Kinder gehen. So schildert der fromme Hufschmidt die Kindererziehung seines treuen Präceptors. Er hat durch denselben sein Haus zu einem Kloster machen lassen, und die Kinder unter eine Dressur gestellt, die ihr Muster in charakteristischen Zügen nur an der jesuitischen Erziehungskunst findet. Das Behorchen und Hinterschleichen der Kinder, und daß sie sich nie ohne Aufsicht fühlen dürfen, findet seine Analogie nur dort; die Anweisung aber, zur Erholung sich nützlich zu machen und alles Spiel zu meiden, combinirt die mönchische Abneigung gegen den freien Lebensgenuß mit einer Betrachtung des Lebens, welche in die Aufklärung hineingehört. Spener, dem die Separation von Tostleben und zwei anderen Leuten aus Leipzig nicht verborgen blieb, macht in einem Brief an Francke die Bemerkung, die ihm die Erinnerung an den Separatismus in Frankfurt eingab, daß die gute Sache von den im Uebrigen christlich Gesinnten mehr Hinderniß erfahre, als von den offenbar Bösen. Das Wichtigste aber ist seine Annahme, daß Francke ohne Zweifel mit den Personen bekannt sein werde; darauf gründet er die Zumuthung, er solle sie wieder in Ordnung bringen[1]).

1) Kramer, Beiträge S. 341. In den „Unschuldigen Nachrichten"

Er gesteht dadurch den Zusammenhang der Sache mit seinen eigenen Anregungen zu.

6. In einem andern Falle kann man beobachten, wie separatistische Antriebe älterer Herkunft in die von Spener eröffnete Bewegung verpflanzt werden [1]). Im Jahre 1646 lebte zu Lauenburg an der Elbe der Licentiat beider Rechte, Franz Zobel. Pfeiffer bezeugt von ihm, er sei ein Mann von guter Wissenschaft und stillem Wandel gewesen, habe sich neben seiner Hauptprofession auch auf die Paracelsische Medicin gelegt und einige Kuren verrichtet, außerdem aber habe er mit Hohburg Verkehr gehabt. Der Mann hat sich zur Kirche gehalten, aber ein halbes Jahrhundert lang, wie Pfeiffer angiebt, sich des Abendmahls enthalten. Sein Vorwand dabei wäre theils der gewesen, daß er sich noch nicht würdig genug zum Genuß des Sacramentes finde, theils der, daß er dadurch nicht in Gemeinschaft mit Unwürdigen treten wolle; indessen fügt Pfeiffer hinzu, er habe genügend erkennen lassen, daß er die innerliche und geistliche Genießung des Leibes und Blutes Christi im Glauben dem sacramentalen Acte vorziehe. Demnach würde seine Meinung mit der von Hohburg übereingekommen sein. Nun hat am Gründonnerstag 1646 der Superintendent Vogel, nachdem er wiederholt vergeblich den damals schon seit 20 Jahren das Abendmahl scheuenden Zobel zur Feier desselben eingeladen

---

1715 S. 546 kommt ein Joh. Georg Schilling aus Pegau in Sachsen vor, der 1705 als Adiunctus ministerii zu Pernau in Livland abgesetzt worden ist, weil er die Wirkung der Taufe auf Kinder von frommen Aeltern beschränkt, die symbolischen Bücher nur bedingungsweise beschworen und sonst wider die Kirchenordnung verstoßen hat. Derselbe hat 1708 in Magdeburg unter dem Schutz eines vornehmen Mannes Privatversammlungen gehalten. In einem darauf entstandenen Schriftwechsel mit dem Domprediger Titius hat er behauptet, daß alle Christen lehren dürften, weil sie alle zum Werk des Amtes zuzurichten wären. Vgl. Walch, Religionsstreitigkeiten I. S. 873. Vielleicht ist dieser Schilling mit dem Informator in Bölitz identisch.

1) Vgl. Herrn Francisci Zobel's Christliche Beantwortung zweier Fragen, ob Judas das Nachtmahl mit den Jüngern gehalten, und ob Jemand für einen Christen zu halten, wenn er nicht das Nachtmahl hält, sammt einer kurzen Vorrede vom heutigen Mißbrauch und Entheiligung des Abendmahls. Frankfurt und Leipzig 1692. — M. Zachariae Vogelii Abgenöthigte Antwort auf das unzeitige Bedenken Herrn Fr. Zobel's. Mit einer Vorrede D. August Pfeiffer's Superintendent in Lübeck. Lübeck 1693. In A. P. I. II. Daselbst auch die zweite und dritte der nachher zu nennenden Schriften.

hatte, mit Beziehung auf ihn eine Predigt gehalten. Darauf hat Zobel zur Widerlegung der Predigt seine „Christliche Beantwortung der zwei Fragen" geschrieben und dem Superintendenten mitgetheilt. Diese Schrift hat nach 46 Jahren, wie Pfeiffer sich ausdrückt, ein „Tockmäuser" mit einer Vorrede herausgegeben, worin er Klage über die Entheiligung des Abendmahls durch Unwürdige führt. Um dem entgegenzuwirken, hat Pfeiffer die Duplik des alten Superintendenten, welche er Zobel zugesandt hatte, aus ihrer handschriftlichen Verborgenheit hervorgezogen.

Die oben angeführte Beurtheilung Zobel's durch Pfeiffer ist ohne Zweifel richtig; der Mann nimmt seine halb separatistische Stellung nicht blos aus den beiden in seiner Schrift ausgesprochenen Gründen ein, sondern ohne Zweifel mit dem Hohburg'schen Hintergedanken. Das Argument aber, daß Judas nicht am Abendmahl theilgenommen habe, welches er durch Einschiebung des Berichtes des Johannes von dem letzten Mahle Jesu in den des Matthäus und Marcus gewinnt, steht ebenso in Abhängigkeit von der separatistischen Gesammtansicht, wie die umgekehrte Ansicht von dem gemeinkirchlichen Interesse geleitet ist [1]. Worauf es aber hier ankommt, ist die Thatsache, daß die Verneinung der Theilnahme des Judas am Abendmahl als Symptom pietistischer Strenge nicht blos in der Reproduction der Zobel'schen Schrift, sondern gleichzeitig noch in einem andern Falle sich geltend macht. Ein Prediger zu Schernicke im Herzogthum Magdeburg, Johannes Welmer hat 1692 einen Tractat herausgegeben „Von der Abwesenheit des Apostels Judas Ischarioth, als der liebe Heiland Jesus Christus den übrigen elf Aposteln seinen Leib und Blut ..... austheilte". Als dagegen Joh. Gottfried Elsener S. Theol. Cultor eine „Kurze Antwort" (Magdeburg 1692) veröffentlicht hatte, antwortete Welmer wieder mit einer „Gründlichen Vertheidigung seines Tractätleins" (Zerbst 1692). Diese Schriften sind ganz objectiv gehalten und mit gelehrten Mitteln ausgeführt. Welchen Gesichtspunkt aber Welmer dabei befolgt, giebt ein Epigramm am Schlusse seiner zweiten Schrift kund:

Si coenae Christi Judas interfuit olim,
Ecquis nunc audet pellere iure malos?

Daß diese Strenge nothwendig sei, erörtert nun der anonyme

1) Vgl. Lampe's Bejahung der Frage. I. S. 442.

Herausgeber der Zobel'schen Schrift in der Vorrede zu derselben. Auf eigentlichen Separatismus ist er nicht gestimmt, sondern nur gegen die oberflächliche Art, in welcher das Beichtinstitut gehandhabt, und die äußerliche Regelmäßigkeit begünstigt wird. Allein den Keim zu einer unlutherischen Haltung verräth doch eben gerade dieser pietistische Verfasser. „Wenn ein Christ nicht die Vereinigung mit seinem Heilande, die durch den Gebrauch des h. Abendmahles geschehen oder bestätigt werden soll, in seiner Seele empfindet und deroselben Hochachtung mit gottseligem Wandel, ja täglicher Besserung seines Lebens bezeuget, und danket also in der Liebe und in dem Sinn und Geist Christi dem Herrn seinem Gott, so ist er mit Nichten ein würdiger Gast bei dieser heiligen Gnadenmahlzeit". Das ist nicht mehr die lutherische Deutung des Abendmahls, sondern eine mystische Combination, die zugleich ein Merkmal des Calvinismus in sich aufgenommen hat. In der Linie dieser Ansicht liegt der Anlaß zu der scrupulösen Selbstprüfung, welche der darauf folgende Tractat Zobel's einschärft. Und wenn, wie es heißt, das Abendmahl die gefühlte Vereinigung mit Christus nicht blos vermitteln, sondern auch bestätigen soll, so wird aus dieser calvinistischen Wendung sich wahrscheinlich eine gleiche Sprödigkeit gegen die heilige Handlung entwickeln, wie sie im Calvinismus reichlich vorkommt (I. S. 117).

7. Gab es Laien, welche für die Heiligkeit der Abendmahlsgenossen besorgt waren, so legte der Pietismus wenigstens die Sorge für deren Bußfertigkeit den Geistlichen an das Herz. Diese Aufgabe aber collidirte mit der Handhabung des Beichtstuhls. Wie dieses Institut damals geworden war, so entbehrte es der Bedingungen zur individuellen Prüfung, Belehrung, Berathung der Gemeindeglieder. Die Beichthandlung bezog sich zwar noch immer auf die Einzelnen, aber dieselbe war zu dem ganz mechanischen Verfahren ausgeschlagen, daß man das allgemein gehaltene Sündenbekenntniß aufsagte, und dafür die Absolution empfing. Alle, welche vor Spener auf Ernst des kirchlichen Lebens dringen, Hohburg, Heinrich Müller, Großgebauer legen gegen den Beichtstuhl Zeugniß ab. Es ist nicht leicht verständlich, wodurch umgekehrt die Anhänglichkeit der großen Masse an dieses Institut motivirt gewesen ist. Man kann z. B. in dem Falle der Bauern zu Panitzsch sich schwer vorstellen, warum dieselben nicht lieber von dem Beichtstuhl fern blieben, wenn ihr dissolutes Leben in demselben

gerügt wurde, und warum sie eine Lossprechung von ihren Sünden begehrt haben, indem sie die Beharrung in denselben bezeugten. Es würde ja ein Fall unbedingter Verstocktheit und demnach absichtlicher Selbsttäuschung und Heuchelei gewesen sein; und den kann man nur in der äußersten Noth um eine Erklärung annehmen. Die Sache erklärt sich aber daraus, daß die Kirche die maßgebende Form der bürgerlichen Gesellschaft war, daß die bürgerliche Ehre von der regelmäßigen Theilnahme am Gottesdienst abhing, und die Beichte und Absolution vielmehr als politische und nicht als religiöse Handlungen geschätzt wurden. Daß eine Handlung nur als Gesellschaftsrecht galt, welche ihrem Inhalt und Ausdruck nach religiös und moralisch sein soll, ist ein schwerer Schaden am damaligen Kirchenthum. Indessen wird hiedurch nur festgestellt, daß in dem lutherischen Deutschland dasselbe Verhältniß zwischen Kirche und Gesellschaft fortdauerte, welches das Mittelalter beherrscht, und daß demgemäß dieselbe Verkommenheit des Beichtinstitutes eingetreten war, welche am Anfang des 16. Jahrhunderts an dem katholischen Bußsacrament zu rügen war. Das katholische Institut dient hauptsächlich zur politischen Musterung der Kirchengenossen; wenn der gleiche Gesichtspunkt für die lutherische Kirche ein Bedürfniß ist, so ist der Verfall des Beichtstuhls, den der Pietismus herbeigeführt hat, ein nicht wieder einzubringender Verlust. Die Bestrebungen heutiger hochkirchlicher Pietisten aber, die Kirche wieder zur maßgebenden Form der Gesellschaft zu machen, würden darauf zu richten sein, den Beichtstuhl in dem Sinne wiederherzustellen, an welchem die ursprünglichen Pietisten den größten Abscheu empfanden.

Der Conflict zwischen der hergebrachten blos politischen Schätzung des Beichtstuhls und den ernsten religiösen und moralischen Ansprüchen an dieses Institut ist am heftigsten durch Caspar Schade hervorgerufen worden. Dieser Anhänger Spener's, welcher an den Leipziger Bewegungen betheiligt war (S. 171), hatte kurz nach Spener's Uebernahme der Propstei an der Nicolaikirche in Berlin, 1691 ein Diakonat an derselben erhalten. Er hatte sich eine Aeußerung Spener's im „Thätigen Christenthum", daß den Geistlichen die Ehelosigkeit anzurathen sei, gemerkt, und widmete sich seinem Amte so wie seinen Hausversammlungen mit größtem Eifer. In seiner melancholischen Gemüthsstimmung übte er die Rüge gegen die herrschenden Unsitten mit aller Schärfe; Spener aber bezeugt zugleich, daß die Mädchen im Alter von 12 bis 14 Jahren mit Erfolg von ihm dazu angeleitet wurden, „aus ihrem Herzen die beweglichsten Gebete auf eine Achtelstunde zu thun". Die Verwaltung des Beichtstuhls verwickelte ihn nun in die größten Scrupel [1]); er erreichte es, daß zwei Jahre lang seine Collegen in der Beichthandlung und Spendung des Abendmahls für ihn eintraten, während er ihnen andere Amtshandlungen abnahm. Indessen als er 1696 jene Functionen wieder übernehmen mußte, brach seine leidenschaftliche Angst in Kundgebungen von größerer Tragweite aus. Drei Predigten über Luc. 19, 41—48 unter dem Titel: „Bedenk's Berlin. Des Herrn Jesu dreifaches Zeugniß über Jerusalem", stellten alle Schäden des bürgerlichen Lebens in den grellsten Farben dar. Schon vorher aber schickte er zwei kleine anonyme Aufsätze [2]) über Beichte und Abendmahl nach einander in die Welt: „Erörterung von 30 Gewissensscrupel oder Fragen" und „Eine ernste doch brüderliche Bestrafung derjenigen, die dieselbe entweder gar nicht oder doch kalt und weltgesinnt beantwortet; zugleich eine gründliche Widerlegung des ungegründeten Beichtstuhls", diese mit der Ueberschrift: Ich suchte Hilfe bei den Menschen und fand keine, Sirach 51, datirt vom 28. Juni 1696. Diese Schriften sind in einer kernigen Sprache mit ironischen Wendungen abgefaßt. Daß Schade sie verfaßt hatte, verrieth am Anfang von 1697 eine Predigt, die sich in gleichlautenden Wendungen bewegte. Der Standpunkt jener Schriften aber ist dadurch bezeichnet, daß Schade in der lutherischen Kirche zwar das Evangelium und die Bußpredigt noch wirksam zur Berufung der verborgenen Heiligen, der wahren unsichtbaren Kirche, unter dem Haufen aber die Herrschaft des Antichrist maßgebend findet, namentlich im geistlichen Stand, auf Universitäten und bei Höfen. Die Einrichtung des Beichtstuhls endlich erklärt er für einen Mißbrauch, der aus dem Papstthum herübergenommen ist, und der keine Gewähr durch die Apostel besitzt. Der Wittenberger Theolog Deutschmann bewies freilich nachher, daß die Einrichtung von Gott

---

1) Allein Gott zu Ehren als ein nöthiges Zeugniß der Wahrheit und Vertheidigung des Glaubens Jesu Christi von mir J. K. Schade verfasset. 1695.

2) Sie sind nebst einem Gratulationsschreiben an den abgesetzten Töllner enthalten in „Die schändliche Praxis des Beichtstuhls und Nachtmahls des Herrn". 1697. A. P. XI.

im Paradiese getroffen sei und durch beide Testamente bezeugt werde. Schade hingegen bricht in die Worte aus: „Es lobe, wer da will, ich sage: Beichtstuhl Satansstuhl, Feuerpfuhl". Die wahre rechtschaffene Buße, welche Schade zum Schlusse des zweiten Aufsatzes fordert, wird also, wenn sie zur Ausführung kommt, den Beichtstuhl aus der Welt schaffen. Es ist nicht ohne Interesse, zu vernehmen, daß Schade in dieser Epoche in nahem Verkehr mit Joh. Michaelis (S. 128) stand, auf welchen er schon 1691 in Leipzig eine besondere Aufmerksamkeit gerichtet hatte. Spener schreibt nämlich 16. Februar 1697, daß unbesonnene Eiferer, wie der bekannte alte Michaelis, die alles über den Haufen werfen wollen, den Eifer Schade's immer wieder anfachen, wenn er einmal zur Nachgiebigkeit gestimmt ist [1]). Jener Apostolische Wahrheitszeuge, der stets um Christi willen mit dem Kopf durch die Wand ging, hielt ja Spener, Scriver, Horb und Francke ebenso für Heuchler wie deren rechtgläubige Gegner. Wie sollte er also nicht Schade's Schroffheit gegen die mildernden Einflüsse Spener's bestärken!

Die Streitsache wurde brennend, als Schade gleichzeitig mit der erwähnten Predigt die Privatbeichte gänzlich einstellte. Er versammelte seine Beichtkinder in der Sacristei, ermahnte sie, sprach die Beichte vor, zeigte, wie man sich würdig zum Abendmahl vorbereiten solle, und absolvirte sie insgemein. Dieses eigenmächtige Verfahren erregte unter der Gemeinde und der Bürgerschaft überhaupt großen Unwillen, und Spener mußte ihm dasselbe von Amts wegen verbieten. Als deshalb Schade die Beichthandlung gänzlich unterließ, richtete die Bürgerschaft gegen ihn eine Anklage an die Regierung. Dieselbe setzte zu deren Untersuchung eine Commission ein, vor welcher 17. Mai 1697 die Klage formell angebracht wurde. Ihr gegenüber erklärten aber Anhänger Schade's, sie könnten den Beichtstuhl nicht mehr in der bisherigen Weise betreten. Sie hätten früher aus demselben einen Abgott gemacht und gemeint, auf andere Art keine Sündenvergebung zu erlangen; jetzt, da sie besser unterrichtet seien, bitten sie, Jedem freizustellen, ob er die Privatbeichte gebrauchen oder ohne sie zum Abendmahle gehen wolle. Die Meinungen in der Commission gingen bei gemeinsamer Anerkennung der blos relativen Auctorität des Beichtstuhls in begreiflicher Weise

1) Letzte Bedenken III. S. 392. 422. 603. Kramer, Beiträge S. 364.

für und gegen die allgemeine Aufrechterhaltung dieses Institutes aus einander. Spener's Ansicht, daß es zur Beruhigung dienen werde, die Entscheidung hinauszuschieben, erwies sich als unrichtig. Die Vertreter der einen und der anderen Meinung in der Gemeinde regten sich vielmehr gegen einander auf. Anhänger Schade's ließen eine fanatische Schrift ausgehen: „Apostolischer Bericht und Unterricht von Beichte und Abendmahl", worin beide Handlungen „ein babylonisches Monstrum und Ungeheuer vom närrischen Menschengeiste ersonnen" genannt wurden. Da starb Schade 25. Juli 1698; hiedurch wurde die Schlichtung der Gegensätze erleichtert. Sie erfolgte durch „Sr. Kurfürstl. Durchl. zu Brandenburg gnädigstes Decisum wegen der Freiheit des Beichtstuhls in Dero Residentien" 16. November 1698. Hier wird mit Rücksicht auf die reformirte Confession des Kurfürsten erklärt, daß derselbe nie die Intention gehabt habe, die bisher übliche Privatbeichte abzustellen, und es ihm nie in den Sinn gekommen sei, einigen Gewissenszwang bei seinen Unterthanen einzuführen. Indem also die Privatbeichte für die, welche sie gebrauchen wollen, aufrecht zu erhalten ist, so soll vorher Sonnabends ein Bußsermon vor dem Altar gehalten werden. Diejenigen, welche sich einen Gewissensscrupel über die Privatbeichte machen, indem sie zugleich durch guten Wandel sich als gesunde Glieder der lutherischen Kirche erweisen, sollen um der Gewissensfreiheit willen zum Abendmahl zugelassen werden, zumal da Luther aus dem Beichtstuhl keinen Zwang gemacht hat, und derselbe in unzählig vielen lutherischen Kirchen, nämlich in Schweden und Dänemark, an vielen Orten in Oberdeutschland und in allen lutherischen Kirchen in Holland überhaupt nicht besteht.

Spener selbst hat in dieser Epoche sich wiederholt ganz conservativ über die Geltung des Beichtstuhls geäußert [1]). Allein er hat doch nicht verhehlen können, daß diese Einrichtung, die seiner in der Jugend zu Straßburg gemachten Erfahrung von lutherischem Kirchenwesen fremd war, nur relativen Werth für dasselbe habe. Uebrigens deutet er klar genug an, daß er eine Stellung zu der Aufgabe des Beichtstuhls einnimmt, welche die Unvollziehbarkeit derselben einschließt. Indem er nämlich bei einer gewissen Klasse von Gemeindegenossen die Sorge hegt, daß sie unbußfertig sein möchten,

1) Vgl. Schmid S. 268 ff.

obgleich an ihnen keine offenbare Laster vorhanden sind, und indem er bei solchen die Absolution bis zur deutlichen Erprobung ihrer Buße aufgeschoben zu sehen wünscht [1]), theilt er den Standpunkt der Feinen in der reformirten Kirche, unter deren Einfluß schon zu Voet's Zeit die Disciplin auf die Bahn einer Inquisition gekommen ist (I. S. 114). Wenn der Beichtstuhl eine solche Aufgabe der Gewissensprüfung Anderer auferlegt, dann wird er natürlich zur Marterbank für den Geistlichen oder zum Fallstrick. Die Privatbeichte ist nur durchzuführen, wenn man sie als eine politische Einrichtung für die Kirche betrachtet, und, wie es in der römischen Kirche Grundsatz ist, auch mit der attritio des Confitenten zufrieden ist. Als religiös-moralisches Hilfsmittel ist die Beichte nur unter der Voraussetzung der Freiheit und Freiwilligkeit der Rathserholung zu verstehen. Als gesetzliche Ordnung der Erforschung und Leitung der Individuen ist die Unternehmung nur da angezeigt, von wo sie sich auf die Kirche ausgebreitet hat, in der Klostergemeinde oder in einer analogen sectirerischen Gemeinde von activ Heiligen. Auch in diesen Kreisen kann man nur so lange an die Nützlichkeit des Verfahrens glauben, als man noch keine Erfahrung von Heuchelei gemacht hat. Es war aber auch sehr unzweckmäßig, daß die Vertreter der bisherigen Praxis wie Deutschmann die absolute Verbindlichkeit derselben vertheidigten, da doch nicht verborgen blieb, daß sie nicht mit dem Bestande der lutherischen Kirche sich deckte. Jene Vertheidigungsversuche setzten also nur die Niederlage des bestehenden Kirchenthums ins Licht, welche nicht wieder rückgängig gemacht werden konnte. Und indem der Pietismus hier den ersten kirchenordnungsmäßigen Erfolg aufzuweisen hatte, so kommt weiter in Betracht, daß er ihn mit Hilfe einer schon waltenden Macht der Aufklärung errungen hat. Das ist die brandenburgische Kirchenpolitik, welche daraus entsprungen ist, daß im 17. Jahrhundert die Zeit vorüber war, in welcher die Religion des Landesherrn über die des Volks entschied. Nachdem die indirecten Versuche mißlungen waren, der reformirten Confession Sigismund's die lutherischen Kirchen in den brandenburgischen Ländern anzunähern, mußte der aufgeklärte Grundsatz der Gewissensfreiheit zur gegenseitigen Ordnung der Confessionen aufgeboten werden. Wenn Schmid die Vermuthung ausspricht, daß die

1) Bedenken I. S. 207* 217*.

kurfürstliche Entscheidung unter Spener's Einfluß zu Stande gekommen sei, so mag das in Hinsicht der getroffenen Auskunft richtig sein, allein der Grund, die Gewissensfreiheit, welche nun auch beiden Parteien in der lutherischen Kirche gewahrt werden soll, ist die Staatsraison der Aufklärung, welche den Kurfürstlichen Beamten, nicht aber Spener zuzurechnen ist. Wie nahe er der Bahn dieser Richtung stand, war ihm selbst noch verborgen.

8. Viel weiter greifende Antriebe zur Auflösung kirchlicher Ordnung, als welche bei Schade wirkten, haben zwei andere Anhänger von Spener, beziehungsweise von Francke an den Tag treten lassen. Der Studiosus Heinrich Julius Ehlers von Bardowieck, welcher in der Leipziger Untersuchung von 1689 vorkommt als einer, der jede Aussage verweigerte, hat 1693 sich zu Arnstadt in der Grafschaft Schwarzburg durch eine agitatorische Thätigkeit bemerklich gemacht, über welche Schelwig im Itinerarium antipietisticum aus den Acten berichtet, die der Wittenberger Facultät vorgelegen haben und von ihr 14. März 1694 beantwortet sind. Ehlers behauptete durch das geistliche Priesterthum berufen zu sein in die Häuser zu gehen und zu lehren. Der theure Francke und er selbst seien von Gott erleuchtet und empfänden die Offenbarung der Kraft im Herzen. Jener habe die Kraft so zu predigen, daß die Herzen der Zuhörer gewonnen werden. Daher verlangte er von jedem Prediger des heiligen Geistes zu ihm gesprochene und in seiner Seele empfundene Worte, denn es sei überhaupt keiner ein Christ, der nicht die Gnade Gottes in seiner Seele empfinde. Darum müsse Christus in den Herzen der Lehrer als in seinem Tempel sitzen und lehren; die also Erleuchteten seien die rechten Gottesgelehrten. Die Prediger in seiner Nähe vermöchten die Leute nicht zu bekehren, also predigten sie nicht recht. Er nimmt auch an der Absolution und der Darreichung des Abendmahls an ruchlose Sünder Anstoß. Der Obrigkeit zu gehorchen und die Kirchenordnung zu beobachten, erklärt er nicht verpflichtet zu sein, indem er in Ausübung seines allgemeinen Priesterrechtes während der Stunden des Gottesdienstes sich in Häuser eindrängt, um hie und da eine kranke Frau und liebe Seele zu trösten. Die Schulen erklärt er für Mordgruben und die akademischen Studien achtet er für leere Schalen. Dieser Schwärmer wurde durch Urtheil und Recht des Landes verwiesen, und ein Gräfliches Mandat gegen die Pietisten sollte dem etwa angerichteten Schaden steuern.

So einfach sind die Unruhen, welche der Pfarrer Johannes Mercker in der Reichsstadt Essen erregte, nicht geschlichtet worden[1]). Derselbe war 1691 in das Pfarramt dieser seiner Vaterstadt eingetreten, in welcher schon 1682 unter dem Beifall Spener's Hausversammlungen bestanden, die von Pfarrern geleitet und von der Obrigkeit beschützt wurden. Alsbald trat er aber mit denselben Anschauungen auf wie Ehlers und überbot sie noch. Er beurtheilte das Recht, in der Kirche zu lehren, blos nach dem Vorhandensein des heiligen Geistes, erklärte die Berufung von Lehrern durch die Gemeinde für statthaft nur, wenn an jenen unberufenen Mangel sei, und wollte das bischöfliche Amt als besondere Gewalt, und die Lehrbefugniß, so wie es ursprünglich war, unterschieden wissen. Im Verfolg des ersten Satzes verwarf er die besondere Erziehung zum Lehramt überhaupt, und wies nach, daß die akademische Theologie, einschließlich der philosophischen Vorbildung eitel sei und der Kirche Christi zur Unterdrückung gereiche. Er verwarf ferner alle Ceremonien, welche als Reste katholischer Sitte in der lutherischen Kirche galten, mit Ausnahme der Kniebeugung und Auflegung der Hände zum Segen, erklärte den Binde- und Löseschlüssel, also die Vergebung der Sünden in Vertretung Gottes für unstatthaft, da vielmehr jeder für sich die Liebespflicht der Verzeihung zu üben habe. Taufe und Abendmahl zu verwalten sei kein Amtsvorrecht. Endlich seien große und kleine Versammlungen von Christen unter der Bedingung angezeigt, daß alle Trennung und Absonderung vermieden, und denen, die im rechtschaffenen Wesen stehen, Gelegenheit gegeben werde, ihr Licht leuchten zu lassen. Wer nach alter Gewohnheit beichten und absolvirt sein will, soll in Liebe geduldet, aber weder Reformirte noch Mennoniten ausgeschlossen werden; denn die im Glauben Schwachen soll man aufnehmen. Mercker also wollte die noch flüssige Rechtsordnung der Kirche unter den Aposteln als die einzig rechtmäßige Gestalt derselben wieder herstellen, und erkannte demgemäß das geltende Recht des Magistrates in Kirchensachen nicht mehr an. Schließlich erklärt er ironisch, er wolle den symbolischen Büchern ihre Ehre lassen, indem der heilige Geist (Apok. 17, 4) die Formula concordiae einen goldenen Becher nenne, nämlich den, in welchem

---

1) Acta Essendensia. 1706. Spener, Bedenken III. S. 542. Letzte Bedenken III. S. 756. Goebel II. S. 624 ff.

Babylon die Unsauberkeit ihrer Hurerei hat. Denn nicht Rom allein sei für Babylon zu halten. Diese Ansichten führten 1699 zum Streit mit den übrigen Predigern. Ein Gutachten der Facultät in Halle entschied sich gegen Mercker, obgleich Francke bei dessen Abfassung in Betracht zog, es so zu moderiren, daß das Werk des Herrn in Halle nicht indirect compromittirt würde[1]). Als nun Mercker in Folge dieses Gutachtens mit Suspension vom Amte bedroht war, ging er direct gegen den Rath vor; er drohte dessen Mitgliedern die Excommunication an, wenn sie nicht geloben würden, die Saufgelage und die langwierigen und kostspieligen schriftlichen Processe abzustellen. In Hinsicht der ersten schloß er die officiellen Mahlzeiten ein, welche der Magistrat auf Kosten des Gemeindesäckels hielt. Der Rath, welcher diese Beschwerden in bestimmten Grenzen anerkannte, ging zunächst mit einer Verordnung gegen Trunksucht vor. Mercker aber bestand darauf, daß jeder Besuch eines Wirthshauses den Bürgern zu untersagen sei, ferner stellte er, obgleich Privatbeichte in Essen nicht üblich war, an die zur allgemeinen Beichte erscheinenden Rathsmitglieder die Frage, ob sie auf Abschaffung der Gelage und Processe bedacht sein wollten, und zog sich dadurch im Januar 1703 die Suspension und 3. Mai die Absetzung zu. Der Rath stützte sich dafür auf ein Gutachten des Ministeriums zu Frankfurt a. M. vom 21. October 1702. Das gleichzeitig erbetene aber erst unter 3. Mai 1703 ausgestellte zweite Gutachten aus Halle kam für die Streitsache nicht mehr in Betracht. Es war Mercker nicht nur insofern günstig, als es den Fall unter die Verneinung der Mitteldinge subsumirte, sondern auch durch die Annahme, Mercker wolle nicht den Rath excommuniciren, da dessen Mitglieder, wenn sie sich von ihm nicht warnen ließen, sich selbst excommunicirten. Der Rath beklagt sich nachher, daß die Halle'schen Theologen die gestellten Fragen willkürlich verschoben haben. Uebrigens ergab sich nach der Absetzung Mercker's, daß ungefähr die Hälfte der lutherischen Gemeinde zu ihm stand. Als diesen Leuten die Wiedereinsetzung ihres Pastors verweigert und gegen die Privatversammlungen eingeschritten wurde, riefen sie die Intervention des Königs von Preußen als Schutzherrn der Stadt Essen an. Die Regierung in Cleve war in die damals maßgebenden Bestrebungen der geheimen Räthe in Berlin genügend

1) Kramer, Beiträge S. 432. — Ueber das Gutachten vgl. unten Cap. 39.

eingeweiht, um zu Gunsten der pietistischen Beschwerdeführer einzuschreiten. Erst 1705 wurde der Sache durch Vergleich ein Ende gemacht, dem gemäß Mercker eine Geldentschädigung erhielt, und die Geldstrafen für Privatversammlungen zurückgezahlt wurden. Aber Mercker's Anhänger haben sich Jahre lang vom öffentlichen Gottesdienst und Abendmahl zurückgezogen. Der Urheber aller dieser Unruhen wurde 1712 wahnsinnig und ist 1728 in elendem Zustande, also wahrscheinlich in Blödsinn gestorben.

9. Die lutherische Lehre hat gemäß dem 12. Artikel der Augsburgischen Confession die Möglichkeit der Wiederholung der Buße für die aus dem Gnadenstand Gefallenen ohne Beschränkung aufrecht erhalten. Indessen schloß sich daran der weit verbreitete Mißbrauch, durch Beichte und Genuß des Abendmahls in der Gefahr des Todes auch nach einem nichts weniger als christlichen Leben sich den Anspruch auf die jenseitige Seligkeit zu sichern. Durch die Theologen wurde im Ganzen dieser Meinung nicht entgegengewirkt, obgleich dieselbe nicht blos gegen die Aufgabe sittlicher Charakterbildung, sondern auch gegen den nicht minder lutherischen Grundsatz verstieß, daß das ewige Leben für das Jenseits nichts Anderes als die Fortsetzung des gegenwärtigen Besitzes, und für die Gegenwart in dem rechtfertigenden Glauben enthalten sei, dessen Früchte die guten Werke sind. Dieser Grundsatz aber war im Allgemeinen dadurch verdunkelt, daß man das Gottvertrauen und die Geduld nicht als die Praxis des Rechtfertigungsstandes kannte. Nun war Spener mit seinem Lehrer Dannhauer der Ansicht, daß die beiden Stufen der Seligkeit nicht der Sache und der Art nach verschieden sind. Als jedoch 1706 ein Prediger Sibbern in Glückstadt sich zu dieser Lehre bekannte, fand er nicht blos Widerspruch bei seinem Amtsgenossen Wildhagen, sondern auch die Facultäten zu Wittenberg und Greifswald und der Holstein'sche Generalsuperintendent Schwartz fällten die Entscheidung, daß die Seligkeit der Gnade und die der Herrlichkeit der Art nach verschieden seien. Auch Spener wurde in den zeitlich vorangegangenen Streitschriften Schelwig's, Neumann's und der Wittenbergischen Facultät wegen der Abweichung von dieser Entscheidung angegriffen, obgleich er mit Luther in der Sache übereinstimmte [1]). Hiedurch empfing natürlich eine Reue auf dem

---

1) Vgl. Walch I. S. 816. II. S. 177—189.

Todbette ein ungünstiges Licht. Es entspricht also jener Ansicht Spener's, daß er nun gegen den einfachen Sinn des lutherischen Lehrbegriffs den Erfolg immer wiederholter d. h. immer wieder unwirksamer Buße einzuschränken unternahm. Er lehrte nämlich in verschiedenen seiner Schriften [1]), daß es einen **terminus peremtorius gratiae** gebe, daß Gott zwar allezeit die Buße eines Sünders annehme, aber in seiner Gerechtigkeit vielleicht keine Gnade und Antrieb zur Buße mehr verleihe, sondern die Herzen verstocke.

Diese Ansicht war nicht unerhört in der lutherischen Kirche; es ist gerade bemerkenswerth, daß sie in einem Kirchenlied „Kommt her zu mir, spricht Gottes Sohn" ausgesprochen ist: „Und wenn er nicht mehr leben mag, so hebt er an ein große Klag, will sich erst Gott ergeben. Ich fürcht fürwahr, die göttlich Gnad, die er allzeit verspottet hat, wird schwerlich ob ihm schweben". Im Jahre 1670 hatte sogar der Diakonus Stenger in Erfurt kategorisch ausgesprochen, die zum ewigen Leben verordneten Kinder Gottes bedürften der großen Buße nie oder gewiß nicht zum zweiten Male. Das klang aber zu sehr nach der calvinistischen Lehre von der **perseverantia gratiae**, als daß nicht von allen Seiten, auch von Spener an der Spitze des Frankfurter Ministeriums dagegen votirt worden wäre. Nun aber brachte der Diakonus Joh. Georg Böse zu Sorau in der Niederlausitz, ein schwindsüchtiger und leidenschaftlicher Mann, welcher seit 1693 für Conventikel, für die Schade'sche Beichtpraxis und für alle anderen pietistischen Interessen eingetreten war, das Thema von dem **Terminus peremtorius salutis humanae** in einer eigenen Schrift (1698) zu voller Oeffentlichkeit. Er begründet seinen Satz auf die Unterscheidung zwischen der **gratia vocans**, welche allgemein giltig und der **gratia revocans**, welche als besondere Fügung von Gott niemals Allen verheißen und demgemäß nicht bis zum Lebensende zu erwarten ist. Vielmehr gebe der Hebräerbrief deutlich an die Hand, daß für die Verstockten die Gnade Gottes und die Bußfähigkeit nur auf bestimmte Frist in Aussicht stehen. Böse rief hiedurch die Feindseligkeit seiner nächsten Amtsgenossen, die er schon reichlich auf sich gezogen hatte, in verstärktem Maße hervor. Verhandlungen vor dem Mediat-

---

1) Evangelische Glaubenslehre S. 118. 805. Theol. Bedenken IV. S. 519. Andere Stellen bei Hesse, Der terministische Streit (1877) S. 83, — welche Schrift zu der folgenden Darstellung zu vergleichen ist.

consistorium des Grafen von Promnitz, Herrn von Sorau, vor dem Oberconsistorium in Lübben, Gutachten von Leipzig und Rostock führten zu keiner directen Entscheidung des Streites, da Böse 1700 starb. Nun aber verpflanzte sich der Streit nach Leipzig, wo von den in die theologische Facultät eben eingetretenen Mitgliedern Adam Rechenberg und Thomas Ittig, jener die Behauptung von Böse aufnahm, dieser den Widerpart hielt. Es mischten sich auf beiden Seiten auch noch Andere ein, und von 1700—1704 erfolgte eine solche Fülle von Streitschriften über den Terminismus, daß Walch diesen Streit nicht nur als den weitläufigsten, sondern auch als den betrübtesten bezeichnet, welcher nicht ohne Wehmuth nach allen seinen Umständen kann erwogen und vorgestellet werden [1]). Das letztere wird hauptsächlich darauf zu beziehen sein, daß Ittig wiederholt den Streit gegen seinen Collegen auf die Kanzel gebracht hat. Und es war ein Streit um des Kaisers Bart. Das Interesse, welches die Anhänger Spener's vertraten, ist im Zusammenhang der dogmatischen Betrachtung, d. h. derjenigen, welche die Frage nach Gottes Beschlüssen zu beantworten sich getraut, gar nicht gewahrt. Hierüber gewährt keine neutestamentliche Gedankenreihe eine Auskunft. Denn mit welchem Rechte macht man aus der Erfahrung der Israeliten in der Wüste eine allgemeine Regel für die Christen? Andererseits wenn Rechenberg die Behauptung aufstellte, Gott entziehe die Gnade den Verstockten und **Widerstrebenden**, so konnten die Gegner mit Recht erwidern, dadurch werde gerade die Fortdauer der Gnade Gottes zugestanden; denn widerstreben könne man doch nur der Wirkung der Gnade, die einen berührt. Praktisch aber war der terministische Satz gar nicht. Denn die, welchen hiedurch Furcht erregt werden sollte, waren als Verstockte für solche Furcht nicht zugänglich, und kein Diener der Kirche war im Stande, mit seiner eigenen terministischen Ansicht daran etwas zu ändern. Höchstens also ward sie ein Anlaß zum Splitterrichten.

10. Dieser Ueberblick über Erscheinungen des Pietismus ist vielleicht nicht vollständig. Allein die Hauptformen der excentrischen Bewegungen, welche in die zweite Hälfte des öffentlichen Wirkens Spener's fallen und Streitigkeiten erregt haben, sind mit dieser Schilderung erschöpft. Daneben muß ein mittlerer Durchschnitt

---

1) **Walch** II. S. 857.

von Frömmigkeit in der Masse der Conventikelchristen sich behauptet haben, der weniger grelle Farben an sich getragen hat. Indessen kann man sich des Eindrucks nicht erwehren, daß der Unterschied in den Graden der pietistischen Affection zunächst nur ein fließender gewesen ist. Beweis dafür ist das gespannte Interesse, mit welchem Spener und mehr noch Francke die extravaganten Fälle beobachtet haben, und welches ihnen alle möglichen Rücksichten gegen dieselben auferlegte. Deshalb ist es angezeigt, den einzelnen Zügen von Pietismus, welche dargestellt sind, einige Beobachtungen der gesellschaftlichen Haltung, die er einnahm, hinzuzufügen. Zunächst darf hier dem Professor Valentin Alberti in Leipzig [1]) das Wort ertheilt werden, dem Spener bezeugt hat, daß er sich als den maßvollsten seiner Gegner bewiesen habe, und an dessen Auftreten er momentan die Erwartung knüpfte, daß eine theoretische Ausgleichung des Streites erreichbar sei. Alberti führt als ersten Irrthum der Pietisten an, daß sie sich einen größern Fortschritt in der Lebenserneuerung, als billig ist, einbilden, in der Meinung, daß sie nicht wenige und nicht blos niedrige Stufen sittlicher Vollkommenheit, sondern hohe und von dem Ziele nicht ganz entfernte in diesem Leben erreichen können. Daraus gehe die geistliche Selbstgefälligkeit (φιλαυτία) hervor, daß sie sich und ihres Gleichen wegen ihrer Vollkommenheit über die Anderen erheben, daß sie sich zu besonderen Vereinigungen zusammenthun, und diese durch Heranziehung anderer zu vergrößern streben, daß indem sie das Gesetz zu halten überzeugt und in den Mitteldingen enthaltsam sind, sie eine besondere Heiligkeit darstellen wollen, daß sie durch die Ansprüche des geistlichen Priesterthums sich berechtigt glauben, die Brüder und Schwestern zu lehren, auch wenn sie selbst noch des elementaren Unterrichts bedürfen, daß sie deshalb das Predigtamt verachten, und die amtliche Wirksamkeit derer, welche sie für böse erklären, für erfolglos und unnütz ausgeben, und theilweise dazu fortschreiten, die Kirche für Babel zu erklären. Diese Charakteristik leuchtet ein, obgleich sie einer Erprobung nicht unterzogen werden kann. Aber was wendet Spener dagegen ein? Er konnte sich mit Recht darauf berufen, daß die Pietisten den

---

1) Vindiciae exegeticae Joel II. 28. 29. Praefatio de pietismo. Lipsiae 1695. Spener, Vertheidigung seiner Unschuld gegen Alberti. Stargard 1696. Es folgten noch mehrere Schriften.

Grundsatz, eine quantitative Vollkommenheit der Gesetzerfüllung sei im irdischen Leben unmöglich, wie auch Alberti anerkannte, mit der Kirche theilten (S. 173). Allein er achtete nicht darauf, daß innerhalb dieser gemeinsamen Ueberzeugung ein Abstand zwischen denen obwaltete, welche Stufen der Vollkommenheit erreicht haben wollten, und denen, welche bei aller Aufrichtigkeit christlichen Wandels auf diese Selbstbeurtheilung verzichteten. Und konnte er denn den Eindruck der Selbstgefälligkeit, welchen die Pietisten hervorriefen, unwirksam machen, indem er den Beweis derselben in jedem einzelnen Falle forderte, und die theoretisch ganz richtige Belehrung hinzufügte, daß man um so demüthiger sei, je höhern Grad von Heiligkeit man erreicht habe! Es ist Spener gelungen, Alberti von der richtigen Fragestellung abzuziehen. In seiner „Ausführlichen Gegenantwort" 1696 fuhr sich derselbe in die rein theoretische Feststellung der quantitativen Unvollkommenheit der Gesetzerfüllung fest, welche Spener nicht in Zweifel zog, — ein Beweis, wie wenig ein rechtgläubiger Theologe der Aufgabe gewachsen war, welche das Dasein des Pietismus seiner Urtheilskraft stellte.

Für den offenkundigen Zusammenhang des pietistischen Strebens nach Vollkommenheit mit selbstgefälliger Ueberhebung darf man auch die obrigkeitlichen Edicte [1]), welche seit jenem kursächsischen Verbot der Conventikel in Leipzig 10. März 1690 zahlreich erfolgten, als Zeugnisse anrufen. Die Discretion, durch welche Walch sich die Benutzung dieser Documente verbieten ließ, ist in Hinsicht seines Lehrzweckes gerechtfertigt. Aber für die Aufgabe der geschichtlichen Erforschung des Pietismus muß der immer wiederholte übereinstimmende Eindruck jener Erscheinungen der Thatsache selbst gleich gelten, zumal die Grundsätze auf keine andere Haltung der Partei rechnen lassen. Bei den Edicten ist nun das bemerkenswerth, daß der Vorwurf einer eingebildeten Vollkommenheit oder des Scheins besonderer Gottseligkeit deutlicher in denen hervortritt, welche nach 1700 erschienen sind. Hatte doch Dippel schon 1698 Ursache, solche Heuchler zu constatiren, die unter dem Namen der Pietisten ihr zeitlich Interesse suchen und, damit man sie als wahre Christen passiren lasse, sich einen guten

1) Bei Löscher, Vollständiger Timotheus Verinus (1718) I. S. 115—141, und bei Walch an verschiedenen Stellen.

Vorrath des gesetzlichen Strafens von Anderen zusammenbringen, worin sie ihre pietistische Zunge exerciren, während sie nichts als Pharisäer sind, die nur das Gesetz oder den todten Buchstaben predigen [1]). Darin aber stimmten die gegen einander abgestuften Gruppen der Pietisten mit einander überein, daß sie eine eigenthümliche Vollkommenheit des Lebens durchzusetzen meinten. Der Abstand zwischen den asketischen Grundsätzen der indifferentistischen Mystiker und der Strenge, welche die Halle'sche Schule gegen die Adiaphora übte, wird in den Laienkreisen schwerlich deutlich empfunden worden sein. Denn zunächst hatten beide Gruppen trotz ihres Abstandes enge Fühlung mit einander.

Wie die Pietisten zusammengehalten haben, dafür ist schon Spener's ausgedehnter Briefwechsel maßgebend. Die dicken Quartanten seiner Bedenken erschöpfen denselben durchaus nicht. In der Handschrift liegen noch zahlreiche Briefe von ihm auf verschiedenen Bibliotheken. Der Briefwechsel zwischen ihm und Francke in den Jahren 1689—1702, welchen Kramer herausgegeben hat, ist eine schätzbare Probe seiner leitenden Einwirkung auf seine Partei. Tholuck führt an, daß Spener in einem Jahre 622 Briefe beantwortet, und 300 an dem Ende des Jahres habe unbeantwortet lassen müssen. Der Briefwechsel zwischen Spener und Francke berührt außer den pietistischen Erscheinungen, welche gleichzeitig das öffentliche Interesse beschäftigen, eine Menge von Privatpersonen, deren Erweckung oder Bekehrung wichtig genug erschien besprochen zu werden. Und wie beweglich von Ort zu Ort erscheinen z. B. einige der ekstatischen Weiber, von denen oben die Rede war! Die Gegner hatten eine Ahnung von der Bedeutung dieses doppelten Verkehres. Wie geringfügig aber sind die Notizen, welche die „Ausführliche Beschreibung des Unfugs der Pietisten" (1693) unter dem Titel: Von der Pietisten Briefen und Reisen darbietet! Die Paar Briefe, welche man aufgefangen hatte, die oben (S. 183) berührten Berichte über die begeisterten Mägde, und einige Briefe eines gewissen Hattenbach aus Lübeck geben durchaus keinen Einblick in den Verkehr der für den Pietismus maßgebenden Personen. Umgekehrt aber wurde die hier begangene Indiscretion aus dem Schooße der pietistischen Partei erwidert.

---

1) Das gestäupte Papstthum der Protestirenden. Sämmtliche Schriften (Berleburg 1747) I. S. 135. 416.

Zwei confuse anonyme Schreiben, „Brief von jetzigen theologischen Streitigkeiten“ (datirt 28. März 1695) und „Continuation der Relation von jetzigen theologischen Streitigkeiten“, beide unter der Chiffre M. N. H. und der Maske eines zu Jena Theologie Studirenden berichten von allerlei Kreuz- und Querfahrten durch Deutschland, um zu insinuiren, daß eine Conföderation zwischen Leipziger, Wittenberger Theologen, Mayer in Hamburg und Schelwig in Danzig im Werke sei, um Spener literarisch zu bekämpfen; daran wird die heuchlerische Besorgniß eines Schisma in der Kirche geknüpft, dessen Verantwortung hiemit den Gegnern Spener's zugeschoben wird. Dieselbe Denunciation wird gleichzeitig erhoben in „Die durch einen Brief entdeckte neue Schwärmerligue wider D. Spenern“ (datirt Wittenberg 16. März 1695). Hier spitzt ein anderer Schreiber die Anklage auf Schelwig zu. Derselbe war 1694 von Danzig nach Pyrmont ins Bad gereist, und hatte unterweges allerlei Städte und Personen, auch Spener in Berlin besucht. Der pietistische Schreiber giebt nun an, was Schelwig überall zum gemeinsamen Vorgehen gegen Spener verabredet habe. Die Schrift ist eine bemerkenswerthe Probe davon, wie aufmerksam überall die pietistische Spionerie sich an Schelwig's Bewegungen geheftet, und wie sehr sie beflissen gewesen ist, ihre Beobachtungen an den Einen zu berichten, der dann diesen Gebrauch von seiner Kunde gemacht hat. Der Erfolg war entgegengesetzter Art, als er beabsichtigt war. Schelwig, welcher schon mit Spener in Schriftwechsel stand, schrieb dagegen sein Itinerarium antipietisticum, eine Schrift von dem Kaliber des „Unfugs“, und fuhr ohne Ermüdung fort, die immer wieder aufgerufenen Entgegnungen Spener's durch neue Streitschriften zu erwidern, die ich nicht gezählt habe, die aber für den Angegriffenen empfindlicher sein mußten, als alle übrigen. Die Masse von Klatsch, welcher in diesem Streit sich an die unberufene Denunciation knüpfte, und welchen Spener in aller Breite fortspann, ist völlig ungenießbar. Jedoch die ersten Schritte zu dieser Verwickelung waren von pietistischer Seite ausgegangen, und sie gaben an Unanständigkeit den früheren Schmähschriften, der Imago Pietismi und dem „Unfug“ nichts nach. Sie verrathen zugleich einen viel engeren Zusammenhang unter den Pietisten, als diese den Gegnern nachzuweisen vermochten.

Jene Thatsache erscheint auch in dem Stil, in welchem Pietisten brieflich mit einander verkehrten, den sie also wohl in den Conventikeln sich angewöhnt hatten, um sich von den Weltleuten zu unterscheiden. Diese Ausdrucksweise weicht ab von der Sprache Kanaans, den Wendungen und Anspielungen alttestamentlicher Herkunft, welche im calvinistischen Puritanismus und Pietismus hergebracht waren. Spener ist ebenso wenig der Urheber dieses Jargon, als er irgend eine pietistische Extravaganz beabsichtigt hat. Daß er seine Briefe an Francke regelmäßig mit einer liturgischen Formel eröffnet, entspricht seiner geistlichen Gravität, und drückt vielmehr seinen objectiv-kirchlichen Sinn, als irgend etwas anderes aus. Denn seine Briefe selbst sind hievon nicht weiter afficirt. Besonders feierlich wollen sich nun auch die Pietisten dritten und vierten Ranges ausdrücken. Allein sie beginnen nicht nur mit einer liturgischen Formel als Ueberschrift, sondern ihre ganzen Briefe bewegen sich in dieser Redeart und werden dadurch manierirt und geschmacklos. Die Sentimentalität, welche diese Ausdrucksweise trägt, läßt darauf schließen, daß sie aus der Literatur der Jesusliebe entlehnt ist, die auf Spener keinen Einfluß geübt hat. Der Indiscretion Schelwig's im Itinerarium verdanken wir zwei Briefe eines Studiosus Andreas Karre, Anhänger von Francke in Leipzig, welcher von einem adeligen Mädchen in Hinterpommern gegen den Willen ihrer Angehörigen geheirathet worden war. Er schreibt an dieselbe vor der Heirath einmal: „Mein getreues herzliebstes, du mein Kind des großen Gottes, meine geduldige, starke, aufrichtige Israelitin; auserwähltes und bei unserem himmlischen Vater in nicht geringer Gnade und Liebe, ja in dessen Schutz und Schirm wider alles Fleisch stehendes Schwesterchen; Gott sei und bleibe dein Gott, Amen. Ja er wird dir seinem zarten Kinde kräftig und wunderbar helfen, bis das völlige Triumphlied vor ihm wird gesungen werden, da alle alle Feinde Gottes zu den Füßen in ewiger Schmach liegen u. s. w." Das andere Mal: „Von dem Vater der Lichter Kraft und Lieblichkeit. In Christo geliebte Schwester. Mein Herz, Dein Herz, Ein Herz, Sein Herz, nämlich unseres Gottes. Ich freue mich über die wunderbare Fügung unseres Vaters, nach welcher er uns, durch seinen Geist in seiner Liebe, Erkenntniß und Seligkeit stehende einander bekannt gemacht hat u. s. w." Mehr nach der Sprache Kanaans klingt der Brief einer andern Adeligen, die ebenfalls einen Studenten geheirathet, worin sie ihrem frühern Beichtvater als einem unwürdigen d. h. nicht pietistischen Prediger den Text liest. Aber das ist eben ein Document polemischer Art, in welchem die Strenge des göttlichen Gerichts im Voraus copirt werden mußte.

Solchen Ton hat Spener auch in seinen Streitschriften niemals angeschlagen; denn neben der Vorsicht und Milde, die ihn auszeichnete, verbot es ihm seine Gewöhnung an die Sitte der guten Gesellschaft, in welcher er von Jugend auf heimisch war. Dadurch aber ist es auch bedingt, daß seine religiösen Anregungen in den Kreisen des hohen und des niedern Adels besondern Anklang fanden [1]). Als Sohn und Enkel von Beamten der Grafen von Rappoltstein hat er seit seiner frühen Jugend sich der Fürsorge der Gräfin Agathe, geborenen Solms-Wildenfels aus dem Vogtlande, zu erfreuen gehabt, einer frommen Frau, die während des Kriegselendes, das damals besonders stark auf dem Elsaß lastete, die ernste und irdischer Eitelkeit abgewendete Richtung seines Gemüthes gepflegt hat. Spener wuchs auch in das Vertrauen ihres Sohnes, des letzten Grafen Johann Jakob, eines früh erblindeten und frommen Mannes, hinein, durch dessen Vermittelung zwei junge Pfalzgrafen von Birkenfeld 1654 auf der Straßburger Universität seiner Aufsicht anvertraut wurden. Dem Interesse an diesen Gesellschaftskreisen, welches ihn von seiner Jugend an begleitete, hat er das Denkmal seines Opus heraldicum gesetzt, das in seinem zweiten zuerst erschienenen Theil (1680) die Beschreibung und Geschichte der Wappen aller ausgezeichneten fürstlichen und hochadligen Geschlechter Europa's mit genealogischen Uebersichten u. s. w., in seinem ersten Theil (1690) die Theorie der Wappenbilder darbietet. Wie er diese Liebhaberei neben den Obliegenheiten seines Amtes und den sich häufenden Geschäften außeramtlicher Art hat pflegen können, ist so gut wie unverständlich; daß aber die Kenntniß dieser Dinge ihn auch bei der religiösen Einwirkung auf den deutschen Adel unterstützt und ihm die Wege gebahnt hat, ist leicht zu begreifen.

---

1) Hier ist wieder zu verweisen auf Barthold, die Erweckten im protestantischen Deutschland, besonders die frommen Grafenhöfe, in Raumer's Historischem Taschenbuch 1852. 53. Zugleich ist an die I. S. 369 ausgesprochene Einschränkung dieser Darstellung zu erinnern, daß Einflüsse Spener's auf die Grafen reformirter Confession, welche B. annimmt, aber nicht beweist, außer Rechnung zu setzen sind.

Die Gunst regierender Personen für seine Collegia durfte Spener zuerst in Darmstadt erfahren, nachdem gerade dort ein Sturm der Verfolgung über sie hergegangen war. Johann Winckler nämlich, der nachher in Hamburg für den Pietismus eintrat, vorher Hofprediger in Darmstadt, mußte der Feindseligkeit des Oberhofpredigers Balthasar Mentzer weichen, unter dessen Einwirkung ein Edict des Landgrafen Ludwig VI. im Januar 1678 die Collegia verbot. Allein der Regierungsantritt von Ernst Ludwig am 30. August 1678, zunächst unter der vormundschaftlichen Regierung seiner Mutter Elisabeth Dorothea, einer Tochter Ernst des Frommen von Sachsen-Gotha, führte einen Wechsel herbei. 1690 wurde den Superintendenten vorgeschrieben nicht nur den Katechismus zu treiben, sondern auch Erbauungsstunden zu halten, und diese wurden 1693. 1695 durch besondere Commissionen von den gegen sie erhobenen Einwendungen freigesprochen. Der Hof wie die Landesuniversität zu Gießen verfochten durch Beispiel und Theologie die Bestrebungen Spener's, bis nach dem Tode der Mutter der Landgraf den weltlichen Interessen verfiel. Spener's Frankfurter Lebensepoche hat ihm auch die Freundschaft von zwei benachbarten Frauen des hohen Adels, und dadurch einen noch immer fortdauernden bestimmenden Einfluß auf ihre eigenen und verwandte Geschlechter eingetragen. Das ist zuerst Benigna, geborene Gräfin von Promnitz zu Sorau, geboren 1648, vermählt 1667 mit Johann Friedrich Grafen von Solms-Laubach, einem Neffen von Agathe von Rappoltstein, gestorben 1702; ferner Christina, Prinzessin von Mecklenburg-Güstrow, geboren 1663, vermählt 1683 mit Ludwig Christian Grafen von Stolberg zu Geudern (oder Gedern am Vogelsberg), aus der Linie des Geschlechtes, welche jetzt in Wernigerode am Harz residirt, gestorben 1749. In dem Hause der einen oder der andern dieser Frauen ist Spener auf der Reise nach Dresden eingekehrt, und hat durch sie das Orakel aus der Bibel empfangen, welches S. 160 erwähnt worden ist. In Dresden pflog Spener nicht minder Verkehr mit Gliedern des einheimischen und benachbarten Adels, unter welchem die Gemahlin des Geheimenraths-Directors Freiherrn von Gersdorf, Catharina Henriette, geborene von Friesen (1648—1726) zu nennen ist. Besonders erfreute er sich des dauernden Vertrauens der Kurfürstin Gemahlin Johann Georg III., Anna Sophia von Dänemark, auf deren Wittwensitz Lichtenburg er im Mai 1704 zum letzten Male gepredigt hat. In Berlin trat Spener dem Hofe nicht nahe. Allein hier war der Freiherr Carl Hildebrand von Canstein sein Jünger und Vertrauter, und der General Dubislav Gneomar von Natzmer, welcher seit 1697 in Berlin lebte, nachher Stiefvater des Grafen Ludwig von Zinzendorf, wird schwerlich außer Beziehung zu Spener gestanden haben. Diese adeligen Kreise sind nun auch als die Pflanzstätten der maßvolleren und zugleich kirchlich-gesinnten Frömmigkeit anzusehen, welche der Absicht Spener's entsprach. Keine Spur findet sich davon, daß die separatistischen, dem Predigtamt feindlichen Extravaganzen des Pietismus auf diesem Gesellschaftsboden Anklang gefunden oder sich darin fest gesetzt haben. Die einzigen Ausnahmen, welche dagegen zu stellen wären, fallen in reformirtes Kirchengebiet. Es ist einmal an die Grafen von Wittgenstein und von Isenburg (I. S. 426) zu erinnern, die alle möglichen Separatisten bis in die Mitte des 18. Jahrhunderts beschützt und theilweise ihrer Interessen sich direct angenommen haben. Ferner hat Hochmann einen Grafen Rudolf Ferdinand zur Lippe-Bisterfeld, und dessen Schwester, die verlassene Frau eines gothaischen Obersten Grafen zu Leiningen-Westerburg von sich abhängig gemacht; und als er durch den regierenden Grafen Friedrich Adolf zur Lippe gefangen gesetzt, darauf des Landes verwiesen war 1702, folgte ihm jenes Geschwisterpaar, und kam 1703 mit ihm nach Hannover. Als sie nun hier Conventikel hielten, zu denen sich auch Personen höhern Standes einfanden, kam es zu einem Handgemenge, da Hochmann den Argumenten eines disputirenden Gegners nicht gewachsen war. Die Ausweisung der genannten Fremden wurde durch das Kurhannoverische Pietistenedict 20. Februar 1703 besiegelt [1]).

11. Die Fortdauer des Pietismus und seine Befestigung in einer theologischen Schule war schon gesichert, als gegen ihn das erste Kursächsische Mandat von 1690 erschien, und die Imago Pietismi die Fluth von Streitschriften eröffnete, welche in den Jahren 1692—98 Spener zu den zahlreichen Erwiderungen veranlaßte, bei denen es darauf anzukommen schien, wer das letzte Wort behalten würde. Es wird genügen, die Gegner zu bezeichnen, welche gerade gegen Spener in jener Frist aufgetreten sind. Die Hoffnung besserer Zeiten fand außer August Pfeiffer, Superin-

---

1) Barthold 1852. S. 262 ff.

tendent in Lübeck, einen Gegner an Caspar Neumann, Professor in Wittenberg. Die allgemeinen Verhältnisse des Pietismus wurden durch Benedict Carpzow in Leipzig, Samuel Schelwig in Danzig, Joh. Friedrich Mayer in Hamburg, Valentin Alberti in Leipzig, endlich durch die theologische Facultät in Wittenberg, für welche Johann Deutschmann die Feder führte, beleuchtet und bekämpft. Es bewährt sich auch an diesem Streite, daß geistige Bewegungen von Gewicht und Ausdehnbarkeit durch alle Argumente der Gegner nicht aufgehalten werden. Der Lärm geht auch immer erst an, wenn die neue Richtung schon einen Theil der neuen Generation für sich gewonnen hat. Die Gegner des Pietismus hatten freilich ganz Recht darin, daß der Bestand der lutherischen Kirche, bei welchem sie hergekommen waren, durch den Pietismus erheblich verändert werde. Allein sie konnten diesen Vorgang mit allen Streitschriften nicht zurückhalten, weil sie dem praktischen Antrieb, der im Pietismus sich erhob, nicht gewachsen waren, und ihn in der Hauptsache nicht einmal verstanden. Hiemit soll dem Pietismus nichts weniger als ein unbedingter Vorzug vor der lutherischen Kirche, wie sie bis dahin geworden war, eingeräumt werden. Wie immer in menschlichen Angelegenheiten erwies sich alsbald, daß das Neue anders, aber darum nicht durchaus besser als das Alte war. Für die Schäden, denen man sich entzog, tauschte man andere Schäden nur an einem andern Orte ein. Jedoch das Schlimmere bei dem Conflict zwischen dem Pietismus und dem rechtgläubigen Kirchenthum war dieses, daß die letztere Macht, um sich zu behaupten und den Gegner ins Unrecht zu setzen, ihre Regeln verschärfte und ihren geistigen Bestand einschnürte, dadurch aber ihre Ueberzeugungskraft vielmehr lähmte als verstärkte. Die vollständige Deckung zwischen dem Inhalte der symbolischen Bücher und der heiligen Schrift, welche Spener's Gegner aufstellten, war nicht blos eine Behauptung, die den Zweifel gegen sich geradezu herausforderte, sondern war auch eine Neuerung, welche gegen das Herkommen und gegen die Meinung jener Urkunden selbst verstieß. Diese Uebertreibung ist gewiß mitschuldig an der Zerbröckelung, welche die lutherische Rechtgläubigkeit in den folgenden zwei Menschenaltern erfahren hat. Aber eben dieser Erfolg, an welchem man sich die Schwere der durch den Pietismus eingeleiteten Krisis der Kirche deutscher Reformation klar machen kann, hat noch andere Gründe. Daß dieselben den Wortführern kirchlicher Rechtgläubigkeit verborgen blieben, indem sie sich dem Pietismus entgegenwarfen, ist das Verhängniß, welches den Sturz ihrer Sache ohne ihre persönliche Schuld herbeigeführt hat. Der deutsche Pietismus ist schon in der Person Spener's nur ein Glied jener Umstimmung zur Aufklärung, welche als Gegenbewegung gegen das Jahrhundert der Religionskämpfe sich über mehr oder weniger große Schichten der an ihnen betheiligten Völker Europa's ausbreitete. Wir werden zu berichten haben, wie die Aufklärung, die in Deutschland neben dem Pietismus her ihren Verlauf seit dem letzten Viertel des 17. Jahrhunderts genommen hat, auch aus dem Pietismus selbst entbunden worden, oder wie in gewissen Fällen es zu individuellen Combinationen zwischen Aufklärung und Pietismus gekommen ist. Was wollte die gesteigerte Engherzigkeit der Schultradition gegen die Welle der Aufklärung leisten! Schon ehe sie deutlich in Sicht kam, war der Damm, der dagegen aufkommen sollte, die rechtgläubige Theologie, in sich zusammengefallen; sie war verschrumpft gerade durch die Ueberzeugung, daß der Inhalt der symbolischen Bücher sich mit dem vollständigen Christenthum decke, oder vielmehr, daß die traditionelle Beschränktheit, in der man jenen Inhalt verstand, dem reformatorischen Christenthum gleich sei.

An der Bestreitung des Pietismus sind von gewissem Interesse die verschiedenen Versuche, durch Vergleichung mit früheren Erscheinungen der Geschichte seine Art zu bestimmen. So beginnt die „Ausführliche Beschreibung des Unfugs" (1693) mit der Erinnerung an Thomas Münzer und den Aufruhr in Münster, gerade wie Lucas Osiander diese Aussicht an Arndt's Wahres Christenthum geknüpft hat (S. 39). Der Verfasser jener Anklageschrift unterscheidet aber den Pietismus von jenen groben und deshalb erfolglosen Anstiftungen des Teufels als ein feineres leise schleichendes Unkraut, wofür er eine zeitlich näher liegende Analogie in den Bauern fand, welche hundert Jahre vorher, 1590 in Schlesien, in der Umgegend von Liegnitz und Goldberg mit Bußpredigten aufgetreten sind und namentlich gegen den Luxus geeifert haben. Dieser Pragmatismus macht dem Verfasser, sei er nun Carpzow oder M. Marquart, keine besondere Ehre. Scheinbar gründlicher griff Mayer die Sache an in De pietistis ecclesiae veteris commentatio (1696). Dieselbe bricht aber bis auf Weiteres mit dem dritten Jahrhundert ab, und ist völlig werthlos, da nicht blos in den Pharisäern, sondern in allen Ketzereien jener Zeit, nicht nur in Montanisten und Novatianern die Gleichheit mit den Pietisten nachgewiesen wird. Diese Schrift gewährt einen sehr ungünstigen Eindruck von Mayer's Urtheilsfähigkeit. Das hat auch gleich ein Gegner ausgesprochen, welcher in Magdeburg unter dem Namen Christophorus Irenaeus ihm eine **Paraenesis sive commonefactio necessaria** (1697) widmete. Dann kam der Prediger an der Katharinenkirche zu Danzig, M. Friedr. Christian Bücher mit **Rathmannus redivivus** (1697), welcher vielleicht aus Localpatriotismus diesen Anhänger Arndt's und seine vorgebliche Laxheit in der Auffassung der heiligen Schrift als den Typus des pietistischen Grundirrthums aufstellte. Diese umfangreiche Schrift fand übrigens eine ausführliche Entgegnung durch den pietistisch gesinnten Constantin Schütze, Pastor an der Oberpfarrkirche zu Danzig: **Manes Rathmanni intempestive evocati** (1697). Darauf muß Bücher seinen Gesichtskreis erheblich erweitert haben; denn 1699 gab er heraus: „**Plato mysticus in pietista redivivus**, das ist pietistische Uebereinstimmung mit der heidnischen Philosophia Platonis und seiner Nachfolger, besonders in der Lehre von den sogenannten Entzückungen". Dieser Gesichtspunkt ist sehr weit hergeholt, und paßt jedenfalls nicht auf Spener und seine directe Absicht, da dieselbe auf nichts weniger als auf Mystik gestellt ist. Die separatistische Tendenz hingegen, welche seit 1684 in Spener's Collegium sich hervordrängte, und die Unabhängigkeit vom geistlichen Amte, welche Spener allmählich den Versammlungen zugestand, wurden von der öffentlichen Meinung als Annäherung an das Quäkerthum gedeutet, gerade deshalb, weil man in Deutschland fast nirgendwo eine Anschauung von demselben hatte. Nur zu Hamburg sind englische Quäker in jener Zeit nachgewiesen, die aber keine Einheimischen anwarben, weil man sich gegenseitig nicht verstand. Es ist also in dem unbestimmten Sinne des vulgären Ausdrucks gemeint, daß Phil. Ludw. Hanneken, Superintendent und Professor in Gießen, in einem „Sendschreiben" (1690) an die auch von Geistlichen geleiteten Versammlungen, in denen Laien mitreden, die Befürchtung knüpft, daß daraus endlich eine lautere Quakerei entstehen werde, da Hans omnis so wohl wollte Lehrer sein, als die ordentlichen Prediger sind. Er erinnert zugleich daran, daß die ordentliche Weise von Hausgottesdienst und gelegentlicher Erbauung von Freunden unter einander überschritten worden sei in **praxi Donatistarum, Novatianorum, Circumcellionum,**

Enthusiastarum, Anabaptistarum, Fanaticorum novorum in Holland, worunter er die sogenannten Collegianten in Rhijnsburg versteht, Arminianer, die nach Entfernung ihrer Geistlichen seit 1620 auf das kirchliche Amt verzichtet und sich in Bibelstunden mit Redefreiheit der Laien eingerichtet hatten. Aehnlich ist die Combination, welche Balthasar Mentzer, Superintendent zu Darmstadt, „Kurzes Bedenken von den einzelnen Zusammenkünften“, herausgegeben von Hanneken 1691, vorträgt. Er erinnert einmal an die englischen Puritaner und die von Voet bezeugten Zusammenkünfte in Holland, und fügt hinzu: „Die Papisten haben schon vorlängst uns Evangelische mit den Mennonisten, Wiedertäufern und anderen Enthusiasten wiewohl durch unverschämten Unfug in Ein Register gesetzt. Wenn aber solche Privatzusammenkünfte sollten eingeführt werden, so würden sie sich so viel mehr zu solchen Lästerungen befugt zu sein erachten, weil man anfängt zu thun, was jenen gebräuchlich und bei uns bisher nicht für gut befunden worden. Zumal wenn einer (wie von theils Gliedern und Freunden solcher Conventen geschehen) beginnt, enthusiastischer und auch sonst verdächtiger Autoren Schriften hoch zu halten und von Schwenkfeld, Weigel und dergleichen Schwärmern gar glimpflich zu reden, ihre Redensarten nicht allein nicht zu meiden, sondern auf die beste Maße zu deuten und zu entschuldigen“. Diese Befürchtungen lagen nahe genug. In dieser Linie hat nun Schelwig „Die sectirerische Pietisterei, erster Theil“ (1696) die Verwandtschaft des Pietismus zu bestimmen fortgefahren. Donatisten, Wiedertäufer, Quäker, gelegentlich Hohburg, Breckling und andere neuere Phantasten werden bei den einzelnen Controverspunkten als die Vorgänger der Pietisten bezeichnet. Schelwig hat nachher 1702 noch in sieben Disputationen die Verwandtschaft zwischen Pietisten und Wiedertäufern erörtert unter dem Titel **Wigandiana**, angelehnt an Johann Wigand's, zuletzt Bischof von Pomesanien (1523—1587) Schrift **de anabaptismo**. Es liegt in derselben Richtung, daß Valentin Ernst Löscher 1708 in dem Pietismus eine Erneuerung von Schwenkfeld's Richtung erkannt hat. Aber durchaus verfehlt sind die Erklärungen desselben als erneuten Osiandrismus durch Gottlieb Wernsdorff in Wittenberg (1717), als erneuten Stoicismus durch Caspar Neumann, endlich als Abzweigung des Socinianismus durch Joh. Fr. Mayer (1706). Die Analogieen mit diesen vorgeblichen Vorbildern sind am Pietismus nur beiläufig.

Indessen kann man überhaupt nicht erwarten, daß in der damaligen Streitlage die historische Stellung des Pietismus durchschaut und in methodischer Weise aufgeklärt worden wäre.

---

33. Johann Wilhelm und Johanna Eleonora Petersen.

Die Streitschriften sind als Quellen für die Geschichte des Pietismus brauchbar, so weit sie actenmäßig beglaubigten Stoff und sonst glaubwürdige oder wahrscheinliche Angaben darbieten. Man muß aber in diesem Gebiete vielmehr darauf gefaßt sein, auf schief gezeichnete Bilder zu stoßen. Die eigentlichen Quellen für das, was der Pietismus bedeutet, sind Biographieen und Erbauungsbücher. Auch aus diesen wird man genug Züge des christlichen Lebens schöpfen, welche als Uebertreibungen oder als Merkmale schief gerichteter Frömmigkeit aufgefaßt werden müssen; aber dieselben treten in einem Zusammenhange auf, welcher ein psychologisches und culturgeschichtliches Verständniß erlaubt. So ist die Theilnahme bedingt, welche das Leben des Ehepaares Johann Wilhelm Petersen und Johanna Eleonora geborene von und zu Merlau einflößt [1]). Die Lebensbeschreibungen Beider sind getragen von dem entschiedensten Glauben an Gottes Vorsehung, und in vielen Angaben darauf gerichtet, dieselbe handgreiflich zu demonstriren. Das Vertrauen auf die Leitung des Lebens durch Gott und die Befestigung desselben durch das Kreuz, das er auferlegt, ist als der Kern der Frömmigkeit in der lutherischen Kirche durch die bekannten Kirchenlieder (S. 6) und die entsprechenden Aeußerungen aller religiösen Dichter des 17. Jahrhunderts festgestellt. Nicht minder tritt dieser Grundzug des Lebens bei einer Reihe von Männern hervor, welche Tholuck als Lebenszeugen in der lutherischen Kirche charakterisirt hat [2]). Das Uebele bei dieser Geltung des Vorsehungsglaubens ist nur dies, daß Keiner mehr deutlich die directe Wechselbeziehung zwischen dieser Haltung des

---

1) Deren Autobiographieen sind erschienen die des Mannes 1717, 2. Aufl. 1719; die der Frau 1718, 2. Aufl. 1719.

2) A. a. O. S. 78. 137. 186. 193. 244. 382.

Lebens und der Versöhnung durch Christus versteht. Die Vertreter des Vorsehungsglaubens sind freilich auch nicht der Meinung des Theologen Joh. Gerhard, daß diese Leistung in die natürliche Religion gehöre; vielmehr wird dieselbe überall mit dem Bewußtsein der positiven Gotteskindschaft verknüpft. Indessen der Zusammenhang zwischen diesem Stande und der Lehre von der Rechtfertigung durch den Glauben war eben schon seit Melanchthon nicht mehr klar geblieben. Andererseits wird an diese Autobiographieen die Frage zu richten sein, ob der Glaube an Gottes Vorsehung unter allen Umständen die Menschen vor fehlerhafter Deutung ihrer eigenen Erfahrungen schützt.

Das Fräulein von Merlau hat den Vortritt vor ihrem Gatten, weil sie der entschiedenere Charakter [1]) und weil sie die Aeltere ist. Sie ist zu Frankfurt a. M., wo sich ihre Aeltern während des Krieges niedergelassen hatten, 25. April 1644 geboren. Nach dem Westfälischen Frieden trat der Vater als „Hofmeister" bei dem Landgrafen von Hessen zu Homburg ein. In diesem Amte konnte er seine Familie nicht bei sich haben; die Mutter mit den Kindern nahm ihren Wohnsitz in der Nähe von Frankfurt. Nach deren Tode überließ der Vater die Kinder verschiedenen Pflegerinnen, die an Unzuverlässigkeit einander übertrafen. Zwölf Jahre alt wurde Johanna „nach Hofe gethan" zu einer Gräfin von Solms-Rödelheim, welche geistig gestört war. Wie lange sie dort verweilt hat, wird nicht deutlich. Etwa im 15. Jahre kam sie zu einer Herzogin von Schleswig-Holstein-Sonderburg, geborenen Landgräfin von Hessen, deren Gemahl Herzog Philipp Ludwig den Ort Wiesenburg bei Zwickau als Lehen von Kursachsen inne hatte. In diesem Hofdienste ist sie bis in ihr dreißigstes Jahr, 1674 geblieben. Wie sie von Jugend auf einen starken religiösen Zug kund gegeben hat, so ist sie auch in diese Epoche ihres Lebens mit ausgeprägter Frömmigkeit eingetreten, war aber zugleich den gesellschaftlichen Beschäftigungen und Vergnügungen ihrer Umgebung nicht abgeneigt. Ein Verlöbniß mit einem jungen Edelmann, der als Soldat meistens entfernt von ihr lebte, wurde ihr zur Uebung auf den Ernst des Lebens. Indem dieses Verhältniß sich

1) In den Unschuldigen Nachrichten 1718 S. 678 heißt es von der Lebensbeschreibung der Frau, sie sei in vielen Stücken der des Mannes gleich, doch weit gesetzter und so zu sagen männlicher geschrieben als jene.

Jahre lang hinzog, getrübt durch die wechselnde Haltung des Verlobten und dessen nicht unanstößiges Leben, fand Johanna ihre eigene Sicherheit gegen die unumgänglichen Gemüthsbewegungen durch Einkehr in sich und Uebung des Umganges mit Christus. Sie hatte dabei manche Erquickung auch in Träumen durch kräftige Einprägung von Schriftworten. Als das Verlöbniß endlich gelöst wurde, faßte sie den Entschluß, ehelos zu bleiben unter dem Eindruck, daß die Nachfolge Christi und die unter den Männern adeligen Standes übliche Lebensweise sich gegenseitig ausschließen. In diesem Grundsatze der Abwendung von der Welt wurde sie durch die Bekanntschaft mit Spener gestärkt, mit welchem sie auf einer Reise zwischen Frankfurt und Mainz zusammentraf und nachher in Briefwechsel trat. So überzeugte sie sich allmählich davon, daß ihre Lebensrichtung und ihr Hofdienst mit einander unverträglich seien. Die Gelassenheit ihres ganzen Willens in Gott, auf die sie sich hierin richtete, hat jedoch bei ihr nicht den allgemein quietistischen Sinn, sondern schließt einen energischen Vorsatz für das Leben in sich. Als sie in diesem Sinne ihre Entlassung begehrte, erhielt sie zwar dieselbe nicht, erreichte jedoch das Zugeständniß, daß sie „aller Aufwartung bei Eitelkeiten los sein sollte". Diese Zurückgezogenheit von der höfischen Geselligkeit hat sie drei Jahre lang, also seit 1671 oder 1672 durchzuführen vermocht, nicht ohne dafür verspottet zu werden, aber auch nicht ohne Anderen zu imponiren, unter denen ihre Herzogin der gleichen Richtung zu folgen sich wenigstens bemühte.

Welcher Quelle die Merlau ihre Frömmigkeit verdankte, kann man aus der Formel errathen, daß die Gleichstellung mit der Welt und die wahre Nachfolge Christi sich ausschließen. Eine Ergänzung zu diesem Zuge bieten Briefe Spener's an sie aus den Jahren 1672 bis in den December 1674[1]). Spener bewährt in diesen Briefen seine bekannte Accommodationsfähigkeit, indem er seine Freundin für die Entbehrung gleichgesinnter Freunde in ihrer Nähe damit tröstet, daß sie den vornehmsten Freund ihrer Seele immer um sich und in dem Herzen durch den Glauben wohnend habe; ferner indem er zu ihr von dem erstgeborenen gemeinen Bruder Jesus spricht. Diese Ausdrücke sind ebenso wenig Spener geläufig, als sie deutlich

---

1) Zehn Briefe, bezeichnet als „an eine adelige Jungfer", Bedenken III. S. 68 ff., können an Niemand anderes als an die Merlau gerichtet sein.

in den Bereich der am Hohenliede orientirten Jesusliebe gehören. Durch einen der Briefe Spener's von 1674 können wir auch die Zeit fixiren, in welcher die Merlau von einem hochgestellten Geistlichen zur Ehe begehrt wurde. Hiedurch gerieth sie nämlich in eine Casuistik des Vorsehungsglaubens, welche sehr bezeichnend ist. Sie selbst war zur Ehelosigkeit entschlossen und der Bewerber hatte offenbar keinen entscheidenden Eindruck dagegen gemacht. Sie stellt jedoch die Entscheidung in die Hand ihres Vaters, „von dem ich den Willen meines himmlischen Vaters erfahren wollte". Nun überläßt der Vater, der niemals zu seiner Tochter eine deutliche Stellung eingenommen hat, die Entscheidung an die herzogliche Herrschaft, und diese willigt ein; die Merlau aber erkennt diese Devolution nicht an, sondern beruft sich auf den Vater; dieser giebt nun eine ablehnende Antwort. Spener hat sie in diesem Verhalten offenbar bestärkt durch den ausführlichen Brief, in welchem er die Gründe für Ehelosigkeit und die für Ehe so haarscharf mit einander ins Gleichgewicht setzt, daß eine sachliche Entscheidung unmöglich wird. Für die rein willkürliche Entscheidung durch den Vater bringt er aber aus seinem eigenen Leben die Fälle in Erinnerung, daß er bei seinem Uebergang von der akademischen Thätigkeit in Tübingen zum Pfarramt in Straßburg, und wieder bei dem Uebergang nach Frankfurt die Entscheidung über die Gottgemäßheit der Berufungen in die Hände Anderer gelegt habe. Das gleiche Verfahren schlug er auch ein, als ihm das Amt in Dresden angeboten wurde. Dieses übereinstimmende Verhalten trägt quietistisches Gepräge an sich. Man meint in dem Maße sich auf göttliche Entscheidung zu stützen, als man selbst sein Urtheil und seine Absichten in der fraglichen Angelegenheit suspendirt. Diese „Gelassenheit" in den Willen Gottes nämlich richtet sich nach der Formel (S. 47), daß der Verzicht auf den eigenen Willen die Erfüllung mit dem Willen Gottes nothwendig verbürge; denn ohne dies hat die Provocation auf die Entscheidung anderer Menschen als Träger göttlicher Stimme keinen Sinn. Diese Bedingtheit des Vorsehungsglaubens stammt ohne Zweifel aus dem Wirkungskreis von Arndt. Bei Spener ist die Ansicht wahrscheinlich einer der Jugendeindrücke, welche er unter der Anregung der Gräfin Agathe von Rappoltstein empfangen hat. Jedenfalls ist diese Färbung des Vorsehungsglaubens in dessen Werthschätzung durch Luther nicht vorgesehen gewesen.

Die Merlau hat am Anfang 1675 ihre Stellung zu dem fürstlichen Hofe aufgegeben, da ihr Vater, welcher eben die zweite Frau verloren hatte, ihrer zur Pflege des jüngsten Kindes bedurfte. Da aber dieses starb, so war sie frei von bestimmten Verpflichtungen, und siedelte sich in Frankfurt an. Sie theilte den Haushalt einer mit Spener befreundeten gottseligen Wittwe Maria Juliane Baur von Eiseneck [1]). Ihre gemeinsame Wohnung im Saalhof ward der Mittelpunkt frommer Versammlungen, und wegen dieser war die Merlau 1678 im Februar mit Ausweisung aus der Stadt bedroht [2]). In dieser Epoche hat sie auch mit Gichtel correspondirt, von welchem vier Briefe an sie zwischen December 1677 und Februar 1679 vorliegen [3]), in denen aber nichts bemerkenswerth ist als eine Aeußerung der Merlau, die Herzensdemuth gebäre wahre Gelassenheit. Das steht in Einklang mit den anderen Kundgebungen ihrer Stimmung in dieser Zeit. Im Jahre 1680 bewarb sich Joh. Wilh. Petersen um ihre Hand. Sie nahm dagegen dieselbe Gelassenheit ein, wie in dem vorigen Falle, stellte die Entscheidung ihrem Vater anheim, und „war dabei so still, als ob mir's nichts anginge". Diesmal nun überwand der Vater die nahe liegenden Einwendungen aus der Standesungleichheit und der weiten Entfernung des Wohnortes des Bewerbers; er meinte nicht zu wissen, wie er dem Willen Gottes widerstreben sollte, da er sich bei dem Gedanken der Ablehnung so geängstigt fühlte. Petersen verräth es, daß er selbst Gott auf den Knieen gebeten habe, er möchte, wenn es sein Wille mit der Heirath nicht sei, es kräftig verhindern; wäre es aber sein Wille, so möchte er den Vater ängstigen, daß er seinem Willen nicht widerstehen könnte. Durch Spener wurden sie 7. September 1680 mit der S. 28 erwähnten Traurede, welche 53 Seiten umfaßt, ehelich verbunden, ein innerlich sehr ungleiches Ehepaar.

Der Mann war 1. Juni 1649 zu Osnabrück geboren, wo sein Vater als Vertreter der Stadt Lübeck bei dem Friedenscongreß die Tochter des Pastor Praetorius geheirathet hatte. Der Sohn wuchs in Lübeck auf, und wurde durch die Leichtigkeit, mit

1) Vgl. deren Leben in Arnold, Leben der Gläubigen S. 1122 ff.

2) Diese Notizen nach Letzte Bedenken III. S. 179; Bedenken III. S. 257.

3) Theosophia practica I. S. 87. II. S. 1310.

der er lernte, in der Eitelkeit bestärkt, welche die Lebensbeschreibung als seinen hervorstechenden Charakterzug direct und indirect erkennen läßt. Dieselbe wurde durch den Erfolg genährt, den er schon als Schüler durch lateinische Reden und Dichtungen gewann; sie leitete ihn, als er während seiner Studien in Gießen und Rostock sich auf die Disputirkunst und die Polemik gegen die Reformirten legte; sie hat noch den Greis gestachelt, als er von diesen Leistungen seiner Jugend Bericht abstattete. Mit dem **stipendium Schabbelianum** versehen ging er 1673 zu höheren Studien nach Gießen zurück, war dort wieder vorherrschend mit Polemik beschäftigt, habilitirte sich dann in der philosophischen Facultät, und las über Naturrecht und Rhetorik. Etwa 1675 nahm er einen längern Aufenthalt in Frankfurt, um den Verkehr mit Spener zu pflegen, und bekennt, dadurch die Einsicht in die aus dem heiligen Geiste zu schöpfende Gotteserkenntniß und deren Unterschied von der buchstäblichen, blos logischen Erkenntniß gewonnen zu haben. Seine Eitelkeit führte ihn auch zu dem Fräulein von Merlau, um ihr seine letzte gegen den Calvinismus gehaltene Disputation zu überreichen, in der Meinung „es würde derselben, die Hebräisch gelernt und sonst in der heiligen Schrift gute Erkenntniß hatte, nicht unangenehm sein". Sie erwiderte ihm aber, er „hätte den Gott Petersen darin geehrt", und solche äußerliche Gelehrsamkeit diene nur dazu, um sich damit zu brüsten, hingegen nicht dazu, daß man zur göttlichen Einfalt der himmlischen Dinge gelangen möge. Diese Rede fiel ihm tief in das Herz; er fing darauf an, in einem Büchlein das aufzuzeichnen, was er von dem Wege der wahren Gottseligkeit hörte, um es mit Gottes Gnade zu prakticiren. Zugleich aber wurde durch Lic. Schütz, den er theils in Spener's Collegium, theils in freundschaftlichem Verkehr reden hörte, seine Aufmerksamkeit auf die zukünftigen Dinge, besonders auf die Bekehrung Israels gerichtet. Nach Gießen zurückgekehrt, fiel er durch die Veränderung seines persönlichen Verhaltens auf; aber er bekannte seine Ueberzeugung offen unter den damals durch Balth. Mentzer herbeigeführten Gegenwirkungen.

Petersen ist 1676 wieder nach Lübeck gegangen. Hier nahm er die Gelegenheit einer Hochzeit wahr, in einem lateinischen Gratulationsgedicht den Cölibat der katholischen Kleriker in malitiöser und verleumderischer Weise anzutasten. Dies war um so unpassender, als in dem Lübecker Domcapitel zwei katholische Kanoniker, gemäß dem Normaljahr saßen. Diese brachten ein Kaiserliches Mandat aus, ihn als Pasquillanten zu verhaften. Als alter Mann hat er noch nicht eingesehen, daß er es war. Er entzog sich jener Gefahr, indem er als Professor der Poesie nach Rostock ging; allein auch hier wurde seine Sicherheit bedroht. Also nahm er 1677 den Ruf an die Aegidienkirche in Hannover an, wo er durch den katholisch gewordenen Herzog Johann Friedrich wirksamen Schutz vor der ihm auch hieher folgenden Bedrohung erfuhr. Andererseits hatte er mit seinen Amtsbrüdern Streit, weil sie es Petersen übel nahmen, daß er auf Beichtgeld verzichtete. Auch in Hannover blieb er nur kurze Zeit; 1678 übernahm er die Aemter des Superintendenten im Bisthum Lübeck zu Eutin und des Hofpredigers bei dem Bischof, Herzog von Holstein-Gottorp. Er war in dieser Stellung, als er sich entschloß zu heirathen. Bei dem Bericht über diese Sache hat er als alter Mann nicht unterlassen anzuzeigen, welche Mädchen ihm nicht abgeschlagen und welche ihm vorgeschlagen worden wären. Oder soll das nur zur Ehre der Einen dienen, die er als möglich gedacht hat, die, ohne es zu wissen, durch ihr beschämendes Wort so heilsam auf ihn gewirkt hatte? Daß die Ehe der Beiden der Fügung Gottes gemäß war, haben wir schon vernommen. Sie ist glücklich gewesen bis in das hohe Alter Beider, unter manchen Wechselfällen des Lebens erprobt. Aber es entsprach der ersten Begegnung Beider, daß die Frau fortgefahren hat ihren Mann zu leiten, nicht blos in der religiösen Richtung, sondern auch in der Theologie.

Allein sie selbst ist in religiöser Beziehung von großer Beweglichkeit gewesen; ihre Gebetbücher beweisen, daß sie verschiedene Standpunkte durchgemacht hat. Das erste und älteste Werk der Art ist: „Herzensgespräch mit Gott". Frankfurt und Leipzig 1688; 2. Auflage 1694, mit Vorrede von Kortholt in Kiel, welcher zu Ehren der Verfasserin das Thema von der größern Frömmigkeit der Frauen unter Berufung auf Voet und Heinr. Müller, ebenso wie Reitz (I. S. 404), und noch vor demselben erörtert. Dieses Buch bestätigt die aus Spener's Briefen begründete Vermuthung, daß die Merlau ursprünglich in der Schule der Frömmigkeit heimisch ist, welche durch den Umgang mit dem Heilande oder den Verkehr des Herzens mit dem Seelenfreund bezeichnet wird. Der Hauptstamm der vorliegenden Gebete bezieht sich auf das Entbehren der Gnadenempfindlichkeit, das Suchen und Finden des Herrn Jesu; die zweite Hälfte des ersten Theils dieser Gebete ist fast durchaus an Texte des Hohenliedes geknüpft. Aber die daher entlehnten Farben sind mäßig gehalten, und die Entbehrungen der Gnade werden nicht auf die Willkür des Bräutigams, sondern auf den Prüfungszweck der Trübsal gedeutet, die Aufgaben des praktischen Christenthums werden immer im Auge behalten, die Hoffnung auf ewige Seligkeit wird in bescheidenen Ausdrücken vorgetragen. In mehreren der Gebete wird deutlich auf die Lebensverhältnisse der Verfasserin Bezug genommen, zu deren Erklärung der größte Theil des nachher 1718 nur ergänzten Lebenslaufes hinzugefügt ist. In dem zweiten Theil, welcher auf das Thema: „Christus im Herzen" gegründet ist, ist das Bedeutsamste die Reihe der Bilder, wie Christus in dem Herzen, das heißt in dem Hohlraum der Kapsel von bekannter Gestalt, welche durchschnitten und geöffnet ist, wirkt. Diese Bilder sind höchst grotesk ausgeführt; mit der Laterne in der Hand durchsucht Christus das Herz, fegt das Gewürm mit dem Besen aus, erleuchtet das Herz mit der brennenden Kerze, sitzt darin mit Scepter und Krone auf dem Thron, singt aus einem Notenbuch u. s. w. Man darf vermuthen, daß diese Gebete, wenn auch 1688 herausgegeben, aus der frühern Lebenszeit der Verfasserin herrühren, vielleicht gar vor ihrer Ansiedlung in Frankfurt geschrieben sind. Denn sie verrathen nichts von dem Einflusse Spener's, welcher in der nächsten Publication: „Glaubensgespräche mit Gott" 1691, wenigstens in dem ersten der drei Theile derselben erkennbar hervortritt. In dem Buche klingt wohl einmal der alte Ton der Vertraulichkeit an, mit welcher eine Braut zu ihrem Bräutigam sich stellt; allein das Thema: „Christus in uns" wird mit den Ideen Spener's ausgeführt. Bei der Rechtfertigung im Glauben, die ganz richtig bestimmt wird, aus welcher der Friede entspringt, der alles still und süß macht, kommt es ferner darauf an, daß man durch die Erweckung der Liebe gerecht gemacht wird, um zugleich die Gebote zu *halten*, von der Sünde selbst erlöst zu werden, in der Heiligung zu wachsen. Auch den Gedanken spricht sie aus, die Treue im Beruf diene dazu, daß jeder nach seinem Maße die gute Stufe erwerbe und die große Freudigkeit des Glaubens empfange, damit derselbe darin wachsen möge, bis er sein Ziel, die Seligkeit erreicht. Das konnte nicht in Arndt's, sondern nur in Spener's Schule gelernt werden. Der dritte Theil des Buches aber giebt dem Chiliasmus in der Reproduction aller

Beziehungen der Apokalypse Ausdruck; hier kommt eben der besondere Erwerb des Ehepaars zur Geltung.

Denn das große Ereigniß ihrer Eutiner Lebensepoche war die gleichzeitige Entdeckung der Zukunft des tausendjährigen Reiches durch beide Eheleute im Jahr 1685. Daß hiebei die Frau die Vorhand gehabt hat, ist leicht zu erkennen. Denn sie hat 1662 im Traum in großen goldenen Ziffern die Zahl 1685 am Himmel geschrieben gesehen und die Worte eines neben ihr stehenden Mannes vernommen: „Siehe zu der Zeit werden anfangen große Dinge zu geschehen und Dir soll etwas eröffnet werden." Wiederum im Traum ist ihr durch eine complicirte Vision die zukünftige Bekehrung der Juden und Heiden kund gethan worden. Im Jahr 1685 endlich ist sie durch Däumeln auf den Spruch Apok. 1, 3 gestoßen; dadurch frappirt hat sie zum erstenmal die Apokalypse gelesen, und dem Eindruck des Wortsinns entsprechend sich davon überzeugen lassen, daß die Auferweckung der Gerechten und die tausendjährige Herrschaft der Heiligen auf der Erde bevorstehe. Der Mann hat, ohne zu wissen, was seine Frau trieb, gemäß göttlicher Anregung gleichzeitig mit der Apokalypse sich beschäftigt und die übereinstimmende Ansicht von ihren Zukunftsweisungen gewonnen. In Hinsicht dieser Ueberzeugungen meinte Petersen, als er 1686 in Rostock die theologische Doctorwürde erwarb, nicht gegen die Augsburgische Confession zu verstoßen, ähnlich wie Spener seine Hoffnung auf bessere Zeiten der Kirche mit deren 17. Artikel verträglich achtete. Literarisch trat Petersen zunächst mit seiner Entdeckung nicht hervor, theilte sie aber z. B. an Spener mit, welcher sich von ihm überzeugen ließ, daß die von ihm erwarteten besseren Zeiten und das erst bevorstehende tausendjährige Reich sich sachlich deckten, und daß Coccejus und Sandhagen nicht Recht hätten, diese Frist von Constantin an zu rechnen; auf die erste Auferstehung aber ging Spener nicht ein [1]). Da nun Petersen seine Meinung zwar für wichtig, jedoch nicht für obligatorisch erklärte, so hatte Spener um so weniger daran auszusetzen, als er für seine eigene Hoffnung ebenso gestellt war. Petersen war inzwischen als Superintendent nach Lüneburg berufen worden, an die Stelle, welche bisher Sandhagen eingenommen

---

1) Bedenken III. S. 905. Letzte Bedenken III. S. 662. 684. 718. 744. Siehe oben S. 123.

hatte. Er kostete ihn ein halbes Jahr, bis er gegen Ende 1688 das Amt wirklich antreten konnte, da es seinem Vorgänger, welcher als Generalsuperintendent von Hinterpommern nach Stargard berufen war und dieses Amt förmlich angetreten hatte, plötzlich wünschenswerther erschien, in der schon niedergelegten Superintendentur zu Lüneburg zu bleiben. Als nun Petersen gegen denselben sein Recht durchgesetzt hatte, zugleich aber seine chiliastische Liebhaberei auf die Kanzel brachte, und vorschnell in manchen Kleinigkeiten hergebrachte Gewohnheiten antastete, fand er sich einer geschlossenen Opposition fast aller seiner Amtsbrüder gegenüber. Sie hatten die Dreistigkeit, ihrem Superintendenten 18 Fragen vorzulegen, welche sich nicht blos auf den Chiliasmus bezogen, sondern zugleich alle Verdächtigungen berührten, welche damals über den Pietismus umgingen, damit er sich von ihnen reinige. Petersen hielt es für genügend, unter dem 27. Januar 1690 dem Rath von Lüneburg eine „Schriftmäßige Erklärung und Beweis der 1000 Jahre und der daran hangenden ersten Auferstehung" (nachher gedruckt Frankfurt 1692) zu überreichen. Indessen seine Ministerialen verklagten ihn nun unter Ueberreichung der 18 Fragen bei dem Consistorium in Celle wegen Weigelianismus. Er vermochte aber sich zu rechtfertigen, und am 10. Mai 1690 wurde vom Consistorium mit seiner Freisprechung von der Anklage der Heterodoxie befohlen, beide Theile hätten sich auf der Kanzel des Ausdrucks „Tausendjähriges Reich" in Behauptung oder Bestreitung zu enthalten.

Es dauerte jedoch nicht lange, bis Petersen die Aufmerksamkeit der weitesten Kreise in einer für ihn verhängnißvollen Weise auf seinen Chiliasmus hinlenkte. Es muß Anfangs 1691 gewesen sein, als er durch einen jungen Theologen aus Lauenburg, der ihn besuchte und nach Leipzig weitergereist war, die Nachricht empfing, derselbe habe in Magdeburg ein adeliges Fräulein kennen gelernt, welches Offenbarungen über die Zukunft der Kirche empfange. Sogleich reiste Petersen mit seiner Frau nach Magdeburg, und war so glücklich, daß Rosamunde Juliane von Asseburg mit ihrer Mutter und ihren Schwestern im März in sein Haus zu Lüneburg einkehrte. Was er von ihr erfahren, theilte er im November 1691 mit in einem gedruckten „Sendschreiben, betreffend die Frage, ob Gott nach der Auffahrt Christi nicht mehr heutiges Tages durch göttliche Erscheinung den Menschenkindern sich offenbaren wolle, sammt einer Species facti von einem adeligen Fräulein, was ihr vom siebenten Jahr ihres Alters bis hieher von Gott gegeben ist." Die Species facti war, daß das Fräulein, geboren 1672, seit dem siebenten Lebensjahre Visionen des Heilandes erfuhr, daß derselbe sich ihr zum Bräutigam verlobt, in ihrem zwölften Jahr ihr den ganzen Proceß seines Leidens gezeigt, mit ihr in den stehenden Formeln des Hohenliedes geredet hatte. Was aber für Petersen besonders interessant war, der Heiland hatte der Rosamunde den ganzen Inhalt des 20. Capitels der Apokalypse mitgetheilt. Es kommen ferner neben den tröstlichen Verheißungen der Befreiung der Kirche Strafreden gegen diejenigen Prediger vor, welche dem Einzuge des Herrn Hindernisse in den Weg legen. Diese und eine Menge anderer Aussprachen, welche in den letzten vier Jahren der Heiland seiner Freundin in die Feder dictirt hatte, sind von gleicher Art, wie die, welche im Mittelalter die Nonnen Hildegard und Mechthildis, beziehungsweise die heilige Brigitta empfangen haben, nur vielleicht etwas gemeinnützigeren Inhaltes. Die Combination der Heilandsliebe und der eschatologischen Tendenz ist auch nicht befremdend, da die phantastische Form der individuellen Heilsgewißheit, wenn sie durch einen Zug zur Gemeinschaft über sich hinausgeführt wird, nur zu der phantastischen Abbildung der zukünftigen Herrlichkeit der Gemeinde disponirt ist. Die Aussprachen der Asseburg im Hause Petersen's richteten sich aber allmählich gegen Zweifel und Einwendungen, welche sie erfuhr, und nahmen in den schwebenden Streitigkeiten so deutlich für ihn Partei, daß die Gegner ihn als den Inspirator bezeichneten. Von einer darauf gerichteten Absicht darf er wohl freigesprochen werden [1]). Denn zugleich erzählt er einen Fall von Sympathie in die Ferne, wie sie in ähnlichen Verhältnissen bezeugt ist. Als nämlich die Asseburg'sche Familie und Frau Petersen in

1) Bertram, Das evangelische Lüneburg, 1719. S. 265 erzählt jedoch, der Consistorialrath Brinkmann habe in den Originalacten über die Offenbarungen der Asseburg folgenden Satz, den sie selbst geschrieben, gefunden: „Stehe fest und Pauke nicht, denn das Weib wird bald ein Ende nehmen." Sie habe erklärt, die Worte so gehört zu haben und wüßte ihren Sinn nicht anzugeben. Es sei jedoch wahrscheinlich, daß sie so gelautet hätten: „Stehe fest und wanke nicht, denn das Werk wird bald ein Ende nehmen." Also sei zu vermuthen, der Satz habe in Petersen's Handschrift ihr vorgelegen, sie aber sich darin verlesen.

Lübeck verweilten, er aber in Lüneburg war, bekam er plötzlich einen solchen Vorschmack der zukünftigen Welt, und sah mit Einem Blick, was Gott zubereitet hat denen, die ihn lieben, daß er sich am Tisch halten mußte, und in das Lied ausbrach: Zion hört die Wächter singen. Dazu bemerkte der Hauslehrer Joh. Chr. Lange (S. 173), gewiß sei in Lübeck etwas Großes vorgegangen. Und wirklich hatte die Asseburg in derselben Zeit folgende Aussprache gethan: „Frisch auf, du Auserwählter, eile und komme mir entgegen; denn ich habe mich aufgemacht zu dir, ja zu dir; darum komme ich so freundlich, daß ich mich mit dir verbinde. Denn mein Herz ist verletzet, darum ist es so entbrannt, und eifere sehr um deinetwillen. So nimm nun hin meinen lebendigen Odem, und brenne, daß es kracht und eifere daß es bricht. Denn ich hüpfe dir entgegen und zerschmeiße die Berge vor meinem Geräusche, ja, ja, Amen; ich bin der Herr Jehova." Auf Grund dieser Thatsachen also richtete Petersen die Frage, die in dem Titel der vorliegenden Schrift angegeben ist, an verschiedene Theologen. Allein ehe noch irgend eine Antwort erfolgen konnte, wurden seine Gegner in Lüneburg durch das unvermeidliche Aufsehen, das die Prophetin machte, zu einer neuen Klage bei dem Consistorium in Celle ermuntert. Die Untersuchung fand im Januar 1692 statt, und hatte die Amtsentsetzung und Landesverweisung Petersen's 3. Februar zur Folge. Dieselbe ward hauptsächlich dadurch motivirt, daß er das Verbot, den Chiliasmus auf die Kanzel zu bringen, übertreten, und seinen Ungehorsam gegen die ihm vorgesetzte Obrigkeit mit gewisser einer andern Person vermeintlich geschehener und von ihm als für solche beständig defendirter göttlicher Offenbarung entschuldigt habe, überhaupt aber Meinungen hege, welche auf Verachtung und Schmähung der Obrigkeit hinauskämen. Das letzte ist mehr eine Insinuation als ein Rechtsgrund; in dem ersten Argument ist der polizeiliche Gesichtspunkt dem theologischen übergeordnet, eine bezeichnende Wendung der damaligen Consistorialpraxis. Das eingeflochtene Urtheil über die Asseburg ist das Resultat einer gleichzeitig in Celle stattgefundenen Vernehmung derselben durch Mitglieder des Consistoriums.

Ein übler Zufall war es, daß die Seherin und ihre Umgebung kurz darauf durch einen geistlichen Schwindler arg betrogen wurde. In Magdeburg, wo sich die Familien Petersen und Asseburg niederließen, gesellte sich zu ihnen ein Mann unter dem Namen von der Berg, der höchst asketisch lebte, und auch auf die Gabe der Offenbarung Anspruch machte. Indem er vorgab, einen Widerwillen gegen die Ehe zu haben, trat er zugleich als Bewerber um eine Schwester der Rosamunde auf, da ungeachtet seines großen Kampfes in Gebet und Flehen er vom Herrn ernstlich dazu gedrungen worden sei. Da nun Rosamunde eine Bezeugung hatte, die sie als Anerkennung des Bewerbers durch Gott deutete, so entschied sie für die Verlobung. Darauf reiste der Bräutigam vorgeblich nach Holland, um seine Angelegenheiten zu ordnen, ließ aber nichts weiter von sich hören [1]). Das ist nicht der einzige Fall geistlicher Schwindelei, welcher Petersen berührte. Wenige Jahre nachher, als er seinen Wohnsitz zu Niederdodeleben bei Magdeburg genommen hatte, kam aus England ein so genannter Oberst, der unter dem Namen Christi bei großer äußerlicher Devotion vorgab, durch die Schriften der Eheleute angezogen zu sein. Petersen selbst war in Nürnberg abwesend; die Frau nahm den Gast auf; derselbe verdrängte alsbald durch Verleumdungen eine im Hause wohnende Familie aus der Schweiz; beredete die Frau, ihrem Manne entgegenzureisen, und ihn während ihrer Abwesenheit förmlich zum Verwalter einzusetzen. Petersen meint, er habe die Gelegenheit benutzen wollen, alles tragbare Eigenthum wegzuschaffen. Daran ist er nur durch die Rückkehr der Eheleute gehindert worden, welche beschleunigt wurde, weil Petersen in Halle einen starken Zug zur Heimath spürte. Als er nun den Eindringling aus dem Hause gewiesen, hat es noch einen Proceß gegeben; schließlich ist von England her festgestellt worden, daß der vorgebliche Oberst als

1) Vgl. in der Beschreibung des Unfugs S. 61 den Brief des M. Joh. Christian Lange, 29. Juni 1692 aus Magdeburg geschrieben. Petersen, Lebensbeschreibung S. 225 bestätigt die Sache. — Es ist ohne Zweifel derselbe von der Berg, welchen Nicolaus Lange (S. 177) 1689 auf der Reise von Emden nach Utrecht als einen Betrüger durchschaut und 1694 in Wien entlarvt hat. Er hieß eigentlich Wedda und wird in Lange's Lebensbeschreibung (bei Henckel, Letzte Stunden 3 Th. S. 141. 181) als derjenige erwähnt, welcher hernach in Deutschland viele ehrliche Leute hintergangen hat, da er wie ein anderer Simon Magus überall als ein besonderer Heiliger bewundert wurde. Er war ein Hochstapler, welcher durch vornehmes und pietistisches Auftreten, z. B. durch Fingirung von Verwandtschaft mit vornehmen Familien Geld erschwindelte.

Goldmacher und Betrüger bekannt sei. Zur Bezeichnung des Pietismus dient eben auch die Leichtgläubigkeit gegen die bestimmten liturgischen Manieren als Bürgschaft gleicher Gesinnung, welche die Betrügerei geradezu herausfordert.

Das Sendschreiben Petersen's über die Offenbarungen der Asseburg fand bei keinem angesehenen Theologen die Zustimmung zu seiner eigenen Ansicht von der Sache. Abgesehen von einigen Lüneburger Predigern, welche ihre Meinung kundgaben, kommen die Gutachten von Joh. Friedr. Mayer und Joh. Winckler in Hamburg, außerdem das von Spener in Betracht. Sie stellen eine Stufenreihe des Urtheils dar. Mayer benutzte die Predigt am 4. Advent 1691 zur „Prüfung des Geistes, so sich durch ein adeliges Fräulein jetzo offenbaren soll", um diesen Geist dem Satan zuzuweisen. Winckler's „Schriftmäßiges Bedenken über das Sendschreiben", 1692, eine sehr ausführliche Arbeit, begnügt sich, den Ausspruch auf Göttlichkeit der Asseburg'schen Offenbarungen zu widerlegen. In diesen Gegenschriften werden einige charakteristische Züge der Aussprachen erörtert, namentlich, daß neben der Nothwendigkeit der Vermittelung Christi zum Heil die Unverwerflichkeit der unwissenden Völker, die das Urtheil Christi nicht zum ewigen Verderben erfahren sollen, bezeugt, daß den Reformirten gegenüber überhaupt die Gnadenerwählung geleugnet wird, daß in diesem Zusammenhange Ausdrücke vorkommen, die an Jakob Böhme erinnern[1]). Hier möchte man schon einen vorläufigen Anklang an die Lehre von der Wiederbringung, also einen Einfluß von Frau Petersen vermuthen. Dazu darf noch die Mittheilung des Abtes zu Loccum, Gerhard Molanus in „Antwortschreiben auf das Sendschreiben", 1692 — gefügt werden, die Asseburg habe, was in der Species facti ausgelassen ist, das Abendmahl dahin gedeutet, daß man den wahrhaftigen Geist des Leibes und Blutes Christi genieße. Diese Schriftsteller erinnern ferner sämmtlich an die Gleichheit der Erscheinungen, welche außer der heiligen Brigitta Nonnen romanischer Abstammung erlebt haben. Petersen begleitet Winckler's

1) Sendschreiben Nr. 28. Siehe, wie mein Herz in mir beweget ward oder wie ich mich in mir selbst bewegete; da das Feuer der Liebe ausbrach, ging es zugleich auf alle in Adam gefallene Menschen, und war da keine Auswählung, denn ich trug sie alle in meiner Mutter, nämlich in meiner Erbarmung, wie eine todte kalte Frucht; da ging meine Liebe auf und ich ward Fleisch.

Schrift mit der unbeweisbaren Verdächtigung, daß er die bisherige Freundschaft verletzt und durch Widerlegung Petersen's sich außer Gefahr der Verfolgung habe setzen wollen. Spener endlich lehnt in seinem von der Kurfürstin von Sachsen erforderten „Bedenken" vom 15. December 1691 die Hypothesen bloßen Betrugs und teuflischer Verführung mit Berufung auf das durch alle Zeugen festgestellte gottselige Wesen der Asseburg und ihrer Familie ab. Die andere Alternative zwischen göttlichem Ursprung oder Herkunft der Aussprachen aus der Phantasie wagt er aber nicht zu entscheiden, und zieht vor sein Urtheil zu suspendiren, bis Alles etwas zeitiger und sich mehr hervorthun würde. Darin gab er auf Kosten der Genauigkeit der ihm obliegenden Prüfung entweder seiner Freundschaft gegen Petersen oder seiner unvorsichtigen Toleranz oder beidem nach. Seine Erwartung, daß die Sache zu bestimmter Entscheidung reifen werde, erfüllte sich nicht. Rosamunde trennte sich von der Familie Petersen in Magdeburg, lebte darauf bei der Frau von Schweinitz, Gemahlin des Geheimen Hof- und Kammergerichtsrathes in Berlin [1]), endlich bei einer nicht genannten frommen Gräfin in Kursachsen. Hier empfing sie den Besuch von Petersen 1708, als er in Begleitung des Grafen Heinrich XXIV. von Reuß-Köstritz aus Schlesien zurückkehrte. Danach ist keine Kunde mehr von ihr überliefert worden. Sie ist in ihrer kurzen Glanzzeit auch durch die Achtung von Leibnitz ausgezeichnet worden; derselbe lehnt den Verdacht von ihr ab, daß sie von Petersen in betrügerischer Weise inspirirt worden sei. Diese Annahme ist auch nicht nöthig, da neuere Erscheinungen gleicher Art aus dem ganz unwillkürlichen Einflusse erklärt werden, welchen die Denkweise der Umgebung auf die Empfänglichkeit hysterischer Frauen ausübt.

Petersen wurde durch seine Absetzung nicht sehr hart getroffen. Sie empfahl ihn vielmehr der werkthätigen Theilnahme der zahlreichen und einflußreichen Gesinnungsgenossen. Wie Francke, der wenige Monate vorher sein Amt in Erfurt verloren hatte, und wie einige Jahre nachher der Pfarrer in Panitzsch, Töllner, sich ungesuchter Unterstützungen zu erfreuen hatten, hat er sogleich von einer nicht genannten Wittwe in Frankfurt, vielleicht war es die Baur von Eiseneck, ein Geldgeschenk empfangen, welches für den Abzug aus Lüneburg sehr zeitgemäß war. Außerdem wies der

1) Dieselbe starb 1693. Vgl. Graf Henckel, Letzte Stunden 1. Band.

Kammerpräsident in Berlin, Freiherr von Knyphausen, ein Gönner aller religiösen Opponenten, ihm zunächst eine Wohnung in Magdeburg an, vermittelte ferner für ihn den Schutz des Kurfürsten von Brandenburg, und eine Pension von demselben, die er selbst zu vermehren versprach, so daß 700 Thaler jährlich herauskamen. Danach ließ sich Petersen in Niederdodeleben bei Magdeburg nieder; seine Besitzung daselbst wurde mit Privilegien ausgestattet; bei der Huldigung, welche der Kurfürst in Magdeburg annahm, machte er die Bekanntschaft hochgestellter Personen, und will namentlich die Gunst des Oberpräsidenten von Danckelmann erworben haben. Er hatte alle Freiheit, seine Ueberzeugungen zu verbreiten und zu vertheidigen, welche schon 1692 unter den Halberstädter Pietisten widerhallen (S. 187) und wenige Jahre nachher dem genannten Töllner zum Vorwurf gemacht werden (S. 192). Deshalb urtheilt er, daß er in dieser Lage mehr Arbeit und Segen gehabt habe, als in seinen Aemtern, und daß Gott seine Absetzung deswegen angeordnet habe, um die Erkenntniß seines Reiches nicht nur in Deutschland, sondern auch in anderen Ländern, namentlich England und Holland zu fördern. Das mag ja sein; weniger überzeugend ist seine Behauptung, Gott habe es in der That bewiesen, daß ihm zugleich das Verhalten der Lüneburger Prediger gegen Petersen mißfallen habe. Er schließt diese Thatsache daraus, daß die drei jüngsten Prediger in Lüneburg, unter ihnen der Hauptgegner, bald nach seinem Abzuge binnen Monatsfrist gestorben, daß ein vierter am rechten Auge blind und ein fünfter am rechten Arm gelähmt worden seien. Ein Rathsherr in Lüneburg hatte ihm das mitgetheilt, und zur Vergleichung auf Sacharja 11, 8. 17 verwiesen, wo diese Fälle als göttliche Strafgerichte verzeichnet sind. „Dieses war ein solches sichtbares Gericht Gottes, daß ein Schiffer, der nach Hamburg fuhr, mit öffentlicher Stimme auf dem Schiffe ausgerufen hat: Wer nun nicht siehet, daß die Priester dem Superintendenten Unrecht gethan, der muß stockblind sein". Petersen begnügt sich aber nicht mit diesen Gerichten über seine directen Gegner; er rechnet noch anderen Widersachern nach, daß sie um seinetwillen mit jähem Tode heimgesucht worden sind. „Solcher Exempel sind mehr geschehen, über welche ich mich doch nicht erfreuet, sondern vielmehr die gerechte Hand Gottes erkannt habe, welche die Seinigen vor Jedermanns Trotz schützet und seine Macht an den Feindseligen beweiset". So schreibt der fromme Mann [1]), 25 Jahre nach den Ereignissen, indem er seine Verkündigung des tausendjährigen Reiches nach wie vor als die Sache Gottes betrachtet. Demgemäß ist er nicht müde geworden, diese Lehre gegen Winckler und Sandhagen, seinen Vorgänger in Lüneburg, gegen die Helmstedter, Calixtus den Jüngern und Meyer, gegen Pfeiffer in Lübeck, Neumann in Wittenberg, Bake und Mayer in Hamburg, Wolff in Magdeburg und viele Andere „weitläufig von Jahr zu Jahr" zu vertheidigen. Ebenso hat er nachher von 1701—1710 die Lehre von der Wiederbringung in wiederholten Schriften aufrecht erhalten, welche drei Foliobände füllen. Von seiner Schriftstellerei ist überhaupt zu berichten, daß er am Ende der ersten Ausgabe seiner Biographie 1717, mit Ausschluß seiner polemischen und poetischen Schriften aus der Jugend, 54 gedruckte und 106 noch ungedruckte Schriften aufzählt. Von den letzteren sind bis zur zweiten Ausgabe der Biographie nach zwei Jahren 13 gedruckt, aber inzwischen wieder 8 neue verfaßt worden.

Er hat in Niederdodeleben, und nachher auf dem Thymer bei Zerbst, einem Lehngut, wohin er übersiedelte, um der Feindschaft des Pastors am erstern Orte zu entgehen, nicht still gesessen, sondern ist, um Uebungen zu halten, umhergezogen nach Halle, Berlin, Quedlinburg, Halberstadt und ungenannte Orte in Kursachsen. Er bezeugt, daß er in dieser Thätigkeit nicht ohne Frucht gewesen sei; unter den Personen, deren Vertrauen und Freundschaft er so gewonnen hat, nennt er eine Reihe adeliger und gräflicher Namen, hauptsächlich weiblichen Geschlechts. Er deutet an, daß er von diesen Freunden, namentlich von der Frau von Gersdorf, Zinzendorf's Großmutter (S. 219), Wohlthaten empfangen hat, welche die Erfüllung von Marc. 10, 19. 20 sind, und den Schluß dieser Verheißung für ihn und seine treue Johanna, diese Tochter des Lebens und Glied der Braut des Lammes, sicher stellen. Er hat aber auch noch größere Reisen gemacht, eine nach Altorf, Nürnberg, Tübingen, Stuttgart, Rotenburg an der Tauber, die andere unter fremdem Namen 1708 nach Schlesien; in diesem

1) Ebenso führt Joh. Michaelis in seiner Biographie, 8. Theil S. 74 unter dem Titel „wie Gottes Gericht diejenigen trifft, die Gott in seinem Augapfel angreifen und ihm seine Gesalbten antasten" — 17 Fälle an, in denen seine Gegner in Vergeltung des ihm angethanen Unrechts zu Schaden gekommen sind.

Lande, wo eine starke Disposition zum Pietismus verbreitet war, sind es wieder Personen adeligen Standes, mit denen er in Gemeinschaft trat.

Inzwischen aber hatte das Ehepaar noch andere Ueberzeugungen gewonnen und öffentlich geltend gemacht, welche eine größere Entfernung von Spener, beziehungsweise den Uebergang zu der Gruppe des mystischen Radicalismus bezeichnen. In dieser Hinsicht ist zuerst eine Kundgebung des Mannes bemerkenswerth. Als Spener auf die „Christlutherische Vorstellung“ der theologischen Facultät zu Wittenberg 1695, in der „Aufrichtigen Uebereinstimmung mit der Augsburgischen Confession“ von demselben Jahre mit gutem Erfolg sich verantwortet hatte, schrieb Petersen anonym „Freudiges Zujauchzen der erwählten Fremdlinge hin und her über den Sieg Spener's wider die Theologen zu Wittenberg“ 1695. Die auserwählten Fremdlinge nach 1 Petr. 1. sind die Gesinnungsgenossen, welche nach Städten und Gebieten in Deutschland und nach Ländern geordnet mit Begrüßungen Spener's auftreten; man kann danach eine Art Statistik des Pietismus in jenem Jahre aufstellen [1]). Hier läßt nun Petersen aus England folgende Rede erschallen. „Wir kennen deine Sprache, wir sehen unsere eigene Gestalt in dir. Also spielet Gott so wunderlich in seinen Kindern; wenn es in einer Kammer tönet, so tönen die anderen nach. Nennet dieses, ihr Feinde der Frommen, eine Enthusiasterei, saget, daß dieses sei eine Art der Zitterer. Gott hat unter allen Völkern sein Volk; wer ihm angehört, gehöret uns mit an. Wir kommen Beide von Einem her. Die Lehre, warum dieser theure Mann verfolgt wird, ist bei uns schon lange geglaubt. Gott sei Dank, daß sie nun auch in Deutschland ausbricht“. Daß Spener's Frömmigkeit auf das Quäkerthum herauskomme, war das feindselige Urtheil des gemeinen Volkes, gegen welches Spener alles Recht hatte sich zu verwahren, obgleich er, als William Penn 1677 in Frankfurt war, sich mit demselben

---

1) Es sind Wittenberg, Dresden, Lichtenburg (Wittwensitz der Kurfürstin von Sachsen), Jena, Leipzig, Gotha, Koburg, Saalfeld, Erfurt, Halle, Magdeburg, Berlin, Frankfurt a. M., Gießen, Altorf, Tübingen, Straßburg, Lübeck, Homburg, Lüneburg, Halberstadt, Quedlinburg, Bremen, Stade, Danzig, Schweden, Dänemark, England, Holland, Schwaben, Preußen, Pommern, Mecklenburg, Holstein, Waldeck, Mansfeld.

nicht unfreundlich berührt hat. Nun identificirt ein Mann, der zu Spener ein befreundetes Verhältniß einnimmt, indem er für ihn Partei ergreift, seine Sache mit dem Quäkerthum. Spener hatte Recht, wie er an Francke schrieb, sich von solchem scripto mehr Ungelegenheit zu versprechen als von denen, die seine Feinde schrieben.

Ein neues Andachtsbuch der Frau „Der geistliche Kampf der berufenen, auserwählten und gläubigen Ueberwinder, unter dem Bilde der sieben Gemeinden dem Johanni in der Offenbarung gezeiget", 1698 zeigt die Abwendung von Spener und die Hinwendung zu der gegen die bestehenden Kirchen gleichgiltigen Mystik. Einleitungsweise klingt hier die Ausschließung zwischen Nachfolge Christi und Gleichstellung mit der Welt wieder an, welche die Petersen aus ihrer Lebenserfahrung belegt. Dann aber nimmt sie ihren Standpunkt in der Mystik, aber in einer Richtung derselben, welcher wir bisher noch nicht begegnet sind. Weil das Reich Gottes inwendig ist, so soll der Mensch sich vornehmlich in sich selbst kehren; dann findet er Gott in dem tiefsten Grund seiner Seele, in welcher er sich mit Verstand und Willen ganz versenken und mit solcher versunkenen Liebe an Gott hangen soll. In solcher Innigkeit des Herzens lehret Gott selbst den Menschen. Zwar wird als das wahrhaftige Licht Jesus Christus, der ewige Sohn des Vaters aufgestellt, ohne den keine Wahrheit erkannt, auch die heilige Schrift nicht verstanden wird; allein damit ist nicht die geschichtliche Gestalt des Erlösers gemeint, sondern jene göttliche Inspiration, zu welcher der Mensch in sich gekehrt sein und auf welche er in stiller Gelassenheit achten soll. Diese Innigkeit soll begleitet sein durch die Uebung der Liebe nach Außen. Endlich soll es darauf ankommen, daß die so beschaffenen Gläubigen in Gleichgiltigkeit gegen die äußerlichen Religionsgemeinden sich zusammenfinden. Diese alle, wenn auch an Werth verschieden, sind im Verfall begriffen, und man soll nichts dazu thun, sie zu repariren. Man soll sie auch nicht verlassen, um etwa eine neue Secte aufzurichten. Wer aber von Gott berufen und ausgerüstet ist, das zerbrechliche Gebäu des alten Sardischen Jerusalem niederzureißen, um das neue Philadelphische zu errichten, der hat das Recht dazu. Das ist die naturalistische Mystik, welche auch bei den Quäkern gilt. Man sieht hieraus, daß das Interesse am Quäkerthum wieder beiden Eheleuten gemeinsam ist. Petersen hat später den mystisch-radicalen Satz verfochten, daß Christus das natürliche Licht in jedem Menschen sei, welches auch Heiden und Türken selig macht, obgleich sie die geschichtliche Person nicht kennen [1]).

In den Gedankenkreis dieser Gruppe, welche dem Spenerschen Pietismus damals theils sich aufdrängte, theils Concurrenz machte, gehören noch zwei Entdeckungen, welche das Ehepaar mit großem Lärm unter die Leute brachte. Wahrscheinlich im Jahre 1695 (in den beiden Biographieen ist die Zeitangabe zu vermissen) ist ihnen das Geheimniß der Wiederbringung aller Creaturen (I. S. 408) aufgegangen, als ihnen ein hierauf bezüglicher Tractat der Jane Leade zur Prüfung vorgelegt worden war [2]). Diese Anhängerin Böhme's machte die Wahrheit dieser Aussicht als eine ihr 1693 zu Theil gewordene Offenbarung geltend; die Petersen's waren also mißtrauisch dagegen. Als sie jedoch unabhängig von einander die heilige Schrift auf die Sache prüften, ergriffen sie die Ueberzeugung von derselben mit aller Lebhaftigkeit. Dabei aber kommt in Betracht, daß die Frau seit ihrer frühen Jugend sich mit der Frage getragen hat, wie die Verdammniß der Menschen mit der Liebe Gottes in Einklang zu setzen sei, und daß sie nach der bekannten falschen Auslegung der Stellen im 1. Brief des Petrus die Möglichkeit von Bekehrung in der Hölle angenommen hatte. Sie hatte also den Weg zu jenem Satze schon zur Hälfte zurückgelegt, als die Anregung der Leade an sie gelangte. Und der Mann wird wohl von den vorbereitenden Ansichten der Frau unterrichtet gewesen sein. Nicht minder wurzelt die dritte Entdeckung, welche sie gleichzeitig an verschiedenen Aufenthaltsorten 1708 gemacht haben, nämlich die Erkenntniß der himmlischen Gottmenschheit Jesu Christi als des Erstgeborenen aller Creatur, in der Initiative der Frau. Diese will schon 1685 ein darauf bezügliches Traumgesicht gehabt haben. Nun ist das Wunderbare an diesen Ereignissen nicht die Thatsache und die Art

1) Oekonomie der Liebe Gottes, 1707. Unfug zweier Superintendenten (Feustking und Neumeister), 1708.

2) Die erste Schrift von Petersen über dieses Thema, welche seine Frau verfaßt haben soll: „Das ewige Evangelium der allgemeinen Wiederbringung aller Creaturen“, erschien 1700. Indessen ist in dem Briefwechsel zwischen Spener und Francke (Kramer, Beiträge S. 337. 342. 343) seit October 1695 von der Entdeckung die Rede, deren Publication Spener der Frau Petersen widerrathen hat, die aber auch in Dresden schon ruchbar war.

der Entdeckung dieser Wahrheiten, sondern daß dieselben in dem Kreise der radicalen Mystik längst gangbar sind. Die himmlische Gottmenschheit Christi ist ein alter Satz, den Weigel erneuert hat, der bei allen seinen Anhängern vorkommt, der auch von Dippel 1702 vorgetragen ist. Die Wiederbringung hat Dippel schon 1698 deutlich gelehrt. Anhänger des Chiliasmus, welche die Apokalypse ebenso verstehen, wie die Petersen's, giebt es durch das ganze 17. Jahrhundert hindurch. Auch die von Petersen verkündete Entdeckung, daß die Bekenntnisse des Paulus Röm. 7, 14 ff. sich nicht auf dessen Stand der Wiedergeburt beziehen, hat ihm Dippel vorweggenommen [1]).

Es ist nicht recht zu verstehen, daß die Petersen's, indem sie ihren Uebergang zu der radicalen Mystik vollzogen, die dahin gehörenden Erkenntnisse, die ihnen neu sein mochten, für überhaupt neu ausgeben konnten. Gewöhnliche Eitelkeit konnte sie doch nicht täuschen; vielleicht ist die prophetische, durch Träume geleitete Art der Frau mit dem Uebermaß von Ansprüchen behaftet gewesen, welches sich nur in auffallenden Offenbarungen genug thun konnte. Petersen hat inzwischen seine Ansiedelung in dem einmal betretenen Gebiete der radicalen Mystik weiter ausgebreitet. Er hat über das Hohelied eine „Vollständige Erklärung“ (Büdingen 1728) veröffentlicht. Dieselbe wird durch den Chiliasmus beherrscht, da in dem Buch das Verhältniß Christi zu seiner Kirche in den zwei Stufen des Kreuzreiches und des Reiches der Herrlichkeit abgebildet sein soll. Ferner hat er schon vor der Bekanntschaft mit Arnold Interesse an Jakob Böhme genommen. Dessen Schriften hat er in seiner Studentenzeit kennen gelernt und unter ihnen an dem „Weg zu Christo“ Geschmack gefunden. Ferner haben seine Frau und er von 1691 bis 1695 in Briefwechsel mit Gichtel gestanden. Zu Petersen's im Jahr 1718 nicht gedruckten Schriften gehören Nr. 79: „Das Geheimniß der Schöpfung Adams und Evä, als sie nach dem Ebenbilde Gottes geschaffen und der Eine Mensch die Tincturen und Eigenschaften des Männlichen und des Weiblichen in sich vereinigt hatte, welche Einigkeit und Harmonie durch die zuerst inwendige Abweichung zur Lästerung und endlich durch

1) Wein und Oel in die Wunden des gestäupten Papstthums der Protestirenden. Sämmtl. Schriften I. 307. 311. 335. Entdecktes falsches Maß der Prüfung an Herrn Dr. Neuß. I. S. 721 ff.

den wirklichen Ausbruch der Sünde ganz zerstört ist, die aber doch durch den andern Adam, den Herrn vom Himmel J. Chr. zuerst in seinen Erstgeborenen, danach in Allen zur Harmonie und Einigkeit wieder kommen wird". Dazu kommt Nr. 45: „Der selige Herr Gottfried Arnold, der nach seinem Tode in der Materie von der Sophia oder von der vor der Erde gehabten Weisheit vergeblich angegriffen ist, vertheidigt". Die Haltung, welche Petersen gegen die Kirche einnimmt, ist nicht ganz so, wie sie von seinen Gesinnungsgenossen ausgeübt wurde. Er hegt bei seinen Ideen von der Wiederbringung und vom himmlischen Gottmenschen noch die Absicht auf Union der beiden evangelischen Kirchen; er hat also noch nicht an dem statutarischen Kirchenwesen verzweifelt. Er hat auch auf seinen Reisen, wenn ihm eine lutherische Kirche geöffnet wurde, gepredigt. Vom Separatismus z. B. der Gichtelianer will er nichts wissen. Freilich hatten diese die Wiederbringung bestritten in „Entdeckter Atheismus in der bekannten Lehre von der Wiederbringung", 1714. Er rückt ihnen dafür auf, daß sie Böhme's Schriften dem Worte Gottes gleichstellen und jedem, der nicht platt sich in ihre Compagnie begiebt, den Brudernamen verweigern.

Die Petersen's sind durch die Aufnahme der radicalen Mystik in einen Strom eingemündet, welcher sie weit ab von Spener geführt hat. Francke ist zu Anfang nicht unempfindlich gegen Petersen's Chiliasmus und die Lehre von der Wiederbringung gewesen, hat jedoch diese Anwandlung überwunden [1]). In dem Briefwechsel zwischen Spener und Francke fehlt jede Spur von persönlichen Beziehungen zwischen diesem und Petersen, obgleich derselbe wiederholt Halle besucht und dort Anhänger um sich gesammelt hat. Nichts desto weniger sind außer dem „Geistlichen Kampf" der Frau gleichzeitig die 300 Psalmen, welche Petersen unter dem Titel „Stimmen aus Zion" in drei Theilen (1698—1701) veröffentlichte, in der Buchhandlung des Waisenhauses zu Halle verlegt worden. Der Verfasser führt übrigens in dem Verzeichniß seiner Schriften am Schluß seiner Lebensbeschreibung an, daß er noch 700 solcher Dichtungen auf Lager habe. Sie sind es glücklicherweise geblieben! Was vorliegt, sind Betrachtungen, Lobgesänge, aber auch Reden Gottes, also Prophetieen, welche wie die Psalmen in Parallelsätzen verlaufen, so daß jedes Gedicht 20—30

---

1) Kramer, Francke I. S. 156–161.

solche Doppelsätze enthält. Dieselben sind theilweise aus Bibelstellen gebildet, und verrathen ein nicht geringes rhetorisches Geschick. Sie erstrecken sich vorherrschend auf die Lieblingsthemata von der Vollendung des Reiches Gottes und der Wiederbringung, auf alle Motive des Hohenliedes, auf die himmlische Weisheit und deren Contrast mit der irdischen Schulweisheit, auf Heilsgewißheit und Verlassenheit, kurz auf alle Gegenstände, welche in den Erbauungsbüchern der Frau vorkommen, bis herab zu der Werthschätzung des sittlichen Berufes. Petersen behauptet sie nicht eher geschrieben zu haben, als wenn er dazu von Gott durch seinen Geist aufgeweckt worden sei. Darauf gründet er offenbar auch das Recht, im Namen Gottes, als Prophet zu reden. Besonders deutlich tritt der Gedanke hervor, daß das Gesetz jenseits des Gnadenstandes liege, und dieser in der Freiwilligkeit der Liebe zu Gott und den Menschen bestehe. Das Bewußtsein von der Sünde tritt möglichst in den Hintergrund. Hingegen nimmt Petersen oft genug Anlaß, seine polemische Neigung in die Drohung göttlicher Gerichte einzukleiden. Bezeichnend ist auch ein Anhang zu dem ersten Theile: „Die Gottesgelahrtheit der Unmündigen gegen die falschberühmte Kunst der Verwirrer dieser Zeit, absonderlich gegen D. Deutschmann's Matäologie" (eine Schrift des Wittenberger Theologen gegen Petersen). Dieses sind 120 Strophen, meist aus paulinischen und johanneischen Sätzen componirt, in welchen dem blinden Pharisäer gezeigt wird, was Gott und göttlich ist. Daß nun Petersen sich in dieser Rhetorik der Stoffe bemächtigt hat, welche in den Erbauungsbüchern der Frau eine durchaus subjective erfahrungsmäßige Farbe haben, läßt wieder den Abstand zwischen der geistigen Art beider Eheleute deutlich erkennen. So abhängig von der Frau der Mann auch in diesen Producten erscheint, so fehlt bei ihm jede Spur des innern Kampfes, in welchem sie die Arndt'schen, wie die Spener'schen und die radical-mystischen Anregungen individuell durchgearbeitet hat. Denn indem er diese Stoffe in der rhetorisch-liturgischen Manier sich angeeignet hat, in welcher seine Geschicklichkeit schließlich zur Fabrikarbeit fortgeschritten sein muß, ergiebt sich, daß sie in ihm nur ästhetische Wurzeln geschlagen haben. Die Innerlichkeit und die Gründlichkeit der Selbstbeurtheilung, welche in den asketischen Schriften und der Lebensbeschreibung der Frau unverkennbar hervortreten und ihren pietistischen Charakter bezeichnen, sind bei dem Manne gerade nicht vorhanden gewesen.

Wenn ich demnach die Frage aufwerfe, was eigentlich an ihm pietistisch war, so kann ich nur antworten: das Pietistische an Petersen war seine Frau. Nichts desto weniger müssen seine persönlichen Gaben und seine gesellschaftliche Gewandtheit in Betracht gezogen werden, um die weitgreifende Geltung Petersen's in den pietistischen Kreisen, namentlich des Adels zu erklären. Das Vertrauen, welches ihm von Vielen entgegengetragen wurde, läßt schließen, daß er entweder seine Eitelkeit hinter der imponirenden Gewalt seiner Geheimlehre zu verbergen wußte, oder, daß es seinen frommen Anhängern nicht darauf ankam, sie mit in den Kauf zu nehmen. Sonst ist wirklich nicht der Eindruck seiner Persönlichkeit zu verstehen, welchen Christian Eberhard Weißmann, der Kirchenhistoriker zu Stuttgart und Tübingen bezeugt hat [1]). Sowohl die Nähe des tausendjährigen Reiches als die Wiederherstellung der Verdammten sind schon vor ihrer Entdeckung durch das Ehepaar Petersen von Anderen bezeugt worden; allein in Schwang gebracht worden sind diese Erwartungen erst durch sie [2]). Der Pietismus hat ferner aus der Erwartung der Wiederbringung ein Interesse an dem Mittelzustand der Verstorbenen geschöpft, indem eine fortschreitende Reinigung der Seelen im Jenseits [3]) angenommen wurde,

---

1) Introductio in memorabilia ecclesiastica II. (1719) p. 1067. His ut aliquid de nostro addamus, nec opus est, nec permittit modestia, qua venerandum hunc theologum, qui est inter seniores ecclesiae nostrae, atque insignia dona sincere colimus, ab eo maxime tempore, quo praesentem in Stuttgardia nostra et familiariter conversantem propius inspicere licuit. Fateor me de P. haec scripsisse ex recenti affectu ergo virum insignem, pium et doctum, quem tum temporis, cum in patria nostra versaretur, non obstante dissensu in novissimis articulis, etiam illi theologi comiter et amanter exceperunt, qui pari cum eo sententia non fuerunt. Peccavi forte in foro Edzardiano per hanc ingenuitatem.

2) Abgesehen von anderen Vertheidigern der Wiederbringung hat Ludwig Gerhard, in Rostock, ehemals Rector in Ratzeburg und in Strelitz, Aufsehen erregt durch sein „Systema ἀποκαταστάσεως, das ist vollständiger Lehrbegriff des ewigen Evangelii der Wiederbringung aller Dinge". Parchim 1727. Dazu kommen Supplementa 1728. Seine zahlreichen Gegner bei Walch III. S. 268 ff. Spätere Vertreter der Lehre in Acta historico-ecclesiastica XI. S. 946.

3) Betrachtung von dem mittleren Zustand der Seelen nach ihrem Abschied aus dem Leibe mit Consens der heiligen Schrift und des gesammten gottseligen Alterthums ans Licht gestellet durch etliche Wahrheit und Gerechtigkeit

welche in die nächste Analogie zur katholischen Lehre vom Fegfeuer tritt. Um jene Behauptung zu beweisen, richtet man zugleich die Aufmerksamkeit auf Spukgeschichten, Erscheinungen von Verstorbenen, die ihre Mittheilungen machen. Diese Phantasieen treten vor dem 18. Jahrhundert nicht auf; Swedenborg hat sie alsbald ins Groteske ausgemalt, aber zugleich zu einem abweichenden Zweck verwendet. Petersen starb 31. Januar 1727; die Zeit des Todes der Frau habe ich auch durch Nachfrage an Ort und Stelle nicht ermitteln können. Schließlich darf ich die ihren Biographieen beigegebenen Bilder, so gering sie in künstlerischer Beziehung sind, nicht unerwähnt lassen. Die Frau hat einen vornehmen festen und entschiedenen Ausdruck des Gesichts, das durch eine Art Nonnenschleier eingefaßt wird; bei dem Mann fällt ein nervös aufgeregter Ausdruck der Augen und der fein geschwungene aber weichliche Mund auf. Man versteht auch aus diesen Bildern das Uebergewicht, welches das geborene Fräulein von und zu Merlau über den Gatten ausgeübt hat.

---

34. August Hermann Francke [1]).

Daß Spener's Anregung zum lebendigen und thätigen Christenthum nicht gänzlich in Separatismus, mystischen Radicalismus und Indifferentismus gegen die Kirche verlief, sondern auch einen Umschwung innerhalb der lutherischen Kirche herbeiführte, der einiger-

---

suchende evangelische Christen. 1703. Joh. Schermer, Nothwendige Vollendung der pietistischen Reinigung und Heiligung entweder bei Leibes Leben oder im Tode. 1704. Unterredungen von dem Reiche der Geister. Leipzig 1730.

1) Geboren zu Lübeck 12. März 1663, Diakonus an der Augustiner- (Johannis-)Kirche in Erfurt zu Ostern 1690, abgesetzt zu Michaelis 1691, Pastor in Glaucha vor Halle und Professor der oriental. Sprachen an der Universität 1692, gründet das Waisenhaus von 1695 an, Prof. der Theologie 1698, Pastor zu St. Ulrich in Halle 1715, gestorben 8. Juni 1727. — Vgl. Guericke, A. H. Francke, eine Denkschrift zur Secularfeier seines Todes. 1827; Kramer, A. H. Francke, ein Lebensbild. Zwei Theile, 1880. 82; Dessen Beiträge (1861) und Neue Beiträge (1875) zur Gesch. F.'s; Tholuck, Gesch. des Rationalismus I. (1865) S. 9—26.

maßen der Absicht Spener's entsprach, ist hauptsächlich dem Manne anzurechnen, welcher als energischer Vertreter des Pietismus aus den Leipziger Händeln (S. 168) schon bekannt ist. Wenn man Francke und Petersen vergleicht, welcher auch als Vertreter des Chiliasmus sich noch in der Nähe von Spener hielt und nur schrittweise sich von ihm entfernte, so erklärt sich der schließlich erreichte Abstand zwischen Beiden, abgesehen von der Verschiedenheit der Charakteranlagen, daraus, daß Francke nach seiner Amtsentsetzung in Erfurt alsbald in neue wichtige Aemter eintrat, Petersen hingegen amtlos der vielgeschäftigen Zuchtlosigkeit verfiel. Der ganze Umfang des Erfolges aber, den Spener's Anregungen durch Francke erreichten, ist dadurch bedingt, daß in Francke und seinen Genossen Breithaupt, Anton, Joachim Lange, Rambach der Pietismus eine akademisch-theologische Existenz gewann. Schon bei dem ersten Anlauf zu dieser Wirksamkeit in Leipzig stand Francke im Vordergrunde; er hat diese Stellung behauptet, als die Gründung der Universität Halle die Bildung einer theologischen Schule des Pietismus möglich machte, welche es mit der Rechtgläubigkeit aufnehmen konnte, und sich gegen den Strom des mystischen Radicalismus abgrenzte.

Das öffentliche Auftreten Francke's in Leipzig 1689, welches die erste Verfolgung des Pietismus nach sich zog, hebt sich von seinen früheren Bestrebungen im collegium philobiblicum deutlich ab, da er zwischen dem ersten und dem zweiten Aufenthalt daselbst (Michaelis 1687 bis Februar 1689) seine Bekehrung erlebt hat, welche von ihm selbst beschrieben ist[1]). Mit dem Lübecker stipendium Schabbelianum ausgerüstet, welches auch Petersen genossen hatte, begab er sich zu dem Superintendenten Sandhagen in Lüneburg, der durch sein chiliastisches Interesse bekannt ist (S. 123), um sich unter dessen Leitung in der Schriftauslegung weiter zu bilden. Er war damals nichts weniger als ein Doctrinär der alten Schule, sondern auf christliche Praxis gerichtet, und hatte dieses durch seine Theilnahme an dem collegium philobiblicum schon bewährt. In dieser Stimmung erklärte er sich zu einer Predigt bereit, welche er über Joh. 20, 31 zu halten beschloß. Er hatte überflüssige Zeit zur Vorbereitung auf diese Predigt, in welcher er den lebendigen Glauben zu behandeln gedachte. In der

---

1) In Kramer, Beiträge S. 28—55.

Meditation machte er sich nun klar, daß ihm ein solcher Glaube, wie er ihn erfordern würde, mangele. Er kam also von seiner Aufgabe ab, und gerieth in eine grüblerische Selbstprüfung, welche er mit den Mitteln der theologischen Lehre, aber auch mit der Unterwerfung unter die heilige Schrift zu dem erwünschten Ziele der Glaubensbefestigung nicht durchführen konnte. Vielmehr verirrte er sich in den Zweifel, ob die heilige Schrift Gottes Wort sei, von da sogar in den Zweifel an allem, was er im theologischen Studium von Gott und seiner Offenbarung gelernt hatte. Er glaubte auch keinen Gott im Himmel mehr. Nichts desto weniger bezeugte ihm sein Gewissen die Einsicht in seine Sünde. Er konnte gleichsam seine Sünden zählen, und erkannte deren Quelle in dem Wahnglauben, mit dem er sich so lange betrogen hatte. In dieser Verfassung fuhr er fort den Gott anzurufen, den er nicht mehr glaubte, um, wenn er wäre, sein Erbarmen zu gewinnen. Endlich als er wieder in dieser bedingten Weise sein Gebet an Gott richtete, „erhörete mich der Herr der lebendige Gott von seinem hohen Throne, als ich noch auf meinen Knieen lag. Denn wie man eine Hand umwendet, so war alle mein Zweifel weg, ich war versichert in meinem Herzen der Gnade Gottes in Christo Jesu, ich konnte Gott meinen Vater nennen, alle Traurigkeit und Unruhe meines Herzens ward hinweggenommen, hingegen ward ich als mit einem Strom der Freuden plötzlich überschüttet". Von der Zeit an hat es, wie Francke zu berichten fortfährt, mit seinem Christenthum einen Bestand gehabt, ist es ihm leicht geworden, Selbstverleugnung zu üben, züchtig, gerecht und gottselig zu leben. Jenen plötzlichen Uebergang von Zweifel und Verwirrung zu Glauben und Heilsgewißheit hat er also als seine Bekehrung und als den Zeitpunkt seiner Begnadigung durch Gott erkannt, von wo an er in seiner frühern Verfassung nur Weltliebe und Ehrsucht zu finden meinte.

Man mag Francke bei dieser Erfahrung zu Gute kommen lassen, was Spener (S. 114) in Bezug auf Luther zugestanden hat, daß Gott Menschen, welche er zu seinen wichtigsten Geschäften bereiten will, durch solche Hölle hindurchführe. Zugleich ist nicht zu übersehen, daß Spener in solcher Erfahrung nicht die Bekehrung und Wiedergeburt selbst erkennen, sondern deren Vorhandensein vorausgesetzt wissen will, wenn jene Probe erfolgt. Hievon aber weicht Francke's eigene Schätzung seiner Erfahrung ab; er fixirt auf sie den Beginn seines Gnadenstandes. Insofern ist auch das Erlebniß nicht blos für ihn selbst von entscheidender Bedeutung gewesen, sondern er nimmt, wie sich zeigen wird, daher die Norm auch für die Anderen. Deshalb ist unumgänglich, den Vorgang selbst und Francke's Ansicht von demselben zu beurtheilen. Zum Glück können wir seine Schilderung mit einem ähnlichen Erlebniß des Judenmissionars Stephan Schultz vergleichen [1]). Der Fehler in dem Falle von Francke wie in dem von Schultz liegt in dem Anspruch, in einem bestimmten Moment oder für die Dauer über einen Gefühlseindruck von der Gnade Gottes zu verfügen, welcher sich von der allgemeinen Lebensstimmung vollständig abheben soll. Der Anspruch ist freilich durch die hergebrachte Dogmatik begründet; ein Mann wie Spener ist jedoch fähig gewesen, die theoretische Vorschrift zu berichtigen (S. 114), da seine Erfahrung ihm die Unsicherheit der Gefühlsstrebungen klar gemacht hatte. In den vorliegenden Fällen sind es junge Leute, welche durch die Verfehlung des erstrebten Zieles in Verwirrung gesetzt werden. In dem falschen Ansatz, den Beide machen, ist jedoch die größere Umsicht auf der Seite des Jüngern. Schultz sieht in der Verwirrung, die ihn überfällt, eine Anfechtung des Teufels, erkennt also in der Erfahrung selbst eine Wahnvorstellung; hingegen Francke erkennt in der Verwirrung und dem Zweifel an Gottes Dasein die folgerechte

---

1) Vgl. Stephan Schultz (geb. zu Flatow, Westpreußen 1714, studirt in Königsberg, Judenmissionar im Dienst von Callenberg's in Halle Institutum iudaicum 1736—56, danach Archidiakonus an der Ulrichskirche in Halle, † 1776) „Die Leitungen des Höchsten nach seinem Rath auf den Reisen durch Europa, Asien und Africa", 5 Theile, Halle 1771—75, im Ersten Theil S. 25. Als er in Stolpe auf der Schule war, erfuhr er eine schwere Anfechtung, die ihn bald ein halbes Jahr aufgehalten und das folgende Jahr wiederkehrte, aber nicht so lange anhielt. Der Hauptinhalt der Anfechtung war der Mangel von Empfindung der Gnade Gottes, deren ich schien ganz verlustig zu sein, und wider allen meinen Willen mit solchen Gedanken geplagt wurde, als ob kein Gott im Himmel wäre. Die heil. Schrift wurde mir wie ein vertrockneter Born; wollte ich sie lesen, so hieß es: was findest du darin? oder: du liesest sie zu deiner Verdammniß. Und so ging es mir bei den anderen Gnadenmitteln, wie mit dem Abendmahl, bis endlich Gott durch seinen guten Geist weiter durchdrang, daß ich dem Satan zum Trotz fortfuhr, die heil. Schrift zu lesen. Das heil. Abendmahl genoß ich in einem Monat zu drei, vier Malen. Weil nun der Satan merkte, daß ich ihm sonderlich mit dem Genuß des heil. Abendmahls (dabei er mich am meisten anfocht) trotzte, so ließ er von mir ab.

Offenbarung seines Sündenstandes für ihn und die Voraussetzung seiner erst jetzt erfolgenden Aufnahme in Gottes Gnade. Um die Anfechtung zu überwinden, bedient sich Schultz der kirchlichen Gnadenmittel, der heiligen Schrift, die er immer wieder liest, und des Abendmahls; Francke hingegen erreicht sein Ziel durch das Gebet an den Gott, den er nicht glaubt, also durch eine eigene Leistung, die den kirchlichen Gnadenmitteln ebenso entgegengesetzt, als sie den Umständen gemäß einfach abergläubisch ist. Abnorm ist der Ansatz zu der Krisis, die Francke erlebt hat, abnorm auch das Mittel, das er zu deren Lösung verwendet hat. Verhängnißvoll aber ist es, daß er in dem Vorgange nicht eine Anfechtung durch Combination täuschender Vorstellungen mit gesteigerten Gemüthsbewegungen, sondern seine wahrhaftige Bekehrung durch Gott erkannt hat, und daß er bei dem Urtheil, von da an habe sein Gnadenstand begonnen, stehen geblieben ist [1]).

Als akademischer Theolog vertritt Francke, wie seine Genossen, die Vorschriften Spener's über die Bedingtheit der Theologie durch die Wiedergeburt, durch Gebet und Selbstverleugnung. Die Methode des theologischen Studiums hat Francke in Schriften [2]), in directen Vorlesungen und beiläufig in den sogenannten Paränetischen Lectionen wiederholt im Ganzen und im Einzelnen dargestellt. Indem ich die Vorlesungen über das theologische Studium verfolge, wird sich zeigen, daß die Anweisung dazu und die Anleitung zur

---

1) In einem Brief, den Francke wenige Wochen vor seinem Tode an den Hofrath des Herzogs von Sachsen-Saalfeld, Anton Heinr. Walbaum gerichtet hat (bei Kramer II. S. 463 ff.), bezeichnet er allerdings den Vorgang als Anfechtung (S. 466), jedoch zugleich deutet er ihn indirect als seine Bekehrung, sofern er damals zum erstenmal aus dem heiligen Geist Gott als seinen Vater hätte anrufen können.

2) Timotheus zum Fürbilde allen theologiae studiosis vorgestellet, 1695. Definitio studii theologici, Def. methodi studii theologici, De fine studii theologici, alle drei 1708, sind Capitel aus der Vorlesung. Idea studiosi theologiae et Monita pastoralia, 1712. 1722. Methodus studii theologici (die seit vielen Jahren gehaltenen Vorlesungen) 1723. Dazu sind zu vergleichen Justus Breithaupt, Exercitationes de studio theol. 1702. Joach. Lange, De genuina studii theol. praecipue thetici indole ac methodo, 1712, ferner A. H. Francke, Lectiones paraeneticae oder Oeffentliche Ansprachen an die Studiosos theologiae zu Halle in dem sogenannten Collegio paraenetico. Sieben Theile, die fünf letzten von F.'s Sohn herausgegeben. 1726—36.

pietistischen Frömmigkeit zusammenfallen. Denn schon der erste Satz in diesem Buch verräth es deutlich, daß Francke den Theologen als den Musterchristen auffaßt[1]). Hiemit ist das gerade Gegentheil zu dem Anspruch der Orthodoxie behauptet, welche den Gläubigen, der die Offenbarung Gottes aus der heiligen Schrift erkennen soll, als eine Abart des Theologen definirte. Jetzt soll der Theolog als solcher seinen Zweck in dem Erwerb des ewigen Lebens haben, welches doch das Ziel jedes Gläubigen ausmacht. Dann ist nicht zu verwundern, daß dem Theologen vor allem Andern oratio, meditatio, tentatio vorgeschrieben wird, die Uebungen der Frömmigkeit, welche dem Ziele des ewigen Lebens entsprechen. Mit den Erörterungen über das Gebet treffen wir den Kern der Lebensansicht, welche Francke auf seine theologischen Schüler zu übertragen beharrlich sich bemüht hat. Das Gebet definirt er als die Verehrung Gottes, durch welche man, so weit es im gegenwärtigen Leben möglich ist, die engste Gemeinschaft mit Gott erstrebt. Das Gebet ist durch das theologische Studium hindurch fortzusetzen, weil es allein die Verleihung des heiligen Geistes erreicht, dessen man zum theologischen Studium bedarf. Das Gebet setzt die Bekehrung voraus, demgemäß ist auch das theologische Studium die Sache eines Bekehrten, oder wenigstens erfordert es die Bekehrung. Zu diesem Zweck hat man sich auf die Armuth des Geistes zu stimmen, in der man im tiefsten Bewußtsein des Elendes in der Sünde nach der Gnade dürstet, im Begehren nach der engen Gemeinschaft mit Gott brennt und dadurch zur innern und äußern Uebung des Gebetes um den heiligen Geist angestachelt wird. Dabei mag man fremde Formeln brauchen oder

1) Methodus p. 1: Studium theologicum est cultura animi, qua is sub spiritus s. ductu piis precibus impetrando accurata vivaque veritatis divinae e scripturis s. agnitione imbuitur assiduaque eius praxi in ea confirmatur; eum in finem, ut qui huic studio operam dederit eoque ad sui ipsius emendationem veramque ad Christum conversionem et renovationem quotidianam primum recte usus sit, deinde vitae inculpatae exemplo, doctrinae puritate et sapientiae dono aliis praeluceat, ad tyrannidem satanae destruendam, dei vero regnum inter homines promovendum, quo omnes, quotquot gratiae divinae per verbum operanti et spiritui s. non posuerint malitiose obicem, sapientes reddantur ad salutem, vitamque aeternam consequantur per fidem in Christum Jesum.

in eigenen Worten sein Herz ausschütten, allein oder in Gesellschaft beten, so kommt es darauf an, durch den heiligen Geist, den man erbittet, auch wieder die Gebete zu befruchten, welche weiterhin auf Reinigung der Seele und Bewahrung des Friedens in Christus sich richten, und wenn sie richtig sind, ebenso entfernt von Wortmacherei wie von träger Kürze sein werden. Daß hiemit keine leichte Aufgabe gestellt ist, geben die 22 Vorsichtsmaßregeln kund, welche Francke beim Gebet beachtet wissen will.

Die Meditation, welche dem Theologie Studirenden obliegt, ist die demüthige, nüchterne und eifrige Application zur Erkenntniß der göttlichen Wahrheit, welche nicht den Verstand und das Gedächtniß, sondern das ganze Gemüth, hauptsächlich den Willen angeht. Auch diese Thätigkeit wird von Eifer um Frömmigkeit und Gebet getragen und auf den Erwerb der Weisheit gerichtet sein. Indem nun die Meditation auf die heilige Schrift zu wenden und namentlich an deren cursorische Lesung zu knüpfen ist, verräth Francke, daß ihm das Studium der Bibel und das theologische Studium überhaupt gleichbedeutend sind. Er will ja alle technischen Mittel, die fremden Sprachen, Geographie und Antiquitäten in dem Dienste des Bibelstudiums verwendet sehen, allein auch die Bemühungen um diese Kenntnisse werden immer wieder mit Gebet vorzubereiten sein, und die erbauliche Anwendung der Schrift auf sich selbst und die Anderen wird als die tägliche Aufgabe bei dem Studium derselben eingeschärft. Die Ansicht Francke's von der Sache wird am deutlichsten dadurch bezeichnet, daß er die systematische Theologie nicht als die Spitze der theologischen Bildung betrachtet, sondern nur als Mittel für die Exegese empfiehlt. Er weiß sich etwas bei dieser Bestimmung im Vergleich mit solchen, welche jenes Fach überhaupt vom theologischen Studium ausschließen wollen. Auf Anlaß der thetischen Theologie äußert sich Francke auch über die Bedeutung der Philosophie für den Theologie Studirenden. Er beurtheilt sie nach 1 Kor. 1. als Erzeugniß der verderbten menschlichen Natur, welches darum die Absicht auf Weisheit verfehlt; nur der rechte Christ sei wahrer Philosoph. Um so mehr ist dem Musterchristen aus Francke's theologischer Schule die Philosophie entbehrlich, als deren Studium ein ganzes Leben erfordert, welches doch der Theolog zu seinem Zweck verwendet. Nur aus Liebe zum Nächsten, d. h. im Dienst der Apologetik wäre das Studium der Philosophie zu empfehlen. Dabei spricht er über die Metaphysik der Schule das Urtheil aus, daß wer sich mit ihren Definitionen und Abstractionen beschäftigt, kaum dem Namen Narr (ineptus) entgehen, wenigstens von keinem vernünftigen Menschen als weise werde geachtet werden. Francke ist hiemit über die unklare Ansicht Spener's [1]) hinausgeschritten; er berührt sich, indem er die directe Zweckmäßigkeit der schulmäßigen Metaphysik für die Theologie verneint, mit dem radicalen Mystiker Dippel. Indem ich die Ansicht Francke's über mystische Theologie zu berühren vorbehalte, füge ich nur noch hinzu, daß derselbe als Darstellung der Moral Arndt's Wahres Christenthum anerkennt, daß er ferner den symbolischen Büchern genaue Aufmerksamkeit zu widmen vorschreibt, daß er aber die Ausbildung in der Polemik eingeschränkt und auf Kirchengeschichte und Bibelauslegung gegründet wissen will.

Dieser Ueberblick über die Hauptgedanken der Vorlesungen genügt, um Francke's Auffassung des theologischen Studiums verständlich zu machen. Vor Allem ergiebt sich aus der Stellung, die der thetischen (systematischen) Theologie angewiesen wird, daß Francke den Antrieb zu einer Umschmelzung des Lehrsystems, welcher in Spener's Forderung der theologia regenitorum enthalten ist, und dem Grundsatz Joh. 7, 17 entsprechen würde (S. 120), nicht empfunden hat. Von diesem Gesichtspunkte Spener's findet sich bei Francke keine Spur. Indem er die Bedingungen nachweist, unter denen ein junger Theolog zur Wiedergeburt gelangt und in ihr sich erhält, hat er die übrigen Bedingungen, unter denen wissenschaftliche Theologie zu Stande kommt, aus den Augen verloren. So wenig hat er die Aufgabe begriffen, welche Spener einer akademischen Theologie des Pietismus gestellt hatte, daß er überhaupt keine Hand an die systematische Theologie gelegt hat. Die einzige Schrift, deren Titel dahin zu weisen scheint: „Christus der Kern der heiligen Schrift" (1701; ins Lateinische übersetzt Christus s. scripturae nucleus, 1724) beginnt wieder mit der Anweisung zur praktischen Erkenntniß der heiligen Schrift mit Hilfe des Gebetes, um dann die kahle Regel auszusprechen, daß man Christus in der gegenseitigen Beleuchtung des N. und des A. T. zu erkennen habe; endlich folgt eine Meditation über den Prolog des Johanneischen

1) Bedenken I. S. 420. III. S. 535. Vgl. Theologie und Metaphysik S. 64.

Evangeliums als Probe des gemeinten Verfahrens. An der Hand dieses Textes werden nun fünf Beweise für die Gottheit Christi gestellt; als sechster wird der werthvolle Gedanke ausgeführt, den einmal Melanchthon angeschlagen hat, daß der Glaube an Christus, der uns zugemuthet wird, gerade dessen Gottheit feststellt. Damit ist zu vergleichen, wie Francke in einem Programm[1]) die unverminderte Gottheit Christi in seinem menschlichen Leben und seinem Tode damit beweist, daß Christus groß an Liebe, ja die Liebe selbst, und sich als solche nicht blos durch Reden und Verheißungen, sondern durch die That erwiesen, und in der Größe seiner Todesleistung wie seiner Auferstehung sich als das Leben und Heil bewährt hat, aus welchem jeder Sieg des Glaubens möglich wird.

An praktischen Gedanken also, deren theoretischer Werth zugleich einleuchtet, hat es Francke nicht gefehlt. Warum hat er dennoch der Theologie im Ganzen nicht weiter zu helfen vermocht? Diese Frage findet ihre Antwort aus der Thatsache, daß er die nothwendige Wechselbeziehung zwischen Theologie und Kirche nicht erkannt hat, und die individuelle Heilsordnung, die das theologische Studium einfassen soll, ebenfalls außer aller Beziehung zur Kirche darstellt. Dadurch verkürzt er zunächst den nothwendigen Umfang der christlichen Lebensansicht. Die Vorbereitung zum theologischen Studium durch Gebet und Meditation über die heilige Schrift setzt, nach Francke, eigentlich den Stand der Wiedergeburt voraus; aber durchgehends muthet er jene Leistungen zum Gewinn des heiligen Geistes als die Praxis der Selbstbekehrung denen zu, welche er eben dadurch als unwiedergeboren annimmt, oder welche sich selbst dahin beurtheilen sollen. Denn das Zugeständniß, der Durst und das brennende Verlangen nach Gnade sei schon Gnadengabe, ist blos theoretisch gemeint. Für das praktische Bewußtsein, welches Francke in seinen Zuhörern anregen will, soll jedoch dieses Urtheil nicht gelten. Dieselben ruft er stets und überall nur zu gründlicher Buße auf, ohne ihnen gemäß der Taufe den Stand der Gnade zu Gute kommen zu lassen. „So lange kein odium peccati da ist, ist hingegen odium Christi da. Also muß da eine wahre Zerknirschung in dem Gemüthe vorgehen. Und ob es gleich

1) De magnitudine et maiestate Jesu Christi. Programmata div. temp. in acad. Hal. proposita (1714) p. 170—180. Vgl. Rechtfertigung und Versöhnung (2. Aufl.) III. S. 625.

nicht nöthig ist, daß ein jeder so oder so lange in **tristitia spirituali** stehe, als welches von Gottes freiem Willen dependiret, so muß es doch Wahrheit bei dem Menschen sein, daß er die Sünde hasse, einen Abscheu an derselben und einen rechten Hunger und Durst nach Gott habe. Und wenn er den Mangel darin spüret, so muß er in ernstlichem Gebet um solche Gnade eines zerknirschten Herzens und eines brünstigen Verlangens nach Gott anhalten. Wenn es nur mit dem Haß gegen alle und jede Sünde ein aufrichtiger Ernst ist und er nur von Herzens Grunde meint, daß er gern zu Christo kommen möchte, daß ihn derselbe von seinen Sünden errette, so wird ihm Gott der Herr seine Gnade nicht versagen, sondern ihm dieselbe widerfahren lassen". Die gründliche Selbstprüfung auf die Sünden gehört zum Vorgange der Bekehrung; aber in diesem Bußkampf soll man sich nicht niederwerfen lassen, sondern sich mit der Gnade und Treue Gottes trösten und mit seinem Gebet getrost ins Heiligthum eingehen, in welches Christus vorangegangen ist. Man soll sich nicht in ein gesetzliches Streben begeben, das einen Angstzwang in sich hätte, daß der Mensch darüber von Sinnen kommen möchte. Auf diesem Punkte trennt sich Francke von den Gothaer Candidaten, welche nach Melanchthon's Anleitung den Bußkampf an das Gesetz geknüpft wissen wollten (S. 191), er stellt das Evangelium von der Gnade auch als das Motiv dar, welches den Menschen viel tiefer in die Buße treibt, als alle Donner des Gesetzes zu thun vermögen. Unter diesen Umständen fordert er, daß ein Bekehrter, wenn nicht genau den Zeitpunkt, so doch die Lebensepoche müsse angeben können, in welcher er seine Bekehrung erlebt hat. Bei denen, welche in der Taufgnade geblieben sind, fällt freilich dieser Anspruch fort. Daß bei den Anderen die Gewißheit des Heiles schließlich erreicht wird, will Francke nicht durchaus und überall an besonders energische Empfindung der Seligkeit geknüpft wissen, sondern gesteht zu, daß sie auch ohne deutlichen Eindruck der Art erreicht werde. Aber in allen Fällen gehört zur Feststellung dieses Erfolges das Wachsthum in der Heiligung, das man beobachten, und in Tagebüchern für die zukünftige Erinnerung sichern soll[1]).

Diese Methode der Bekehrung ist im Ganzen nach dem

---

1) **Lectiones paraeneticae I. S. 296. III. S. 192. II. S. 160. 244. III. S. 42. 382. IV. S. 293—299. III. S. 18.**

Vorbilde der eigenen Erfahrung Francke's ausgeprägt. Nur rechnet er nicht auf den fundamentalen Zweifel, in den er selbst gerathen war. Allein wie er aus seinem Unglauben heraus durch Gebet die Versicherung der Gnade erreicht hat, so muthet er den unwiedergeborenen Jünglingen, die durch grobe Sünden die Taufgnade verscherzt haben und unter die Herrschaft des Weltgeistes verfallen sind, ein Verfahren zu, durch eigene Ueberlegung ihrer Sünden und andauerndes Gebet die Gnade oder den heiligen Geist zu gewinnen. Und wenn sie ihre Selbstprüfung unumgänglich an der Vergleichung mit dem Gesetz beginnen, so muthet er ihnen ferner zu, durch die Erinnerung an Gottes offenbare Gnade theils ihre Buße zu steigern und zu klären, theils sich zu trösten, um nicht in Verzweifelung zu gerathen. Diese Gegenwirkung gegen eine blos gesetzliche Buße ist nun an sich richtig gemeint; allein sie ist nicht richtig orientirt. Denn daß der bußfertige Sünder in dem Gedanken der Liebe Gottes theils die Steigerung seines Schuldgefühls und seiner Reue, theils die Ausgleichung seiner Unseligkeit mit seiner entgegengesetzten Bestimmung erfährt, wird doch nur verständlich und anwendbar, wenn im Voraus festgestellt wird, daß die der Bekehrung bedürftigen Zuhörer von Gottes wegen zur christlichen Kirche gehören. Dennoch hat Francke dieses in seinen Paränesen niemals ausgesprochen, obgleich er für die als Weltkinder angenommenen Empfänger seiner Ermahnungen zugesteht, daß der von ihnen gebrochene Taufbund auf Seiten Gottes fest geblieben ist [1]). Er durfte nun seine Zuhörer auf die Liebe Gottes als Motiv der Buße wie des Trostes mit Recht verweisen, wenn er jenen Gedanken, daß die Taufe von Gottes wegen unverbrüchlich ist, in den Vordergrund rückte. Das hat Spener immer gethan. Dann aber war kein Anlaß zu der Vorschrift eines Bußkampfes in der künstlichen und erschöpfenden Vergegenwärtigung des totalen Elendes der Sünde vor der Einprägung des Gnadenstandes. Indem also jene Voraussetzung regelmäßig verschwiegen wurde, so macht die Methode der Bekehrung, welche Francke betrieb, gerade den Eindruck, als brächte der Unwiedergeborene durch eigene Bußleistungen seine Bekehrung zu Stande, und gewänne Gott durch sein Gebet den heiligen Geist ab. In dieser Darstellung der Sache durch Francke liegt jedoch keine Bürgschaft dafür, daß man in der

1) A. a. O. IV. S. 298. 299.

Befolgung seiner Methode regelmäßig zum Ziel einer stetigen Heilsgewißheit komme.

In einer paränetischen Lection von 1725 trägt er den Brief eines Studenten vor, welcher, indem er nach den Bedingungen eines beständigen wachsenden Wandels im Christenthum fragt, eine Schilderung seiner ziellosen Gemüthsbewegungen in dem Streben danach entwirft [1]). Er hat sich nach den Anweisungen Francke's zu richten versucht, aber sein Gemüth ist dadurch nur immer stumpfer und unempfänglicher geworden. Was wird es ihm geholfen haben, daß Francke seine Forderungen wiederholt, Buße zu thun, darin rechten Ernst zu üben, den Hunger nach Gerechtigkeit zu erwecken, zu beten, über das Evangelium als die Kraft zur Seligkeit zu meditiren? Francke hat auch damals nach so langer Erfahrung keine Ahnung davon, daß solches contemplative Verfahren für Viele völlig unbrauchbar war. Wenn er die Einsicht hatte, gegen die Versuchung der Sinnlichkeit die Arbeit im Beruf zu empfehlen [2]), so durfte er dasselbe Heilmittel an dem versuchen, welcher durch die contemplative Methode der Buße in Verwirrung gerathen war. Allein dieses Element unterschätzt er so, daß er die Arbeit um den Erwerb theologischen Wissens immer durch die asketischen Zumuthungen einschränkt, und daß er von den Studenten, die nicht mehr auf das Gewissen als auf das Wissen sehen, sagt, sie versprächen nicht Knechte des lebendigen Gottes, sondern Bastarde und Pharisäer zu werden, die Christus in seinen Gliedern kreuzigen. „Also muß man freilich das Studiren fleißig treiben, aber man muß es nicht Herr über sein Gemüth werden lassen“ [3]). Gab es kein anderes Mittel, die studirende Jugend zur maßvollen und demüthigen Schätzung ihrer wissenschaftlichen Arbeit anzuhalten, als ihre Berufserfüllung gegen ihre asketische Selbstbespiegelung überhaupt herunterzusetzen? Hatte Francke keinen Anlaß zu zweifeln, ob wirklich seine Bekehrungsmethode die allgemeingiltige Anleitung zum Studium der Theologie sei? In demselben Jahr 1709, in welchem Francke jenen Ausspruch that, hat er die Thatsache constatirt [4]), daß die theologischen Studenten nicht mehr so wie früher

---

1) A. a. O. I. S. 267 ff.
2) A. a. O. IV. S. 271.
3) A. a. O. III. S. 175.
4) A. a. O. IV. S. 74 ff.

der Absicht der Halle'schen Theologen entgegengekommen sind, sie durch Vorlesungen, Predigten und Ermahnungen gründlich zum Herrn zu bekehren. Sie meinen, sagt Francke, der Hauptzweck sei der, ihnen die Köpfe mit Wissenschaft anzufüllen. Deßhalb dächten sie mehr daran, wie sie künftigen Patronen gefallen, als wie sie Selbstverleugnung üben sollen. Sie hielten auch nicht mehr darauf, sich gegenseitig zu erwecken, sich in Gebet und erbaulicher Lesung der Bibel zu vereinigen, und zögen sich von dem speciellen Einfluß ihrer Lehrer zurück. Deshalb erfolgten auch viel seltener als früher die Wirkungen, auf welche die Lehrer in Halle das theologische Studium einrichteten. Indem nun Francke die früheren Generationen für ebenso musterhaft ansieht als seine Grundsätze, erkennt er an der Veränderung zum Schlechteren nur die Schuld der Jugend. Konnte aber nicht Francke die Zeichen der Zeit erkennen, daß nachdem der Pietismus eine sichere Stellung in der Kirche gewonnen hatte, die gewaltsame Methode der Bekehrung nicht mehr die Hauptsache in der Einwirkung auf die Jugend war, und daß deren Anspruch auf eine sachgemäße Behandlung der Theologie der Befestigung der Richtung mehr entsprach, als die erfolglose Fortsetzung der asketischen Ansprüche Francke's und seiner Collegen? Die Starrheit, mit welcher Francke das theologische Studium als die Ausbildung von Musterchristen auffaßte, ist ebenso verhängnißvoll zu dem schnellen Verfall seiner Richtung geworden, wie seine Gleichgiltigkeit dagegen, daß die Existenz in der Kirche bei der Normirung des christlichen Lebens als Hauptpunkt beachtet werden muß. Dieser Fehler ist durch die hervorragende Stellung, welche der Halle'sche Pietismus schon bei Francke's Lebzeiten in der lutherischen Kirche aller Länder eingenommen hat, keineswegs aufgewogen oder unschädlich gemacht worden. Vielmehr ist durch die Combination dieses Erfolges mit jenem Grundfehler des Pietismus die individualistische Aufklärung und ihre grundsätzliche Gleichgiltigkeit gegen die Existenz des Christenthums in der Form der Kirche geradezu groß gezogen worden.

Francke hat den Bußkampf nicht gesetzlich verstanden; er hat den Beginn der Bekehrung nicht absichtlich erschwert. Allein die Fortsetzung des christlichen Lebens hat er mit gesetzlichen Zumuthungen umgeben, welche mit dem Calvinismus zusammentreffen. Einmal ist er in Hinsicht der Mitteldinge (S. 191) mit den

Gothaer Candidaten[1]) einig, daß alle Vergnügungen, einschließlich des Tabakrauchens, unter jenem Namen falsch beurtheilt werden[2]). Ferner hat er schon in seiner Erfurter Zeit (1690—91) einen Aufsatz „Von der Christen Vollkommenheit" verfaßt[3]), welcher das Verhältniß zwischen Rechtfertigung und Heiligung ganz correct bestimmt, aber in der letztern ein Wachsthum nach den Altersstufen des Kindes, Jünglings, Mannes fordert. Dasselbe ist zwar nicht auf Sündlosigkeit hinausgeführt, aber auf die im Hebräerbrief bezeichnete Vollkommenheit der Uebung und Gewohnheit zur Unterscheidung zwischen Gutem und Bösem. Diese Aufstellung greift weiter als die von Spener behauptete Aufgabe, das Gesetz zu halten, wegen deren Francke in Erfurt angefochten wurde. Wenn nämlich überhaupt von der Grundlage der lutherischen Lehre aus die Aufgabe des Lebens positiver gefaßt werden sollte, als in der fahrlässigen Satzung, daß die guten Werke des Wiedergeborenen nun einmal immer unvollkommen bleiben, so konnte nichts anderes erreicht werden, als was der Calvinismus auf der gemeinsamen Grundlage schon formulirt hatte. Nur bringt es die Strenge gegen die excelsa mundi mit sich, daß das Wachsthum der Heiligung hauptsächlich in der ceremonialgesetzlichen Ablehnung der Vergnügungen bestehen wird. Hiemit eröffnet sich aber die Aussicht auf dieselbe Trennung der gesellschaftlichen Beziehungen zwischen den puritanischen oder pietistischen und den anderen Christen, welche im Calvinismus obwaltete. Daß jene sich für die Wiedergeborenen, und die Anderen eigentlich nicht für Christen achten, ist die Neuerung, welche der Pietismus in der lutherischen Kirche aufrichtete (S. 213), und welche durch diesen Aufsatz Francke's nur in Einklang mit der Calvinischen Lehrformel gesetzt worden ist.

Francke hat ebenso wenig wie Spener (S. 98) von der eigentlichen Mystik Gebrauch gemacht[4]). Allein indem Beide Johann

1) Von denen M. Johann Hieronymus Wiegleb seit 1701 als Diakonus und Rektor in Glaucha ihm nahe stand. Vgl. dessen „Hindernisse der Bekehrung" (1709) S. 193 ff.

2) Die pietistische Literatur darüber bei J. G. Walch, Bibl. theol. II. p. 762. 1143. Außerdem Joach. Lange, Mittelstraße III. S. 75 ff.

3) Abgedruckt in Francke's Sammelwerk „Oeffentliches Zeugniß vom Dienste Gottes" (1702), ferner in seiner „Verantwortung gegen D. Mayer's Beschuldigungen" (1707) S. 217, endlich bei Kramer I. S. 273.

4) Die 1687 erschienene lateinische Uebersetzung von Molinos' Geist=

Arndt als ihren Vorgänger anerkannten, haben sie ein Urtheil über die katholische Mystik in dem Kreise des Pietismus in Gang gebracht, welches die seit Arndt obwaltende Verwirrung zwischen dem Lutherthum und jener katholischen Lebensrichtung besiegelt hat. Francke ist mit der Mystik verflochten, indem er den katholischen Begriff von der Seligkeit als dem Heilsziel des Einzelnen fortpflanzt. Denn nichts anderes als dieses ist die arctissima coniunctio cum deo, welche er durch das Gebet erstreben lehrt (S. 11). Deshalb erkennt er die mystische Theologie, wie sie unter dem Papstthum geübt worden, und ihm hauptsächlich in Tauler gegenwärtig ist, als identisch mit der praxis interioris Christianismi, welche er als die Buße und Heilsgewißheit auf die heilige Schrift gegründet wissen will [1]). Schon Spener hatte die ganz relativ gemeinte Anerkennung Tauler's durch Luther (S. 146) so gedeutet, daß derselbe seine Ansicht von der Rechtfertigung von Tauler gelernt habe [2]). Aehnlich urtheilt Francke, daß Luther aus dessen Büchern viele göttliche Wahrheiten erkannt, und deshalb aus ihnen mehr Saft und Kraft gesogen habe, als aus allen Schriften der Scholastiker, und daß dieselben ihn nicht wenig erweckt haben, auf den rechten und lautern Grund des Evangeliums zu kommen [3]). Aus der falschen Voraussetzung, daß das katholische Christenthum in Werkgerechtigkeit aufgehe (I. S. 39), wird die in der mystischen Frömmigkeit des Mittelalters maßgebende Liebesgemeinschaft mit dem sich erniedrigenden Gott und die Beseitigung der Ansprüche von Verdiensten in dieser Gedankenreihe als gleich geltend mit Luther's Lehre von der Rechtfertigung durch Christus angenommen. Freilich warnt Francke auch vor falscher Mystik, allein man erkennt, da er keine Namen nennt, nicht deutlich, welche Schriftsteller er als Vertreter derselben meint. Das Merkmal der falschen Mystik, daß mit ihr keine Zumuthung der Buße verbunden sei, ist auch nicht geeignet, Weigel und Böhme auszuschließen. Kurz man kann auf die Vermuthung kommen, daß Francke in dieser Literatur

lichem Wegweiser ist durch Francke nur aus dem Grunde unternommen worden, damit man die Lehrweise des Mannes kenne. Kramer I. S. 22 ff.

1) Methodus studii theol. p. 192. Lectiones paraeneticae enthalten sechs Vorträge de theol. mystica im Anschluß an Röm. 8. Vgl. VI. S. 148 ff.

2) Bedenken I. S. 313. III. S. 714. 828. IV. S. 67. Consilia I. p. 270. Vgl. Lehre von der Rechtf. u. Versöhnung (2. Aufl.). I. S. 120.

3) Lect. paraen. VI. S. 153.

entweder wenig belesen, oder für ihre Art ebenso wenig scharfsichtig gewesen ist, wie Spener. In der Buchhandlung des Waisenhauses ist nun der Tractat der Nonne Katharina von Genua, „Liebesweg Gottes unter dem Kreuz“, mit deren Lebensbeschreibung, aus dem Französischen übersetzt (1701), erschienen. Diese Publication rügte Joh. Friedr. Mayer, als er seine „Warnung gegen Francke's 1695 herausgegebene Biblische Anmerkungen“ (zur Verbesserung von Luther's Bibelübersetzung) mit neuer Vorrede 1707 von Neuem herausgab. In seiner giftigen Weise machte er Francke ein Verbrechen daraus, daß in dem Tractat der Nonne das Verdienst Christi herabgesetzt und eine active Vollkommenheit empfohlen sei; er knüpfte ferner daran die Insinuation, daß die Pietisten die mystische Consequenz der Vergottung annähmen und auf sich anwendeten. Francke hatte in seiner „Verantwortung gegen Mayer's Beschuldigungen“ (1707) keine große Mühe, diese Vorhaltungen abzulehnen, da er bei der mystischen Nonne gerade nachweisen konnte, daß sie Christi Verdienst gegen den Anspruch auf Vollkommenheit menschlicher Werke hervorhebe, und zugleich erklärte er, daß sein Interesse an der Mystik das Ziel der Vergottung nicht in sich schließe. Allein was Mayer in seiner nachlässigen und oberflächlichen Art an dem Lebenslauf der Katharina nicht gerügt hatte, die durchaus sinnliche, anstößige Auffassung ihres Umganges mit dem Heiland, scheint auch bei Francke kein Befremden erregt zu haben. Die Gleichgiltigkeit dagegen ist aber die bedenklichste Probe der Verwirrung, welche aus der Verwechselung der Mystik und der lutherischen Lebensanschauung hervorgeht. Die an das Hohelied sich anlehnenden Bilder von dem Bräutigam, von der Verlobung und Vermählung der Seele mit Christus treten in Francke's Predigten und Vorlesungen hin und her, aber sparsam genug auf. Dieses Element hat also später für ihn keine hervorragende Bedeutung, nachdem er allerdings in dem Liede: „Gott Lob, ein Schritt zur Ewigkeit“, das er 1691 nach seiner Absetzung in Erfurt gedichtet, einen ziemlich starken Gebrauch von jenen Bildern gemacht hatte.

Nichts desto weniger zieht sich in seinen Predigten, wo der Gläubige persönlich dem Vater und dem Heiland gegenübergestellt wird, die in der mittelaltrigen Contemplation übliche Anschauung des *bloßen* Privatverhältnisses hindurch. Es handelt sich um Liebe und Gegenliebe, um Verschmelzung mit Gott in derselben, um den vertraulichen zuversichtlichen Umgang mit Gott, in welchem man in Christi Namen Alles von ihm erbittet. In dem Bewußtsein von der Sünde, welches zugemuthet wird, ist auch immer nur von dem Elend und Verderben, niemals von der Schuld die Rede. Dieses sind Merkmale davon, daß Francke dem mittelaltrigen Vorbilde der Frömmigkeit, welches in der luth'erischen Kirche schon so lange einheimisch geworden war, ziemlich nahe stand, und nicht über Mittel gebot, diesen Anschauungen Schranken zu setzen. Bei seiner Vorstellung vom Gebet aber, auf dessen Uebung er ein so hohes Gewicht legt, ist es höchst auffallend, daß er so gut wie nichts von dem Dankgebet, als der Grundform des Umganges mit Gott gewußt zu haben scheint. Die Erkenntniß, daß man zuerst Gott zu danken und dann erst zu bitten, daß man seine Bitten unter der Leitung des Dankes Gott vorzutragen hat, tritt weder in den wiederholten Anleitungen zum theologischen Studium, noch in den Predigten hervor. Abgesehen von den Fällen, wo der Predigttext auf die Pflicht der Dankbarkeit führte, ist mir in den Paränetischen Lectionen nur einmal die Zumuthung an die Studenten begegnet, Gott zu preisen dafür, daß sie unter der Einwirkung der pietistischen Erweckung sich befinden. In den Katechismuspredigten (1726) hat Francke selbst durch das Vaterunser jene Einsicht in sich nicht erwecken lassen. In den Kurzen Sonn- und Festtagspredigten (1724) wird die Sache einmal gestreift mit dem Satz, die erste Liebe zu dem Herrn Jesu wirke eine solche Dankbarkeit, daß man gern Alles thäte, und dächte doch, man hätte nichts gethan [1]). Allein das hat gerade den katholischen Geschmack, daß man in der dankbaren Gegenliebe zu Jesus sich zu vergeltenden Dienstleistungen angeregt findet. Dieser voreilige und zugleich anspruchsvolle Antrieb der Dankbarkeit reicht aber weit nicht heran an die Bedeutung des Dankgebetes, in welchem die Kinder Gottes mit der Demuth die Erhebung über die Welt üben, zu der sie durch die Versöhnung in Christus befähigt werden. Indem sie allewege bereit sind, den Dank für alle erfahrene Gnade und Güte Gottes darzubringen, finden sie auch daran das Maß für die Bitten, welche dem Namen Christi geziemen. Diese Erkenntniß ist in Francke's Lehrschriften und Predigten zu vermissen [2]).

---

1) A. a. O. I. S. 142.

2) Damit ist Oetinger zu vergleichen (O.'s Leben und Briefe, her-

In die ersten Jahre seines Lebens in Halle fallen die Aufsehen erregenden Erscheinungen der ekstatischen Weiber und die Entdeckungen der Petersen's. Es ist schon erzählt worden, wie sehr Francke für jene bedenklichen Ausschreitungen pietistischen Geistes eingenommen war, und wie der M. Marquart seine Theilnahme daran ausgebeutet hat (S. 184). In seiner Entgegnung gegen dessen Veröffentlichung der gestohlenen Briefe spricht er sich durchaus ablehnend gegen den Werth der Entzückungen und Offenbarungen aus im Vergleich mit dem durch die Liebe thätigen Glauben und der Norm der heiligen Schrift. Allein gleichzeitig äußert er gegen Spener, er glaube, daß Gott auf solche Weise anfange, seine Wunder kund zu thun und noch immer herrlicher hervorbrechen werde [1]). Die doppelte Haltung gegen diese Dinge hat freilich Francke nicht lange behauptet; er hat sich ohne Zweifel bald genug mit der Ansicht durchdrungen, welche er damals öffentlich kundgab. In diesem Sinne hat er sich auch dem Auftreten der Inspirirten widersetzt, welche 1714, angeregt durch die Inspirationsgabe französischer Flüchtlinge aus den Cevennen, eine separatistische Bewegung in Halle herbeizuführen unternahmen [2]). Gegen den Chiliasmus und die Wiederbringung hat er eine ähnliche Haltung wie gegen die Ekstasen eingenommen. Im Herbst 1695, kurz nachdem die Wahrheit der Wiederbringung von den Petersen's entdeckt und zunächst nur privatim verkündigt war, ist Francke sehr geneigt gewesen, für dieselbe einzutreten. Wenigstens ist eine Reihe von Briefen Spener's, neben welchen die entsprechenden Antworten Francke's verloren gegangen sind, nicht anders verständlich. Auch diese Anfechtung hat er überwunden. Denn in

---

ausgegeben von Ehmann S. 78 f.), welcher im Gebet des Herrn die ersten Bitten als *προσευχαί* von den vier letzten als *δεήσεις* unterscheidet, indem er, freilich nicht ganz genau, die erstere Form des Preises und Dankes mit der reinen unintereſſirten Liebe zusammenstellt. Indessen folgen einige Aeußerungen, welche sehr beachtenswerth sind. Als nach den Ursachen gefragt wurde, warum man so sehr der Danksagung vergesse, bestätigte er die Antwort, weil man die Gnade nicht hoch genug schätze. Ferner rügte er, daß man sich eine allzu platonische Idee von der apostolischen Kirche mache, und darüber in Traurigkeit über die gegenwärtige Lage der Kirche verfalle. Die Traurigkeit aber macht, daß man die Freudigkeit, folglich auch die Danksagung verliert.

1) Kramer I. S. 112. 113.

2) A. a. O. I. S. 159—170. Ueber diese Sache erfolgt nähere Mittheilung in Cap. 37.

der von Breithaupt verfaßten „Verantwortung der Theologischen Facultät gegen Mayer" (1707) wird neben der Anerkennung von Apok. 20. jede specielle Erörterung des Inhaltes, zugleich auch die Wiederbringung abgelehnt [1]). Die eben angeführte Schrift stellt es auch in allen anderen Beziehungen außer Zweifel, daß die theologische Facultät die Grenze gegen die enthusiastischen und radicalen Gruppen des Pietismus, welche für Mayer nicht vorhanden war, inne zu halten bestrebt war, und dadurch sich als innerkirchliche Partei bewährte.

Wenn die Theologie, nach Francke, in der Bekehrung und dem asketischen Gebrauch der Bibel aufgehen soll, so ist schon (S. 256) bemerkt worden, daß dabei Spener's Anweisung zur Umarbeitung der systematischen Theologie unbeachtet geblieben ist. Auch dessen Interesse an der Vervollständigung und Belebung der Kirchenverfassung durch die Conventikel hat Francke aus den Augen verloren. Was Spener als die Mittel zu anderen höheren Zwecken eingeführt und angegeben hatte, ist für Francke Zweck an sich. Daß jedoch derselbe die von Spener gestellten Aufgaben nur in dieser Verkürzung oder Einengung aufgefaßt hat, ist nicht seine besondere Schuld. In der Anleitung zur theologia regenitorum ist der Zweck, nämlich die Umarbeitung des Systems unter dem Gesichtspunkt von Joh. 7, 17, weniger deutlich von Spener gemacht worden, als die subjective Bedingtheit der Arbeit an der Theologie durch Gebet und Streben nach Wiedergeburt. Ferner diente eine Erfahrung von 20 Jahren, in welche Francke eintrat, nicht dazu, die Conventikel als das Mittel zur Theilnahme des dritten Standes an der Kirchenverfassung zu erproben. Spener's Anleitung zur neuen Theologie war unvollständig und unklar, seine Anleitung zur Verbesserung der Kirchenverfassung sogar zweckwidrig und störend. Man darf sich demnach nicht wundern, daß Francke die Aufgabe der Theologie auf die Bekehrung, und die Aufgabe der Conventikel auf die Befestigung in der Bekehrung einschränkte. Freilich blieb der Schüler eben hierin hinter der Größe des Meisters zurück, und das Interesse, welches Spener durch seine Stellung jener großen Aufgaben erweckt, kann man dem Nachfolger nicht widmen. Auch auf dem Gebiet der Leitung der einzelnen Gemeinde zeigt Francke eine andere Haltung als Spener. Für diesen galt

1) A. a. O. I. S. 156. 161.

der Beichtstuhl nicht als ein nothwendiges Institut der Kirche; den Bedenken, welche schon vor ihm gegen dieses schlaff gewordene Zuchtmittel aufgetreten waren, und welche sein Schüler Schade wiederholte, war Spener nicht unzugänglich. Francke hingegen ist unberührt von diesen Zweifeln. Er getraute sich, den Beichtstuhl als das Mittel zur Sittenzucht zu handhaben und war nicht sparsam in kürzerer Zurückhaltung vom Abendmahl oder Ausschließung von demselben. Solches Verfahren ist ein Zug der Herrschfähigkeit, welche Francke von Spener unterscheidet. Diese Eigenschaft aber geht bei ihm, wie so oft, mit Einengung der Aufgaben zusammen, welche er von Spener übernahm. Diesem Umstande aber steht der Vortheil gegenüber, daß Francke den Pietismus über die Gefahr hinausführte, welche ihm von Spener's Weitherzigkeit her drohte, sich in ungeordnetem Enthusiasmus zu zersplittern und zu erschöpfen. Neben den Erscheinungen dieser Art ist dem Pietismus gerade durch Francke die eigene geschichtliche Bedeutung in der lutherischen Kirche gewonnen worden. Dazu gehörte weniger die wissenschaftliche Klarheit und Fruchtbarkeit, als die persönliche Kraft und Widerstandsfähigkeit, über welche Spener in einem Briefe[1]) an Rechenberg (1691) Zeugniß ablegt: „Francke wird sich nun bald nach Halle begeben, und zwar mit der wunderbaren Geistesgegenwart, die er besitzt, ohne alle Furcht, indem er das, was Andere fürchten, nicht einmal für ein Uebel hält". Von Erfurt ohne Umstände vertrieben äußert Francke selbst an Spener seinen Dank gegen Gott, daß Glaube und Leiden fein beisammen gehet und wächset, daher wir ja wohl sicher schließen, daß auch in ihrer Ordnung die zukünftige Herrlichkeit erfolgen werde.

Seine Bereitschaft, in diesem Sinne zu leiden, ist jedoch von dem Umstande begleitet, daß er in den Verfolgungen, die er erfährt, möglichst auf sein Recht hält. Ich meine hiemit nicht seine Bereitschaft, sich und seine Sache gegen Carpzow's Programme, das Ebenbild der Pietisterei, die Beschreibung des Unfugs u. s. w. literarisch zu vertheidigen. Vielmehr als er in Leipzig wegen seiner Vorlesungen nicht nur, sondern auch wegen aller möglichen Verdächtigungen zu Protokoll vernommen ist, wendet er sich mit einem Rechtsgutachten von Thomasius in einer Defensionsschrift an den Kurfürsten von Sachsen (1689). Ferner als er in Erfurt abgesetzt

1) Tholuck, Gesch. d. Rat. I. S. 11.

und ausgewiesen wurde, richtet er ein „Sehr bewegliches Schreiben an den Rath der Stadt, darin er um seine in Natur-, Welt- und göttlichem Recht gegründete Defension anhält" (1691). Er motivirt diesen Schritt so, damit „ich einst weder von meinem Gewissen, noch von irgend einem Menschen beschuldigt werde, daß ich den künftigen Zorn und Gericht Gottes, welches nach meiner als eines Unschuldigen Verurtheilung erfolgen dürfte, nicht zur Genüge vorzukommen getrachtet hätte". Indem er sich bewußt ist, gerade Gottes Sache zu führen, begnügt er sich nicht mit der Erfahrung von Unrecht durch die Welt, welche den ächten Anhängern Christi als Auszeichnung verheißen ist; er hat auch den Antrieb, den Vertretern der Welt ihr Unrecht vorzuhalten, um ihnen die Anerkennung seines Rechtes abzugewinnen. Als Francke seit Anfang 1692 in seinem Pfarramt zu Glaucha neben den regelmäßigen Predigten im Dienste seiner Gemeinde die Mittel in Bewegung setzte, welche von Spener her üblich geworden waren, katechetische Wiederholung der Predigt, Betstunden in seinem Hause, zu welchen auch Andere als die Familiengenossen Zutritt fanden, als er ferner im Beichtstuhl genau verfuhr und Manchen das Abendmahl wenigstens für den Moment versagte, begannen die Halle'schen Geistlichen, zu denen als Archidiakonus zu St. Ulrich der M. Roth gehörte, welcher (1691) das „Ebenbild der Pietisterei" geschrieben hatte, ihn auf den Kanzeln anzugreifen. Darauf verband er in einer Predigt am 3. Juli „von der Pharisäer Gerechtigkeit", die er sogleich drucken ließ und sämmtlichen Gliedern seiner Gemeinde widmete, mit seiner Vertheidigung einen Gegenangriff auf seine feindseligen Amtsgenossen. Roth setzte eine Erwiderung handschriftlich in Umlauf. Francke begehrte nun eine Zusammenkunft mit ihm, um eine Verständigung herbeizuführen; als der Gegner dies Verfahren ablehnte, richtete Francke ein Gesuch an die Regierung um Abhilfe. Die Schritte des Consistoriums, um Roth an dem Druck jener Schrift zu hindern, führten um so weniger zum Ziel, als derselbe gerade nach Leipzig an die Thomaskirche übersiedelte. Die Aufregung gegen Francke wurde gleichzeitig durch die perfide Veröffentlichung Marquart's gesteigert, die Kanzelangriffe gegen ihn dauerten fort; schließlich erschien im November eine kurfürstliche Commission unter dem Vorsitz des Geheimenrathes von Seckendorff, um den Streit zu schlichten, durch welchen der Credit der eben erst durch Privilegium des Kurfürsten Friedrich III. (20. Juni 1692) gegründeten Universität bedroht wurde. Da außer Roth noch ein anderer den Pietisten feindseliger Geistlicher Halle verlassen hatte, so gelang es der Commission, einen gütlichen Vergleich zwischen den streitenden Theilen zu stiften, welcher in einem ausführlichen Receß zusammengefaßt wurde. Die Hauptsache in dieser Schrift war die Anerkennung, daß weder D. Breithaupt noch M. Francke einiges Irrthums in der Lehre oder einiges widrigen dogmatis überführt, und daß sie von dem geistlichen Ministerium in Halle von aller Heterodoxie frei und unbefleckt erkannt worden seien. Die Privatversammlungen beider Männer wurden einigen Beschränkungen unterworfen. Im Ganzen hatten sie das Feld behauptet und die Halle'schen Geistlichen waren unterlegen[1]).

Ebenso künstlich, wie Francke seine Rechtsverwahrung gegen den Rath zu Erfurt motivirte, hat er in diesem Falle das Rechtsverfahren der Brandenburgischen Regierung herbeigeführt. Es ist kein einfacher Sinn darin zu erkennen, daß er zuerst durch einen Angriff sein Recht wahrt, danach dem Gegenangriff durch gütliche Verhandlung zu begegnen unternimmt, um dann, als diese, wie zu erwarten war, verweigert wird, die rechtliche Entscheidung der Behörde nachzusuchen. Während die Rechtsverwahrungen in Leipzig und in Erfurt von vorn herein ihm selbst als erfolglose Schritte erscheinen mußten, durfte er in Halle sicher erwarten Recht zu bekommen, weil die Regierung das Interesse an der neuen Universität, der Rivalin von Wittenberg und Leipzig, mit der Anerkennung des Pietismus verknüpfte. In seiner wunderbaren Geistesgegenwart wird Francke diese Rücksichten beachtet haben, als er von seinem Angriff zur Nachsuchung des rechtlichen Schutzes der befreundeten Macht abschwenkte. Die officielle Ausgleichung des Streites hielt freilich nicht lange vor, und im Jahre 1699 brach derselbe von Neuem aus. Francke hatte Ursache sich zu beklagen, daß die Mitglieder seiner Gemeinde, die er wegen crasser Unwissenheit oder offener Unbußfertigkeit vom Abendmahl ausgeschlossen hatte, in der benachbarten Moritzkirche zu Halle zugelassen, und durch die Lästerpredigten gegen Francke, die sie dort vernahmen, in ihrer Halsstarrigkeit bestärkt wurden. Er hat nun wieder nicht sogleich den Schutz seines Rechtes von dem Consistorium begehrt. Vielmehr, sagt Kramer, war es nicht zu verwundern, daß Francke bei seinem brennenden Eifer um das Reich Gottes, und bei seiner

1) Kramer I. S. 108—118.

gänzlichen Freiheit von Menschenfurcht und Menschenrücksicht sich über die traurigen Zustände in der Kirche wiederholt in den Predigten mit aller Entschiedenheit aussprach. Auf eine Predigt im Sommer 1698 über die falschen Propheten folgte 2. Februar 1699 eine Predigt über das Kirchengehen, in welcher die Verurtheilung der orthodoxen Prediger auf die nächsten Nachbaren zugespitzt wurde. Gegen diese Selbsthilfe wandte sich nun die Stadtgeistlichkeit klagend an das Consistorium des Herzogthums Magdeburg. In den Verhandlungen vor diesem Forum setzte Francke den Angriff fort, indem er alle Schäden der gegnerischen Partei ohne Rückhalt beleuchtete in seinem „Bekenntniß von dem Ministerio zu Halle, dem Hochl. Consistorio zur Remedirung überreicht". Er erklärt in dieser Schrift[1]), er wolle mit ihr Niemand beleidigen, sich nicht rächen, habe auch sonst keine selbstsüchtige Absicht dabei, sondern suche blos die Ehre Gottes und das Beste des Nächsten, indem er die von Gott ihm gleichsam in die Hand gegebene Gelegenheit, die Wahrheit zu bezeugen, zur Rettung seines Gewissens und in Rücksicht auf Gottes Gericht wahrnehme. Er erklärt dabei seine Geneigtheit zu Frieden und Einigkeit, aber auf dem rechten Grunde, nämlich wenn die Gegner sich von Herzen bekehren. Auch über diesen Schritt braucht man sich nicht zu wundern, wenn in einem Rechtsstreit alles erlaubt oder auch geboten ist, was den Gegner in Nachtheil setzen kann; und hier hatte der Gegner den Rechtsgang beschritten. Bei der Kaltblütigkeit, die Francke zu Gebote stand, darf man ihm auch unbedingt glauben, daß er mit der vernichtenden Anklage gegen die Gegner nur Gottes Sache vertreten wolle und keine selbstsüchtigen Affecte einmische. Allein er mochte noch so berechtigt sein, sich über die Störung der Ordnung in seiner Gemeinde zu beklagen, so ist sein eigenmächtiges Auftreten in den Predigten und seine Benutzung des Rechtsgangs doch nur dann kein Gegenstand der Verwunderung, wenn Einer, der Gottes Sache führt, an der Rechtsregel: Auge um Auge, Zahn um Zahn, den obersten Maßstab seines Handelns zur Ehre Gottes finden darf.

So bereit Francke gewesen ist, für die Sache des praktischen Christenthums, die er als Gottes Sache erkannte, zu leiden, so hat der Sinn für sein Recht, welchen er in den erörterten Fällen bewiesen hat, zuletzt, indem er die durch seine Vertheidigung darge-

1) Sie findet sich bei Kramer, Neue Beiträge S. 88 ff.

botene Gelegenheit wahrnahm, die allgemeine Bedeutung, daß er weltliche Mittel für geeignet achtete, dem Reiche Gottes die Wege zu bahnen. Im Allgemeinen ist auch dagegen nichts einzuwenden. Aber in dieser Combination lauert eine Versuchung, wenn das eigene Recht nicht blos zur Vertheidigung verwendet, sondern auch als Grund von schonungslosen Angriffen gegen die Gegner wahrgenommen wird. Dann wird der Sinn für das Recht, das man für die Sache Gottes selbst einzusetzen meint, zu der Rechthaberei, welche im vorliegenden Falle dem Gegner überhaupt nicht mehr zutraut, daß er in seiner Weise auch die Sache Gottes zu vertreten überzeugt ist. Allerdings haben die Gegner des Pietismus damals seit zehn Jahren alles dazu gethan, daß diese Voraussetzung ihnen kaum zu Gute kommen konnte. Aber Francke ist eben doch dieser Versuchung erlegen, indem er z. B. nachher den Friedensbestrebungen Löscher's nur unlautere Beweggründe zutraute und denselben überhaupt für einen unwiedergeborenen Menschen achtete. Der Mangel an Menschenfurcht und an Rücksicht auf Menschen, welcher in Francke's Begeisterung für die Sache Gottes eingeschlossen war, verdrängte bei ihm die persönliche Theilnahme, die man dem Gegner auch abgesehen von der schweren Pflicht der Feindesliebe schenken darf. Während der zweite Streit mit dem Ministerium in Halle noch in der Schwebe war, starb 9. December 1699 unerwartet dessen Vorsteher, der Superintendent D. Olearius. Wie kühl und wie gleichgiltig lauten die Worte, welche Francke über dieses Ereigniß an Spener schreibt: „Mit meiner Sache contra ministerium gehe es nach Gottes Willen; er sieht meine Arbeit und meine Geduld und daß ich nicht das Meine suche, sondern seine Ehre. An Menschen kehre ich mich nicht, sie werden meine Last nicht tragen, sondern werden mit ihrer genug zu thun haben. Per mortem Olearii kann die Sache nun schon ein groß Loch bekommen [1)]". Diese Bemerkung war übrigens richtig. Der Tod jenes Mannes erleichterte die von der kurfürstlichen Commission unternommenen Bemühungen um einen neuen für Francke und seine Facultätscollegen günstigen Ausgleich, dessen Receß 24. Juni 1700 von beiden Parteien unterschrieben wurde. An dem vorhergehenden Sonntag wurde nun auf den Kanzeln in Halle und den Vorstädten eine Danksagung wegen des hergestellten Einvernehmens

---

1) Kramer, Beiträge S. 425.

verlesen, welche von der Commission vorgeschrieben war. Francke aber entzog sich dieser Pflicht, indem er seinem Adjunctus Freylinghausen die Predigt übertrug, weil in jener Danksagung die Anforderung auszusprechen war, man solle die Mitglieder des Ministeriums insgesammt für rechtschaffene Diener Christi halten. Das konnte, sagt Kramer, Francke nicht mit Ueberzeugung aussprechen, und sein Gewissen mit einer Unwahrheit beflecken wollte er nicht. Die Vortheile des Recesses für seine Stellung mußten ihm einleuchten; seine rechthaberische Haltung gegen die Gegner gab er darum nicht auf; Versöhnlichkeit war ihm fremd [1]).

Ich habe den Charakterzug der Rechthaberei an Francke festgestellt, nicht um Splitterrichterei an dem Manne zu üben, sondern weil diese im Lauf der Jahre sich verstärkende Haltung seiner Sache ebenso Schaden gebracht hat, wie seine oben beleuchtete Zähigkeit in der Ueberzeugung, seine Methode der Bekehrung sei und bleibe der Kern der Ausbildung der Theologen. Es sind dieses nun einmal die Schattenseiten seiner Größe; diese aber besteht in einer Kraft des Vorsehungsglaubens, welcher die Furcht vor Menschen ausschließt, und die Begeisterung für seine Lebensaufgabe im Dienste Gottes aufrecht erhält. Daß er in dieser Charakterart durch seine natürliche Geistesgegenwart und Kaltblütigkeit unterstützt worden ist, läßt ihn nicht kleiner erscheinen, obgleich in der letzten Eigenschaft der Mangel an persönlicher Theilnahme begründet ist, der ihn Gegnern gegenüber hart machte. Einen großartigen Ausdruck seiner Selbständigkeit hat er in einem Brief an Spener kund gegeben [2]), als derselbe ihn wegen seiner Geneigtheit zur Lehre von der Wiederbringung gewarnt, und auf den ungünstigen Eindruck hingewiesen hatte, welchen die Vertretung dieser Lehre am Hof machen werde, und auf die übelen Folgen, welche dann die Universität zu erfahren hätte. Francke schreibt: „Ich suche die Wahrheit, die wolle mir Gott zeigen. Der mich aber versiegelt hat, daß ich weiß, daß ich unter seinen Knechten ewig vor seinem Thron stehen soll, wird mich bewahren, daß ich nicht in Lügen und Irrthum falle. . . . Ich bin deswegen ohne Angst und Bekümmerniß, und ist mir leid, daß sich jemand meinetwegen ängstet. . . . Was der Hof vertragen könne

1) Ueber diesen Streit vgl. Kramer I. S. 187—205.

2) Vom 7. März 1696, bei Kramer, Beiträge S. 345 ff.

oder nicht, dienet nicht zu meinem reglement, noch wird sich irgend ein wahrer Knecht Gottes danach richten. Hätte ich bisher mich danach wollen richten, ich wäre oft im Glauben schwach worden, in Dingen, da mir doch der Herr manchen herrlichen Durchbruch gegeben. Es hat unser gnädigster Landesherr und seine Gewaltigen mehr Segen von mir, als ich von ihnen habe. Ja auch im Leiblichen bin ich gewiß, daß das Land mehr Nutzen und Segen von mir gehabt (doch nicht von mir, sondern von dem Herrn, der mich gesegnet hat), als ich des Leiblichen genossen". Er führt nun an, daß er eine ganz unzulängliche Besoldung, und von der Professur gar nichts habe; trotzdem halte er von sich aus einen Pfarrgehilfen, und habe auf Beichtgeld verzichtet. „Doch hat mich der Herr weder hier noch dort (in Erfurt) Noth leiden lassen. Daß man mir aber verstattet, das Werk des Herrn zu treiben, darin gebe ich die Ehre nicht Menschen, sondern dem lebendigen Gott, der mich nicht wird unfruchtbar sein lassen, so lange ich lebe. Können mich Menschen nicht länger vertragen, so ist es zu ihrem eigenen Schaden. Mir aber, ich weiß was ich schreibe, wird die Thür des Worts immer weiter aufgethan werden. . . . Das ist Amen und Ja, und wirds der Ausgang lehren, daß mein Glaube mir nicht gefehlet hat". Er rügt nun die Aengstlichkeit Spener's und kommt schließlich auf den Erfolg, der seinem Glauben in der Gründung des Waisenhauses zu Theil geworden ist.

Diese Stiftung ist ja die sichtbare Probe seines starken Glaubens an Gottes Hilfe und Vorsehung, und eine Quelle des Segens für die evangelische Kirche auch insofern, als das Unternehmen das weithin wirksame Vorbild für alle ähnlichen Leistungen rettender Liebe geworden ist. Als Held des Vorsehungsglaubens steht Francke in der Reihe der Lebenszeugen deutscher Reformation. Aber auch er hat nicht gewußt, daß das Vertrauen auf Gott und was dazu gehört, Demuth und Geduld, Dank und Bitte die Praxis der christlichen Religion ist, welche aus der Rechtfertigung durch Christus hervorgeht. Seine Lebensleistung in dem Gebiet der religiösen Tugenden hat er auch niemals in Beziehung zu der von ihm vorgeschriebenen Bekehrung gestellt, und den Ausgang derselben in die Heilsgewißheit und Wiedergeburt nie durch jene Praxis beleuchtet. Hätte er dieses gethan, so hätte er die Aufgabe der Bekehrung verständlicher gemacht. Hätte er jenen Zusammenhang gekannt, so würde das Selbstgefühl, das er aus der Vergleichung seiner

Erfolge mit seinem Vertrauen auf Gott schöpfte, weniger schroff geworden sein. Er hätte nicht in so ausschließlicher Weise, wie es der Fall war, seine Sache als die Sache Gottes dargestellt, wenn er wußte, daß er in seinem Gottvertrauen die Rechtfertigung aus Gnade erlebte. Denn dann würde die Bestätigung des Gottvertrauens durch den Erfolg ihn zu Dank, zu Milde und zu demüthiger Zurückhaltung gestimmt haben. Er jedoch hat gemeint, überall die Wahrheit bezeugen zu sollen, mit der schonungslosen Offenheit, welche zugleich als Pflicht und als Recht erscheint. Er hat nicht das Zartgefühl besessen, über Dinge, an denen er betheiligt war, zu schweigen und es Anderen zu überlassen, das durch ihn vermittelte Werk Gottes ins Licht zu setzen.

Aus dem Jahr 1710 liegen drei paränetische Lectionen über den gegenwärtigen Zustand der Kirche vor, welchen zu kennen den Studenten nothwendig ist[1]). Francke meint damit die Bewegung, die in einigen Gemüthern von einigen Jahren her in negotio christianismi und religionis entstanden ist. Man beachte die bescheidene Bezeichnung des Pietismus, man lese ferner nach, wie vorsichtig Francke im Eingang der Erörterung die Möglichkeit entgegengesetzter Beurtheilung des Werthes jener Erscheinung zuläßt. Aber alsbald setzt er andere Lichter auf. Die Studenten können die Zeichen der Zeit nur dann richtig auffassen, wenn sie sich bekehren. Dann werden sie verstehen, daß in der Bewegung des Pietismus etwas wahrhaft Gutes und Göttliches sei, und hiedurch selbst im thätigen Christenthum weiter gefördert werden. Durch Gottes Barmherzigkeit sind in den letzteren Jahren viele tausend Seelen zur Buße, viele tausend Prediger zu besserem Ernst in ihrer Amtsführung erweckt worden. Wehe demnach dem Studenten oder dem Prediger, der die Zeichen der Zeit unbeachtet läßt, und die Gnade, die Gott an seiner Kirche gethan hat, für eine Unruhe und ein Uebel erklärt. Aus einem solchen kann nur ein blinder Pharisäer werden. Nachdem Francke in dieser Weise die Ansicht der Gegner für unerlaubt erklärt hat, fügt er begütigend hinzu, er meine das Wehe nicht als Fluch, sondern als Klage, und bejammere die armen Leute, welche das Licht Finsterniß nennen. In der weitern Erörterung des gegenwärtigen Zustandes der Kirche macht er auch auf zwei Uebel aufmerksam, die Heuchelei, die sich an den Pietismus

---

1) A. a. O. IV. S. 167 ff.

herandrängt, und die Denkfreiheit, mit welcher er wahrscheinlich die Wolff'sche Philosophie meint. Uebrigens verläuft die Darstellung in eine breite Empfehlung der in Halle üblichen Anleitung zum theologischen Studium, die wir kennen. Man kann es ertragen, daß Francke gemäß der Ueberlegung seines ihm von Gott verliehenen Lebenswerkes das Selbstgefühl kund giebt, welches er in Beziehung auf sich allein haben darf. Aber er verstößt gegen die Regel des Paulus (Gal. 6, 4), indem er das Selbstgefühl über seine Erfolge auch in Beziehung auf die Gegner hat. Daß man in der ungünstigen Beurtheilung des Pietismus nur zu einem blinden Pharisäer wird, ist ein Urtheil, in welchem die Rechthaberei Francke's zu vollendeter Parteisucht entwickelt ist. Er ist in dieser Beziehung nicht anders beschaffen, als die meisten seiner Gegner. Deshalb aber macht auch die durchgehende Form der Darstellung, daß die Erfolge nur der Barmherzigkeit Gottes zu verdanken sind, nicht den beabsichtigten Eindruck. Wer im Mittelpunkt einer bedeutenden Bewegung steht, thut wohl, auch in dieser Form der Demuth sich des öffentlichen Urtheils über den Werth seiner Leistung und seines Erfolges zu enthalten. Durch Stillschweigen wird die Demuth viel sicherer bewahrt als durch Reden bezeugt; und sie ist der Fälschung dringend verdächtig, wenn einer auf Kosten der Gegner seine Sache gerade als die Sache Gottes herausstreicht.

An die Stiftung des Waisenhauses in Halle knüpft sich die sociale und pädagogische Bedeutung der von Francke in ihrer Art ausgeprägten Richtung. In diesem Unternehmen wirken das christliche Erbarmen mit den armen und vernachlässigten Kindern und das Interesse, diese Klasse für die Kirche nicht verloren gehen zu lassen, zusammen. Vorgebildet ist die Sache durch Spener, indem derselbe mit der Verstärkung des katechetischen Unterrichtes seine Wirksamkeit in Frankfurt begann. Dann ist Winckler in Hamburg mit der Fürsorge für Armenschulen vorangegangen[1]). Nachdem er die Aufsicht über eine 1684 gegründete Armenschule übernommen hatte, errichtete er 1690 eine zweite, dann eine dritte, gewann die Mittel zu ihrer Unterhaltung durch Gaben seiner Gesinnungsgenossen; von einem derselben wurde eine vierte durch Testament gegründet (1703) und seiner Aufsicht überwiesen; diese freilich trat erst 1712 nach Winckler's Tode in Wirksamkeit. In

1) Geffcken a. a. O. S. 246 ff.

Hamburg, in der Nähe Winckler's, hat auch Francke nach seinem Aufenthalt in Lüneburg 1688 ein Vierteljahr lang sich mit Unterricht von Kindern beschäftigt und selbständige Ansichten über dessen Methode gewonnen[1]). Wie Francke von einer auf zufällige Almosen gegründeten Armenschule seit Anfang 1694 bis zur geordneten Fürsorge für Waisen gegen Ende 1695 vorgeschritten, wie er die aus den Studirenden berufenen Lehrer als Speisegäste aufgenommen und sie demnächst in dem Seminarium praeceptorum vereinigt hat, wie er seit 1698 aus freiwilligen Beiträgen seiner Anhänger und Gönner den großen Bau des Waisenhauses begonnen und in demselben einen Umfang von Anstalten vereinigt hat, welche zwar überwiegend pädagogischer Art, doch, wie die Canstein'sche Bibelanstalt, auch universelle Zwecke verfolgen, dieses Alles kann ich als bekannt voraussetzen. Ueber die ersten zehn Jahre seit dem Beginn des Baus des Hauses hat nun Francke selbst Auskunft ertheilt in „Segensvolle Fußstapfen des noch lebenden und waltenden liebreichen und getreuen Gottes, zur Beschämung des Unglaubens und Stärkung des Glaubens, entdecket durch eine wahrhafte und umständliche Nachricht von dem Waisenhause und übrigen Anstalten zu Glaucha vor Halle", wozu noch sieben Fortsetzungen der Nachricht kommen (1701—1709), das ganze in dritter Auflage mit einer besondern Vorrede vom 5. Juni 1709. Die Schrift verzeichnet alle Gaben, welche zur Errichtung der Anstalten und der Häuser im Lauf der Jahre von bekannten oder unbekannten Personen dargebracht sind, auch die Privilegien der Regierung, durch welche das Unternehmen gefördert worden ist. Die häufigen Fälle, in welchen ein momentaner dringender Mangel unerwartete Deckung gefunden hat, die Erhörung der Gebete Francke's um die Befriedigung ängstigender Bedürfnisse, über welche berichtet wird, die Ueberwindung der Hemmungen durch Undankbarkeit und Verleumdung dienen dazu, die göttliche Providenz für das Waisenhaus handgreiflich zu beweisen und den Titel der Schrift zu rechtfertigen.

Gegen die zweite und dritte Fortsetzung der Nachricht schrieb nun Valentin Ernst Löscher, der Herausgeber der Unschuldigen Nachrichten in deren Jahrgang 1707 eine Kritik. Indem er zugab, daß in Francke's Anstalten sich sehr viel Löbliches in Versorgung der Armen und Einrichtung der Information finde, beanstandet er

---

1) Kramer I. S. 40.

die Darstellung, welche dieselben als ein göttliches Werk bezeichnet, das ohne Gottes besondere Vorsehung nicht erhalten und vor dem Untergang bewahrt werde. Man soll sich der Annahme, alles sei im eminenten Sinne Gottes Werk, entschlagen, da menschliche Mittel, Bitte, Fürbitte, Erinnerungen an Gaben, Privilegien, Buchhandlung, Apotheke u. s. w. eingerechnet werden müssen. Um so mehr, da der Verlag von Schriften, wie Freylinghausen's Gesangbuch und Grundlegung der Theologie der Kirche schädlich und im Widerspruch mit Gottes vorgeblichem Werke sei. Vor lauter dogmatischer Pedanterie ist sich Löscher nicht klar geworden, daß die Reclame, welche Francke für seine Sache machte, ihn sittlich befremdet hat. Deshalb ist sein Angriff von dem gewöhnlichen Kaliber, daß er den Sinn der aus dem Zusammenhang gerissenen Stichworte übertrieb und deshalb fälschte [1]). Das Auffallende dabei ist Löscher's Gesichtspunkt, daß etwas in dem Maße aus dem Umfang der göttlichen Providenz heraustrete, als es mit menschlichen Mitteln zu Stande gebracht wird. Von hier aus sieht er es als Widerspruch in sich und gewissermaßen als Blasphemie an, daß in dem trotz aller Schwierigkeiten erfolgreichen Unternehmen Francke's die Bewährung einer besondern Vorsehung Gottes erkannt werde, deren Begriff er mit dem strengsten Begriff des Wunders gleich setzt. Die allgemeine Vorsehung Gottes, die er nicht in Abrede stellt, kann jedoch immer nur in einem besondern Umfang von Erscheinungen geahnt oder nachgewiesen werden. Daß aber die menschliche Vermittelung derselben die Verknüpfung durch Gottes Leitung und Segen ausschließe, erinnert an den Glaubenssatz von der Herrschaft Christi, bei dessen othodoxer Deutung vorgesehen ist, daß die Gläubigen still sitzen und für Nichts sorgen. Wenn irgend etwas beweist, daß in dem Gefüge der lutherischen Dogmatik die religiöse Weltanschauung aufgetrocknet war, so ist diese Kritik Löscher's der Beweis dafür. Das ist die Thatsache, welche in der Vorrede zu der Sammlung der Nachrichten Francke mit der Sprache des Unglaubens meint, die in jener Censur ihm entgegen getreten sei.

---

1) Dagegen erschien von einem Freunde des Waisenhauses (Georg Heinr. Neubauer, Aufseher der Waisen) Gründliche Beantwortung und unglimpfliche Censur u. s. w. 1708. Löscher replicirte Unschuld. Nachr. 1709, S. 103. Dagegen: Abgenöthigte Vertheidigung der Gründlichen Beantwortung u. s. w. (von Joh. Anast. Freylinghausen) 1710. Darauf wieder U. N. 1711. S. 706.

Zu dem hervorragenden Gottvertrauen, in welchem Francke so Großes bewirkt hat, ist seine, wie es der Berichterstatter[1]) nennt, ganz ungemeine Passivität zu rechnen, deren Uebung er Allen empfahl. Er hat diese Eigenschaft so verstanden, daß man sich durch sein Gottvertrauen nicht zu voreiligem Handeln verleiten lassen, sondern damit warten solle, bis ein offenbarer Wink oder Fingerzeig Gottes eintrete. So hätte Francke, wie er sagte, immer stille gesessen und nicht eher einen Schritt weiter gethan, als er den Finger Gottes vor sich hatte. Dieses Verhalten ist mit dem Quietismus verwandt, welchen Spener und die Merlau in entscheidenden Lebensmomenten geübt haben (S. 228). Es entspringt aus der Vorstellung, daß Gottes Absichten und der Menschen Entschlüsse regelmäßig sich nicht decken. In den Fällen von Spener und der Merlau wird daraus gefolgert, daß man in der Entscheidung anderer Menschen die Absicht Gottes erkennen will. Francke aber ist, indem er den Wink Gottes in seiner Verzichtleistung auf eigenen Entschluß erwartet, auf eine Erkenntniß gefaßt, die ihm selbst zusteht. Soll das nicht schwärmerisch verstanden werden, was gänzlich fern liegt, so ist die Thatsache die, daß er in seiner natürlichen Kaltblütigkeit und erworbenen Besonnenheit Entschlüsse, die er auszuführen richtig fand, so lange vertagte, bis alle Umstände sich günstig zeigten. In seiner Stimmung auf Gottes Vorsehung hatte er das Recht, darin den Fingerzeig desselben zu erkennen. Wirklich ist diese Erkenntniß nichts, was aus dem Rahmen der Ueberlegung des pflichtmäßigen Handelns herausträte. Von Francke aber ist dieser übernatürliche Sprachgebrauch auf seine Anhänger übergegangen; wenn sie mit aller Sorgfalt ein in irgend einem Maße wichtiges Pflichturtheil bilden, bezeichnen sie es als die Weisung, die sie durch Gott empfangen. Sie folgen darin mehr dem Vorbild der alttestamentlichen Propheten, als daß sie sich in dem christlichen Gesetz der Freiheit bewegen. Jenes Verfahren ist Geschmacksache und in dem Fall unschädlich, wenn man weiß, daß es ebenso möglich ist, sich in dem Finger Gottes zu täuschen, als in einem sorgfältig überlegten Pflichturtheil zu irren.

1) Rogall, Prof. in Königsberg, **Paraenesis publica** oder Erweckungsrede an die **Studiosos theologiae**, nach Francke's Tode gehalten. In **Epicedia** oder Klag- und Trost-**Carmina** und andere Schriften bei dem Ableben A. H. Francke's u. s. w. Bei Kramer II. S. 483.

Noch ein anderer ähnlicher Charakterzug des Pietismus hat von Francke seinen Ursprung genommen; ich meine die öffentliche Verhandlung von Gebetserhörungen. In die Demonstration der „Segensvollen Fußstapfen" sind wiederholte Angaben verflochten, wie gewisse Summen, die für die Fortsetzung des Baus des Waisenhauses momentan unentbehrlich waren, in Folge des Gebetes von Francke ihm sofort zur Verfügung gestanden haben. Die Vermittelung durch Menschen ist dabei eingerechnet, welche nach ihrer eigenen Ueberlegung gerade bereit waren, das Waisenhaus zu unterstützen. Vielleicht ist auch darauf zu rechnen, daß die Summe, welche gerade entbehrt wurde, nicht blos vor Gott genannt, sondern auch vor Menschen nicht verschwiegen wurde. Daß nun Francke solche Bedürfnisse im Gebet an Gott vorgetragen hat, ist keinem Einwand ausgesetzt. Allein, daß nachträglich mit der Erhörung der Gebete auch deren Darbringung an Gott erzählt wird, verstößt gegen die Schamhaftigkeit, welche dem vertraulichen Verkehr mit Gott geziemt, durch deren Preisgebung er entwerthet wird. Ich glaube, daß die „Segensvollen Fußstapfen" die erste Urkunde dieses bedenklichen Verfahrens sind. Denn die Autobiographie von Petersen, in welcher Aehnliches vorkommt, ist von 1717. Ich erinnere daran (S. 229), daß Petersen bei seiner Bewerbung um das Fräulein von Merlau, als diese die Entscheidung ihrem Vater überlassen hatte, Gott gebeten hat, er möchte, wenn die Verbindung seinem Willen entspräche, den Vater bei seinem Widerstreben gegen dieselbe ängstigen. Er fügt hinzu, daß der Vater eingewilligt hat, weil seine Erwägung der Gegengründe von Angst begleitet gewesen sei. Petersen trägt dies so vor, daß man eine eigentliche Gebetserhörung darin erkennen soll. Das ist nun ein verschärfter Fall von vertraulichem Umgang mit Gott; Petersen erlaubt sich Gott einen Rath zu ertheilen. So etwas liegt den Bitten, welche Francke in den „Segensvollen Fußstapfen" berührt, durchaus fern. Indessen befremdet an der Darstellung in diesem Buche, daß Francke die Umstände, unter denen es ihm gelang, das Waisenhaus zu gründen, nicht vollständig gewürdigt, jedenfalls nicht vollständig dargestellt hat. Bei allen den Gaben nämlich, die er einzeln aufführt und mit den momentan obwaltenden Bedürfnissen contrastirt, hat er sich der ihm zustehenden Beobachtung entschlagen, daß er eine große Schaar von Gesinnungsgenossen hinter sich hatte, welche es sich zur Ehre schätzten, ihn und sein Unternehmen zu unterstützen. Schon nach seiner Absetzung in Erfurt hat Francke, ebenso wie Petersen und Töllner im gleichen Falle, die Erfahrung gemacht, daß ihm sein Unterhalt durch bereitwillige Hände gewährt wurde. Das hat fortgedauert, als er in Glaucha von seinen beiden Aemtern nicht so viel erwarb, um seine Familie zu erhalten (S. 274). In den „Segensvollen Fußstapfen" ist nun die Anerkennung jener Thatsache und der Dank gegen Gott für die Erweckung einer so ausgedehnten Anhängerschaft zu vermissen. Und doch war dieser Erfolg so die Hauptsache, daß nur durch ihn alle die einzelnen Hilfleistungen eingetreten sind, in denen, mochten sie unerwartet kommen oder erbeten sein, Francke Gottes Segen erkennt. Ich vermag es nur aus der oben (S. 265) festgestellten Ungeneigtheit zum Dankgebet zu erklären, daß Francke sich enthalten hat, diesen Zusammenhang aufzufassen, und vor Allem dafür seinen Dank gegen Gott kund zu geben. Durch diese Unterlassung aber wird dem Bericht über alle die einzelnen Gaben die geschärfte Färbung verliehen, von welcher Löscher befremdet wurde, ohne daß er den richtigen Grund davon entdeckt hat.

Hätte Francke sich in der Theologie ein höheres Ziel gesteckt, so wäre er durch die immer mehr sich ausbreitenden Aufgaben des Waisenhauses vor das Dilemma gestellt worden, entweder dieses Werk anderen Händen zu überlassen, oder das akademische Lehramt aufzugeben[1]). Es war ihm jedoch möglich, beides und daneben noch das Predigtamt festzuhalten, weil seine theologische Lehre sich in engen Geleisen bewegte, und weil er auf das Predigen nicht viel Vorbereitung verwendete. Vergleicht man damit seine unausgesetzte Thätigkeit am Waisenhause, für welche ihm freilich geeignete treue Gehilfen zur Hand waren[2]), so zeigt sich, daß die Gabe, im Großen zu organisiren, sein hauptsächlicher Vorzug war. Unter diesem Gesichtspunkte ist das Urtheil eines ungenannten Zeitgenossen zu verstehen, welches auf den ersten Blick Manchen befremden wird[3]). Indem der Verfasser der angeführten Schrift

---

1) Wie Tholuck a. a. O. S. 15 anmerkt.

2) Kramer I. S. 181 ff.

3) Der Labadismus die Quelle des Pietismi, gezeiget bei Gelegenheit eines von Georg II. für das Herzogthum Braunschweig-Lüneburg erlassenen Befehls (31. Juli 1733) keine, welche die bekannten Halle'schen oder pietistischen Principien eingesogen haben, zu Predigerstellen zu admittiren. O. O. 1734. — Als Verfasser wird Sebastian Edzard in Hamburg vermuthet. Vgl.

sein Thema durch eine Zusammenstellung Spener's mit Labadie in einer Reihe von gemeinsamen Merkmalen zu beweisen sich getraut, findet er für die Thatsache, daß Labadie in seiner Jugend Jesuit gewesen ist, bei Spener nichts Analoges, sucht aber diesen Mangel durch folgenden Umstand zu ersetzen: „Als Spener Oberhofprediger in Dresden war, hing er an sich einen Magistrum, welcher capabel gewesen wäre, einen Generalem Jesuitarum abzugeben. Und erinnere ich mich, was einstmals ein verständiger Mann sagte, alle Jesuiter im Papstthum wären Bärenhäuter gegen ihm. Das war A. H. Francke." Mag der Schriftsteller dieses Urtheil mit Mißbilligung oder gar aus Bosheit zu seinem Zwecke verwenden, so ist in der Aeußerung seines Gewährsmanns die Absicht der Achtung unverkennbar. Durch die Vergleichung, welche Francke hier erfährt, wird die große religiös-pädagogische Einrichtung, die er ins Werk gesetzt hat, vor Augen gerückt, zugleich die Werthschätzung derselben im Dienste der Kirche, dann die Umsicht, die Zähigkeit und Besonnenheit, mit der die große Schulgemeinde von ihm unterhalten und geleitet wird; vielleicht darf man auch daran denken, daß der Liebeseifer, der Francke beseelte, den großen Massen gegenüber, mit denen er zu thun hatte, mehr sachlich als persönlich gestimmt war. Hierin wenigstens berührt sich Francke's Art mit dem jesuitischen Wesen, sofern es von uns mißbilligt wird. Die Buße, welche er Jedem ohne Unterschied vorschreibt, ist eine Schablone, in welcher die persönlichen Eigenthümlichkeiten der Menschen ebenso wenig Beachtung finden, als in der jesuitischen Methode, junge Leute für den Orden zu gewinnen. Hat doch schon Calvin die Regel des Bußkampfes, welche mit Francke's Vorschrift sachlich übereinstimmt, mit der jesuitischen Anleitung in Vergleich gestellt[1]). Denn durch die Anforderung, daß man den Zeitpunkt des Durchbruchs

---

Sammlung auserlesener Materien zum Bau des Reichs Gottes, 3. Band (1734). S. 797.

1) Institutio chr. rel. III. 3, 2: Omni rationis specie caret eorum deliramentum, qui ut a poenitentia exordiantur, certos dies suis neophytis praescribunt, per quos se in poenitentiam exerceant, quibus demum transactis in evangelicae gratiae communionem ipsos admittunt. De plurimis anabaptistarum loquor . . . eorumque sodalibus Jesuitis et similibus quisquiliis. Tales scilicet fructus profert spiritus ille vertiginis, ut poenitentiam, quae in totam vitam proroganda est homini Christiano, paucis dieculis terminet.

der Gnade müsse angeben können, wird die pietistische Bußzeit auf abgemessene Tage oder Wochen eingeschränkt. Sofern Francke selbst in seinem ganzen öffentlichen Leben das Musterbild der von ihm vorgeschriebenen Frömmigkeit ist, erkennt man auch, daß sie mehr zur Einschränkung als zur Befreiung des Gemüthes beiträgt. Tholuck verweist darauf, daß die damals üblichen Besuche fahrender junger Magister dem Manne unwillkommen waren, der zu sagen pflegte: Wem ich eine Stunde schenke, dem glaube ich ein großes Geschenk gemacht zu haben. Warum also, fragt er, wurden solche Besucher nicht ein für alle Male verbeten, anstatt daß sie durch mürrische Haltung eingeschüchtert wurden. Ganz anders schildern die jungen Reisenden den freundlichen Empfang bei dem mit seiner Zeit nicht weniger in Anspruch genommenen Spener[1]). Diese Ungeneigtheit zum unbefangenen geselligen Verkehr steht ja freilich in directem Verhältniß dazu, daß Francke, wie er selbst stets in liturgischer feierlicher Stimmung begriffen war, auch keinen andern eines Christen würdigen geselligen Verkehr für möglich hielt, als in erbaulicher Unterhaltung oder gemeinsamem Gebet[2]). Hierin erscheint aber ebenso gewiß eine Schmälerung der auch einem Christen zustehenden allgemeinen geistigen Interessen[3]), als eine Annäherung an die Lebensweise im Kloster. Und diese Haltung Francke's ist maßgebend für den von ihm abstammenden Pietismus geworden.

Schließlich ist auf die Stellung zu achten, welche die Brandenburgisch-Preußische Regierung gegen Francke einnahm, und welche derselbe sorgfältig gepflegt hat. Es ist berührt worden, daß er in der Ausgleichung seiner Streitigkeiten mit der Geistlichkeit in Halle durch außerordentliche Commissionen, ferner durch die dem Waisenhaus 1697 ertheilten, 1702 erweiterten Privilegien (Accisefreiheit, öffentliche Collecte u. s. w.) die Gunst der Staatsgewalt in hohem Maße erfahren hat. Diese Umstände lassen

---

1) Tholuck a. a. O. S. 20. 21.

2) Kramer II. S. 172.

3) Tholuck a. a. O. S. 13: Die Sorge für das Eine, das noth thut, wird so ausschließlich als die allein berechtigte Lebensaufgabe angesehen, daß alle anderen Lebensinteressen, die wissenschaftlichen und die der Kunst, die politischen und die socialen als zur Welt gehörig, vernachlässigt, wenn nicht verdammt werden. Während die Frömmigkeit bei dem Christen das alles durchdringende Lebensprincip sein soll, wird sie zum einzigen Objecte desselben gemacht.

jedoch auf nichts weniger schließen als auf eine persönliche Theilnahme des Kurfürsten Friedrich III. für die religiöse Art des Pietismus; sie waren vielmehr theils die Folgerungen, welche die höheren Beamten des Staates aus der Gründung der Universität und der Besetzung der theologischen Facultät mit Gegnern der Wittenberger und Leipziger Theologie gezogen haben, theils die Zeugnisse der Anerkennung des gemeinnützigen Charakters der Stiftungen Francke's. Bekanntlich ließ der Kurfürst seine Geheimenräthe (Minister) mit großer Selbständigkeit die Staatsverwaltung führen. Neben den aus der vorigen Regierung herübergenommenen Geheimenräthen Paul von Fuchs und Meinders behauptete bis 1697 den ersten Platz des Kurfürsten ehemaliger Erzieher, der Oberpräsident Eberhard von Danckelmann. Daß nun diese Männer den Angelegenheiten Francke's ein hohes Maß von Wohlwollen geschenkt haben, ergiebt sich aus den Briefen Spener's. Derselbe stand fortwährend in regem Austausch mit ihnen und sorgte für die günstige Entscheidung der Angelegenheiten Francke's, von denen z. B. auch die Anstellung Freylinghausen's als Adjuncten an der Kirche in Glaucha (1694) durch die Gegner bis in die Ministerialinstanz getrieben worden war. Das Interesse dieser Männer an Francke hat aber auch nicht seinen Grund in pietistischer Ueberzeugung, von welcher bei ihnen keine Spur zu entdecken ist. Der Schutz und die Unterstützung Francke's durch sie ist also in der Staatsraison begründet. Indem nun Spener wie Francke sich auf die hohen Beamten stützen, werden sie selbst Förderer des rein staatlichen Kirchenregiments im Sinne des Territorialismus. Nach den in Dresden gemachten Erfahrungen (S. 134) hat Spener dieser Richtung sich gefügt. In den Angelegenheiten von Schade wie von Francke spielen die Consistorien eine wirkungslose Rolle; gleich greift das Ministerium, theils direct und gesetzgebend, theils durch seine Commissare vermittelnd in die kirchlichen Differenzen ein. Ich knüpfe an diese Thatsache keine Klage und keinen Vorwurf; nach den obwaltenden Umständen war nichts anderes zu erwarten. Allein dieselben rufen eben wieder in Erinnerung, daß Spener auf das Ideal von Kirchenverfassung, dem er in seiner Jugend nachzustreben suchte, im Alter verzichtet hat, und daß Francke sich darüber nie Gedanken gemacht hat[1]).

---

1) Dieses gilt auch für die Epoche Friedrich Wilhelm's I., der ja ein

Der Landesherr hat auch, als er als König Friedrich I. 1708 in Halle anwesend war, Francke nur mit einer gnädigen Miene beehrt, ihn aber weder durch Anrede noch durch Gespräch ausgezeichnet. Francke mußte sich genügen lassen, des Königs Umgebung, den Kammerpräsidenten von Danckelmann, den Geheimerath von Ilgen, die beiden Vettern von Kameke für das Waisenhaus zu interessiren [1]). Was dem König in Hinsicht der Kirche am Herzen lag, war nicht der Pietismus, sondern die Union zwischen Lutheranern und Reformirten. Es ist hier nur nöthig an das Unionscollegium zu erinnern, welches er 1703 in Berlin aus den drei Reformirten Ursinus, Strimesius, Jablonski und den zwei Lutheranern Lütkens, Propst zu Cöln an der Spree und Winckler, Domprediger in Magdeburg, bildete. Spener hatte den Eintritt in dieses Collegium abgelehnt; als das Uebergewicht der Reformirten sich geltend machte, zog sich auch Lütkens zurück. Hingegen compromittirte Winckler sich und den Pietismus, indem er in einer Schrift Arcanum regium theils dem verwegensten Territorialismus in dem Satze Ausdruck verlieh, der Landesherr habe das Recht, die Dogmen festzustellen, wie ihm beliebte, theils die Union darauf begründen wollte, daß die Jugend zu wahrer Gottesfurcht angehalten und der Controversen über die Lehre entwöhnt werde. Der Mann mußte sich selbst desavouiren, indem er vorgab, die Schrift sei nicht von ihm, sondern von dem Pastor Welmer (S. 200) verfaßt. Wie wenig auch Francke und seine Collegen dem Unionsprojecte geneigt waren, bewiesen sie durch ihren Widerstand gegen die Absicht der Regierung 1711, einen reformirten Professor der Theologie der theologischen Facultät in Halle gewissermaßen anzuheften [2]).

Unter den hohen Beamten in Berlin fanden aber auch Petersen und Gottfried Arnold ihre Gönner. Es ist erzählt worden (S. 240), daß der erstere unmittelbar nach seiner Absetzung durch den Kammerpräsidenten von Knyphausen in reichlicher Weise unterstützt und durch dessen Vermittelung mit einer Pension des Kurfürsten sowie Privilegien für sein Haus versehen worden ist. Als er auf dessen Veranlassung im März 1692 sich in Berlin einfand, hat man es

---

ganz persönliches Regiment über die evangelischen Kirchen geführt hat. Vgl. Stenzel, Gesch. d. preuß. Staates III. S. 466 ff.

1) Vgl. den Bericht in Kramer's Neuen Beiträgen S. 122 ff.

2) Kramer II. S. 137 ff.

freilich, nach Spener's Mittheilung, bei der Regierung fast nicht gern gesehen[1]); die Gunst also, welche Petersen bei Danckelmann gefunden zu haben meinte, hatte ihre Grenzen. Indessen war ihm der Geheimerath von Schweinitz zugethan, den Spener noch später als unseren christlichen und rechtschaffenen, von dem es bekannt ist, daß er es redlich mit Gottes Reich meint[2]), bezeichnet. In dessen Hause zu Berlin fand auch die Asseburg Aufnahme. Weiterhin ist an die Intercession der preußischen Regierung zu Gunsten der Anhänger Mercker's in Essen zu erinnern (S. 209). Gottfried Arnold ferner hat seit 1700 bei den leitenden Personen in Berlin Anerkennung und einen außerordentlich weit gehenden Schutz, schließlich die Anstellung in einem Kirchenamt in Brandenburg gefunden, obgleich seine mannigfachen Abweichungen von der lutherischen Lehre außer Zweifel standen[3]).

Sein Gönner wird wohl der Herr von Fuchs gewesen sein, der bis zu seinem Tode (1704) die kirchlichen Angelegenheiten verwaltete. Denn eine Vermuthung, welche sich auf den Grafen August von Wittgenstein-Wittgenstein richten könnte, weil derselbe 1704 sich des Arnold nahe stehenden Dippel angenommen hat, läßt sich nicht bestätigen. Dieser Bruder des regierenden Grafen Heinrich Albrecht (I. S. 421) ist durch den Grafen Kolb von Wartenberg, den Günstling des neuen Königs, erst gegen Ende 1701 in die Stellung des Obermarschalls und Generaldirectors der Domänen gebracht worden, nachdem er kurz vorher noch in der ganzen damaligen Aermlichkeit seines Hauses in Berlin aufgetreten war. Er hat bis zu seinem Sturze 1711 der Verschwendung des Hofes gedient, indem er zugleich auf seine eigene Bereicherung bedacht war und in der Verwaltung seiner Aemter den härtesten Druck auf die Unterthanen ausgeübt hat. Man erfährt von ihm nichts, was wie Sympathie mit der religiösen Richtung seines Bruders und seiner Schwestern aussieht. Dippel hat er auch ohne Zweifel nur als den Alchymisten, welcher Gold machen sollte, nicht als den Mystiker und theologischen Schriftsteller protegirt. Ich finde also keinen Grund, mit Bartholds[4]) einen Gönner der Pietisten in

1) Kramer, Beiträge. S. 222.

2) A. a. O. S. 444. Die Gemahlin desselben ist S. 239 erwähnt worden.

3) Das Nähere in Cap. 35.

4) Histor. Taschenbuch 1853. S. 175.

ihm zu sehen. Er ist allerdings der Urheber der dritten Ehe des Königs mit Sophie Luise Herzogin von Mecklenburg-Grabow (28. November 1708), einer ebenso pietistischen wie lutherischen Dame gewesen, in deren Umgebung er mehrere seiner nächsten weiblichen Verwandten brachte. Dabei leitete ihn jedoch die Absicht, dem Kronprinzen entgegenzuwirken und seine eigene Macht zu befestigen, nicht aber die, den Pietismus als solchen zu begünstigen. Die Königin nahm den Propst Porst als Beichtvater an; durch dessen Vermittelung wurde Francke 1709 vom König berufen, um seinen Rath wegen der Errichtung eines Waisenhauses in Berlin zu ertheilen. Aber während er noch daselbst verweilte, wurde der König durch die ungeschickte Art, in der seine Gemahlin ihre Confession gegen die seinige geltend machte, so gereizt, daß er auf deren Interessen verzichtete, worauf die Reformirten in seiner Umgebung ihn wieder zu Uebergriffen in ihrem Interesse disponirten. Dahin gehört unter Anderem der Versuch, einen reformirten Theologen in die Halle'sche Facultät zu setzen [1]).

Dem ersten König von Preußen also ist Francke persönlich nicht nahe getreten. Jedoch der Nachfolger war schon als Kronprinz, ein Jahr vor seinem Regierungsantritt durch den General von Natzmer (S. 220) günstig für Francke's Anstalten gestimmt worden. Es war der Eindruck ihrer Gemeinnützigkeit, welcher die Theilnahme Friedrich Wilhelms I. gewann; und nachdem derselbe schon im April 1713 das Waisenhaus unter der Führung von Francke besehen hatte, hat er ihm stets seine Gunst erhalten. Er hat demgemäß auch in amtlichen Angelegenheiten den Anträgen oder Wünschen Francke's ein bereitwilliges Gehör geschenkt. Er hat bei jenem Besuch unmittelbar nach seinem Regierungsantritt auf Francke's Vorstellung die unter seinem Vorgänger beabsichtigte Einschiebung eines Reformirten in die theologische Facultät fallen lassen. Er ist kurz darauf unbesehens bereit gewesen, den Anträgen der theologischen Facultät gegen Chr. Thomasius wegen dessen

---

1) Ein Mandat der preuß. Regierung vom 21. April 1711 (bei Walch I. S. 902) gegen alle Conventikel in Halle richtet sich nicht, wie Schmid, Gesch. des P. S. 303 annimmt, gegen den Anhang der Halle'schen Theologen, sondern gegen Separatisten von auswärts, welche ihren Predigten in Bürgerhäusern eine solche Oeffentlichkeit gaben, daß Aufläufe und Störungen der öffentlichen Ordnung erfolgten. Vgl. Baumgarten, Sammlung einiger Bedenken der theol. Fac. zu Halle. IV. S. 323.

Schrift de concubinatu zu entsprechen; nachher wurde freilich nichts daraus, da Thomasius auf Grund eines Gutachtens der Hofprediger unangetastet blieb. Das Interesse des Pietismus ist schon unter Friedrich I. beim Hofe oder bei dem Ministerium durch den Freiherrn Hildebrand von Canstein vertreten worden, welcher in Berlin wohnhaft, mit Joachim Lange, 1698—1709 Rector des Friedrichs-Werder'schen Gymnasiums, und einem Andern wöchentliche Conferenzen hielt, um rechtschaffene Leute für vacante kirchliche Stellen vorzuschlagen. Zugleich gingen die Bittschriften an den König und den Kronprinzen durch seine Hand [1]). Ohne Zweifel hat er solche Dienste unter dem folgenden König bis an seinen Tod 1719 fortgesetzt. Es ist ja nun bekannt, daß Friedrich Wilhelm I. persönlich gar nicht pietistisch angethan war. Hat er doch, als die Gräfin Christine von Stolberg-Wernigerode in der vormundschaftlichen Regierung, welche sie für ihren Sohn 1710—14 führte, ein Mandat gegen die Trunksucht erließ, dagegen Einspruch eingelegt, weil es die fiscalischen Einnahmen aus der Accise zu schmälern drohte, und sich von dieser würdigen Frau sein Unrecht müssen zu Gemüthe führen lassen. Also sein Vertrauen auf Francke und dessen Genossen wurzelte nur in der Uebereinstimmung der gemeinnützigen Thätigkeit, welche den König wie den Theologen auszeichnete. Gegenüber der launenhaften, absolutistischen Härte des Königs waren die Pietisten, die bei ihm etwas galten, ebenso unsicher gestellt, wie irgend ein anderer Unterthan. Bemerkenswerth sind in dieser Beziehung Aeußerungen von Canstein aus dem Jahre 1718. Allem Anschein nach, sagt er, stehe eine große Revolution im Staat und in der Kirche vor der Thür, es nahe sich in Wahrheit mehr und mehr zum Untergang. Denn das argwöhnische Wesen des Königs und seine Strenge werde eine allgemeine Erbitterung erregen. Der sonst von so starkem Gottvertrauen erfüllte Mann befürchtet sogar eine Unterbrechung der öffentlichen Verkündigung des Evangeliums. Er meint deshalb, Natzmer solle mit dem König reden, und er selbst will danach trachten, an gehörigem Ort Vorstellung zu thun [2]). Dies fällt in die Zeit, als der Abenteurer Clement den König in die höchste Aufregung versetzte durch Vorspiegelung von Gefahren, die ihm

1) Plath, C. H. von Canstein (Halle 1861) S. 20. 31.
2) A. a. O. S. 103.

von Dresden und Wien her drohen sollten, und durch die Angabe, daß seine Minister und Generale für den Plan gewonnen seien, den König gefangen zu nehmen, den Kronprinzen katholisch zu machen und unter kaiserlicher Vormundschaft auf den Thron zu setzen. Die unheimliche Stimmung, die den König damals einnahm, und in der man gewaltthätige Ausbrüche desselben befürchtete, ist freilich von dem frommen Freiherrn sehr wunderlich gedeutet worden, und seine Meinung, daß sie von Natzmer und ihm selbst beschworen werden könne, ist schwerlich im Rechte gewesen. Bekanntlich ist jene Krisis durch die Aufrichtigkeit und Standhaftigkeit Leopold's von Dessau gelöst worden[1]); die Aeußerungen Canstein's beweisen also nur, daß die pietistische vornehme Gesellschaft in Berlin ihre Stellung zum Könige für intimer und ihren Einfluß auf ihn für stärker ansah, als es wirklich der Fall war.

Nur in ihren besonderen Interessen vermochten Francke und seine Genossen dem Könige etwas abzugewinnen, und auch dann nicht immer auf geraden Wegen. Als Francke im Herbst 1719 nach dem Tode Canstein's in Berlin war, wurde er vom König sehr ausgezeichnet. Er mußte demselben über verschiedene Themata Auskunft geben, und dafür von dem König die Aeußerung vernehmen, wie schwierig es für einen Weltmann, besonders einen Regenten sei, immer nach den strengen Vorschriften des Gewissens zu handeln; wer von seinen Renten lebe, für den sei die Frömmigkeit eine leichte Sache. Das Vertrauen des Königs wurde kurz darauf durch einen neuen Besuch im Waisenhaus befestigt. Unter diesen Voraussetzungen gelang es Francke wenige Jahre nachher, den Philosophen Christian Wolff von Halle zu verdrängen[2]). Derselbe war 1706 als Professor der Mathematik und Physik dorthin berufen, und hatte seit 1709 durch Vorlesungen über Metaphysik, Logik und Moral, sowie durch gleichartige Schriften eine große Anziehung auf die Studenten ausgeübt. Die Abnahme des Einflusses der Theologen auf dieselben, welche Francke in jenem Jahre bezeugt hat (S. 260), ist ohne Zweifel auf diese Concurrenz zurückzuführen. Seit der Zeit bestand eine Rivalität zwischen der theologischen Facultät und dem Philosophen, dessen Einfluß auf die Curatoren der Universität durch den zunehmenden Beifall, den

1) Stenzel, Geschichte des preuß. Staates III. S. 298 ff.

2) Eckstein, Chronik der Stadt Halle S. 99—107.

er erfuhr, erheblich gesteigert wurde. Er verstand auch denselben auszubeuten. Im Jahr 1723 setzte er es durch, daß einem M. Strähler, welcher gegen Wolff zu schreiben begonnen hatte, die Bestreitung desselben in Schriften wie Vorlesungen bei namhafter Strafe verboten, und kurz darauf, daß einer seiner Schüler, Thümmig zum ordentlichen Professor der Philosophie ohne Anhörung der philosophischen Facultät ernannt wurde. Nun bestanden schon seit zwei Jahren directe Mißhelligkeiten zwischen der theologischen Facultät und Wolff, veranlaßt durch dessen Rectoratsrede über die Moral des Confucius, die er, obwohl sie jeder religiösen Grundlage entbehrt, herausgestrichen, deren Urheber er dem Moses, Muhamed, gewissermaßen auch Christus gleichgestellt hatte, und deren Uebereinstimmung mit seiner eigenen Sittenlehre er hervorhob. Joachim Lange begann die literarische Bestreitung Wolff's gerade 1723 mit der Schrift: Causa dei et religionis naturalis contra atheismum. Als nun die Ernennung Thümmig's das Uebergewicht des Philosophen zu besiegeln schien, schlug Francke denselben Weg ein, welchen Wolff zu gehen gewohnt war; er versuchte ebenfalls seinen Einfluß in Berlin. Und zwar wandte er sich 16. October mit einem Memorial direct an den König, welcher von den unter seinem Namen zu Gunsten Wolff's ergangenen Befehlen der Universitäts-Curatoren nichts wußte. Zugleich aber wurde die Einwirkung der Generale von Natzmer und von Löben auf den König in Bewegung gesetzt, welche demselben vorstellten, die Lehre Wolff's von der prästabilirten Harmonie sei geeignet, einen Deserteur für schuldlos zu erklären. Hatte der König zunächst von Francke genauern Bericht über Thümmig verlangt, so erfolgte nun unter dem 8. November 1723 der königliche Befehl, welcher Wolff seiner Professur entsetzte und ihn binnen 48 Stunden bei Strafe des Stranges aus dem Lande verwies. Joachim Lange verging darüber Schlaf und Appetit auf drei Tage. Francke aber weigerte sich, an einer Verwendung der Universität zu Gunsten Wolff's theilzunehmen, weil dessen Sache contra causam dei sei, und erkannte in der königlichen Entscheidung den Erfolg seines kniefälligen Gebetes. Der König hat später seine in Leichtgläubigkeit und Jähzorn begangene Gewaltthat bereut, und hätte sie gern zurückgenommen; im Jahre 1738 ist Joachim Lange in Berlin gewesen, um diese Absicht des Königs zu hintertreiben. Nachher war es bekanntlich eine der ersten Regierungshandlungen Friedrich's II., Wolff für Halle wieder zu gewinnen.

Francke hat es nicht mehr erlebt, daß Friedrich Wilhelm I. eine Zeitlang Miene machte, dem Pietismus innerlich näher zu treten, als er 1727 in Folge körperlicher Anstrengungen und Gemüthsspannungen in eine dauernde Hypochondrie verfallen war[1]). Nämlich kaum zwei Wochen, ehe Francke (9. Juni 1727) starb, verbot der König in Berlin die Vergnügungen, welche auf den Schützenhöfen zu Pfingsten stattzufinden pflegten, weil er „alles lüderliche und üppige Wesen abgestellt wissen wolle". Einwendungen dagegen erwiderte er mit der Aufhebung aller Schützengilden in der Mark Brandenburg. Von dieser Zeit an bis 1729 stand er auch in Verkehr mit einem Prediger Schubert in Potsdam, dessen Privatversammlungen er in Schutz nahm. Nun erzählt des Königs älteste Tochter, die Markgräfin von Bayreuth, in ihren bekannten Memoiren, Francke, der Gründer des Waisenhauses, habe dazu beigetragen, die trübsinnige Stimmung des Königs zu bestärken, indem er stets die Leitung des Gesprächs bei Tafel übernahm, und alle Vergnügungen verdammte. Sie fügt hinzu, unter dessen Einwirkung habe der König seiner Familie jeden Nachmittag eine Predigt gehalten und der gemeinsame Gesang, der sie begleitete, sei von dem Kammerdiener angestimmt worden. **En un mot, ce chien de Francke nous faisait vivre comme les réligieux de la Trappe.** Daß diese Angaben mindestens übertrieben sind, hatte man immer Grund anzunehmen; und daß der Gründer des Waisenhauses damals auf die Andachtsübungen der königlichen Familie nicht einwirken konnte, da er nicht mehr lebte, hat schon Barthold geltend gemacht. Aber die Markgräfin verwechselt mit dem Vater den Sohn August Gotthilf Francke; aus dessen Bericht über seinen Besuch am königlichen Hoflager in Wusterhausen im October 1727 kann man die richtige Vorstellung über das Maß der pietistischen Bestrebungen des Königs gewinnen[2]). Nachdem nämlich der jüngere Francke, Professor der Theologie und Prediger an der ULFkirche in Halle, und sein Schwager Freylinghausen als Directoren des Waisenhauses dem Könige die Nachricht vom Tode A. H. Francke's gegeben hatten, lud er Beide nach Wusterhausen ein. Freylinghausen war dort

1) Barthold, Histor. Taschenbuch 1853. S. 222 ff.

2) Bei Kramer, Neue Beiträge S. 161—186.

gewesen und hatte predigen müssen, als A. G. Francke zu achttägigem Aufenthalte eintraf. Damit nun der König ihn kennen lerne, hat er täglich an der Tafel des Königs gespeist und wurde von demselben zum Gespräch über religiöse und andere Dinge angehalten; er hat auch seine Ansicht über die Mitteldinge nicht verhehlt; aber daß er besondere Andachtsübungen veranlaßt und der König sie geleitet habe, schließt sein Bericht indirect aus, indem er als etwas Erfreuliches nur erwähnt, der König lasse den kleinen Prinzen das Tischgebet halten und stehe während dessen wie ein anderer Hausvater gebückt hinter ihm. Auch Francke hat dort gepredigt und dafür Anerkennung geerntet. Aber die religiösen Interessen des Königs erscheinen nach pietistischem Maße sehr unsicher. Die Komödien gab er als sündlich preis, aber auf die Parforcejagd wollte er trotz Freylinghausen's Rüge nicht verzichten. Daß er die strengen Forderungen der Gewissenhaftigkeit anerkenne und in den scheinbar unumgänglichen Verstößen dagegen sich nicht sicher fühle, giebt der König wiederholt kund, und zieht aus diesen Conflicten den Schluß, er überlege, die Regierung niederzulegen; denn er wolle gern selig werden und sehe doch keine Möglichkeit dazu vor sich. Indessen einen ernsten Antrieb in der Richtung auf den Pietismus empfand der König eben nicht, indem er, wie er auch früher sagte, die Frömmigkeit nur mit dem Stande eines Privatmanns und Rentiers für vereinbar hielt. Schließlich zog er doch vor, daß Andere durch pietistische Maßregeln gebildet würden. Er berührt nämlich in den Gesprächen mit A. G. Francke wiederholt, die Prediger in Preußen und Pommern seien schlecht, und will die Besserung dadurch erreichen, daß alle Theologen des Landes wenigstens ein Jahr in Halle (gar nicht aber in Wittenberg) studiren und von dort ein Zeugniß über ihre theologische d. h. christliche Art beibringen. Schon unter dem 30. September 1718 war in der „K. Preuß. Erneuerten Verordnung wegen der studirenden Jugend auf Universitäten wie auch der Candidatorum ministerii" vorgeschrieben worden, daß die Examinatoren die letzteren privatim auf ihren inwendigen Zustand prüfen sollen, ob sie in Buße und lebendigem Glauben stehen, welche Kennzeichen sie dafür haben, wie Gott sie bekehrt habe[1]). Dieser Befehl war jedenfalls wirkungslos geblieben;

---

1) Eckstein, Chronik der Stadt Halle S. 86, versteht diese Verordnung fälschlich so, als ob sie blos auf Halle sich bezöge.

also wollte der König die Prüfung auf Pietismus jetzt in der Facultät zu Halle concentriren. Francke nun hat dieser Absicht entgegengewirkt, und demgemäß erließ der König unmittelbar darauf 1727 nur den Befehl, daß die Theologen auf den inländischen Universitäten studiren, und ein gutes Zeugniß ihrer Lehrer zur Anstellung vorlegen sollen[1]). Hierauf erbaten die pietistischen Theologen in Königsberg eine Instruction über die Ausstellung jener Zeugnisse. Mit deren Abfassung beauftragte der König Francke und Freylinghausen, indem er im Einklang mit der Verordnung von 1718 ausdrücklich vorschrieb, es solle auch die Bewährung in einem rechtschaffenen Christenthum geprüft und darüber Zeugniß ausgestellt werden. Francke führte den Auftrag aus, indem er zugleich beantragte, daß die von ihm aufgestellte Instruction auch für Halle giltig werde. In derselben lautet nun § 4 dahin, daß jeder Candidat an sich selbst den Unterschied einer wahren und einer heuchlerischen Buße kennen, die ursprünglichen Kennzeichen einer rechtschaffenen und heilsamen Reue von einer fliegenden Hitze, Angst und Schrecken über die Sünden unterscheiden lernen, auch über die Bewahrung des Gnadenstandes seine Meinung bezeugen solle. Gegen solche violenta consilia promovendae pietatis erhoben in der theologischen Facultät zu Halle Lange, Rambach und Joh. Heinr. Michaelis lebhaften Einspruch, indem sie es für unmöglich erklärten, solche Erfahrungen an einem Studenten festzustellen und zu bezeugen. Jedoch tritt neben Anton und Francke Breithaupt mit dem ganzen Gewicht seiner Persönlichkeit für die Sache ein. Auf den Knieen müsse man Gott danken für einen König, welcher die Facultäten von der Schmach befreie, Theologen für tüchtig zum geistlichen Amte zu erklären, denen man nur bürgerliche Rechtschaffenheit bezeugen könne. In diesem Sinne erfolgte 1729 ein zweiter Befehl des Königs, welcher den künftigen Predigern ein zweijähriges Studium in Halle und die Beibringung eines guten Zeugnisses der dortigen Facultät nach Maßgabe jener Instruction zum Behuf der Anstellung vorschrieb. Noch im Jahre 1736 schärft der König die Bedingungen dieser Zeugnisse wieder ein, „damit ihr dereinst vor dem Richterstuhl Christi Rechenschaft geben könnet".

Für seine Person entfernte sich der König, seitdem seine Gesundheit wiedergekehrt war, von jenen pietistischen Anwandlungen.

---

1) Tholuck a. a. O. S. 28 ff. aus dem Archiv der Universität Halle.

Der Bericht[1]) des jüngeren Francke über einen Besuch zu Wusterhausen im Herbst 1733 läßt die Veränderung des Königs gegen 1727 deutlich bemerken. Zwar äußert sich derselbe einmal gegen die moralisirende Predigtweise der Franzosen und verlangt die Predigt von der Gnade Gottes; aber der Berichterstatter begleitet diese Rede mit der Bemerkung: „Ach Gott helfe es doch, daß es bei ihm geschehe". Der König erlaubt sich damals den Scherz, daß der Prediger Schubert in Potsdam mit ihm auf die Parforcejagd reiten soll. Von 1732 an werden auch Mißbilligungen der pietistischen Versammlungen aus seinem Munde überliefert; ja den Prediger Fuhrmann an der Jerusalemskirche in Berlin, der solche gegen des Königs Verbot fortgesetzt hatte, hat er zur Strafe nach Heiligenbeil in Ostpreußen versetzt. Was er aber in diesen Fällen als Heuchelei verurtheilte, gehörte zu der Erziehung, die er den Theologen auferlegte. Directer Zusammenhang also ist zwischen der persönlichen Stimmung des Königs und seiner Gesetzgebung über das theologische Studium nicht zu entdecken. Jedoch was Breithaupt als einen Sieg der guten Sache begrüßte, war in des Königs Sinn eine folgerechte Ergänzung der Vertreibung von Wolff aus Halle, welche Francke als den Erfolg seines Gebetes willkommen hieß, und mit welcher auch seine Collegen einverstanden waren. Jetzt trennten diese sich darüber, ob die Stellung der pietistischen Buße unter ein königliches Exercier-Reglement ein Beweis besonderer Gnade Gottes oder nicht vielleicht ein Danaergeschenk sei.

---

35. Mystischer Indifferentismus. 1. Gottfried Arnold.

Die schärfere Art des Pietismus, welche Löscher von der Halle'schen Schule unterschieden hat, ist schon in den späteren Ueberzeugungen des Ehepaares Petersen hervorgetreten. Das Eigenthümliche dieses Standpunktes ist die Behauptung, daß das innere Licht oder der Christus in uns als Grund und Maßstab aller Heilserkenntniß nicht allein den bekehrten Christen zustehe, sondern auch bei Nichtchristen, Juden, Heiden, Türken wirksam

1) **Tholuck** a. a. O. S. 64 ff.

sei, wodurch der positive Werth der geschichtlichen Offenbarung nicht nur eingeschränkt, sondern eigentlich aufgehoben wird. Da Petersen zugleich eine Uebereinstimmung zwischen sich und den Quäkern anerkannte, so wäre es möglich, daß er den Grundsatz von dieser Partei [1]) entlehnt hätte. Jedoch reichen Urkunden dieses Indifferentismus in Deutschland weit über das Jahr 1654 zurück, in welchem Georg Fox zuerst an die Oeffentlichkeit getreten ist. Es ist also vielmehr daran zu denken, daß das pietistische Ehepaar in den Strom der ältern deutschen Ueberlieferung dieser Richtung hineingerathen ist, welche gegen Ende des 17. Jahrhunderts eine starke Erweiterung erfahren hat. Denn es ist zunächst an die Vertretung des Grundsatzes vom innern Licht durch Valentin Weigel und seine Anhänger zu erinnern. In dem Gedankenkreise von Weigel begegnet man auch der correlaten Idee der himmlischen Gottmenschheit Christi, deren Entdeckung durch das Ehepaar Petersen schwerlich so wunderbar gewesen sein wird, als sie es darstellen. Endlich hat Petersen auch die Theorie von Gottfried Arnold über die göttliche Sophia, und über die androgyne Beschaffenheit des ersten Menschen, welche erst in Folge seines sündhaften Begehrens in die Trennung der Geschlechter übergeführt wäre (I. S. 424), adoptirt. Diese Böhme'sche Lehre, welche in unausgeführter Weise bei Weigel und bei dem mystischen Naturforscher Franz van Helmont (1578—1644) vorkommt [2]), wird jedoch schon lange zuvor von Scotus Erigena, und von seinem Vorgänger Maximus Confessor vorgetragen [3]). Sie treibt ihre Wurzel durch Origenes hindurch in die Gnosis der Schule Valentin's [4]). Diese Theologie ist auch die älteste Quelle für die Annahme der himmlischen Menschheit des Logos, als des Erstgeborenen aller Creatur und für die Heilsbedeutung der göttlichen Sophia.

Die beiden Jünger des Dionysius Areopagita erneuern aber

---

1) Weingarten, Revolutionskirchen Englands S. 204—215. In den Unschuld. Nachrichten 1715. S. 549 wird angegeben, daß um 1687 die Quäker mit gewissen ungenannten lutherischen Theologen in Deutschland correspondirt und von denselben Zustimmung zu ihren Grundsätzen erfahren haben.

2) Colberg, Platonisch-hermetisches Christenthum (1690) I. S. 203.

3) Baur, Lehre von der Dreieinigkeit II. S. 271. 302 ff.

4) Origenes in evang. Matthaei Tom. XIV. 16. Clemens Alex. Excerpta e Theodoti et orientali quae dicitur doctrina 21. Sylb. p. 337.

auch den Standpunkt der für häretisch erklärten Gnosis des zweiten Jahrhunderts, indem sie der neuplatonischen Mystik die directe Wendung zum Rationalismus geben. Zugleich unterscheidet die schlichte Art, in der die beiden Neuplatoniker nach der Anleitung ihres Meisters Theologie und Philosophie für identisch erklären, sie deutlich von der kirchlichen Theologie des Mittelalters, welche an Dogmen und Tradition ihr Object und von vorn herein ihre Grenze findet. Maximus (7. Jahrhundert) nämlich bewegt sich in den Lehren von Trinität und Menschwerdung Gottes, obgleich sie ihm gegeben sind, noch mit voller productiver Freiheit. Er bekennt sich speciell zu der Lehre des Athanasius, daß der Logos Mensch geworden ist, damit die Menschheit vergottet werde, und meint wie sein Vorgänger das historische Ereigniß. Allein indem er jenen Vorgang mit der Unveränderlichkeit Gottes in Einklang zu setzen sucht, lehrt er, daß sie im ewigen Rathschluß Gottes begründet, und demgemäß in der ganzen Weltepoche bis zur Erscheinung Christi zu Stande gebracht sei. Erigena steht der griechischen Erlösungslehre unabhängiger gegenüber. Er erweitert sie mit Origenes und Gregor von Nyssa zu der Zurückführung aller Dinge zu ihrer ewigen Einheit in Gott; indem er ferner die Gottmenschheit Christi als ewiges Datum setzt, so streift er diesem Gedanken seine geschichtliche Bestimmtheit ab und versteht ihn als das Gesetz der ewigen Einheit des getheilten Daseins in Gott. Der Kern der Weltanschauung beider Männer ist nicht schon darin ausgedrückt, daß alle Dinge aus Gott emanirt sind und an seinem Wesen theilnehmen; sondern dazu kommt die correspondirende Behauptung, daß alle Dinge in dem Menschen, welcher der Zweck der Welt ist, als dem Mikrokosmos zusammengefaßt sind. Der Mensch bewährt sich als die Werkstatt aller Creaturen dadurch, daß in seinem Geiste der Begriff aller sinnlichen und intelligibelen Dinge enthalten ist, daß seine Erkenntniß der Dinge schöpferisch ist wie Gott, daß zwischen seiner Erkenntniß der Dinge und dem Sein der Dinge kein Unterschied angenommen werden kann. Darauf gründet sich der rationalistische Charakter des Systems beider Männer, welcher nur durch gewisse Umstände eingeschränkt wird. Denn freilich ist die Vollkommenheit des Menschen ursprünglich auf seine Einheit und Ungetheiltheit gestellt. Er ist als androgyn geschaffen; indem er aber sich der sinnlichen Lust zuwandte und sich in Sünde begab, ist die Getheiltheit der Geschlechter und die Nöthigung zur geschlechtlichen Fortpflanzung an ihm als Folge seiner Sünde hervorgetreten, und der Riß der Theilung hat sich in der Unordnung der Natur fortgesetzt. Trotzdem behaupten beide, daß auch im Sündenstande der productive Keim der Erkenntniß und des Verlangens nach Gott fortdauert. Nach diesem Maßstabe ist die Welt die Erscheinung Gottes (Theophanie), welche durch das nicht seiende Böse nicht gestört wird. Theophanie aber ist nie ohne den menschlichen Intellect, während derselbe auch ohne Theophanie sein kann. Also ist der Intellect des Menschen dasjenige, was über die ganze Weltanschauung entscheidet; nur wird gemäß der neuplatonischen Herkunft des Systems beider Männer zur erfolgreichen Ausübung der Vernunft vorgeschrieben, daß durch Askese und Contemplation dieselbe von den Einflüssen der Sinnlichkeit gereinigt werde. Auf diese Bedingung hat der Mönch Maximus ein größeres Gewicht gelegt als sein abendländischer Nachfolger; ebenso hat er im Einklang mit dem Areopagiten die liturgischen Functionen der Kirche als das Mittel für die Zurückführung des Menschen in die Einheit oder für seine Vergottung verwerthet, wovon Erigena nicht mehr Notiz nimmt. Die Vergottung der Menschen, welche dieser in die Wiederbringung Aller hinausführt, wie er auch nur eine Prädestination zur Seligkeit denkt, stellt er ganz überwiegend unter die Leitung des reinen vernünftigen Erkennens. Daß dieser Vorgang aber die Zurückführung aller Creaturen auf die Einheit in Gott nach sich zieht, folgt aus der dem menschlichen Erkennen beigelegten schöpferischen Kraft.

Im Mittelalter klingt der Umriß dieser Weltanschauung in Raymund's von Sabunde Theologia naturalis sive liber creaturarum (1436) wieder an. Der Mensch als der Mikrokosmus soll in seiner Selbsterkenntniß die Gewißheit alles Erkennbaren verbürgen und in der Beobachtung seiner selbst wie der Dinge in der Welt den Schluß auf das Dasein Gottes als des Zieles aller Dinge begründen. Durch das Erkennen Gottes und die damit identische Liebe zu Gott soll er als der Mittler zwischen den Creaturen und Gott diese in Gott einführen, oder bewirken, daß Gott in den Creaturen wachse. Diese Gedankenreihe aber, welche aus dem Buch der Natur zu schöpfen ist, bildet für Raymund nicht den höchsten selbständigen Maßstab, sondern wird der Erkenntniß aus dem andern Buche, der heiligen Schrift untergeordnet, weil die Thatsache der Sünde die nur durch dieses positive Zeugniß sicher gestellte Erlösung durch Christus nothwendig macht. So wird von diesem Schriftsteller die nach dem Muster des Erigena entworfene rein rationale Welt- und Gotteserkenntniß hinter das Interesse der kirchlichen Theologie zurückgestellt.

Unter dem Einflusse dieses kirchlichen Grundsatzes steht auch Paracelsus, indem er die Philosophie und die Theologie durchaus geschieden wissen will. Er gehört freilich auch aus anderen Rücksichten nicht in diese Reihe; indessen steht er doch in so naher Analogie zu den Vertretern dieser Speculation, daß es angezeigt ist, an seine Grundsätze zu erinnern. Die Philosophie also soll sich auf die Erkenntniß des Menschen und der Welt beziehen und dem natürlichen Lichte der Vernunft folgen; die Theologie dagegen sich auf die Offenbarung richten und sich an den Glauben knüpfen. Tritt er hierin auf eine dem Erigena entgegengesetzte Seite, so erinnert doch zugleich an diesen der Satz, daß die Vernunft für sich erkennen kann, der Glaube jedoch nicht ohne die natürliche Weisheit denkbar ist. Denn übrigens ist seine Erkenntnißtheorie und deren kosmische Begründung von Erigena entlehnt. Er setzt den Menschen als Mikrokosmos; denn der Stoff, aus dem derselbe gebildet ist, ist das fünfte Wesen, die Quintessenz der ganzen Welt, der Kern und Grund aller Wesen und Eigenschaften der geschaffenen Dinge. Die Seele, welche diesem Erdenklos eingeblasen ist, ist Emanation Gottes, das Fünklein, das ewige Ebenbild Gottes. Zwischen Leib und Seele nimmt er den Geist an, der aus dem Firmament stammt, und als siderischer oder ätherischer Leib der Seele näher angehört als der irdische Leib. So entspricht die Composition des Menschen der dreifachen Ordnung des gesammten Daseins; und deshalb ist er fähig, in sich die Welt zu erkennen in den drei Gebieten der Philosophie, Astronomie, Theologie. Diese Theilung der Erkenntnißgebiete unterscheidet Paracelsus von Erigena; aber er richtet sich wiederum nach demselben, indem er die Philosophie als erkannte Natur, die Natur als sichtbare Philosophie bezeichnet. Es wird dadurch auf die Annahme hingedeutet, daß die menschliche Erkenntniß der Natur zugleich eine gewisse schöpferische Kraft im Gebiet der Natur einschließt. Denn die Philosophie ist ihm etwas werth als die „Gebärerin eines guten Arztes“. Hiemit eröffnet sich die Aussicht auf eine von Erigena abweichende aber zugleich analoge Ausführung der Weltanschauung. An die Stelle des allgemeinen Wechsels zwischen Getheiltheit und Einheit der Dinge in der Welt setzt der Naturforscher den Wechsel zwischen Verbindung und Scheidung der Elemente Salz, Schwefel und Quecksilber. Durch Sublimation, Verbrennung und Auflösung dieser drei, und dadurch, daß sie in verschiedenen Verhältnissen sich verbinden, entsteht die Mannigfaltigkeit aller Dinge, so daß „alle Dinge in allen verborgen sind, eines aber ihr Verberger, leiblich Gefäß und sichtlich ist". Diese Ansicht von der Naturwelt bewegt sich wieder in specifischer Analogie zu Erigena. Der chemische Proceß, in welchem das Dasein der Naturwelt besteht, ist in seiner Art ohne den Menschen nicht vollendet; zu diesem Ziele bedarf sie der Arbeit der Menschen. Diese der Naturwelt nothwendige Vermittelung hatte Erigena in das theoretische Erkennen gesetzt, Paracelsus sieht sie in der Alchymie. Diese Kunst ist die Hinausführung der chemisch complicirten Dinge auf ihre einfache Wesensunterlage, auf ihre Quintessenz, ihr Arcanum, ihre Tinctur oder ihr Elixir. Als solche Arcana, die man zu suchen hat, bezeichnet Paracelsus **prima materia, lapis philosophorum, Mercurius vitae, tinctura**, und giebt die Methoden zu ihrer Gewinnung an. Die Befreiung des einfachen Wesens der Dinge durch die alchymistische Kunst des Menschen ist also ein Dienst zu der Vollendung der Welt; sofern diese unter allen Umständen als der Zweck Gottes anerkannt wird, tritt die Alchymie in die Nähe der Frömmigkeit. Trotz der stofflichen Abweichung hält die Philosophie des Paracelsus den Rahmen inne, welchen Erigena vorgeschrieben hat.

Weigel hat von Paracelsus die dreigetheilte Anthropologie übernommen und stimmt mit ihm über die Grundlagen des Erkennens, welche auf Erigena zurückweisen, überein. Aber da Weigel theoretisch denkt, so erscheint seine Weltanschauung überhaupt nur als Reproduction des Erigena, wenn auch sein Studium nicht auf diesen Anhänger des Areopagiten, sondern auf den Meister selbst zurückführt. Weil der Mensch Mikrokosmos ist, ist die Selbsterkenntniß der Schlüssel zur Erkenntniß der Welt; weil aber die Welt auch als geschaffene eigentlich in Gott beschlossen ist, so erkennt der Mensch die Welt eben in dieser Beziehung, und zwar auf productive Weise, so daß nicht vom Object aus das Urtheil in den Verstand getragen wird, sondern vom Menschen selbst in das Object fließt. Er erkennt demnach die Welt nicht blos in Gott, sondern auch aus Gott. „Gott siehet selber durch sich selber und erkennet sich selber in uns und wir in ihm.“ Diese Erkenntniß ist nun als positiv christliche gemeint, sofern der Mensch als Sünder der Erlösung durch Christus bedarf, und in jener Eigenschaft „nach der alten Geburt“ über die Fähigkeit zur Erkenntniß nicht frei verfügt. Allein wie bei Erigena durchkreuzt der Gedanke der ewigen Menschheit des Sohnes Gottes die volle Würdigung der geschichtlichen Offenbarung und die Erlösung wird dadurch eingeschränkt, daß das angeborene Licht in alle richtige dem Gesetz und den Propheten entsprechende Erkenntniß führt. Dasselbe macht in allen Völkern eine Erkenntniß Gottes möglich, die der durch Christus vermittelten an Werth nicht nachsteht [1]). Denn soweit dieselbe an Christus sich knüpft, ist sie doch nicht so gemeint, daß sie aus der heiligen Schrift zu schöpfen sei. Diese ist zwar ein angenehmes Zeugniß, wird jedoch erst von der productiven Erkenntniß des Menschen aus dessen Ausrüstung mit dem innern Worte nutzbar gemacht. Im Unterschiede von Erigena betont Weigel eine Bedingung der von ihm gemeinten Erkenntniß von Gott, nämlich die Forderung der Gelassenheit des Willens, durch welche die der Wahrheit hinderliche Eigenheit des Menschen vernichtet, und in demselben Maße für die Wirkung Gottes in ihm Platz gewonnen wird. Durch diese Zulassung quietistischer Motive wird die rein theoretische Weltanschauung religiös modificirt. Hierin wird jedoch dem positiv christlichen Elemente kein Vorschub geleistet. Denn wenn auch diese asketische Selbstbearbeitung in dem Schema des Sterbens mit Christus dargestellt wird, so ist sie doch an sich gegen diese Motivirung gleichgiltig. Aber an diesem quietistischen Zuge Weigel's hängt die fernere Abweichung von Erigena, daß die Erkenntniß der Welt und Gottes in der richtigen Selbsterkenntniß für ihn keinen Werth zur Zurückführung der Welt in Gott hat. Es kommt ihm hiebei nur auf die Seligkeit des Menschen an, welche einfach darin besteht, daß Gott in dem Stillschweigen des gelassenen Willens gegenwärtig ist und herrscht. Endlich hat Weigel die Theilung der Geschlechter ebenso als Merkmal des Sündenstandes beurtheilt wie Erigena, aber anders abgeleitet. Er hat die göttliche Weisheit oder die himmlische Eva als einen Factor

---

1) Derselbe Gedanke wird auch von dem neuplatonisch afficirten Mutianus Rufus, und von Sebastian Frank vertreten. Vgl. Strauß, Hutten I. S. 46; Erbkam, Protestantische Secten S. 328.

in der Gottheit angenommen, welche von Ewigkeit den Sohn Gottes in der Trinität gebiert, welche die Mutter alles Lebendigen ist, und als Jungfrau leiblich geboren Christus leiblich auf die Welt geboren hat. Ihre Aufnahme durch die Gläubigen verbietet denselben die geschlechtliche Gemeinschaft und die Ehe; aber daß der Mensch androgyn geschaffen, und die Scheidung der Geschlechter erst durch seine sündhafte Begierde herbeigeführt sei, hat Weigel nicht gelehrt, sondern erst wieder Jakob Böhme.

Es kommt hier nicht auf dessen Lehre von Gott und von der Welt, sondern nur auf die anthropologischen Lehren und die praktischen Grundsätze an, in denen er meist mit Weigel übereinkommt. In dieser Beziehung kann man sich auf seinen „Weg zu Christo" beschränken, eine Sammlung von sechs Tractaten von wahrer Buße, von heiligem Gebet, ein Schlüssel göttlicher Geheimnisse, von wahrer Gelassenheit, von der Wiedergeburt, vom übersinnlichen Leben. Denn diese Schriften scheinen am meisten gelesen zu sein, enthalten auch alle Gedanken Böhme's, welche von seinen Anhängern gegen die Lehre der lutherischen Kirche ins Feld geführt worden sind. So stark Böhme sich auf die geschichtliche Offenbarung in Christus stützt, und Gott in Christus aufzufassen unternimmt, so oft er auch der üblichen Deutung des Erlösungswerkes Christi und seiner Zurechnung für den Glauben Ausdruck verleiht, und dabei nur vorschreibt, daß man den Wechsel zwischen Tod und Auferweckung Christi in sich selbst nachbilde, so steht ihm dieser Gedankenkreis ebenso wenig fest, wie es bei Weigel der Fall war. Abgesehen von der christlichen Oekonomie schätzt er die Ausstattung des sündigen Menschen so, daß die Vermittelung der Erkenntniß und des gottgemäßen Lebens durch Christus nur als ein zufälliger Anlaß erscheint. Die Begierde zur Bekehrung entspringt aus einem Zuge des Vaters oder einer Stimme Gottes, welche allen Menschen zusteht, weil die göttliche Sophia, nachdem sie von dem ersten Menschen wegen dessen sündiger Begierde gewichen war, auch den gefallenen Menschen nahe blieb. Denn sie kann so wenig von ihnen ablassen, wie die Braut vom Bräutigam. Auch indem die Erneuerung oder Wiedergeburt an Christus geknüpft wird, ist die Gelassenheit des Willens, die Vernichtung aller Selbstheit eine Bedingung, welche in spontaner Weise nach der bekannten Regel der quietistischen Mystik geleistet werden kann, daß „wenn du von Sinnen und Willen deiner Selbstheit stille stehest, in dir das ewige

Hören, Sehen und Sprechen offenbar wird und Gott durch dich sieht und hört". Hiezu verhalten sich die aus Christi Vorschriften und Erfahrungen abgeleiteten Motive nur wie specielle Beispiele zu einer allgemein vollziehbaren Regel. Unter diesen Umständen kommen alle positiv christlichen Vorstellungen nur als Typen solcher geistigen Vorgänge zur Geltung, welche allen Menschen nach ihrer ursprünglichen Ausstattung zugemuthet werden. Diese Umdeutung ist zwar nicht durch eine allgemeine directe Absicht geleitet, allein sie ist die Folge theils der Abhängigkeit Böhme's von Weigel, theils seiner Loslösung des Christenthums von jeder Vorstellung christlicher Gemeinschaft, welche die Erfahrungen des Einzelnen umfaßt. Sind „der Historien Kinder nicht Erben der Güter Christi", hat „der Heilige seine Kirche in sich", ist alle geordnete kirchliche Gemeinschaft Babel, so ist das gesammte geschichtliche Christenthum auf die Erfahrung seiner Gleichgiltigkeit gestellt, welche der Fromme mehr und mehr machen wird. So wenigstens haben ihn seine Nachfolger verstanden, indem sie den Geist Gottes bei Heiden und Türken ebenso wirksam fanden, wie bei Christen. Endlich aber hat Böhme auch die Wiedergeburt und die Heiligung trotz alles Ernstes, den er an ihre Empfehlung setzte, auf eine schiefe Ebene zu antinomistischen Folgerungen hin gestellt. Indem er Paracelsus überbietet, lehrt er, daß der Mensch eine dreifache Seele habe, entsprechend den innergöttlichen und zugleich kosmischen Principien. Es sind die Feuerseele, die Lichtseele und die Gestirn- oder Luftseele. Dieser äußere Theil der Seele, welcher die Vermittelung mit dem Leibe ausübt, wird nun von der Wiedergeburt nicht berührt; diese Seele bleibt mit dem Leibe in der Eitelkeit des in Adam aufgewachten Willens, und fährt fort nichts von Gott zu verstehen. Die Wiedergeburt geht nur die Synthese des Feuers und des Lichtes im Menschen an. Ich halte es jedoch nicht für nothwendig diese Sache genauer auseinanderzusetzen; sie ist mir auch ebenso unverständlich, wie sie dem Autor selbst unklar geblieben sein wird.

Wenn man an den Anhängern von Weigel und Böhme den Zug zur Gleichgiltigkeit gegen das historische Christenthum Früchte tragen sieht, wenn diese Gruppe im Christenthum nur ein Vehikel zu allgemeiner Vernunftwahrheit in mystischer Gestalt anerkennt, und die speciell christlichen Vorstellungsformen nur noch als Hülle einer Lebensanschauung fortpflanzt, welche gegen das Christenthum neutral ist und allen Menschen gemein sein soll, so ist das nur der sachgemäße Bruch der von dem Areopagiten zusammengefaßten Stoffe des Neuplatonismus und des Christenthums. Schon Erigena läßt das Auseinanderfallen beider Elemente erwarten, und zwar zu Gunsten der Geltung der neuplatonischen Philosophie. Dazu ist es direct durch ihn nicht gekommen, im Allgemeinen, weil das Gewicht des abendländischen Kircheninstitutes es nicht zuließ, im Besondern, weil alsbald die Mystik zum Anhang der positiv christlichen Contemplation der Leiden Christi gemacht wurde. Wenn es ein Verdienst ist, die von Erigena in Aussicht gestellte Zersetzung des Christenthums durch neuplatonische Philosophie zurückgehalten zu haben, so ist dasselbe dem heiligen Bernhard zuzuschreiben. Sein Unterschied von Erigena wird nicht richtig auf die Formel objectiver und subjectiver Mystik bestimmt; vielmehr was Bernhard als subjective Mystik ausprägt, ist die Folge der Ueberordnung des positiv christlichen Factors über den Antrieb zur Vereinigung der erkennenden Seele mit Gott, welcher der areopagitischen Weltordnung entspricht. In dieser Combination hat die Mystik sich erhalten, bis im sechszehnten Jahrhundert der Zerfall der mittelaltrigen Kirche in sich an den Tag trat. Da erst machten Weigel und Böhme die schon von Erigena vorgebildete Wendung der areopagitischen Mystik zum Rationalismus um einen Grad deutlicher und auf dem Boden der lutherischen Kirche wirksam, welche diesen Einflüssen aus verschiedenen Gründen zugänglicher war, als jede andere. Die Nachbildung der subjectiven Mystik Bernhard's in der reformirten und in der lutherischen Kirche des 17. Jahrhunderts ist auch im Ganzen mit den Anregungen des mystischen Rationalismus unverworren geblieben, obgleich Eckhard und Tauler den Funken in der Seele als selbstständigen Grund der Wahrheit kennen, und in Anlehnung an Tauler Arndt die innere Selbstbeschauung in einem nächst verwandten Sinne betont als den Ort der Offenbarung des ewigen Wortes, welches dem Menschen näher ist als seine eigene Natur und Gedanken (S. 50). Diese Wurzel des Rationalismus, welche der Mystik eigenthümlich ist, ist eben bei Tauler und Arndt noch durch die Contemplation Christi gebunden. Deshalb steht der letztere nicht in Abhängigkeit von Weigel. Endlich unterscheidet auch Wilhelm Brakel (I. S. 302) seine Richtung bestimmt von den Mystikern, welche die Selbstverleugnung und Contemplation gemäß dem natürlichen Verstande und nicht auf Grund der Versöhnung durch Christus üben.

Die Gedanken, welche aus den Systemen von Weigel und Böhme hervorgehoben sind, werden durch Schriften anderer Männer weiter getragen, von denen ich folgende anführe[1]). Julius Sperber ein Anhaltischer Rath zu Dessau, welcher vor 1616 gestorben sein soll: „Mysterium magnum, das ist das allergrößte Geheimniß von Gott, seinem Sohne und von der Seele des Menschen", Amsterdam 1660. Hier wird die Seele als ein Funke von dem hellglänzenden Licht des Sohnes Gottes gedeutet, der Sohn Gottes aber, der Erstgeborene von allen Creaturen, als das ursprüngliche Ebenbild Gottes dargestellt, nach welchem Adam geschaffen ist. Das chiliastisch-spiritualistische Interesse vertritt er in: „Ein geheimer Tractatus von den drei Seculis", Amsterdam 1660. Paul Kaim, Zolleinnehmer in Liegnitz, vor 1633 gestorben, mit Böhme in Verkehr: „Bekenntniß eines unparteiischen Christen wegen des einigen seligmachenden Glaubens unter allen Religionen und Völkern auf Erden, aus heiliger Schrift treulich bewiesen", gedruckt 1646, ferner „Herzensspiegel" nach 1690 gedruckt. Dieser Mann folgert aus Joh. 1, 4. 5, daß das Wort, welches alle Menschen erleuchtet, als der Christus in uns den Heiden und Juden wie den Christen in dem Gewissen oder in dem Naturgesetz der Liebe gegenwärtig ist und alle äußere kirchliche Anleitung überflüssig macht. Denn freilich hat Christus alle Menschen mit seinem Blute erworben, allein nach 2 Kor. 5, 16 kommt es nicht darauf an, Christus nach dem Fleisch zu kennen; vielmehr wenn die Heiden und Juden an Gott glauben, so glauben sie nach Joh. 14, 1 auch an Christus; dieser selbst ist der Glaube in ihnen, der sie selig macht, auch wenn sie nichts von ihm gehört haben. Johann Angelius Werdenhagen, 1617 Professor in Helmstedt, danach Syndicus der Stadt Magdeburg, später 1631 zu Leiden in Holland wohnhaft, unter dem Namen Angelus Marianus: „Offene Herzenspforte zu dem wahren Reiche Christi", gedruckt 1632. Hier wird, nach Colberg's Angabe, der innere Glaube heftig getrieben, dadurch sowohl Juden, Heiden, Türken als Christen selig werden, obgleich sie Christum äußerlich nicht kennen, wenn sie ihn nur im Herzen tragen. Mit diesen Schriftstellern, welche der Entstehung des Quäkerthums vor-

1) Aus Colberg, Das Platonisch-Hermetische Christententhum. Auch ist Arnold, KG. III. Theil, ferner Opel, Valentin Weigel (1864) S. 310—319 zu vergleichen.

angehen, ist die deutsche Literatur der Art im 17. Jahrh. durchaus nicht erschöpft[1]). Ihnen schließen sich Jakob Brill, ein Holländer (1639—1700), Verfasser einer Masse asketischer Schriften, die zwischen 1685 und 1699 erschienen sind[2]), ferner Antonia Bourignon (1626—1680) und ihr Anhänger Peter Poiret (1646—1719) als Träger derselben Gedanken an. Die Freiheit des Willens stellen sie als das aus dem göttlichen Wesen entsprungene Ebenbild Gottes im Menschen dar welches jeden Menschen befähigt, durch Vernichtung seiner Eigenheit zu Gott zu kommen und selig zu werden. Der Sohn Gottes wäre aus der himmlischen Eva ewig erzeugt, und vor dem Falle des ursprünglich androgynen Adam Mensch geworden. Aber indem es nicht nöthig ist, Christus zu kennen, werden Heiden wie Christen selig durch die Gelassenheit, welche die Vereinigung mit Gott herbeiführt. Wir sind der Anerkennung der Seligkeit der Heiden in Folge der geheimen Erleuchtung durch Christus in dem Hamburger Conventikel begegnet, welches 1686—91 unter dem Einflusse des Böhmisten Zimmermann stand (S. 176). Derselbe wird auch als Verfasser einer Schrift: „Darreichung der Liebe in Erörterung und Verneinung der Frage, ob alle Juden, Türken und Heiden vorloren sind" (1690) bezeichnet.

Eine umfassendere Einwirkung dieser Gedanken auf das Gebiet der lutherischen Kirche hat zuerst Gottfried Arnold[3]) vermittelt, Allerdings hat er sich von Hause aus nicht in dieser Richtung bewegt. Er wurzelt vielmehr in der Arndt'schen Schule, indem

---

1) Colberg I. S. 253 ff.

2) Unschuldige Nachrichten 1712. S. 878 ff.

3) Geboren zu Annaberg in Sachsen 5. September 1666, studirt in Wittenberg, 1689 Hauslehrer in Dresden, 1693 in Quedlinburg, 1697 Prof. der Gesch. in Gießen, 1698 wieder in Quedlinburg, 1702 Hofprediger in Allstedt, 1705 Pastor zu Werben (Altmark), 1707 zu Perleberg, gestorben 1714. — Vgl. A.'s Gedoppelter Lebenslauf, wovon der eine von ihm selbst projectirt und aufgesetzt worden, 1716 (dieser reicht bis 1707, der zweite ist nur Umschreibung des ersten). Jo. Chrph. Coleri Historia Gothofredi Arnoldi, Wittenberg 1718 (Als Biographie nicht ausführlicher, hauptsächlich polemisch; der Verf., Adjunct der philos. Fac. zu Wittenberg, hat die Stirn, unter den Anhängern A.'s die S. 185 genannte Magdalene Elrich aufzuführen). Franz Dibelius, G. A. Sein Leben und seine Bedeutung für Kirche und Theologie, 1873. (F. L. Steinmeyer) G. A. In Ev. KZ. 1865. S. 865 ff. J. G. Walch, Streitigkeiten innerhalb der luth. K. II. S. 667—718.

er die Vereinigung mit Gott in dem Cultus der Jesusliebe, in dem Umgang mit dem Heilande erstrebt. Indessen ist er zur Aufnahme der Böhme'schen Lehren dadurch disponirt gewesen, daß er schon früh an der Verbesserung der Kirche verzweifelt und sie als Babel verhöhnt hat[1]). Poetisch hoch begabt, und wenn sein Bild zuverlässig ist, voll Leidenschaft und Energie, vielleicht nicht ohne einen sinnlichen Zug, hat er auf der Universität zu Wittenberg die Einsamkeit gewählt, theils weil ihm die dort heimische Theologie nicht zugesagt hat, theils in dem Triebe zu eifrigem selbständigem Studium, theils in dem Abscheu vor der Rohheit und Lasterhaftigkeit des studentischen Lebens. Er bekennt, daß die historische Gelehrsamkeit, die er sich in seiner Einsamkeit erworben, ihn ehrgeizig gemacht habe. Der dafür von ihm angeführte Beweis, daß er 1686 sich von seinen Lehrern zur Promotion als Magister habe bestimmen lassen, ist freilich hinfällig, und verräth nur seine spätere Abneigung gegen alles akademische Wesen. Wenn er jedoch später sich frei von Ehrgeiz bewährt hat, so hängt das von seiner grundsätzlichen Gleichgiltigkeit gegen die bestehenden Formen des Weltlebens ab, in welcher wiederum der Hochmuth des Separatisten unleugbar hervortritt. Durch die Vermittelung Spener's erlangte Arnold 1689 eine Hauslehrerstelle zu Dresden in der Familie eines höhern Offiziers. Dort hat er Spener's Predigten und collegia, nämlich Versammlungen von Candidaten[2]) fleißig besucht; daß er darum sich dem Einflusse Spener's untergeordnet hätte, ist schon gemäß dem zwischen Beiden obwaltenden Gegensatz im Temperamente unwahrscheinlich. Arnold wurde von einer zweiten Hauslehrerstelle, die er in Dresden übernommen hatte, deswegen entlassen, weil er „seinen Hausgenossen unerträglich wurde, welche mit Worten und Werken sich in ihren Sünden bestraft sahen". Er trat durch Spener's Vermittelung 1693 in eine gleiche Function bei dem Stiftshauptmann von Stammer zu Quedlinburg. Hier fand er eine Gesellschaft von Erweckten, deren Haupt der Hofdiakonus Sprögel war (S. 185). In diesem Kreise gingen gerade die Wogen

1) Vgl. in „Göttliche Liebesfunken" (1698) das 126ste Lied: „Babels Grablied", welches in Ehmann's Gesammtausgabe unter Nr. 6 steht. Die zweite Hälfte desselben theile ich im Anhang zu diesem Capitel mit.

2) Nicht collegia pietatis, wie Dibelius S. 44 ergänzt. Solche hat Spener in Dresden nicht veranstaltet.

der Schwärmerei hoch; insbesondere gehörten zu ihm Manche, welche durch grundsätzliche Enthaltung vom Gottesdienst und Abendmahl der kirchenfeindlichen Stimmung Arnold's entgegen kamen.

Jedoch hat er sich bei dem damals schwebenden öffentlichen Streit in das Interesse der Partei nicht eingelassen, sondern in angestrengter Arbeit seine erste größere Schrift producirt: „Die erste Liebe, das ist Wahre Abbildung der ersten Christen nach ihrem lebendigen Glauben und heiligen Leben" (1100 S. in Quart) 1696. Die Schrift beschränkt sich nicht auf die Kirche im apostolischen Zeitalter, sondern verfolgt deren Geschichte bis über das vierte Jahrhundert hinaus, um mit allen früheren Vorzügen der Kirche den Abfall von der ursprünglichen Lauterkeit zu contrastiren, welcher vornehmlich unter und nach Constantin eingetreten sein soll. Arnold richtet diese Schrift an alle lebendigen Gliedmaßen der unsichtbaren Gemeinde Christi, damit sie daraus erkennen, was der Wille des Herrn an seine Gemeinde in der Gegenwart sei. Sein Unternehmen ist frei von der Gesetzlichkeit, in welcher seit der zweiten Hälfte des Mittelalters immer wieder Institutionen und Vorbild der ältesten, namentlich der jerusalemischen Gemeinde als Gesichtspunkt der Kirchenreform, noch zuletzt durch Lodenstеyn (I. S. 182) geltend gemacht worden sind. Spener hat sich auf das Vorbild ältester Verhältnisse zwar zur Rechtfertigung seiner Collegia (S. 136), aber übrigens nur beiläufig bezogen (S. 150). Auch Arnold verdient die Anerkennung, daß er durch die Breite und Länge des von ihm aufgerollten Bildes die übliche Beschränktheit des Appells an den Vorzug der ältesten Kirche von sich fern hält. Worauf es ihm jetzt und nachher in der Kirchen- und Ketzergeschichte direct ankam, indem er die staatliche Anerkennung der Kirche als den Wendepunkt in ihrem Dasein darstellte, war die Verurtheilung der Verbindung zwischen Staat und Kirche und die dadurch bedingte Weltförmigkeit der letztern [1]). Allein theils durchkreuzte er diesen Eindruck, indem er aus dem ersten Capitel

1) Joh. Michaelis, Wagen und Wege Gottes III. S. 12. 13 bezeichnet drei Epochen, in denen das Thier und der falsche Prophet ihr Reich begründet haben, die von Constantin, die des Kaisers Phokas, welcher (606) den ersten Rang des römischen Bischofs anerkannte, die des Tractates zu Passau (1552), weil dort jeder Fürst in seinem Gebiet als Herr des Glaubens eingesetzt ist. „Von da an sitzt das Monarchenthier fest".

des achten Buches der Kirchengeschichte des Eusebius nachweisen mußte, daß der Verfall schon zwei Menschenalter vor Constantin eingetreten ist[1]), theils hat er seine gesammte Darstellung dahin zusammenfassen müssen, daß die Kirche der ersten 300 Jahre zwar durchgehends in Reinigkeit der Lehre und des Lebens den Vorzug vor der folgenden Zeit behauptet, aber doch sonderlich in Ansehung des. dritten Jahrhunderts nicht von allem Verderben frei gesprochen werden kann[2]). Wenn er von hier aus seine Arbeit revidirt hätte, so würden die Gründe des von ihm constatirten Verfalls der Kirche vielleicht schon in der gegen den Montanismus getroffenen Entscheidung für die Politisirung derselben, vielleicht aber noch früher entdeckt, und die endlich erreichte Verbindung der Kirche mit dem Staat würde als ein Ziel erkannt worden sein, nach welchem schon die frühsten Apologeten gerade in ihrer universellen Schätzung der christlichen Religion ausschauen. Wie das Buch beschaffen ist, stellt es zwar den sittlichen Ernst seines Verfassers, aber zugleich die Unmöglichkeit ins Licht, daß ein Einsiedler die Geschichte der Kirche richtig beurtheilt. Derselbe dürfte sogar des qualificirten Unglaubens gegen die göttliche Leitung der Geschichte geziehen werden, wenn er sich nicht durch die Vorstellung von einer gloriosen Urgestalt der christlichen Gemeinde, die es niemals gegeben hat, selbst getäuscht hätte.

Dieses Buch bewog den Landgrafen Ernst Ludwig von Hessen-Darmstadt (S. 219), Arnold als Professor der Geschichte (Staats- und Kirchengeschichte) an die Universität Gießen zu berufen[3]), wo kürzlich die theologische Facultät im Sinne des Pietismus besetzt worden war. Auf Zureden seiner Freunde, denen er endlich seine Bedenken aufopferte, folgte Arnold dieser Berufung, trat das Amt 24. August 1697 an, gab es aber schon im Mai 1698 wieder auf. Er rechtfertigte diesen Schritt durch ein „Offenherziges Bekenntniß, was ihn bewogen bei unlängst geschehener freiwilliger Verlassung eines akademischen Amtes", 1698. Dasselbe

1) Erste Liebe VIII. 2, 11. Kirchen- und Ketzerhistorie Th. I. Buch 4. Cap. 3.

2) Erste Liebe VIII. 2, 14.

3) Die Berufungsurkunde ist 24. März 1697 ausgestellt. Arnold datirt die Vorrede zu seiner KG. schon 1. März 1697 aus Gießen. Die Zeitangaben im Text hat Dibelius festgestellt.

ist ausführlicher als nöthig, stellt aber einen Typus von Frömmigkeit dar, welcher trotz seiner Fremdartigkeit gegen Spener's Wesen neben demselben sich zur Geltung bringen konnte. Arnold erklärt für den geradesten und gesegnetsten, den uralten ersten und besten, den durch Christus und die Apostel gebahnten Weg zur Seligkeit das von allen zeitlichen Dingen abgeschiedene Leben der Einsamen, d. h. Einsiedler. Diese Einsamkeit schätzt er als ein Bedürfniß für sich, nachdem ihn die brünstige Liebe Jesu Christi einmal zu sich gezogen und ihn ihre Süßigkeit hat schmecken lassen. Nämlich bei den Geschäften seines Amtes machte er die Erfahrung, wie man so unvermerkt des genauen und vertraulichen Umganges mit dem Heiland vergißt, und wie das zarte Leben Christi in ihm sehr abnahm und zurückgehalten wurde. Unter diesen Umständen ergab sich ihm, daß Niemand zween Herren dienen könne; dabei aber lehnt er mit Recht den Einwand ab, daß es ihm auf frommen Müßiggang ankomme; sein natürlich geschäftiges und arbeitseliges Wesen spreche ihn von diesem Verdacht frei. Daß Arnold insbesondere die Einrichtung einer Universität mit ihren wechselnden Geschäften und ihren Ceremonien als Sache bloßer Vernunft einem ernsten Christen unangemessen findet, ist etwas Untergeordnetes in seinem Raisonnement. Wer bei religiöser Contemplation, bei frei gewählten Studien und bei hochmüthiger Verstimmung gegen auch nur eine öffentliche Einrichtung, wie die Kirche ist, hergekommen war, wer überhaupt grundsätzlich die Einsamkeit als die idealste Lebensweise achtete, der eignete sich nicht zu einem öffentlichen Dienst, welcher ihn zuweilen auch in unbequeme gesellige Obliegenheiten bringen mochte. Aber eben der Mangel an Geduld ist die Kehrseite des unleugbaren Ernstes, in welchem Arnold die Einsamkeit vorzog. In diesem Sinne hat Spener [1]) seiner Sorge Ausdruck gegeben, daß auf diese Art, wo sich Gutgesinnte dermaßen zurückziehen, vollends alles über den Haufen gehen müßte; er hält es für gerathener auszuhalten, so lange noch die geringste Hoffnung übrig sei, und achtet es als ein Erforderniß der Liebe, daß **wir um Anderer willen auch unsere Seele in Gefahr zu geben haben.**

Die Indifferenz des Einsiedlers gegen die gegenwärtige verdorbene Gesellschaft und der Glaube an eine früher bestandene,

---

1) Letzte Bedenken III. S. 804.

dem Ideal entsprechende Gestalt der Gesellschaft bedingen sich in Arnold's Lebensansicht gegenseitig. Erklärt er doch seine einsiedlerische Haltung für den uralten von Christus und den Aposteln gewiesenen Weg! Hienach ist auch der Titel des Werkes zu verstehen, durch das er sich in ehrenvollem Gedächtniß bei den nachfolgenden Geschlechtern erhalten hat: „Unparteiische Kirchen- und Ketzerhistorie von Anfang des Neuen Testaments bis auf das Jahr Christi 1688"; Vier Theile in zwei Foliobänden 1699. 1700. Das Werk ist nicht vom Standpunkt und im Dienste einer Partei, d. h. einer Particularkirche, sondern von dem „der ersten unfehlbar reinen Gemeinde" geschrieben. Indem es aber ebenso wie die Abbildung der ersten Christen den praktischen Zweck verfolgt, die Frommen um das von allem Streit geschiedene Ideal der ersten Liebe zu sammeln, so erklärt Arnold ferner, das Gebot der Nächstenliebe „habe ihn gelehrt, nach der unsichtbaren allgemeinen Kirche zu sehen, wie sie nach der Theologen Lehre nicht an eine gewisse sichtbare Societät gebunden, sondern durch die ganze Welt unter allen Völkern und Gemeinden versteckt und zerstreut ist". So hoch er Luther und die erste Epoche seines reformatorischen Auftretens schätzt, so scharf rügt er alle die Schritte und Maßregeln, durch welche die particulare Gestalt der lutherischen Kirche zu Stande gebracht ist. Er scheut sich vor gesellschaftlichen Einrichtungen, weil in ihnen immer Recht und Gewalt sich gegenseitig durchdringen. Seine Schätzung der individuellen Frömmigkeit verbirgt ihm die Thatsache, daß dieselbe keine Ueberlieferung in Zeit und Raum gewinnt, keine Gemeinschaft bildende Macht ausübt, wenn sie nicht in rechtliche Ordnungen eingeht, auch auf die Gefahr hin, dadurch getrübt zu werden. Er meint, mit der Mystik, die er für den ursprünglichen Bestand der christlichen Religion erkennt[1]), die er im Mittelalter und wieder seit Weigel im Vordringen begriffen findet, unabhängig zu sein von der lutherischen Kirche, und zugleich Luther's eigentlichen Sinn zu treffen. Aber gerade indem er für diese Art von Frömmigkeit sich in der unsichtbaren Kirche geborgen glaubt, die er nicht an Wort Gottes und Sacramente gebunden achtet, richtet er sich nach der in der lutherischen Theologie gangbaren falschen Unterscheidung zwischen sichtbarer und unsichtbarer Kirche. Mit dieser Distinction jedoch, die bisher wie

1) Historie und Beschreibung der mystischen Theologie. 1703.

todt gelegen hatte, kommt der weltscheue Mystiker, der die Geschichte der Kirche in der Welt zu schreiben unternimmt, auf den Indifferentismus hinaus, dem jede Particularkirche als solche Babel ist, und auf den Pessimismus, der auf keine Möglichkeit richtiger Kirchenbildung mehr rechnet. Mit dieser Methode der Geschichtsbetrachtung wird auch der Maßstab ungiltig gemacht, nach welchem bisher die Ketzerei beurtheilt worden ist. Wie Arnold die Schuld derselben nicht im falschen Erkennen, sondern im verdorbenen Willen findet, so hat er ein Interesse daran, Motive ausgesprochener Frömmigkeit, wenn sie da sind, an Ketzern aufzuweisen. Er trennt sich von der hergebrachten Beurtheilung ketzerischer Lehren nicht principiell; er kehrt nicht überhaupt das Urtheil über Ketzereien um, damit er die Ketzermacherei der herrschenden Parteien in allen Fällen und Beziehungen verurtheilen könne. Aber seine Beurtheilungsweise läßt er denen zu Gute kommen, welchen er mit Recht oder mit Unrecht die Grundsätze der Mystik anrechnen kann. So ist das Werk Arnold's eine nichts weniger als gesunde Erscheinung [1]); seine Unparteilichkeit ist nicht historisch orientirt; sein Gegensatz gegen kirchlichen Particularismus schließt die Bedingungen aus, unter denen überhaupt die Kirche Gegenstand geschichtlichen Interesses sein kann. Er hat als weltscheuer Mystiker keine Hoffnung mehr für die geschichtliche Kirche; wie sollte er ihrer Vergangenheit gerecht geworden sein! Nämlich in dem Schlußwort des zweiten Theils der Kirchengeschichte rühmt er die Liebe zu Christus, welche ihn zur Ausarbeitung seiner Sammlungen bewogen hat, zugleich als die Kraft, in welcher demnächst alle Scheidung aufgehoben, und alle Creaturen zu ihrer ursprünglichen Einheit gebracht werden sollen [2]). Dieses Bekenntniß der Wiederbringung lautet etwas anders,

---

1) Vgl. Friedrich Flöring, Gottfried Arnold als Kirchenhistoriker. Darmstadt 1883.

2) Zweiter Theil S. 727: In ihm ist auf ewig (als in ein Haupt) Alles zusammengefaßt; und was zu allen Zeiten von Gott abgewichen und entfernt, oder in Secten und Meinungen zertheilt gewesen, muß Alles in ihm wieder zusammengebracht und durch ihn in Gott eingesenket und behalten werden. Und nun nahet die Zeit herbei, daß sich alle Scheidung und Trennung nach einander verlieren, alle Menschennamen und Parteien verschwinden und alle Creaturen in ihr ursprüngliches allerseligstes Eins durch Herwiederbringung aller Dinge als in ein unergründliches Meer der ewigen Liebe, die Gott selber wesentlich ist, hineingezogen werden soll, auf daß Gott Alles sei in

als das, welches im Jahr nachher die Petersen's verkündigten, da Arnold die Specialität der jenseitigen Bekehrung der Verdammten nicht deutlich formulirt. In der Hauptsache ist er nicht anders gesinnt wie Jene, ihren Chiliasmus aber theilt er nicht.

Daß die Kirchen- und Ketzergeschichte eine Reihe lutherischer Theologen zum Streit aufrief, und daß einer ihrer Gegner lange nach Arnold's Tode kein schädlicheres Buch seit Christi Geburt kennen wollte als dieses, ist vollkommen verständlich [1]). Umgekehrt erklärte Thomasius die Kirchengeschichte für das beste und nützlichste Buch in dieser Gattung nach der heiligen Schrift. Ahasverus Fritsch lobte in Arnold den Geistesverwandten. Die Theologen in Halle erfreuten sich an dem Werk in der Stille; Joachim Lange, obgleich er die Parteilichkeit der Darstellung rügte, rühmte es sogar öffentlich [2]). Spener [3]) hingegen erkärte gegen Arnold selbst, die Mittheilungen die er empfangen, hätten ihn „das Buch nicht zu lesen vielmehr veranlaßt, als ihm eine Begierde solches zu thun gemacht". Er will sich dadurch gegen die Zumuthungen, über das Buch zu urtheilen, schützen, da er es doch nur mißbilligen müßte. Spener konnte ja den kirchlichen Indifferentismus seines Freundes nicht anerkennen. Machte sich aber nicht Spener wieder einer indirecten Förderung dieses Standpunktes schuldig, indem er selbst sich gegen denselben indifferent verhielt?

Arnold hat sein Werk [4]) dem Kurfürsten Friedrich III. von

Allem. . . . In diese Liebe Christi senken wir uns zusammen mit der ganzen verlorenen und ausgearteten Creatur in hitzigster innigster Begierde hinein.

1) Vgl. über diese Streitliteratur Walch II. S. 689 ff., Dibelius S. 118 ff.

2) Walch, Streitigkeiten V. S. 983. 84.

3) 25. Januar 1701. Letzte Bedenken III. S. 582 ff.

4) Ich führe hier die anderen historischen Schriften Arnold's an, welche der Empfehlung des Einsiedlerthums und der Mystik dienen: Denkmal des alten Christenthums, bestehend in Macarii und anderer Männer aus der alten Kirche Schriften, 1699. Molinos' Geistlicher Wegweiser, Sendschreiben und Lebenslauf, 1699. Vitae patrum, Das Leben der Altväter und anderer gottseliger Personen. Halle 1700. Das Leben der Gläubigen, welche in den letzten 200 Jahren sonderlich bekannt worden. Halle 1701. (Biographieen der Einsiedler Paulus, Antonius, Hilarion u. s. w., der hl. Theresia, Katharina von Genua, Luther, Arndt, Theodor Brakel, Schade u. A.). Auserlesene Sendschreiben der Alten, 1700. Joh. Rusbroch gottselige Schriften, 1701. Joh. Angeli Cherubinischer Wandersmann, 1701. Petrucci (Anhänger von

Brandenburg gewidmet, dessen indirecter Unterthan er als Bewohner von Quedlinburg war, wohin er sich aus Gießen wieder zurückgezogen hatte. Man hat ihm den Vorwurf gemacht, daß er durch diese Dedication die Gleichgiltigkeit der Kirche gegen den Staat, die er im Allgemeinen vertrat, verleugnet habe. Indessen feierte er den Kurfürsten als den Beschützer der Gewissensfreiheit aller seiner Unterthanen. Das hat den Sinn, daß er an dem in Schade's Falle (S. 205) vorgekommenen Bruch in das System des lutherischen Kirchenthums eine Zustimmung der Staatsgewalt zu seinem Grundsatze erkannte. Diese Erfahrung aber scheint überhaupt Arnold eine gemäßigtere kirchenpolitische Haltung auferlegt zu haben. Unter der Gewissensfreiheit freilich verstand er nicht das Recht, seine von der lutherischen Lehre abweichenden Grundsätze im preußischen Staate zu vertreten, sondern das Recht, dieselben zu verbreiten, indem er bei seinem Anspruch, zur lutherischen Kirche zu gehören, durch das staatliche Kirchenregiment geschützt wurde. Ernst Salomo Cyprian, damals außerordentlicher Prof. zu Helmstedt, darauf in Coburg, endlich Generalsuperintendent zu Gotha, hatte in einer Kritik der Kirchen- und Ketzergeschichte [1]) den parteiischen Charakter des Buches und die mannigfachen Züge von Arnold's persönlich kirchenfeindlicher Haltung beleuchtet, und ihm das Prädicat Lutheraner abgesprochen. Hierauf erwiderte Arnold [2]) in bemerkenswerther Weise. Er leugnet die Vorhaltung des Gegners, daß er in keine Kirche komme, und erklärt, daß er nach Gelegenheit bald diesen bald jenen Prediger höre, bald es nach seiner Freiheit unterlasse. Niemand werde das äußere Kirchengehen gänzlich verwerfen, da es zur äußern Zucht des unwissenden und rohen Volkes nöthig sei [3]); aber er beruft

Molinos), Kurze Sendschreiben. 1702. Historia et descriptio theologiae mysticae. 1702. Dasselbe deutsch. 1703.

1) Allgemeine Anmerkungen über G. A. Kirchen- und Ketzerhistorie Frkf. u. Lpz. 1700. 3. Aufl. 1701.

2) Erklärung vom gemeinen Sectenwesen, Kirchen- und Abendmahlgehen, wie auch vom recht evangelischen Lehramt und recht christlicher Freiheit. Lpz. 1700.

3) Dieses Argument erinnert an einen der verfänglichsten Grundsätze Luther's und Melanchthon's, welcher in den symbolischen Büchern Aufnahme gefunden hat, nämlich, daß der Gottesdienst, Gesänge, Predigt, Sonntag nicht wegen der einsichtigen und erzogenen Christen, sondern zur Belehrung und Erziehung der Jugend und der ungebildeten Menge eingesetzt sei. Sollte nicht die Geringschätzung des Gottesdienstes durch die aufgeklärten Leute in der

sich auf eine Menge von Zeugen, welche den Mechanismus des Gottesdienstes für werthlos halten, schließlich auf Pufendorf und Thomasius, welche gemäß der natürlichen Religion allen äußerlichen Gottesdienst für indifferent und unnöthig ausgaben. Die ihm vorgehaltene Zurückziehung vom Abendmahl giebt Arnold zu; der Grund dafür sei jedoch nicht Verachtung sondern Hochachtung der Handlung, welche durch die Theilnahme unbußfertiger Menschen entheiligt wird. Auch hier führt er Lutheraner an, welche sowohl die mechanische Uebung der Feier mißbilligen, als auch die Freiheit derselben aufrecht erhalten. Uebrigens behauptet Arnold, daß er selbst das Abendmahl häufiger halte, als es je in der Kirche möglich sei, indem er das von Christo verordnete Brot und Wein, obschon ohne die geringsten Ceremonien und Umstände in gehöriger Einfalt des Geistes Christi genieße. In dieser Erklärung, welche gemäß S. 197 verständlich ist, ist ein Separatismus ausgesprochen, welcher der Gesammtansicht Arnold's von der Kirche durchaus entspricht. Nichts desto weniger will er seinen Charakter als Glied der lutherischen Kirche, in der er geboren und erzogen sei, aufrecht erhalten. Denn er erkenne Luther's Lehre von dem lautern Weg des Evangeliums an, welche er anfänglich aus der hl. Schrift und den Zeugen der Wahrheit und mysticis, sonderlich dem Tauler und der Teutschen Theologie wieder hervorgezogen hat. Bei dem gegenwärtigen Verderben der Kirche sei er jedoch kein Lutheraner im gemeinen Verstande, weder ein Gnesiolutheraner noch ein Synkretist, noch etwas dergleichen. Vielmehr lebe er unter Lutheranern, und sei, mit den Juristen zu reden, in ihrem territorio, nicht aber de territorio eorum, sofern sie offenbar verdorben und verfälscht sind.

In diesen Erklärungen klingt ein höhnischer Ton gegen den Gegner durch, welcher dem Inhalt derselben angemessen ist. Arnold stellt sich auf einen ganz willkürlich zurecht gemachten Standpunkt, indem er bei seinem vollen Separatismus seine politische Zugehörigkeit zur lutherischen Kirche betont. Indessen ist es damals nicht unbemerkt geblieben, daß Arnold sich von der Schroffheit seines

---

lutherischen Kirche auch in diesem Satze der Reformatoren einen Grund finden? und ist derselbe zur Substanz des lutherischen Bekenntnisses zu rechnen? Vgl. Cat. maj. I. 83. 86. C. A. de abusibus III. 2. 3. Apol. C. A. VIII. 40. Jacoby, Liturgik der Reformatoren I. S. 151 ff. II. S. 1 ff.

Schülers Dippel unterscheide, sofern er die Kirchenordnung als Bedürfniß des rohen Volkes, den Staat als göttliche Ordnung, und das Episkopalrecht seines Landesherrn anerkenne[1]). Diese wenn auch noch so willkürlich motivirte Mäßigung ist nun nicht blos für Arnold's weitere Lebensgeschichte, sondern auch für seine weitere Wirksamkeit im Bereiche der lutherischen Kirche von Einfluß gewesen. Die nächste Folge der Herausgabe dieser Schrift war allerdings ein Edict der Aebtissin von Quedlinburg 31. Juli 1700, welches den Separatisten in der Stadt aufgab, binnen vier Wochen zum Abendmahl zu gehen, oder das Stift zu verlassen. Dagegen aber erhob die Kurbrandenburgische Regierung als Inhaberin der Stiftsvogtei den Competenzconflict auf Veranlassung des Stiftshauptmanns von Stammer, des frühern Principals von Arnold. Eine zur Entscheidung der Sache eingesetzte kurfürstliche Commission fand jedoch erheblichen Widerstand bei der Aebtissin, ihrem Consistorium und den rechtgläubigen Predigern der Stadt; der Streit wurde schließlich durch die Entfernung der angefochtenen Personen von Quedlinburg gehoben. Arnold's Hauswirth und Gesinnungsgenosse, der Hofdiakonus Sprögel wurde 1703 als Inspector (Superintendent) nach Werben in der Altmark berufen, nachdem Arnold 1702 als Hofprediger zur Herzogin-Wittwe von Sachsen-Weimar nach Allstedt gegangen war. Während diese Angelegenheit in der Schwebe war, hat Arnold von der Annahme der preußischen Königswürde durch Friedrich III. von Brandenburg Anlaß genommen, in einem Gedicht denselben als Schützer der Gewissensfreiheit von Neuem zu begrüßen. Einen weitern Schritt auf dem Wege der Mäßigung that er unmittelbar nach dem Eintreten der Regierung für ihn. In der Vorrede zu drei Predigten: „der richtigste Weg durch Christus zu Gott" gab er die Erklärung ab: „Nachdem durch Sr. Kurf. Durchl. gnädigsten Schutz das zu christlicher Liebe und Befreiung gestiftete Abendmahl mir zu keinem menschlichen Nothzwang durch widerchristliche Befehle gemacht wird, finde ich mein Gemüth jetzt dahin disponirt, das Abendmahl bei einem gewissenhaften Prediger auch öffentlich zu gebrauchen"[2]). Diese Nachgiebigkeit findet freilich ihre Einschränkung an der Gewissenhaftigkeit des gedachten Predigers; denn diese Formel schließt den Vorbehalt disciplinarischer Ent-

---

1) Unschuldige Nachrichten 1701. S. 296.

2) Ueber diese Ereignisse vgl. Dibelius S. 134—147.

fernung Unwürdiger von der Feier des Abendmahls, an welcher Arnold theilnehmen wollte, in sich.

Die Willkür der von ihm gewählten Stellung zur lutherischen Kirche wird ferner dadurch erwiesen, daß er in demselben Jahr 1700, in welchem seine Erklärung vom Kirchen- und Abendmahlgehen erschien, sich als Anhänger einer der capriciösesten Lehren von Jakob Böhme enthüllte[1]). Die Schrift von der Sophia, welche in 25 Capiteln verläuft, enthält freilich keine Berufung auf dessen Auctorität. Die Sache der göttlichen Sophia wird als die eigene Erfahrung des Schriftstellers behauptet und durch Zeugnisse aus den Proverbien und den zu den Apokryphen des A. T. gerechneten Weisheitsbüchern, so wie eine bunte Fülle patristischer Sätze belegt; ja auch die Valentinianische Gnosis wird nicht verschmäht. Die göttliche Weisheit als ewiger Ausfluß Gottes wird gewissermaßen mit Jesus als dem Wort und Sohn Gottes identificirt; sie ist der Geist Jesu. In der Erfahrung der Seele aber treten zu einer gewissen Zeit Wirkungen und Gaben ein, welche nicht Christo sondern der Weisheit zugeschrieben werden. Diese schärferen Eindrücke innerer Erleuchtung und Reinigung sind der einzige Erkenntnißgrund, den Arnold vorträgt; derselbe ist schwach genug, um der Unterstützung durch die Zeugnisse zu bedürfen, die aus der alten Literatur beigebracht werden. Die Einschließung der Weisheit, der reinen himmlischen Jungfrau durch den Sohn, der in dem Gebiet der Offenbarung Mann ist, hat ihre Bedeutung für die Wiederbringung der verlorenen paradiesischen Vollkommenheit. Denn schon Adam trug die Sophia als seine geheime Braut in sich, verlor sie aber durch die in ihm keimende sündliche Begierde, in deren Folge die Trennung der Geschlechter eintrat. Dem Ursprung entsprechend, und um die Folge der Sünde aufzuheben, trägt Christus als Mann doch zugleich das jungfräuliche Bild an sich; ist also im Geheimen androgyn. Diese Sätze scheinen auf eine Heilsordnung vorzubereiten, welche wie immer phantastisch gestaltet, doch auf der Linie des positiven Christenthums bleiben könnte. Aber dem läuft die Erörterung von

---

1) Das Geheimniß der göttlichen Sophia oder Weisheit, beschrieben und besungen. Lpz. 1700. Enthält zwei Theile, 1. Beschreibung der göttlichen Sophia oder Weisheit aus der hl. Schrift und den alten Lehrern. 2. Poetische Lob- und Liebessprüche von der ewigen Weisheit nach Anleitung des Hohenliedes Salomonis, nebst dessen neuer Uebersetzung und Beistimmung der Alten.

Cap. 8 an zuwider. Die Sophia, welche Adam durch den innern Sündenfall verloren hat, ist doch jedem Menschen nahe, ja fast näher, als er sich selbst ist, falls er sie nicht vertreibt. „Dergestalt mag ein Jeder, der nach Gottes Bild geschaffen gewesen, die göttliche Jungfrau in ihm selbst und in seinem Wesen finden; weil sie sich nach dem Fall wieder bei allen Menschen auf eine geheime geistliche Art angiebt, und wiederum ihr voriges Leben in ihnen beginnen will". Demgemäß kommt es auf das eigene Bestreben jedes Menschen, auf seine Selbstreinigung, Abgeschiedenheit von den Creaturen, Gelassenheit des Willens an, um die Neugeburt durch Sophia als Mutter, weiterhin um die Vermählung mit ihr als Braut zu erreichen, welche mit der den Mystikern geläufigen übersinnlichen Sinnlichkeit ausgemalt wird. Zu der Selbstverleugnung um der Braut Sophia willen gehört aber besonders der Verzicht auf fleischliche Liebe, d. h. Ehelosigkeit.

Mit dieser Gedankenreihe hat Arnold den Standpunkt des mystischen Rationalismus betreten, den ihm Böhme's Auctorität vorgezeichnet hatte. Aber welches Interesse hat ihn zu dem Anschluß an dieselbe bewogen? Darüber möchte die an die eben analysirte Schrift angehängte Erörterung über das Hohelied Aufschluß geben. Arnold erklärt nämlich dasselbe nach einem Schema, welches aller bisher bekannten Auslegung zuwiderläuft. Als den Bräutigam setzt er jede Seele und als die Braut die himmlische Weisheit. Es ist sehr gleichgiltig, ob diese Allegorie textgemäßer ist, als die übliche. Ich würde annehmen, daß Arnold's energische Mannheit ihm unmöglich gemacht hat, sich in der weiblichen Stellung der Braut zum Bräutigam Christus zu erhalten, welche durch die überlieferte Erklärung nur deshalb vorgeschrieben war, weil die Seele grammatisch weiblichen Geschlechtes ist. Allein daneben versetzt er sich in seinen Dichtungen[1]) immer auch wieder in die Stellung der Braut zum Bräutigam, und gelegentlich in einer Anwendung von Bildern, welche an die bedenklichsten Proben mystischer Sinnlichkeit hinanreichen. Schon Philipp Nicolai hat diese Unart mitgemacht. Den Uebergang zu Böhme, welchen die Schrift von 1700 bezeugt, hat Arnold erklärlicher Weise schon einige Zeit, bevor dieselbe erschien,

---

1) Sämmtliche geistliche Lieder, herausgegeben von Ehmann. Stuttgart 1856. Der Anhang mit besonderer Paginirung: Geistliche Minnelieder, schildert den geistlichen Ehestand.

vollzogen. Als neuer Adept des Theosophen hat er sich auch mit dem Haupte der Anhänger desselben, Joh. Georg Gichtel (1638—1710) in Verbindung gesetzt. In dessen Briefsammlung (Theosophia practica Theil 4) finden sich nämlich fünf Briefe an Arnold, deren erster 24. März 1699, deren letzter 26. März 1701 datirt ist. Sie sind in dem confusen, hochmüthigen Ton geschrieben, welcher dem Manne eigen ist, behandeln aber Arnold als einen durchaus einverstandenen Genossen. Daß nun der Briefwechsel ein so frühes Ende gefunden hat, wird durch einen unerwarteten Umschwung in Arnold's Leben erklärt. Er begleitete die Frau und die jüngste Tochter seines Gastfreundes Sprögel auf einer Geschäftsreise nach Allstedt; kurz darauf versprach er sich mit der letztern und trat 5. September 1701 mit ihr in die Ehe. Gichtel schreibt darüber 6. August: „Arnold's Reise mit der Frau und der Tochter ist eine rechte Versuchung, dadurch er sich nun in ein böses Geschrei stürzt, welchem abzuhelfen er ans Weib gerathen; und was er mit seiner offenherzigen Bekenntniß (der Ehelosigkeit) gebaut hat, mit seiner unweisen Conduite niederreißen kann". Die Gründe dieses Schrittes sind allerdings nicht aufgeklärt; indessen hat Arnold schon seine Behauptung der Unvereinbarkeit der Ehe mit der Liebe zur Sophia durch die vorsichtige Bemerkung begleitet: „Scheinet es aber jemand zu hart, dem wird hiemit kein Strick angelegt, viel weniger gemein und unrein genannt, was Gott selbst gereinigt hat". Dieses Zugeständniß unterscheidet ihn im Voraus von Gichtel; es beweist, daß er in der Verwerfung der Ehe nicht so tapfer und entschieden gewesen ist, wie die vorausgeschickten Sätze es glauben lassen. Er hat sich die Hinterthür zum Ausweichen offen gehalten, wenn auch unter der Clausel, daß die Ehe unter göttlicher Geduld stehe, wie er sich später ausgedrückt hat. Gichtel muß dieses übersehen haben, indem er, um Arnold zu entschuldigen, angenommen hat, derselbe führe eine mystische Ehe, und nachher mit Verwunderung vernimmt, er sei in Kinder verfallen[1]).

Die Zugeständnisse, durch welche Arnold seit dem Erscheinen der Kirchengeschichte allmählich von seinem grundsätzlichen Separatismus zurückgewichen war, setzte er fort, indem er Anfangs 1702 die Hofpredigerstelle in Allstedt bei der Herzogin Wittwe von

1) Theosophia practica VI. S. 1416. I. S. 425. 572.

Sachsen-Weimar antrat. Er hat sie bis 1705 thatsächlich versehen, obgleich ihm die formelle Bestätigung des regierenden Herzogs vorenthalten blieb, weil er die Verpflichtung auf die Concordienformel nicht übernehmen wollte. Die wiederholte Intervention des Königs von Preußen, oder vielmehr seiner Geheimeräthe erreichte nicht die für ihn angestrebte Befreiung von dieser Auflage. Er wurde schließlich aus dieser unklaren Lage dadurch gelöst, daß er auf die von seinem Schwiegervater bis dahin eingenommene Pfarrstelle und Superintendentur zu Werben 1705 berufen wurde. Von da ging er 1707 in die gleichen Aemter zu Perleberg über, wo er 1714, nur 47 Jahre alt gestorben ist[1]). In diesen amtlichen Stellungen ist Arnold's Theologie keine andere geworden, als sie vorher war. Mit der Jahreszahl 1705 gab er „Consilia und Responsa theologica" heraus, Meditationen, Sendschreiben, Gedichte in deutscher Sprache, welche er nicht selbst verfaßt hat, aber mit denen er sich vollständig identificirt. Außer der heiligen Schrift, sagt er, wären ihm dergleichen penetrante und gewaltige Zeugnisse noch nicht vor Augen gekommen, und dieselben entfernten sich weder von der richtigen Regel der neuen Creatur, noch von der heiligen Schrift, also von der reinen evangelischen Lehre. Das Buch fußt aber auf dem mystischen Rationalismus, bewegt sich in der Gleichsetzung Christi mit dem Seelenfunken, welcher Hauch Gottes und Maßstab aller Wahrheit und Heiligung ist, und stellt die Möglichkeit sündenfreier Vollkommenheit in diesem Leben, so wie die Wiederbringung aller Gottlosen in Aussicht. Außer Elementen Böhme'scher Lehre kommt auch der an Weigel erinnernde Satz vor, daß Gott in uns sich selber anbete. Die Versöhnung durch Christus wird auf die inneren Vorgänge der Seele allegorisirt[2]). In seinen

1) Löscher (Unschuld. Nachr. 1715 S. 93) notirt den Tod Arnold's mit den Worten: „G. A. der die Welt so sehr geärgert, ist auch in diesem Jahre an seinen Ort gegangen".

2) Von diesem Buch hat Löscher den Eindruck empfangen, daß der Verfasser weiblichen Geschlechtes sei, und fügt hinzu, daß auch sonst alles mit Joh. El. Petersen's Schriften ziemlich übereinkomme (Unschuld. Nachr. 1704 S. 602). Danach hat Steinmeyer (Ev. KZ. 1865) diese Vermuthung als Thatsache wiederholt. Ich halte es nicht für wahrscheinlich, daß die Petersen, welche längst als selbständige Schriftstellerin aufgetreten war, sich unter Arnold's Schutz versteckt haben sollte. Ich finde in den U. N. 1705. S. 749 eine andere Spur zur Ermittelung der Verfasserin. Dort wird eine anonyme mystische Schrift: „Das hochwichtige Werk der Wiedergeburt", 1702, besprochen

eigenen Schriften aus der letzten Periode, die „Historisch-theologischen Betrachtungen merkwürdiger Wahrheiten" (1709) und die „Wahre Abbildung des inwendigen Christenthums" (1709) vertreten die Lehre von der Sophia und von der Beschaffenheit Adams nach wie vor. Die letztere Schrift ist ein System der Heilsordnung, welches aus Excerpten patristischer und mystischer Bücher zusammengestellt ist, und keine Annäherung an die lutherische Kirchenlehre verräth. Auch seine Predigten[1]) bewegen sich nur in diesem Gedankenkreise, und Löscher, obgleich er im Ganzen die Haltung Arnold's in diesen Schriften nicht beanstandet, notirt doch aus den beiden ersten Sammlungen Stellen, in denen der ursprüngliche Funke in den Seelen als der Grund aller Heilserfahrung gegen die Instanz der geschichtlichen Offenbarung betont wird. In der letzten Schrift fehlt diese Idee, hingegen wird in ihr die Möglichkeit vollkommener Erfüllung des Gesetzes und unmittelbarer Erleuchtung behauptet[2]).

Also Arnold vertritt als Mystiker die Form, welche den Ansatz zum Naturalismus hinter allen den übernatürlichen Strebungen und Zumuthungen der Bernhardinischen Methode ebenso verräth wie auch verbirgt. Diese Richtung hat mit dem Lutherthum nichts gemein, was über die Linie des Werthes innerlicher Frömmigkeit hinausginge. Unter diesem gemeinsamen Titel ist diese Mystik und die christliche Vollkommenheit nach lutherischer Formel verschiedenartig nach Inhalt und Motivirung. Dennoch kann man Arnold das Heimathsrecht in der lutherischen Kirche insofern nicht bestreiten, als auch er seine Lebenserfahrungen unter das Licht der Führung durch Gottes Güte gestellt hat:

So führst du denn recht selig, Herr, die Deinen;
Ja selig und doch meistens wunderlich.

---

und als deren Verfasserin Anna Katharina Scharschmied, geborene Heidfeld, eines Rathes zu Quedlinburg Eheliebste, genannt, welche schon einige Schriften mit Vorsetzung ihres Namens herausgegeben, ferner viele Jahre sich von Gottesdienst und Abendmahl zurückgezogen hat. Die Angaben aus der Schrift dieser Frau berühren sich mit den consilia theologica, und der Wohnort derselben bürgt für Beziehungen zwischen ihr und Arnold.

1) Die Verklärung Jesu Christi in der Seele; Epistelpostille, 1704. Die evangelische Botschaft der Herrlichkeit Gottes in Jesu Christo; Evangelienpostille, 1706. Theologia experimentalis d. i. geistliche Erfahrungslehre, 1714.

2) Unschuld. Nachrichten 1704, S. 483. 1706, S. 168. 1715, S. 901.

Wie könntest du es böse mit uns meinen,
Da deine Treu nicht kann verleugnen sich?
Die Wege sind oft krumm und doch gerad,
Darauf du läßt die Kinder zu dir gehn,
Da pflegt es wunderseltsam auszusehn,
Doch triumphirt zuletzt dein hoher Rath.

Hat Arnold die Aufklärung vorbereitet, so ist auch die Stimmung, welche dieser Vers ausdrückt, mit in jene Form populären Christenthums übergegangen. Seine Wirkung auf die gleichzeitige und die folgende Generation kann nicht hoch genug geschätzt werden. Noch nach zwei Generationen hat der junge Goethe[1]), als er unter dem Einfluß des Fräuleins von Klettenberg stehend Arnold's Kirchengeschichte las, die Ueberzeugung gefaßt, daß er sich wie jeder Mensch seine eigene Religion bilden dürfe.

Anhang.

Aus Babels Grablied die letzten Strophen.

10. Drum stürmt ihr Nest,
Darin sie stolz gewest.
Zerschmettert ihre Kinder an den Steinen!
Die Schlangenbrut soll ja niemand beweinen.
Gebt ihrem Bau, dem Frevelsitz den Rest
Und stürmt ihr Nest.

11. Seht, welcher Christ
Erst auf der Mauer ist,
Soll zur Belohnung Schwert und Feuer haben.
Bei diesem Sieg ertheilt man solche Gaben.
Doch bei Gott kriegt ein solcher Heldenchrist,
Was ewig ist.

12. Auf, auf, es ruft
Aus jener Sternenluft
Und bläst schon Lärm der Wächter auf den Mauern
Der Zionsstadt. Es müsse keinen dauern
Ehr, Gut und Blut. Hört wie auch in der Luft
Der Wächter ruft.

13. Lauft an und streit't
In Heldentapferkeit!
Soldaten müssen nicht so feige kämpfen.

1) Dichtung und Wahrheit, Zweiter Theil, achtes Buch.

Wer will denn sonst der Hure Herrschaft dämpfen,
Wenn auch nicht Hirtenknaben sind bereit
Zur Tapferkeit?

14. Zwar mit dem Maul
Ist annoch keiner faul;
Es weiß ein jeder was davon zu sagen.
Wer kann nicht über das Verderben klagen?
Doch wenn es weiter geht als an das Maul,
So ist man faul.

15. Drum dämpfet nicht
Den Geist, wenn er ausbricht
In euch und Andern, Babels Grund zu stören.
Ihr sonderlich, die ihr wollt viel bekehren,
Seht, daß nur erst in euch ganz Babel bricht,
Und heuchelt nicht.

16. Nennt fein das Kind
Mit Namen, wie ihr's find't,
Und schmieret nicht ein Pflaster auf den Schaden,
Das euch selbst zum Gerichte möcht gerathen.
Geht aus! Schreit an das höllische Gesind,
Wo ihr es find't.

17. Bei Heucheltand
Wird Zion nicht bekannt,
Wenn niemand will den Fuchs ins Fell recht beißen.
Wollt ihr der Hur noch Reverenz beweisen,
Die balde soll mit Feuer sein verbrannt?
O Heuchelstand!

18. Indeß Geduld!
Gott findt schon Babels Schuld.
Triumph, es ist der Sturm Zion gelungen.
Drum sei Gott schon im Voraus Lob gesungen!
Ein richtig Herz bleibt doch in Gottes Huld,
Darum Geduld!

---

36. Mystischer Indifferentismus. 2. Johann Conrad Dippel und die Uebrigen.

Die den bestehenden Verhältnissen zuwider laufende Ansicht von der Kirche, welche Gottfried Arnold durch die Abbildung der ersten Christen und die Kirchen- und Ketzergeschichte geltend gemacht hatte, findet gleichzeitig ihre Vertretung in der polemischen Schriftstellerei von Johann Conrad Dippel[1]). Die fruchtbare literarische Thätigkeit dieses Mannes ist ebenso gewiß nur von der durch Arnold eingenommenen Linie aus verständlich, als Dippel aus seinem auf Eitelkeit und akademische Disputirsucht gestellten Jugendleben durch Arnold herausgerissen und auf die Bahn des radicalen Pietismus geführt wurde, welchem er sein Leben lang treu geblieben ist. Als Arnold 1697 mit zwei Anhängern nach Gießen kam, hat der Verkehr mit denselben[2]) Dippel zu der in

1) Geboren 10. August 1673 im Schlosse Frankenstein an der Bergstraße, studirte zu Gießen und Straßburg, eröffnete seine Laufbahn als Schriftsteller 1697, hielt sich in Gießen, nachher auf einem Landgute bei Darmstadt auf; 1704 in Berlin unter dem Schutze des Grafen August von Wittgenstein mit Alchymie beschäftigt; wurde dort 1707 auf Betreiben des schwedischen Gesandten gefangen gesetzt, weil er in einer Schrift gegen Joh. Friedr. Mayer die königlich schwedischen Mandate gegen die Pietisten angetastet hatte; 1707 in Holland, nahm 1711 in Leiden die medicinische Doctorwürde an, und übte danach die ärztliche Praxis; 1714 in Altona, darauf wegen Beleidigung des Statthalters Grafen Reventlow 1719—26 Gefangener auf Bornholm; freigelassen verweilt er in Schweden, bis ihm 1728 durch Beschluß des Reichstages das Land verboten wird; nimmt 1729 seinen Wohnsitz in Berleburg und ist 24. April 1734 auf dem Schloß Wittgenstein gestorben. Seine Sämmtlichen Schriften in 3 Quartbänden, Berleburg 1747, herausgegeben von Canz, dem Leibarzt des Grafen von W.-Berleburg. Der Herausgeber theilt am Schluß des 3. Bandes einen Lebensabriß von D. mit; Bruchstücke seiner Lebensbeschreibung hat D. selbst in mehreren seiner Schriften veröffentlicht. Vgl. Wein und Oel in den Wunden des gestäupten Papstthums der Protestirenden; Anderer Theil des Wegweisers zum Licht und Recht in der äußern Natur; Vera demonstratio evangelica; Widerlegung Christophili Wohlgemuth's; Abfertigung der absurden Prahlerei Herrn Peter Hanßen's (I. S. 379. 671. 919. II. S. 633. III. S. 147. 550). Die Schicksale D.'s in Altona hat Bender, J. C. Dippel, der Freigeist unter den Pietisten (1882) S. 108 ff. aus dem Archiv zu Kopenhagen aufgeklärt. Uebrigens beruht alle biographische Kenntniß von dem Manne auf seinen bezeichneten Mittheilungen. Für seine Schriften und Lehren vergleiche noch J. G. Walch, Lehrstreitigkeiten in der lutherischen K. II. S. 718—755.

2) Unter ihnen haben wir nicht mit Bender S. 45 Christoph Hochmann zu vermuthen. Es waren, wie im Hessischen Hebopfer 5. Band S. 910 mitgetheilt wird, Joh. Andreas Schilling, geb. 1665 zu Pösneck bei Saalfeld, gestorben als Prediger in Gießen 1750, und der schon S. 236 vorgekommene M. Joh. Christian Lange, geb. zu Leipzig 1669, welcher gleichzeitig mit Arnold an die Universität Gießen als Professor der Moralphilosophie berufen war, 1716 Superintendent und Hofprediger in Wiesbaden, gestorben 1756.

ihm schon vorbereiteten Entscheidung für den Pietismus gebracht, so daß er „endlich nach manchem harten Kampf dem Freund seiner Seele das Jawort gab, ihm allein zu sein und keinem Menschen um zeitlichen Nutzens willen mehr zu Gefallen zu leben“. Demgemäß hält Dippel in den ersten selbständigen Streitschriften [1]), welche mit Arnold's Publication der Kirchenhistorie gleichzeitig sind, alle bestehenden Kirchen, besonders aber die lutherische für Babel. Das liegt schon in dem Titel der beiden ersten Schriften klar vor. Er hat von vorn herein nicht [2]) eine Kirchenreform Spener'scher Art in Aussicht genommen. Daß er vielmehr einen solchen Plan ausschließt, bezeugt er am Schluß der zweiten der angeführten Schriften durch den Abdruck von „Babels Grablied“. In derselben Schrift bekennt sich aber Dippel auch zu der radicalen Lehre von dem Jesus, dem ewigen Worte, welches in der Finsterniß geschienen und die abgewichenen Menschen wiederum zu ihrem Ursprung geführt hat; in der dritten zieht er gleichzeitig die Folgerung, daß Juden, Heiden, Türken, wenn sie der Welt absterben und durch Geduld in guten Werken unvergängliches Wesen suchen, selig werden, und beruft sich dafür auf die Werke des Hermes Trismegistus, deren angenommene vorchristliche Herkunft (mehr als 1000 Jahre vor Christo!) damals Viele irre geführt hat. Also auch in dieser Ansicht hat er mit Arnold's gleichzeitiger Schrift vom Geheimniß der Weisheit Schritt gehalten. Jedoch in zwei Punkten unterscheidet er sich von seinem Meister. Er hat dessen Uebergang zu Jakob Böhme's Lehre von der Sophia nicht mitgemacht und hat nicht den ästhetisch-contemplativen Umgang mit dem Heilande gepflegt. Aus dem Antriebe des „Christus in uns“ zieht Dippel nur die Folgerungen der Abkehr von Sünde und Welt und des Anbaus der sittlichen Pflichterfüllung. Abgesehen von dem Anklange an den Jesuscultus, welchen Dippel's Darstellung seiner Bekehrung enthält, sucht man in seinen Schriften vergeblich nach Proben dieser Frömmigkeit [3]). Er ist also auch

1) Papismus protestantium vapulans, oder das gestäupte Papstthum der Protestirenden, 1698. Wein und Oel u. s. w. 1700. Anfang, Mittel und Ende der Ortho- und Heterodoxie, 1700. Christenstadt auf Erden, 1700. Akademische Gottesgelahrtheit, 1704.

2) Wie Bender S. 67. 79. behauptet.

3) Es ist aber auch nicht richtig, daß Dippel dem Umgang mit dem süßen Jesus die harte Bezeichnung als geistlicher Hurerei zugewandt habe,

nicht zu dem Cultus der Sophia disponirt gewesen; Böhme's Gotteslehre aber bestreitet er ausdrücklich, weil die Liebe Gottes jede Voraussetzung von Finsterniß und Herbigkeit in ihm ausschließe.

Arnold war auf der Universität ein Einsiedler geworden, und die Unbeholfenheit, in welche ein solcher geräth, ist an seiner schwerfälligen Schreibweise zu erkennen; Dippel hat die weltmännische Haltung, deren er als Student sich beflissen hat, niemals abgelegt, er schreibt präcis und nicht selten pikant, mischt aber eine Masse von Fremdwörtern in seine Sprache. Seine erste allgemeine Streitschrift gegen die Orthodoxie, welche durch und durch ironisch gefärbt ist, hat dadurch das Entsetzen des Recensenten in den Unschuldigen Nachrichten erregt; in der folgenden Schrift: Wein und Oel hat Dippel absichtlich einen andern Ton angeschlagen. Allein meist scheut er nicht vor den gröbsten Bezeichnungen seiner Gegner und der von ihm abgelehnten Lehren zurück, und erregt dadurch die Klage über unerträglichen Hochmuth und beißenden Spott. An den griechischen Philosophen, welcher durch diese Eigenschaft bekannt ist, soll sein von Anfang an adoptirter Schriftstellername Christianus Democritus erinnern. Durch den überlegenen und satirischen Ton, welchen er anschlug, hat er immer wieder gereizt; er hat aber auch wirklich Humor geübt, wenn er z. B. Löscher und seine Mitarbeiter als die „Unschuldigen Nachrichter" verspottete. Jedoch dem Spötter ist es mit seinem Grundsatze der Weltverleugnung Ernst gewesen; er ist für seine Person anspruchlos geblieben, und hat sich unter dem schroffen Wechsel seiner Geschicke aufrecht erhalten ohne Haß und Selbsterniedrigung. Er hat durch die selbständige, dienstfertige und freundliche Art seines Benehmens theils imponirt, theils Menschen an sich gefesselt. Aber wie er aller Pedanterie abgeneigt war, so hat er frühzeitig auch die der Pietisten zu ertragen verlernt, und hat geendigt, womit Arnold angefangen hatte, als Einsiedler.

Den Hebel für Dippel's Streitschriften gegen die lutherische

---

wie Bender S. 105 ohne genaue Citation behauptet. Die Aeußerung Dippel's, welche er ohne Zweifel meint (III. S. 624), welche aber auch nicht so lautet, wie angegeben ist, ist an Carl Anton Püntհiner, einen Genossen der Eva von Buttlar, gerichtet, und bezieht sich demgemäß auf geistlich motivirte Hurerei im Wortsinn. Verwunderlich ist nur, daß D. diesen Menschen als liebwerthen Freund anredet.

Kirche und ihre Orthodoxie bildet ein Begriff von der Kirche, welcher mit dem übereinkommt, den die strengen calvinischen Bekenntnisse darbieten, welcher jedoch im Kreise des Calvinismus selbst nur im Uebergang zum Separatismus zur Geltung gelangt ist. Die Kirche nämlich soll als die Gemeinde der Heiligen nicht nur an Predigt und Sacrament, sondern zugleich an den Früchten der Heiligung ihre nothwendigen Merkmale haben, da die christliche Religion auf die sittliche Erneuerung der Menschen abzielt. Damit combinirt Dippel den Grundsatz Spener's, daß nur der das Wort Gottes richtig verstehen und lauter predigen, sowie dadurch Glauben hervorrufen kann, der selbst wiedergeboren ist und in der Heiligung steht. Diesen Begriff von der Kirche begleitet Dippel mit einer ausgeprägten Ungeneigtheit, die Möglichkeit rechtlicher Merkmale und Bedingungen der Kirche zu begreifen, indem er wie alle radicalen Reformer die bestehenden Verhältnisse pessimistisch, die eigenen Vorschläge mit dem oberflächlichsten Optimismus behandelt. Es ist hier nicht angezeigt, die Angriffe Dippel's auf die Geltung des Lehrstandes in der Kirche, auf alle rechtlichen Bedingungen desselben, Berufung durch die Obrigkeit, Auctorität symbolischer Bücher, Religionseid, Universitätsbildung zu specificiren, obgleich manches treffende Urtheil dabei vorkommt. Besonders ergötzlich ist sein Beweis, daß eigentlich die Orthodoxen die Ketzer sind, weil ihre grundsätzliche Gleichgiltigkeit gegen das sittliche Ziel des Christenthums und die religiösen und sittlichen Bedingungen des Lehramtes sie als Epikureer und Fanatiker erkennen lasse. Der Grundgedanke, den Dippel hiegegen zunächst wirken läßt, ist die ausschließliche Geltung göttlicher Berufung und Leitung und die Auctorität des göttlichen Geistes, welche die aus der hl. Schrift geschöpfte Vielheit und Verschiedenheit der kirchlichen Lehrsysteme durch die Ermittelung der praktischen Heilsordnung überbieten werde. Als ob nicht die Erfahrung an den Wiedertäufern einen gerade entgegengesetzten Erfolg darböte! Und wie kann Dippel seine pietistische Forderung einer Kirche von activ Heiligen stellen, da er selbst vom Anfang seiner Schriftstellerei an so scharfblickend war, die unter den Pietisten eingerissene Heuchelei und unfreie Manier zu erkennen? Seine frühste Aeußerung darüber ist schon (S. 214) angeführt worden. In der Schrift: „Anfang, Mittel, Ende der Orthodoxie", wo er die Vernunft (Einbildungskraft, Speculationssucht) und die Eigenliebe als die Wurzeln aller

Ketzerei (in seinem Sinne) darstellt, rechnet er dahin auch viele Anhänger der Bibelübungen, welche unter dem Namen, das Christenthum zu befördern, keine Selbstverleugnung, aber viel Geschwätz und Sprüche lernen, und zur Bedeckung der abgöttischen Bauchsorge den Schein der Gottseligkeit vor den Augen der Blinden annehmen. Daß er nicht aus seiner Kenntniß der pietistischen Heuchelei den Schluß zog, die persönliche Heiligkeit sei kein zuverlässiges Merkmal der richtigen Kirche, ist aus der Gewalt der Täuschung durch die vorgebliche Vollkommenheit der ältesten christlichen Gemeinde zu erklären. „Damals war keiner ein Glied der wahren äußerlichen Kirche, als welcher zugleich durch innere Heiligkeit in Gott lebte, und durch den Glauben Christum in seinem Herzen wohnend hatte" [1]).

Nach der Uebereinstimmung der Urgestalt der Kirche mit den entsprechenden Aussprüchen Christi beurtheilt auch Dippel in der „Christenstadt auf Erden" die christliche Gesellschaft, wie sie schon nach dem Absterben der Apostel, speciell seit Constantin geworden sein soll, und wie sie sich in seiner Zeit darstellte. Den Lehrstand, auch wenn er Dippel's Anforderungen an Heiligung, göttliche Gabe und Berufung entspricht, achtet er nur für die Fleischlichen und Schwachen nöthig; ein rechter Diener des neuen Bundes maße sich keine Aufsicht über die an, welche Christus gefunden haben. Da ferner für diese das Gesetz aufhört, so sei die Obrigkeit kein Stand im Reiche Christi, sondern nur im Reich der Natur und des Zorns nach göttlicher Zulassung eine Ordnung Gottes. Denn ein Gemüth, in welchem Christus die volle Herrschaft hat, werde nie in Krieg und Blutvergießen, diese Geschäfte der Obrigkeit einwilligen. Ein Christ sei auch nicht an sich Unterthan einer weltlichen Macht, sondern nur ex iure pacti. Um so weniger könne ein weltlicher Regent als Oberbischof im Reiche Christi die Ordnungen des Gottesdienstes handhaben. Was ferner das Volk betrifft, so schließe der Christenstand nach Mt. 6, 25 jede Sorge um die Nahrung aus; die verschiedenen Arbeitsberufe aber seien so beschaffen, daß sie die Seelen von Gott abziehen und die Menschen zu Tagelöhnern des Teufels machen. Die rechte Arbeit kann, jedoch von den Gläubigen als solchen geübt werden, unter den Rücksichten, daß sie dem Schaden des Müßigganges entgegenwirkt,

1) Ein Hirt und Eine Heerde. 1706. I. S. 1073. vgl. S. 417.

das eigene Brot ohne Beschwerung der Anderen erwirbt, und Wohlthätigkeit gegen die Dürftigen möglich macht. Dabei bemerkt Dippel, daß außer Ackerbau und Viehzucht kein Arbeitsberuf unbefleckt sei, daß aber Handel und geistliche und weltliche Aemter regelmäßig Unehrlichkeit und Selbstsucht befördern. Der eigentliche Christenberuf, die Heiligung, schließe eigentlich alles andere aus, denn auch alles Eigenthum habe seinen Ursprung aus Babel. Diese Grundsätze führen direct in das Kloster hinein, und die Beurtheilung der Arbeit stimmt wörtlich mit Thomas von Aquinum überein. Dessen ist sich Dippel freilich schwerlich bewußt gewesen. Und so bricht er seiner Ansicht die Spitze ab, indem er erklärt, die Gütergemeinschaft würde gegenwärtig weder für die Besitzer noch für die Empfänger erträglich sein, und wenige Jahre danach gesteht er zu, daß man sich von dem äußern Beruf, wenn er nur nicht an sich befleckt sei, wegen des innern Berufes nicht zurückzuziehen brauche [1]). Weiterhin richtet Dippel seine Bemerkungen gegen die regelmäßige öffentliche Fürbitte für die drei Stände der Kirche. Das Gebet versteht er quietistisch als die Gelassenheit des Willens in Gott, wodurch es Gott möglich wird, in der Seele, als einem leeren Gefäß, sein Werk zu vollführen. Unter dieser Voraussetzung ist die Fürbitte ein Mittel zur Gestaltung des Reiches Christi; allein in diesem Gebiet hat z. B. eine Bitte um den Sieg christlicher Waffen, und um das Gedeihen des Hausstandes, der Pferde, Ochsen und Kälber, wie dies in Cubach's Gebetbuch vorkommt, keine Stelle. Denn um die Güter dieser Welt kann man in Christi Namen höchstens indirect bitten; das Gebet um das tägliche Brot ist nur den Anfängern, den im Glauben Schwachen von Christus zugestanden worden.

Im Anhange zu der „Christenstadt auf Erden" nimmt Dippel Anlaß, sein Mißfallen über Spener's Schrift gegen Separatismus: „Der Klagen über das verdorbene Christenthum Mißbrauch und rechter Gebrauch" (S. 155) auszusprechen. Wie wenig der 27jährige Mann geneigt war, die von Spener gewiesene Mittelstraße im Dienst der lutherischen Kirche zu betreten, giebt er in dem Urtheil kund, daß unsere lutherische Secte, sowohl der Lehre als dem Leben nach ein förmliches Babel sei, welches niemals Zion gewesen und darum den Namen eines verdorbenen Zion weniger verdient als die römische

1) Wegweiser zum verlorenen Licht und Recht, 1704. I. S. 895.

Kirche, die von Anfang an gut gewesen und nur ausgeartet ist. Die Reformation habe nur neue Artikel und Meinungen aufgebracht, wodurch die große Stadt in drei Theile getrennt ist. Anderwärts sagt er, daß man in der Reformation zwar vom Papst abgefallen sei, jedoch Christo und der Zucht seines Geistes sich nicht unterworfen habe; nur den Weg dahin habe sie gebahnt, näher nach dem Ziel zu forschen, und mit Hintansetzung aller fleischlichen Rottirung Christo anzuhangen. In einer eigenen Schrift hat er ein Sündenregister Luther's vorgelegt, in welchem dessen Leidenschaft und Grobheit, seine doctrinäre Haltung und seine Accommodation an die weltliche Macht gerügt werden [1]). Dippel läßt auch von allen Institutionen der lutherischen Kirche nichts übrig, indem er den Beichtstuhl verwirft, die Taufe nur für solche bestimmt achtet, welche sich selbst erkennen und Buße thun können, das Abendmahl endlich als Act des Gedächtnisses an den Tod Christi denen ausschließlich vorbehält, welche als wahre Christen mit Christus Ein Leib sind und sich mit dem Götzendienst derer, die draußen sind, nicht verunreinigen [2]).

So steht Dippel in den Schriften bis 1700 an der Seite Arnold's und im Widerspruch mit Spener. Er hat aber ebenso wie Jener eine Milderung in seinen Ansichten eintreten lassen; nur ist er nicht in derselben so weit vorgeschritten, wie Arnold, sondern hat sich wieder von ihr losgesagt. Die alchymistischen Bestrebungen, denen sich Dippel auf seinem ungenannten Gute bei Darmstadt widmete, waren nicht durch die Weltansicht des Paracelsus getragen. Es kam Dippel nicht mehr darauf an, durch die Entbindung der Quintessenz der Naturstoffe der Welt zur Vollendung zu helfen, sondern Gold zu machen zu dem Zweck, um das Reich Christi in seiner Weise zu fördern. Ob der Graf August von Wittgenstein, Obermarschall des Königs von Preußen, mit dieser Absicht übereinstimmte, als er Dippel 1704 bewog, seine chemischen Versuche in Berlin fortzusetzten (S. 286), ist freilich kaum anzunehmen. Dort hat nun Dippel die Schrift: „Ein Hirt und Eine Heerde" herausgegeben, welche offenbar mit Rücksicht auf die pietistenfreundliche Haltung der Regierung Friedrich's I. geschrieben ist.

1) Historie von Luthero und der Reformation, II. S. 512 ff. Vgl. übrigens I. S. 435. 552. 1084.

2) Wein und Oel, I. S. 347 ff.

Nachdem er alle seine extravaganten Ideen von der Bestimmung und der Geschichte der Kirche dargelegt hat, beurtheilt er die eben noch schwebende Unionsunternehmung des Königs als unbrauchbar. Es komme nicht an auf die Ausgleichung der abweichenden Lehrsysteme; denn die ersten Christen suchten in dem Maß ihrer Erkenntniß von göttlichen Geheimnissen keine Einigkeit, sondern ließen sie in dem Geiste Christi frei. Die Einigkeit im Geist aber sei anzustreben, auch indem die bisherigen Gründe der Trennung der Kirchen fortbestehen. Dabei unterläßt er nicht auf den politischen Vortheil der Duldung aller möglicher Secten hinzuweisen, da die Erfahrung lehrt, daß der Handel und der Gewinn der Regenten am meisten floriren, wo jedem erlaubt ist, seinem Gott auf seine Weise zu dienen. Um aber die Secten auf den Weg der Einigkeit im Geiste Christi zu führen, macht Dippel folgende praktische Vorschläge. Der Fürst soll seinen Unterthanen mit dem Beispiel in der wahren Religion und im Gehorsam gegen Gott vorleuchten, und seine Hofleute einschränken, daß sie nicht in den üblichen Lastern sich ergehen, endlich soll der Fürst nach seinem bischöflichen Rechte, das er de iure über das heutige Ministerium hat, solche Leute in die Kirchen- und Schulämter setzen, die Weltverleugnung üben, nicht um sectirerische Meinungen eifern, sondern ihre Zuhörer auf die neue Creatur hinführen. Dabei wäre es am Besten, die symbolischen Bücher als Mißgeburten des Antichrist abzuschaffen, indessen räth Dippel davon ab, weil das blinde Volk dadurch erbittert werden würde. Diese Vorschläge bezeichnen keinen vollständigen Bruch mit der frühern Ansicht Dippel's; denn er hat auch neben der schroffsten Beurtheilung des Lehrstandes und der obrigkeitlichen Rechte in der Kirche vorbehalten, daß der barmherzige Gott hie und da Regenten und Prediger von rechter christlicher Art gegeben habe [1]). Allein daß er dieses beiläufige Zugeständniß zur Grundlage praktischer Vorschläge machen konnte, wird ebenso wie der Umschwung Arnold's in dem Eindruck, den die preußische Kirchenpolitik machte, seine Erklärung finden.

Die Schrift von 1706 ist eine Episode in Dippel's Leben geblieben. In demselben Jahre schrieb Joh. Friedrich Mayer in Greifswald unter dem Titel eines Schwedischen Theologen seinen „Kurzen Bericht von Pietisten", in welchem er Francke, Petersen,

---

1) Christenstadt auf Erden., I. S. 528.

Arnold, Dippel, Thomasius u. A. zusammenstellte. Hiegegen verwahrte sich die Halle'sche Facultät in der durch Breithaupt verfaßten „Verantwortung gegen Mayer's Bericht" (1707); Dippel ließ „Unparteiische Gedanken über des Schwedischen Theologen Bericht" (ebenfalls 1707) folgen, in welchen er anhangsweise auch die Halle'sche Schrift berücksichtigte. Nämlich die Hallenser hatten die Gelegenheit wahrgenommen, gegen Dippel ihre Rechtgläubigkeit und Kirchlichkeit zu betonen. Davon nimmt er den Anlaß, ihnen ihre Halbheit vorzuhalten. „Glauben sie denn, daß außer ihrem Collegio und den meist affectirten Creaturen, die von ihnen ausgehen und ihre Werke ausposaunen helfen, kein gottgefälliger Christ mehr auf der Welt ist?" Nun hatte Dippel in den Ausführungen gegen Mayer die Pietistenmandate des Königs Karl XII. angegriffen. Dies zog ihm eine Anklage des schwedischen Gesandten in Berlin und, da der schwedische König mit seinem Heere eben in Kursachsen stand, eine wenn auch kurze Haft zu. Deshalb verlegte er seinen Wohnsitz 1707 nach Holland, wo er sich hauptsächlich dem ärztlichen Berufe und naturphilosophischen Arbeiten widmete. Dann folgte von 1714 an sein Aufenthalt in Altona und von 1719 an seine Gefangenschaft in Bornholm, endlich sein Aufenthalt in Schweden seit 1726. Hier trat er mit den nach der Halle'schen Methode sich richtenden Pietisten in Verkehr, um alsbald den Conflict gegen dieselben zu erheben, welcher seinem 1707 ausgesprochenen Urtheil entspricht. Er erzählt darüber [1]), in Stockholm habe das äußerliche pietistische Geräusch in Betstunden in recht übermäßigem und ärgerlichem Flor gestanden. Es waren meist gutmeinende Seelen, die keine wissentliche Heuchelei trieben; denn sie hatten keinen Vortheil sondern lauter Schmach und Verfolgung davon. Sie sahen jedoch die Befleckung des Geistes, die Eigengefälligkeit, die Verhinderung des Wachsthums im Leben aus Gott bei ihrer eigenen Wirksamkeit nicht ein, weil sie von ihren Meistern, z. B. durch Briefe des verstorbenen Francke zu solchen Vereinigungen, lautem Singen und Beten, zur Zeit oder zur Unzeit angehalten wurden. In Stockholm kamen sie in den im Thiergarten gelegenen Wirthshäusern zusammen, und verscheuchten dadurch die anderen Gäste. Dippel fand daselbst gastliche Aufnahme im Hause eines wohlhabenden seit dreißig Jahren geübten Pietisten, dessen gesammte Hausgenossen und Gäste zu langem

1) Widerlegung Christophili Wohlgemuth's, 1731. III. S. 150 ff.

Beten auf den Knieen angehalten wurden, der aber dazwischen für ausgesuchte Speisen und lustige Unterhaltung gestimmt war, und seinen Jähzorn nicht beherrschen konnte. Damals waren unter den Predigern zu Stockholm drei Pietisten. Einer davon, Tollstadt begab sich unter Dippel's Leitung und predigte nach den Grundsätzen desselben, welche alsbald zu erörtern sind. Die neue Predigt von der Liebe Gottes zog die Menschen stärker an, als die bisher verkündeten Gesetzesdonner, welche die Leute zur Buße peitschen sollten. Dadurch aber wurden die Pietisten gegen Dippel höchst aufgebracht, und ein Prediger in Stockholm schrieb darüber an den jüngern Francke, Dippel habe in der kurzen Zeit seines Aufenthaltes in Schweden der Kirche Christi und der guten Sache mehr Schaden gebracht, als tausend treue Diener Gottes in vielen Jahren gut machen könnten. Man kann sich das vorstellen, wenn man von ihm erfährt, daß er die Theologie der Halle'schen Schule einen erbärmlichen aufgewärmten Kohl nennt, der allen auf die Ueberzeugung durch den Geist Gottes gerichteten Menschen ekelhaft vorkommt, die pietistische Heiligkeit und Gottesfurcht für ein affectirtes gesetzliches Mundwerk erklärt, womit die heimlichen Absichten des Fleisches und der Vernunft (Einbildungskraft) übertüncht werden sollen, und wobei man bei allem Ruhm des Kreuzes Christi unter der Verfolgung ein furchtsamer und ungläubiger Hase, ein Liebhaber der Bequemlichkeit und ein Anbeter aller Gottlosen ist, von denen man etwas zu fürchten oder zu hoffen hat. Hierin also beurtheilt Dippel den ganzen Pietismus der Halle'schen Schule als Heuchelei, nachdem er im Anfang seiner Laufbahn doch nur von einem Theil der Pietisten diesen Eindruck empfangen hatte. Er brauchte sich also auch nachher nicht zu wundern, daß einer seiner Anhänger, ein schwedischer Student, aus dem Halle'schen Waisenhause entlassen wurde, als man dessen Ansichten entdeckte[1]). Die Glaubwürdigkeit seines abschließenden Urtheils ist durch uns natürlich nicht festzustellen; jedoch dient zur Beleuchtung desselben der Umstand, daß sein Urtheil aus dem Grundsatz des Quietismus entspringt, zu welchem sich Dippel schon 1706 in „Ein Hirt und Eine Heerde"

1) Einige Inquisitionsartikel des Waisenhauses zu Halle gegen einen Schüler desselben und dessen Antwort darauf, welche Chr. Dem. mit einem Vorbericht und weiterer Beantwortung der zehn Fragen begleitet hat. 1731. III. S. 205.

bekannt hatte (S. 329). Zur tiefern Einprägung dieser Lebensansicht wird ihn seine länge Gefangenschaft disponirt haben, in Briefen, welche das Archiv in Stockholm bewahrt, hat Dippel diese Stimmung deutlich zum Ausdruck gebracht[1]). Er wird auf diese kaum durch eine fremde Auctorität, etwa die von Poiret geführt worden sein[2]); der Quietismus ergab sich für ihn nothwendig aus seiner Geringschätzung aller gemeinsamen kirchlichen Mittel religiöser Bildung. Weil er so sein religiöses Leben in sich selbst verschloß, hat er in dem geselligen Verkehr zu Berleburg zur Verwunderung Vieler niemals ein Gespräch über Religion freiwillig begonnen. In Dippel aber vertragen sich mit einander die Gelassenheit in Gott und die fortdauernde Bereitschaft zur Polemik in Ernst und Spott deshalb, weil er überzeugt war, von Gott zum Reformator bestimmt zu sein.

Dieser Anspruch Dippel's knüpft sich daran, daß er der systematischen Theologie eine neue Wendung zu geben überzeugt war[3]). Es kommt ihm hiebei von Anfang an hauptsächlich auf eine Umgestaltung der Lehren von der Versöhnung und Rechtfertigung an. Die ganze Reihe von Männern, an welche er sich anschließt, hat darauf gehalten, daß man Christus in sich erleben, in der praktischen Sinnesänderung mit ihm sterben und leben müsse. Die hergebrachte Lehre von der Genugthuung Christi an Gott und der Anrechnung seiner Gerechtigkeit an den gläubigen Sünder hatten sie unangetastet gelassen. Dippel schreitet dazu fort, dieses Lehrgefüge aus den Angeln zu heben. Er versteht, wie vor ihm der Wiedertäufer Johann Denck und Faustus Socinus, diese Combination so, daß die dem Gläubigen angerechnete Gerechtigkeit Christi dessen eigene Uebung von Gerechtigkeit überflüssig mache. Er erkennt in dieser Folgerung aus der üblichen Lehrweise, daß die Reformatoren

1) Vgl. Bender S. 116.

2) Dagegen vgl. Vertheidigung gegen zwei Richter. II. S. 1080 ff., wo er auch mit Beziehung auf Poiret erklärt, er habe kein einziges Doctrinalwerk, es müßte denn sehr kurz gefaßt sein, durchlesen können; nur historische Bücher könne er durchlesen.

3) Grundriß zu einem Systemate theologico, 1725. Vera demonstratio evangelicae, angefügt ist: Schrift- und Wahrheitmäßiger Entwurf der Heilsordnung in 153 Fragen, 1728. Hauptsumme der theol. Grundlehren. II. S. 573. 657. III. S. 570.

nicht den richtigen Gegensatz gegen das katholische System der Suffragien gefunden, sondern sich in der Analogie zu demselben behauptet haben. Die Entlastung von der sittlichen Selbstverantwortlichkeit, welche dort durch die Vielheit kirchlicher Leistungen begründet wird, sei von den Reformatoren aufrecht erhalten, und nur auf die Eine Leistung Christi zurückgeführt worden. Deshalb versteht er diese Lehre lediglich als ein Hinderniß der sittlichen Bestrebung. Der scharfsinnige Mann hat hier ebenso geurtheilt, wie es Anderen gelingt, eine sie befremdende Lehrweise nur gemäß ihren eigenen willkürlich oder auch boshaft erfundenen Folgerungen zu deuten. Aber freilich theilen in diesem Falle die Orthodoxen die Schuld mit Dippel, da ihre Lehre von der Versöhnung und Rechtfertigung durch gewagte Begriffe und schwierige Distinctionen, so wie durch die Undeutlichkeit der praktischen Abzweckung Mißverständnisse geradezu herausforderte. Den Satz von der Genugthuung an Gottes Gerechtigkeit oder Zorn durch das Leiden Christi widerlegte ferner Dippel nicht nur dadurch, daß er ihm den Mangel der biblischen Grundlage nachwies, sondern auch durch die Einsetzung des neutestamentlichen Begriffes von Gott als Liebe. Denn unter diesem Begriff, meint er, fordere Gott keine Strafgenugthuung für die Sünder, vielmehr sei sein Zorn gegen dieselben nur eine dem Bedürfniß ihrer Bekehrung angemessene Verschleierung der Liebe. Positiv prägt er die Lehre von der Todesleistung Christi in Uebereinstimmung mit der für ihn feststehenden Ansicht von der Buße aus. Indem Christus, der zu seinem himmlischen Leibe einen Leib aus der sündigen Natur Adams angenommen hat, alle Versuchungen erfolgreich bestand, hat er den Weg der Heiligkeit eröffnet, auf dem wir der Sünde absterben wie er, und in seinem Geiste leben. Sein Opfer ist also der Typus für unsere eigene Selbstverleugnung und Heiligung, welche bis zur sündlosen Vollkommenheit hinausgeführt werden kann. Und wie eine Anrechnung von Gerechtigkeit für uns nur eintreten kann, wenn wir unsern Glauben in der Heiligung bewähren, so fällt genau angesehen beides zusammen. Diese Betrachtungsweise steht im Einklang mit sich; allein ihr systematischer Werth wird durch zwei Umstände durchkreuzt. Dippel hat keine geschlossene Weltanschauung. Indem er natürliche und positive Strafen der Sünde unterscheidet, meint er, daß die letzteren als Mittel der Besserung durch Gott dem sich bekehrenden Sünder nicht abgenommen zu werden brauchen, die ersteren mit der Sünde von selbst verschwinden. Er hat hiedurch die Unseligkeit, die an der Sünde haftet, von der göttlichen Weltordnung ausgenommen, anstatt die Schuld und das Schuldgefühl zugleich als die positive göttliche Strafe zu begreifen. Dadurch stellt er auch das, was er vertreten will, auf die Bahn der Auflösung[1]). Noch entschiedener ist dieses der Fall, indem Dippel die geschichtliche Bedeutung der Person Christi durch die Behauptung durchkreuzt, daß alles was er den Menschen leisten konnte, schon durch den Einfluß des innern Wortes in Heiden, Juden und Türken zu Stande gebracht werde.

Ueberhaupt wechseln in seinen Ansichten phantastische und empirisch-verständige Gedankenreihen mit einander ab. Einerseits hat Dippel die Erfahrung als das zuverlässige Mittel aller Erkenntniß gegenüber dem überlieferten und durch alle Definitionen und Schlüsse nicht erweiterten Wissen proclamirt. Einen Werth legt er nur auf Realdisciplinen; die bisher im Vordergrund stehenden Metaphysik, Logik, Rhetorik nennt er die drei geschminkten Huren. In der Theologie hat er demgemäß die wichtige Beobachtung zuerst gemacht, daß die angenommene Deckung der heiligen Schrift mit dem Wort Gottes nicht zutreffe, daß dieses in der Schrift nur den Stoff der allgemein verständlichen Heilsordnung umfasse. Andererseits hat er der mechanischen Ansicht von der Natur, welche durch Cartesius und wieder durch Chr. Wolff vertreten war, die ältere Hypothese entgegengesetzt, daß die bewegende Ursache in aller Natur Geister seien. Es steht in Analogie damit, daß Dippel die Formel von dem geistlichen Leibe in die Theologie eingeführt hat, deren gegenwärtige Anhänger schwerlich damit bekannt sind, welcher Auctorität sie folgen. Gemäß der diesen mystischen Radicalen gemeinsamen, wenn auch hie und da modificirten

---

1) Vgl. Lehre von der Rechtfertigung und Versöhnung, 2. Aufl. I. S. 379 ff. Die Erlösungslehre Dippel's ist im Wesentlichen von Gottfried Menken (a. a. O. S. 612) wiederholt worden. In der Unterscheidung zwischen natürlichen und positiven Strafen setzen die Aufklärer aus der Wolff'schen Schule die Auflösung der Versöhnungslehre fort (a. a. O. S. 405 ff.). Eine eigenthümliche Wirkung seines Protestes gegen die Lehre von der Genugthuung Christi tritt 1707 in der Bearbeitung des Nordhauser Gesangbuchs für die Grafschaft Hohnstein hervor, die der Superintendent zu Ellrich M. Otto Chr. Damius veranstaltete, indem er alle Anspielungen auf jene Lehre tilgte. Vgl. Unsch. Nachr. 1707. S. 713.

Ansicht von dem Bestande des Menschen in Geist, in thierischer Seele und Leib meint Dippel, daß der Geist oder innere Mensch ursprünglich die Bestimmung habe, nicht blos die Seele zu regieren, sondern aus dem Wesen Gottes oder der innern Lichtwelt[1]) unverwesliche Speise an sich zu ziehen, sich daraus einen himmlischen Lichtleib zu bauen, durch welchen schließlich die Seele bekleidet und der sterbliche Leib absorbirt werden soll. Unter den Umständen, wie die Sünde den Menschen gestellt hat, kommt der Mensch zu jenem Ziele durch die Aufnahme Christi, der die himmlischen Elemente und Nahrungssäfte mittheilt. Denn sofern in ihm die ganze Fülle der Gottheit leibhaftig wohnt, so wird das göttliche Lichtwesen als etwas Leibliches und Wahrhaftes dargeboten; aus diesem Element müssen wir, um darin Leben und Vergnügung zu finden, für unsern noch nackten innern Menschen erst einen Leib bekommen. Denn das Himmelreich ist keine blos idealische Geist- und Bilderwelt, keine bloße Moralität und Verbesserung der Geisteskräfte; die himmlischen Güter sind viel wesentlicher und reeller als die irdischen. Sollen wir im Verhältniß zu Christus Bein von seinem Bein, Fleisch von seinem Fleisch werden, so muß die Fülle der Gottheit Christi, sein himmlisches Fleisch und Blut, uns speisen und tränken, und diese Nahrung zum Leibe der neuen Creatur werden[2]).

Diese Theorie bildet einen Gegensatz zu den übrigens nur auf asketische Moralität gerichteten Antrieben, welche Dippel gegeben hat. Haben die letzteren auf die folgende Generation fortgewirkt, so ist auch diese theosophische Combination fortgepflanzt worden. Es wird also angezeigt sein, den Beitrag zur Aufklärung,

---

1) Zur Erklärung dieser Annahme dient die Schrift: Vitae animalis morbus et medicina, 1711. Dippel leugnet nämlich, daß Gott actus purus sei, behauptet aber, Gott habe ein ewiges principium passivum, die materia prima in sich, diese habe Gott vor der Schöpfung aus sich entlassen, jedoch ohne Finsterniß, Gift und Zorn, der gefallene Lucifer habe aus der Materie ein Chaos gemacht, aus welcher dann die gegenwärtige Welt durch Gott geschaffen sei. Von Böhme unterscheidet er sich in diesen Sätzen dadurch, daß er die Materie in Gott nicht als den directen Grund alles Widergöttlichen deutet. In diesem Sinne widerspricht er Böhme auch im Zusammenhang der gegenwärtigen Erörterung, III. S. 58. Aber in der Annahme einer doppelten Schöpfung stimmt er mit demselben überein, II. S. 8.

2) Widerlegung Christophili Wohlgemuth's. III. S. 68. 113.

welchen Dippel geleistet hat, genauer zu begrenzen. Direct besteht derselbe in der Behauptung, daß auch Nichtchristen den Weg zur Seligkeit finden können, indem sie dem ewigen Wort oder innern Licht gehorchen. Obwohl nun mit dieser Formel gelegentlich die andere gleich gesetzt wird, daß die Nichtchristen das Gesetz der Liebe in ihrem Gewissen erkennen und deshalb befolgen können, so dient dieser Satz mehr zur Erläuterung des ersten, als daß er die praktische Spitze der Betrachtungsweise Dippel's bildet. Vielmehr ist seine Vorschrift der Selbstverleugnung und des Lebens im Geiste übernatürlich, geheimnißvoll ausgeprägt, und dem entspricht der grundsätzliche Quietismus, in welchen er eingegangen ist. Als Dichter des schönen Liedes: „Ach Jesu, sieh darein und hilf mir Armen siegen", bewegt er sich überdies in einer ganz correcten Gegenüberstellung von menschlicher Sünde und Unruhe gegen die Gnade, welcher er sich ausschließlich zu ergeben verspricht, damit sein Herz ein reiner Tempel werde. Durch diese Umstände ist die Freigeisterei des Mannes sehr eingeschränkt. Er ist auch nicht der Freigeist unter den Pietisten, wie ihn Bender bezeichnet; denn Arnold und die Uebrigen stehen ihm gleich. Zu der nachher ausgeprägten verständigen Aufklärung hat Spener ein viel directeres Verhältniß als Dippel. Gar nicht aufklärerisch aber ist sein Glaube an Geistererscheinungen directer und indirecter Art. Nachdem er von einer im achten Lebensjahre empfangenen Vision berichtet hat, in der ihm der Heiland in der Mitte der Engel die Hand auf's Haupt gelegt hat, wodurch sein Glaube an eine hohe Bestimmung in ihm genährt wurde, erzählt er, wie er einmal gemäß seiner Neigung zum Wohlthun einem Bettler, der ihn nicht ansprach, eine Gabe mitgetheilt, dagegen dieser ihm eine Veränderung seiner Lebensansicht, und daß die Welt ihm und er der Welt viel zu schaffen machen werde, angekündigt habe, und dann vor seinen Augen verschwunden sei. Er erklärt dabei, daß wie die erste Vision in ihm hochmüthige Ansprüche erweckt, so die zweite Erscheinung seinen Umschwung zum Pietismus eingeleitet habe [1]). Während Spener die Inspiration der Asseburg aus natürlichen psychologischen Gründen erklärt (S. 239), ist Dippel so vollständig befangen in dem Dilemma göttlicher oder teuflischer Inspiration, daß er die Erscheinungen bei Friedrich Rock und Genossen aus

1) Abfertigung der absurden Prahlerei Peter Hanßens. III. S. 552 f.

der Besessenheit durch abgeschiedene unreine Geister erklärt [1]), und dieses durch folgendes Beispiel begründet. Er hat 1709 in Amsterdam einen Maler gekannt, welcher zu dem Anhange des Chiliasten Joh. Rothe gehört hatte, der 1674 das Reich Christi aufrichten wollte, aber durch eine lange Gefangenschaft daran gehindert wurde. Als nun sein früherer Anhänger einmal von Leiden nach Rhijnsburg ging, erschienen ihm am hellen Tage zwei Geister, die sich aus der Luft niederließen, stellten sich ihm als Jan von Leiden und Bernhard Knipperdolling vor, und erklärten ihm, der Mann sei schon geboren, der ihre Sache wieder aufnehmen und durchführen werde. Der Maler hat darauf in Dippel denjenigen zu erkennen geglaubt, welcher dazu ausersehen sei, und hat sich von dieser Meinung schwer abbringen lassen. Dippel aber schließt aus diesem Falle, daß es auch in der andern Welt noch Schwärmer und falsche Propheten gebe, die ihre Thorheit noch an den Mann zu bringen suchen, und denen es erlaubt sei und gelinge, Menschen zu versuchen und zu äffen. In dieser Ansicht ist er von Freigeisterei ziemlich weit entfernt.

Als Anhänger von Arnold und Dippel erscheint in einer Epoche seines Lebens Bernhard Peter Karl, geboren 1672 zu Osnabrück und seit 1698 dritter Prediger an der Katharinenkirche daselbst [2]). Er machte sich sehr bald nach dem Antritt seines Amtes dadurch bemerklich, daß er wegen der Absolution im Beichtstuhl Schwierigkeiten erhob. 1700 erklärte er die Privatbeichte aufgeben zu wollen, deren Einrichtung nicht nothwendig sei. Er richtet sich also nach dem Beispiel von Schade und nach dem Brandenburgischen Decisum von 1698. Danach aber kam er in Untersuchung wegen mehrerer Sätze, in denen er die Rechtfertigung mit der Heiligung vermischt, und den Glauben als leidentliche Gelassenheit nebst Hoffnung auf die zukünftige Erlösung gedeutet hatte. Damit traf zusammen, daß er sich mit Dippel in Briefwechsel gesetzt hatte, welcher abgefaßt wurde; zugleich erhob sich der Verdacht, daß er eine Schrift: **Lutherus ante Lutheranismum**

---

1) Bedenken über das heutige mit extraordinären Bewegungen des Leibes verknüpfte Inspirationswerk. III. S. 595—602.

2) Vgl. Spiegel, M. Bernhard Peter Karl, in Hilgenfeld's Zeitschrift für wissenschaftl. Theol. 8. Band (1865) S. 353—384 (nach Acten des Stadtconsistoriums in Osnabrück). Bartels in Zeitschr. f. KGesch. V. S. 411—413.

verfaßt habe, in welcher nach der Art von Arnold die ältesten Schriften Luther's gegen die spätere kirchliche Organisation gesetzt wurden. Den Maßregeln, die deshalb gegen ihn verhängt wurden oder ihm weiter drohten, entzog er sich durch Niederleguug seines Amtes 1702. Die Schwenkung zu Arnold und Dippel wird bestätigt durch eine Vertheidigung der Kirchengeschichte des Erstern, welche Karl 1703 pseudonym veröffentlichte [1]). Hierin erklärt er sich für das ursprüngliche Licht, welches Christus ist, für die Möglichkeit sündloser Vollkommenheit, gegen die Geltung von Predigt und Sacramenten als zureichenden Merkmalen der wahren Kirche, gegen die Competenz der Obrigkeit in Kirchensachen, und citirt Dippel's Christenstaat. Er hat danach bis 1716 als Privatlehrer in einem ostfriesischen Orte gewirkt. Dann aber wurde er in Ostfriesland wieder als Pastor zuerst zu Westerholt, kurz darauf zu Esens, 1719 zu Eggelingen angestellt; hier ist er 1723 gestorben. Er scheint also auf die radical-pietistischen Ansichten verzichtet oder sie für sich behalten zu haben; sonst würde er wohl nicht wieder in den Kirchendienst gezogen worden sein.

Unendlich viel wichtiger als dieser Mann, den ich nur deshalb nicht übergangen habe, weil es mir sonst verdacht worden wäre, ist Ernst Christoph Hochmann von Hohenau (1670—1721), welcher neben Dippel die Feindseligkeit gegen die Kirche überall geschürt hat. Er ist als Student auf der damaligen Ritterakademie zu Halle durch Francke bekehrt worden. Aus dem Gefängniß, in das er dort durch Theilnahme an einem Tumult gelangte, hat er einen impertinenten Brief an den Superintendenten Olearius geschrieben [2]), welcher der Verachtung des Predigtamtes rückhaltlosen Ausdruck verleiht. Danach hat Hochmann den Missionsdienst des Separatismus sich als den Beruf gewählt, welchen er als den einzig berechtigten Dienst gegen den Herrn Jesus erkannte. Stimmte er auch hierin nicht mit Dippel überein, so theilte er mit demselben die Ansichten, welche sich gegen Kinder-

1) Herrn Volckmeyer's Betrachtung der Anmerkungen über A.'s K. u. K. H. von Zacharias Götzen, Rectors der Osnabrück'schen Schulen. In den Supplementa, illustrationes und emendationes zur Verbesserung der K. H. herausgegeben von Gottfr. Arnold. 1703. — Spiegel hat hievon keine Notiz.

2) Vom 18. Mai 1693, in Schelwig, Itinerarium antipietisticum, 1695. S. 37.

taufe, Abendmahlspraxis und Nothwendigkeit des kirchlichen Amtes richten, ebenso die Annahme der Möglichkeit vollkommenen Lebens und daß die Obrigkeit blos Naturordnung sei. Er weicht von Dippel ab, indem er dem Chiliasmus anhing, auf die bevorstehende Bekehrung der Juden rechnete, endlich gemäß Arnold's Geheimniß der Sophia eine Theorie von der Ehe, beziehungsweise Ehelosigkeit aufstellte, welche schon (I. S. 422) berührt worden ist. Ueber die Wiederbringung spricht er sich in einer abgenöthigten Schrift [1]) unsicher aus, da er zugleich die vollkommene Heiligung in diesem Leben für die Bedingung erklärt, daß einer Gott schaue. Daß er die Ansicht Arnold's und Dippel's von dem Seelenfunken getheilt habe, wird nicht bezeugt. Aus seiner Behauptung der höchsten Art der Ehe, nämlich der Verbindung der jungfräulichen Geister mit Gott und dem Lamm, geht ferner hervor, daß er sich in dem sentimentalen Jesuscult bewegt hat. Auf seinen Zügen durch Süd- und Mitteldeutschland und nach dem Niederrhein hat er Gefangenschaft und körperliche Mißhandlungen mit Geduld und Ergebung um des Herrn Jesu willen ertragen. Aber überall hat er die Leute gegen die Kirchenordnungen Babels aufgewiegelt [2]), und als berufener Knecht Jesu Christi und Diener der heiligen allgemeinen christlichen Kirche im Namen seines Königs dem staatlichen Kirchenregiment Trotz geboten. Besonderes Aufsehen haben in dieser Beziehung außer seinem Auftreten in Hannover (S. 220) seine Streitverhandlungen mit dem Presbyterium zu Wesel gemacht, in denen Dippel von Holland aus für ihn Partei nahm mit der „Freien und freiwilligen Replik auf die abgenöthigte Antwort des Ministeriums der reformirten Gemeinde zu Wesel", welche er 1711 unter dem erdichteten Namen und Titel Ernst Christian Kleinmann, Aeltester bei der reformirten Gemeinde zu Friedrichstadt, und erst in der zweiten Ausgabe 1712 unter seinem bekannten Pseudonym herausgab [3]).

---

1) Glaubensbekenntniß geschrieben aus seinem Arrest auf dem Schloß Detmold 30. Nov. 1702. Neue Aufl. 1709.

2) Die Unsch. Nachr. 1710. S. 220 enthalten Protokolle gegen Anhänger von ihm in der evangelischen Pfarrei Gutenstetten im Stift Würzburg, worin übereinstimmend die Abneigung gegen Kindertaufe, undisciplinirte Abendmahlsfeier, Lehramt und das Bekenntniß zur Vollkommenheit kund gegeben wird. Die Leute lesen Arnold's und Dippel's Schriften und Böhme's Weg zu Christo.

3) Vgl. überhaupt Goebel II. S. 809 ff.

Eine andere Spielart von mystischem Indifferentismus stellt gleichzeitig Johann Tennhardt[1]) dar. Auch er ist ein Gegner des geordneten Kirchenthums, welches er für Babel erklärte, gewesen, und hat auf vielen Reisen seine Ueberzeugung wirksam zu machen versucht. Es kam ihm aber nicht auf Separatismus an. Seine Schriften hat er als göttliche Eingebungen verfaßt, und nannte sich deshalb Gottes Kanzlisten. Seine christliche Lebensansicht hat er hauptsächlich aus Tauler, Staupitz, Arndt geschöpft. Er beanstandet nicht, daß Christus der Welt eine allgemeine Gerechtigkeit erworben habe, aber er läßt dieselbe für den Einzelnen nur gelten, wenn er es durch die Selbstverleugnung erreicht, daß Gott in ihm seinen Sohn gebiert. Diesen Erfolg deutet er quietistisch als den Eingang in die stille Sabbathsruhe, in der man auf die Stimme des Vaters in der Seele hört. Dabei lehnt er den Gedanken ab, daß Gott aus dem kleinen verborgenen Samenkorn, welches er in die Seele gepflanzt hat, sein Wort oder seinen Sohn gebären könne. Er gehört also nicht in die Reihe, welche bis auf Dippel verfolgt worden ist. Andererseits ist er als Strafredner auf den nahen Bruch der bisherigen Weltordnung gefaßt. Eine aparte Ansicht ist seine Behauptung, daß der Sabbath gehalten werden müsse. Einen Vertheidiger fand Tennhardt unter Anderen an Tobias Eisler[2]), einem Juristen aus Nürnberg, Verfasser zahl-

1) Geb. in Kursachsen 1661, seit 1688 in Nürnberg als Perückenmacher ansässig, gestorben 1720. — Seine Hauptschrift: Worte Gottes und letzte Warnungs- und Erbarmungsstimme Jesu Christi an alle Menschen. 1710, zweite Ausg. 1711. Sammlung seiner Schriften als: Schriften aus Gott, von L. Hofacker. 1838. Vgl. über ihn Klemme in Zeitschr. für histor. Theol. 1868, S. 281—306. 1869, S. 149—209.

2) Geboren 1683, gestorben 1753. Im Jahre 1719 errichtete er in Helmstedt eine Armenschule, kam dort 1729 in Untersuchung vor dem Wolfenbütteler Consistorium, welche keine übelen Folgen für ihn hatte. Die Beantwortung der ihm vorgelegten Fragen ist schon 1731 in der zu Berleburg erscheinenden Geistlichen Fama, 5. Stück veröffentlicht, wo er an der dort erfolgenden Bibelausgabe thätig war. Unter seinen Schriften, deren nicht vollständiges Verzeichniß bei Walch II. S. 826 vorliegt, nenne ich: Unterscheid zwischen der lebendigen und buchstäblichen Erkenntniß Jesu Christi, als des einigen Wortes Gottes, das allen Menschen nahe ist in ihrem Mund und Herzen nach Röm. 10. 1720. Das durch Türken und Heiden beschämte heutige Christenthum. 1720. Apologia Tennhartiana. 1724. Nachdenkliche Zeugnisse vom innern Wort Gottes. 1725. Bedenken von der sogenannten Separation. 1728.

reicher Schriften, in denen die Instanz des innern Wortes auf das gesetzgebende Gewissen gedeutet, und demgemäß als die allgemeine Aufgabe der Menschen die quietistische Selbstverleugnung und die im Halten der Gebote bestehende Vollkommenheit gelehrt wird. Die Indifferenz der positiven Religionen gegen das innere Wort beweist Eisler unter Anderem durch die Missionsberichte von Ziegenbalg u. A. aus Ostindien, welche die guten Seiten der Hindus und Muhamedaner hervorheben. Einen bündigen Ueberblick seiner Ueberzeugungen gewährt seine: „Obrigkeitlich geforderte Verantwortung" auf 15 Fragen, welche 15. Februar 1729 von dem Consistorium in Wolfenbüttel ihm vorgelegt worden sind, 1742. In seinen Schriften bezieht er sich nicht blos auf Tauler, Arndt und Arnold, sondern auch auf die Guyon, auf Theresia a Jesu und Johann vom Kreuz. Dem vollen Separatismus aber ist Eisler ebenso wie sein Meister abgeneigt.

Eine nicht geringe Bedeutung hat Johann Adam Rabe, Notarius in Erlangen, Verfasser mehrerer anonymer Schriften [1]). Durch ihn beeinflußt war M. Georg Christoph Brendel (geb. 1668), Consistorialrath und Inspector zu Thurnau in der Grafschaft Giech in Franken. Derselbe hat in einer zur Einweihung der neu erbauten Kirche 1702 gehaltenen Predigt [2]) das Interesse an den kirchlichen Institutionen für einen Mangel an dem wahren Wesen erklärt, will aber die Trennung von dem Kirchenbabel nicht beeilt wissen. Die Predigt schließt mit einem Verse über die drei im Reiche anerkannten Kirchen:

Groß ist der Betrug in allen,
Darum wird Babel schrecklich fallen;
Denn das Sündenmaß ist voll,
Daß die Hur bezahlen soll.

In seiner Postille [3]), treten die entsprechenden Gedanken hie und da hervor. Was den Begriff von Babel betrifft, so erklärt er bei Gelegenheit des obrigkeitlichen Sabbathsgebotes, welches um des

1) Der zum thätigen Christenthum wandelnde wahre Christ. 1700; Weg durch die Kreuzpforte zu Christo. 1701; Sonnenklare Mittagshelle auf die dunkle Morgenröthe. 1702; Erörterung, ob der Pietisten Gift schädlich oder nützlich sei. 1704.

2) Neuer Tempel ohne Götzen oder Thurnauische Kirchen-Einweihungspredigt. 1709.

3) Das Wachsthum im Christenthum (1350 S.). 1714.

gemeinen Wesens willen aufrecht erhalten wird, Babel entstehe, wenn die christliche Kirche und das christliche gemeine Wesen für Eins genommen werden. Demgemäß sei das Sabbathsgebot eine Schande für die Christen, die sich selbst regieren; wenn es aber einmal als obrigkeitlicher Befehl nicht umgangen werden kann, so macht Brendel die richtige Bemerkung, daß man sich dafür nicht auf das A. T. berufen dürfe, dessen Gesetz im Allgemeinen für unverbindlich gilt. Im Ganzen kommt es dem Prediger auf den Christus in uns an, daß der geschichtliche Christus in uns Gestalt gewinne. Darauf allegorisirt er das Evangelium von Mariä Verkündigung. Den heiligen Geist aber, welchem diese Wirkung zusteht, weiß er nun nicht von dem Geist des Menschen zu unterscheiden, den er als etwas besonderes über der Seele annimmt. Der Geist Gottes und der des Menschen soll einerlei Wesen haben; nur ist diese Identität den Gläubigen bekannt, den Ungläubigen nicht. In diesen aber macht sich jenes allgemeine Licht als Strafgeist im Gewissen kund [1]). Jesus ist der Name des allgemeinen Lichtes und Lebens, welches alle Menschen erleuchtet, die in diese Welt kommen, und welches in besonderen Fällen unter allen Völkern eine zureichende Erkenntniß Gottes und die entsprechende Frömmigkeit und Tugend hervorbringt. Brendel beruft sich hiefür wieder auf den ägyptischen Priester Hermes Trismegistus, der auch die göttliche Dreiheit erkannt und öffentlich bezeugt hat. Gegen diese und andere Aufstellungen in der Postille hat Gottl. Wernsdorff in Wittenberg von 1716 bis 1719 vier Disputationen halten lassen; gegen die beiden ersten richtete Brendel eine „Aufrichtige Anfrage wegen des von Wernsdorff erregten unnöthigen Streites“. Seine amtliche Stellung wurde durch diesen Angriff nicht beschädigt; er ist noch 1722 in seinem Amte gewesen.

Unter Brendel's Schutz und den der „Gräflichen Herrschaft, welche auch gottselig ist“, stellte sich 1704 Johann Georg Rosenbach, der Sporergesell aus Heilbronn (geb. 1679), welcher 1700 ebenfalls von Rabe bekehrt worden ist. Weiterhin an Dippel's Schriften gebildet, hat er unter dem Vorgeben unmittelbarer göttlicher Berufung seine Ueberzeugungen auf fortwährenden Wande-

---

1) Dieselbe Combination ist durchgeführt in der Schrift Brendel's: Einfältige Untersuchung der Lehre vom Gewissen, ob und was dasselbige in allen Menschen sei. Frkf. u. Lpz. 1727.

rungen durch Franken, Schwaben und Württemberg verbreitet, hat dafür zu Bamberg, Nürnberg, Coburg, Altorf in Arrest gesessen[1]), und ist aus Heilbronn und Tübingen vertrieben worden. Bemerkenswerth ist, daß dieser Handwerker gelehrten Leuten imponirt hat. In Württemberg hat er mehrere Repetenten am theologischen Seminar zu Tübingen zum Separatismus verleitet, auch in Altorf mehrere Professoren für sich interessirt. Der Theolog Michael Lange daselbst und der Historiker Tobias Pfanner[2]) in Gotha nahmen ihn auch literarisch in Schutz. In seinen Schriften[3]) verbindet er alle bekannten Grundsätze des Indifferentismus, einschließlich der Verwerfung der akademischen Bildung, außerdem die Nothwendigkeit eines Bußkampfes, wie er ihn durchgemacht hat, die Wirkung des Christus in uns, welche im Glauben d. h. dem Gehorsam gegen die Gebote bis zur Vollkommenheit des Lebens durchgeführt werden könne; überdies verwirft er den staatlichen Eid und leugnet, daß Kriegführen den Christen gestattet sei. Er rechnete auf die Wiederbringung der Gottlosen, und die vorhergehende Reinigung derselben durch Feuer, und behauptete, neue Offenbarungen zu erfahren. Auch die charakteristischen Ideen von Dippel und seinen Vorgängern, die Annahme der drei Theile des Menschen, und die Behauptung des göttlichen Funkens in der Seele als bleibender Form des Ebenbildes Gottes, endlich die daraus abgeleitete Folgerung, daß auch solche Menschen selig werden, die von Christus nichts wissen, hat Rosenbach im Privatverkehr[4]) kundgegeben. Von Interesse ist, daß derselbe in der zuletzt angeführten Schrift ein Verzeichniß ihm bekannt gewordener Pastoren

---

1) Protokollmäßiger Extract von J. G. R., so uns zugesendet worden. Unschuld. Nachr. 1704. S. 852.

2) Verfasser von „Christlicher Buß- und Lebensweg, aus den alten Kirchenlehrern und anderen erbaulichen Schriften gezeiget". Zwei Theile 1711. In diesem aus allen möglichen Werken mosaikartig componirten Erbauungsbuch ist auf die rechtgläubigen Voraussetzungen quietistische Mystik als die Ueberzeugung des Verfassers aufgetragen, jedoch so, daß das Leben in den weltlichen Berufen nicht daran gegeben wird.

3) Glaubensbekenntniß. 1703. Wunder- und gnadenvolle Bekehrung. 1704. Wunder- und gnadenvolle Führung eines auf dem Wege der Bekehrung Christo nachfolgenden Schafes (vor 1708). Vgl. Unschuld. Nachr. 1710, S. 213; 1704, S. 855; 1708, S. 162.

4) Mit einem Berichterstatter in den Unschuld. Nachr. 1713. S. 1054.

aufstellt, einerseits derer, die er für gottlos, andererseits derer, die er für fromm hält.

Einen stärkern Zusatz von Böhme'schen Ideen verräth ein anonymer Schriftsteller Alethophilus in: „Die wahre Vollkommenheit und Glückseligkeit in dieser Welt" (Amsterdam 1705. 1708). Wie Dippel statuirt er eine Anrechnung der Gerechtigkeit Christi nur für den, in welchem Christus als der Grund der Selbstverleugnung und der Erneuerung oder Heiligung wirksam geworden ist. Die letztere kann im gegenwärtigen Leben auf volle Sündlosigkeit hinausgeführt werden. Wer dieses Ziel nicht erreicht, wird in einem Mittelzustand zwischen Verdammniß und Seligkeit mit Feuer gesalzen und mit einer schärfern Lauge gewaschen werden, bis er die volle Reinheit erreicht. Zum Glauben ist das historische Wissen von Christus nicht nöthig, wie aus dem 11. Cap. des Briefs an die Hebräer bewiesen wird. Die allgemeine zuvorkommende Gnade, welche auch den Juden, Türken und Heiden zu Theil wird, oder das Wort, das jedem nahe ist (Röm. 10, 8), macht die directe Kunde von Christus überflüssig. Auf Grund der Lehre von der aus Gott entsprungenen geistigen und der niedern Astralseele lehrt dieser Schriftsteller wie Dippel, daß Christus in sündigem Fleische existirt habe. Ein besonderes Argument dafür ist neben der Thatsache, daß Christus Versuchung erfahren, die falsche Annahme, daß die Lust, aus welcher Versuchung entspringt (Jak. 1, 14), böse Lust sei. Aber indem dieser Umstand die factische Sündlosigkeit Christi nicht aufhebt, so wird in der Analogie mit Christus, nach Anleitung Böhme's, das Leben der Gläubigen dahin beurtheilt, daß sie gemäß der niedern Seele oder dem Fleisch sündliche Begehrungen haben müssen, da man nach diesem Princip überhaupt Gott nicht lieben könne. Indem man aber mit dem bloßen nackten Glauben, also quietistisch, sich gänzlich in Gott ergiebt, daß er mit uns verfahren möge, wie es ihm gefällt, so betrübt man sich zwar über die eigene und Anderer Sünde, verliert jedoch dadurch nichts an seiner wesentlichen Ruhe und Freude; diese nämlich hat man in dem bloßen Gott, welcher der Seele alles ist. Die letzte Folgerung hat auch Tersteegen (I. S. 477) gezogen. Unter dem Namen Alethophilus verbirgt sich Ernst Graf Wolff von Metternich (geb. 1656, gest. 1728), Preußischer Geheimer Rath und Gesandter beim Reichstag in Regensburg, welcher 1707 das Fürstenthum Neufchatel für Friedrich I. in Besitz nahm, von Hause aus reformirter Confession[1]). Er ist kurz vor seinem Tode gegen Weihnachten 1727 katholisch geworden, unter Umständen, welche an der Verantwortlichkeit des Mannes für diesen Schritt Zweifel erweckt haben.

Auf Böhme's und Dippel's Einfluß werden wir zurückgeführt durch Christian Anton Römeling[2]). Derselbe ist 1701 in Harburg als Garnisonprediger angestellt worden. Wie er selbst berichtet, hat er trotz pietistischer Anregungen, die ihn schon vorher

1) Andere Schriften desselben sind: Die wahre Lehre der Reformirten vom heil. Abendmahl, 1721; Kurze Anleitung zum rechten beständigen und sichern Grunde des innern Lebens, 1722; Gedanken von der Gnade zur Rechtfertigung der wahren Theologia mystica, 1723; Die wahre Theologia mystica, 2 Theile, 1725. 26. Gedanken von der Wiederbringung aller Dinge, o. J. Meditationes aliquot sacrae et philosophicae 1729. Die Unsch. Nachr. 1719. S. 672 vermuthen M. auch als Verf. von Hilarius Theomilus, Stete Freude des Geistes, 1719; indessen ist die Gleichheit der Ansicht in dieser Schrift kein genügendes Argument für Identität des Verfassers. Vgl. Mylius, Bibliotheca anonymorum et pseudonymorum detectorum (1740) P. II. p. 2. Von einem Bruder dieses Metternich sind folgende anonyme Schriften gleicher Richtung: Die wahre Kirche, 1716; Unparteiische Gedanken von der wahren Religion und Kirche, 1724; Die wahre allein seligmachende Religion, 1724. Diese nämlich werden als sein Eigenthum von dem Verf. der „Bescheidenen und unparteiischen Gedanken über das Soliloquium, wodurch der Graf von Metternich sich soll haben bewegen lassen die römisch-kathol. Religion anzunehmen", 1728. S. 36. 59. — in Anspruch genommen. Vgl. Mylius P. I. p. 277.

2) Seine Schriften sind: Nachricht seiner von Gott geschehenen völligen Herausführung aus Babel, 1710 (besteht aus 1. den auf seine Amtsentsetzung bezüglichen Actenstücken, einschließlich zweier ausführlicher Vertheidigungsschriften R.'s; 2. einem vorangegangenen Briefwechsel mit dem Pastor Knigge und einer ausführlichen Widerlegung der Vorhaltungen desselben; 3. Treuherzige Erweckungsstimme an Alle in Babel zu eilfertiger Ausgehung, da dessen endlicher Untergang herbei nahet). Die Zerstörung Babels von Mitternacht und Morgen, nebst der darauf folgenden Bekehrung der Juden, Türken und Heiden, 1710. Antwort an das Ostfriesische Consistorium in Aurich betreffend etliche aus seinem Tractat vom Predigtamt und von der Absonderung extrahirte und ihm vorgelegte Sätze, 1715. Vgl. Klose, Ch. A. R.'s Leben und Lehre; Zeitschr. für histor. Theol. 1853. S. 204 ff. Bartels, Pietismus in Ostfriesland; Zeitschr. für KG. V. S. 263 ff. Ferner im ersten Bande der Gesch. des Pietismus S. 446 ff. Für die Beziehungen R.'s zu den Gichtelianern vgl. Briefe in der „Fortgesetzten Sammlung", 1720 S. 67 ff.

berührt hatten, eine auf Ehre und weltliche Geselligkeit gestellte Lebensrichtung verfolgt, bis er unter den Einfluß einer in Harburg bestehenden Gruppe von Separatisten gerieth. Diese standen mit Gleichgesinnten in Hamburg und Altona in Verbindung, unter welchen die von Zimmermann (S. 75) eingeführte Anlehnung an Böhme durch Johann Otto Glüsing erhalten wurde, einen der Engelsbrüder oder Anhänger Gichtel's[1]). Durch ihn ist Römeling erweckt worden. Die öffentliche Meinung wurde gegen die Separatisten in Harburg durch die Predigten des Generalsuperintendenten Molanus, eines Bruders des Abts zu Loccum aufgeregt; Römeling, der früher auch gegen sie gepredigt hatte, nahm seit 1706 öffentlich für sie Partei. Für deren Lage kommt in Betracht, daß ihnen 1707 die Fenster eingeworfen und ihre Häuser angegriffen wurden. Ferner erzählt Römeling, ein Bürger habe von ihm ein Zeugniß verlangt, daß er kein Quäker sei; das Gerücht davon sei daher entstanden, daß er einem Dragoner das Fluchen in seinem Hause verboten, und darauf Jemand ihn in der Bibel lesend gefunden habe. Als Römeling dieses Zeugniß versagte, hat Jener erklärt, es bleibe ihm nun nichts anderes übrig als in alle Krüge zu gehen, sich voll zu saufen und zu fluchen, damit jeder urtheilen könne, er sei kein Quäker. Im Herbste 1709 wurde durch Denunciation von Molanus zuerst die Suspension Römeling's, im März 1710 seine Amtsentsetzung durch das Consistorium zu Hannover und zugleich seine Verweisung aus dem Lande verfügt. Derselbe meinte das Gericht Gottes über seinen Verfolger darin zu erkennen, daß Molanus, einige Tage nachdem er ihm die Suspension angedeutet, selbst ebenfalls von Gott suspendirt worden sei, da ihn in der Predigt eine solche Schwachheit überfiel, daß er fortan nicht mehr die Kanzel bestiegen hat, und drei Tage, nachdem er Römeling die Remotion angekündet, durch den großen Gott ebenfalls abgesetzt sei, indem er plötzlich in Hamburg starb. Das sittliche Zartgefühl des Mannes ist auf der gleichen Höhe, wie bei Petersen (S. 240). In der gegen Römeling angestellten Untersuchung bekennt er sich offen zu dem Grundsatz, daß Christus alles durch seinen Geist in den Menschen verrichten müsse, der Weg dazu aber sei die gänzliche Verleugnung seiner selbst und der Welt. Er macht auch kein Hehl

---

1) Ueber ihn vgl. **Bolten**, Kirchennachrichten von der Stadt Altona. Zweiter Band (1791) S. 102—111.

von den Ansichten über den Abstand der heiligen Schrift von dem im Herzen gegenwärtigen lebendigen Worte Gottes, von der Werthlosigkeit aller Ceremonien, von der Nothwendigkeit der Wiedergeburt der Prediger, von der Ungiltigkeit des Beichtstuhls, da die Schlüssel der Gemeinde und jedem Einzelnen anvertraut seien, und ein Prediger nur solche Sünden vergeben könne, die ihn als Menschen antasteten, von der Indifferenz der Kirche gegen jede Art von rechtlicher Ordnung, da die Christen nur an Glaube und Liebe erkannt werden, von der Taufe, daß sie nicht Wiedergeburt wirkt, sondern dieselbe an denen abbildet, die in Buße und Glaube begriffen sind, vom Abendmahl, daß es als Erinnerungsact den rechtschaffenen Christen vorbehalten sei, die in der innern Gemeinschaft mit dem Herrn stehen. Alle diese Sätze aber begleitet Römeling mit Beweisen nicht blos aus Schrift und Vernunft, sondern auch aus Luther's Schriften und dem Katechismus. Er erhält also in der Weise Arnold's (S. 314) den Anspruch aufrecht Lutheraner zu sein.

Als jedoch derselbe ihm nicht zugestanden wurde, legte er seinen an Arnold, Dippel und Böhme genährten Ueberzeugungen keinen Zwang auf. In den gegen Knigge gerichteten Bemerkungen erklärt er offen die Kirche für Babel, bezeichnet den gesammten Inhalt der heiligen Schrift für mystische Theologie, findet, daß die Offenbarung Christi als des innern Lichtes, welches alle Menschen ohne Unterschied erleuchtet, die ordentliche, die in der heiligen Schrift die außerordentliche sei; daß also Juden, Heiden und Türken von der Geschichte Christi nichts zu wissen brauchen, weil Christus als die Liebe des Vaters wesentlich in ihnen wirkt. Die heilige Schrift nutzt nur so viel, als ein gläubiger Christ, der Jesum in seinem Herzen wesentlich besitzt, der seine Gestalt öfters erblickt und seine Stimme gehört hat, der in stetigem Gebet mit ihm umgeht, ihren Inhalt für sich lebendig macht. Denn die geschichtlichen Data derselben sind, wie er in der zweiten Schrift ausführt, nur Typen für immer wiederholte Vorgänge in dem Menschen. Immer steht der Mensch am Versuchungsbaum im Paradiese, immer wird Christus empfangen, geboren, gekreuzigt und getödtet, immer wiederholt sich der Gegensatz zwischen Christus und Babel. Es findet aber auch eine genaue Correspondenz zwischen der Natur und der heiligen Schrift statt, da alle Ideen, welche Gott in seiner ewigen Weisheit abgefaßt hat, durch seinen Sohn als den Erstgeborenen vor allen

Creaturen in der Kraft ausgesprochen und zum Grunde der ganzen Schöpfung gemacht sind. Die göttliche Schöpfung ist nun ebenso der Schauplatz des Gegensatzes zwischen der vom Satan repräsentirten Finsterniß und dem Licht, wie der Mensch als Geist aus Gott entsprungen, als Seele dem Astral- oder Weltgeist angehörig, und in den Gegensatz von Christus und Babel verflochten ist. Das Ziel auf dem Wege Christi ist die völlige Reinigung von aller Befleckung des Fleisches und des Geistes und die Vollendung der Heiligung in der Furcht Gottes, welche noch in dieser Zeit vollbracht wird. Nun aber deutete Römeling nach seiner Amtsentsetzung die Zeichen der Zeit auf die nahe bevorstehende Zerstörung des Kirchenbabels und die allgemeine Zurückführung der Gemeinde Christi in die ursprüngliche Reinheit. Die Stelle Jesaja 41, 25, welche eine neue Offenbarung Gottes durch einen Prediger von Mitternacht und von Morgen in Aussicht stellt, verrieth ihm nicht nur das allgemeine Weltgesetz des Wechsels zwischen Finsterniß und Licht, sondern stellte ihm die damals von Karl XII. erstrebte Verbindung der schwedischen und der türkischen Macht in das Licht der Combination, durch welche Babel zerstört werden solle. In beiden Schriften also mahnt er die wachenden und die schlafenden Christen daran, aus Babel auszugehen, d. h. die äußere Verbindung mit der Kirche aufzugeben, um der Rettung in das Reich Christi sich zu versichern.

Die radicalen Pietisten, welche sich um Arnold und Dippel gruppiren, sind sonst nicht auf die Nähe solcher Krisis bedacht. Dippel hat zwar im Allgemeinen auch zum tausendjährigen Reiche sich bekannt (in der Schrift gegen Mayer), aber er hat es nicht in der Nähe erwartet. Vielmehr hat er die wiederholt vorgekommenen Gerüchte von seinem Tode im Jahre 1733 mit der Verkündigung verspottet, daß was von seinem Absterben vor Anno 1808 zu hören sein werde, falsch und lügenhaft erfunden sein werde, da er aus der andern Welt gewisse Versicherung habe, nicht eher den zeitlichen Tod zu schmecken, bis alle Secten der sogenannten Christenheit nicht nur ihre sectirerische Thorheit und orthodoxe Raserei, sondern auch die allein vor Gott geltende wahre Religion eingesehen, jene detestiret und diese zu amplectiren auf dem Wege begriffen sind[1]). Der radicale Pietismus setzt sein allgemeines Interesse mehr in die

1) Sämmtliche Schriften III. S. 378.

Hoffnung auf die Wiederbringung als in die auf das tausendjährige Reich. Die Petersen's freilich betonen beide Hoffnungen gleich stark; dieses aber erklärt sich daraus, daß sie von Hause aus nicht in der Richtung sich bewegt haben, welche von Weigel und Böhme ausgeht. Römeling verkündet nicht die Wiederbringung. Daß er hingegen mit solcher Dringlichkeit den Sturz der bestehenden Kirche erwartet hat, kann man auch nur aus dem Trotze erklären, den seine Amtsentsetzung in ihm erregt hat, nachdem er vergeblich versucht hatte, bei allen seinen Abweichungen in der Lehre das Amt in der babelischen Kirche festzuhalten. Aus dem Kurfürstenthum Hannover verbannt, hatte er die Genugthuung, in Altona mit dem Schustergesellen Joh. Maximilian Daut aus Frankfurt am Main zusammenzutreffen, welcher eben in seiner Schrift: „Helle Donnerposaune", 1710, vorgebliche Offenbarungen desselben Inhaltes veröffentlicht hatte, auf den Römeling gespannt war. Nach einer durch Bolten mitgetheilten Aeußerung Glüsing's haben diese Prophezeiungen in Altona wie in ganz Deutschland eine gewaltige Aufregung herbeigeführt. Nachher waren sie nicht wahr, und in der fernern Wirksamkeit Römeling's klingen sie nicht wieder an. 1711 erscheint derselbe in Bremen, wo er sich still hielt, aber durch seinen Einfluß auf Detry (I. S. 446) auch dort Verwirrung stiftete. Von Bremen ausgewiesen begab er sich 1713 nach Leer in Ostfriesland und fand in dessen Nähe auch bei einigen reformirten Predigern von der Richtung Sicco Tjaden's (I. S. 308) Anklang für seine separatistische Tendenz. Lampe's Schrift: „Betrügliches Irrlicht in Römeling's Schriften", 1714, welche 51 heterodoxe Sätze desselben, nicht alle mit gleichem Rechte, bezeichnete[1]), störte seine Wirksamkeit in Ostfriesland; in Folge einer von dem fürstlichen Consistorium in Aurich angestellten Untersuchung ward er nach anderthalb Jahren 1715 des Landes verwiesen. Er ist 1717 noch einmal nach Leer gekommen, und sein indirecter Einfluß im Lande ist noch später wahrgenommen worden. In Leiden, wohin er sich zurückzog, hat er eine Zeit lang in Verbindung mit den Gichtelianern gestanden, bis ihm 1718 die Freundschaft gekündigt worden ist, weil er gegen das Haupt der Secte, Ueberfeld nicht die nöthige Devotion gezeigt hatte. Er soll auch in England gewesen sein. Nach einer Nachricht, die Bolten mittheilt, ist er zwischen 1750 und 1755 zu Harlem vereinsamt gestorben.

---

1) Vgl. dieselben bei Klose a. a. O. S. 221.

Endlich sind noch zwei Männer zu erwähnen, welche der hier verfolgten Richtung angehören und zugleich als Mittelpunkte separatistischer Gruppen genannt werden. Der erste ist der Rath Christian Fend zu Frankfurt a. M., geboren 1649, Agent verschiedener Reichsstände. Er ist durch Joh. Jakob Schütz in Spener's Conventikel beeinflußt worden, ist der Vormund der Tochter desselben gewesen. Edelmann hat ihn im Jahre 1737 als einen Greis von 88 Jahren gekannt. Aus dem Titel seiner Hauptschrift [1]) ergiebt sich, daß er mit Dippel die Sündlichkeit des Fleisches Christi behauptet und dessen Widerspruch gegen die Satisfactionslehre getheilt hat. Da er sich übrigens mit Böhme und mit der Kabbala beschäftigt hat, so darf vermuthet werden, daß er auch an den anderen Eigenthümlichkeiten des mystischen Radicalismus theilgenommen hat. In dieser Richtung ist auch ein Neffe des Lic. Schütz, der gräfliche Kammerschreiber Christoph Schütz zu Homburg (geb. 1693 zu Umstadt in der Pfalz, gest. 1750) literarisch thätig gewesen [2]). Er weiß die Erwartung des tausendjährigen Reiches und die der Wiederbringung zusammenzufassen, lehrt die Seligkeit der Heiden ohne die christliche Offenbarung, und verschärft seine Absonderung von der Kirche durch die Geringschätzung der Obrigkeit. Zu seinen Auctoritäten gehören neben Böhme die Bourignon und Poiret.

Das abschließende Document des mystischen Radicalismus und Indifferentismus ist die Berleburger Bibel [3]). Es ist

---

1) Des hocherleuchteten Apostels Pauli vortrefflicher Brief an die Epheser übersetzt und erläutert, nebst zweien Anmerkungen von der hauptsächlichen Wiederzusammenfassung aller Dinge in Christo, wie auch von desselben Sendung in der Gleichheit des Fleisches der Sünde. 1727. Kurze Anweisung, wie eine Gott suchende Seele mit ihrem Gott und Christo umgehen und reden könne. Dritte Aufl. Tübingen 1730. Andere Schriften bei J. G. Walch V. S. 1070. Vgl. Oetinger, Selbstbiographie S. 58; Edelmann S. 239.

2) Die güldene Rose oder ein Zeugniß der Wahrheit von der uns nun so nahe bevorstehenden güldenen Zeit des tausendjährigen Reichs Jesu Christi und der damit verbundenen Wiederbringung aller Dinge. 1727. Das kündlich große Geheimniß der Gottseligkeit: Christus in uns, wie auch das große Geheimniß der Bosheit und der Gräuel der Verwüstung stehend an der heiligen Stätte. 1728. Vgl. Walch V. S. 1062. Edelmann S. 225. 312. Goebel in Zeitschr. für histor. Theol. 1855. S. 367. Ueber seine Gedichte vgl. Koch, Gesch. des Kirchenliedes. 2. Aufl. 2. Theil S. 4.

3) Die heilige Schrift altes und neues Testaments, nach dem Grund-

I. S. 421 erwähnt worden, daß die beiden Grafschaften Wittgenstein schon seit dem Ende des 17. Jahrhunderts der Sammelplatz aller möglichen Separatisten waren. Was damals die Gräfin Hedwig Sophie von Berleburg als Vormünderin ihres Sohnes Kasimir unternommen hatte, ist von diesem bis an seinen Tod (1741) weiter gepflegt worden. Darüber wird noch zu berichten sein. Hier kommt nur in Betracht, daß der Graf den Anlaß zu der neuen Bibelerklärung gegeben hat, mit deren Erträgen eine Ersparnißgesellschaft und ein Waisenhaus errichtet werden sollte. Der Graf hat auch zum Gebrauch für die Erklärung der Bibel die Anmerkungen der Frau von Guyon zur heil. Schrift übersetzt. Der Hauptarbeiter war seit 1723 der als Candidat der Theologie 1705 von Straßburg vertriebene M. Joh. Friedrich Haug. Denselben lernen wir kennen aus einer Vorrede über die „Akademische Theologie und deren systematische Lehrart" zu Theosophia pneumatica (1710), einer Sammlung von enthusiastischen Tractaten unbekannter Verfasser, denen zum Schluß Jacob Brill's (S. 305) „Weg zum Frieden" hinzugefügt ist. Haug's Verurtheilung der von Melanchthon wieder aufgenommenen aristotelischen Lehrart richtet sich bei deutlicher Anlehnung an Arnold auch gegen die kirchliche Dogmenbildung, ist besonders scharf gegen Athanasius, macht dagegen die biblische Darstellungsweise geltend, überweist aber die Auslegung der Bibel der Erleuchtung durch die himmlische Weisheit, deren Begriff von Arnold hergenommen ist, und stellt der Inspiration der heil. Schriftsteller diejenige gleich, welche jedem Wiedergeborenen beiwohnt. Neben Haug sind an der Bibelerklärung beschäftigt gewesen der Inspector (Superintendent) Ludw. Christoph Schefer zu Berleburg (gestorben 1731), ferner ein abgesetzter Prediger Christoph Seebach aus Thüringen, welcher als Socinianer bezeichnet wird, Tobias Eisler (S. 341), endlich 1737 vorübergehend Joh. Christian Edelmann, dessen Beiträge (2 Br.

text übersehen und übersetzet. Nebst einiger Erklärung des buchstäblichen Sinnes wie auch der fürnehmsten Fürbilder und Weissagungen von Christus und seinem Reich, und zugleich einige Lehren, die auf den Zustand der Kirche in unseren letzten Zeiten gerichtet sind, welchem allem noch untermengt eine Erklärung, die den innern Zustand des geistlichen Lebens oder die Wege und Wirkungen Gottes in der Seele zu deren Reinigung, Erleuchtung und Vereinigung mit ihm zu erkennen gebe. Berlenburg 1726—42 fol. Acht Bände (4 A. T., 4 N. T. und Apokryphen).

an Timotheus, Br. an Titus und Philemon) jedoch nicht ohne Correcturen gedruckt worden sind [1]). Es wird die Versicherung genügen, daß diese Erklärung der Bibel, zu welcher die Guyon und Poiret ihre Beiträge haben leisten müssen, in allen Punkten mit den Grundsätzen des mystischen Radicalismus übereinkommt [2]). Indessen sind die beiden Stellen Joh. 1, 4; Röm. 10, 8 nicht als Argumente für das allen Menschen beiwohnende Licht oder Wort Gottes erklärt worden.

Ein anderes Organ fand die Richtung zu Berleburg in der Zeitschrift: „Geistliche Fama, mitbringend verschiedene Nachrichten und Geschichten von göttlichen Erweckungen und Führungen, Werken, Wegen und Gerichten, allgemeinen und besonderen Begebenheiten, die zum Reich Gottes gehören", 30 Stücke, 1730—1744 (in drei mäßigen Bänden gesammelt). Der Unternehmer und Herausgeber der ersten 20 Stücke war der Dr. med. Joh. Samuel Carl, damals als gräflicher Leibarzt in Berleburg ansäßig [3]). Nach dessen Abgang von dort hat Edelmann die Stücke 21—23 redigirt; wer die Zeitschrift von 1738—1744 besorgt hat, konnte nicht ermittelt werden. Der Inhalt derselben ist vielseitiger als der der gleichzeitigen Zeitschriften der Francke'schen Richtung. Wir finden in der Geistlichen Fama Nachrichten aus verschiedenen Missionsgebieten, Bekehrungsgeschichten, Mittheilungen über Erweckung von Kindern im Waisenhause zu Kopenhagen, über Zinzendorf's Unternehmungen. Im Anfange ist der Herausgeber darauf bedacht, die Spannung zwischen dem radicalen und dem Halle'schen Pietismus dadurch auszugleichen, daß die Formeln des Christus für uns und des Christus in uns sich einschließen sollen. Allein alsbald erfolgt eine Apologie des Separatismus, und Tobias

---

1) Vgl. Edelmann's Selbstbiographie, herausg. von Klose (1849) S. 229.

2) Vgl. C. Weizsäcker in Herzog's RE. II. S. 80. — Winckel, Die Berleburger Bibel, in Monatsschrift f. d. evang. K. in Rheinland und Westfalen, 1851, läßt die Einsicht in die Eigenthümlichkeit des Werkes durchaus vermissen.

3) Geboren zu Oehringen 1675, seit 1713 in Büdingen als Isenburgischer Leibarzt, daselbst Mitglied der Gemeinde der Inspirirten, seit 1726 in Berleburg, wo er sich 1728 von den Inspirirten geschieden hat, 1736 Leibarzt Christian's VI. Königs von Dänemark, gestorben 1757 zu Meldorf in Holstein. Vgl. Goebel in Zeitschr. für histor. Theol. 1855. S. 123.

Eisler's Vertheidigung des innern Wortes (S. 341) findet Aufnahme; daneben ist die Warnung vor Heuchelei gewiß gegen den Halle'schen Pietismus gerichtet, welcher zugleich direct des Pharisäismus geziehen wird. Im Dienste der Lehre von der Wiederbringung steht eine Reihe von Spukgeschichten, welche Bekehrungen im Jenseits, speciell Bekehrung zur Lehre von Christi Gottheit bezeugen. Dies hindert nicht, daß ein scharfer Angriff vielleicht von Seebach gegen die „alte Ketzerei" von der ewigen Gottheit Christi, und gegen ihre Unterstützung durch kabbalistische Mysterien als Grund der Störung des Friedens und der Beschämung des christlichen Namens Aufnahme gefunden hat. Auch begegnet uns 1735 eine Berechnung der apokalyptischen Zahlen von Joh. Christian Seitz, der gemäß im folgenden Jahre die zwei Zeugen auftreten sollen, woran 1736 eine Reihe von Widerlegungen, unter ihnen eine solche von Joh. Albrecht Bengel angeschlossen wird. Endlich lesen wir eine Erörterung über die Bekehrung der Juden, und einen scharfen Angriff gegen die Inspirationsgemeinde und ihre Verfassung, welche es anschaulich macht, daß die indifferentistische Mystik sich gegen jede gottesdienstliche Ordnung ablehnend verhält [1]).

Der Uebergang dieser Richtung in die verständige Aufklärung ist bei einigen Schriftstellern da angedeutet, wo dem geheimen übernatürlichen Licht, das jeden erleuchtet, diesem ewigen Wort, welches auch in dem Heiden und Türken der wirksame, wenn auch ungekannte Christus ist, das Gewissen oder das natürliche Sittengesetz gleich gesetzt wird. Ein anderer Zug der nachher ausgebildeten Aufklärung ist die Nützlichkeit, die Accommodation der erstrebten Ziele an den gewöhnlichen niedrigen Maßstab des Lebens. Diesen Uebergang zur Aufklärung verräth ein anderer Alethophilus in der Schrift: „Kern des Christenthums" (1728). Ganz mystisch stellt er das Christenthum dar als die Selbstverleugnung, die Uebernahme des Kreuzes und die Nachfolge Christi. Auf diesem Wege erreicht man die Vereinigung mit Gott, in welcher man sich nicht verunruhigt, auch nicht über die eigenen Sünden. Aber diese quietistische Lebensansicht stellt der Verfasser unter Vorbehalte. Alles, meint er, wozu man aus eigener Lust getrieben wird, soll man um Gottes willen lassen, so weit es vernünftiger Weise

1) Anonyme Schriften der Richtung kommen noch im vierten und fünften Jahrzehnt vor. Vgl. Acta historico-ecclesiastica III. (1739) S. 369. IX. (1743) S. 469. 598.

geschehen kann. Man soll die Leiden auf sich nehmen, aber man darf auch rechtmäßig denselben vorbauen; man hat sich nicht zu überarbeiten, sondern zum Berufe sich tüchtig zu erhalten; man darf sein Vermögen vermehren, um es als Gottes Haushalter zu verwenden, darf der Verachtung auf rechtmäßige Weise widerstehen, weil sonst die Gottlosen die Armen unterdrücken. Der Quietismus, den der Verfasser formulirt, soll auch nicht auf künstliche Weise erzielt werden; man soll vielmehr immer etwas Nützliches thun und niemals müßig sein. Der praktische Mann schließt sein Buch mit der Anweisung zu einer glücklichen und vergnügten Ehe und mit einer Erörterung über die christliche Klugheit der Frauen. Es geht ziemlich über die Erwartung, daß quietistische Mystik den Anforderungen des bürgerlichen Lebens so anbequemt werden kann. Vergleicht man aber die Gestalt, welche die Aufklärung in der zweiten Hälfte des 18. Jahrhunderts erreicht, mit der Fluth des mystischen Radicalismus, welche nicht ganz bis 1750 beobachtet werden kann, so müssen Viele, welche von dieser Fluth fortgerissen worden sind, schließlich auf der wohlthätigen Sandbank angekommen sein, welche dieser Alethophilus in Aussicht stellt. In einer andern Beziehung lenkt ein anonymer Anhänger Böhme's „Betrachtung des Menschen nach Geist, Seele und Leib" 1726, in die Aufklärung ein. Derselbe erklärt, indem er die übernatürliche, aber ganz individuelle Heilsordnung des Meisters vertritt, und die Seligkeit auch für Heiden und Juden als möglich achtet, daß an einem Religionsirrthum nichts gelegen sei, wenn dadurch der Staat nicht gestört werde, und daß man ein brauchbares Glied der bürgerlichen Gesellschaft sein könne, auch wenn man kein Christ wäre [1]). Endlich hat Joh. Chr. Seitz aus Bayreuth, der Chiliast, 1727 eine Schrift über „Die Rechtmäßigkeit, Nothwendigkeit und Nutzbarkeit der Toleranz", eine Sammlung verschiedener Tractate auch anderer Verfasser veröffentlicht, welche theils aus den Begriffen vom Staat und von der Religion, theils aus den Ansichten der vorconstantinischen Kirchenlehrer den staatlichen Grundsatz der Toleranz verschiedener Religionen und dessen Uebereinstimmung mit dem Interesse des Christenthums ableiten. Directe Spuren von Indifferentismus enthalten die Ausführungen von Seitz nicht; indessen hat er persönlich diesem Kreise angehört.

1) Unschuld. Nachr. 1728. S. 245.

Aehnliches ist an Johann Christian Edelmann[1]) zu beobachten, obgleich derselbe nicht auf dem Standpunkt der Aufklärung stehen geblieben, sondern zu einem Naturalismus fortgeschritten ist, der Haß und Verachtung der christlichen Religion im Gefolge hat. Dieser Mann ist ursprünglich ein Streittheolog wie Petersen und Dippel gewesen. Als Hauslehrer in Wien ist er mit der Halle'schen Methode des Pietismus in Berührung gekommen und von der liturgischen Breite und der kleinlichen Gesetzlichkeit desselben abgestoßen worden. Nach Sachsen zurückgekehrt 1731, verstrickt er sich in die ersten Zweifel an der Auctorität der heiligen Schrift, weil Johannes einmal behauptet, der Wiedergeborene sündige nicht, und daneben verlangt, daß man sich als sündig zu bekennen habe; ebenso ist er an dem Rechte der Kindertaufe irre geworden. Aus Arnold's Kirchen- und Ketzergeschichte hat er dann Abneigung gegen die Orthodoxie überhaupt und die allgemeine Disposition zum Pietismus geschöpft, welche ihn zunächst bei dem Glauben an die Unfehlbarkeit der Bibel festhielt. Er probirte es zuerst mit der Halle'schen Methode der Vollkommenheit, verfing sich aber dabei in den Scrupel, daß Christus über die Gesetzerfüllung hinaus den Verzicht auf Eigenthum als Probe der Vollkommenheit vorgeschrieben habe. „Damals erschallte der Ruf des Grafen von Zinzendorf und dessen großer so genannter Selbstverleugnung auch nach Dresden", wo Edelmann wohnte. Er setzte sich mit dem Grafen in Verbindung, wurde jedoch durch die Dinge, die er in Herrnhut kennen lernte, theils befremdet, theils mit Mißtrauen erfüllt, und von dem Anschlusse an die Brüdergemeinde besonders dadurch zurückgehalten, daß er schon mit der Arbeit an den „Unschuldigen Wahrheiten" (15 Stücke, 1735—43) beschäftigt war, welche mit Zinzendorf's Interessen wenig stimmten. Schon in den vier ersten Stücken zeigt sich Edelmann auf dem Standpunkte der Aufklärung, indem er die Gleichgiltigkeit der Religionen und die Liebe als das einzige Merkmal der christlichen Kirche behandelt. Als er aber damals 1735 durch einen Gichtelianer mit Dippel's Schriften bekannt gemacht wurde, nahm er nicht nur

---

1) Geboren zu Weißenfels 1698, gestorben zu Berlin 1767. Seine schon wiederholt citirte Selbstbiographie, herausgegeben von Klose (1849) ist im Jahre 1752 geschrieben. Ueber seine Schicksale und Schriften seit diesem Jahre vgl. a. a. O. S. 439—457.

dessen Kritik der Satisfactionslehre mit Lebhaftigkeit auf, sondern versuchte sich auch in der Selbstverleugnung und Gelassenheit des Willens. Bei diesem Vorsatze war es ihm höchst erwünscht, 1736 zur Mitarbeit an der Bibelerklärung nach Berleburg berufen zu werden, weil er dort eine Menge gleich Gesinnter zu finden erwarten durfte. Freilich meinte er in seiner Unterwerfung unter den Buchstaben der Bibel, daß er, um zu Christus zu kommen, sein Leben hassen, und um in dessen Tod gepflanzt zu werden, sich auf einen blutigen Lebensausgang gefaßt machen müsse. Inzwischen fand Edelmann in Berleburg keinen andern Anschluß als an die Gemeinde der Inspirirten; da er die ihm näher stehenden Separirten durch einen schnöden Angriff auf das Abendmahl in den Unschuldigen Wahrheiten sich entfremdete. Aber auch von den Inspirirten mußte er sich trennen, da deren Häupter an seiner blos passiven Theilnahme an den Gebetsversammlungen Anstoß nahmen. Es kam 1738 zu einem peinlichen Conflict zwischen Edelmann und dem Propheten Rock. In der Gemüthsbewegung, die ihn in dieser Streitlage beschäftigte, da er sich nicht klar war, ob die Inspiration Rock's von Gott oder vom Teufel sei, überfiel ihn der Gedanke, der johanneische Satz: *Θεὸς ἦν ὁ λόγος* habe die Bedeutung: Gott ist die Vernunft. Diese Entdeckung, welche er alsbald durch die Uebereinstimmung des ältesten patristischen Sprachgebrauchs zu bestätigen unternahm [1]), befreite ihn nicht blos von dem Respect vor den Inspirirten, sondern auch von dem Glauben an die Unfehlbarkeit der heiligen Schrift, welcher inzwischen durch die Bekanntschaft mit der Kritik Spinoza's und des Engländers Thomas Morgan über das A. T. untergraben worden war. Auch jetzt noch kam es ihm auf die Vernunftgemäßheit des Christenthums, und nach Röm. 12, 1 auf den vernünftigen Gottesdienst an, der in der Darbringung der Leiber besteht, also in einer asketischen Lebensführung. Um dieselbe seinen bisherigen Genossen, den Inspirirten anschaulich zu machen, trug er einen Mennonitenkittel und vollen Bart. Aber bei dieser Verbindung von Askese und Aufklärung ist er nicht stehen geblieben. So wie er seit 1744 sich wieder einer Perrücke und weltmännischer Kleidung bedient

---

1) Die Göttlichkeit der Vernunft. o. J. (Nach Angaben in der Biographie S. 364. 366. ist die Schrift 1741 erschienen.) Ferner Moses mit aufgedecktem Angesicht; 3 Anblicke, 1740.

hat, so ist er, wie sein „Abgenöthigtes Glaubensbekenntniß“ (1746) und die Biographie beweisen, zu einem Standpunkte von Naturreligion fortgeschritten, welcher, wie gesagt, von Haß und Verachtung des kirchlichen Christenthums begleitet ist. In der Beobachtung der Natur und in seinem Gewissen fand Edelmann den zureichenden Erkenntnißgrund für den Gott, dessen zweckmäßige Leitung seines eigenen Lebens er preist. Jesus verehrt er als den, welcher die Vorstellung des den Menschen feindseligen Gottes aufhob und die Menschen zu gegenseitiger Liebe anleitete. Aber das Christenthum, wie es gegen die Intention seines Gründers geworden ist, welches alle Menschen in Unfrieden versetzt, will er nur für ein Gewebe von Aberglauben und Betrügerei der Pfaffen ansehen, und verzichtet ebenso auf die Möglichkeit der Reform desselben, als es ihm überhaupt nur auf die Freiheit der individuellen Ueberzeugung ankommt, die er mit Schimpfworten auch seinen Gegnern einräumt. Im Ganzen liegt dieser Standpunkt in der Linie des Indifferentismus gegen die verschiedenen Religionen, in welchem Edelmann seinen Vorgängern gefolgt war. Indessen bei der bisher vorgekommenen Gleichstellung der Heiden, Juden und Türken mit den Christen in Hinsicht der Möglichkeit, selig zu werden, war thatsächlich immer ein Vorzug des Christenthums vorbehalten worden, sofern dieses als die regelmäßige Anleitung zu diesem Ziel verstanden wurde. Daß Edelmann von da aus zu der Herabsetzung des Christenthums als Betrug und Aberglauben unter die vorgebliche Naturreligion fortgeschritten ist, erfordert seine Erklärung aus der Gemüthsart des Mannes, welche die Selbstbiographie erkennen läßt. Mit einem ausgeprägten sarkastischen Zuge und der Gabe scharfer Beobachtung verbindet sich bei ihm eine querköpfige Befangenheit des Urtheils und eine Sucht nach Uebertreibung in der Beurtheilung der Anderen, wie in der Auffassung seiner eigenen Lebensaufgabe. Dieser Hang zur Paradoxie ist theils von ausgesprochener Eitelkeit und von dem Anspruch auf Originalität, theils von einer plebejischen Stimmung getragen, welche ihn mit Vorliebe den vertraulichen Verkehr mit Menschen unter seinem Stande suchen, und gegen Vornehmere und Gebildetere ein mißtrauisches und hinterhaltiges Benehmen einschlagen läßt. Unter dem Antriebe dieses plebejischen Trotzes, welchen Edelmann unter dem Titel heiligen Eigensinnes eingesteht, und bei seiner verschrobenen Auffassung des Christenthums, an welcher er den

Genuß seiner Selbständigkeit erstrebte, ist er dahin gelangt, sich über das Christenthum zu erheben, und es als ebenso widersittlich wie unvernünftig zu deuten. Denn das Christenthum rechnet in allen Fällen auf Erwerb geistiger Vornehmheit. Daß Edelmann sich der besondern Vorsehung Gottes unterworfen glaubte und dieselbe auch in ganz handgreiflichen Orakeln zu erkennen meinte, kann nicht befremden, da die lutherische Orthodoxie, von welcher er hergekommen war, diesen Glauben zu der natürlichen Religion rechnete, die jedem Christen vor allem Uebrigen feststehen soll.

---

37. Gemeindebildungen von Separatisten.

Waren die rechtlichen Bedingungen der Existenz der lutherischen Kirche der hauptsächliche Anstoß für die Anhänger des mystischen Radicalismus, fanden sie jeder in der individuellen Erleuchtung und der Gelassenheit des Willens sowohl das Reich Gottes wie die Kirche, so schloß ihre Zurückziehung von dem öffentlichen Gottesdienste und den Sacramenten keinen Antrieb in sich, andere neue gottesdienstliche Gemeinden mit statutarischen Formen zu bilden. Das ist in dem böhmistischen Bedenken von 1686, welches Spener begutachtet hat (S. 108), deutlich ausgesprochen mit dem Argument, daß man durch Bildung einer neuen Partei ein neues Babylon aufrichten würde. In demselben Sinne ist die Petersen zu verstehen, indem sie 1698 in einer oben (S. 243) berührten Schrift die Niederreißung des alten sardischen Jerusalem und die Aufrichtung des neuen philadelphischen Jerusalem zeitgemäß, jedoch nicht in der Gründung einer neuen Secte findet, sondern darin, daß man im Geist und in der Wahrheit an allen Orten und in allen Zeiten wandelt und das neue Wesen des Geistes besitzt. Denn dieses neue Jerusalem, welches nur nach Gottes Willen und Befehl zu Stande kommt, schließt eben menschliche Absicht, wie rechtliche Formen von sich aus. Der unsichtbaren Kirche der überall zerstreuten Gläubigen will mit seinen historischen Forschungen Arnold dienen (S. 310). Daß man unter diesem Gesichtspunkt nicht auf seine rechtliche Stellung in der lutherischen Kirche zu verzichten braucht, auch indem man aus religiösen Gründen gleichgiltig gegen sie ist, hat derselbe Arnold 1700 ausdrücklich vorbehalten (S. 314). Demgemäß besteht der Zusammenhang unter den Anhängern Böhme's in Schlesien (S. 106), unter den Genossen Gichtel's und denen der Bourignon nur in freundschaftlichem Austausch mündlicher und schriftlicher Art. Dasselbe ist der Fall in dem Kreise der englischen Böhmisten Jane Leade, Thomas Bromley, John Pordage. Die „philadelphische Societät", welche von dieser Gruppe durch mehrere in deutscher Sprache zu Amsterdam 1698 erschienene Schriften verkündet wurde, bedeutet nur die Verbindung aller innerlichen Christen zu einer reinen jungfräulichen Kirche, wobei jeder in der rechtlichen Stellung zu seiner angestammten Kirche bleiben soll. In diesem Vorschlag wie in dem der Petersen ist um so weniger auf so etwas gerechnet, was man im kirchengeschichtlichen Sprachgebrauche Gemeindebildung nennen kann, als die Wiederkunft Christi in der Nähe nicht nur erwartet wird, sondern durch jenen formlosen Verkehr der wahren Gläubigen beschleunigt werden soll. Nichts desto weniger haben diese englischen Philadelphier insoweit den ersten Schritt auf der Bahn kirchlicher Rechtsordnung versucht, als sie ihre Gebetsversammlungen regelmäßig Sonntags in der Zeit des öffentlichen Gottesdienstes hielten. Da aber nach dem Zeugnisse Gichtel's diese Ordnung schon 1703 in Abgang kam, so hat sich darin die ursprüngliche Sprödigkeit dieses Separatismus gegen jede eigentliche Gemeindebildung wieder hergestellt.

Goebel, dessen Stoffsammlung [1]) ich hier benutze, hat die Meinung der Petersen und der Leade nicht genügend von anderen Bestrebungen unterschieden, welche sich durch den Titel von Philadelphia deckten. Dahin gehört ein Project, welches schon 1690 von Johann Wilhelm Kellner aus Moskau, einem Günstling der Petersen, aufgestellt ist, um eine patriarchalische und apostolische Gesellschaft von lauter wahren Christen oder eine philadelphische Kirche zu gründen [2]). Es käme, meint dieser Mann, darauf an einen Ort zu finden, wo man von aller drei Secten Lehre, Ceremonien, Leben und anderen babylonischen Gräueln abgesondert Gott dienen könnte. Hier in einer eigenen Colonie wollen die

1) Geschichte des christlichen Lebens III. S. 71—125: Berleburg und die philadelphische Gemeinde.

2) Feustking, Gynaeceum haeretico-fanaticum (1704) S. 476.

Christen nach der patriarchalischen Art ihre eigene Jurisdiction durch Aelteste haben, ohne daß der Landesherr, dem sie ein Kopf- und Schutzgeld erlegen, ihnen etwas zu befehlen hat, wollen ihren Gottesdienst nach rechter apostolischer Art, von Ceremonien und Adiaphoris gereinigt, einrichten, auch eine Druckerei halten, wollen jedoch von ihren Sachen und Schriften nur denen Mittheilung machen, welchen es der Landesherr zuläßt. Diese Vorschläge könnten der Labadistischen Gemeinde abgesehen sein; sie entfernen sich aber in so fern von dem Gesichtskreise, welchen die übrigen Vertreter der Ansicht von dem babylonischen Wesen der drei Kirchen behaupten. Diese rechnen für ihre Sache nur auf die unsichtbare Gemeinde der überall zerstreuten Gläubigen, welche als solche unabhängig von regelmäßiger Predigt und Sacramentübung existiren, und zu ihrem Dasein als unsichtbarer Kirche auch keines gemeinsamen Gottesdienstes bedürfen, sondern nur zufälliger Weise sich in demselben zusammenfinden. Diese namentlich durch Arnold formulirte Ansicht kommt mit dem in der lutherischen Theologie gangbaren Begriff von der unsichtbaren Kirche überein, welche als Gemeinschaft des Glaubens und des göttlichen Geistes abgesehen von Gottes Wort und Sacramenten wirklich sein soll. Luther hat freilich so etwas nicht gedacht. Denn er setzt Gemeinschaft der Gläubigen nur in dem Wirkungskreise der Predigt des göttlichen Wortes und der Sacramente als möglich und wirklich, setzt aber die so constituirte Kirche trotz ihrer sinnenfälligen Merkmale und Existenzbedingungen deshalb als unsichtbar, weil ein Urtheil des Glaubens als der Gewißheit von Unsichtbarem dazu gehört, um unter jenen Merkmalen die Gemeinschaft der Gläubigen zu constatiren [1]). Die mystischen Indifferentisten schließen die Factoren der Predigt und der Sacramente von ihrer Vorstellung von Kirche gerade aus, da sie unmittelbare Erleuchtung als die Form annehmen, unter welcher Gott die Wiedergeburt wirkt, und zwar unter Heiden und Türken so, daß keine Kenntniß von dem geschichtlichen Evangelium Christi nöthig ist. Indem dieser Punkt betont wird, ergiebt sich noch ein besonderer Grund dafür, daß der mystische Indifferentismus die gründlichste Abneigung gegen eine sichtbare, räumlich begrenzte und rechtlich geordnete Kirchenbildung mit sich führt. Der Vorschlag von Kellner also entfernt

---

1) Vgl. meine Abhandlung in den Stud. u. Krit. 1859.

sich gerade von dem folgerechten Gebrauch der Ueberzeugung, daß alle etablirten Kirchen Babel seien. Denn dieselbe hatte für die Anderen den Sinn, daß auch eine vierte Secte an dem Charakter Babels theilnehmen werde.

Erkannte man überhaupt in den Gemeinden, an welche die Briefe der johanneischen Apokalypse gerichtet sind, Typen gegenwärtiger Erscheinungen, so war die Gemeinde zu Sardes, welche dem Namen nach lebt aber todt ist, die passende Bezeichnung der Kirche, von welcher man aus Frömmigkeit sich trennte, und die Gemeinde zu Philadelphia, welche an dem Wort festhält und Christus nicht verleugnet, für welche eine Thür geöffnet ist, die Niemand schließt, der Name, den die Separatisten für sich und ihre Hoffnung auf den Beginn des tausendjährigen Reiches anzusprechen meinen durften. Es war deshalb möglich, daß die pietistische Gesellschaft in Straßburg, an deren Spitze der Candidat Joh. Friedrich Haug (S. 352) stand, sich als Philadelphische Societät bezeichnete. Dies geht hervor aus dem Titel einer Schrift des evangelischen Kirchenconvents von 1706, in welcher ein historischer Bericht über die pietistischen Bewegungen in Straßburg erstattet wird[1]). Da Haug nachher als Vertreter des mystischen Indifferentismus wirksam war, so ist anzunehmen, daß er von Anfang an demselben angehangen hat; unter dieser Voraussetzung ist seine Meinung verständlich, daß seine Anhängerschaft dem Typus von Philadelphia entspreche. Seine Vertreibung aus Straßburg und die Zerstreuung seines Conventikels hat ihm ohne Zweifel die unumgängliche Enttäuschung über das Fehlschlagen seines Projects erspart. Wieder in einer andern Weise wenden die Separatisten reformirter Herkunft Conrad Brüske (I. S. 421) und Heinrich Horche den Gegensatz zwischen Sardes und Philadelphia an. Jener nämlich stellt die Aufgabe, daß Babel in der Kirche immer mehr entdeckt und so gut als möglich verringert und ausgetrieben werde, damit die Kirche mehr Kräfte und Raum bekomme, und darin Philadelphia zu Wachsthum und Sieg über die bei ihr befindliche Verderbniß gelange. Die Erstlinge des tausendjährigen Reiches oder die Anhänger der philadelphischen Stufe der Kirche wollte er in den Pietisten, Chiliasten, Quietisten und englischen Philadelphenern erkennen. Auch Horche in der „Mystischen und prophetischen Bibel" (I. S. 420)

---

1) Bei Walch I. S. 769 ff.

hofft durch die Bruderliebe und das ewige Evangelium von derselben, welches nunmehr allen Völkern verkündet werden soll, die babelische oder sardische Kirche zu Philadelphia umgebildet zu sehen. Er meint einige Jahre später, daß die werthe Philadelphia als die Morgenröthe und der Mond in der sardischen Nacht schon hervorbreche, zieht jedoch in Zweifel, daß das Petersen'sche Evangelium von der Wiederbringung die für Philadelphia geöffnete Thür sei[1]). Praktisch ist damit nichts anderes ausgedrückt, als was am deutlichsten die Petersen erklärt hat, daß man keine engere Zusammenfassung der als philadelphisch geltenden Gruppen, namentlich keine rechtliche Ordnung derselben erstreben dürfe.

Unter den Separatisten aus der lutherischen Kirche kam eine Gemeindebildung nur durch die Einwirkung eines fremdartigen Elementes zu Stande. Dasselbe wurde auch nicht von der ganzen Gruppe angeeignet, sondern vorherrschend von den aus Schwaben nach Isenburg und Wittgenstein ausgewanderten Separatisten. In Württemberg sind die beiden Formen des Pietismus schon durch die zwei ausgetriebenen Geistlichen Joh. Jak. Zimmermann und Eberhard Zeller repräsentirt, denen wir 1689—91 in Hamburg begegnet sind (S. 175. 76). Der Spener'sche Pietismus fand in Stuttgart Pflege durch den Hofprediger Joh. Reinhard Hedinger (gest. 28. Dec. 1704), in Tübingen durch die Professoren Hochstetter und Reuchlin, in Calw und an anderen Orten. Außerdem aber muß die Sympathie mit den Mystikern und mit Böhme den theologisch Gebildeten in jenem Lande sehr nahe gelegen haben. Denn die Regierung erließ schon 1694 ein Edict an die Vorsteher und Diener in Kirche und Schule, welches vor mystischen Schriften, besonders vor denen Böhme's warnte[2]). Dieses Edict wurde 1703 wiederholt und das Verbot auf die Schriften Poiret's, der Bourignon, der Leade, Arnold's und Petersen's ausgedehnt, so wie vor den Lehren von der unsündlichen Vollkommenheit, der Sündlichkeit des Ehestandes, vom tausendjährigen Reich, von der Wiederbringung und der jenseitigen Reinigung gewarnt. Im Jahre 1703 nämlich

1) Horche nämlich hat, nachdem er Petersen's Entdeckung zuerst 1700 sich angeeignet hatte, die Lehre von der Wiederbringung wieder aufgegeben (I. S. 409).

2) Zum folgenden vgl. Grüneisen, Gesch. der religiösen Gemeinschaften Württemberg's, in Zeitschr. f. d. histor. Theol. 1841, S. 77 ff. Römer, Kirchl. Geschichte Württembergs, 2. Aufl. (1865) S. 374 ff.

erregte Rosenbach (S. 343) in Württemberg wie in den Gebieten der Reichsstädte Ulm und Eßlingen eine hochgehende separatistische Bewegung, deren Motive aus dem Inhalte des Edicts von demselben Jahre sich ergeben. So weit theologisch Gebildete an der Bewegung theilnahmen, erfahren wir ihre Namen; allein sie blieb nicht auf diesen Kreis beschränkt, sondern ergriff auch zahlreiche Menschen anderer Stände. Zu jener Klasse gehörten die Repetenten am herzoglichen Stipendium zu Tübingen Chr. Gottfr. Schmoller und Hedinger der Jüngere, die Stipendiaten Polykarp Jakob Bauer und Andreas Bardili, die Helfer Sigm. Chr. Gmelin in Herrenberg und Eberh. Ludw. Gruber in Groß-Bottwar. Schmoller und Bauer starben 1707 im Gefängniß; ein Edict von demselben Jahre, welches alle Privatversammlungen mit Landesverweisung bedrohte, nöthigte viele Separatisten, das Land zu verlassen. Gruber (geb. 1665, gest. 1728) und der Sattler Joh. Friedr. Rock (geb. 1678, gest. 1749), eines Pfarrers Sohn aus Oberwelden bei Göppingen, fanden sich im Isenburgischen mit dem M. Andreas Groß aus Eßlingen zusammen, welcher in Halle durch Molinos' Geistlichen Wegweiser auf die separatistische Bahn geführt, schon 1706 ausgewandert war, nachher einen Buchhandel in Frankfurt betrieb und noch 1749 daselbst den Mittelpunkt aller Separatisten in Westdeutschland bildete. In Württemberg regte sich der Separatismus [1]) wieder 1712 zu Herrenberg und Calw unter der Leitung einer Frau von Leiningen und eines jüngern Bruders des genannten Gmelin durch Versammlungen, Feier des Abendmahls und Verbreitung von Schriften, in welchen die innere Offenbarung Christi gegen die Sacramente hervorgehoben wurde. Da jedoch die Anhänger Beider sich nachgiebig zeigten, begnügte sich die Regierung mit Ausweisung des Gmelin und mit Verwarnung der vornehmen Frau. Indessen noch 1715 entzogen sich in Calw Viele dem Gottesdienst, was der Einwirkung von Tennhardt (S. 341) beigemessen wurde [2]), und der Kanzler Joh. Wolfg. Jaeger veröffentlichte in demselben Jahre eine Schrift: Separatismus hodiernus sub examen vocatus. Anhänger Böhme's, die ja kein Aufsehen zu machen pflegten, blieben im Lande

1) Gegen ihn und die Wortführer des radicalen Pietismus richtet sich die nach den Erfahrungen in Württemberg bemessene Schrift von Ludw. Melchior Fischlin, Diakonus in Groß-Bottwar, Pietismus detectus, 1707.

2) Unschuld. Nachrichten 1715. S. 914.

sitzen. Unter ihnen hat der Dr. med. Kayser in Stuttgart zur Empfehlung des Separatismus mehrere Schriften[1]) herausgegeben. Mit ihm hat 1728 Oetinger in Beziehungen gestanden, nachdem er selbst während seines Studiums zu Tübingen (1722—27) durch den dortigen Pulvermüller Joh. Caspar Obenberger für Böhme gewonnen worden war[2]).

Wenige Jahre, nachdem die Separatisten im Isenburgischen, wohin sie durch ein Edict des Grafen Ernst Casimir von Büdingen 1712 noch besonders eingeladen wurden, sich angesiedelt hatten, zeigen sich an ihnen die übelen Folgen ihres Ausscheidens aus der Kirche. Uebereinstimmende Zeugnisse[3]) aus ihrem Kreise stellen fest, daß sie in voller gegenseitiger Isolirung um allen Gemeinsinn gekommen waren. Nicht nur enthielten sie sich der Taufe und des Abendmahles, sondern sie sperrten sich auch durch die engste Beschränkung auf Hausgottesdienst gegen einander ab. Wie sie jeder auf die Eigenheit seiner Meinung hielten, so beobachteten sie sich gegenseitig mit Zurückhaltung, Mißtrauen und Argwohn. Bei diesem Mangel an Liebe verfiel jeder für sich in selbstsüchtige und heuchlerische Behauptung seiner Besonderheit. Nach einem Menschenalter (1736. 37) machte Edelmann in den benachbarten Orten der Wetterau dieselben Beobachtungen[4]). Der durchgehende Protest gegen die Kindertaufe, welcher uns bei den württembergischen Anhängern Rosenbach's ebenso wie bei denen von Hochmann (S. 340) begegnet, ist nun bei ihnen keinesweges von dem Antriebe begleitet, die Taufe an den Erwachsenen zu vollziehen. Diese Praxis der alten Wiedertäufer und der englischen Baptisten lag den Separatisten in Deutschland in dem Maße fern, als ihre Frömmigkeit mit keinen politischen Ansprüchen und keiner Tendenz auf sociale Reform

---

1) Abriß der falschen Kirche, 1712; Die wahre Absonderung von allen falschen Kirchen, 1716; Die wahre Kirche, was und wo sie sei, 1716. — Daß Kayser, wie Goebel III. S. 84 und Zeitschr. f. histor. Theol. 1855. S. 355 angiebt, 1711 eine philadelphische Gemeinde in Stuttgart gestiftet habe, ist mir nach dem Edict von 1707 unwahrscheinlich, und wird durch die Anführungen Goebel's a. a. O. nicht bestätigt. Die angeführten Aeußerungen von Kayser gehen nicht hinaus über das bekannte Postulat einer philadelphischen Gemeinde.

2) Oetinger's Leben, von Ehmann S. 35. 58. 62.

3) Bei Goebel in Zeitschr. für historische Theologie 1854. S. 321.

4) Biographie S. 219 ff. 225. 307.

verknüpft war. Ihre vollständige Weltflüchtigkeit und ihre ganz individuelle, vielfach auf Quietismus gestimmte Selbstverleugnung ließ ihnen die Isolirung eines Jeden auf sich selbst als das Wünschenswerthe erscheinen. Demgemäß entzogen sie sich auch der Feier des Abendmahls; nur Hochmann hat dasselbe mit seinen Anhängern im Würzburgischen Gebiet 1710 gehalten. Jene Isolirung der Mehrzahl unter einander ist um so erkennbarer, als die Versuchung an sie herantrat, sich zu einer baptistischen Gemeinde umzugestalten. Diese Anregung erfolgte 1708, als Hochmann in Nürnberg gefangen saß, an den genannten Sitzen des Separatismus durch Leute ohne Namen, welche aus der Pfalz, also von der reformirten Kirche herkamen. Sie erstrebten mit der Taufe an den Erwachsenen ein Gemeindeband herzustellen, um auch das Abendmahl festhalten zu können [1]). Ihnen schloß sich der Anhänger Hochmann's Alexander Mack in Schwarzenau an. Allein vielen Anklang fand diese Bewegung nicht. Hochmann wie Gruber kehrten die ganze Sprödigkeit des innern Christenthums gegen die Gefahr heraus, welche die äußeren Einrichtungen insofern mit sich bringen, als sie Heuchelei unterstützen. In einer Schrift von 1714 „Von der wahren und falschen Absonderung" bezeugte der letztere die unverbrüchliche Geltung des Grundsatzes, daß die wahren Separatisten keine neue Secte anfangen. Von diesem Jahre an ging auch die neue Secte zurück; ihre Anhänger in Mitteldeutschland traten wieder zur Stille und Abgeschiedenheit von allem dergleichen Gewirke zurück, weil sie in diesem neuen Hüttendienst ebenso wenig Leben als in den alten Kirchengesetzen und Geberden gefunden hatten. Die Urheber der Secte, deren Nahrungsstand dadurch erschüttert war, zogen sich allmählich an den Niederrhein, wo sie 1714 in Crefeld und Solingen bemerkbar werden, ferner nach Friesland, endlich nach Pennsylvanien. Goebel's Angabe, daß 1720 aus Wittgenstein 200 Personen dieser Art nach America ausgewandert seien, halte ich für übertrieben, da die Geistliche Fama diese Täufer überhaupt auf eine nur geringe Zahl schätzt.

Indessen stand 1714 schon eine andere Macht bereit, um wenigstens einen Theil der uns bekannten Separatisten in eine

1) Vgl. Geistliche Fama X. S. 86 (1733). Goebel, Geschichte des christlichen Lebens II. S. 843 ff. 776. III. S. 238 ff., in der Zeitschrift für historische Theologie 1854. S. 314 ff.

besondere Gemeindebildung zusammenfassen [1]). Als nach der Aufhebung des Edictes von Nantes die Reformirten in Frankreich ihrer Pastoren beraubt waren, traten in Languedoc seit 1688 unter ihnen Inspirirte, Propheten auf, meist Personen jugendlichen Alters, welche unter krampfhaften Bewegungen des Körpers scheinbar bewußtlos religiöse Reden von sich gaben. Theils waren es Ausrufe einzelner Worte, wie Gnade und Barmherzigkeit, theils längere Reden von dem Colorit der biblischen Propheten. Der Inhalt dieser Reden stimmte mit den Weissagungen überein, welche die Prediger Brousson und Jurieu in Anlehnung an die Apokalypse gegen die Gewaltthat des französischen Königs gerichtet hatten, daß nämlich alsbald der Antichrist gestürzt und die reformirte Kirche zu Sieg und Glanz wieder aufgerichtet werden solle. Oder jene prophetischen Reden ermunterten zur Widersetzlichkeit gegen den Zwang der Priester und Dragoner, da Christus das Schwert und nicht den Frieden gebracht hat, oder sie sprachen Ermahnungen zur Buße und Warnungen vor Abfall aus. Als nun durch einen solchen prophetischen Befehl, die Waffen zu ergreifen, und gefangene Brüder der Gewalt eines Priesters in den Cevennen zu entziehen, 1702 der Aufstand der Camisarden in diesem Gebirgslande herbeigeführt wurde, steigerten und verbreiteten sich diese Erscheinungen unter der reformirten Bevölkerung in hohem Maße. Die Inspirationsreden entarteten aber im Laufe des Kampfes ebenso, wie der religiöse Ernst der Aufständischen in Rachsucht und Grausamkeit umschlug. Als 1706 der Kampf durch einen Vergleich zwischen dem Marschall Villars und dem Camisardenführer Jean Cavalier, der selbst inspirirt war, beendet wurde, verlor sich die Inspirationsgabe großentheils, aber nicht gänzlich. Nicht nur dauerte sie an Ort und Stelle als Organ von rohem Fanatismus noch eine Zeit lang fort, sondern sie wurde von ausgewanderten Camisarden in Genf, weiter in England und den Niederlanden zur Schau gestellt. Zugleich wurden die Aussprachen dieser Propheten in verschiedenen Schriften verbreitet. Sie fanden jedoch in London nur einen bald abnehmenden Beifall, und das Consistorium der französisch-reformirten Gemeinde daselbst, welches vom Bischof von London mit

---

1) Zum Folgenden vgl. die quellenmäßige und erschöpfende „Geschichte der wahren Inspirationsgemeinden", fünf Artikel von Goebel in Zeitschr. für histor. Theol. 1854. 55. 57.

einer Untersuchung dieser Sache beauftragt war, erklärte die Prophetie aus freiwilliger Gemüthsbeschaffenheit, und ihren Inhalt für lügnerisch und gotteslästerlich, worauf der Prophet Marion nebst seinen drei Schreibern zum Pranger verurtheilt wurde. Dadurch wurden dieselben zum Separatismus gedrängt, den sie demnächst in Deutschland in der aggressivsten Weise kund gaben, wie schon der Titel der 1712 in Holland erschienenen Sammlung ihrer Aussprachen beweist: **Cri d'allarme, ou avertissement aux nations, qu'ils sortent de Babylon, des tenêbres, pour entrer dans le repos de Christ.** Nachdem sie 1711 von Amsterdam aus Deutschland bis nach Wien durchzogen hatten, fanden sie 1713 auf der Reise von Schweden nach Constantinopel und Rom in Halle nicht blos Verehrer, sondern auch Nachahmer, namentlich eine Magd Maria Elisabeth Matthes, Tochter eines Dieners am Waisenhause, und drei dort studirende Brüder Pott aus Halberstadt. Der reformirte Prediger Knauth erkannte die Göttlichkeit der französischen Prophetie an, allein Francke war durch seine vor 20 Jahren gemachten Erfahrungen (S. 266) genügend belehrt, um der Sache Widerstand zu leisten; er und seine Collegen thaten Alles, um dieselbe ohne Anwendung polizeilicher Mittel zu unterdrücken. Knauth wurde übrigens 1714 seines Amtes entsetzt [1]). Die drei Brüder Pott aber zogen in Begleitung ihrer Mutter, einer aufgeregten und redefertigen Frau, im October desselben Jahres zu den Separatisten in Isenburg.

Ein Mann wie Gruber war durch seine religiöse Lebensansicht nicht gerade dazu disponirt, sich der Einwirkung der inspirirten Jünglinge zu unterwerfen. In seiner 1714 veröffentlichten „Unterweisung von dem innern Worte Gottes", welche mit Anschluß an Tauler die bekannte Ansicht von der unmittelbaren Erleuchtung in dem Grunde des Herzens ausführt, ist nicht, wie Goebel annimmt, eine der Offenbarung durch inspirirte Rede möglichst gleichartige, sondern vielmehr eine derselben entgegengesetzte Methode ausgedrückt. Die Analogie beschränkt sich in diesem Falle nur darauf, daß Gruber das innere Wort als übernatürliche Macht der Ver-

---

1) Im Jahre 1715 erschienen zu Halle Heineccius, Schriftmäßige Prüfung der sogenannten neuen Propheten, und Joach. Lange, Nöthiger Unterricht von unmittelbaren Offenbarungen. — Vgl. Kramer, Francke II. S. 161 ff.

nunft entgegensetzt. Denn wenn er auch das Vernehmen des innern Wortes mit der Erscheinung des Gewissens vergleicht, so setzt er es ebenso wenig mit dem Gewissen identisch oder reducirt es darauf, wie Dippel. Weil Gruber in der Hauptsache, nämlich der Methode der stillen göttlichen Offenbarung, eine der Inspirationsrede entgegengesetzte Methode befolgte, hat er sich gegen die neue Erscheinung gesträubt. Allein weil er in der Nebensache, nämlich dem Mißtrauen gegen die natürliche Vernunft den Propheten entgegenkam, ließ er sich unter deren Auctorität beugen. Der Anklang aber, den dieselben unter den Isenburgischen Separatisten fanden, war nicht zum wenigsten dadurch herbeigeführt, daß die abgestumpften und gegen einander gleichgiltigen oder mißtrauischen Menschen ein gemeinsames Interesse und dadurch wieder eine Theilnahme für einander gewannen. Sie empfanden also die Anregung durch den Inspirationsgeist als eine Erweckung aus dem Sündenschlaf und Einprägung der Sündenvergebung. Daß demnach die Inspirationsgabe auf Gruber, dessen Sohn, Rock, Ursula Meyer aus der Schweiz, Joh. Carl Gleim, Mackinet u. A., im Ganzen auf acht „Werkzeuge" sich verbreitete, ist insofern kein Gegenstand der Verwunderung, als alle solche und ähnliche religiöse Erregungen wie ein Contagium wirken.

Die körperlichen Erscheinungen, welche die Inspirationsrede begleiteten, schildert Gruber selbst, und übereinstimmend Edelmann, als ein ungewöhnliches und der bloßen Natur meist unmögliches Schütteln des Kopfes, Schlappern des Mundes, Zucken der Achseln, Schlottern der Kniee, Erschütterung und sitzendes Aufhüpfen des ganzen Leibes. Damit treffen zusammen Hemmungen des Athems, Erwärmung der Herzgegend, angenehme oder auch widrige Geruchsempfindung, Reizung der Zunge wie durch Gewürz, Benebelung des Kopfes. Die Rede bestand in starker Betonung jedes Wortes oder jeder Silbe, war deshalb so langsam, daß sie unschwer nachgeschrieben werden konnte. Die Inspiration trat meistens ein, wenn das „Werkzeug" durch Gebet, Gesang oder auch durch Meditation und Gespräch in religiöse Aufregung oder Spannung versetzt war; die Inspirationsrede wurde dagegen als etwas Aufgezwungenes empfunden und verlief immer in der Form, daß Ich gleich Gott war. Der Inhalt dieser Reden war vorherrschend paränetisch mit starken Anspielungen auf den Gemüthsstand der einzelnen befreundeten oder zweifelhaften Personen. Daneben fehlten nicht Verheißungen und Drohungen; allein dieses Element trat in dem Maße zurück, als der Zweck der Gemeindebildung in den Vordergrund gestellt, und die Pflege des Umganges mit dem süßen Bräutigam dem gegenwärtigen Bedürfniß nach Seligkeit dienstbar gemacht wurde.

Denn auf die Gründung von Gebetsgemeinschaften drangen die Aussprachen der neuen Propheten. „Mein Geist soll auf keine andere Art für jetzt über die Kinder der Menschen ausgestürzt werden als in vereinigtem Gebet", hieß es aus dem Munde des ältesten Pott 24. October 1714 zu Frankfurt, wo unter Anderen auch Andreas Groß für die Sache gewonnen wurde. Wenige Wochen darauf, 16. November, wurde zu Himbach in Isenburg-Büdingen die erste brüderliche Gebetsgemeinschaft eingerichtet. Demnächst treffen wir im Anfange 1715 Gruber in Schwarzenau, Grafschaft Wittgenstein-Wittgenstein, wo es ihm gelang, 12. Juni 1715 eine Gebetsversammlung zu Stande zu bringen. Diese Gemeinde wurde 1717 durch Anhänger aus der Schweiz verstärkt, während gleichzeitig in dem Berleburg'schen Homburghausen Auswanderer aus Memmingen sich niederließen, und auf der Ronneburg bei Büdingen die Inspirationsgemeinde durch vertriebene Elsasser Zuwachs erhielt. Die regelmäßigen, mitunter täglichen Zusammenkünfte dieser kleinen Gemeinden wurden durch Gebet, Gesang, Lesung der heiligen Schrift nach der Reihenfolge der Bücher, und deren paränetische Auslegung durch die Vorsteher ausgefüllt. Diese Beschäftigungen wurden eingestellt, wenn einer der Anwesenden inspirirt wurde; nach dem Schluß solcher Rede wurde mit Singen, Beten und Lesen fortgefahren, bis das Pensum erschöpft war. Zum Singen bediente man sich zuerst des Halleschen Gesangbuches von Freylinghausen; außerdem kamen Dichtungen von den beiden Gruber und von Rock in Gebrauch; endlich seit 1718 besaßen sie ihr eigenes Gesangbuch: „Davidisches Psalterspiel der Kinder Zions in alten und neuen auserlesenen Geistesgesängen". Alsbald ergab sich aber eine Schwierigkeit für die neuen Gemeinden. Schon im Januar 1715 traf die Absicht Gruber's, die Aufsicht und Ordnung in den Gebetsversammlungen auch auf das Privatleben der Gemeindeglieder auszudehnen, auf den Widerstand einzelner Genossen. Dieselben fanden in ihrer Auflehnung gegen die disciplinarische Einrichtung der Gemeinde im Juni Unterstützung durch vier holländische Inspirirte, welche nebst mehreren Anhängern von auswärts in das Isenburgische Land kamen. Diese Gruppe nun wurde von Gruber der falschen Inspiration, nämlich der durch den Satan geziehen, obgleich sie nur an dem bisher unter den Separatisten geltenden Grundsatze festhielten, daß die Errichtung einer rechtlichen Gemeinschaft die ausschließliche Determination durch Gott, auf die es ankommt, durchkreuze, und daß dadurch eine neue Herrschaft von Menschen über die Gewissen herbeigeführt werde. In diesem Conflict behielt Gruber die Oberhand. Er wurde von seinen Anhängern als derjenige anerkannt, welcher die Gabe der Prüfung der Geister hätte, und zum Aufseher der Prophetenkinder gemacht. Hin und her kam jenes Bedenken gegen die Giltigkeit der Gemeindeordnung immer wieder zum Vorschein, wurde jedoch eben als falsche Inspiration zurückgewiesen.

Es sind also die „wahren Inspirationsgemeinden", welche Gruber im Sommer 1716 zu Stande brachte, zu Schwarzenau und Homburghausen in den beiden Grafschaften Wittgenstein, ferner zu Himbach, Düdelsheim, Büdingen, Birstein, auf der Ronneburg in den Grafschaften Isenburg, vielleicht auch, wie Goebel hinzufügt, in Hanau und Frankfurt. In jeder dieser Gemeinden ward ein Vorsteher und zwei Gehilfen (Mitälteste) eingesetzt, welche an jedem Ort die Gebetsversammlungen leiteten, die Armenkasse verwalteten, die Sitte beaufsichtigten und die Disciplin durch zeitliche oder endgiltige Ausschließung von den Versammlungen oder von der Gemeinde ausübten. Die Verfassung der Aemter unterscheidet diese Gemeinden von dem bisherigen Bestande der Separirten ähnlich, wie die Taufgesinnten (Mennoniten) von den ursprünglichen Wiedertäufern. Die Gemeinden wurden ferner in zwei Klassen getheilt, Eingeweihte und Kinder; den letzteren wurde seit 1717 ein eigener Unterricht gewidmet. Daneben hatte man in den Gebetsversammlungen eine Klasse von zugewandten Hospitanten, Separatisten, welche sich von dem Werthe der Inspiration erst überzeugen wollten oder sollten. In dieser Stellung zu den Inspirirten in Homburghausen war 1737—1738 drei viertel Jahr lang Edelmann. Endlich waren die Aufseher der Gemeinden unter einander auf Conferenzen angewiesen. Diese Anordnungen und die sittlichen Grundsätze, welche in den Gemeinden zu beachten sind, bilden die 24 Regeln der wahren Gottseligkeit und des heiligen Wandels, welche durch eine Aussprache des jüngern Gruber 6. Juli

1716 in Büdingen kund gegeben wurden. In diesen Gemeinden, welche immer nur einen geringen Bestand, aber durch eine zahlreiche Literatur eine ihrer Zahl überlegene Bedeutung gehabt haben, wurde auf die Taufe in jeder Form verzichtet. Hingegen haben sie das Abendmahl, unter Vorausschickung der Fußwaschung, fünfmal gefeiert in der Zeit vom December 1714 bis November 1716, das erste und letzte Mal in Schwarzenau, das zweite und das vierte Mal auf der Ronneburg, einem Bergschlosse in Isenburg-Wächtersbach, wo die Inspirirten zur Miethe wohnten, das dritte Mal in Büdingen. Die geistliche Vorbereitung auf diese Handlung ist eine höchst ausführliche gewesen, ebenso die Feier selbst mit einem Aufwande moralischer und liturgischer Aufregung, daß ein ähnlicher Enthusiasmus die Theilnehmer ergriff, wie die Labadisten bei der Abendmahlsfeier zu Herford (I. S. 230). Aber wie bei diesen die Abendmahlsfeier bald in Abgang kam, ist sie in den Gemeinden der Inspirirten nach der angegebenen Frist nicht wieder ausgeführt worden.

Obgleich der Bestand dieser Gemeinden darauf angewiesen war, daß ihre Mitglieder Ackerbau oder Handwerke oder auch in einzelnen Fällen die ärztliche Praxis trieben, so waren doch die Werkzeuge der Meinung, daß sie selbst die volle Nachfolge Christi in ihrem apostolischen Beruf übten. In demselben achteten sie sich jedoch nicht auf ihre eigenen Gemeinden beschränkt, sondern haben die Verkündigung des nahen Gerichts Gottes und die Aufforderung zur Buße überall, wohin sie kamen, auch an die weltliche Obrigkeit und die landeskirchliche Geistlichkeit gerichtet. Die Ehe war ihnen verdächtig, wenn nicht beide Eheleute bekehrt waren. Im Ganzen stimmen die Anhänger der Inspirirten mit den Grundsätzen Hochmann's (I. S. 423) über die Ehe überein. Wie dieser Mann verschmähten sie auch die Eheschließung durch Vermittelung der landeskirchlichen Geistlichen. Die Grafen von Isenburg und von Wittgenstein-Berleburg tolerirten auch die Eheschließungen, die sie in ihrem Kreise durch feierliches Gelöbniß zwischen Gebet und Gesang vornahmen [1]). Die Missionsunternehmungen der Werkzeuge

1) Aus dem 15. Auszug der Jahrbücher der wahren Inspirationsgemeinden (1761) S. 150 theilt Winckel, Aus dem Leben Casimir's, Grafen von Wittgenstein-Berleburg (1842) S. 117 die Schilderung der Eheschließung des Isenburg-Büdingischen Leibarztes Dr. Carl, mit dem Frl. Johanne

sind im Allgemeinen dem Vorbilde von Hochmann, Rosenbach, Tennhardt entsprechend. Kaum hatten sich die Gemeinden 1715 constituirt, so wurden durch Aussprachen die einzelnen Werkzeuge zu Reisen nach bestimmten Gegenden designirt. Rock hat bis 1742 nicht weniger als 94 Reisen gemacht, darunter allerdings 43 von Himbach nach Wittgenstein, ferner 27 nach Württemberg, seinem Vaterlande, 9 nach der Schweiz, 7 nach Zweibrücken. Die Richtung dieser Reisen beweist, daß nur in Süd- und Mitteldeutschland nebst Schweiz und Elsaß ein Feld für die Wirksamkeit der neuen Propheten geöffnet war. Das nordöstliche Deutschland, welches die Besuche derselben in der Linie Halberstadt, Leipzig, Breslau erfuhr, erwies sich nicht als zugänglich. Aber auch auf dem südlichen Gebiete fand Rock mit seinen Genossen immer nur vereinzelten Zugang. Theils waren daselbst zahlreiche Separatisten jeder neuen sectirerischen Zusammenfassung abgeneigt, theils wurden sie durch die vorgeblich falsch Inspirirten in ihrem Grundsatz voller Unabhängigkeit gegen die Zumuthung der wahren Inspirirten befestigt. Die inspirirten Bußpredigten und die Drohungen mit dem göttlichen Gericht, welche den Obrigkeiten abschriftlich überreicht wurden, pflegten ihren Urhebern Gefängniß und Ausweisung, so wie Spott und Hohn zuzuziehen. Um so mehr Beachtung verdient die Ausdauer, welche Rock in seinem Missionsdienste geübt hat, und welche ihm die Sammlung von Anhängern an manchen Orten in der überrheinischen Pfalz, im Elsaß, in der Schweiz, in Württemberg und in den Reichsstädten Ulm, Memmingen, Heilbronn gelingen ließ. Allerdings haben diese Filialgemeinden sich theilweise genöthigt gesehen auszuwandern und in den bekannten Freistätten in Isenburg und Wittgenstein Zuflucht zu suchen.

Mit diesen Erfolgen war jedoch der Uebelstand verbunden, daß in den süddeutschen Gemeindegruppen keine neuen Werkzeuge mit der Gabe der Inspiration versehen wurden. Deshalb hauptsächlich war Rock genöthigt, immer wieder die Brüder aufzusuchen, um sie zu stärken und bei der Sache festzuhalten. Allein dieser

---

Sophie von Bülow, Hofdame der Gräfin von Berleburg, Beide damals 1726 Mitglieder der Inspirirtengemeinde, mit. Dieselbe fand auf dem Schlosse zu Berleburg in Gegenwart des Grafen Casimir, seiner Gemahlin, einiger Mitglieder der Inspirirtengemeinde und anderer Zeugen in der angegebenen Weise statt.

Uebelstand erstreckte sich noch weiter dahin, daß mit zwei Ausnahmen die Inspirationsgabe allen Werkzeugen schon bald verloren ging. Die Brüder Pott, welche im October 1714 die Inspiration nach der Grafschaft Isenburg eingeführt hatten, haben sie schon seit dem 23. Februar 1715 nicht mehr ausgeübt, und als Gleim dieselben in dem Sommer dieses Jahres in ihrer Heimath Halberstadt aufsuchte, waren sie an der ganzen Sache irre geworden und wollten nichts mehr von ihr wissen, so sehr Gleim in seinen Aussprachen theils darüber klagte, daß sie die Ehe mit dem Herrn gebrochen und sich mit der Welt und ihren eitelen Dingen vermählet hätten, theils der Gattin des ältesten Pott, welche dieser in Hanau durch die Gemeinschaft des Inspirationsgeistes gewonnen hatte, und die auch abtrünnig geworden, das Beispiel der Frau Lot's als Warnung vorhielt. Die anderen Werkzeuge in Isenburg hörten in den nächsten Jahren bis 1719 nach und nach auf, Einsprachen zu empfangen. Nur der Vater Gruber und Rock, diese zwei Württemberger, behielten die Gabe bis an ihr Lebensende. Ob der Verlust derselben durch besondere sittliche Mängel verschuldet war, wie Gruber gegen Joachim Lange erklärt hat, wird nicht entschieden werden können; denn ihre Fortdauer bei den beiden Anderen wird schwerlich durch deren sittliche Vorzüge begründet werden können. Unter diesen Beiden ist nur der Eine, Gruber, von akademischer Bildung. Auch die anderen wieder unwirksam gewordenen Werkzeuge sind aus dem Handwerkerstand. Trotzdem ist zu beobachten, daß immer Männer von höherer Bildung zu den Inspirirten hielten. Andere freilich haben sich von ihnen wieder getrennt, namentlich solche, welche ihnen in der Epoche der ersten Erweckung zugewandt waren. Gottfried Neumann, ein Student der Theologie aus Sachsen, welcher 1714 als Isenburg-Meerholzischer Fruchtschreiber in Marienborn lebte, und durch die Inspirationen der Brüder Pott überzeugt wurde, eine nicht saubere Persönlichkeit [1]), ist 1738 in die Brüdergemeinde Zinzendorf's eingetreten. Der Buchhändler Groß in Frankfurt und der daselbst lebende M. Haug aus Straßburg sind im Anfange der Inspirationsbewegung derselben zugethan; nachher haben sie sich wieder in die formlose Separation zurückgezogen. Der Dr. med. Carl in Büdingen, dessen Eheschließung 1726 ihn noch als Anhänger der Propheten erkennen

1) Vgl. Goebel, Zeitschr. für hist. Theol. 1855. S. 431. Anm.

ließ, ist es seit 1728 als Leibarzt in Berleburg nicht mehr. Seine Verbindung mit der adeligen Dame scheint Rock und den anderen Brüdern mißfallen und Carl des Weltsinns verdächtig gemacht zu haben. In Wirklichkeit ist anzunehmen, daß der Bildungsstand des Arztes und der Gesichtskreis des Sattlers nicht zu einander paßten. Der reformirte Pfarrer und Inspector zu Zweibrücken, Keßler, ließ sich durch den jüngern Gruber 1716 gewinnen, legte alsbald sein Amt nieder, zog mit Anhängern nach Schwarzenau, wo er Vorsteher der Gemeinde wurde; 1729 kehrte er in die reformirte Kirche zurück. Hingegen blieb außer manchen ehemaligen Geistlichen, die aber keine hervorragende Stelle einnahmen, der Dr. Kämpf, Theolog und Mediciner in Einer Person, der Inspirationssache bis an seinen Tod (1753) treu. Er war erst freiherrlich Fleckenstein'scher Hofprediger zu Bühl im Nieder-Elsaß, wo 1716 Gruber und Andere ihn für ihre Sache einnahmen [1]). Seines Amtes entlassen, wurde er Physicus in Zweibrücken und stand der Gemeinde daselbst vor, bis er durch Verfolgung genöthigt ward, sich in Homburg v. d. H. niederzulassen, wo Oetinger 1737 ihn als Arzt und Vorsteher seiner Gemeinde kennen lernte [2]). Er soll die Fähigkeit besessen haben, den moralischen Charakter eines Menschen aus dessen Augen zu erkennen. Dabei aber war er als unverschämter Lügner allseitig bekannt [3]). Ein Arzt war auch der Dr. Herrmann aus Memmingen, Vorsteher der Gemeinde zu Homburghausen, als Edelmann eine Zeitlang sich zu derselben hielt.

Diese Gemeinde war ebenso wie die in Schwarzenau sehr vermindert worden durch die 1726 unter Leitung des jüngern Gruber und zweier anderer ehemaliger Werkzeuge unternommenen Auswanderung nach Pennsylvanien. Edelmann [4]) schätzt 1737 alle in Berleburg, Homburghausen und Schwarzenau wohnenden Glieder der Gemeinde auf höchstens 50 Personen. Er selbst kam zu derselben auf Anlaß einiger ihrer Mitglieder, bei denen er im Gegensatz zu Haug, dessen Mitarbeiter und Hausgenosse er war, freundliches Entgegenkommen fand. Allerdings befremdete ihn in den

1) Vgl. Culmann, Ph. Gottfr. Geisel's Leben und Wirken in der ref. Gemeinde zu Bischweiler 1708—26. Straßburg 1857.

2) Oetinger a. a. S. 136.

3) Wie J. J. Moser, Lebensgeschichte II. S. 84 nach eigener Erfahrung und den Urtheilen Anderer bezeugt.

4) Vgl. zum Folgenden dessen Selbstbiographie S. 248—291.

Versammlungen die Hilflosigkeit, in welcher ihr durch eine Aussprache Rock's berufener Vorsteher Dr. Herrmann seine freien Gebete unter Stöhnen, Husten und Meckern hervorbrachte und ohne Vorbereitung stümperhafte Schrifterklärung leistete, so wie die disharmonische Ausübung des gemeinsamen Gesanges. Auch fühlte er sich durch den Anblick Rock's bei einer Aussprache zum Zweifel angeregt, ob dessen Inspiration göttlich oder nicht etwa teuflisch sei. Aber indem er ein stiller Theilnehmer der Versammlungen blieb, ließ er sich in seiner damaligen separatistischen Richtung durch die Inspirationssache imponiren, und durch den socialen Zusammenhang mit deren Anhängern fesseln. Nur ließ er sich nicht dazu herbei, selbst in der Gemeinde laut zu beten; dadurch zog er sich zunächst Vorhaltungen des Vorstehers zu, und mußte dann einem Gericht des Propheten Rock entgegensehen. Gemäß der in diesem Kreise üblichen Betrachtungsweise, welche ja auch für Dippel (S. 337) maßgebend war, sah er sich in das Dilemma hineingestellt, ob er es mit göttlichem oder mit teuflischem Geiste zu thun haben werde, und erwartete deshalb den Conflict mit der angstvollsten Spannung. Hieraus rettete ihn sein Einfall, Gott sei die Vernunft und gab ihm eine so kaltblütige Zuversicht, daß er den ihm gegenüberstehenden Propheten in Verwirrung setzte. In einer mühseligen Aussprache ermahnte derselbe, Streit zu vermeiden, gab also vielmehr dem Vorsteher Herrmann Unrecht, als daß er Edelmann beschämt hätte. Derselbe hatte Ursache, in diesem Erfolg ebenso die Unsicherheit des Inspirationsgeistes zu erkennen, wie er die Forderung lauten Gebetes gewiß mit Recht dahin beurtheilt, daß auf diesem Wege die genaue Kenntniß der Personen und die Möglichkeit, sie zu beherrschen, erstrebt worden ist. Denn auf diese Absicht kommt die Haltung sowohl Gruber's, den Edelmann als der Inspirirten Papst bezeichnet, als Rock's deutlich hinaus. Edelmann's Stellung zu den Inspirirten fand übrigens alsbald dadurch ihr Ende, daß er zwei derselben, welche seine Hausgenossen waren, an der Sache irre machte und der Gemeinde, der sie 22 Jahre angehört hatten, entfremdete. Da wurde er aus der Versammlung gewiesen, und empfing schriftlich eine Aussprache des Propheten, worin ihm wegen Verführung der Lämmer Christi gedroht wurde, daß er alsbald nackt und bloß Berleburg werde verlassen müssen. Edelmann hatte einige Jahre nachher die Genugthuung, diese Drohung durch die entgegengesetzte Thatsache beleuchten zu können; seine nachher gewonnene skeptische und spöttische Ansicht von den Propheten des A. T. ist jedoch sehr stark bedingt durch die Erfahrungen, welche er an dem Propheten Rock gemacht hat!

Wie unähnlich ist diese Inspirationsgemeinde dem Ideal der Philadelphia, welche die Gemüther der Separatisten im Beginn des 18. Jahrhunderts erfüllt hatte! Durch die neuen Propheten war nun eine vierte Secte zu Stande gekommen, welche nach dem Tode ihres letzten Leiters, — Rock starb 1749 — der Inspiration, auf die sie doch gestellt war, völlig entbehrte. Rock hatte darauf vorbereitet als auf eine zeitweilige Fügung Gottes. Wie reimt sich aber diese Bezeichnung der Inspirationsgabe als einer entbehrlichen Zuthat mit dem Grundsatze, unter dem die Gemeinde zu Stande gebracht wurde, daß die Prophetie das wesentliche und constitutive Merkmal ihrer Eigenthümlichkeit sei[1])? Die Gemeinde, welche seit 1780 so gut wie ausgestorben ist, bis sie in diesem Jahrhundert erneuert wurde, kam schon auf die schiefe Ebene durch das Verstummen der Mehrzahl der Werkzeuge. Seitdem ist sie eine durch künstliche Mittel und fortgesetzte Selbsttäuschung erhaltene Erscheinung, welche ihrer ursprünglichen Tendenz immer unähnlicher wird. Wenn nicht in jeder Localgemeinde stets mindestens Ein Prophet anwesend war, wenn vielmehr die Gemeinden, abgesehen von den spärlichen Besuchen des Propheten, der 21 Jahre lang der einzige war, auf die niedergeschriebenen oder gedruckten Aussprachen angewiesen waren, übrigens unter einer Zucht und einem Drucke durch die Auctoritäten standen, welche man an den Kirchen als Zeichen von Babel rügte, so war man selbst Babel, und nichts anderes. Der Geist, aus welchem Rock redete, ist unendlich fruchtbar in polemischen Aussprachen gewesen; überall, wenn ihm Jemand entgegentrat, der früher zu der Gesellschaft gehört hatte, tragen die Aussprachen, die Rock niemals verfehlte dagegen zu richten, das Gepräge der ausschließendsten Rechthaberei, der schnödesten, parteiischsten Ueberhebung, ja der offenen Rachsucht[2]). Diese Gegner waren auch Separatisten, machten auf Philadelphia ebenso

---

1) Aehnlich erklärt Yvon der von der Welt abgeschiedenen Labadistischen Gemeinde, als sie Wieuwerd verlassen mußte, sie sei dazu bestimmt, als Sauerteig des Reiches Gottes auf die Welt zu wirken (I. S. 245).

2) Rock benimmt sich nicht anders wie in der Gruppe der Böhmisten Gichtel und Ueberfeld.

Anspruch, wie ursprünglich Gruber und Rock. Deren Herrschfähigkeit hat die Leute zusammengehalten und sie um das Recht gebracht, sich zu Philadelphia zu rechnen. Mit diesem Ideal der Separatisten kann man Sympathie haben, auch wenn man nicht zu ihnen gehört. Die Inspirationsgemeinden aber sind eine abstoßende Erscheinung, wenn man die Prätensionen ihrer Führer mit dem Philadelphia vergleicht, welches auch ihnen ursprünglich theuer war. Es ist eine ganz individuelle Disposition, in welcher Goebel sich ebenso für das Philadelphia begeistert, das die Petersen und Horche verkündeten, wie für die Tendenz der wahren Inspirationsgemeinden. Beides ist verschiedenartig und schließt sich gegenseitig aus. Dafür ist der Dr. Carl ein Zeuge, der, nachdem er sich von den Inspirirten getrennt hatte, sich wieder zu dem philadelphischen Satze bekannt hat, daß man durch Gesetze nur eine neue Secte bildet; ohne Zweifel ist dies auch der Grund seines Ausscheidens aus der neuen Secte gewesen.

Wenn ferner Goebel urtheilt, Graf Casimir von Berleburg habe sein Land, seine Landeskirche und sein Haus in dem philadelphischen Sinne seiner Mutter bestellt [1]), so begeht er darin wieder die Ungenauigkeit, welche schon (S. 360) angemerkt worden ist. Der Graf stand gar nicht auf dem Standpunkte der Separirten, da er für seine Person zur reformirten Kirche gehörte und an deren Gottesdienst regelmäßig theilnahm. Er hat nur zugleich die Einfalt, Demuth und Gottesfurcht der Inspirirten in Schwarzenau bewundert, hat sich an der Beichtvorbereitung seiner Gemahlin durch den lutherischen Hofprediger Struensee erbauen können, hat die Berleburger Bibel auch durch Uebersetzung der Guyon unterstützt. Er hat also keine scharfe Unterscheidung für religiöse Besonderheiten besessen. Als Landesherr hat er seine Kirchengewalt allerdings möglichst indifferentistisch ausgeübt. Er hat dem in Thüringen abgesetzten, nominell lutherischen Pfarrer Seebach, bevor dessen socinianische Ueberzeugung verlautete, 1726 erlaubt, alle 14 Tage Katechisationen in der reformirten Kirche zu Berleburg zu halten, nachdem derselbe bisher Lehrer bei den Separatisten zu Schwarzenau gewesen war. Der Graf hat ferner 1732 als Hofprediger seiner lutherischen Gemahlin den Victor Christoph Tuchtfeld [2])

---

1) Geschichte des christl. Lebens III. S. 89.

2) Vgl. Walch II. S. 846 ff. V. S. 1063 ff.

angestellt. Derselbe war als Pfarrer zu Döſſel bei Halle abgesetzt worden, weil er darauf bestand, daß Offenbarungen, die seine Mägde gehabt haben wollten, göttlich seien; er war dann in einer gegen die Halle'schen Theologen gerichteten Schrift: „Bekehrung der Väter zu den Kindern" (1723) auch gegen die symbolischen Bücher, gegen Beichte und Abendmahl, im Interesse unmittelbarer Gemeinschaft mit Gott gegen den äußern Gottesdienst überhaupt aufgetreten, schließlich zu den Ansichten Dippel's über die Genugthuung Christi und die Wiedergeburt sowie die Wiederbringung gelangt. Diesen Mann ließ ferner der Graf jeden Mittwoch Katechisationen in den reformirten Kirchen des Landes abwechselnd halten, und beauftragte ihn endlich, katholischen Ansiedlern auf dem hohen Astenberge, welche keine Seelsorge ihrer Confession hatten, zu predigen. In philadelphischem Geiste, wie Goebel sagt, rechtfertigte der Graf diese Religionsmengerei damit, daß nach seiner Absicht zuerst auf rechte Buße und lebendigen Glauben als die nöthigsten Stücke des Christenthums hingewirkt werden solle, er übrigens den Pastoren in ihrem Amte nicht den geringsten Eingriff zu thun gemeint sei. War es auch philadelphisch, in die Rechte der Gemeinden so einzugreifen, wie in diesem Verfahren geschieht? Philadelphia taucht erst auf, wenn man Sardes hinter sich gebracht hat. Dieser fromme Graf that das Seinige, die Grenzen der staatsrechtlich geschützten Confessionen undeutlich zu machen, d. h. in seinem Machtbereich Sardes zu zerstören. Damit aber war er noch weit von Philadelphia entfernt.

Derjenige, welcher eine philadelphische Gemeinde in Berleburg herzustellen vermochte, war nicht der regierende Graf, sondern sein Leibarzt Dr. Carl. Nachdem derselbe 1726 von Büdingen nach Berleburg übergesiedelt war, zog er sich 1728 von den Inspirirten zurück, und wandte sich an den in Schwarzenau wohnenden Herrn von Marsay, von dem und dessen Anhängern Edelmann sagt, sie hätten sich in die Schriften der Bourignon und der Guyon dergestalt verbildet, daß sie sie mehr als die Bibel selbst venerirten. Daß auch Carl dem Quietismus huldigte, ergiebt sich aus seiner Schrift: „Der züchtigenden Gnade Abendwerk, erwiesen an Ihrem Strauchelnden Kinde 1718" (gedruckt Büdingen 1727). Dieses ist eine Sammlung von 381 Sentenzen, welche ohne dogmatischen Apparat die Vernichtigung, das Eingehen in die Stille für den Stand der Seligkeit erklären, und danach den Verkehr mit den

Nächsten in einfacher und einnehmender Weise mit vieler Umsicht und Sorgfalt regeln. Von Marsay unterscheidet sich Carl dadurch, daß er diese Lebensaufgabe nicht aus der natürlichen Anlage, dem Seelenfunken, ableitet; vielmehr stützt er sich deutlich auf die Gnade in Christus und erkennt eine Verdächtigung darin, wenn die geistliche Kraft mehr für Natur- als Gnadenlicht erklärt würde. Carl also machte Marsay den Vorschlag [1]), daß die Gruppen, die dem Einen und dem Andern anhingen, wöchentlich an einem Tage zusammentreten sollten, wo jeder Freiheit hätte, einen Vortrag zu halten, zu beten und ein Lied zum Singen anzugeben. Gesetze sollten zu diesem Zwecke nicht aufgestellt werden. Obgleich Marsay nicht viel Vertrauen zu dem Unternehmen hatte, ließ er sich doch darauf ein, und nach gemachter Probe faßte man den Beschluß, Sonntag Nachmittags abwechselnd in vier oder fünf Häusern in der angegebenen Weise fortzufahren. Die Sache, erzählt Marsay weiter, ging etliche Wochen ganz trefflich mit Erbauung und guter Einigkeit; die Versammlung vermehrte sich und Jeder wollte Mitglied sein. Denn die geistige Sinnlichkeit fand da ihre Nahrung nach Wunsch. Aber in kurzer Zeit offenbarten sich die Untugenden des eigenen Geistes, von denen noch keiner unter uns frei war; der geistliche Stolz, die Meisterschaft, geistliche Schwelgerei und alle diese Gräuel kamen nach der Reihe, die Begierde nach neuen Sachen und Vorwitz, Neid, Haß, sinnliche Anklebung. Alle diese giftigen Thiere kamen in unsere Versammlungen und erregten alsbald Verwüstung und Uneinigkeit. Der hauptsächliche Störenfried scheint Christoph Seebach gewesen zu sein, welcher seine Vorträge für unfehlbare Orakel gehalten wissen wollte. Die philadelphische Gemeine ging also wieder aus einander. Dennoch ließ sich Marsay zu einem ähnlichen Unternehmen herbei, welches Zinzendorf in Gang brachte, als er im September 1730 auf Einladung des Grafen Casimir in Berleburg erschien, um die dort angesammelten Frommen unter Einen, nämlich seinen Hut zu bringen. Durch Zureden und Nachgeben meinte er dieses Ziel zu erreichen, und die Grundsätze der Freiheit und der gemeinsamen Ordnung durch ein Statut vereinigen zu können, das aus lauter

---

1) Vgl. Goebel III. S. 98 aus dem von ihm benutzten handschriftlichen Leben Marsay's, welches in dem Rheinischen Provincialkirchenarchiv zu Coblenz vorhanden ist.

Phrasen besteht. Wie dieses Unternehmen im Zusammenhang der Thätigkeit Zinzendorf's zu verstehen ist, wird später zu erwägen sein. Von dem frühern Projecte Carl's unterscheidet es sich nicht nur durch die statutarischen Formen, sondern auch dadurch, daß unter dem Schutze der Kirchenobrigkeit des Landesherrn Diener der lutherischen und der reformirten Kirche mit allen möglichen Separatisten zusammen in den Dienst der neuen über die bestehenden Kirchengemeinschaften übergreifenden Gemeinde genommen werden sollten. In diesem Sinne wußte jedoch Zinzendorf nichts anderes aufzustellen als das in Herrnhut eingeführte Netz von Aemtern, in welchem die zukünftige Gemeinde eingefangen werden sollte, wenn jede Gruppe von Frommen ihre Leiter dazu verwendet sah. Und zwar sollten M. Haug (Separatist) und der Gräfliche Hofmeister von Kalkreuth (Inspirationsgemeinde) Vorsteher, Marsay (quietistischer Mystiker) und der Gräfliche Amtmann Vetter Vermahner, Abresch (zweiter reformirter Pfarrer) und Struensee (lutherischer Hofprediger der Gräfin) Helfer, Carl, Dippel und Seebach Weissager, andere Unbekannte Almosenpfleger und Krankenwärter werden. Dieser närrische Plan kam natürlich nicht zur Ausführung. Struensee war überhaupt wider Wissen und Willen zu seinem Posten designirt worden. Seebach erhob alsbald wieder solche Ansprüche, durch die er schon die frühere Unternehmung gestört hatte, trat auch offen mit seiner socinianischen Ansicht hervor und zog sich die Ausschließung zu. Ein halbes Jahr nach der Anwesenheit Zinzendorf's in Berleburg war seine künstliche und oberflächliche Anregung verweht. Marsay insbesondere verlegte 1735 seinen Aufenthalt nach dem Schlosse Hainchen in Nassau-Dillenburg, zwei Meilen von Berleburg, zu einem Herrn von Fleischbein, der mit Frau, Sohn, Tochter und Schwiegersohn von Prüschenk eine Gemeinschaft im Quietismus bildete, deren Gottesdienst Edelmann als ein gemeinsames Schweigen beschreibt, zu welchem sie täglich eine Stunde lang sich versammelten[1]. Das ist auch meines

1) In „Anton Reiser, ein psychologischer Roman" von Carl Philipp Moritz (1757—1793) d. i. seine Lebensbeschreibung, kommt die jüngere Generation dieser Familie zu Pyrmont vor. Die Anfangsbuchstaben der quietistischen Personen, welche Moritz einführt, bezeichnen ohne Zweifel den jüngern Fleischbein und seine Schwester Frau von Prüschenk als den Mittelpunkt eines Kreises von Anhängern der Guyon, zu denen auch der Vater von Moritz, der in Hameln wohnte, und der Hutmacher in Braunschweig gehörten,

Erachtens die einzige zuverlässige Gestalt, in welcher eine philadelphische Gemeinde sichtbar werden kann. Denn erst in der uninteressirten Liebe, in der Gelassenheit des Willens gegen Gott und in dem innern Gebet, also im Quietismus ist der Separatismus in seiner Art vollendet, und in schweigendem Gottesdienst ist die Gefahr der Trennung durch ausgesprochene abweichende Meinungen vermieden.

---

bei welchem der Verfasser des Buches eine Zeitlang Lehrling war. Moritz beschreibt, fast wie Edelmann, den täglichen Gottesdienst jener Familie und ihrer gleich gesinnten Dienstleute so, daß sie sich um einen Tisch setzten, und mit geschlossenen Augen, den Kopf auf den Tisch gelegt, warteten, ob sie etwa das innere Wort in sich vernehmen würden. Wer dann etwas vernahm, machte es den Anderen bekannt. Die letztere Angabe ist zu beanstanden, weil Edelmann sie nicht macht und weil sie an die Quäker erinnert. Der Vater und der Lehrherr von Moritz erscheinen jedoch nicht sehr im Quietismus gefördert. Der erstere lebte in Zank und Unfrieden mit seiner religiös anders gesinnten Frau, der andere war ein harter, mißtrauischer, intoleranter Mensch, der mit seinen Zumuthungen von Bekehrung den Knaben zur Heuchelei anleitete. Uebrigens waren die beiden Leute keine Separatisten, sondern hielten sich mit ihren Angehörigen zur Kirche.

Sechstes Buch.

Der Halle'sche Pietismus.

38. Die Theologie der Halle'schen Schule.

Obgleich A. H. Francke der theologischen Facultät in Halle seinen Stempel aufgeprägt hat, so beginnt doch deren Geschichte nicht mit ihm. Der erste Professor der Theologie in Halle war Joachim Justus Breithaupt[1]). Geboren zu Northeim in Hannover 1658, studirte er in Helmstedt, wurde 1680 Conrector in Wolfenbüttel und studirte darauf nochmals in Kiel unter Kortholt. Hier wurde er auch, nachdem er sich bei Spener in Frankfurt eine Zeitlang aufgehalten hatte, Professor der Homiletik. 1685 ging er als Hofprediger nach Meiningen, 1687 als Pastor und Senior des Ministeriums nach Erfurt. Als solcher wirkte er im Einklang mit dem dort eingetretenen Francke, zog dieselben Gegenwirkungen auf sich wie dieser, nahm deshalb, während Francke abgesetzt wurde, gleichzeitig im Herbst 1691 die Berufung als Professor und Magdeburgischer Consistorialrath in Halle an. 1705 Generalsuperintendent des Herzogthums, 1715 Abt zu Kloster Bergen wurde er der akademischen Thätigkeit großentheils entzogen, zumal 1714 das Consistorium von Halle nach Magdeburg verlegt worden war. Deshalb wurde er schon 1709 durch Joachim Lange in der Facultät ersetzt. Er starb 1732. Ein ernster, asketischer, gebetseifriger, wohlthätiger Mann erinnert er namentlich darin an Spener, daß er die Entscheidung zur Annahme von Berufungen, um Gottes Willen zu entsprechen, Anderen zu übertragen, oder in Gemäßheit eines Traumes zu treffen pflegte. Seine Selbstbiographie ist steif und uninteressant, sein Stil in derselben durch fortwährende Einmischung lateinischer

1) Seine Selbstbiographie in Chr. Polyc. Leporin, Memoria Caplatoniana, und in Gotth. Aug. Francke, Gedächtniß des sel. Abt Breithaupt, 1736. S. J. Baumgarten, Memoria incomparabilis theologi J. J. B. (Programmata, coll. G. C. Bakius 1740). Dryander in Herzog's RE. II.

Phrasen verunstaltet. An seine Seite wurde nach der Installirung der Universität Paul Anton berufen. Geboren 1661 zu Hirschfeld in der Oberlausitz, ist er uns in Leipzig als Mitglied des Collegium philobiblicum und als Magister legens neben Francke begegnet (S. 168). In die letztere Wirksamkeit trat er ein, nachdem er als Prediger einen sächsischen Prinzen auf Reisen begleitet und schon die Berufung als Superintendent in Rochlitz empfangen hatte. Der gegen die Pietisten ausbrechenden Verfolgung wurde er durch den Antritt dieses Amtes 1689 entzogen. 1692 kam er als Hofprediger nach Eisenach, 1695 als Professor der Theologie und Mitglied des Consistoriums nach Halle, gestorben 1730. Auch er wird wegen seines eifrigen Gebetes und wegen seiner Barmherzigkeit gerühmt, ferner wegen seiner unausgesetzten Beschäftigung mit den symbolischen Büchern. Darin hat ihm jedoch Breithaupt, so weit sich aus dessen Schriften schließen läßt, nicht nachgestanden. Anton hat aus Noth und aus schuldiger Liebe, wie er sagt, die Vorlesung über Polemik aufrecht erhalten, welcher die Pietisten eben abgeneigt waren. Nach seinem Tode ist sie als collegium antitheticum (1732) herausgegeben. Er hat sie aber dem Interesse des Pietismus dadurch anbequemt, daß er bestrebt war, die Keime zu aller Ketzerei, welche die Erbsünde einschließt, in dem Herzen eines Jeden nachzuweisen. Denn „ich bin der Meinung, wo darauf mit Ernst reflectirt wird, werde das Studium polemicum nicht so steril und tädiös sein, als es bisher geworden, da sich alle Lumpenkerl, die sich ein wenig haben signalisiren wollen, herangemacht und sich nur beflissen, die Leute brav herunter zu machen" [1]).

Nachdem 1698 Francke, der bis dahin als Professor der orientalischen Sprachen der philosophischen Facultät angehört hatte, in die theologische übergetreten war, erfuhr dieselbe 1709 eine Verstärkung durch Joh. Heinrich Michaelis und Joachim Lange. Jener, 1668 zu Klettenberg am Harz geboren, wurde 1699 Francke's Nachfolger für die orientalischen Sprachen, trat jedoch 1709 in die theologische Facultät ein, hat in dieser Stellung fortgefahren, das Studium des A. T. zu fördern, gestorben 1738. Joachim Lange [2]), 1670 zu Gardelegen in der Altmark geboren, kam 1689

1) Tholuck in Herzog's RE. XIX. S. 72. Ein Lebensabriß Anton's von 1725 in Sammlung auserlesener Materien zum Bau des Reiches Gottes. 1. Band. 1731.

2) Lebenslauf von ihm selbst verfaßt. 1744.

in Leipzig als Student unter den Einfluß von Francke, ging als Hauslehrer mit Chr. Thomasius nach Halle, wo er sein Studium bis 1693 vollendete. Hauslehrer bei dem Geheimen Rath von Canitz, darauf 1696 Conrector zu Cöslin, erhielt er 1697 die bedeutende Stelle als Rector des Friedrichswerder'schen Gymnasiums in Berlin. Von 1709 bis an seinen Tod 1744 war er Professor der Theologie in Halle. Allezeit fertig zur literarischen Vertheidigung des Pietismus, scheute er keine Grobheit und Rücksichtslosigkeit zu diesem Zweck. Energisch auch in der Behandlung der Studenten — sie nannten ihn den Schulmajor — hatte er selbst sich weniger in der Zucht, als dem Schriftsteller und dem Professor gut war. Die breite Redseligkeit, die er in seinen zahl- und umfangreichen Schriften sich angewöhnt, und auch im mündlichen Vortrag ausgeübt hat, vertrieb, nach seinem eigenen Zeugnisse, seit 1730 die Studenten aus seinem Hörsaal. Innerhalb der ersten Generation der theologischen Facultät zu Halle ist vorübergehend Joh. Daniel Herrnschmid [1]) ihr Mitglied gewesen. Geboren 1675 zu Bopfingen in Württemberg, in Altorf und Halle gebildet, war er zuerst Lehrer am Pädagogium im Waisenhause, specieller Gehilfe Francke's namentlich für dessen weitläufige Correspondenz, seit 1701 Adjunct der theologischen Facultät. Von 1702 bis 1712 Diakonus in seiner Vaterstadt, dann Superintendent und Hofprediger in Idstein (Nassau), kehrte er 1714 nach Halle zurück, um mit der Professur das Subdirectorat am Waisenhause zu übernehmen. Er starb schon 1723. Neben diesen akademischen Theologen verdient als Verfasser der „Grundlegung der Theologie" 1703 und der „Entdeckung der falschen Theologie" 1704, einer Streitschrift zu Gunsten Spener's, schon hier Francke's Schwiegersohn Joh. Anastasius Freylinghausen genannt zu werden, der 1670 zu Gandersheim geboren, 1695 Adjunct an der Kirche zu Glaucha, 1727 als Pastor an der Ulrichskirche und Director des Waisenhauses seinem Schwiegervater nachfolgte, und 1739 gestorben ist. Er wird als Dichter geistlicher Lieder und Herausgeber des Halle'schen Gesangbuches noch in Betracht kommen. Ferner hat Joh. Conrad Keßler, Conrector zu Gotha (S. 190)

---

1) Kramer II. S. 207 ff. 345 ff. Von ihm sind zwei Dissertationen: De natura et gratia und de peccato acediae, auch deutsch: Die geistliche Trägheit.

die Vertheidigung des Pietismus geführt in der „Rettung der Orthodoxie Breithaupt's“, 1707. Endlich ist Joh. Wilh. Zierold (geboren 1660, gestorben 1731), Rector des Gymnasiums zu Stargard, zu erwähnen, welcher „Einleitung zur gründlichen Kirchenhistorie mit der **Historia philosophiae** verknüpft“, 1700, ferner „Gründliche Kirchenhistorie von der wahren und falschen Theologie in einem wiedergeborenen Menschen“, 1703, außerdem gegen Schelwig eine **Synopsis veritatis divinae opposita synopsi controversiarum**, 1706, geschrieben hat.

Unter den anderen Universitäten, auf welchen der Pietismus Fuß gefaßt hat, steht Gießen voran. Hier wirkte seit 1688 zunächst als Professor der orientalischen Sprachen, 1690 der Theologie Joh. Heinr. Mai, geboren 1653 zu Pforzheim, gestorben 1719. Zahlreiche Schriften hauptsächlich exegetischer und antiquarischer Art lassen erkennen, daß er sich durch den Pietismus auf das Schriftstudium hingewiesen sah. In seinem dogmatischen Lehrbuch **Synopsis theologiae christianae** (1708), welche **solis verbis Christi eruta atque monstrata** sein soll, wird jeder Lehre ein Ausspruch Christi vorausgeschickt, durch dessen Analyse vorgeblich der Lehrstoff gewonnen wird, der dann in gewöhnlicher Weise verläuft. Nach einer Unterbrechung von 12 Jahren tritt an seine Stelle Joh. Jakob Rambach, Schwiegersohn von Lange, geboren zu Halle 1693, Adjunct der theologischen Facultät 1723, ordentlicher Professor an der Stelle von A. H. Francke 1727. Er vertauschte 1731 Halle gegen Gießen, weil ihm die Anmaßung des jüngern Francke, die durch die königliche Verordnung über die Zeugnisse für die Studirenden (S. 293) gesteigert war, lästig wurde[1]). Er ist schon 1735 gestorben. Durch seine **Institutiones hermeneuticae sacrae** (1724) zeigt er sein Interesse am Schriftstudium. Durch seinen „Wohlunterrichteten Katechet“ (1722) und die nach seinem Tode herausgegebene „**Praecepta homiletica**“ (1746) vertritt er im pietistischen Sinne die praktische Theologie. Jedoch die Methode, durch welche diese Schriften sich auszeichnen, hat Rambach in der Schule von Wolff gelernt. In Königsberg ist Heinrich Lysius, geboren zu Flensburg 1670, ordentlicher Professor 1709, gestorben 1731, Vertreter des Pietismus. Er hat gegen Schelwig geschrieben **Synopsis controversiarum**

1) Tholuck a. a. O. S. 31 nach Eckstein, Chronik der Stadt Halle.

sub orthodoxiae praetextu motarum, 1712. Im Jahre 1728 sind dort auch die Professoren Rogall und Wolf Anhänger des Pietismus. In Leipzig hielt sich dazu Adam Rechenberg, geboren zu Leipsdorf (Kursachsen) 1642, seit 1670 Professor der classischen Sprachen und der Geschichte, seit 1686 in vierter Ehe Spener's Schwiegersohn, 1699 erster Professor der Theologie, gestorben 1721. Er ist bekannt durch seine Ausgabe des Concordienbuches (zuerst 1677) und seinen Streit um den Gnadentermin (S. 212). In Greifswald hängen dem Pietismus an Joh. Georg Pritius, von 1707 an Professor, 1711 Senior in Frankfurt a. M. und Brandanus Heinrich Gebhardi (gest. 1729), endlich Chr. Rußmeyer. Die Streitigkeiten, die gegen sie erhoben wurden, interessiren nicht weiter. Selbst Wittenberg hat demnächst zwei pietistische Theologen aufgenommen. Joh. Georg Joch, 1685 zu Rotenburg an der Tauber geboren, in Jena Privatdocent, 1709 in Dortmund Superintendent, wurde 1726 Professor in Wittenberg, gestorben 1731. Er hat daselbst 1730 über das pietistische Thema der desperatio salutaris disputiren lassen. Joh. Caspar Haferung, geboren 1669 zu Greußen (Schwarzburg-Sondershausen), 1726 ordentlicher Professor in Wittenberg, gestorben 1744, hat de fide operosa (1727), über die Möglichkeit, die göttlichen Gebote zu halten (1727) und de theologo non theoretico solum sed et practico (1738) geschrieben.

Zu den pietistischen Theologen ist Joh. Franz Buddeus in Jena nicht zu rechnen, obgleich sein Streben nach Unparteilichkeit ihm dieses Prädicat zugezogen hat. Geboren zu Anklam 1667, in Wittenberg gebildet, kam er, nach kurzer Thätigkeit am Gymnasium in Coburg, 1693 als Professor der Moral in die philosophische Facultät zu Halle. Von 1705 bis an seinen Tod 1729 war er Professor der Theologie in Jena. Während seiner Amtsführung in Halle war er Mitarbeiter an einer wissenschaftlichen Zeitschrift Observationes selectae ad rem literariam spectantes (von 1700 an), an welcher auch Thomasius theilnahm. Hier veröffentlichte Buddeus 1706 einen Aufsatz über die Kabbala, in welcher er Spuren des Vaterunser nachwies. Dieses wurde ihm von zahlreichen Gegnern, 1709 auch von Löscher, als Zeichen theils des Pietismus, theils der Aufklärung angerechnet. Um den ersten Vorwurf aufrecht zu erhalten, ließ ein Anonymus 1710 hinter Buddeus Rücken aus seiner kirchenhistorischen Vorlesung

„Eines vornehmen Theologi wahrhaftige und gründliche historische Erzählung alles dessen, was zwischen den heut zu Tage so genannten Pietisten geschehen und vorgegangen ist“ abdrucken. Buddeus hat diese Thatsache festgestellt in einer Epistola de nonnullis ad quorundam ecclesiae evangelicae in Silesia ministrorum innocentiam vindicandam spectantibus, 1724. Allein wenn schon jene Erzählung, deren Authentie im Ganzen er zugesteht, durch die Billigkeit ihres Urtheils ihm den Titel des Pietistenpatrons eingetragen hatte, so gab dieser Brief, den er auf Anlaß des Grafen Erdmann Heinrich von Henckel zur Rechtfertigung der nachher 1730 von der Oesterreichischen Regierung vertriebenen Prediger in Teschen, Joh. Adam Steinmetz, Joh. Muthmann und Samuel Ludw. Sassadius verfaßt hatte, noch mehr Anlaß dazu. Denn Buddeus verfolgte hier dieselbe Absicht, der Vermischung des Halle'schen Pietismus mit den Radicalen entgegenzuwirken und dessen überwiegende Rechtgläubigkeit zu bezeugen [1]). Die gleichzeitig in Jena stattgefundenen pietistischen Bewegungen sollen nun nach Spangenberg's Angabe [2]) durch Buddeus befördert worden sein, und mit seinen Grundsätzen übereingestimmt haben. Jedoch obgleich Jener Hausgenosse von Buddeus gewesen ist, sind diese indirecten Mittheilungen seines Biographen von sehr zweifelhaftem Werthe. Denn sie stehen nicht in Einklang mit der Haltung, welche Buddeus in seinen Institutiones theologiae dogmaticae (1723) kund giebt, und welche von den Halle'schen Grundsätzen erheblich abweicht. Er denkt den Theologen nicht als den Musterchristen, sondern als den, welcher mit der Erkenntniß der Offenbarung aus dem Glauben die Fertigkeit ihrer Darstellung und Begründung verbindet. Pietistisch afficirt zeigt sich Buddeus, indem er zugleich die eigene Seligkeit des Theologen als den Zweck der Theologie bestimmt. Er findet nämlich in der Abzweckung auf den Glauben und das Heil der Anderen, d. h. auf die Erhaltung und Beförderung der Kirche nicht die Bestimmung des Theologen als solchen, weil diese Wirkung nicht in seiner Macht stehe! Er erkennt ferner mit Spener die Wiedergeburt als wesentliches Merkmal der Theologie, aber mit der Einschränkung,

---

1) Der Inhalt des Briefes wird von Walch a. a. O. V. S. 370 angegeben.

2) Risler, Leben A. G. Spangenberg's (1794) S. 27. 31.

daß dadurch der persönliche Charakter bezeichnet wird. Uebrigens gesteht er zu, daß eine nach der heiligen Schrift formell richtige Lehre eines Unwiedergeborenen dieselben Wirkungen, wie die Schrift selbst ausüben wird. Denn auch das Verhältniß zwischen Erleuchtung und Wiedergeburt bestimmt er nicht so, daß die letztere der erstern übergeordnet sei, sondern so, daß beide untrennbar in Wechselwirkung ständen. Endlich entfernt er sich von der gemeinen Lehre der Halle'schen Schule, indem er die Merkmale des lebendigen Glaubens im Verhältniß zur Rechtfertigung [1]) und die Ansicht ablehnt, daß der Glaube wesentlich Gehorsam oder ein Act der Liebe gegen Gott sei, da dieses Wirkungen des Glaubens sind. Also Buddeus ist nicht zu der Halle'schen Schule zu rechnen; er ist ein rechtgläubiger Theolog, welcher den Satz von der Theologie des Wiedergeborenen mit der entgegengesetzten Annahme zugleich behauptet, aber durch sein theologisches Werk beweist, daß er von der Tragweite der Erkenntniß Spener's keine Ahnung hat.

Innerhalb der Halle'schen Schule ist zuerst die Arbeit an der Auslegung der heiligen Schrift zu beachten. Sie wird eröffnet durch A. H. Francke's Observationes biblicae, eine Monatsschrift, welche 1695 vom Januar bis September erschienen ist [2]). Francke unternahm es, an Stellen des N. T. die Uebersetzung Luther's aus dem Grundtext zu berichtigen, um diese Ergebnisse zu erbaulichen Betrachtungen zu verwenden und mit Gebeten zu schließen. Dieser Gebrauch theologischer Freiheit ist für Francke bezeichnend; wichtiger freilich ist die Thatsache, daß die Befürchtung Spener's, er werde hiedurch Anstoß geben, sich in reichstem Maße erfüllte. Joh. Friedr. Mayer benutzte gleich nach Erscheinen des ersten Monatsheftes seine „Anweisung zum recht lutherischen Gebrauch des Heiligen Psalterbuchs“ zu einer Vorrede an „alle Studiosos theologiae, Ihro K. Majestät von Schweden Landeskinder in Deutschland, sich von Herrn Francke's Observationibus biblicis nicht verleiten zu lassen“. Nicht allein dieser Mann, sondern auch Andere meinten, daß Luther's Auctorität durch Correctur seiner Bibelübersetzung angetastet werden solle. In dem Schriftwechsel, welchen Mayer's „Bericht von Pietisten“

1) Er erklärt Lib. IV. cap. 3. § 9, die Nachweisung von Theilen des Glaubens durch Witsius für überflüssig. Vgl. I. S. 294.

2) Kramer I. S. 144—154.

(1706) nach sich zog (S. 330), hat derselbe auch jene Warnung an die Theologie Studirenden wieder veröffentlicht. So wenig wollte er jene unschuldigen Observationes biblicae zur Ruhe kommen lassen. Ebenfalls bezeichnend für Francke ist es, daß er directe Leistungen in wissenschaftlicher Exegese nicht aufzuweisen, daß er aber 1702 in deren Dienste ein eigenes Institut gegründet und aus seiner Armenkasse unterhalten hat, das **Collegium orientale theologicum** [1]), in welchem 12 Studirende zu einer gründlichen Ausbildung im Schriftstudium angeleitet werden sollten. Als Nebenarbeit wurde den Mitgliedern die Hilfleistung zu der von J. H. Michaelis unternommenen Ausgabe des A. T. zugemuthet. Als diese nicht gerade musterhafte Ausgabe 1720 erschien, war freilich das Collegium schon seit 1713 ausgestorben.

Wie sehr es den Halle'schen Theologen auf die Methode der Auslegung ankam, beweisen die Schriften von A. H. Francke, **Praelectiones hermeneuticae** (1717. 1723), Joach. Lange, **Hermeneutica sacra** (1733), Joh. Jak. Rambach, **Institutiones hermeneuticae sacrae** (1723. 1729. 1743), Ausführliche und Gründliche Erläuterung über dessen Institutionen, herausgegeben von Ernst Friedr. Neubauer (1738). Neben den zahlreichen Schriften von J. H. Mai und Rambach zur Exegese, Einleitung und Biblischen Theologie kommt hauptsächlich in Betracht das Bibelwerk Lange's in sieben Foliobänden: Biblisches (Mosaisches, Historisches, Davidisch-Salomonisches, Prophetisches, Evangelisches, Apokalyptisches, Apostolisches) Licht und Recht (Urim und Thummim gleich Orakel), d. i. Richtige und erbauliche Erklärung u. s. w. (1726—38), zusammengezogen in der „**Biblica parenthetica**, darinnen der biblische Text durch gewisse mit anderen Lettern dazwischen gesetzte Worte nach dem Grundtexte erläutert wird", zwei Foliobände (1743). Ueber den Erfolg der pietistischen Bestrebungen für die Schriftauslegung urtheilen jedoch die Kenner [2]) nicht günstig. Zwar nimmt die Exegese der Pietisten Antheil an der größern Freiheit von dogmatischen Schranken; allein der ausschließlich paränetische Zweck hindert in nicht geringerem Grade, als die rechtgläubige Dogmatik, den Zugang zu dem geschichtlichen Sinne

---

1) Kramer, I. S. 250 ff.

2) Tholuck a. a. O. S. 82. Diestel, Gesch. des A. T. in der christl. Kirche S. 395.

der heiligen Schriften. Die Pietisten näherten sich dieser Aufgabe, indem sie die Schrift als Spiegel der Frömmigkeit verstehen lernten; aber wegen ihrer Richtung auf directe praktische Anwendung verliefen sie sich in Typologie und emphatische Erklärungen. Einwirkung von Coccejus ist auch in dieser Hinsicht nicht zu verkennen[1]). Die Willkür, welche aus dem asketischen Zweck der Schriftauslegung entsprang, und weit von dem geschichtlichen Maßstabe derselben sich entfernte, hat nachmals den Rückschlag in die gesteigerte Nüchternheit der Exegese mit verschuldet. In einer Hinsicht freilich verdient die Exegese Lange's Anerkennung. In seinem Apokalyptischen Licht und Recht hat er sich nach Campegius Vitringa gerichtet, der, was ihm von der Apokalypse noch nicht erfüllt zu sein schien, genauer zu bestimmen und chronologisch zu berechnen unterließ. Im Anschluß an diesen Vorgänger vermochte Lange sich auf der Spur der Erwartungen Spener's (S. 122), und sich von Petersen's Entdeckungen fern zu halten.

Für die Kirchengeschichte ist in dem Kreise des Halle'schen Pietismus nichts Erhebliches geleistet worden. Allerdings hat der Professor der Kirchengeschichte zu Jena, Caspar Sagittarius (geb. 1643, gest. 1694), im Jahre 1691 durch Aufstellung von Thesen sich für den Pietismus ausgesprochen, er sei das wahre Christenthum, und die Conventikel seien empfehlenswerth. Allein seine Introductio in historiam ecclesiasticam, deren erster Theil im Jahre seines Todes, der zweite 1718, beide durch die Bemühung des Helmstedter Theologen Joh. Andr. Schmid erschienen, ist nicht pietistisch afficirt. Hingegen ist dies der Fall mit Joh. Wilh. Zierold's Einleitung zur gründlichen Kirchenhistoria mit der Historia philosophiae verknüpft, 1700. In diesem Buche tobt sich der Pietismus gegen Aristoteles aus. Derselbe soll die Lehre des Moses gekannt aber verachtet, auf den Rath des Orakels zu Delphi die Philosophie studirt haben. Da nun M. Bücher, der Gegner des Pietismus, in dem Falle des Sokrates das Orakel

1) Die Stichworte der Föderaltheologie begegnen bei Francke, Breithaupt und Mai. Der Grundsatz von Rambach, Instit. herm. p. 319: Vocibus merito tanta significationis amplitudo tantumque pondus assignatur, quantum per rei substratae naturam sustinere possunt — erinnert an den berühmten Satz des Coccejus: id significant verba, quod significare possunt in integra oratione, sicut omnino inter se conveniunt, der wenigstens stets im Sinne der Emphase verstanden worden ist.

als Organ des Teufels gedeutet hat, so meint Zierold, werde man es so auch im Falle des Aristoteles ansehen. „Denn der Teufel sah wohl, daß die Aristotelische Philosophie sein Reich erweitern und wider die Wahrheit Gottes streiten werde". Was über diese Philosophie berichtet wird, ist völlig verworren. Der Maßstab ihrer Beurtheilung nämlich ist eine Vergleichung zwischen Aristoteles und Plato, welche von Franciscus Patritius herrührt, und in welcher dieser mit der christlichen Dogmatik in den Grundzügen übereinstimmend, Aristoteles aber widersprechend erscheint. Auch weiß Zierold ferner, die vortrefflichsten Kirchenlehrer, welche die Kirche fortgepflanzt haben, seien große Liebhaber von Plato gewesen, den Aristoteles aber hätten sie nicht für ehrlich gehalten; in den ersten Seculis sei die Kirche Christi am besten gewesen, nachher unter dem Papstthum in große Finsterniß gefallen; nun sei in den ersten Seculis Plato, im Papstthum aber Aristoteles beliebt gewesen; also sei dieser ebenso der Urheber der Irrthümer unter dem Papstthum, in der Scholastik, wie das Muster aller Häretiker von Simon Magus an gewesen. Diese Uebelstände habe Luther nicht definitiv abzustellen vermocht. „Denn Philippus Melanchthon hat sich wieder dazu brauchen lassen, wie ihn denn Lutherus niemals für einen rechten beständigen Theologum gehalten, sondern für einen listigen Aristotelischen Dialecticum, der Gottes Geheimniß mit der Vernunft ausmessen wollen. Daher war er furchtsam und siehet man, wie ihn Lutherus als einen furchtsamen Philosophum verspottet". Zierold meint hiemit die Briefe Luther's an Melanchthon, Brenz und Spalatin vom 29. 30. Juni 1530, in welchen der Mangel des Vertrauens auf Gott, den Luther an Melanchthon rügt, auf seine Philosophie, d. h. seine vernünftigen Ueberlegungen der gegenwärtigen Umstände zurückgeführt wird [1]. Hiegegen verweist Luther auf den Gott, dessen Namen ist: ero qui ero. Daran knüpft nun Zierold die Bemerkung, die albernen Scholastici hätten daraus eine alberne Metaphysicam gemacht, das Ens als Ens in genere durch Abstraction von allen Entibus darzustellen, also hätten sie einen Schatten angenommen und damit gefochten. „Solche Philosophie wußte auch Melanchthon; daher erkennt Luther den Jehova, das Ens, besser als er. Ja die närrische Metaphysik machte Philippum ungeschickt, daß er nicht glauben

---

1) Luther's Briefe. De Wette III. S. 53. 61. 63.

und Gottes Wort nicht recht verstehen konnte". In dieser Richtung haben die Nachfolger Melanchthon's fortgefahren, bis Spener aufgetreten, und besonders bis die Bewegung in Leipzig 1689 ausgebrochen ist. Melanchthon ist bei Arnold kaum schlechter weggekommen. Aber durch Zierold wird es nicht klarer als durch seine Gesinnungsgenossen, woran sie in der von Melanchthon abstammenden Schultheologie einen besondern schädlichen Einfluß des Aristoteles erkennen. Denn die Dogmen, welche platonische Conceptionen einschließen, sind von den Scholastikern materiell nicht verändert worden, geschweige denn von den Melanchthonianern. Der formale Gebrauch aristotelischer Kategorieen durch die lutherischen Theologen ist gegen den dogmatischen Stoff gänzlich gleichgiltig. Also der Eifer gegen den Aristoteles in der Theologie ist blind und direct unverständlich. Vielleicht wird es noch ermittelt werden, was eigentlich die Pietisten an der gangbaren Theologie befremdete, ohne daß sie für ihre Störung den richtigen Ausdruck finden konnten. Jedoch haben sie diesen einzigen Punkt, in welchem sie sich zur Geschichte der Kirche und Theologie kritisch verhielten, unter einem viel zu umfangreichen und deshalb unpassenden Titel unklar gelassen. Für ihre Specialgeschichte, wie z. B. Spener in der „Wahrhaftigen Erzählung" (1697) ausführt, bot schon Arndt als der Vorgänger des Pietismus die Gründe des Gegensatzes gegen die frühere Gestalt der lutherischen Kirche dar (S. 98).

Die entscheidenden Eigenthümlichkeiten der Halle'schen Schule hat man in der Dogmatik zu suchen. Deren äußere Gestalt oder formelle Anlage sticht nicht ab von dem hergebrachten Entwurf; vielmehr bewegt sich die Theologie von Breithaupt[1]) in dem gangbaren Rahmen auch insofern, als er natürliche und Offenbarungstheologie gegen einander abstuft. Allein die Weisungen Spener's sind an ihm nicht ganz verloren gegangen. Nur hat er in ihnen nicht den Antrieb zur Umarbeitung des Systems erkannt, und deshalb schichtet er verschiedenartige Grundsätze schon in der Fassung der Aufgabe der Theologie auf einander. Als Systematiker giebt sich Breithaupt im Unterschied von Francke von

---

1) Institutiones theologicae de credendis atque agendis, Tomi III. (1. 2. Dogmatik, 3. Moral) Halle 1694. 2. Ausg. 1716. — Theses credendorum atque agendorum fundamentales, 1700. Ein Leitfaden, welcher aus jenem Werke ausgezogen ist.

vorne herein kund, indem er Heilsglauben und Theologie zu unterscheiden unternimmt. Die Theologie setzt den Heilsglauben voraus, und zugleich schließt sie den Besitz desselben in sich, indem sie die Erklärung, Begründung und Vertheidigung desselben leistet. Denn dazu gehört, daß der Theolog mit Gott versöhnt ist. Sofern aber der Heilsglaube selbst Erkenntniß ist, muß dieselbe Erfahrung sein. Als solche erweist sie sich durch die begleitenden Affecte, die Wirkungen des heiligen Geistes. Damit ist gemeint der Sinn für das Gesetz der Freiheit, von dem man durchdrungen ist (Jak. 1, 25), die Absicht, den Willen Gottes zu thun (Joh. 7, 17), oder zu Christus zu kommen, um in ihm das Leben zu gewinnen (Joh. 5, 39. 40). Hierin also richtet sich Breithaupt nach Spener. Allein etwas ganz verschiedenartiges spricht er aus, indem er den übernatürlichen Charakter der Theologie, im Gegensatz zu den natürlichen Motiven der Ueberlieferung in der Kirche, in die unmittelbare Affection durch das **testimonium spiritus sancti** aus der heiligen Schrift setzt. Er ist sich nicht bewußt, daß diese orthodoxe Lehre, ernst genommen, auf einen gegen die Existenz des Gläubigen in der Kirche gleichgiltigen Enthusiasmus hinweist. Endlich kommt er doch mit Francke überein, indem er als Ziel auch der Theologie die **salus** als **fruitio dei** annimmt, und deshalb das theologische Erkennen in der Form der durch Buße, Gebet und Anfechtung eingefaßten Meditation des Wortes Gottes vor sich gehen läßt[1]). Deshalb weicht auch seine Definition der Theologie nicht wesentlich von Francke ab. Denn sofern sie die Fähigkeit zu lehren und Gegner zu widerlegen sein soll, erfährt sie keine genauere Bestimmung.

Dieser Theolog also zeigt sich nicht geeignet, die Theologie nach den Anweisungen Spener's umzugestalten. Allerdings setzt er bei der Lehre von Gott gleich mit den Bestimmungen aus der Offenbarung ein, demgemäß daß die Erkenntniß Gottes und seines Sohnes das ewige Leben ist. Allein in der Erkenntniß des göttlichen Willens läßt er die Abstufung zwischen der Offenbarung in Schöpfung und Erhaltung der Welt und der in den Wohlthaten gegen die Kirche zu, und demgemäß reducirt er auch das Wesen Gottes sogleich auf die formalen Bestimmungen der Einfachheit,

---

1) Hierauf kommt auch Joh. Henr. Majus, **Synopsis, Praecognita** § 14—18 hinaus.

Geistigkeit u. s. w., welche der natürlichen Theologie angehören. Das aber ist keine Aufgabe in der **theologia regenitorum.** Breithaupt empfindet den dieser Methode entsprechenden Antrieb, an allen Eigenschaften Gottes hervorzuheben, wie sie das christliche Leben motiviren. Die Einheit und Einzigkeit Gottes z. B. deutet er als den Grund, daß Gott unser letzter Zweck, daß um seinetwillen die Entsagung von allen Dingen vorzunehmen sei, daß man die Einfachheit auf Christus hin zu leisten habe. Allein das ist mehr ein asketisches [1]) als ein theologisches Verfahren, da diese praktischen Aufgaben nicht danach geordnet sind, daß die Offenbarung Gottes in Christus und die Stiftung der Gemeinde die Beziehungspunkte der richtigen Erkenntniß Gottes abgeben. Was hilft es also, daß nach der breiten Erörterung über die Unabhängigkeit Gottes und seine Stellung als erster Ursache das Eingeständniß folgt, diese Bestimmung der Unendlichkeit Gottes gehe über den menschlichen Verstand, und deshalb sei die Erkenntniß Gottes aus der Offenbarung Gottes zu schöpfen! Das führt den Dogmatiker zur Lehre von der Trinität, und zu nichts anderem. In der sehr ausführlichen Darstellung der Vorsehung Gottes drängen sich Breithaupt allerlei christliche Gedanken auf, welche, wenn sie recht verstanden werden, die Lehre von dem Gebiete der natürlichen Theologie auszuscheiden nöthigen. Er ist darauf aufmerksam, daß die Fürsorge Gottes sich abstuft nach den Naturdingen, den Menschen, den Gliedern der Kirche, ferner darauf, daß alle Dinge in Christus, dem Haupt der Gemeinde geschaffen und die Gläubigen vor der Welt in Christus erwählt sind, um Gott zu suchen und selig zu werden. Er combinirt deshalb, daß wie alles durch Christus geschaffen ist, so auch alles zu ihm als dem Zweck geleitet wird; er schließt endlich aus den ihm bekannten Aeußerungen Luther's, man habe durch Christi Menschheit die Majestät Gottes zu erkennen, darauf, daß durch die Einsicht in die Erlösung die Ehre Gottes in der Welt überhaupt erkennbar sei. Es ist diesem pietistischen Theologen nicht gering anzurechnen, daß er mit diesem methodischen Grundsatze Luther's, der seit Melanchthon verschollen war, bekannt ist; auch ist sein Bestreben

---

1) Recht absichtlich ist diese praktische Anwendung jedes dogmatischen Satzes durchgeführt in Joh. Anast. Freylinghausen, Grundlegung der Theologie. 1704 und oft.

bemerkenswerth, die Lehre von der Vorsehung Gottes von der Sandbank der natürlichen Theologie in das Fahrwasser der positiven Offenbarung überzuführen. Es entspricht dieses der gesteigerten Werthschätzung, welche das Vertrauen auf Gott als Grundlage des christlichen Charakters in dem Gebiete dieses Pietismus erfahren hat. Allein ungeachtet dieser bedeutsamen Anregungen ist die Aufgabe des Systems dem Halle'schen Theologen nicht deutlich geworden.

Dieselbe schwebt auch Anton vor, indem er über die „Analogie des Glaubens" nach Röm. 12, 6 schreibt[1]). Er versteht den Ausdruck des Apostels, daß ein Prophet nach dem Maße seines Glaubens reden soll, in der gangbaren falschen Deutung, man solle die heilige Schrift auslegen in Uebereinstimmung mit einem System der Glaubensartikel, welches der heilige Geist in den heiligen Schriften kund gebe. Als System sei dieses Gefüge zu verstehen, indem alle einzelnen Glieder desselben näher oder ferner auf den Zweck des Heils der Menschen bezogen sind und hierin zusammhängen. Es wird vorbehalten, daß diese Größe mit keiner Gestalt systematischer Theologie zusammenfällt, welche seit Johannes von Damascus und Peter Abälard vorgekommen ist, namentlich so weit die Aristotelische Philosophie mit der Theologie verflochten ist. Also dieses System wäre erst noch auszuführen. Wer es leistet, den will Anton als den vollständigen Theologen anerkennen. Aber er selbst will nicht die Hand anlegen, da alle, die sich der Sache genähert haben, von einem heiligen Schrecken ergriffen worden sind. Er meint schließlich, mit Verweisung auf Buddeus, daß die Zusammenstellung der Fundamentalartikel eine Form der Glaubensanalogie sei. Mit der Unterscheidung dieser Lehren von anderen hatte die lutherische Theologie seit dem zweiten Drittel des 17. Jahrhunderts unter dem Vorgange von Hülsemann und Kromayer einen Weg betreten, welcher zu einer Milderung des Anspruches zu führen schien, den die immer genauer gewordene Ausarbeitung der confessionellen Lehre an die Zugehörigkeit zur Kirche gestellt hatte. Indessen erst die Halle'schen Pietisten haben von jener Annahme den Gebrauch gemacht, welcher eine wirkliche Veränderung in der Schätzung der rechtgläubigen Lehre nach sich zog, und zwar dadurch, daß sie die Behauptung der Fundamental-

1) Commentatio theologica de analogia fidei. 1724.

artikel mit ihrer Forderung der Wiedergeburt des Theologen in Verbindung setzten. Hiedurch rechtfertigen sie überhaupt ihren Anspruch, als theologische Schule neben der bisherigen Rechtgläubigkeit aufzutreten, und dieselbe ins Unrecht zu setzen. Darin liegt aber zugleich der Verzicht auf die Umarbeitung des geltenden Lehrgefüges nach dem Gesichtspunkt des Heiles der Menschen, in der Erprobung an dem Satze Joh. 7, 17 [1]). Denn das Heil der Menschen bedeutet etwas Anderes in den verschiedenen Epochen der Kirche, in welchen die einzelnen Fundamentalartikel gebildet worden sind.

In dieser Sache ist für die Halle'sche Schule maßgebend die Disputation Breithaupt's, **De haeresi iuxta s. scripturae sensum** von 1697, welche mit einer **Animadversio apologetica** verstärkt 1709 wieder herausgegeben wurde. Hier wird aus dem Sprachgebrauch des N. T. nachgewiesen, daß Häresie nicht blos einen bestimmten Irrthum bedeutet, sondern zugleich eine Verkehrung des Willens einschließt, und daß sie an sich oder durch die Umstände die rechte Anrufung Gottes verhindert. Das entspricht antithetisch dem pietistischen Grundsatze, daß die Erleuchtung nicht außerhalb der Erneuerung des Willens stattfindet, und dient dazu, die bisherige Anwendung des Titels einzuschränken. Kommt es demnach auf die Bestimmung der Fundamentalartikel an, so meint Breithaupt dieselbe im Einklang mit den rechtgläubigen Vorgängern zu treffen. Sie bieten ihm allerdings die Unterscheidung zwischen Fundamentalartikeln erster und zweiter Ordnung, zwischen hart-

---

1) Daß dieser Gesichtspunkt Spener's den Schülern von Halle gegenwärtig geblieben ist, ergiebt sich aus einem in der Sammlung auserlesener Materien I. S. 346 mitgetheilten Gedicht mit der Ueberschrift: Daß auf der ganzen Welt nichts raisonnabler sei, als das wahre rechtschaffene Christenthum. Auf das hochfürstl. Anhalt-Köthen- und hochgräfl. Promnitz'sche Beilager. 1726 (im Namen einer Schule). Hier heißt es: Ach wollt ihr euch denn nicht nach Jesu Joch bequemen, — da auf der ganzen Welt nichts raisonnabler ist? — Kommt tretet doch hervor, ihr hochgelehrten Geister, — die ihr beim Christenthum Raison stets haben wollt. — Was setzet ihr noch aus, wenn unser Herr und Meister — euch diesen Vorschlag thut, daß ihr's versuchen sollt. — Er spricht, ach höret doch ihr Weisen dieser Erden, — wer, was mein Vater will, zu thun sich nur entschließt, — der soll, o theures Pfand, sogleich auch inne werden, — daß meine Lehre nicht von mir ersonnen ist.

näckiger und unkundiger Leugnung derselben dar. Allein in der Anwendung dieser Distinctionen auf die einzelnen Fälle ergiebt sich, daß die Linie der Rechtgläubigkeit, welche Breithaupt behaupten will, unsicher wird. Denn wenn die Ewigkeit der Gottheit Christi, wie er annimmt, als Lehrsatz zweiter Ordnung aus **simplicitas** verneint werden kann, ohne den seligmachenden Glauben aufzuheben, weil diese Verneinung nur **per consequentiam** dem Glaubensgrunde zuwiderläuft, so ist damit zugestanden, daß der in dem verneinten Satze ausgedrückte Gegensatz zum Socinianismus nicht für den Laien, sondern nur für den Theologen gilt, welcher die Bedeutung der Lehre für das Ganze der heilsmäßigen Lehre durchschaut. Breithaupt giebt durch seine Erörterung hierüber kund, daß er dieses Zugeständniß weder beabsichtigt hat, noch die aufgestellte Folgerung würde gelten lassen. Denn er liegt eben zwischen den Grenzen der Instanz der Frömmigkeit gegen den dogmatischen Zwang, und der Instanz der rechtgläubigen Ueberlieferung gegen die gleichzeitige Richtung auf dogmatischen und kirchlichen Indifferentismus.

Was dabei herauskommt, wird deutlicher durch Joachim Lange, welcher die bezeichnete Stellung der Halle'schen Theologie als die richtige Mittelstraße verkündet hat [1]). Er drückt die Sache in zwölf Sätzen aus. Indem im Christenthum die reine Lehre und das gottselige Leben nicht von einander geschieden werden sollen, bezeichnet er die Grund- und Hauptlehren als solche, ohne deren Erkenntniß und Annahme das Christenthum nicht angerichtet werden und nicht bestehen kann. Der Begriff der Grundlehren wird in folgenden vier Gruppen ausgeführt, 1. daß die Unsterblichkeit der Seelen, und nebst der Auferstehung der Todten und dem Gericht die künftige selige oder unselige Ewigkeit vorgehalten; 2. daß die geistliche Seelenkrankheit und die Unfähigkeit zum Guten vorgestellt; 3. daß der Arzt unserer Seelen, Jesus Christus, nebst seiner Heilsgnade recht erkannt; 4. in welcher Ordnung die erkannte

1) Die richtige Mittelstraße zwischen den Abwegen der Absonderung von der äußerlichen Gemeinschaft der Kirche, wie der päbstischen Ketzermacherei und der damit verknüpften falschen Lehre einiger unruhiger Theologen. 4 Theile, 1712. Vgl. hievon 2. Th. S. 73 ff. Diese Sätze sind wiederholt in desselben „Gestalt des Kreuzreichs Jesu Christi in seiner Unschuld". 1713. S. 188, und „Erläuterung der neusten Historie bei der Evangel. Kirche von 1689—1719, nebst Auszug aus der Mittelstraße". 1719. S. 98.

Seelenarzenei zur geistlichen Erweckung, Stärkung und Genesung, wie zur Unterhaltung des geistlichen Lebens angewendet wird. Wo der in diesen zusammengehörigen Sätzen enthaltene Grund der Wahrheit nicht richtig erkannt wird, ist auch der Lauf der Gottseligkeit nicht lauter. Demgemäß ist mit dem Verstand zugleich der Wille in der Richtung auf die Seligkeit auszubilden, wie es den bekannten Grundsätzen Spener's und Francke's entspricht. Dieses Programm ist, wie Gaß [1]) richtig urtheilt, summarisch rechtgläubig. Allein die Färbung desselben ist der lutherischen Lehrweise im Ganzen unähnlich. Die medicinischen Kategorieen der Seelenkrankheit, des Arztes und der Arzenei sind unzweifelhaft Abschwächungen der Schuld, des Versöhners und der Sündenvergebung und Erneuerung. Daß diese Lehrtitel nicht abgestoßen werden sollen, lehrt ja die theologische Arbeit, welche diese kirchliche Fortschrittspartei ausdrücklich gegen den Socinianismus gerichtet hat. Allein die Absicht der Rechtgläubigkeit findet doch eine Grenze daran, daß jene Ausdrücke überhaupt gewählt werden konnten; und deren Art bringt es mit sich, daß die letzte Gruppe der Fundamentalartikel, welche die Application der Arzenei darstellen, mit einem größern Werthe bekleidet ist, als die vorhergehenden. Nun unterläßt auch Lange deutlich zu machen, was er unter den Nebenlehren versteht, welche zwar werth sind, erforscht, angenommen und gehörig angewendet zu werden, aber zur Anzündung und Unterhaltung des Glaubens und Einrichtung unseres Lebens nicht schlechterdings nöthig sind. Ebenso undeutlich ist die Bedingtheit der Grundlehren, daß sie ohne Verlust der Seligkeit nicht geleugnet oder so verfälscht werden dürfen, daß sie ganz und gar zu aller seligmachenden Application entkräftet werden. Im Streit gegen Löscher hat er sogar ausgesprochen, ein Mensch, der in sehr wichtigen Glaubenspunkten irrt, könne im Stand der Seligkeit sein, und hat es als ungereimte Meinung bezeichnet, Gott könne und wolle weder des Menschen Herz zur Bekehrung, noch seinen Himmel zur Mittheilung der Seligkeit aufschließen, es sei denn bei einem Menschen ein gewisser abgezirkelter, abgemessener Vorrath von Ideen nach allen Stücken vollständig vorhanden [2]).

---

1) Gesch. der protest. Dogmatik III. S. 55.

2) Aufrichtige Nachrichten von der Unrichtigkeit der sogenannten Unschuldigen Nachrichten (10 Theile 1707—14) Theil 6. S. 90.

Diese Aeußerung ist Lange im Streit entfahren; allein sie bestätigt den Eindruck, den seine überlegten und so oft wiederholten Grundsätze machen, nämlich daß durch sie die Vorstellung von den Fundamentalartikeln undeutlich und deren Begrenzung unsicher wird.

Dasselbe Ergebniß knüpft sich an die Thatsache, daß diese Theologen den verschiedenen Gruppen der Grundlehren mit ungleichem Interesse gegenübertraten. Indem sie die Lehre von der **gratia applicatrix** in besondere Arbeit nahmen, hatten sie die anderen Grundlehren ohne Veränderung fortzupflanzen. Breithaupt nämlich hat seine Darstellung von Gottes Vorsehung und vom Urstand der Menschen gewissermaßen belebt, indem er Beziehungen der Lehre von der Gnade vorwegnahm; hingegen seine Lehre von Christi Person trägt er in ausführlichen Excerpten aus Chemnitz' Loci vor, um nicht von der Rechtgläubigkeit abzukommen. Diese Ungleichheit der Arbeit an der Theologie unterscheidet die neue Schule von der alten; hieran hängt es, daß die Rechtgläubigkeit jener eine blassere Farbe an sich trägt, als bisher vorgekommen war. Und deshalb überrascht es, daß Lange, um die Stellung der pietistischen Schule günstiger zu machen, seine Gegner als die Pseudorthodoxen bezeichnete, für sich und seine Genossen also den Besitz der eigentlichen Rechtgläubigkeit in Anspruch nahm. Wenn die Rohheit und Bosheit in der Behandlung der Gegner ein sicheres Merkmal der Rechtgläubigkeit ist, so hatte Lange dieselbe in vollem Besitz, mehr als Löscher. Allein durch jene Mittel des Streites kann er nicht verbergen, daß die Theologie der Hallenser die festen Züge, das Gleichgewicht und die überall gleiche Farbe der Lehrweise entbehrt, welche man bisher als Rechtgläubigkeit gekannt hatte.

In der Lehre von der individuellen Heilsordnung ist Breithaupt bestrebt, deren Bedingungen der Ueberlieferung gemäß aufrecht zu erhalten. Er will die Rechtfertigung und die Heiligung, indem sie in der Wirklichkeit zusammen sind, begrifflich unterscheiden und unverworren sein lassen. Er gesteht in der Bekehrung keine eigene Selbstthätigkeit des Menschen zu. Er versteht, wie es hergebracht ist, den Glauben als die Ergreifung der göttlichen Gnade; fremd ist ihm, was gleichzeitig der Pietismus in der reformirten Kirche formulirt, die Ueberbietung der Wohlthaten oder Gaben Christi durch die unmittelbare Umfassung seiner Person selbst (I. S. 299). Indem er Francke folgt, behauptet er, daß die contritio ex lege in der Bekehrung nicht ohne die begleitende Erleuchtung durch das Evangelium vor sich geht. Daß man in wirksamer Bekehrung begriffen ist, soll man von vorn herein nicht an einem eigenthümlichen Gnadengefühl, sondern daran feststellen, daß man seine Sünden erkennt und verabscheut. Hieraus ergiebt sich, daß Christus den Menschen sucht; man braucht also nicht umgekehrt mit seiner Einbildungskraft Gnadeneindrücke von Christus zu erstreben. Wenn man aber den Gnadenstand erreicht oder Christus gefunden hat, so giebt sich dieser Erfolg in einer passiven Affection der Art kund, daß man wahrnimmt von Christus ergriffen zu sein; die Erkenntniß, auf die es hier ankommt, ist eine **agnitio passiva**. Diese psychologisch unverständliche Vorschrift steht, wie man leicht bemerkt, in Abfolge zu dem Factor der Gnade, welcher gegenüber der Mensch passiv ist. Etwas gerade entgegengesetztes ergiebt sich aber daraus, daß die Bekehrung an dem lebendigen Glauben verlaufen muß. Diesen bestimmt Breithaupt insofern correct, daß darin nicht die Wirksamkeit in guten Werken gemeint sei, sondern der Glaube, mit welchem die Enthaltung von der Sünde zusammen ist, und welcher als solcher vor der Rechtfertigung als Sehnsucht (desiderium) nach der Gnade sich in dem Gebet um dieselbe kund giebt. Es ist dabei, wie auch Francke lehrt, vorbehalten, daß dieses Streben vom heiligen Geiste hervorgerufen ist. Breithaupt nun hat in dieser Darstellung die objectiven und die subjectiven Rücksichten der Heilsordnung so wenig in Einklang gesetzt, daß er gerade entgegengesetzte Vorschriften aufstellt. Einmal verbietet er neben der Anerkennung und Verwerfung der eigenen Sünden das Suchen und Sehnen nach Gnadeneindrücken; im andern Fall achtet er diese Erscheinungen und die Anstrengung der Einbildungskraft im Gebet als die Merkmale des lebendigen Glaubens. In jenem Fall begnügt er sich mit einem passiven Eindruck der Begnadigung; unter der Leitung des lebendigen Glaubens ergiebt sich ihm die Forderung, daß dessen Erfolg in dem lebhaftesten Lustgefühl sich ausprägen muß.

Breithaupt hat hiemit die Losungen für die zwei Formen des Pietismus gegeben, welche in dem Wirkungskreise der Halleschen Schule vorkommen, des gesetzlichen und des evangelischen. Denn die Annahme, daß der Bußkampf durch das Evangelium mehr als durch das Gesetz hervorgerufen und unterhalten werde, war mehr theoretisch als praktisch. Wer den Beginn seiner Bekehrung an dem Abscheu vor seiner Sünde erkennen, auf die Jagd nach Gnadeneindrücken verzichten und auf einen passiven Eindruck von der Begnadigung warten sollte, wurde eben beim Gesetz festgehalten. Jedoch die officielle Art, welche sich nach Francke's Anweisung richtet, war der evangelische Pietismus aus dem lebendigen, deshalb im Act der Bekehrung und Rechtfertigung wirkenden Glauben. Diese Art wird von Lange [1]) formulirt, indem er nach der origo divina des Glaubens dessen indoles viva et lucida, activa, supplex (fames et sitis spiritualis), magnetica (attractiva seu apprehendens), acquiescens ac recumbens, luctatrix et victrix unterscheiden lehrt. Er meint hiemit die hergebrachte Distinction von cognitio, assensus, fiducia zu überbieten, bezeichnet jedoch nicht so deutlich Stufen des Glaubens, wie Witsius und Brakel (I. S. 294). Indessen wenn jene Beziehungen im Glauben als solche wirklich unterschieden werden sollen, so können sie unter Voraussetzung des erfolgreichen Bußkampfes nur in zeitlicher Folge und regelmäßiger Abstufung erfahren werden. In diesen Beziehungen also trifft der Halle'sche Pietismus mit dem evangelischen Pietismus in der reformirten Kirche zusammen. Zugleich weichen beide Gruppen von der Deutung der Rechtfertigung und Bekehrung ab, welche der Reformation eigen ist, indem die hauptsächliche Aufmerksamkeit nicht dem Mittler des Heils, sondern der erstrebten Ausbildung des subjectiven Glaubens zugewendet wird. Dabei ist aber folgender Unterschied zwischen beiden Arten des Pietismus zu beachten. Weil derselbe in der reformirten Kirche keine Orthodoxie sich gegenüber fand, welche ihm das Recht des Daseins bestritten hätte, so ist der reformirte Pietismus in der begleitenden Ueberzeugung seiner Rechtgläubigkeit ungestört geblieben. Hingegen die Anfechtungen, welche der Pietismus lutherischer Herkunft ein Menschenalter hindurch ununterbrochen von Seiten der Rechtgläubigen erfuhr, hat ihn genöthigt, die Lehren, in denen er den directen Maßstab der Gottseligkeit fand, stärker zu betonen als die anderen Grundlehren. Deshalb

---

1) Oeconomia salutis evangelica (1728) ed. II. (1730) p. 353. Ebenso Mittelstraße III. S. 122 f. Aehnlich Breithaupt, Theses credendorum (1700) p. 129. Uebereinstimmend J. H. Majus, Synopsis. Praecognita § 18. Loc. IX. § 6.

ist die absichtliche Rechtgläubigkeit der Halle'schen Schule auf die schiefe Ebene gestellt, auf welcher sie nach einem zweiten Menschenalter theils in die gewöhnliche Vorstellungsweise zurückkehrte, theils in die theologische Aufklärung hinabglitt. Von Brakel und von Lampe hat kein Weg zu diesem Ziele geführt. Jung-Stilling und Lavater aber hegen Elemente der Aufklärung deshalb in sich, weil sie von Spener und Francke abstammen.

Noch sind zwei Sätze Breithaupt's der Erwähnung werth. Einmal bestimmt er die unio mystica als die Zusammenfassung aller Acte und Stufen der angewendeten Gnade, Neuzeugung, Erleuchtung, Adoption, Salbung und Heilsversicherung, und zugleich aller übrigen Wirkungen der Gnade, also als den Gnadenstand im Ganzen. Diese Deutung ist geeignet, den bedenklichen Gebrauch jenes Titels als einer erfahrungsmäßigen Specialität auszuschließen. Der andere Punkt ist die Art, wie die Kirche im Eingang der Lehre von der Heilsordnung als die Größe erkannt wird, die ihre Ausfüllung durch Christus findet. Deshalb deutet auch Breithaupt mit Berufung auf Luther's Großen Katechismus die Kirche als fundamentum gratiae, sofern in ihr alle Gnadeneinflüsse auf die Einzelnen eingeschlossen sind, welche durch das Evangelium vermittelt und durch die Sacramente bestätigt werden. Vielleicht ist diese richtige Würdigung der Kirche bei dem Genossen Francke's überraschend. Neben den anderen Ansätzen zur Umarbeitung des theologischen Lehrgefüges, welche in Breithaupt's Institutiones nachgewiesen sind, ist sie jedoch ohne Zweifel der Einwirkung Spener's anzurechnen. Uebrigens steht der theologische Erwerb der Hallenser, welcher in der unsichern Begrenzung der Fundamentalartikel und in der Betonung des lebendigen, in der Buße auf die Sehnsucht nach Gnade gestimmten Glaubens nachgewiesen ist, nicht in Uebereinstimmung mit Spener's Rechtgläubigkeit. Allein die Disposition zur Auflösung der gesammten theologischen Ueberlieferung, welche in dem ersten Punkt eingeschlossen ist, ist durch versteckte Privatäußerungen Spener's (S. 159) wenigstens vorbereitet. Dieser Umstand ist jedoch damals seinen Anhängern wie deren Gegnern unbekannt geblieben.

An der Wende der Jahrhunderte findet der gegen Spener geführte Streit seine Höhe in Samuel Schelwig's **Synopsis controversiarum sub pietatis praetextu motarum** (1700), welcher in der Reihenfolge der theologischen Lehren 265 Irrthümer des

Pietismus bezeichnet, ohne zwischen Spener, seinen Schülern und den radicalen Indifferentisten zu unterscheiden [1]). Gleicher Art ist Joh. Fr. Mayer's Bericht von Pietisten (1706), nur von gesteigerter Feindseligkeit, indem er die Buttlar'sche Rotte den Hallensern in die Schuhe schob. Inzwischen aber war ein Mann in den Kampf gegen den Pietismus eingetreten, welcher mit einer pedantischen Genauigkeit in der rechtgläubigen Theologie die Anerkennung von Schäden in der Kirche, so wie eine ausgesprochene ernste Frömmigkeit verband. Valentin Ernst Löscher [2]) war sich darüber klar, daß er selbst unter Spener's Einfluß stand. Er hat nach dessen Weise die Katechismusübungen verstärkt, den niederen Schulen aufgeholfen, Armenschulen, ferner neue Pfarrstellen gegründet, ein seminarium ministerii zur Vorbildung der Candidaten eingerichtet. Er hat freilich abgelehnt, Spener selig zu nennen; allein seine Einwendungen gegen den Pietismus wollte er meistens nicht auf Spener bezogen wissen. Er hatte also den Eindruck des Abstandes der Nachfolger von dem Vorgänger, welcher jenen nicht gegenwärtig war. Aber da Löscher es umging, diesen Abstand zu erörtern, so hat er eine Unklarheit über die Sache verbreitet, welche eine gerechte Entscheidung des Streites unmöglich machte, und ihm von Lange in der schlimmsten Weise ausgelegt wurde. Ueberhaupt war eine Entscheidung über den Werth des Pietismus nicht ohne geschichtliche Erklärung desselben zu treffen. Vielleicht stand Löscher der Erscheinung noch zu nahe, um sie mit diesem Mittel zu fassen. Wahrscheinlich aber reichte der historische Sinn Löscher's nicht so weit, um diesen Weg zu betreten. Dazu würde auch gehören, daß man die praktischen religiösen Probleme der Reformation als solche von den dogmatischen Formen zu unterscheiden vermag, in welchen sie ihre erste Lösung gefunden hatten. Denn an jenen praktischen Motiven des

1) Hierüber und die Gegenschriften Walch, Bibl. theol. sel. II. p. 717.

2) Geb. zu Sondershausen 29. December 1673, studirt in Wittenberg und Jena, Superintendent in Jüterbogk 1698, in Delitzsch 1701, Professor in Wittenberg 1707, Superintendent und Mitglied des Oberconsistoriums in Dresden 1709, gestorben 12. Februar 1749. Vgl. Tholuck, Geist der lutherischen Theologen Wittenberg's (1852) S. 297—382. M. von Engelhardt, V. E. L. nach seinem Leben und Wirken dargestellt. Dorpat 1853. Gaß, Gesch. der protest. Dogmatik, III. (1862) S. 16—69.

reformatorischen Christenthums und seiner Lehre wollen die Antriebe des Pietismus gemessen werden. Jener Unterschied war für Löscher verborgen; seine höchste Erkenntniß waren die überlieferten theologischen Lehren. Indem er nach ihnen den Pietismus beurtheilte, hat er die Abweichungen desselben, im Unterschied von Schelwig, auf eine erheblich geringere Anzahl von Titeln zurückgeführt; allein durch dieses blos dogmatische Verfahren hat er eben die einheitliche Tendenz des Pietismus nicht entdeckt, ihn nicht zu begreifen vermocht. Schon seine Beurtheilung des Waisenhauses in Halle (S. 277) hat bewiesen, daß er in seiner dogmatischen Verschränktheit nicht einmal bemerkt hat, was ihn an Francke's Deutung der göttlichen Fürsorge für jenes Unternehmen eigentlich befremdet hat. Die Bestreitung des Pietismus durch Löscher unterscheidet sich aber noch durch einen Umstand von dem Verfahren seiner Vorgänger. Er behandelt ihn nicht mehr als Secte oder als Häresie, sondern bezeichnet seine Abweichung von dem, was bisher gegolten hat, als malum pietisticum, als Religionsübel, als eine Art Unkraut auf dem Boden der Kirche. Er will damit Lange beschämen, welcher die Rechtgläubigkeit als Pseudorthodoxie und als Barbarei zu beschimpfen pflegte. Löscher's Gesichtspunkt ist ein großes Zugeständniß im Vergleich mit der bis dahin üblichen Beurtheilung jeder Abweichung von den in der Kirche geltenden Normen. Seine Meinung entspricht etwa dem, was später Heterodoxie heißt. Er räumt freilich einer solchen theologischen Richtung keinen berechtigten Spielraum in der Kirche ein; allein er weiß, daß solche Elemente in der lutherischen Kirche, ja in Luther's Lehrweise selbst vorgekommen, und daß sie seit Arndt ziemlich ungestört aufgekommen sind. Seit der Unterdrückung des Melanchthonianismus war solche Schätzung abweichender Lehre nicht mehr vorgekommen [1]). Sogar eine positive Annäherung Löscher's an den Pietismus läßt sich daran nachweisen, was er unter Mystik verstand und ausüben wollte. Seine „Edlen Andachtsfrüchte, darin die Theologia mystica orthodoxa vorgetragen wird" (1702), 68 Vorträge über Schriftstellen, die von der Andacht handeln, sind eingefaßt durch einen Vorbericht über die Mystik und zwei Anhänge über den Nutzen derselben wider die Päpstler und über die Grenzen der Andacht und des

---

1) Vgl. Gaß a. a. O. S. 44.

Enthusiasmus. In diesen Abhandlungen weist er den Unterschied zwischen reiner und unreiner Mystik nach. Unter dieser Art versteht er die authentische Methode, welche im Mittelalter geblüht hat, nämlich die Reinigung, welche die Vereinigung mit Gott sucht. Die reine oder gesunde Mystik bestimmt er unter Voraussetzung der lutherischen Heilsordnung als die Frucht der Heiligung, so daß man, was man als Wiedergeborener, Gerechtfertigter, passiv Vereinigter schon hat, in **phaenomenis** sucht, nämlich die innige vertrauliche active Liebesverbindung mit Gott und dem Nächsten, worin man immer inniger, andächtiger, liebevoller wird[1]). Willkürlich genug ist diese Unterscheidung. Denn im Mittelalter wird durch die Reinigung die Vereinigung mit Gott unter der Voraussetzung der Gnade erstrebt; und was Löscher unter dem Titel der Mystik vertritt, ist dem ursprünglichen Sinne dieses Wortes durchaus unähnlich. Aber nicht nur schließt es sich der Umdeutung an, welche Arndt (S. 44) vorgenommen hat, sondern es stimmt so gut wie vollständig mit dem überein, was Breithaupt unter **unio mystica** versteht (S. 405). Daß Löscher in dieser Praxis persönlich nichts zu wünschen übrig läßt, wird von Lange anerkannt, indem er seine Verwunderung darüber bezeugt, daß jener den Kampf gegen den Pietismus führt, und daß er in der ihm eigenthümlichen ruhigen und objectiven Darstellungsweise seine Anklagen nur um so empfindlicher zu machen beflissen ist.

Den Kampf gegen den Pietismus begann Löscher mit gelegentlichen Recensionen von Büchern in den 1701 von ihm unternommenen „Unschuldigen Nachrichten von alten und neuen theologischen Sachen“[2]). Diese Angriffe erscheinen Lange wichtig genug, um die (S. 401) angeführte Zeitschrift: „Aufrichtige Nachrichten“ dagegen zu setzen. Was er in den neun ersten Stücken derselben gegen Löscher erwidert hat, recensirte wiederum dieser im

---

1) So hat Löscher selbst seine Ansicht kurz ausgedrückt in U. N. 1715. S. 510. Aehnlich Dav. Hollatz, **Examen theologicum** (1707) **Prol. I. 25.** Jo. Wolfg Jaeger, **Examen theologiae mysticae** (1709).

2) Die Redaction dieser Zeitschrift führte er bis 1719 einschließlich. Dann wurde sie ihm von der Kursächsischen Regierung verboten. Von 1720 an wird die Zeitschrift durch den Oberhofprediger Reinhard in Weimar fortgesetzt unter dem Titel: „Fortgesetzte Sammlung von alten und neuen theologischen Sachen“. Im Jahr 1731 übernahm wieder Löscher die Leitung; nach seinem Tode ist die Zeitschrift bis 1760 erschienen.

ersten Bande der als Ergänzung der „Unschuldigen Nachrichten" herausgegebenen „Theologischen Annales" (1714. Zweite Auflage 1731). Inzwischen aber hatte er 1711 in den „Unschuldigen Nachrichten" einen concentrischen Angriff gegen den Pietismus mit dem „Timotheus Verinus"[1]) unternommen. Dagegen richtete Lange, nachdem er den Streit schon durch den Antibarbarus Orthodoxiae[2]) und „die richtige Mittelstraße" (S. 400) aufgenommen hatte, 1713 die „Gestalt des Kreuzreichs Christi in seiner Unschuld". Löscher erwiderte 1718 in dem „Vollständigen Timotheus Verinus", Erster Theil. In der ersten Gestalt dieses Werkes verläuft die Charakteristik des Pietismus an 32 Lehrsätzen; in der zweiten Gestalt hat Löscher die Fehler des Pietismus auf 14 Titel zu reduciren verstanden. Dieselben sind 1. der fromm scheinende Indifferentismus, 2. die Geringschätzung der Gnadenmittel, 3. die Entkräftung des Ministeriums, 4. die Vermengung der Glaubensgerechtigkeit mit den Werken, 5. der Chiliasmus, 6. der Terminismus, 7. der Präcisismus, 8. der Mysticismus, 9. die Vernichtung der geistlichen Subsidien (äußere Einrichtungen an der Kirche, Elenchus, symbolische Bücher), 10. der Enthusiasmus, 11. der Perfectismus, 12. der Reformatismus, 13. das Schisma, 14. was ganz absonderlich zum Pietismus gehört. Es ist schon (S. 165) bemerkt worden, daß Löscher die Abstufung zwischen dem groben und dem subtilen Pietismus geltend macht; jedoch unterscheidet er in der Nachweisung der einzelnen Fehler zwischen den Zeugen der einen und der andern Stufe nicht genau. Daß dieses seinen Interessen nicht durchaus dienlich war, wird noch zu zeigen sein.

Unter den von Löscher aufgestellten Streitpunkten vergegenwärtigt zunächst die Bedeutung der Gnadenmittel, deren Geringschätzung er auch den Hallensern aufrückt, den Gegensatz der Theologia regenitorum gegen die Theologia irregenitorum. Löscher formulirt den Fehler der Halle'schen Theologen so, daß, indem sie den Werth der Gnadenmittel von der Pietät abhängig machen, sie den Begriff

---

1) Oder Treugemeintes Zeugniß für die Wahrheit über die bisherigen schweren Streitigkeiten und einreißenden Zerrüttungen unserer Kirche. Fünf Vorstellungen, 1711. S. 672. 884; 1712. S. 100. 700. 1026.

2) Sive systema dogmatum evangelicorum a Pseudevangelicis temere impugnatorum, atque controversiarum sub specie orthodoxiae ex impietatis affectu pseudorthodoxe motarum IV partes. 1709. 11.

der Gnadenmittel selbst aufheben. Allerdings haben die Hallenser auf diesem Punkt einen Fehler begangen; allein derselbe liegt tiefer und betrifft die Methode. Sie haben nämlich ebenso wenig wie Spener (S. 121) die Nothwendigkeit erkannt, die ganze Anlage des theologischen Systems danach umzugestalten, daß die religiös-moralische Wiedergeburt die Bedingung der religiösen Erkenntniß Gottes und seiner Offenbarung in Christus sein soll. Die Ordnung der rechtgläubigen Lehre von dem individuellen Heil besteht aus einer Kette von unterschiedenen Beziehungen, die lediglich causal geordnet sind. Wenn in diesem Zusammenhang eine Verschiebung, wie zwischen illuminatio und regeneratio vorgenommen wird, so giebt es Widersprüche gegen die Bedeutung der vorausgehenden Glieder der Kette. Wenn man aber nicht blos zu distinguiren und causal zu verknüpfen, sondern die unterschiedenen Glieder der Heilsordnung wieder durch den praktischen Zweck derselben als die Norm des Vorganges zusammenzufassen hat, so ergiebt sich, daß auch der Begriff der Gnadenmittel nicht vollständig ist, wenn nicht dieselben in ihren beabsichtigten Wirkungen an dem Subject gedeutet werden, welches durch sie oder in ihnen zur Gemeinde der Gläubigen gehört. Löscher ist nun aber in der Methode des schulmäßigen Unterscheidens und die Betrachtung der Dinge aus dem Gesichtspunkt von Ursache und Wirkung so verstrickt, daß er die Empfindung und Erfahrung, weil sie Frucht oder Wirkung des Glaubens wäre, nicht als normales Merkmal desselben angerechnet wissen will. „Sie können nicht zu dem Wesen des Glaubens gehören, oder des Glaubens und der aus Gottes Wort entstehenden Wissenschaft wesentliche Eigenschaften sein. Denn beides kann so unmöglich beisammen stehen, als wenn man sagen wollte, der Apfel sei eine wesentliche Eigenschaft des Baumes“ [1]). Wie abgeschmackt ist dieses Argument, und wie weit ist dieser rechtgläubige Theolog von der Reformation entfernt, in deren Namen Calvin (I. S. 88) den Glauben als die affectvolle Ueberzeugung von dem Heilswerth der Offenbarung Christi definirt hat! Der Streit über diese Verhältnisse kann nur aus der Unterscheidung des religiösen Erkennens von dem gewöhnlichen und dem wissenschaftlichen geschlichtet werden. Dann aber ergiebt sich, daß die Pietisten auf dem richtigen Wege waren; nur sind ihre

1) Vollst. Timotheus Verinus I. S. 529.

Aufstellungen befremdend und nicht widerspruchsfrei, weil sie ihre Auffassung der Bedingungen des religiösen Erkennens in dem Rahmen des bisher bestehenden Lehrgefüges vorgetragen haben, den sie vielmehr sprengen mußten.

In anderen Streitpunkten behält Löscher den Hallensern gegenüber Recht. Der fromm scheinende Indifferentismus, d. h. die Annäherung an die Grundsätze der radicalen Mystiker über die Gleichgiltigkeit bestimmt begrenzter Dogmen ist schon durch die oben (S. 401) erörterten Behauptungen Anton's und Lange's festgestellt worden. Ferner weist Löscher in einigen Disputationen von Breithaupt und Anton Spuren der radicalen Vorstellung nach, daß in dem Geiste des gefallenen Menschen von Natur etwas Göttliches wahrgenommen, oder ein Funke des göttlichen Ebenbildes verborgen ist. Jene Theologen gehen freilich nicht so weit, diesen Factor der Wiedergeburt als den Christus in allen Menschen, welcher deren Seligkeit verbürgt, anzuerkennen. Aber der Fall beweist, daß die Hallenser die Grenze gegen jene „groben Pietisten" nicht immer sorgfältig genug gewahrt haben. Dem pietistischen Satz von der Lebendigkeit oder der abgestuften Anstrengung des Glaubens in der Rechtfertigung sucht Löscher die Folgerung anzuhängen, daß zwei Rechtfertigungsacte am Anfange der Bekehrung und am Schlusse derselben, wenn der Glaube Christus ergreift, angenommen würden, obgleich er diese Behauptung wörtlich nur dem Gießener Joh. Heinr. Majus nachweist. Indessen hat er darin Recht, daß die von den Pietisten verlangte Activität des Glaubens nicht in die Lehre von der Rechtfertigung als solche gehört, sondern als besondere Ordnung des Heils der Einzelnen von dem in sich geschlossenen Vorgang der Rechtfertigung unterschieden werden muß. Wenn es nur Löscher gefallen hätte, den Fall genauer zu bestimmen, in welchem die Rechtfertigung als Grund aller Activität des Glaubens an dem passiven Verhalten desselben vollzogen wird!

Weniger gelungen als es aussieht, ist die Erörterung über den Präcisismus, die Verwerfung der Mitteldinge. Hierüber lag ein Satz von Zierold vor, aus dessen Synopsis veritatis divinae, opposita synopsi controversiarum Schelwigii, 1706, p. 496: Nulla creatura et eius voluptas appeti et amari potest moderate. Nam omnis concupiscentia creaturae est peccatum, sive ista multum sive parum diligatur. Non recipit cupiditas moderationem, quae vitio plane careat, sed tollenda est. Quis est, qui laudis, pecuniae, voluptatis cupidus recte cupidus dici queat? Perversa philosophia vel potius theologia est, quae non interitum afferat pravitatis, sed sit contenta mediocritate vitiorum. Affectus tamen, quo ferventiores fuerint, eo deteriores; quo remissiores, eo minus mali; sed tamen omnes mali. Während Löscher an diese Sätze die Befürchtung knüpft, durch sie werde entweder die menschliche Gesellschaft zerrüttet oder die Menschen in Verzweifelung gestürzt werden, tritt Lange für dieselben ein. Er behauptet, es komme nicht auf mäßige Liebe zur Creatur an, welche auch dem Unbekehrten möglich ist, sondern auf die ordentliche Liebe zur Creatur, welche aus Gnade, mit Selbstverleugnung und gemäß der Liebe zu Gott als dem höchsten Gut, die weltlichen Dinge als Gaben Gottes gebraucht. Man genießt demnach Speise und Trank in ordentlicher Weise, wenn man „die Gütigkeit der Gabe nicht in Anhänglichkeit auf sich selbst, sondern in der Verleugnung seiner selbst dankbarst auf den Geber richtet.“ Unter diesen Umständen, meint Lange, sei die Mäßigkeit Eigenschaft der ordentlichen Liebe zur Creatur, aber es komme eben auf diese Grundlage der Mäßigkeit an. Löscher läßt sich auf diese Betrachtung ein; indessen ergiebt sich aus seinen Erörterungen, was man auch ohne sie wissen kann, daß der Satz zur Beurtheilung der einzelnen Fälle so ungeeignet wie möglich ist. Löscher findet durch die Behauptung, daß nicht alle natürlichen Neigungen eines Sünders Sünden sind, den Rückgang zu dem Maßstabe des honestum et iustum, welcher neben dem Maßstabe des Gnadenstandes seinen Spielraum haben soll. Hiemit bekennt er sich indirect zu der Lehre der symbolischen Bücher von der iustitia civilis, welche das praktische Gewicht der Lehre von der Erbsünde einschränkt. Von jener Lehre nun wissen die Pietisten nichts, und wollen nichts von ihr wissen. Aber auch Löscher läßt nicht erkennen, daß er gegen die Pietisten gerade diese Lehre ins Feld führt, und daß er die iustitia civilis als das Erziehungsmittel auf die iustitia spiritualis hin schätzt, wofür sie in der Apologie der Augsburgischen Confession VIII. 75 erklärt wird. So wenig sicher ist Löscher in der Lehre der symbolischen Bücher, daß er, was er den Pietisten auf diesem Punkt entgegenzusetzen hatte, durch eine wunderliche Distinction gerade undeutlich macht. Er behauptet nämlich, die mäßige Liebe zu einer nicht verbotenen Creatur sei zwar vor der verbietenden Gerechtigkeit

Gottes nicht Sünde; hingegen sei sie Sünde und κατάκριμα und gerathe dem Menschen seines Zustandes wegen zur Sünde vor der gerechtsprechenden Gerechtigkeit Gottes[1]). Diese Erklärung hat den Sinn, daß die rechtgläubige und daß die pietistische Ansicht beide Recht haben, nur unter verschiedenen Gesichtspunkten. Löscher's Formel läßt zugleich erkennen, daß der pietistische Gesichtspunkt dem rechtgläubigen übergeordnet ist, also dieser jenem zu weichen hat. Richtig im Sinne der Rechtgläubigkeit wäre das Urtheil so zu bilden, daß was in dem Leben des Unbekehrten nach dem relativen Maße der iustitia civilis gut ist, nach dem endgiltigen Maße der Gnade indifferent ist. Hiedurch konnte Löscher den Begriff der Mitteldinge innerhalb des christlichen Lebens nach Analogie rechtfertigen, so wie umgekehrt die pietistische Verwerfung der Mitteldinge sich zur Leugnung der iustitia civilis erweitert hatte. Der Fehler aber, welchen er in der obigen Distinction begangen hat, mußte seine Widerlegung der Pietisten lähmen. Wir können sie dahin gestellt sein lassen, zumal auch Löscher noch nicht weiß, daß das sittliche Recht der Spiele u. s. w. unter dem Gesichtspunkt der der Pflichtübung entgegengesetzten Erholung verstanden werden muß.

Ein Vorurtheil für die zweifelhafte Stellung der Hallenser zu den kirchlichen Institutionen würde darin zu begründen sein, daß sie die Schwärmer oder Enthusiasten in Schutz nähmen. Auf diesem Punkte konnte Löscher ihnen nicht gerade Vieles nachweisen, was zu mißbilligen war. Er füllt also seine Blätter mit Klagen über die bekannte Enthaltsamkeit Spener's, Böhme und die ihm verwandten Männer zu beurtheilen. Die vereinzelten günstigen Aeußerungen über Böhme und Poiret, welche Löscher daneben seinem Gegner Lange aufmutzt, sind deutlich aus dem Zusammenhang gerissen; und daß Lange in der Mittelstraße sich der Widerlegung von Gichtel gewidmet hat, wird ihm nicht angerechnet. Auf diesem Punkte also haben die Hallenser die Haltung gewonnen, welche von Spener's auffallender Nachsicht gegen die Enthusiasten sich deutlich abhebt; und die Absicht Löscher's, diese Thatsache nicht gelten zu lassen, zeugt nicht von Gerechtigkeit. Unter den Streitpunkten, welche die Schätzung der kirchlichen Einrichtungen betreffen, steht die Beurtheilung der Amtsgnade voran. Denn die Pietisten

---

1) A. a. O. S. 459. 460.

stellten die Behauptung in Abrede, daß eine allgemeine Amtsgnade allen im Dienste der Kirche durch ordentliche Berufung stehenden Lehrern, auch denen, die unheilig leben, zustehe. Vielmehr folgerten Einzelne aus dieser Verneinung allerlei Sätze, welche die gegen den Donatismus aufgerichtete Grenze unsicher machen, z. B. das Amt eines unheilig lebenden Lehrers sei an sich unkräftig und wirke höchstens per accidens, das Amt eines solchen sei kein Amt des Geistes, ein solcher Lehrer sei falscher Prophet und Diener des Satans, er predige nicht Gottes Wort, sondern Buchstaben und Schalen ohne Kern. Löscher will hiegegen den Werth der Amtsgnade bei persönlicher Unwürdigkeit der Amtsträger nur als nothwendigen Nebensatz behaupten, der nicht zu Gunsten der Gottlosen, sondern um der Sache willen aufgestellt werde. Hiedurch sichert er sich das Recht, vor unwürdigen Predigern zu warnen, ohne die Giltigkeit ihrer Berufung im Allgemeinen anzutasten. Ich sehe nicht ein, daß dadurch die Schwierigkeiten in der Beurtheilung des einzelnen Falles beseitigt werden. Die Unlösbarkeit der Streitfrage in dem angenommenen Rahmen rührt aber von dem apokryphen Begriff der Amtsgnade her, aus dessen Behauptung oder Verneinung die Gegner extravagante Folgerungen ziehen. Aus den Urkunden der Reformation ergiebt sich folgender Gegensatz zwischen der reformatorischen und der katholischen Theorie von der Auctorität des kirchlichen Amtes. Nach katholischer Ansicht ist dieselbe gegründet in der Form der Uebertragung, nach reformatorischer Ansicht in der Richtigkeit des Inhaltes der Amtsthätigkeit, d. h. daß von denen, die rite vocati sind, das Wort Gottes rein und lauter verkündigt wird. Das Merkmal der legitimen Berufung in der reformatorischen Ansicht ist im Vergleich mit der Hauptsache eine Voraussetzung, welche den Ansprüchen an Rechtsordnung der Kirche entspricht. Was aber Rechtsordnung ist, ist nach reformatorischer Ansicht immer nur als Mittel für die religiöse Ordnung der Gemeinschaft der Gläubigen gedacht, während die rechtliche und sacramentale Ordnung des Klerus nach katholischer Ansicht der productive Grund für die Existenz der religiösen Gemeinde sein soll. Die Behauptung einer Amtsgnade durch Lutheraner bedeutet also nichts anderes als die Annahme des katholischen Gesichtspunktes neben der Fortdauer des reformatorischen. Man bekleidet das rechtliche Privilegium der Prediger in der Kirche mit einer religiösen Werthschätzung, welche im katholischen Gedankengang verständlich ist, aber bei dem reformatorischen Grundsatz, daß die Auctorität des Amtes an dem richtigen Inhalt der amtlichen Verkündigung des Wortes Gottes hängt, entweder überflüssig ist, oder dessen Bedeutung in Schatten stellt. Jedenfalls treffen die Pietisten mit der Ansicht der Reformation überein, indem sie die Amtsgnade für ein Gedicht erklären. Sie haben nur in anderen Beziehungen die Fühlung mit der kirchlichen Regelung der Sache verloren.

Indem ferner Löscher den Hallensern Geringachtung der Kirche und ihrer Einrichtungen vorrückt, ist es zunächst ein Wortstreit, daß sie nicht mit Spener von „babelischem Wesen" in der lutherischen Kirche reden sollen. Ebenso ist es Geschmacksache, ob man sich von dem Elenchus Vortheil für die Kirche verspricht, oder ihn unterläßt, weil man die Ketzerei hauptsächlich in dem Willen begründet findet. Erheblicher ist die Differenz über die symbolischen Bücher. Löscher weiß in dieser Beziehung zwischen den Anhängern Spener's und den „groben Grumpen" Petersen, Rabe, Dippel zu unterscheiden, von denen der letztere die symbolischen Bücher dahin beurtheilt hat, er wisse keinen einzigen Artikel derselben, der nicht falsch und Gottes Wort zuwider wäre, die Augsburgische Confession hätte Teufelslehren, man könne die Formulam concordiae ebenso wenig heiligen, als die Hurerei. Allein auf dem linken Flügel der kirchlichen Pietisten steht Johann Michael Lange, Professor in Altorf (S. 344). Ihm rückt Löscher vor, daß er die symbolischen Bücher als willkürlich aufgeworfene Normen und Regeln bezeichnet und hinzugefügt habe, es seien Afterbibeln und Sectenbücher daraus geworden. Freylinghausen hat den Abstand der symbolischen Bücher von der Auctorität der heiligen Schrift betont, und gegen die eidliche Verpflichtung der Diener der Kirche auf dieselben Einwendungen erhoben. Derselbe beruft sich auf die Ansicht Spener's, daß wenn einer so schwach wäre, sich nur durch quatenus zu verpflichten, weil ohne sein Wissen in den symbolischen Büchern etwas von Gottes Wort abweichen könnte, ihm nachzugeben sei. Löscher hat in dieser Beziehung den Thatbestand getrübt, indem er über Spener, der die Verpflichtung mit quia aufrecht erhalten will, so berichtet, als ob derselbe, ebenso wie Joachim Lange, die Formel quatenus als die Regel gefordert habe (S. 110). Das Wichtige in dieser Erörterung ist einmal, daß Lange sich auf die Thatsache beruft, in Halle halte man die symbolischen Bücher aller Ehren werth, und werde schwerlich eine Universität sein, da sie fleißiger gelesen, allegiret und den Studiosis recommendiret werden als in Halle. Durch Breithaupt's Institutiones wird dieses Zeugniß bestätigt. Andererseits verwahrt sich Löscher gegen Lange's Vorhaltung, daß er dieselben für inspirirt ansehe, und erklärt, daß er die eidliche Verpflichtung mit quia nicht weiter ausdehne, als daß man subsidiariam reverentiam gegen sie haben und die Consequenzen, so aus ihren klaren Worten fließen, in Betracht ziehen soll, sonderlich wenn de sinceritate subscribentium gehandelt wird; denn da müssen sie allerdings norma oder ein Probierstein der Lehrredlichkeit bleiben, da allein die heilige Schrift die wahre Norm des Lehrgrundes ist [1]). Löscher hatte keinen Grund, die Formel quatenus der Zweideutigkeit zu zeihen; sie findet bei rechtgläubigen Theologen lange vor dem Auftreten Spener's Billigung [2]). So aber, wie er seine eigene Ansicht gedeutet hat, kann ich nicht einsehen, daß sie im Widerspruch mit der andern ist. Ihre Abweichung richtet sich zunächst nur nach verschiedenen Rücksichten. Wer mit quatenus die symbolischen Bücher anerkennt, beachtet dabei die einzelnen Sätze derselben. Wer in Löscher's Sinne mit quia unterschreibt, setzt unter den Einzelheiten ein Ganzes von christlichem Glauben und Leben, welches in der lutherischen Kirche als Ideal verwirklicht werden soll, voraus, in dessen Anerkennung er zugleich mit der urkundlichen Stiftung der christlichen Religion und der Art der lutherischen Kirche übereinstimmt, wobei aber die Prüfung der Einzelheiten nach der heiligen Schrift vorbehalten bleibt.

Hieraus ergiebt sich aber weiterhin, daß Löscher's Methode der andern überlegen ist. Sie schließt die Umstände ein, unter denen eine Verpflichtung auf symbolische Bücher überhaupt eintritt, welche von der andern Formel höchstens vorausgesetzt werden. Sie weist auf die moralischen Bedingungen der Situation hin, während in

1) Kreuzreich S. 342. Vollständ. Timoth. Verinus S. 590.

2) Caspar Finck (1579—1631), Professor in Gießen, Canonum theologicarum, regularum, proprietatem et naturam S. S. enucleantium centuriae quatuor (Erfurt 1630—32) p. 346: An Augustana confessio vel liber concordiae sint sacrae scripturae adaequanda. Nego, quia scriptura sacra unica norma est fidei et controversiarum decidendarum; reliqua vero scripta eatenus acceptantur et approbantur, quatenus cum scriptura sacra consentiunt.

der andern Formel lediglich die intellectuellen Bedingungen angezeigt werden, welche der Absicht der Verpflichtung nicht genugthun. Allein Löscher ist sich schwerlich des ganzen Umfanges der von ihm gestellten Begründung des quia bewußt gewesen. Einmal weiß er in manchen Fällen nicht, was in den symbolischen Büchern geschrieben ist. Dieses ist in Hinsicht der Lehre von der iustitia civilis schon nachgewiesen. Auffallender ist, daß er sich nicht der Erklärung des dritten Gebotes in Luther's Großem Katechismus erinnert hat, indem er gegen Arnold und den pietistischen Juristen Samuel Stryck in Halle (de iure sabbathi) Klage erhob, sie stellten eine directe Verpflichtung der Erwachsenen und Gebildeten zur Theilnahme am Gottesdienst in Abrede, und behaupteten nur deren indirecte Verpflichtung, Anderen darin ein gutes Beispiel zu geben und Anstoß zu vermeiden [1]). Ferner macht Löscher's Bekämpfung des Pietismus die Thatsache deutlich, daß sein Lutherthum ihm nicht als eine Gesammtansicht gegenwärtig, daß seine correcte Dogmatik nicht durch ein Verständniß der christlichen Vollkommenheit gekrönt gewesen ist. Hätte er über einen solchen Besitz verfügt, so würde er auch den Pietismus nicht als ein Kirchenübel mit 32 oder mit 14 Merkmalen, sondern als eine Frömmigkeit von unlutherischem Gepräge, genauer gesagt, als spontane Wiedererzeugung mittelaltrig-mönchischer Bestrebungen außerhalb des Klosters erkannt haben. Allein die Augsburgische Confession hat ihm ebenso wenig wie seinen Vorgängern und Nachfolgern die christliche Vollkommenheit als das durch Luther's Reformation aufgestellte Ziel verrathen, obgleich er sich mit quia auf sie verpflichtet hat. Was er als Frömmigkeit kennt (S. 408), entbehrt der bewußten Beziehung auf die Welt, welche gerade in der christlichen Vollkommenheit richtig aufgezeigt wird. Deshalb ist seine Frömmigkeit der pietistischen viel mehr gleichartig als entgegengesetzt. Auch deshalb hat Löscher den Pietismus nicht durchschaut und ist seiner nicht mächtig geworden. Kurz an seiner persönlichen Haltung, nämlich daß er, der absichtliche Gegner des Pietismus, von dieser Richtung beeinflußt ist, kann man sich klar machen, daß für's Erste der Pietismus die Oberhand behaupten und daß die Rechtgläubigkeit zurückweichen wird.

Diese Aussicht wird endlich dadurch bestätigt, daß die Tole-

1) Vollständ. Tim. Ver. I. S. 618. Vgl. oben S. 313.

ranz abweichender religiöser Ansichten und Richtungen durch den Staat ebenso von Löscher mißbilligt, wie von den Pietisten gefordert wurde. Allein diese Toleranz wurde zu Gunsten des Pietismus schon geübt, und der fortgesetzte Widerspruch gegen dieselbe, der im Interesse der Rechtgläubigkeit erhoben wurde, war schon durch die Thatsachen überholt worden. Löscher konnte nun nachweisen, daß Spener ,in der Vorrede zu Köpke's Theologia mystica (1700) die Toleranz in schrankenloser Weise billigte. Spener will nicht Theil haben an dem harten Tractament gegen Leute, die im Uebrigen auf die Heiligung drängen, indessen von unserer Gemeinden Lehre abweichen oder sie gar anfechten, die eine andere Rechtfertigung vor Gottes Gericht als durch die Zurechnung der Gerechtigkeit Christi einführen wollen, der Kindertaufe entgegen sind, die Stände und sonderlich das Predigtamt umstoßen, oder dieses Allen gemein machen, den Gebrauch des Abendmahls aufheben oder andere Unordnung darin einführen. Spener will auch nicht eine von einem Irrenden vorgebrachte Gotteslästerung mit weltlicher Strafe belegt wissen. Nun will auch Löscher dem Gewissenszwang oder der Caesareopapie gewehrt wissen; er verlangt jedoch von den Fürsten die nöthige Hilfe, um der Verführung durch Irrlehrer zu steuern. Der Gute mußte kurz nachdem er dies geschrieben hatte, die Erfahrung machen, daß das weltliche Schwert vielmehr gegen ihn, den Rechtgläubigen gezückt wurde. Im Jahr 1719 wurde ihm von seiner, der kursächsischen Regierung der Wink gegeben, sich von den Unschuldigen Nachrichten zurückzuziehen, die auch seit 1720 als Fortgesetzte Sammlungen durch den Oberhofprediger Reinhard in Weimar herausgegeben wurden. Dieser Wink war von der Preußischen Regierung veranlaßt, war eine Wirkung des Schutzes, den Friedrich Wilhelm I. dem Pietismus in Halle zugewendet hat. Für diese Richtung nämlich handelte es sich in Preußen schon lange nicht mehr um staatliche Tolerirung. Und dessen war sich Löscher wohl bewußt. Er beklagt auch nicht mehr die Duldung des Halle'schen Pietismus durch den Staat, sondern daß Spener und seine directen Nachfolger den radicalen und separatistischen Unternehmungen die Duldung durch den Staat zugewendet wissen wollten, was von den Nachfolgern aber nicht mit Recht behauptet werden konnte.

Von den Hallensern wußte Löscher längst, daß er es mit einer vordringenden Macht zu thun habe, und wenn er wäre geneigt gewesen zu verkennen, daß Macht Recht zu erzeugen pflegt, so hätte ihn der rechthaberische Ton, den Lange anschlug und den dessen Collegen indirect billigten, von dem richtigen Thatbestande überzeugen müssen. Demgemäß erscheint seine neben dem Streit eintretende Absicht, um der Wohlfahrt der Kirche willen eine Ausgleichung mit den Hallensern zu suchen, als Beweis von allgemeiner guter Gesinnung, weniger als ein Beweis von Einsicht. Allerdings von Schimpfreden gegen die Pietisten hatte sich Löscher in den Unschuldigen Nachrichten und im ersten Timotheus Verinus fern gehalten. Allein das persönliche Ehrgefühl hat er bei seinen Gegnern niemals in Anschlag gebracht, indem er ihnen immer wieder die einzelnen Abweichungen von der ihm gewohnten Dogmatik, und zwar Großes und Kleines, Wesentliches und Beiläufiges, stets mit gleichem Gewichte vorhielt. Die Pietisten waren sich einer Gesammtanschauung bewußt, die über die einzelnen ihnen entgegengesetzten Streitpunkte hinausreichte. Die unausgesetzten Nadelstiche aber, mit denen sie heimgesucht wurden, mußten ihr Ehrgefühl um so stärker anregen, als Löscher bei seiner allgemeinen Unterscheidung zwischen ihnen und den Radicalen doch stets das Bestreben kund gab, diese Unterscheidung im Einzelnen möglichst undeutlich zu machen. Hatte er nun schon 1711, wie er versichert, Friedensabsichten, so hätte er durch die genaue Abgrenzung der beiden Stufen des Pietismus gegen einander die Hallenser sich selbst näher stellen müssen. Allein die Uebertreibung der Umstände, in denen eine Annäherung der Hallenser an die Radicalen etwa nachweisbar war, mußte die Streitlage bis zur Unversöhnlichkeit verbittern. Obgleich also Löscher seine Angriffe durch seine religiöse Gewissenhaftigkeit motivirte, so ist es verständlich, daß seine kleinliche und im Allgemeinen ungerechte Behandlung der Hallenser gerade einen entgegengesetzten Eindruck hervorrief, wie Lange [1]) ihn ausdrückt: „Löscher's Gebete und religiöse Betheuerungen und Provocationen auf seinen Seelenkummer und innern Gewissenstrieb sind nichts anderes als leeres Blendwerk und gleichsam die Seele seines pharisäischen Heuchelwesens, welches ich nach aller Wahrheit in großer Gewißheit gegen Gott schreibe". Ist natürlich auch dieses Urtheil ungerecht, so übersteigt wenigstens das Ungeschick, welches Löscher an seinen Friedensplan setzte, alle

1) Vgl. auch Kreuzreich S. 405 ff.

Begriffe[1]). Durch Buddeus, mit dem er 1715 anknüpfte, brachte er 1716 zur Kenntniß der Hallenser nicht weniger als 86 Sätze unter der Ueberschrift: Capita, in quibus theologorum consensus ad praesentem syrraxin superandam exponitur[2]). Für diese Sätze, welche großentheils der Ueberzeugung der Hallenser zuwiderliefen, deren Zustimmung zu fordern, verräth ein Maß von Unkunde der Bedingungen menschlichen Lebens und Selbstgefühls, welches nicht weiter beurtheilt zu werden braucht. Als dieser Schritt natürlich unwirksam blieb, veröffentlichte Löscher unter fortgesetzten Erbietungen zum Frieden den Vollständigen Timotheus Verinus. In demselben befolgte er jedoch nicht nur wiederum die Methode, die Hallenser mit den Radicalen möglichst in Eins zu rechnen, sondern er gestattete sich in diesem Sinne die Reclamation Lange's gegen die Vorhaltung des Separatismus in folgendem Satze zu erwidern: „Wenn aber auch ex post facto, was Francke und Lange wider den Separatismum geschrieben, überlegt wird, so kommt es darauf an, daß sie den groben Separatismus fahren lassen und an dem subtilen noch immer fest halten, indem sie im Herzen wie auch in vielen äußerlichen Stücken dennoch getrennt bleiben und bleiben wollen, die öffentliche völlige Separation aber auf bequemere Zeit versparen und solche für jetzt allein ex regulis prudentiae widerrathen“[3]). Dieses Urtheil, welches alle Schimpfreden Lange's quitt macht, wirft entweder den übelsten Schein auf Löscher's gleichzeitige Versicherungen seiner Friedfertigkeit, oder läßt sein Urtheil über Fragen des praktischen Lebens überhaupt als sehr beschränkt erscheinen. Ich entscheide mich für das letztere. Denn der Glaube an die hergebrachte fragmentarische Dogmatik, welche zu keiner Totalanschauung von Welt und Leben anleitet, pflegt die Urtheilsfähigkeit zu schmälern, namentlich aber das Verständniß für Personen, welche eine Gesammtansicht vom Christenthum besitzen, und für die pflichtmäßige Behandlung derselben auszuschließen.

Als nun Löscher trotz der inzwischen von Lange herausgegebenen „Abgenöthigten völligen Abfertigung des Vollständigen

---

1) Hierüber vgl. v. Engelhardt a. a. O. S. 186 ff. Kramer II. S. 272 ff.

2) Im Vollständigen Timotheus Verinus II. Anhang S. 67 ff. J. G. Walch, Streitigkeiten V. S. 283 ff. Auszugsweise bei Engelhardt S. 189.

3) A. a. O. I. S. 109.

Timotheus Verinus" in der Ausführung seiner Friedensabsicht [1]) im Anfange 1719 sich gegen eine zu Dresden wohnende Generalin von Hallart, die mit Francke in enger Verbindung stand und pietistischer Ueberzeugung war, zu einer persönlichen Zusammenkunft mit den Hallensern erbot, mußte er sich von derselben seine Verfehlungen gegen seine Gegner vorhalten lassen. Er hat dabei eine Bescheidenheit und Ruhe bewiesen, welche diese Frau in ihrem nach Halle gerichteten Bericht so beurtheilt: „Dieses muß bekennen, daß eine größere Sanftmuth und Demuth bei einem natürlichen Menschen nicht zu finden wüßte. Wenn Einer mir sagte, was ich dem Manne gesagt habe, ich weiß nicht, ob ich es ohne großen Kampf hätte annehmen können. Ob ich's zwar mit moderaten Worten vorgebracht, so ist es doch dieselbe Sache: Du bist noch nicht bekehrt". Die Erwiderung (20. Februar) auf Löscher's Anerbieten, welche im Namen der Halle'schen Facultät durch deren Decan Herrnschmid und durch die Vermittelung der Frau von Hallart an denselben gebracht wurde, und ein anderes Schreiben Herrnschmid's, worin er einen inzwischen direct an Anton gerichteten Brief Löscher's beantwortete, konnten bei ihm keine besondere Aussicht auf Verständigung erwecken. Dieser Eindruck mußte verstärkt werden, da gleichzeitig eine neue Streitschrift Lange's: „Erläuterung der neusten Historie bei der evangelischen Kirche von 1689 bis 1719" erschien, in welcher die „Völlige Abfertigung" fortgesetzt wurde. Indessen hielt Löscher unter 12. April sein Begehren eines wenigstens vorläufigen Gespräches, welches jeden Augenblick abgebrochen werden könne, aufrecht, obgleich die reservirte Haltung, die er allen Streitpunkten gegenüber behauptete, den Hallensern kein Vertrauen auf irgend einen Erfolg der Unterredung einflößen konnte. Dieselben machten sich aber auch klar, daß das Unternehmen keinen Schaden nach sich ziehen könne. Deshalb begaben sich Francke und Herrnschmid am 10. Mai 1719 nach Merseburg, wo an diesem und den beiden folgenden Tagen im Gespräch mit Löscher alle streitigen Fragen erörtert wurden [2]). Aus dem Bericht,

---

1) Zum Folgenden vgl. Kramer II. S. 294 ff., welcher genauere Kunde von den Vorgängen hat, als von Engelhardt S. 235 ff. Einige Actenstücke hat schon Tholuck, Geist der lutherischen Theologen Wittenberg's S. 310 ff. veröffentlicht.

2) Ein Bericht (2. Oct. 1719) von Herrnschmid über diese Gespräche, an Löscher gerichtet und mit dessen Bemerkungen versehen, bei Tholuck

dessen Glaubwürdigkeit durch die von Löscher hinzugefügten Einschränkungen und Verneinungen nicht verliert, ergiebt sich, daß derselbe eine ganze Reihe von kränkenden Urtheilen theils direct zurückzog, theils durch Declaration abschwächte, und daß in den sachlichen Streitpunkten der Widerspruch zwischen beiden Theilen erheblich gemildert wurde. Löscher also erscheint im Nachtheil. Allein da das Verfahren zu keiner Schlußsentenz, in der beide Theile sich vereinigt hätten, führen konnte, so nahm Francke seinen Vortheil in der Weise wahr, daß er an Löscher beim Abschied unter Siegel eine Erklärung übergab, in welcher seine Bedingungen des Friedens ausgesprochen waren. Francke wollte Löscher nicht für aufrichtig, friedfertig und für einen rechtschaffenen Knecht Gottes halten, wenn er fortfahre, den Pietismus zu verdächtigen, in den Fragen über die Erleuchtung und die Mitteldinge bei seiner Ansicht bleibe, Spener das Prädicat „selig" vorenthalte, den Unterschied zwischen den Hallensern und den Radicalen verwische u. A. Zugleich wird die Besorgniß ausgesprochen, Löscher werde, wenn er aus dem Gespräch günstigere Eindrücke von seinen Gegnern gewonnen habe, dieselben so darstellen, als ob sie sich gegen früher gebessert hätten. Diese Vorhaltungen, denen Löscher sich nicht unterwerfen konnte, wenn er sich nicht aufgeben sollte, führten noch zu einem Briefwechsel, der die Unausgleichbarkeit des Streites feststellte. Dieselbe erscheint handgreiflich in dem Bestreben der Hallenser, Löscher die Bezeichnung Spener's als des Seligen abzugewinnen, und in dessen zähem Widerstreben gegen diese Zumuthung. Hierin ist ausgesprochen, daß Löscher den Pietisten die gleiche Berechtigung in der Kirche mit den Orthodoxen nicht zugesteht. In diesem Sinne hat er seinerseits 1721 den zweiten Theil des „Vollständigen Timotheus Verinus" herausgegeben, der nebst einer trockenen Geschichte der pietistischen Streitigkeiten fortgesetzte Beweise der Nothwendigkeit des Kampfes gegen den Pietismus enthält. Lange erwiderte mit dem „Abgenöthigten abermaligen Zeugniß der Unschuld und Wahrheit" 1722. So behielt er das letzte Wort. Was aber mehr bedeutet, in Löscher's Bestrebungen hatte die Rechtgläubigkeit ihre Kraft erschöpft. Abgesehen von den localen Plänkeleien wird der Streit gegen den Pietismus als Ganzes bis

---

a. a. O. S. 314—349. Was daselbst von S. 349—377 folgt, ist nach Kramer II. S. 309 die gleichzeitige Antwort auf einen nachträglichen Brief Löscher's vom 1. Juni, auf den auch der Bericht im Anfang Bezug nimmt.

in das folgende Jahrzehnt nur durch Einen Mann fortgesetzt, den Hauptpastor zu Hamburg, Erdmann Neumeister[1]). Jedoch schon 1725 bekennen die Herausgeber der „Fortgesetzten Sammlung", daß sie „das arme Häuflein der Rechtgläubigen" seien.

Das hat A. H. Francke noch erlebt, und Löscher fast um ein Vierteljahrhundert überlebt. Es half ihm nichts, dem Pietismus die gleiche Berechtigung in der Kirche abzusprechen; derselbe hatte sie, nachdem er ein Menschenalter hindurch mit einem Vertilgungskrieg heimgesucht worden war, in der That erreicht. Er hatte ein Recht zur Geltung in der lutherischen Kirche, weil er mit der Forderung eines Glaubens, der persönliche Erfahrung ist, den Grundsatz der Reformation erneuerte. Denselben hatte Löscher verspielt, indem er den theoretischen Glauben und die persönliche Heilserfahrung als Ursache und Wirkung unterschied, und diesen Gedanken dadurch erläuterte, daß der Apfel Wirkung des Baumes, darum aber kein wesentliches Merkmal des Apfelbaumes sei. Dann wird der Stubengelehrte auch die Blätter und die Rinde nicht als wesentliche Merkmale des Baumes gerechnet, also einen abgestorbenen Baum einem gesunden gleich geachtet haben. Er ist in dem Gebrauch dieses Bildes ebenso von der nothwendigen Anschauung der organischen Natur verlassen, wie er in seiner Auffassung des Christenthums kein Ganzes besitzt. Das ist das Ergebniß der nur auf Causalverbindungen bedachten und vor der Einsicht in Zweckverhältnisse sich zurückhaltenden Schultheologie. Was die Pietisten an derselben als Aristotelismus verabscheuen, ist diese öde Methode, welche sich nur in den Distinctionen von Ursache und Wirkung, von Substanz und Accidens bewegt, aber auf den weitertragenden Begriff des Zweckes verzichtet, aus welchem das, was richtig unterschieden wird, auch wieder seine richtige Verknüpfung erfahren würde. Also die Pietisten verbinden mit dem reformatorischen Grundsatz vom Glauben als Heilserfahrung die richtige Ahnung von dem Fehler in der herrschenden Theologie, welcher die Abirrung von jenem Grundsatz verschuldet. Allein sie haben den Weg zu dem lutherischen Begriff der Vollkommenheit nicht gefunden. Sie blieben vielmehr selbst im Banne der Schultradition befangen. Denn sie

1) Kurzer Auszug Spenerischer Irrthümer. 1727. Pietismus a magistratu politico reprobatus et proscriptus. Die von weltlicher Obrigkeit verworfene Pietisterei. 1736.

vermochten nicht zu erkennen, daß der Glaube die Erfahrung von der Versöhnung aus Gott macht, indem er zugleich seine Stellung zur Welt nimmt, nicht in der negativen Absicht, sie überhaupt zu verleugnen, sondern in der positiven Absicht, sie zu beherrschen, auch wenn er in einer Menge von Beziehungen auf sie verzichtet. Thatsächlich lebt Francke von dem Glauben an Gottes Vorsehung, und seine Freunde und Nachfolger ebenso; aber theoretisch wissen sie nichts von dem Werth dieser weltbeherrschenden Lebensrichtung, nämlich ihrer Folgerichtigkeit zu dem Glauben an die Versöhnung. Deshalb haben sie in der Deutung des lebendigen Glaubens auf Bußkampf und Sehnsucht nach der passiven Heilsempfindung, ferner in dem Streben nach Vollkommenheit in der Verwerfung der Mitteldinge ein officielles Lebensideal aufgerollt, welches in nächster Analogie zu mönchischer Frömmigkeit steht. Diesen Charakter des Pietismus hat Löscher nicht erkannt, weil er selbst von der christlichen Vollkommenheit, welche die Augsburgische Confession verkündet, nichts wußte, sondern nur eine undeutliche Vorstellung vom christlichen Leben besaß, welche unter dem Titel der gesunden Mystik gegen die pietistischen Anforderungen sich nicht scharf abgrenzte. Hat er also den Pietismus im Ganzen nicht verstanden, so hat er ihn auch nicht seiner Fehler überführen, so hat er ihn nicht überwinden können. Diese Unfähigkeit theilt er freilich mit allen rechtgläubigen Gegnern des Pietismus. Denn es ist das Verhängniß der lutherischen Kirche, daß ihre Theologen den Typus des religiösen und sittlichen Lebens, welcher die lutherische Frömmigkeit durch alle Epochen hindurch getragen hat, und seine Wechselbeziehung zur Rechtfertigungslehre nun einmal nicht kennen, auch wenn sie die Apologie der Augsburgischen Confession, in der diese Combination immer wiederholt wird, mit quia cum sacra scriptura consentit unterschrieben haben.

---

39. Abgrenzung der Halle'schen Schule gegen den Radicalismus und Separatismus.

So deutlich, wie dem Geschichtschreiber der Abstand zwischen der Reihe der Radicalen und Separatisten einerseits und der des Halle'schen Pietismus andererseits ist, konnte er den zeitgenössischen Gegnern beider Gruppen nicht erscheinen. Wie nahe schlossen sich manche separatistische Gruppen an Spener's Anregungen an, und wie nachsichtig waren mehrere seiner Anhänger in Hamburg gegen extravagante Erscheinungen in den Conventikeln (S. 176)! Ferner wie zugänglich zeigte sich Francke in den ersten Jahren seiner Wirksamkeit zu Halle für die Werthschätzung von Enthusiasmus und Chiliasmus (S. 266). Dazu kommt, daß Freylinghausen in den zuerst 1704 erschienenen Ersten Theil seines „Geistreichen Gesangbuches" eine Menge Lieder von Arnold, Petersen und Knorr von Rosenroth aufnahm, an welchen Löscher theils pantheistische Folgerungen des Quietismus, theils die Behauptung von babelischem Wesen in der lutherischen Kirche zu rügen fand. Demgemäß wird man in der vorsätzlichen Identificirung oder Verwechselung der beiden Reihen besonderer Frömmigkeit, welche die Gegner begehen, nicht immer absichtliche Bosheit erkennen. Freilich zeugt dies Verfahren auch nicht von absichtlicher Gerechtigkeit. Denn die Halle'schen Theologen selbst haben ihre eigenthümlichen Ansichten so weit abgeklärt, daß sie ohne allen Zweifel ein von den Radicalen verschiedenes Gepräge der Frömmigkeit, und eine Stellung zur Kirche oder vielmehr in der Kirche behaupteten, welche den Indifferentisten geradezu entgegengesetzt ist. In öffentlicher und entscheidender Weise haben sie ihren Unterschied von den radicalen und separatistischen Pietisten festgestellt, als sie durch Joh. Friedr. Mayer's „Kurzen Bericht von Pietisten" (1706) dazu provocirt wurden. Die von Breithaupt im Namen seiner Facultät herausgegebene „Verantwortung gegen Mayer's Bericht" (1707) lehnte die Gemeinschaft mit jener Gruppe ab, welche ihnen zu imputiren dem „Schwedischen Theologen" gefallen hatte, und empfing in dieser Hinsicht die ausdrückliche Bestätigung durch Dippel in dem Anhang zu dessen „Unparteiischen Gedanken über des Schwedischen Theologen Bericht" (S. 331). In derselben Richtung ist es zu verstehen, daß Francke persönlich und Joach. Lange literarisch dem Inspirationsgeist und dem Separationsdrange entgegentraten, als dieselben durch die Flüchtlinge aus den Cevennen in Halle importirt wurden (S. 368).

Löscher hat schon 1711 den Unterschied beider Gruppen und ihre Abstufung als grobe und als subtile Pietisten anerkannt (S. 165). Auffallender Weise aber spricht er diese Erkenntniß erst aus, nachdem er in allen von ihm durchgegangenen Lehrpunkten die

Beläge für die gerügten Sätze aus den Schriften beider Klassen bunt durch einander angeführt hat. In manchen Fällen freilich erweist er deren Uebereinstimmung nur durch Folgerungen aus Sätzen der Hallenser, welche wider deren Meinung verstoßen; in anderen Fällen aber wurde er durch unvorsichtige Aeußerungen derselben dazu aufgefordert, ihre Annäherung an die Radicalen festzustellen. Joachim Lange hat z. B. in dem „Kreuzreich Christi" Aussprüche Arnold's auf einen erträglichen Sinn hinauszuführen versucht, was ihm gar nicht oblag. Durch solche momentane Fehler hat Lange seinen Gegner berechtigt, in dem „Vollständigen Timotheus Verinus" (1718) die Zusammenstellung der Zeugnisse beider pietistischen Gruppen im Ganzen aufrecht zu erhalten. Dieses hat Löscher gethan, obgleich er Gründe haben durfte, den zugestandenen Unterschied gegen die Radicalen den Hallensern zu Gute kommen zu lassen. Allein es lagen immer einzelne Umstände vor, welche in dem ferner Stehenden, geschweige dem Gegner Zweifel dagegen erwecken konnten, ob die angenommene Grenze zwischen den Hallensern und den Radicalen zuverlässig sei und von den letzteren inne gehalten werde. Außer den Spuren radicaler Ansichten, welche Löscher in den Schriften der Hallenser nachgewiesen hat (S. 411), erinnere ich daran, daß der Professor zu Altorf, Joh. Michael Lange (als Inspector in Prenzlau gestorben 1731), welcher den Halle'schen Theologen nahe stand, 1704 den Fanatiker Rosenbach in Schutz genommen hat (S. 344). Joachim Lange hat 1707 über Arnold's Kirchengeschichte geurtheilt, derselbe habe zwar von den sogenannten Ketzern zuweilen zu gelinde, von den Orthodoxen aber zu hart geurtheilt, indessen verdiene das Werk wegen des vielen Guten, das darin enthalten, und des herrlichen Nutzens, den ein Liebhaber der Kirchengeschichte und göttlicher Wahrheiten anderswo vergeblich suchen würde, nicht geringe Anerkennung. Er trägt kein Bedenken, das Werk allen Wahrheit Liebenden als ein rechtes historisches Kleinod aufs Beste zu empfehlen[1]).

Viel Gewicht ist allerdings auf diese Spuren von Sympathie mit den Radicalen nicht zu legen, wenn man sich die Haltung der Halle'schen Schule im Ganzen vergegenwärtigt. Indessen kommt es daneben doch auch darauf an, wie sich Anhänger des Halle'schen

1) In der Aufrichtigen Nachricht I. S. 19 (1707). Bei Walch V. S. 984.

Pietismus in dieser Beziehung ausweisen konnten, und ob die öffentliche Meinung unter allen Umständen eine so correcte Haltung der Anhänger Francke's constatiren konnte, daß deren Unterschied von den Radicalen über allen Verdacht erhaben war. Daß dies nicht der Fall war, wird durch eine Episode in der Geschichte der Halle'schen Facultät bestätigt, ich meine die Berufung von August Gottlieb Spangenberg[1]), welche im Voraus eine ziemliche Gleichgiltigkeit der Hallenser gegen dessen separatistische Neigungen verräth. Die nähere Bekanntschaft mit dieser Art zog freilich alsbald die Entlassung desselben nach sich, nachdem eine Zeitlang die Hallenser meinten sich mit ihm vertragen zu können. Jener Mann, geboren 1704 zu Klettenberg am Harz, seit 1722 studirend in Jena, war in die Erweckung verflochten gewesen, welche dort unter Studenten wie Bürgern in den folgenden Jahren stattfand, deren Gepräge daran kenntlich ist, daß die pietistischen Studenten Freischulen für arme Kinder errichteten. Spangenberg aber trat in diese Bewegung schon mit einer Vorbereitung anderer Art ein. Durch Lesung mystischer Schriften war er zu separatistischer Stimmung gelangt, und der als lutherisch geltende Begriff der unsichtbaren Kirche erlaubte ihm, die gleich denkenden Personen anderer Confession sich näher zu stellen als die officiellen Kirchengenossen, und bei Leuten seiner Richtung vorhandene Separatmeinungen, wie die Lehre von der Wiederbringung zu übersehen. Während diese dogmatische Indifferenz ihn zu Zinzendorf zog, der 1727 in Jena aufgetreten war, ließ er seine separatistische Stellung zum Abendmahl den Grafen nicht merken. In dieser Verfassung war Spangenberg, als er 1732 durch die Directoren des Waisenhauses in Halle zum Oberaufseher der Schulen desselben und von der theologischen Facultät zu ihrem Adjuncten berufen wurde. Er hatte eigentlich keine Lust zu dieser Aufgabe, und fand nach vielem Gebet den zureichenden Grund, sie abzulehnen, nämlich daß er in Jena in einer ihm zusagenden Beschäftigung stehe, die ihm vom Heiland angewiesen sei, und von der er nicht abgehen könne, bis der Heiland ihn gehen heiße. Demgemäß bat Spangenberg den Herrn, wenn die Vorschläge der Theologen in Halle seinem guten Willen nicht gemäß wären, möchte er es so lenken, daß der König seine Vocation

1) Vgl. Risler, Leben A. G. Spangenberg's. 1794. Eckstein, Chronik von Halle S. 81.

nicht genehmigte. Diese Mischung von quietistischer Gelassenheit und unnützer Rathgeberei an Gott hinderte die Berufung von Spangenberg nach Halle nicht; denn Friedrich Wilhelm I. pflegte zu bestätigen, was ihm die Halle'sche Facultät vortrug. Als aber Jener im Herbst 1732 seine Thätigkeit in Halle begonnen hatte, drängten sich, da man ihn kannte, Gichtelianer und Separatisten und der „in Halle so sehr verhaßte" Tuchtfeld (S. 378) an ihn. In der Hoffnung, er werde die Separatisten mit der Kirche aussöhnen, billigten seine Vorgesetzten seinen Verkehr mit denselben; er selbst aber ging auf jene Leute nicht nur nach dem Grundsatze der Toleranz ein, daß bei Wiedergeborenen es nicht auf einige extravagante Ueberzeugungen ankomme, sondern auch mit der ausgesprochenen Abneigung gegen die „horrible und tollkühne Heuchelei in Halle, von der alle Welt zu sagen wisse." Dadurch ward er zu größerer Intimität mit den Separatisten geführt. Am zweiten Weihnachtstage vereinigte er sich mit den erweckten Bürgern im Hause eines Separatisten zu einem Abendessen, welches sie Liebesmahl nannten, und ließ sich am andern Tage in ihrer Versammlung über die Mißbräuche bei der Beichte und dem Abendmahl in der lutherischen Kirche in harten Ausdrücken aus. Hierüber kam es zu Auseinandersetzungen mit der Facultät; Spangenberg hielt seine Ansicht, daß das Abendmahl nur unter Gleichgesinnten zu feiern sei, aufrecht, bemängelte die gelehrte Vorbildung zum Predigtamt, wollte die Kirche nur als die Gelegenheit kennen, Menschen in das Netz Christi zu ziehen, und das Sündenbekenntniß nicht vor dem Pastor, sondern vor den befreundeten Gläubigen abgelegt sehen. Man schrieb diese Ansichten seinem Verkehr mit Zinzendorf zu, und würde sich begnügt haben, wenn er mit diesem und seiner Gemeinde gebrochen hätte. Als dazu keine Aussicht war, wurde Spangenberg schon zu Ostern 1733 seiner Aemter entlassen. Allerdings paßte er gar nicht in die kirchliche Ordnung, der die Hallenser dienten; sie haben ihm gegenüber nur die Grenze gewahrt, innerhalb deren sie sich als kirchliche Fortschrittspartei behaupten konnten. Er selbst hat ihr Recht dazu nachher anerkannt; er hätte aber sich und ihnen die Enttäuschung ersparen können, wenn er vorher die ihm bekannte Abweichung zwischen beiden Theilen und die Umstände seiner Berufung pflichtmäßig überlegt hätte.

Es ist demnächst geboten, die Fälle darzustellen, in welchen Anhänger der Halle'schen Schule mit radicalen Elementen theils wirklich behaftet gewesen, theils dafür angesehen worden sind. Unter diesen beiden Gesichtspunkten werden zwei causes célèbres des Pietismus zu erörtern sein, zu welchen ein dritter Fall kommt, dessen öffentliche Verhandlung seiner Zeit nichts weniger verräth, als die Vermischung der Ideen von Petersen mit der Anhänglichkeit an Halle. Eine Erscheinung ähnlicher Art, aber von geringen Dimensionen mag die Reihe eröffnen. Sie ist in der **Historia pietistica Waldeccensis** (1712), auf deren Hauptinhalt später eingegangen werden wird, einleitungsweise zur Sprache gebracht, um die beiden Arten des Pietismus als identisch erscheinen zu lassen. Im Jahre 1699 hat der Superintendent der Grafschaft Waldeck, Kleinschmidt, gegen den Candidaten Anton Wilhelm Böhme eine Untersuchung eingeleitet. Dieser junge Mann, in der Grafschaft Waldeck 1673 geboren, in Halle gebildet, war seit 1698 in Arolsen Lehrer der Töchter des regierenden Grafen Christian Ludwig. In dieser Eigenschaft hatte er auch die täglichen Betstunden am gräflichen Hofe zu halten. Seine pietistischen Ueberzeugungen hielt er nicht zurück. Das Gerücht, er beschimpfe das Predigtamt und finde unter allen Predigern der Grafschaft nur vier rechtschaffen, bewog den Superintendenten, eine Erklärung von ihm zu verlangen, über deren Inhalt er 17. Januar 1700 verantwortlich vernommen worden ist. Das Protokoll hierüber ist in der angeführten Schrift mitgetheilt [1]). Daraus ergiebt sich nun, daß der junge Mann die Grundsätze der Hallenser mit einigen Elementen Arnold'scher Richtung verbunden hat. Er vertritt die theologia regenitorum, bemängelt mit Spener an den symbolischen Büchern einige Sätze und will dieselben nur quatenus anerkennen, behauptet, daß der Glaube bei der Rechtfertigung lebendig und eindringlich sei, und die Anrechnung der Gerechtigkeit Christi zur wirklichen Theilnahme an derselben erhebe, will die Kirchenverfassung insofern mit der der Apostelzeit in Einklang gesetzt wissen, als auch Laien in den Conventikeln sollen reden dürfen. Er überschreitet aber die von seinen Lehrern eingehaltene Linie, indem er es nicht für unbedingt nöthig hält, sich einer der öffentlichen Religionen

---

1) Auf dasselbe bezieht sich auch, was in dem **Responsum theologicum et iuridicum** von der Universität Wittenberg in causa **pietistica Waldeccensi** (1715) über Böhme angegeben und demnächst von Löscher verwerthet worden ist.

anzuschließen, die sich nur dadurch unterscheiden, daß die eine mehr, die andere weniger Vorurtheile als Hindernisse der Wahrheit mit sich führen. Außerdem hegt er Zweifel gegen die Kindertaufe, ohne sie unbedingt zu verurtheilen, will lieber vorläufig des Abendmahls sich enthalten, als es mit Unwürdigen genießen, hält es für päpstischen Sauerteig, daß die Leute zum Kirchenbesuch gezwungen und ihnen Redensarten und Formeln aufgebürdet werden, bei deren Ablehnung man für einen Ketzer erklärt wird, unterscheidet bei Luther die früheren gesunden Lehren von den späteren, und erklärt das Lutherthum für sectirerisch, sofern es sich exclusiv benimmt und die christliche Brüderlichkeit an Aeußerlichkeiten knüpft. Als darauf Böhme von dem pietistisch gesinnten Grafen in freundlicher Weise seines Dienstes entlassen worden ist, wurde er von Francke als Inspector der Freitische im Waisenhaus angestellt. Derselbe sprach zugleich die Hoffnung aus, daß jener die Fehler, die er mit anderen Anfängern im Christenthum gemein habe, auf geschehene Ermahnung ablegen werde [1]). Böhme begab sich 1701 nach England, wo er 1705 Hofprediger des Gemahls der Königin Anna, Georg von Dänemark wurde, und diese Stellung auch unter dem König Georg I. bis zu seinem Tode (1721) behauptete. Er vermittelte durch Uebersetzung der „Fußstapfen" Francke's die Kenntniß vom Waisenhause in England und manche Unterstützungen desselben von dort her. Auch hat er Unterstützungen des Prinzen von Dänemark für die Waisenhäuser zu Wildungen und Pyrmont erwirkt. Rambach hat 1731 „Erbauliche Schriften" von Böhme in zwei Bänden herausgegeben. Aus diesen Umständen ergiebt sich, daß derselbe die relative Hinneigung zu radicalen Sätzen abgestreift hat. Im Ganzen aber ist zu urtheilen, daß jener Fehler des jungen Mannes keine Regel für die Haltung seiner Lehrer abgiebt. Vielmehr ist der Eifer, mit welchem sein Gegner in Waldeck den Fall in der Historia aufgewärmt, und die Zähigkeit, mit der das Wittenberger Gutachten und endlich Löscher die Sache ausgebeutet haben, ein sicherer Beweis dafür, daß die Combination der radicalen Ansicht von der Kirche und den Sacramenten mit den Halle'schen Grundsätzen der Frömmigkeit selten genug und dann unter besonderen Umständen an den Tag getreten sein wird.

1) Kramer, Francke II. S. 59.

Ein solcher Fall ist an einem Prediger in der Reichsstadt Wetzlar zu beobachten. Obgleich der Rath derselben 1710 gegen die Conventikel und die Enthaltung ihrer Mitglieder vom Abendmahl ein Mandat erlassen hatte, so wurde 1711 dahin als dritter Prediger Aegidius Günther Hellmund berufen, welcher als Pietist und Freund der Privatversammlungen bekannt war. Er war 1680 in Schwarzburg-Sondershausen geboren, in Jena und Halle gebildet, war zuletzt Prediger zu Daaden in der Grafschaft Sayn gewesen. Seine Berufung erfolgte nicht auf Vorschlag des Rathes, sondern auf Antrag der Bürgerschaft, hatte also die Bedeutung eines Compromisses zwischen den Bürgern und dem Rath, um die Conventikel, die nicht unterdrückt werden konnten, durch einen ihnen zugethanen Prediger zu legitimiren und deren Anhänger zur Theilnahme am Abendmahl zu disponiren. Schon einige Tage nach Hellmund's Einführung in Wetzlar erbaten und erhielten deshalb einige Bürger die Erlaubniß, in der Hospitalkirche Abendbetstunden zu halten, unter der Voraussetzung, daß es Hellmund, aber auch den beiden anderen Predigern freistehe, sich daran zu betheiligen. Dies letztere geschah nun freilich nicht; vielmehr ließ der zweite Prediger Geibel sich angelegen sein, alle Schritte Hellmund's zu beobachten, um den Rath gegen denselben einzunehmen. Hellmund verlegte nun eigenmächtig aus Rücksicht auf seine Gesundheit im November 1712 die Versammlungen aus der Kirche in sein Haus, und hielt trotz des Verbotes daran fest. Er wurde sogleich vom Amt suspendirt, und als er sich nicht zum Gehorsam verstehen wollte, im Januar 1713 abgesetzt. Nicht umsonst hatte er in den Verhandlungen mit dem Rath geltend gemacht, daß er seine Privatversammlungen wegen der nicht zur Bürgerschaft gehörenden fremden Theilnehmer nicht einstellen könne. Hiemit waren Mitglieder und Beamte des Reichskammergerichtes und ihre Familien gemeint. Als nun Hellmund an dieses Gericht appellirte, entschied dasselbe im März 1713 insofern zu seinen Gunsten, als es den Proceß in die richtige Bahn lenkte, welche der Rath in voreiliger Gewaltthätigkeit verlassen hatte. Indem das Gericht die materielle Entscheidung einer theologischen und einer juristischen Facultät anheimstellte, befahl es die Einsetzung Hellmund's in sein Amt bis dahin, daß jene Entscheidung erfolgt wäre. Der Rath bestritt freilich die Competenz des Reichskammergerichtes, fügte sich aber 1715 einem vom Landgrafen von Hessen-

Darmstadt vermittelten Vergleich, daß Hellmund bei Versprechung des Gehorsams gegen die Kirchenordnung wieder eingesetzt werden, die Privatversammlungen verboten bleiben, und die Acten binnen sechs Wochen an die beiden Facultäten in Straßburg versandt werden sollten. Der Rath hat nun bis 1718 gezögert, diese Bestimmung zu erfüllen, und die Facultäten ließen sich wieder zwei Jahre bis 1720 Zeit, ihre Urtheile an den Rath der Stadt abzugeben.

Inzwischen war Hellmund durch literarische Angriffe genöthigt worden, Auskunft über seine Ansichten in mehreren Schriften zu geben. Sein Amtsgenosse Geibel verklagte ihn beim Reichskammergericht durch „Kurze Vorstellung derjenigen Neuerungen und verdächtigen Lehren, so Herr H. sucht einzuführen", 1713. Darauf erwiderte Hellmund mit „Nöthige Verantwortung auf Geibel's Beschuldigungen wegen irriger Lehre", 1713. Dagegen setzte das Wetzlarische Consistorium eine Schrift „Der entlarvte Pietist", 1714, worauf Hellmund mit einer Confessio evangelica erwiderte. Die beiden angeführten Schriften desselben liegen dem „Schriftmäßigen und Christlichen Responsum der theologischen Facultät zu Straßburg", 1720 zu Grunde, außerdem ein von Hellmund selbst verfaßter Auszug aus jenen Schriften in 32 Artikeln. Diesen ließ er nebst günstigen Urtheilen von sieben meist pietistischen Theologen in „Angefochtene und gerettete Lehre", 1720 drucken, nachdem die Straßburgischen Gutachten zwar eingegangen, aber noch nicht publicirt waren, gleichzeitig zwei von ihm gehaltene Predigten „Der Enthusiast und Synkretist". Endlich ließ er „Rechtglaubige Erklärung auf ein sogenanntes Responsum einiger Straßburgischen Theologen", 1720 folgen, an welche er einen Abdruck desselben mit seinen Glossen angeschlossen hat. Die theologische Facultät nämlich hatte ihn für einen irrigen Lehrer und seine Absetzung für gerechtfertigt erklärt; die juristische aber in ihrem Ressort seine Absetzung nicht der Kirchenordnung gemäß gefunden. Hellmund ließ sich das letztere Urtheil gefallen; gegen das erstere reclamirte er beim Kammergericht deshalb, weil die Facultät zu Straßburg außerhalb des Reiches stehe, und von ihren vier Mitgliedern ein inzwischen verstorbener Prof. Joh. Heinr. Barth, der Hellmund günstig war, von dem Responsum ausgeschlossen worden war. Das Kammergericht verbot die Execution dieses Urtheils; der Streit aber wurde gegenstandlos, als Hellmund

1721 dem Rufe des Fürsten von Nassau-Idstein nach Wiesbaden folgte, wo er als Oberpfarrer und Inspector bis 1749 gewirkt hat.

Der Mann bewährt sich als Anhänger von Spener und Francke durch Beachtung äußerer Erscheinungen und innerer Erregungen, namentlich freudiger Zuversicht, als göttlicher Gnadenwinke, welche die im Moment zu fassenden Entschlüsse regeln, also auch als Befehle Gottes anzusehen sind. Solche Entscheidungen meint er theils in scheinbar zufälliger Weise zu erfahren, theils durch Gebet und durch Däumeln erstreben zu dürfen. Er hält auch diese Ansicht für ein gemeinsames Kennzeichen der Gläubigen, welche die Hand Gottes in allen Dingen suchen und finden. Solche Fälle hat er selbst angeführt. Als er einem Studiosus Namens Körner etwas in das Stammbuch schreiben sollte, rief er den Herrn an, daß er durch dessen Gnade dem lieben Freunde etwas geben möchte, was ihm zum Besten und zur Erinnerung an Christus diente. Als ihm darauf nach Anleitung des Namens Körner Joh. 12, 24 einfiel, hat er es als Erhörung seines Gebetes angesehen. Als er in seinem Amt zu Berka an der Werra stand und wegen einer vorseienden Veränderung den Herrn um seinen Willen anrief, hatte er sogleich als Epistel 1 Petr. 2, 21 zu verlesen; da kam ihm bei den Worten: Denn dazu seid ihr berufen, die umgekehrte Reihenfolge der Silben: Zu da denn, in den Sinn; er erkannte daraus, als er einige Wochen später unvermuthet nach Daaden berufen wurde, daß dieses Gottes Willen gemäß erfolgt sei. Und als er bei der Berufung nach Wetzlar wieder um einen Gnadenwink Gottes bat, fand er durch Däumeln sowohl Baruch 4, 19 als auch 2 Sam. 18, 2, worin er Gottes Billigung erkannte. Hellmund hat nun aber diesen Erfahrungen gemäß eine Theorie aufgestellt, welche auf Träume, Visionen, das Loos, endlich auf den Eindruck kräftiger Gewißheit als Wirkung des heiligen Geistes die Bedeutung göttlicher Zeugnisse über Entscheidungen des täglichen Lebens begründet. Er meint, die Christen wären schlechter gestellt als die Genossen des alten Bundes, wenn sie diese Mittel der göttlichen Gnade entbehren sollten. Die Straßburger Theologen deuten diese Ansicht als Annahme von Offenbarungen neben der heiligen Schrift, also als formalen Enthusiasmus. Dagegen konnte Hellmund erwidern, er verletze die Auctorität der heiligen Schrift nicht, da er von den Gnadenwinken weder neue Dogmen noch moralische Grundsätze erwarte, und daß dieselben auch nicht ohne und außer dem Worte Gottes erfolgen sollen. Es handelt sich für ihn nur um die Entscheidung in erlaubten Dingen, nämlich wie man von der Erlaubniß zu heirathen, oder ein neues Amt anzutreten, im einzelnen Fall Gebrauch zu machen hat. Indem nun hierüber nach einem Gnadenwink entschieden werden soll, so täuscht sich Hellmund in dem Vorgeben, daß der Gnadenwink Gottes den fraglichen Fall der heiligen Schrift, d. h. einem bestimmten sittlichen Grundsatz unterordne. Dieses ist deshalb unmöglich, weil es sich nicht um Gebot, sondern um Erlaubniß handelt. Ein Gnadenwink in den angegebenen und ähnlichen erlaubten Fällen ist der heiligen Schrift nicht untergeordnet, sondern hat seinen Ort außer und neben ihr. Ueber die Handlungen, zu welchen man durch das Sittengesetz nicht verpflichtet ist, hat man nach eigener Ueberlegung zu entscheiden, indem man feststellt, daß sie gegen kein Pflichtgebot verstoßen. Es ist im Sinne unterchristlicher Religion, Orakel zu suchen, die man für göttliche Entscheidungen ansieht. Es ist ebenso unterchristlicher Enthusiasmus, in der Bibel zu däumeln, wie im Virgil, und die freudige Zuversicht zu einer Willensentscheidung, die man im Gebete Gott als ein Zeugniß seines Willens abzugewinnen meint, ist wahrscheinlich in der eigenen Absicht vorbereitet. Daß also Hellmund aus diesen Dingen einen Grundsatz macht, durch dessen Befolgung gerade die Gläubigen, die Musterchristen sich auszeichnen, läßt erkennen, daß der Halle'sche Pietismus auf diesem Punkte ein enthusiastisches Element zuläßt, auch wenn er übrigens sich gegen weiter gehende Abweichungen von dem Werthe der heiligen Schrift oder des gepredigten Wortes verschließt.

Allein in dieser Beziehung wird gerade Hellmund von den Straßburgern nicht correct gefunden, indem sie in seiner Distinction zwischen äußerem und innerem Wort Gottes eine Hinneigung zu Weigel's und Schwenkfeld's Ansichten erkennen. Er selbst meint zwar hierüber nichts anderes gelehrt zu haben, als daß das innere Wort der lebendige göttliche Sinn des äußern Worts in den Herzen sei, durch welchen Gott in uns mit uns redet, sei es im Hören oder Lesen des äußern Worts, sei es gemäß der Erinnerung daran. Allein diese Unterordnung hat er doch nicht immer mit Sicherheit vorbehalten, indem er die Empfänglichkeit und die Nichtempfänglichkeit für das gehörte Wort einander gegenüberstellt, und unter Voraussetzung jener sich so ausspricht: „Dem Geiste nach oder mit unseren Glaubensohren hören wir die heimliche Stimme Gottes viel gewisser aus dem Munde Gottes als die äußerliche Predigt aus dem Munde des Predigers; das äußere Wort hören wir von Menschen, aber das innere Wort von Gott selbst; das äußere Wort ist nur der Buchstabe, aber das innere Wort ist der Geist selbst". In diesen Sätzen wird das innere Wort von dem äußern als bloßem Vehikel abgelöst, und dem letztern sein Werth als Wort Gottes vorenthalten. Auch indem er das innere Wort als die Rede Christi, des wesentlichen Wortes darstellt, oder als die Salbung des heiligen Geistes, die uns alles lehrt, macht er den Eindruck, daß diese Erfahrung von dem gepredigten und gehörten Wort nicht umfaßt wird. Er bekennt sich sogar mit Berufung auf Joh. 1, 9 dazu, daß Christus als das innere Wort in allen Menschen erleuchtend wirke. Das Gesetz der Natur nimmt er aber als die erste Stufe des innern Wortes an. Hiemit nähert er sich den Indifferentisten, welche Weigel folgen; nur geht er nicht so weit, in dieser Instanz den zureichenden Grund für die Möglichkeit der Wiedergeburt auch der Nichtchristen zu erkennen. Die zweite Stufe des innern Wortes meint er als die Ursache der Wiedergeburt der Kinder in der Taufe nachweisen zu können, da sie für das bei der Kindertaufe ausgesprochene Verheißungswort nicht zugänglich seien. In confuser Weise nähert sich Hellmund auch der Anthropologie von Weigel und Böhme, indem er im Allgemeinen Geist und Seele in dem Menschen unterscheidet, und daneben den Geist im Wiedergeborenen als Erzeugniß des heiligen Geistes, als den Glauben, der in der Liebe thätig ist, oder als die göttliche Natur im Menschen deutet. Nur enthält er sich der Annahme, daß diese Kraft allen Menschen angeboren sei. Auch in seiner Entgegensetzung zwischen dem Christus historicus, der alles gethan und gelitten hat außer uns und dem Christus mysticus, der in uns sterben und auferstehen muß, schwankt er dem entgegen, was Dippel gelehrt hat, natürlich ohne Absicht und klare Formulirung.

Die ungünstigen Urtheile, welche die Straßburger Theologen über diese Sätze Hellmund's gefällt haben, sind nicht unberechtigt; sie haben ihm jedoch Consequenzen zugerechnet, die er nicht gezogen hat. Denn er ist offenbar ein ebenso mittelmäßiger wie eigenwilliger Theolog gewesen, dem die Herrschaft über seine eigenen

Gedanken fehlte. Indessen in einem Punkt ist das Recht auf Hellmund's Seite, nämlich darin, daß er die Reue über die Sünden aus dem Glauben oder auch aus der Liebe zu Gott entspringen läßt. Hiemit hat er Luther's ursprüngliche Ansicht, welche den Gebrauch des Gesetzes in der Reue nicht ausschließt, getroffen; die Straßburger aber, indem sie den Buchstaben der symbolischen Bücher gegen jenen Satz einwenden, haben die Umstände nicht überlegt, unter welchen allein aus dem Gesetz Reue abzuleiten ist. An jenen richtigen Gedanken knüpft freilich Hellmund eine Heilsordnung, die den Halle'schen Ansprüchen im Ganzen entspricht, aber in quietistischer Weise übertrieben ist. Er schreibt unter dem Titel des Geistlichen Herzenssabbaths eine passive Erwartung und Erleidung der Gnadenwirkungen vor, welche durch die allerstillste Wahrnehmung seiner selbst und seines Elendes und der Kraft des göttlichen Wortes vorbereitet wird. Endlich treffen wir noch auf eine bedenkliche Anwendung der pietistischen Weitherzigkeit, mit welcher sich Hellmund wiederum dem Indifferentismus zuneigt. Er hat behauptet, daß in den drei im Reiche anerkannten Religionen, der Glaubensgrund, Christus, identisch, und demgemäß in allen der Weg zur Seligkeit eröffnet sei, das übrige seien nur Nebensachen. Er will dieses aus dem Epilog zum ersten Theil der Augsburgischen Confession beweisen, wo es heißt, daß die vorgetragene Lehre von der römischen Kirche, wie sie aus den alten Schriftstellern bekannt sei, nicht abweiche. Er sieht nicht ein, daß dieses der römischen Kirche, wie sie namentlich durch das Tridentinum geworden ist, nicht zu Gute kommt, und schon in der Apologie der Confession außer Wirkung gesetzt ist. Zugleich freilich schränkt er die Uebereinstimmung zwischen den drei Kirchen auf die einzelnen Menschen ein, welche in ihnen wahrhaftig Christum haben und durch ihn mit dem Geiste gesalbt sind, und meint damit der geltenden Ansicht zu entsprechen. Indessen dabei beachtet er nicht, daß dieses Zugeständniß nur unter der Bedingung gemacht wird, daß z. B. katholische Christen von der ihrer Kirche eigenthümlichen Anleitung zu Verdiensten um der Seligkeit willen keinen Gebrauch machen. Nach diesem Maßstabe ist es also ausgeschlossen, daß der Weg zur Seligkeit in der katholischen und der lutherischen Kirche identisch festgestellt sei. Und es ist ein Irrthum Hellmund's, den die Straßburger mit Recht rügen, daß die Protestanten nicht in Ansehung der Grundlehren, sondern nur in Ansehung einiger

Mißbräuche von der römischen Kirche abgehen. Endlich seine Annahme, daß die Lutheraner nur mehr und bessere Mittel auf dem Wege zur Seligkeit besitzen als die Genossen der beiden anderen Religionen, ist trotz einer gewissen Anlehnung an die von den Hallensern vertretene Deutung der Fundamentalartikel, auch mit diesen Auctoritäten im Widerspruch. Um so charakteristischer für die Stellung des Pietismus im Jahre 1720 ist es, daß Hellmund trotz der gegründeten Einwendungen gegen seine Hinneigung zum kirchlichen Indifferentismus durch den Fürsten von Nassau-Idstein in ein hervorragendes kirchliches Amt gesetzt und in demselben ohne weitere Anfechtung erhalten wurde. Er hat in einer 1737 herausgegebenen Schrift: „Judicia dei incognita oder Unerkannte Gerichte Gottes über Böse und Gute in der Welt" fortgefahren, eine Beurtheilung der Kirche zu üben, welche mehr dem indifferentistischen und radicalen Pietismus zugewendet ist, als den Gesichtspunkten der Hallenser. Er leugnet hier die Lehre von den drei Ständen der Kirche, indem er die Obrigkeit, die nach ihrem Rechte in der Kirche ihn aus seiner Lage in Wetzlar gerettet hat, nur zu den Zuhörern rechnete. Zugleich äußert er hier seine Erwartung, daß die seit langer Zeit durchgehends verdorbene Kirche wegen der beharrlichen Unbußfertigkeit ihrer meisten Glieder aus der Kirche hinausgeworfen werden, und daß der Herr bei Umreißung dieses unreinen Tempels aus den wenigen Auserwählten und aus den ungläubigen Völkern, Juden, Heiden, Türken eine neue Christenheit aufrichten werde. Dieses sei die Hoffnung besserer Zeiten, welche Spener geltend gemacht hat[1]).

Ein bedeutenderes Interesse gewährt das Schicksal eines Mannes, welcher, indem er sich durchaus in den Grenzen des Halle'schen Pietismus bewegt hat, die Anklage auf Gemeinschaft mit den Radicalen erfahren hat. Dieselbe haftet bis auf den heutigen Tag an ihm, weil die Geschichtschreibung des Pietismus zur Hälfte in der Literargeschichte stecken geblieben, und diese durch Walch gerade in dem vorliegenden Fall vorherrschend auf die Angabe der Titel von Büchern beschränkt worden ist, welche er selbst nicht gelesen hat. Unter diesen Umständen ist es möglich,

1) Die letzteren Angaben nach Goebel II. S. 673. 74, der auf die Ansichten Hellmund's, wegen deren er in Wetzlar angefochten wurde, nicht genau eingegangen ist.

die Ehre eines Mannes zu retten, der als Beamter in verschiedenen kleinen deutschen Territorien eine Rolle gespielt hat, welche durch den Haß seiner Gegner mißdeutet worden ist. Im Jahr 1700 trat in den Dienst des Grafen Christian Ludwig von Waldeck (S. 429) als Regierungs- und Consistorialrath Otto Heinrich Becker[1]). Er war zu Mengeringhausen in der Grafschaft geboren, hatte Jurisprudenz gemäß der damals vorherrschenden naturrechtlichen Richtung studirt, und hatte danach in verschiedenen Privatdiensten, zuletzt als Amtmann der Hahn'schen Herrschaft Seeburg im Herzogthum Magdeburg gestanden. Er bekennt, daß er mit seinen Hausgenossen tägliche Andacht gehalten, d. h. ein Capitel aus der Bibel, oder aus Arndt's Wahrem Christenthum oder aus Luther's Katechismus oder eine Predigt vorgelesen habe, und daß vorher und nachher ein Lied gesungen worden sei. Bisweilen sind einige Nachbaren und ihre Kinder dabei gewesen; aber er hat dieselben nicht eingeladen. Becker nahm sich nun der öffentlichen Ordnung in der Grafschaft in verdienstlicher Weise an, da der bejahrte und 1703 durch Schlagfluß gelähmte Landesherr ihm freien Spielraum ließ. Unter seinem vorwiegenden Einfluß wurde 1702 eine Vormundschaftsordnung, 1703 ein Edict gegen die Völlerei bei Hochzeiten und Kindtaufen erlassen, 1704 eine Schulordnung. Gleichzeitig erfolgte die Gründung eines Waisenhauses und die Reform der beiden Landeshospitäler, so daß mit deren Stiftungsvermögen nicht nur mehr als früher geleistet, sondern davon auch noch so viel erspart wurde, um in Flechtorf unter der Leitung des aus Ostfriesland berufenen Hieronymus Brückner (nachher Pastor zu Wittmund) ein Seminar für angehende Theologen herzustellen. Dem Bettel wurde gesteuert. Endlich zur directen Hebung des Kirchenwesens wurde 1706 das Neue Testament für geringen Preis, Luther's Auslegung des Vaterunser von 1517, nebst Anweisung christlich zu leben und selig

---

1) Vgl. Historia pietistica Waldeccensis. 1712. Dagegen O. H. Becker, Abgenöthigte Apologie und Schutzschrift wider die H. P. W. 1712. Joh. Heinr. Marmor, Species facti und abgedrungene Schutzschrift gegen H. P. W. 1713. B. Volz, Beiträge zur Geschichte des Pietismus; aus ungedruckten Materialien. II. Die Pietistenverfolgung in Waldeck. In Zeitschr. f. d. histor. Theol. 1872. S. 303—320. Diese Darstellung, deren Quellen nicht angegeben sind, wird durch die Schriften von Becker und Marmor zum größten Theil gedeckt und bestätigt; diese kommen als geschichtliche Quellen gegen die zuerst angeführte lügenhafte Schrift allein in Betracht.

zu sterben, geschenkweise verbreitet, den Predigern aufgegeben, das Neue Testament durchlaufend zu erklären, nachdem 1703 eine Verordnung über Disciplin der Prediger und der Gemeinden gegen das Sträuben des Superintendenten Kleinschmidt durchgesetzt worden war.

Man kann in allen diesen Anordnungen den positiv kirchlichen Charakter des Halle'schen Pietismus und dessen Theilnahme für die sittliche Bildung des Volkes erkennen. Becker hat diese Zwecke gleichzeitig literarisch zu unterstützen versucht. Ein Tractat „über die Kennzeichen der wahren Christen wie auch der falschen Christen und des falschen Eifers, aus der heiligen Schrift, den symbolischen Büchern und den Schriften Luther's" stellte die Pietisten als die wahren Christen dar. Ein anderer „Unzulänglichkeit der Weltweisheit und Anleitung zur wahren Weisheit" warnte unter Anderem vor den langwierigen Processen und empfahl die im Herzogthum Magdeburg übliche summarische Proceßordnung. Ein dritter „Grundsätze, was der Obrigkeit und der Prediger Pflicht sei, Ketzerei und Irrthum in Religionssachen zu verhüten", zeigte, daß es christlicher und reformatorischer Grundsatz sei, in Glaubenssachen nicht mit Gewalt zu verfahren, sondern die Irrenden zu schonen. Becker hatte Ursache, von dem Nachfolger in der Grafschaft, der seit dem Verfall der Gesundheit seines Vaters zwar officiell an der Mitregierung war, aber die Beamten schalten ließ, keine Unterstützung seiner Interessen zu erwarten. Als er ihm 1704 den letzten Tractat zugeschickt hatte, erklärte er demselben auf Befragen, Se. Hochgräfliche Gnaden inclinirten zur Persecution und hätten diesfalls nicht die rechten Principia. Nachdem nun dieser Friedrich Anton Ulrich durch den 12. Oct. 1706 erfolgten Tod seines Vaters zur Regierung gelangt war, wurde seine Abneigung gegen die Pietisten durch ein Ereigniß, das in seine eigene Familie eingriff, verschärft. In dem Kloster zu Schacken, dem seine Schwester Charlotte Sophie als Aebtissin vorstand, war ein Pensionat für adelige Fräulein und bei diesem ein pietistischer Candidat Namens Juncker als Lehrer angestellt. Wegen Aeußerungen, die er in Predigten gethan, war er schon 1705 dem Consistorium denunciirt, von Becker aber vor einer Untersuchung bewahrt worden. Derselbe gefiel der Gräfin Aebtissin; beide verließen nach einander heimlich das Kloster und heiratheten sich in Erfurt (1707). Das Gerücht ging, die Pietisten, also Becker und Brückner, hätten um diesen Schritt gewußt und ihn gebilligt. Sie konnten aber bei dem Grafen eine Untersuchung und die Feststellung ihrer Unschuld nicht erreichen; vielmehr erging sich derselbe in Drohungen gegen die Pietisten.

Ein öffentlicher Zusammenstoß ereignete sich erst im Winter 1708 in Corbach. Hier war seit 1707 als Conrector am Gymnasium Joh. Heinr. Marmor angestellt worden, ein Landeskind aus Rhoden. Derselbe hatte fünf Jahre in Halle studirt, und hegte die dort gangbaren Grundsätze. Er begann also in dem nächsten Winter die in der Schulordnung vorgeschriebene Wiederholung der Sonntagspredigten mit den Schülern, und zwar, um den ungeheizten Räumen der Kirche und des Schulgebäudes auszuweichen, in seiner eigenen Wohnung. Dieses zog ihm schon Sticheleien des Pastor Müller von der Kanzel zu. Als er aber im folgenden sehr harten Winter mit seinen Schülern während der Gesänge in der Kirche den Kopf bedeckt hatte, wurde er von dem Pastor direct abgekanzelt. Einen weitern Anlaß, um dessen Feindseligkeit zu erfahren, gab der Umstand, daß Marmor zu Neujahr 1709 unter seine Schüler die oben erwähnte Auslegung Luther's über das Vaterunser vertheilte. In derselben war abweichend vom Kleinen Katechismus die vierte Bitte auch auf die Nahrung für das geistliche Leben bezogen worden[1]). Außer diesem Umstand erregten noch manche Bemerkungen des Herausgebers dieser Schrift Anstoß, nämlich das Herz müsse durch göttliche Betrachtung zum Gebet erwärmt werden, Furcht und Vertrauen auf Gott würden durch Betrachtung der Eigenschaften Gottes erweckt, Kennzeichen des rechten Glaubens sei der Abscheu vor der Sünde und der Hunger und Durst nach Christus, ferner daß man nicht mehr irdisch sondern himmlisch gesinnt sei. Wegen dieser Sätze wurde Marmor von Müller auch beim Consistorium angeklagt; ehe jedoch eine Entscheidung desselben erfolgen konnte, starb der Ankläger im Anfang Januar 1710. Ihm zu Ehren erschien nun anonym ein Trauergedicht, in welchem der Verstorbene als Streiter gegen Wiedertäufer List, der Quäker Träumereien, der Chiliasten Schwarm und Böhme's Schwindelgeist gefeiert, die von ihm bekämpften Pietisten in Waldeck als Schwärmer und Heuchler, ferner als Otternbrut, Wölfe, Schlangen, Igel prostituirt wurden. Der Verfasser war durch Anagramm angedeutet: Carl Gottfried von Rauchbar zu Lengefeld,

---

1) Bei Walch VII. S. 1024. 1057.

Kammerjunker, nachher auch Kanzleirath des Grafen, dessen Charakteristik bei Marmor sehr übel lautet; der verstorbene Graf soll ihn als des Teufels Schaarwächter bezeichnet haben. Indessen galt er bei dem Nachfolger sehr viel, und mit seinem Einfluß verband sich zu Ungunsten der Pietisten der des Landessuperintendenten Kleinschmidt. Jene sollten alsbald ihre Erfahrungen machen. Als Gegenstück zu dem Rauchbar'schen Gedicht erschien nämlich in demselben Versmaß ein anderes: „Die rechte Gestalt der Wölfe in der Kirche", worin der Spieß umgedreht und die als die rechten Wölfe bezeichnet werden, welche nicht bei reiner Lehre ein heilig Leben führen. „Zuletzt ermahn ich euch, ihr Prediger, in Liebe, daß künftig niemand mehr aus falschem Fleischestriebe von Quäker-Pietist- von Schwärm- und Ketzerei in blindem Unverstand zu reden fertig sei."

Rauchbar erklärte dieses Gedicht für ein Pasquill, und da der Graf sich hatte einreden lassen, die Pietisten zögen sein landesherrliches Kirchenregiment in Zweifel, so willigte er in eine durchaus parteiische Behandlung der beiden Gedichte. Das letzte wurde von den Personen, in deren Besitz man es vermuthete, bei hundert Thaler Strafe eingefordert, unter dem Vorwand, es sei der Censur des Consistoriums entzogen worden, während an dem ersten der gleiche Mangel nicht beachtet ward. Daß Becker das zweite Gedicht verfaßt habe, blieb vorläufig officiell unbekannt. Allein Rauchbar that seine Schritte dagegen. Zunächst muthete er der sich jährlich versammelnden Predigersynode zu, dasselbe zu verurtheilen; dem Superintendenten gelang es zwar nicht, eine Verhandlung darüber einzuleiten; dafür aber ließ sich die Geistlichkeit in der Mehrzahl dazu herbei, das gewünschte Urtheil in besonderen Erklärungen abzugeben. Dann trat Rauchbar mit einem neuen Gedicht Lycanthropia pietistica elarvata auf, das er sich durch einen Andern soll haben machen lassen, und der Graf nahm die Dedication desselben an. In diesem Gedicht wurde Marmor in der gehässigsten Weise durchgezogen. Derselbe antwortete in der „Entdeckung des Unfugs, welchen Rauchbar — durch ungegründetes und falsches Anschuldigen — begangen hat", welche die Genehmigung der theologischen Facultät in Gießen erhielt. Er meinte durch Dedicirung derselben an den Grafen sich gerechtes Gehör verschaffen zu können. Indessen wurde dieser Versuch durch einen der Sache fern liegenden Umstand gekreuzt. Rauchbar hatte in dem Grafen den Verdacht neu belebt, daß die Pietisten bei der Verheirathung seiner Schwester mit dem Candidaten Juncker die Hände im Spiel gehabt hätten; eine andere Schwester, die in Cassel lebte, schien dem Beispiel folgen zu wollen. Deshalb wurden in der Nacht des 30. Dec. 1710 dem Kammerath Reineck und dem Inspector Brückner ihre Papiere weggenommen, ebenso in der folgenden Nacht unter Mitwirkung des Superintendenten die Briefe Marmor's durchsucht, unter dem Vorgeben, man wolle den Verfasser der „Entdeckung des Unfugs" ermitteln. Als Marmor dieselbe 3. Januar 1711 dem Grafen überreichen ließ, erfolgte ohne jede Prüfung ein Verbot ihrer Verbreitung, indem für jedes im Privatbesitz betroffene Exemplar 100 Thaler Strafe festgesetzt wurden. Marmor schaffte den ganzen Bestand seiner Schrift aus dem Lande. Da man aber bei ihm zwei Exemplare des ebenfalls verbotenen Becker'schen Gedichtes über die rechte Gestalt der Wölfe gefunden hatte, so sollte er dafür die 200 Thaler erlegen, und da er sich für unvermögend dazu erklärte, wurde er 11. Juni 1711 in Arolsen gefangen gesetzt, ihm auch in Aussicht gestellt, die Karre schieben zu müssen. Auf Grund der bei ihm gefundenen Briefe ferner wurde als Gesinnungsgenosse Marmor's der Inspector des Liboriushospitals, Brand ihm zugesellt, und der Adjunct des Inspectors Brückner am Seminar zu Flechtorf abgesetzt. Marmor war bis 13. August 1711 gefangen; da entwich er, weil er nicht genau bewacht wurde. Brand, welcher die Berufung zu einer Pfarrstelle in Preußen hatte, wurde entlassen, weil man der preußischen Regierung keinen Anlaß zum Einschreiten geben wollte. Brückner war inzwischen zu rechter Zeit einem Rufe nach Wittmund in seiner Heimath Ostfriesland gefolgt.

Becker, welcher am Anfang des Jahres die Schrift Marmor's hatte herausgeben müssen, hielt um ordentliches gerichtliches Verfahren über die Sache an, widrigenfalls er annehmen müsse, daß seine Dienste dem Grafen nicht mehr anständen. Indessen er wurde nicht gehört. Vielmehr vermaß sich Rauchbar, der eben ein günstiges Urtheil der theologischen Facultät zu Rostock erwirkt hatte, daß der Verfasser des Gedichts von rechter Gestalt der Wölfe gestraft werden solle. So verkündete die Hamburger Zeitung, in welcher er mit Genehmigung des Grafen eine Mittheilung des angegebenen Inhalts drucken ließ. Als nun Becker darauf hin sich als den Verfasser jenes Gedichtes kund gab, erhob Rauchbar gegen ihn bei der Kanzlei eine Injurienklage. Da jedoch dieselbe keinen Erfolg versprach, ließ im Sommer 1711 der Graf sich bestimmen, eine Untersuchungscommission und einen eigenen Fiscal zu bestellen, welche gegen Becker vorschreiten sollten, und allen Beamten wurde geboten, den Anklägern desselben Vorschub zu leisten. Becker's Gesuch, hievon Abstand zu nehmen, blieb unbeantwortet; darauf suchte er für sich und Marmor den Schutz des Reichskammergerichtes nach. Zugleich empfing er einen Ruf in den Dienst des Grafen von Isenburg-Büdingen. Seine wiederholten Anträge, aus dem Waldeck'schen Dienst entlassen zu werden, blieben ohne Antwort. Darauf trat er das neue Amt in Marienborn an. Das Reichskammergericht endlich hat noch vor Ablauf des Jahres die Einstellung des fiscalischen Processes gegen Becker und die Freigebung Marmor's und seiner Sachen verfügt.

Die Geschichte der Leiden der beiden Männer ist hiemit nicht zu Ende. Um sie weiterhin an ihrer Ehre zu beschädigen, arbeiteten auf Befehl des Grafen Rauchbar und Kleinschmidt die **Historia pietistica Waldeccensis** aus, welche mit Vorrede der Gräflich Waldeckischen zur Regierung und Consistorium verordneten Kanzler, Superintendent und Räthe vom 7. März 1712 eingeleitet ist. Trotz des officiellen Ursprungs ist sie eine Schmähschrift der gemeinsten Art. Becker wird einer Menge von Eigenmächtigkeiten zu Gunsten des Pietismus und der dienstwidrigen Entfernung nach Isenburg, Marmor der Unzucht mit seiner Hauswirthin und deren Tochter beschuldigt, alles so viel wie möglich mit Acten belegt. Die Anklagen sind, wie sich aus den beiden Vertheidigungsschriften ergiebt, einfach erlogen. Geradezu empörend ist die Verleumdung Marmor's, welche nach dessen Entweichung auf Grund von klatschhaften protokollarischen Angaben durch eine fiscalische Klageschrift formulirt, von Marmor widerlegt wird. Die Hausfrau, mit der er zu thun haben sollte, ist eine immer kränkelnde Frau von 50 Jahren gewesen, welche 11. August 1711 gestorben ist; die Tochter bezeichnet er als seine gehoffte unglückselige Braut. Er hat sich in Ehren um sie beworben, seine Gegner haben ihre Ehre nicht geschont! Deren Vater hat nach dem Erscheinen der **Historia** bei der Regierung und beim Grafen um Untersuchung der ehrenrührigen Angaben über seine Frau und Tochter vergeblich angehalten. Er ist ohne Bescheid geblieben. Was jedoch an jener officiellen Schmähschrift im Allgemeinen interessirt, ist die genaue Bezeichnung der **Principien** des sectirerischen Pietismus, welche schon in dem ersten Gedicht Rauchbar's und danach in dem

Edict des Grafen Friedrich Anton Ulrich vom 23. Juli 1711 gegen die Pietisten angedeutet, nun Becker und Marmor untergeschoben werden. Es sind Verachtung des geschriebenen Wortes Gottes zu Gunsten unmittelbarer Visionen und Offenbarungen, Verachtung der Sacramente, des öffentlichen Gottesdienstes, des Predigtamtes, der Obrigkeit überhaupt und ihrer Gewalt in Religionssachen namentlich gegen Sectirer und Fanatiker, kurz der völlige **Libertinismus et indifferentismus sub nefario praetextu, conscientiam cogi non posse.** Zum Beweise, daß Becker diesen Standpunkt einnehme, wird behauptet, er habe allezeit Gemeinschaft mit den Wittgenstein'schen gepflogen, mit König, Hochmann, Pünthiner, Castell u. A. Conventikel gehalten, und ohne Unterschied allerlei Leute dazu eingeladen.

Becker's Angaben über seine häuslichen Betstunden lassen alles dieses als unglaublich erscheinen. Indessen ergiebt sich aus seinem Zugeständniß, daß einmal Aschoff, der 73 Tage gefastet haben will, und mehrere Male Pünthiner (S. 325) in seinem Hause gewesen sind, wie solche zufällige Anlässe von gewissen Leuten zur systematischen Verleumdung ausgebeutet werden können. Wenn jedoch hieraus ein Schluß auf seine eigenen Ueberzeugungen gezogen werden soll, so meint Becker, daß der Verdacht auch den Superintendenten treffe, welcher einmal Pünthiner in seinem Wagen von Corbach nach Mengeringhausen gebracht hat. Ferner dient dem allgemeinen Vorwurf radicaler Tendenz ein Punkt zum Vorwande, in welchem der Halle'sche Pietismus mit den mystischen Indifferentisten im Allgemeinen übereinstimmt. Das ist der Grundsatz der staatlichen Toleranz. Allein es ist vielmehr nur dieser Titel, welcher den Anlaß bietet, die beiden abgestuften Oppositionsparteien zu identificiren. So wie man auf die Sache achtet, ergiebt sich, daß beide den Umfang der staatlichen Toleranz abweichend bestimmen, weil sie über das Verhältniß zwischen Religion und Staat entgegengesetzt denken. Die Radicalen nämlich wollen überhaupt keine Beschränkung irgend einer religiösen Ansicht durch den Staat, sondern die volle Freiheit, abweichende Ueberzeugungen auszusprechen und zu verbreiten, weil der Staat, wie es Dippel formulirt, zur Naturordnung gehört, also seine Competenz nicht an die Dinge hinanreicht, welche in die Gnadenordnung einschlagen. Becker erkennt nun so viel ebenfalls an, daß körperlicher Zwang gegen Ketzerei nicht angewendet werden dürfe, weil auch sie Gewissenssache sei, daß man vielmehr vom Standpunkt der lutherischen Kirche aus mit Irrenden nachsichtig und freundlich zu verfahren habe. Indessen will er gegen verstockte Ketzer, welche ihre Ueberzeugung zu verbreiten unternehmen, nicht blos den Bann, die Ausschließung aus der Gemeinde angewandt wissen, sondern bevollmächtigt auch die Obrigkeit, solche zu bestrafen. Damit meint er aber nur die Landesverweisung, und verlangt zu diesem Zweck ein sorgfältiges und langwieriges Verfahren, welches vielleicht nicht geeignet ist, den Schaden zu verhüten. Jedenfalls hat Becker hierin nichts anderes behauptet, als was mit Luther's Ansicht in Einklang stand, und durch ein Gutachten der Tübinger Theologen von 1705 als Lehre der lutherischen Kirche behauptet wird[1]). Daß es möglich war, im Namen der lutherischen Kirche diese Grundsätze Spener's und Becker's anzutasten, wie es von Löscher[2]) geschah, ist allerdings auffallend und bedarf der Erklärung.

Die Abweichung, welche auf diesem Punkt zwischen den Radicalen und den Hallensern obwaltete, findet einen breiten Hintergrund in dem Gegensatz der Ansichten über die Geschichte des Christenthums in der Kirche. Die Radicalen erkennen in der Kirchengeschichte seit Constantin, also in der überlieferten Combination zwischen Staat und Religion den Abfall, indem sie zugleich in der Kirche der apostolischen Zeit, namentlich in der möglichsten Abwesenheit rechtlicher Bedingungen für die Existenz der Gemeinden die Norm für alle Zeiten sehen. Diese Seite der Sache ist speciell von Mercker in Essen ausgeführt worden (S. 208). Die in rechtlicher Hinsicht noch nicht ausgebildete Ordnung der ältesten Kirche, insbesondere die blos nach der individuellen Gabe sich richtende Erlaubniß zu lehren, erschien ihm als die Norm, welcher das bestehende Recht in Hinsicht der Berufung und der technischen Ausbildung der Prediger weichen soll. Nun berührte sich mit dieser Forderung das Interesse Spener's und der Hallenser an den Conventikeln und der Freiheit befähigter Laien, in ihnen zu reden. Diese Institution wollte auch Spener dadurch rechtfertigen, daß sie nach 1 Kor. 14 apostolische Ordnung sei (S. 136). Unter welchem Gesichtspunkt also kann man diese Instanz von Mercker's Ansicht unterscheiden? Hierüber giebt das erste Halle'sche Gutachten über Mercker vom 19. April

---

1) Becker, Apologie S. 21. 71.

2) Vollständ. Timotheus Verinus I. S. 611.

1701 die erwünschte Auskunft [1]). Die Hallenser behaupten gegen Mercker, aus dem N. T. ergebe sich, daß von Anfang an berufene Lehrer in den Gemeinden gewesen seien, und daß dieses Amt mit dem der Bischöfe zusammenfalle. Daneben kämen unberufene Lehrer, die gemäß ihrer Gabe lehren, als Ausnahmen vor. Der Unterschied zwischen beiden Ansichten ist der, daß was Mercker als die Regel setzt, nach der man die Kirche zu reformiren hat, den Hallensern als eine Ausnahme in der apostolischen Kirche selbst gilt, und umgekehrt. Dadurch entfernen sich diese von den Radicalen, welche die Abwesenheit rechtlicher Formen in dem Idealbild der ersten Epoche der Kirche besonders betonen. Indem nun die Hallenser zwar zugestehen, daß dasselbe den Gemeinden als Muster vorgestellt werden soll, meinen sie doch blos die vorgebliche sittliche Höhe der ältesten Gemeinden, und nichts mehr. Weil sie aber annehmen, daß von Anfang an rechtliche Ordnungen in Hinsicht der Lehre bestanden haben, sind sie in Folge der Veränderlichkeit derselben, welche die Kirchengeschichte aufweist, im Stande, auch die bestehende Verfassung der lutherischen Kirche, die Aufsicht des Staates über den Lehrstand, den Schutz der kirchlichen Lehre durch den Staat anzuerkennen. Nur lehnen auch sie allen staatlichen Zwang gegen auftretende Irrthümer ab. Sie finden sogar die Ausweisung von Verführern nicht passend, da man so nur andere Christen der Verführung aussetzt [2]); hiedurch bezeugen sie jedoch wider ihren Willen, nicht anders wie die Tübinger Theologen, daß die von ihnen gezogene Grenze der Toleranz, durch welche sie sich von den Anderen zu unterscheiden suchen, mehr theoretisch als praktisch ausführbar war. Wenn ein Mann, welcher irrige Religionssätze verbreitet, erst mit allen regelmäßigen Graden der Admonition u. s. w. behandelt werden, und dann wieder nach sorgfältigem Proceß nur über die Grenze eines kleinen deutschen Territoriums gebracht werden soll, so ist nicht zu erwarten, daß seine als kirchenschädlich erkannte Wirkung auf Andere mehr gehemmt werden wird, als wenn man nach der Anforderung der Radicalen ihn überhaupt

1) In **Acta Essendensia** S. 95—186, besonders von S. 152 an.

2) In dem von Becker mitgetheilten Gutachten wird a. a. O. S. 78 ein Ausspruch Luther's angeführt, die Ausweisung hartnäckiger Ketzer solle dieselben dahin bringen, wo nicht Christen sind (Erklärung von Ps. 82, bei Walch V. S. 1057). Das war leichter gesagt als gethan.

unbehelligt läßt. Ohne Zweifel hat Löscher durch diese Ueberlegung sich veranlaßt gesehen, in der Deutung der Toleranz zwischen den Radicalen und den Hallensern keinen Unterschied zu machen, wenn auch der rechtgläubige Theolog dabei übersehen hat, daß die Pietisten Halle'scher Schule mit Spener nur die Lehre der lutherischen Kirche über den Gegenstand fortsetzten.

Indem aber diese Gruppe des Pietismus die Strafgewalt des Staates gegen hartnäckige Verführer zugestand, geschah es aus dem berechtigten Selbstgefühl, daß man den Boden der lutherischen Kirche nicht verlassen habe und von den Radicalen deutlich unterschieden werden könne. Wenn nun auch die Geschichte der Waldeck'schen Verfolgung es klar macht, daß dieser Unterschied in der Theorie gemäß der Praxis nicht Allen einleuchtete, so hat sich übrigens ergeben, daß ein Unterschied von umfassenderer Bedeutung zwischen den beiden Gruppen obwaltet. Die Radicalen streben nach der Herstellung der sittlichen Vollkommenheit und der Formlosigkeit in Hinsicht des Rechtes, welche sie als die Vorzüge der Kirche im apostolischen Zeitalter meinen annehmen zu dürfen. Diesem Ziele wollen sie alle bestehenden Rechtsformen, staatliches Kirchenregiment, Privilegien des kirchlichen Amtes, constitutive Bedeutung des Wortes und der Sacramente für die Gemeinschaft der Heiligen aufgeopfert wissen. Die Pietisten Halle'scher Schule wollen, wie das Gutachten von 1701 beweist, das Idealbild der sittlichen Höhe der ältesten Gemeinden als Mittel der Erweckung in die Predigt aufnehmen; aber in allen übrigen Beziehungen sehen sie von dem radicalen und revolutionären Argument ab, und behaupten absichtlich den Rechtsboden der lutherischen Kirche, welcher der Verfassung der ältesten Kirche unähnlich genug ist. Wegen dieser allgemeinen Tendenz erkennen auch die Halle'schen Pietisten die Strafgewalt des Staates gegen Irrlehrer in der Theorie an, übereinstimmend mit der lutherischen Ueberlieferung. Schade nur, daß diese Theorie unpraktisch war und deshalb Lutheranern wie Löscher nicht anstand, andererseits aber die Pietisten von ihren radicalen Seitengängern nicht deutlich genug zu unterscheiden schien.

Die Tendenz auf Herstellung der idealen Gestalt der Kirche im apostolischen Zeitalter ist dem reformirten Pietismus durch Lodensteyn so stark eingeprägt worden, daß sie jener Richtung eine besondere Farbe auch da verleiht, wo sie sich vom Separatismus zurückhält und besonders kirchlich erscheinen will. Vergleicht man damit die pietistische Bewegung in der lutherischen Kirche, so nimmt an jenem Merkmal nicht die Halle'sche Schule, sondern nur die Gruppe der mystischen Radicalen Theil, deren Abstammung aus mittelaltriger Ueberlieferung ebenso feststeht, wie die Herkunft jenes Grundsatzes aus dem Mönchthum. Nur ist der Erfolg auf beiden Seiten nicht gleich. Jener Grundsatz verleiht dem reformirten Pietismus einen gewissen Zug zum Separatismus, sofern dessen Anhänger innerhalb der anerkannten Formen der Kirche Vorzüge von Vollkommenheit vor den anderen nicht erweckten Mitgliedern in Anspruch nehmen und zur Geltung zu bringen wissen. Dadurch aber wird ihr reformirtes Selbstgefühl, die Werthlegung auf ihr particulares Kirchenthum nicht geschwächt, sondern geschärft. Diese Eigenthümlichkeit tritt auch da hervor, wo unter Labadie's Leitung directe Separation zu Stande gekommen ist. Hingegen wo der Grundsatz in seinem ganzen Umfange auf lutherischem Kirchengebiet zur Anwendung kommt, zieht er mit der Separation die vollste Gleichgiltigkeit, ja den Haß gegen das besondere Kirchenthum, kurz den alles zersplitternden Indifferentismus nach sich. Der Grund für diese verschiedenartigen Wirkungen ist ohne Zweifel der, daß dem Calvinismus ein Maß von Annäherung an den Typus der apostolischen Kirche eingeboren ist, im Verhältniß zu welchem der Grundsatz einen nur quantitativen Abstand einnimmt, daß hingegen das Lutherthum, indem es sich auf die Herstellung der apostolischen d. h. paulinischen Lehre beschränkte, auf die Nachahmung der apostolischen Gestalt der Kirche von Hause aus verzichtet hat. Der Halle'sche Pietismus nun bleibt in diesem Punkte direct auf der Bahn des Lutherthums, und ist in dieser Beziehung dem reformirten Pietismus unähnlich. Es ist sehr bezeichnend, daß man in Halle von dem Zeitgenossen Lampe in Bremen nichts anderes weiß, als daß er die Lehre von der Wiederbringung bestritten hat. Wie überhaupt die Hallenser weit entfernt sind, die noch in aller Stärke geltende Abneigung gegen die reformirte Confession aufzugeben, und Joachim Lange die Polemik gegen den calvinischen Satz von der particularen Gnade fortsetzt; wie sie demgemäß sich ablehnend gegen Unionsprojecte directer und indirecter Art verhalten, so nehmen sie von den ihnen ähnlichen Erscheinungen im Kreise der reformirten Kirche trotz aller räumlichen Nähe keine Notiz. Oder ein Mann wie Horche wurde von ihnen zu der Klasse gerechnet, der er auch am nächsten stand, nämlich zu Hochmann und Rosenbach. Worin dennoch auch die Hallenser mit der reformirten Linie des Pietismus zusammentreffen, ist oben (S. 404) nachgewiesen worden. Klar aber ist einmal, daß die im Ganzen gleichartigen Erscheinungen auf dem Boden beider Kirchen durch Umstände ungleicher Art modificirt sind, ferner, daß sie nicht durch einfache Entlehnung vom einen zum andern Gebiet zusammenhängen, sondern durch die besonderen Veranlassungen ihrer Entstehung gegen einander getrennt sind.

Wir kehren zu Otto Heinrich Becker zurück. Nachdem derselbe im September 1711 in den Dienst des Grafen Ernst Kasimir von Isenburg-Büdingen getreten war, erschien unter dem 29. März 1712 ein Patent dieses Grafen, worin, weil die obrigkeitliche Macht sich nicht über die Gewissen erstreckt, jedem Bewohner der Grafschaft vollkommene Gewissensfreiheit verheißen wird, so daß Jeder, der sich zu einer andern als der reformirten Religion bekennt, oder die aus Gewissensscrupel sich zu gar keiner äußerlichen Religion halten, wenn sie nur politisch gehorsam und christlich sittsam leben, keine Mühe und Verdrießlichkeit zu erwarten haben. Weil nun Becker Exemplare dieser Urkunde nach Waldeck geschickt hatte, so regte sein Feind Rauchbar den Fiscal des Reichskammergerichts zu einer Klage, 17. Juni 1712, gegen den Grafen und gegen Becker als den vermuthlichen Urheber jenes Patentes an, weil in demselben die reichsgesetzlichen Privilegien der drei Religionen verletzt, und der ausgesprochene Grundsatz im Einklang mit Becker's Schriften namentlich einem 1710 herausgegebenen anonymen Tractat L'esprit égaré du monde stehe. Dafür wird auf ein Gutachten von Rostock Bezug genommen. An diese Umstände knüpft sich nun das Interesse, ob Becker formell zu dem Grundsatz der unbeschränkten Toleranz übergegangen ist, welcher den Indifferentisten eigen ist [1]). Seine Einwendungsschrift vom 5. December 1712 macht eine directe Antwort nicht möglich, weil sie in entscheidenden Punkten der Klage ausweicht. Er leugnet, daß er das Patent verfaßt habe, und stellt fest, daß der Entschluß zu demselben vom Grafen schon vor seinem Dienstantritt gefaßt, daß er also nicht der Urheber des Schrittes sei. Die Richtigkeit dieser Angabe wird dadurch bestätigt, daß der Graf von Isenburg seit 1706 Separatisten aus Würt-

1) Die Actenstücke in Historia piet. Wald. S. 317 ff. **Becker**, Apologie S. 201 ff.

temberg aufgenommen hat (S. 364). Die Urkunde will Becker nach Waldeck auf Befehl seines Grafen gesendet haben, weil von dorther Einwanderungen zur Bebauung wüster Plätze und Etablirung der Commercien zu erwarten waren. Ferner erinnert er daran, daß er in seinen beiden Schriften über Toleranz die Duldung der einzelnen Irrenden und die sectirerische Verbreitung von Irrthümern unterschieden, und für den letztern Fall die Anwendung der Gewalt der Obrigkeit zur Landesverweisung vorbehalten habe, und daß diese Lehre weder gegen die Reichsgesetze noch gegen die lutherischen Grundsätze verstoße. Von der Nothwendigkeit, solche Leute zu dulden, die keiner äußerlichen Religion zugethan sind, sei in seinen Schriften von 1704 und 1710 gar nicht die Rede. Indem also Becker leugnet, der intellectuelle Urheber des Büdingen'schen Patentes zu sein, erklärt er das dafür angeführte Argument, sein Inhalt entspreche seinen bekannten Grundsätzen, für ungiltig. Beides mit Recht. Ob er nachträglich mit der Ausdehnung der Toleranz, welche sein Landesherr beliebt hat, einverstanden sei, läßt er unbestimmt, einmal weil die Klage darauf nicht gerichtet war, ferner weil seine amtliche Stellung ihm verbot, seinen Widerspruch gegen die Maßregel, wenn er ihn hegte, laut werden zu lassen. Wir begegnen ihm aber wenige Jahre später in einer neuen Dienststellung, und an sie haben seine Gegner wiederum den Versuch geknüpft, ihn als Begünstiger des radicalen Pietismus darzustellen. Es wird sich zeigen, daß er in dieser wie in jener Stellung nichts anderes geübt hat, als die Tugend passiven Gehorsams und die Kunst des Schweigens, welche in dem unsichern Verhältniß eines Beamten deutscher Grafen nach seinen in Waldeck gemachten Erfahrungen ihm wohl als angemessen erscheinen durfte.

Unter der Vormundschaft des Grafen Heinrich XXIV. Reuß, eines Freundes von Francke[1]), hatte ein Geschlechtsvetter von der ältern Linie des Hauses, Heinrich II. von Obergreiz, geboren 1696, seit seinem ersten Lebensjahre gestanden. Er hielt vor dem Antritt seiner Herrschaft Verkehr mit dem Verwalter der Buchhandlung des Halle'schen Waisenhauses, Elers, und dieser hat in der Zeit der Frühjahrs- und Herbstmessen in Leipzig 1715 und 1716 über ihn Aufzeichnungen gemacht[2]). Derselbe erscheint hier

---

1) Kramer I. S. 172 ff.
2) Bei Kramer II. S. 179 ff.

in einer pietistischen Gesinnung, welche sich gegen die widerstreitenden Ansprüche des standesmäßigen Lebens und die daraus entspringenden Versuchungen immer mehr befestigt. Insbesondere interessirt es, wie der Graf gegenüber einer Maitresse des Königs von Polen den Satz von der Sündhaftigkeit des Tanzens aufrecht erhalten, und den von derselben versuchten directen Zwang zum Tanzen abgelehnt hat. Kurz danach im Herbst 1716 verheirathete er sich mit der Gräfin Sophie Charlotte von Bothmar, und trat 1717 die Regierung seines kleinen Landes, nämlich der Hälfte des Besitzes der ältern Linie, an. Am 17. September 1717 erließ der Graf ein Mandat, durch welches die Landeskirche auf pietistischen Fuß gesetzt werden sollte [1]). Weil aller äußerliche Gottesdienst, heißt es, ohne die Herzensbuße für Gott ein Gräuel ist, so genügt es nicht, wenn man fleißig in die Kirche geht, sich des Jahres etliche Male im Beichtstuhl und beim Abendmahl einfindet, im Uebrigen sich auf das Verdienst Christi verläßt, und daneben die Sonn- und Feiertage entheiligt, dem Saufen, Spielen und Tanzen fröhnt, Wittwen und Waisen und andere nicht gebührend versorgt, mit den Ehegatten zankt, die Kindererziehung vernachlässigt. Deshalb werden die Prediger ermahnt, ihre Zuhörer zum wahren Glauben anzuleiten, mit dem die Herzensbuße und das thätige Christenthum nach dem Grundsatz der Haltung der göttlichen Gebote verbunden sind, die Feier der Sonntage, welche allein zur Erbauung geordnet sind, einzuschärfen, die Wiederholung der Predigten an den Sonntagen anzustellen, zur Lesung der Bibel und des Wahren Christenthums von Arndt, das der Graf hat drucken lassen, anzuhalten, den Tanz und die Saufgelage zu bekämpfen. Um namentlich diesen Unsitten entgegenzuwirken, sollen die, welche bei Hochzeiten, Kirmessen und sonst tanzen, nach dem Exempel der ersten Christen für keine Christen gehalten, und weder zum Abendmahl noch zur Gevatterschaft zugelassen werden.

Es sind die Grundsätze der Halle'schen Schule, welche hier zur Geltung gebracht werden. Allein es ist neu, daß gegen das

---

1) Es ist vollständig mitgetheilt in Unschuldige Nachrichten 1717, S. 870, begleitet von mehreren Personalnotizen, zu welchen noch zu vergleichen Fortges. Sammlung 1720, S. 265 ff. Hieraus und aus einigen anderen Notizen in Jahrg. 1721, S. 287 ff. 1722, S. 130 ff. 1723, S. 79 f. ist der Bericht von Walch V. S. 322—330 zu ergänzen.

Tanzen ein kirchlicher Rechtszwang geübt werden soll. Der Graf, welcher in Hinsicht des Tanzens seine Gewissenhaftigkeit gegen die Zumuthungen der höfischen Sitte rein erhalten hatte, will seinen Unterthanen dieselbe Wohlthat zuwenden, bedient sich jedoch dazu eines Mittels von sehr zweideutiger Art. Deshalb ist auch zu vermuthen, daß in dieser Vorschrift sich der Eifer und die Unüberlegtheit des jugendlichen Regenten ausspricht. Denn Otto Heinrich Becker, welcher gleichzeitig als Kanzlei- und Consistorialdirector des Grafen erscheint, und das Mandat wird abgefaßt haben, ist für den angegebenen Schluß schwerlich verantwortlich gewesen. Der erfahrene Mann, welcher für die Freiheit des Pietismus in der Kirche gestritten hat, war schwerlich der Meinung, pietistische Sitte zu erzwingen, sondern hat in dieser Vorschrift sich gewiß ebenso der Absicht seines Herrn gefügt, wie damals, als der Graf von Isenburg sein Land denen öffnete, welche keiner der drei Religionen angehörten. Gleichzeitig aber berichten die Unschuldigen Nachrichten von der Zulassung und Berufung bekannter Indifferentisten in das Kirchenwesen des Ländchens. Petersen hat oft in Greiz gepredigt und Betstunden gehalten, ja in Zeulenroda nicht nur gepredigt, sondern auch das Abendmahl verwaltet. M. Georg Klein-Nicolai, ein Anhänger der Lehre von der Wiederbringung, welcher unter dem Namen Georg Siegvolck zu dem Petersen'schen Sammelwerk über das ewige Evangelium mehrere Abhandlungen beigesteuert hat, als Prediger in der Grafschaft Mansfeld abgesetzt, ist als Pastor in Pöllwitz, nachher 1718 als Pastor in Zeulenroda berufen, und sucht zu beweisen, daß die Lehre von der Wiederbringung nicht gegen die Augsburgische Confession verstoße. Ein reformirter Theolog, Grünewald, der durch die Waldeck'sche Pietistenverfolgung berührt worden ist, wird in der Kirchenverwaltung zu Rathe gezogen. Von Klein-Nicolai und von Georg Christoph Brendel zu Thurnau (S. 342) werden zugleich in Greiz durch den hochgräflichen Buchdrucker Martini Schriften gedruckt, ebenso 1722 auf Veranstaltung des Grafen „Recht kluge Kinderzucht", worin ein Tractat der Guyon und die durch Horb verbreitete Schrift von Poiret (S. 181) enthalten waren. Andererseits wird Christoph Schüßler, Diakonus in Zeulenroda, abgesetzt, und richtet 1721 an seine Gemeinde einen „Evangelischen Hirtenbrief", in welchem er sie vor allen pietistischen und Petersen'schen Lehren warnt. Der Berichterstatter in den Unschuldigen Nachrichten erweckt den Eindruck, als ob jener Mann wegen seiner Rechtgläubigkeit habe Verfolgung erleiden müssen. In einer officiellen Schrift, dem „Abgenöthigten Bericht" (s. u.) wird jedoch angegeben, daß er wegen Widersetzlichkeit gegen das Consistorium und wegen unpriesterlicher Conduite nach Urtheil und Recht abgesetzt worden sei. Unter Anderem soll er auf der Kanzel ausgesprochen haben, verdammliche Trunkenheit sei, wenn man sich bestialisch besöffe und eine Gewohnheit daraus mache; wenn man aber nur bisweilen im Trunk zu viel thue, das könne Gott wohl leiden. So hätte sich Joseph mit seinen Brüdern vollgetrunken; so hätte man sich auch auf der Hochzeit zu Kana, wobei Christus selbst zugegen gewesen, betrunken [1]). Hiegegen erklärt ein Apologet Schüßler's [2]), derselbe habe diese beiden Fälle, welche von Spöttern, die sich bestialisch voll saufen, zu ihrer Rechtfertigung angeführt werden, dahin gedeutet, daß man etwas mehr Wein, als sonst bei gewöhnlichen Mahlzeiten, zu sich genommen, daß aber dadurch kein unordentliches Wesen erfolgt sei. Bei welchem Berichterstatter ist die Wahrheit? Der erste Schriftsteller theilt noch einen Brief des Patrons mit, der Schüßler nachher in die Pfarre zu Sacka bei Dresden berufen hat, und sich über ihn in mannigfaltiger Hinsicht beklagt. Die Bemängelung der Echtheit und Sachgemäßheit dieses Briefes durch den Apologeten erscheint nicht triftig. Von den Ereignissen in Greiz ist jedoch noch zu erwähnen, daß Samuel Heydenreich, Pastor in Pausa einem aus guten Gründen abgesetzten Schulmeister zu seiner Empfehlung anderwärts ein Attest ausgestellt hatte, in welchem es hieß, man verfluche in Greiz Luther und seinen Katechismus, schaffe das Abendmahl und die symbolischen Bücher ab u. dergl. Diese Schrift, welche nicht verborgen blieb, wurde als Pasquill im October 1722 öffentlich durch Henkers Hand verbrannt.

Das war jedoch der letzte Act dieses Kirchenregimentes. Bei Gelegenheit der Anzeige einer Schrift, die sich hierauf bezieht, wird in der Fortgesetzten Sammlung 1723, im Ersten Stück S. 80 bemerkt: „Es ist nicht zu vergessen, daß der große Gott die beiden Hauptpersonen, so dieses angestiftet und verhängt, durch

---

1) Bei Walch V. S. 327.

2) Abfertigung der von einem Obergreizischen Fanatico wider den sel. Schüßler ausgesprengten Verleumdungen. 1734.

einen betrachtungswürdigen Tod bald darauf von der Welt abgefordert". Damit sind der Graf und sein Kanzleidirector Becker gemeint. Jener ist 17. November 1722 gestorben, dieser 30. Juni 1723 [1]). Was aber soll man unter dem betrachtungswürdigen Tod verstehen? blos die Promptheit der göttlichen Vergeltung oder begleitende unheimliche Umstände? Im Jahre 1729 erschien eine Schandschrift gegen den Pietismus: „Verzeichniß allerhand pietistischer Intriguen und Unordnungen in Lithauen, vielen Städten Deutschlands, Ungarn und America durch Jo. Jeverum, Wiburgensem". Hier wird von dem obern Schloß in Greiz, welches der junge Graf mit Pietisten, sonderlich mit dem beschrieenen Becker besetzt hat, weiter erzählt, daß der liebe Gott bald darein gegriffen. „Dem Grafen wird von weitem her ein Schatzgräber recommendirt, der in seinem Schlosse einschlägt und auf eine steinerne Treppe kommt. Solcher läßt er nachgraben. Nach vierzehn Stufen treffen sie eine eiserne Thür an, die soll folgenden Tages geöffnet werden. Des Nachts geht der Schatzgräber durch. Der Graf läßt am folgenden Tag die Thür öffnen. Da kommen sie in ein Gewölbe, darin nichts vorhanden als ein Todtengerippe. Der Graf entsetzt sich darüber, legt sich nieder und stirbt. Becker legt sich gleichfalls nieder und stirbt, wiewohl Einige sagen, er sei nicht gestorben, sondern es sei nur ein Vorwand gewesen, und er habe sich in einem Sarg des Nachts, als wäre er beigesetzt, lebendig wegführen lassen. Die Wittwe hat ohne allen Verzug die Verlassenschaft zusammengebracht und weit weggeschafft. Bei höchster Strafe ist in Greiz davon zu reden verboten". Die Unwahrheit dieser Geschichte ist in dem „Abgenöthigten Bericht auf die in des vermummten Joh. Jeveri Verzeichniß mit untermengte fabelhafte und verleumderische Relation von dem obern Schlosse zu Greiz von einem des Hochgräfl. Reuß-Plauischen Ober-Greizischen Hauses verpflichteten Treuen Diener" (Frankf. u. Leipz. 1733) — erwiesen. In Hinsicht der Schatzgräberei wird zugestanden, daß früher aus einigen bewegenden unschuldigen Ursachen im Schlosse nach etwas gegraben worden.

---

1) Daraus folgt entweder, daß das erste Stück der Zeitschrift nicht mit dem Anfang des Jahres, sondern vielleicht erst zu Michaelis erschien; oder der Mitarbeiter der F. S. hatte im Anfang des Jahres eine falsche Nachricht von Becker's Tod.

Allein der Graf ist bei einer Jagd erkrankt und, nachdem er vierzehn Tage bettlägerig gewesen, an einem hitzigen Fieber gestorben, an der gleichen Krankheit ein halbes Jahr nachher Becker. Die Notiz in der Fortgesetzten Sammlung bezieht sich also wohl nur auf den Vergeltungswerth dieser beiden Todesfälle. Der „Abgenöthigte Bericht" läßt überdies erkennen, daß bei der Berufung der Indifferentisten der Graf die Initiative gehabt, und daß der Verdacht der Gegner, dieselbe sei das eigentliche Werk von Becker, nicht gegründet ist. Es wird in Hinsicht der Berufungen in Pfarrstellen darauf verwiesen, daß dieser in dem Collegium nur ein einzelnes Votum, und die übrigen Mitglieder ebenso viel zu sprechen gehabt, worauf alles auf die Entscheidung des Grafen angekommen und dabei verblieben sei. Insbesondere wird in Abrede gestellt, daß Becker den Klein-Nicolai der Gemeinde in Zeulenroda aufgedrängt habe. Den Beschluß dazu habe der Graf gefaßt, wobei Becker „weiter nichts gethan, als daß er dasjenige nicht gehindert, was die göttliche Providenz selbst in solcher Sache, ohne Treiben von seiner Seite ganz augenscheinlich befördert hat". Nichts desto weniger zeigt die zu Gunsten Schüßler's nachher erschienene „Abfertigung", mit welchem Hasse Becker von den Rechtgläubigen verfolgt, und wie alle in der Historia piet. Waldeccensis und im Wittenberger Responsum gegen ihn erhobenen Verleumdungen trotz seiner gegründeten Einreden wiederholt worden sind. Um so ehrenvolleres Andenken ist ihm in seinem Kreise gefolgt. Semler's erste Frau war eine Tochter der Frau Döbner in Coburg, diese eine geborne Engelschall aus Saalfeld. Deren Schwester war die Frau Becker. Weil also Semler's Frau eine Nichte der Frau Becker war, so interessirte sich für sie der Professor der Medicin, Juncker, als er ihr bei einer Entbindung beizustehen hatte, da er an dem Todbette des Grafen Heinrich II. ihren Oheim kennen gelernt hatte. Von dem Sohn desselben erzählt ferner Semler, er habe als Hofrath im Stolberg-Wernigerode'schen Dienst den gegründeten Ruhm seines würdigen Vaters fortgesetzt. Als Semler's College Nösselt 1756 eine Frau suchte, hat Semler dessen Ehe mit der Tochter des jüngern Becker vermittelt [1]).

Der pseudonyme Joh. Jeverus war Sebastian Edzard, Professor am Johanneum in Hamburg. Dieser Pasquillschreiber gegen

---

1) Semler, Lebensbeschreibung I. S. 220. 235.

Calvinismus und Pietismus hatte schon seit 1705, auf Requisition solcher Reichsstände, denen er mit seiner Polemik direct oder indirect zu nahe getreten war, immer wiederholte Warnungen durch den Rath von Hamburg, Geldstrafen, auch Verbrennung seiner Schriften sich zugezogen. Jetzt erreichte die Reclamation der Vormünder des Erben von Reuß-Obergreiz nicht nur die Verbrennung der Lästerschrift durch den Büttel 12. September 1729; sondern Edzard wurde auch in zwei Instanzen (8. Nov. 1730 und 21. Jan. 1733) zu dreijähriger Suspension von Amt und Gehalt, zu 3000 Mark Banko Geldstrafe und zur Unterlassung jeder Schriftstellerei ohne besondere Erlaubniß und Censur verurtheilt. Nach Jahresfrist nahm man freilich das Anerbieten des Verurtheilten, 1000 Mark zu zahlen, an und hob seine Suspension auf [1]). Man möchte diese Nachsicht gegen den gewerbsmäßigen Verleumder noch heut bedauern, da das Gedächtniß von Otto Heinrich Becker bis auf die Gegenwart durch die Anklagen befleckt geblieben ist, welche die **Historia pietistica Waldeccensis** auf ihn gehäuft hat. Walch, obgleich er dessen Apologie anführt, hatte bei seiner auf die Literargeschichte des Pietismus beschränkten Absicht kein Interesse daran, über die gegen Becker gerichteten Anklagen materiell zu entscheiden. Barthold [2]) ist der unvollständigen Darstellung Walch's gefolgt und hat den Schein des „unruhigen Treibers" auf Becker haften lassen, „von dessen Ende nichts verlautet". In Wirklichkeit war Becker durchaus gemäßigt, und hielt sich auf der Linie des Halle'schen Pietismus, als er unter dem Grafen Christian Ludwig von Waldeck Spielraum für seine dem Staate und der Kirche wohlthätigen Anordnungen fand. In Isenburg und in Reuß-Greiz aber hat er an den extravaganten Schritten seiner Herren keinen thätigen Antheil genommen. Das Interesse, welches Heinrich II. Reuß gegen Petersen und dessen Schüler bewiesen hat, erinnert daran, daß auch sein Vormund Heinrich XXIV. den Verkehr mit Petersen nicht gescheut hat, als sie 1708 mit einander in Schlesien und von da zurück gereist sind (S. 239). Ja auch Dippel hat,

---

1) An das Exemplar der Schrift in der Stadtbibliothek zu Hamburg sind handschriftlich alle Strafverfügungen gegen Edzard, auch die letzte Strafverminderung angefügt. Hienach konnte die Darstellung bei Walch V. S. 458 f. ergänzt werden.

2) Historisches Taschenbuch 1853. S. 186. 198.

nachdem er aus Berlin 1707 geflohen war (S. 331), in Köstritz und Hohenleuben ehrenvolle Aufnahme bei dem genannten Grafen gefunden. Der jüngere Reuß scheint mit der Lehre von der Wiederbringung einverstanden gewesen zu sein; von dem Aeltern kann ich es nicht nachweisen.

Auch in einem andern Kreise hohen Adels ist man auf die besonderen Lehren Petersen's eingegangen[1]. Wir sind schon der Gräfin Christine von Stolberg-Gedern als einer Freundin Spener's begegnet (S. 219). Sie war die fünfte Tochter des Herzogs Gustav Adolf von Mecklenburg-Güstrow, mit welchem 1695 eine Nebenlinie des Hauses Schwerin im Mannesstamme ausstarb. Diese Frau, welche für die Ausbreitung und Befestigung des Pietismus außerordentlich wirksam gewesen, ist durch eine Schrift von Klein-Nicolai (S. 452) für den Glauben an die Wiederbringung gewonnen und durch Briefwechsel mit Petersen, den sie zu ihren Gewissensräthen zählte, in dieser Ueberzeugung bestärkt worden. Sie bekennt, diese Erkenntniß habe heilige Ehrfurcht und Vertrauen gegen Gott in ihr gewirkt. Ihr Geist könne gleichsam entzückt werden, wenn sie in dieses Geheimniß hineinschaue. Es mache sie auch gar nicht sicher. Doch sehe sie wohl, daß es nicht Allen ohne Unterschied zu offenbaren, denen aber nicht zu verbergen sei, die etwas davon vernommen[2]. Christinens jüngste Schwester, die neunte Tochter ihres Vaters, war die Prinzessin Augusta, geboren 27. December 1674, welche nach dem 1719 erfolgten Tode ihrer Mutter, gemäß einem mit dem regierenden Herzog Carl Leopold geschlossenen Vergleiche, das ehemalige Cisterzienserkloster und Amt Dargun in der Nähe der pommerschen Grenze als ihre Apanage einnahm. Sie war religiös interessirt, hatte seit 1710 Griechisch gelernt, um das N. T. in der Ursprache zu lesen, auch mit den Elementen des Hebräischen sich beschäftigt. Ihre Studien über das N. T. und ihre Präparationen dazu befinden sich handschriftlich auf der Universitätsbibliothek in Rostock. Obgleich ihr Hofprediger Stieber, den schon ihre Mutter berufen hatte, die Halle'schen Grundsätze über die Mitteldinge vertrat, fand

---

1) Das Folgende nach Heinrich Wilhelmi, Augusta Prinzessin von Mecklenburg-Güstrow und die Dargun'schen Pietisten. Schwerin 1883.

2) A. a. O. S. 33. Wird mir durch gütige Mittheilung des Herrn Archivrath Dr. Jacobs in Wernigerode bestätigt.

er mit denselben bei der Prinzessin zunächst keinen Anklang. Sie bewegte sich nach wie vor in der höfischen Sitte, und nahm an Tanz und Spiel Antheil, obgleich sie auch wieder durch Gewissensbedenken darüber beunruhigt wurde. Auf die Halle'sche Methode einzugehen, wurde sie nämlich durch die Lehren Petersen's verhindert, von denen sie nach der Angabe jenes Berichterstatters in den zartesten Jahren sich überzeugt hatte. Sie wurde hierin befestigt durch einen Mann, den sie 1719 zu ihrem Secretär und Hofrath ernannte. Jakob Christian Hellwig aus Blumberg in der Mark Brandenburg war bis dahin Pagenhofmeister in Güstrow gewesen. Er stand mit Petersen in brieflichem Verkehr, empfahl sich seiner Herrin nicht blos durch seine Geschäftstüchtigkeit, sondern auch durch die übereinstimmenden Ansichten, und wußte seinen Einfluß in dieser Richtung aufrechtzuerhalten. Zu dem Hofstaate haben noch mehrere Vertreter der gleichen Ansichten gehört. Gleichzeitig 1719 begann auch in Rostock der ehemalige Rector Ludwig Gerhard nicht ohne Erfolg die Lehre auszustreuen, welche er 1727 in seinem Systema apocatastaseos öffentlich verkündete. Was über Hellwig mitgetheilt wird, ist von hohem Interesse, da man aus den Schriften der radicalen Pietisten keinen unmittelbaren Eindruck davon empfängt, wie sich deren Lehren persönlich eingeprägt haben [1]).

Hellwig hat, nach der Aussage seiner Gegner, der pietistischen Prediger im Amte Dargun, funfzehn und mehr Jahre die Seelen im Cirkel herumgeführt. Bald hat man ihnen bei der Einsicht ihrer vermeinten Geheimnisse das Zeugniß gegeben, daß sie nun Bräute des Lammes wären, bald ihnen solches nach Belieben wieder abgesprochen. Neben den Lehren vom tausendjährigen Reiche und der Wiederbringung verkündete Hellwig auch die himmlische Menschheit Christi. Er hatte Aussprachen, die er sauber aufschrieb, er behauptete Erscheinungen zu haben, durch die ihm wichtige Dinge in lateinischer Sprache offenbart wurden. Die Schrift legte er in willkürlichen Allegorieen aus. Nach der Böhme'schen Anthropologie lehrte er antinomistisch, der Glaube könne auch bei offenbaren Schanden und Lastern bestehen, Gesetz müsse man nicht predigen, sondern die Liebe. Das Wort Gottes habe keinen Werth ohne die Erfahrung von Buße, Glaube, Rechtfertigung. Obrigkeitliche Gewalt und Unterschied der Stände in der Kirche sei unrechtmäßig.

---

1) A. a. O. S. 37.

Mit den Ungläubigen müsse man in Freundschaft leben; Gott werde seine Creatur schon selbst retten, wenn die Zeit da sei. Er empfahl dabei die Bücher von Petersen und Gerhard, die Berleburger Bibel, die Schriften von Thomas Bromley und andere, wie „Grund und Summa der Lehre der Wahrheit nach der Gottseligkeit, nebst dem Geheimniß der Weisheit", worin die böhmistische Ansicht von der Ehe vorgetragen wird. Hat er solche Schriften verbreitet, so dürfen auch die bezeichneten Grundsätze dem Manne angerechnet werden; denn sie sind sämmtlich in dem radicalen Pietismus nachgewiesen. Hat die Prinzessin auch nur bis auf einen gewissen Grad sich nach diesen Grundsätzen gerichtet, so versteht man im Vergleich mit der nachher auf sie einwirkenden Methode des Halle'schen Pietismus, daß sie unter dem Einflusse Hellwig's in religiöser Beziehung steuerlos war.

Wernigerode, wohin Christian Ernst, der Sohn der Gräfin Christina von Stolberg, seine Residenz verlegt hatte, als er das Erbe seines Oheims von der Ilsenburgischen Linie in Besitz nahm, war ein Sitz des Pietismus geworden, seitdem zuerst Georg Heinrich Neuß 1695 daselbst als Hofprediger und Superintendent eingetreten war. Auf ihn, den Anhänger Spener's, war Liborius Zimmermann, Schüler Francke's gefolgt. Der regierende Graf und seine Gemahlin waren, wenn auch in verschiedenem Grade, auf diese Anregungen eingegangen. Als Christian Ernst 1733 die Schwester seiner Mutter in Dargun besuchte, erbat sie von ihm einige tüchtige gottesfürchtige Subjecte für zwei vacante Pfarren ihres Patronates. Auf Grund der Empfehlung des Grafen wurden also in demselben Jahr Jakob Schmidt aus Wassersleben in Levin und Henning Christoph Ehrenpfort aus Peine (Hildesheim) in Groß-Methling angestellt. Der letztere wurde 1734 nach Rökenitz versetzt; in Gr.-Methling trat an seine Stelle der gleichgesinnte August Hövet aus Güstrow. Schon die ersten Predigten, welche jene Beiden hielten, haben die methodische Bekehrung bei der 59jährigen Prinzessin hervorgerufen. „Serenissima und verschiedene Hofbediente lernten den Unterschied der Rührungen und einer wahren Bekehrung kräftig einsehen und rangen bis zur Versicherung der Vergebung der Sünden". Ungeachtet dieser Entscheidung fuhr sie fort sich mit der Erwartung des tausendjährigen Reiches und der Wiederbringung zu tragen; und Hellwig, welcher den neuen Predigern sich nach Kräften genähert hatte, fand sie für jene Lehren zugänglich, was Schmidt ausdrücklich zugestanden hat. Die beiden aus Wernigerode Gekommenen hatten schon vor ihrer Anstellung als Pastoren im Schlosse Versammlungen zu halten begonnen; alsbald wurden unter Zustimmung und Mitwirkung des Hofpredigers Stieber die Tage von Montag bis Freitag theils mit Katechismusexamen und Predigt, theils mit Versammlungen besetzt, welche von der Prinzessin und ihrem Gefolge regelmäßig besucht wurden. In Folge dieser Anregungen bekehrten sich auch mehrere Personen in der Umgebung der Prinzessin, welche von Schmidt und Ehrenpfort als Wiedergeborene angesehen und veranlaßt wurden, sich von den Unbekehrten fern zu halten, die mit harten Drohungen aus dem Gesetze bearbeitet wurden. Der Hofprediger Stieber nahm nach einigen Versuchen, sich der neuen Methode anzubequemen, eine ablehnende und weiterhin feindselige Stellung gegen diese Unternehmungen ein. Ja er ließ seinen Verdruß über allerlei Zurücksetzungen die Prinzessin entgelten, indem er dieselbe 1735 vom Abendmahl zurückhielt, wenn sie nicht ihren Petersen'schen Ansichten absagte. Er wurde nun seines Amtes entlassen, und an seine Stelle Carl Heinrich Zachariae berufen, ein Schlesier, welcher seit 1730 Diakonus an der Stadtkirche in Wernigerode war, und sich dort durch gewaltige Bußpredigt, durch Privatversammlungen und Erweckungen empfohlen hatte. In dieser Weise überbot er, nachdem er im Herbst 1735 zu Dargun eingetreten war, die anderen pietistischen Prediger daselbst. Sein Verdienst ist es nun auch, daß er den radicalen Ansichten entgegen wirkte, denen Jene sich gefügt hatten. Und daß er hierin Erfolg gehabt hat, ist das Wichtigste in dem Zusammenhang der hier erzählten Ereignisse.

Der Eifer der pietistischen Prediger um den Bußkampf, ihre Eintheilung der Gemeinden in Bekehrte und Unbekehrte, ihre Willkür in der Aenderung von Ceremonien, die Unsicherheit ihres Verfahrens in der Kirchenzucht regten das Volk und die benachbarten Prediger auf, und Schmidt mußte sich schon im Januar 1736 vor dem Consistorium in Rostock verantworten. Dahin begleitete ihn Zachariae. Ein Brief desselben an die Gemahlin des Grafen Christian Ernst von Stolberg berichtet nun, wie sie bei einem Schuster Joachim Schönfeldt eingekehrt sind, der vor vielen Jahren in Berlin durch Spener erweckt worden, nachher einige Jahre bei dem Pastor Hennings in Recknitz Küster gewesen und von diesem für das tausendjährige Reich und die Wiederbringung gewonnen worden war. Ihm und seiner Frau redeten die beiden Pietisten diese Ueberzeugungen mit Hilfe biblischer Stellen aus. Also schon damals war es Zachariae gelungen, seinen Amtsgenossen gegen die Petersen'schen Ideen umzustimmen. Daß aber die beiden Prediger überhaupt die Gastfreundschaft dieses Mannes suchten, ist ein deutlicher Beweis davon, wie eng die Pietisten in Dargun bis dahin mit den Anhängern der radicalen Ansichten verflochten waren. Jedoch schon hatte sich die Lösung der bisherigen Verbindung zum Widerspruch zwischen Zachariae und Hellwig zugespitzt. Denn obgleich die Prinzessin und die Familie ihres Hofmeisters von Moltzahn ihre Wahl der Methode des Bußkampfs sehr schnell getroffen hatten, so dauerte bei anderen Personen des Hofhalts der Einfluß Hellwig's zu Gunsten der „Nebenmeinungen" fort. Er selbst äußerte gegen Zachariae, er mache sich aus der Traurigkeit über die Sünde und aus der Freude über deren Vergebung nichts. Noch vor Ablauf des Jahres 1735 wurde der Bruch dadurch festgestellt, daß die Frau Hellwig's bei einer scharfen Beichtrede des Hofpredigers in auffälliger Weise die Kirche verließ. Alsbald 1736 erfolgte von Rusmeyer in Greifswald (S. 389) eine gegen die absolute Schätzung des Bußkampfes gerichtete Schrift: „Der Umgang Christi, welchen er in den Tagen seines Fleisches mit verschiedenen Arten von Menschen, mit seinen Jüngern, den Mühseligen und Beladenen, mit den Sündern und den Heuchlern gepflogen hat". Der Verfasser nahm hierin den Standpunkt Spener's gegen den von Francke ein. Er war ohne Zweifel durch Hellwig zu dieser Intervention angeregt und derselbe bemühte sich, die Schrift zu verbreiten. Rusmeyer ließ 1737 eine andere folgen: „Die sonderbare Kraft Christi, die Heuchelei zu entdecken", deren Anhang direct gegen die Darguner gerichtet war. Auf dieselbe wurde erwidert in: „Anmerkungen über Rusmeyer's Schrift, so den Titel führet: Die sonderbare Kraft Christi, von einem außerhalb Mecklenburg lebenden Prediger" (Wernigerode 1738). Dieser Anonymus deckte die Schwarmgeisterei von Hellwig auf, und machte seine bisherige Stellung unmöglich. Er verließ im Sommer 1738 Dargun, und überließ die bisherige Stätte seines Wirkens seinen Gegnern von der Halle'schen Observanz.

Inzwischen war der Streit über den Bußkampf auch von anderer Seite gegen die Darguner Prediger erhoben worden. Der Professor in Rostock, Joh. Christian Burgmann ließ im Januar 1736 eine Exercitatio de luctu poenitentium vertheidigen; in demselben Jahre erwiderte Zachariae: „Der in Gottes Wort und unseren symbolischen Büchern wohlgegründete Bußkampf". Es ist nicht nöthig den Streit zu erörtern, auf welchen etwa 60 Schriften sich beziehen. Er drehte sich um die von Francke her bekannten Sätze (S. 258); und der Widerspruch, welcher zwischen der theoretischen Voraussetzung von Gnade und Glauben und der praktischen Anweisung an den Menschen obwaltet, der sich als Sünder erkennen soll und von Gnade und Glauben nichts weiß, wird natürlich nicht gelöst. Die Vertheidiger des Bußkampfes nämlich bejahten sowohl, daß die zuvorkommende Gnade den Glauben als Zuversicht mittheile, als auch daß mit der Reue der Glaube von Anfang an verknüpft sei. Zugleich behaupteten sie die Nothwendigkeit des Bußkampfs. Allein derselbe ist bei den bezeichneten Annahmen nicht denkbar. Das ist von den rechtgläubigen Gegnern festgestellt worden. Walch's[1]) Literargeschichte dieses Streites läßt nicht ahnen, welche Collision zwischen den beiden Formen des Pietismus an dem Hofe zu Dargun vorhergegangen war. Der Forscher, welchem diese Entdeckung zu verdanken ist, erklärt umgekehrt mit Recht, daß jener Streit eine Nebensache ist, und zur Kenntniß der religiösen Verhältnisse an jenem Ort wenig beiträgt. Deshalb erwähne ich nur noch, daß die Untersuchung, welche das Consistorium in Rostock gegen die pietistischen Prediger einleitete, keinen Erfolg hatte. Dieselben ließen durch ihre Appellation an das Güstrow'sche Land- und Hofgericht die Sache an den Herzog Christian Ludwig kommen, welcher damals als Kaiserlicher Commissarius die Regierung führte; in dieser Instanz wirkte für sie die Verwendung der Könige von Dänemark und von Preußen. Kurz das Verfahren des Consistoriums kam ins Stocken, und blieb liegen. Die Prinzessin hatte die Genugthuung, das kirchliche System, das sie in ihrer Herrschaft gegründet hatte, aufrecht zu erhalten. Gegen Ende ihres Lebens setzte sie 1753 noch die Anstellung eines fünften Predigers pietistischer Richtung, Ludolf Balthasar Leonhardt, durch. Nach ihrem Tode 1756 sind unter der Regierung des Herzogs Friedrich des Frommen die vorher so angefochtenen Männer sämmtlich in höhere Kirchenämter gelangt.

1) Band V. S. 563—595.

40. Pietistische Asketik und Poesie.

Die religiöse Art der von Spener angeregten und durch Francke festgestellten Frömmigkeit wird deutlicher aus den asketischen Büchern und den entsprechenden Dichtungen als aus den theologischen Grundsätzen der Schule erkannt. Jene Quellen nämlich verrathen es, daß auch Motive früherer Herkunft in dem Kreise des Pietismus fortwirken, welche in der Theologie der Schule nicht hervortreten. In diesem Sinne sind die Bücher von Johann Porst[1]) geeignet, die Vorstellung von dem rechtschaffenen Christenthum, welche bisher für den Wirkungskreis der Hallenser gewonnen ist, zu ergänzen. Der unten angegebene Auszug aus denselben zerfällt in vier Bücher vom Stande der Sicherheit, von Buße und Glauben, von den Gnadenschätzen und vom Wachsthum der Gläubigen. Die Darstellung ist demonstrativ, biblisch begründet, aber nicht unlebendig. Sie beachtet regelmäßig die Hindernisse und Versuchungen, welche die verschiedenen Stadien des Lebens begleiten; sie sucht auch in dieser Hinsicht die möglichste Vollständigkeit der Sache zu erreichen. Unter denen, welche, nach der Darstellung im ersten Buche, im Stande der Sicherheit sich befinden, werden Atheisten oder Deisten, Epikureer, honette und weltehrbare Leute, Heuchler, Freigeister unterschieden. Daß der Versuch gemacht wird, deren Sicherheit zu erschüttern, erklärt Porst bei den Atheisten, also auch bei den Anderen daraus, daß durch göttliche Vorsehung ein unauslöschliches Fünklein in den Sündern übrig ist, welches sie vom Dasein eines wahrhaften, heiligen, weisen, gütigen Gottes überzeugt. Diesen Funken anzufachen, die Ahnung von Gott zum Beweggrund der Selbstbeurtheilung zu erheben, ist die Aufgabe

1) Geboren 1668 zu Oberkotzau bei Hof im Vogtland, 1698 Pastor zu Malchow bei Berlin, 1712 Propst zu Berlin (Nikolaikirche), gestorben 1728. — Seine Theologia viatorum practica (1722) und Theologia practica regenitorum (1723) hat er in kürzerer Gestalt herausgegeben als Compendium theologiae viatorum et regenitorum practica, oder die göttliche Führung der Seelen und Wachsthum der Gläubigen, in einem kurzen Auszug vorgestellt. 1723. 2. Aufl. 1730.

des ersten Buches. Zu diesem Zweck werden nach einander die Mittel von Gesetz und Evangelium, von Trübsal und Wohlthaten, von Bestrafung wie Bekehrung Anderer, aber auch von Wundern und Träumen herbeigezogen. Unter den Hindernissen der Bekehrung wird neben falscher Scham und Rechten mit Gott auch die Gefahr eines gesetzlichen Zustandes aufgeführt, bis an dem Beispiel des verlorenen Sohnes anschaulich gemacht wird, wie der Sünder in sich schlägt und zur rechtschaffenen Bekehrung sich bringen läßt.

Von Bedeutung für die im zweiten Buch dargestellte Anleitung zur Buße ist nun aber, daß in der Auffassung der Sünde die ästhetischen Merkmale vorantreten. Als Sünder ist man arm, elend, jämmerlich, blind, nackt, bloß, todt, ein Gräuel vor Gott, ein Kind des Zorns und der Verdammniß. Nachher kommt freilich auch der Umstand in Betracht, daß man Gott beleidigt, sich an seiner Person vergriffen hat; allein das Wort Schuld wird in diesem Zusammenhang nicht ausgesprochen. Alsbald jedoch stößt Porst auf die Schwierigkeit, welche bei Francke's Behandlung der Aufgabe der Buße erörtert worden ist (S. 257), daß dem Sünder zugemuthet wird sich zu bekehren, und daß nach der Dogmatik der Sünder nicht Urheber seiner Veränderung sein kann, sondern Gott es sein muß. Die Lösung dieser Antinomie ist Porst nicht gelungen. Wenn dem Sünder zugemuthet wird, der bekehrenden Gnade Gottes nicht zu widerstreben, sondern seinen Willen dem göttlichen zu unterwerfen und ihm stille zu halten, so ist das nach den geltenden Voraussetzungen dem Sünder nicht möglich. Die Sache wird geradezu undeutlich gemacht, wenn in dieser Combination Gottes Absicht der Bekehrung des Sünders dem Samenkorn und der Sünder der fruchtbaren Erde verglichen wird. Die active Buße oder Sinnesänderung kann nun einmal nur aus dem Heilsglauben abgeleitet werden, in welchem man sich als durch Gott bekehrt erkennt. Diese Voraussetzung aber kann man als giltig für sich nicht annehmen, wenn man, wie es auch bei Porst der Fall ist, als isolirtes sündiges Subject dem Gesetz und der Verheißung Gottes gegenübergestellt und nicht gemäß der Taufe in das Gebiet der vorausgehenden Gnade Gottes eingerechnet wird. Ist Gott, das höchste Gut, Ziel der Buße, so muß diese Geltung Gottes auch schon der Beweggrund sein, von welchem die active Sinnesänderung ihren Anfang nimmt. Soll man mit Porst in der Buße eine besondere Zueignung der allgemeinen Versöhnung Christi erleben, so muß die Sinnesänderung an der individuellen Gewißheit derselben im Voraus orientirt sein, wie es in Luther's Schätzung der Taufe ausgedrückt ist. Oder die übrigens etwa zu erreichende persönliche Gewißheit der Versöhnung enthält in sich keine Bürgschaft, ein einzelner Fall der allgemeinen Versöhnung zu sein. Von der lutherischen Schätzung der Taufe, welche noch Spener hoch hält, weiß Porst ebenso wenig wie Francke. An der ausführlichen Anweisung zur Erkenntniß der Sünden, zur Reue, zum Schmerz und Kummer, endlich zum Haß gegen die Sünde ist bemerkenswerth, daß wiederholt die Liebe zu Gott und die Schätzung der Erlösung durch Christus als Motive angegeben werden, und daß die Färbung des Bußkampfes nicht vorhanden ist. Porst ist weder darauf bedacht, die Anstrengung in der Buße ins Endlose zu steigern, noch beachtet er die Anlässe zu dieser Anstrengung, welche in der Unterbrechung der Buße durch rückgängige Bewegungen vorkommen. Indessen trifft er mit Francke darin zusammen, daß er in der Sehnsucht nach Beruhigung des bußfertigen Sünders den Gnadenzug des Vaters zum Sohne anerkennt. Kommt es aber darauf an, von der Reue zum Glauben an die Vergebung der Sünden überzugehen, so schärft er wieder ein, daß man diese Wirkung Gottes nur in passivem Verhalten des Willens erfahren könne. Und doch soll der Wille im Beginn des Glaubens sich als den Hunger und Durst nach der Gerechtigkeit durch Christus bemerklich machen! Dagegen ist freilich die Ergreifung Christi als der Inhalt des vollständigen Glaubens abgestuft, auch wenn derselbe zunächst noch schwach ist. Das Ziel dieses zweiten Buches ist aber die Forderung des lebendigen Glaubens, welcher auf den Satz des Hohenliedes gestimmt ist: Mein Freund ist mein und ich bin sein. Darin daß die Seele im lebendigen Glauben nach langem Suchen und vieler Bekümmerniß endlich ihren Heiland und Bräutigam findet und freudig umarmt, ist der gesegnete Durchbruch zur Versicherung der Sündenvergebung vollendet.

Das dritte Buch stimmt die hiedurch angeregte Erwartung wieder herunter. Nicht allen Bußfertigen wird diese Versicherung zu Theil. Viele achten ihre Reue immer nicht für vollständig genug; diesen wird die Sündenvergebung zugestanden, auch wenn sie nur ein Verlangen danach haben und mit Beten und Ringen um die Versicherung fortfahren. In derselben Weise haben auch die reformirten Pietisten mit ihren hohen und psychologisch unerfüllbaren Ansprüchen capitulirt (I. S. 322). Hier finden wir also die gleiche Erscheinung bei einem Hauptvertreter des lutherischen Pietismus. Nun haben zwar die Halle'schen Theologen die Stufen im Glauben ebenso unterschieden wie Witsius, Brakel und Lampe (S. 404), allein die von Porst gemachte Anwendung haben sie in ihrer Lehre nicht vorgesehen. Dieselbe ist freilich unumgänglich, wenn man bei der falsch gestellten Aufgabe einer aus bloßer Contemplation zu gewinnenden stetigen Freudigkeit Resultate aufzuzeigen entschlossen war. Ebenso wie Duns Scotus bei der mystischen Vereinigung mit Gott vom Seligkeitsgefühl zu abstrahiren lehrte, weil dasselbe nie effectiv wurde, und die Seligkeit auch unter dem Merkmal der Entbehrung ihres Gefühles als vorhanden behauptete, lehren die Pietisten, daß man die Sündenvergebung als Besitz habe, auch wenn man anstatt der Zuversicht die Unseligkeit eines nie beruhigten Ringens danach erfährt. Das, worauf es ankommt, wird nun auch von Porst dadurch undeutlich gemacht, daß er im dritten Buche über die Gnaden- und Heilsschätze eine solche Fülle von Betrachtungen anstellt, welche theils die möglichen praktischen Erfahrungen der Kindschaft Gottes, des Schutzes, der Züchtigungen Gottes, theils die dogmatischen Titel von Wiedergeburt, Salbung, Versiegelung mit dem heiligen Geiste betreffen, die auf contemplativem Wege in passiver Form angeeignet werden sollen. Den Höhepunkt in dieser Reihe bildet die Vermählung der Seele mit Christus, wie die Verlobung mit dem Bräutigam an dem Schluß des zweiten Buches hervorgehoben wird. Das Eintreten dieses Elementes, welches Spener fremd ist und in der Theologie der Hallenser keine Stelle findet, erinnert an den Gebrauch von dem Bilde, welchen nach Arndt, Heinrich Müller und Lütkemann (S. 43. 87) an derselben Stelle machen.

Das vierte Buch verfolgt das Wachsthum der Gläubigen in den drei Altersstufen der Kinder, Jünglinge, Männer nach 1 Joh. 2, 13. Diesen von Theodor Brakel (I. S. 274) angewendeten Gesichtspunkt hat auch Francke in dem Aufsatz von der Christen Vollkommenheit (S. 262) geltend gemacht und Balthasar Köpke [1])

---

1) Inspector in Nauen seit 1695, geboren 1646, gestorben 1711, Verfasser einer Menge von exegetischen und erbaulichen Schriften. Dialogus de templo Salomonis, 1688.

in einer Allegorie auf die drei Vorhöfe des Salomonischen Tempels ausgeführt. Porst unterscheidet sich aber sehr zu seinem Vortheil von Brakel, indem er diese Stufen nicht an einer immer gesteigerten Contemplation, sondern an dem Abstand der religiösen Klarheit und der sittlichen Leistungsfähigkeit durchführt. Die Kinder in Christo kennen Gott als ihren Vater, die Jünglinge sind stark am Geist und können starke Speise vertragen, die Männer sind im Streit erprobt, haben allerlei geistliche Kraft und Weisheit erlangt, können demgemäß geistliche Kinder zeugen. Ob es zweckmäßig und praktisch durchführbar ist, sich nach diesen Maßstäben zu beobachten und zu beurtheilen, mag dahin gestellt bleiben. Das Werthvollste und am meisten Charakteristische dürfte die Darstellung der Versuchungen sein, welche sich auf jeder der drei Stufen einstellen. Als solche werden für die Kinder in Betracht gezogen die Neigung zur Schwatzhaftigkeit, zur unzeitigen Bekehrungssucht, zum geistlichen Hochmuth, zum Müßiggang in der Gleichgiltigkeit gegen den ordentlichen Beruf, und in der Rechnung darauf, daß Gott sie versorgen werde, zur Leichtgläubigkeit gegen Enthusiasten. Den Jünglingen, die durch die Wachsamkeit und die Bereitschaft zum Lobe Gottes ausgezeichnet sind, droht nichts desto weniger die Gefahr irriger Lehrmeinungen und des Mißbrauchs christlicher Freiheit in der Versuchung einmal zur Unzucht, andererseits zur Verwerfung der Ehe, ferner in der Versuchung zu ungeziemendem Eifer, zu Separatismus, zu dunkler und schwülstiger Redeweise; daran schließen sich die geistlichen Anfechtungen, namentlich aus dem Mangel an Seligkeitsgefühl, aus dem Auftreten gotteslästerlicher Gedanken, und dem Eindruck der Verlassung durch Gott, der sich zur Verzweifelung steigern kann. An dieser Schilderung, welche doch wohl aus der Erfahrung geschöpft ist, befremdet die eigenthümliche Unsicherheit, welche denen nachgesagt wird, welche gerade stark am Geist sein sollen. In einigen Punkten ist ja die Versuchung zum radicalen Pietismus deutlich gezeichnet, und vielleicht ist auch die Neigung zu irrigen Lehren im Ganzen darauf zu beziehen. Aber wie die gedachte Klasse zu gotteslästerlichen Gedanken disponirt sein soll, ist schwer zu verstehen. Oder man muß aus dieser Annahme im Zusammenhang mit den Gedanken an Verlassung durch Gott und mit Versuchung zur Verzweifelung schließen, daß die ganze Methode ungesund ist, welche in der Absicht auf stetiges Seligkeitsgefühl die dringende Möglichkeit gerade entgegengesetzter

Erfolge mit sich führt. Unter den Eigenschaften der Väter sind deren Klugheit, Sanftmuth, Geduld, Gelassenheit wohl verständlich; aber bei ihrer Fähigkeit, durch das Evangelium geistliche Kinder zu zeugen, ist doch die Warnung zu vermissen, daß durch diese Leistungen kein parteiisches Wesen in die Kirche eingeführt werde. Ferner sollen dieselben ausgezeichnet sein durch ihren vertraulichen Umgang und wieder durch ihren Kampf mit Gott. Diese beiden Attribute enthalten die pietistischen Ansprüche auf eine eigenthümliche Vollkommenheit, welche in dem kirchlichen Protestantismus nicht vorgesehen sind, und welche für Andere als Pietisten durch die bloßen Titel nicht deutlich werden. Ueber die erste Leistung sagt nun Porst: „Die Art und Weise, wie Gott mit den Seelen umgehet, läßt sich besser erfahren als mit Worten ausdrücken; doch dürfen wir davon lallen. Das ganze Hohelied Salomonis zeuget davon[1]). ... Wie die Heiligen das Recht ihrer Kindschaft Gottes verstehen, so bedienen sie sich dessen wohl, und gehen mit Gott als ihrem lieben Abba um in süßem Vertrauen und heiliger Einfalt. ... Bald unterreden sie sich mit Gott, bald führen sie ihm seine Verheißungen zu Gemüthe, bald fragen, bald bitten sie ihn, bald klagen sie ihm ihre und Anderer Noth. Sonderlich eröffnen und klagen sie auch ihrem besten Freunde Christus ihre Schwachheiten und Fehler und suchen in seinem Blute täglich ihre Reinigung". Das sind nichts als Nachklänge der Devotion des heiligen Bernhard; und wenn auch Porst im Unterschiede von diesem Vorgänger die Erhabenheit Gottes betont, so ist das gleichgiltig. Denn der Anspruch auf Vertraulichkeit und Freundschaft mit Gott setzt sich eben hierüber weg. Das Vorbild Abraham's aber wird zur Rechtfertigung dieses Verhältnisses mit Unrecht verwendet. Es steht ferner im äußersten Contrast mit diesem Anspruch, daß Porst die Väter in Christo wiederum in große Dürre gerathen und einen Vorschmack der Hölle empfinden läßt; oder vielmehr es ist der Rückschlag des Jagens nach süßen Empfindungen in dem Umgang mit Gott. In jenem Fall stellt sich nun Gott gar feindlich gegen die reifen Gläubigen, daß sie einen harten Kampf mit ihm übernehmen müssen. Das Vorbild Jakob's

1) Ebenso urtheilt Gottfried Arnold, daß das Hohelied die Speise für die Vollkommenen sei. In der Vorrede zu dem Geheimniß der göttlichen Sophia.

ist für diesen Fall in ebenso indiscreter Weise zu einer allgemeinen Regel erhoben, wie vorher das Vorbild Abraham's. Aber überhaupt darf man fragen, wie dieses Ringen mit dem sich als Feind verstellenden Gott um seine Gnade in Gemüthsangst und Gebet als eine besonders hohe Probe der Frömmigkeit Jedem zugemuthet werden kann, da die vorausgesetzte Dürre bei einem nicht pietistischen Christen eben nicht eintritt. Bei den Pietisten aber ist dieser pathologische Zustand die Folge der an sich ungesunden Methode, Gefühlseindrücke durch Erregung der Einbildungskraft herbeizuführen.

Uebrigens wird man die Discretion, mit welcher in diesem Werke der Uebergang zum Gnadenstande geschildert ist, schätzen lernen, wenn man damit die Erfahrungen vergleicht, welche der Verfasser an sich selbst gemacht hat [1]). Durch Spener's Bußpredigten gerührt, kommt er aus seiner fränkischen Heimath 1695 nach Berlin. Dort wird er durch Spener und Schade in die Buße geführt. Allein bei seiner beginnenden Einsicht in sein Sündenelend war keine Kraft da, die Sünden zu überwinden. Bei der Erfolglosigkeit seines Gebetes gerieth er in Zweifel an allen Glaubensartikeln, wie Francke (S. 251). Und wenn der Geist Gottes in seinem Gewissen ein entgegengesetztes Zeugniß feststellte, so gerieth er in einen Haß gegen die unbekehrten Prediger, welche den Leuten den Gräuel nicht genugsam vorstellen, wollte alles strafen und reformiren und bekehren. Hätte nicht Gott seine Hand über ihm gehalten, so würde er leicht in allerlei Unordnungen verfallen sein. In diesem Kampf gegen die Sünde oder vielmehr in diesem Schwanken zwischen Zweifel und Ueberhebung brachte er drei Jahre zu. Am Karfreitag 1698 ließ er sich durch eine Predigt Schade's über die Herbeiführung der Buße durch das Leiden Christi dazu antreiben, um die Verleihung der Gnade zur Buße und die Versicherung der Vergebung der Sünden zu bitten. Allein er blieb todt; es wollte sich auch das Leben Christi in ihm nicht offenbaren. Am Ostersamstag Nachmittag aber erlebte er den Umschlag. Denn als Schade in der Predigt Christus unter dem Vorbilde Joseph's darstellte, welcher sich seinen Brüdern offenbart, da „machte sich mein Bruder Jesus auch mit mir offenbar.

1) Göttliche Führung des seligen Propstes Porst, in Sammlung auserlesener Materien zum Bau des Reiches Gottes. 2. Band (1733) S. 71—87.

Er offenbarte sich in meiner Seele und rief mir zu und sprach. ... Bei dieser Gottesstimme in meiner Seele war auch der holdseligste Anblick in meiner Seele. ... Je mehr aber Jesus sich mir offenbarte, je mehr zerfloß mein Herz, daß ich immer dachte: Ist es möglich, o Herr, daß du einen so gräulichen und abscheulichen Wurm, als ich bin, zu Gnaden annehmen kannst? Und je mehr ich so dachte, je mehr versicherte mich Jesus: Denke nur nicht, daß ich mit dir zürne; deine Sünden sind dir alle vergeben; in meinem Blute sind sie alle getilget; sie sollen in Ewigkeit weder vor Gottes noch vor mein Angesicht kommen. Und da sahe ich Jesum Christum, das Wort des Lebens wahrhaftig vor meinen Augen und betastete es mit meinen Händen". Diese Vision und die Wechselreden, welche sich noch weiter fortgesetzt haben, wird ein Vierteljahr später durch eine Entzückung ergänzt, in welcher Porst seiner Erwählung und Einschreibung in das Buch des Lebens versichert wird. Dies erinnert an ähnliche Vorgänge, welche im Gefolge der klösterlichen Contemplation erlebt werden, und entspricht der Forderung Bellarmin's, daß der individuelle Gnadenstand nur durch Offenbarung festgestellt, und nicht durch einen Schluß aus der allgemeinen Verheißung abgeleitet werden könne. Hier war in der lutherischen Heilsordnung eine unsichere Stelle [1]). Im Einklang mit allem Pietismus schreibt Porst an dieser Stelle die Bemühungen vor, in einer so genannten passiven Empfindung von der göttlichen Gnade das Ziel zu erreichen, in welchem die göttliche Bürgschaft und die individuelle Geltung derselben zusammentreffen sollen. Daß dieses Ziel nicht sicher erreicht wird, muß dabei zugestanden werden. Er ist nun discret genug nicht vorzuschreiben, was er selbst erfahren hat, einmal den umfassenden Zweifel an aller Glaubenswahrheit, andererseits die Entscheidung durch visionäre Offenbarung. Aber gerade an dieser seiner Erfahrung wird es klar, daß alle Zumuthungen der passiven Versicherung, die er in dem Erbauungsbuch ausspricht, undeutlich sind und bleiben. Die Gehörs- und Gesichtserscheinungen nämlich, in denen er selbst seiner Sündenvergebung gewiß geworden ist, konnte er im Allgemeinen nicht in Aussicht stellen. Deshalb läßt auch die von Porst gegebene Anleitung die Kluft zwischen der allgemeinen Gnadenverheißung und der individuellen Heilsgewißheit unausgefüllt, und vermag nicht mehr fest-

1) Rechtfertigung und Versöhnung (2. Aufl.) S. 354. III. S. 145.

zustellen als die von Gerhard allein nachgewiesene Möglichkeit der Application der allgemeinen Gnade. Warum sind auch die Pietisten an Luther's Deutung des Werthes der Taufe gleichgiltig vorbeigegangen?

Es ist oben bemerkt worden, daß Porst die Höhenpunkte des Gnadenbewußtseins mit den Beziehungen des bräutlichen Liebesverkehrs und der Vermählung mit Christus ebenso ausfüllt, wie Heinrich Müller und Lütkemann. Das hat nun eine umfassendere Bedeutung, als wenn Francke in seinen Predigten gelegentlich diese Bilder gebraucht. Denn Porst meint jene Vorstellungen sichtlich nicht als Decoration, sondern als ein Element der den Frommen aufzuerlegenden Erfahrung. Hieraus ergiebt sich die Thatsache, daß in dem durch Francke vertretenen Kreise die Motive fortgewirkt haben, welche hauptsächlich durch Nicolai und Arndt in den Gebrauch von Lutheranern eingeführt und im 17. Jahrhundert fortgepflanzt sind. Durch die im Ganzen ablehnende Haltung, welche Spener dagegen geübt hat, ist jenem Vorstellungskreis keine Schranke gesetzt worden, ohne Zweifel deshalb, weil Spener selbst sich als den Fortsetzer der von Arndt eröffneten Bewegung betrachtet hat. Es wäre demnach eine unrichtige Annahme, daß nicht in dem von Francke beherrschten Gebiet, sondern erst wieder in Zinzendorf's Wirkungskreise diese Praxis ästhetischen Genusses der Liebe Christi vorkäme. Vielmehr läßt sich das Gegentheil aus einer Menge der biographischen Berichte, namentlich der Sterbegeschichten darthun, welche theils in besonderen Sammlungen, theils in Zeitschriften zur Erbauung der pietistischen Leser mitgetheilt werden [1]) und die nicht mit Zinzendorf verflochten sind. Hier

1) Erdmann Heinrich Graf Henckel, Die letzten Stunden einiger .... selig in dem Herrn verstorbener Personen. Vier Theile. Halle 1720—33. — Sammlung auserlesener Materien zum Bau des Reiches Gottes. Sechs Bände. Leipzig 1731—36. Die 3 ersten Bände dieser Sammlung sind besorgt von Immanuel Traugott Jerichow (vorher Rector der Schule zu Teschen in Schlesien), die 3 folgenden von Joh. Adam Steinmetz in Kloster-Bergen. Derselbe hat die Zeitschrift fortgesetzt in Verbesserte Sammlung u. s. w. Vier Bände 1737—43, und Closterbergische Sammlung nützlicher Erbauung im wahren Christenthum. Fünf Bände. 1745—61. — Kraft der christlichen Religion in den letzten Stunden sterbender Gerechter. Hildburghausen 1768. — Hieher gehört nicht Christian Gerber, Historia derer Wiedergeborenen in Sachsen. Vier Theile und zwei Anhänge. Dresden 1725—29. Der Verfasser

begegnen uns alle Stichworte der im 17. Jahrhundert nachgewiesenen Devotion katholischer Herkunft. Christus als den Bräutigam nehmen Männer wie Frauen in Anspruch, am lebhaftesten die adeligen Fräulein. Die Ziellosigkeit der pietistischen Anleitung endlich kommt in diesen Lebensbildern an den Tag, indem im Angesicht des Todes regelmäßig nicht eine ruhige und demüthige Fassung geübt, sondern meistens der ganze Bußkampf mit seinen Gemüthsschwankungen wiederholt wird. An diesen Bildern christlicher Vollkommenheit ist viel mehr zu bemitleiden als zu bewundern.

Unter den Schriftstellern, welche die pietistische Erbauung pflegen, ragt ferner Johann Adam Steinmetz [1]) hervor. Dieser charaktervolle Mann weiß nichts von dem individuellen Cultus des Bräutigams, indem er die zu diesem Spiel am meisten mißbrauchte Stelle des Hohenliedes 5, 10—17 auf die Erscheinung des gekreuzigten Christus, wenn auch mit etwas Gewalt, und die Braut als die Kirche deutet [2]). Die sichtbare Kirche hält er hoch als das Himmelreich, in das wir durch die Taufe versetzt, in dem wir erzogen werden. Dafür können wir Gott nicht genug danken; denn wiewohl wir den Taufbund oft gebrochen, so können wir doch durch die Gnadenmittel täglich wieder ins Himmelreich kommen. Steinmetz erklärt ferner, daß auch ein unbekehrter Prediger durch die Verlesung der Perikopen einen Menschen bekehren und selig machen

---

(geb. 1660 zu Görnitz bei Borna, 1690 Pastor in Lockwitz, gest. 1731) findet seine Biographieen von der Reformation an und hauptsächlich im 17. Jahrhundert. Einzelne Lebensbilder beziehen sich auch auf Zeitgenossen, Spener, Ziegenbalg, verschiedene Frauen; andererseits hat er seine geographische Grenze überschritten, indem er Hohburg (unter dem Namen Timotheus, 2. Band Nr. 12) und Schwenkfeld aufnimmt. Hiedurch giebt er einen Indifferentismus kund, den die Fortsetzer der Unschuldigen Nachrichten von 1727 auch in Gerber's Behauptung finden, daß unter Katholiken, Mennoniten und Quäkern Wiedergeborene vorkommen können, wenn man auch in der lutherischen Kirche leichter selig wird.

1) Geboren 1689 in Groß-Kniegnitz bei Brieg, seit 1715 Pastor zuerst an zwei Orten in Schlesien, 1720 in Teschen, 1729 von dort verbannt, Pastor in Neustadt an der Aisch in Franken, 1732 Nachfolger von Breithaupt als Abt von Kloster Bergen bei Magdeburg, Consistorialrath und Generalsuperintendent daselbst, gestorben 1762. Vgl. Bernhardi, J. A. Steinmetz. 1840.

2) Passionsbetrachtungen über einige Verse des 5. Capitels des Hohenliedes Salomonis. Nach dem Tode des Verf. herausg. 1771. Wernigerode 1793.

kann, daß man deshalb sich von der noch so sehr verfallenen Kirche nicht trennen dürfe[1]). Seine bekannteste Erbauungsschrift betrifft die Versiegelung[2]). Hierunter wird eine unveränderliche Versicherung des Gläubigen über seinen Gnadenstand verstanden, welche danach bemessen wird, daß Urkunden, Testamente, Gesetze durch Siegel ihre Giltigkeit erhalten. Durch diesen Vergleich wird die Sache erschwert, indem ein solcher unveränderlicher Zustand in subjectiven Merkmalen nicht nachgewiesen werden kann. Diese Deutung des biblischen Sprachgebrauchs ist ferner zu beanstanden, da das Siegel nichts anderes ausdrückt, als die Bezeichnung des Eigenthums, also im vorliegenden Falle, daß der heilige Geist die Gläubigen als Eigenthum d. h. als Kinder Gottes erkennen läßt. Die vorläufigen Erörterungen von Steinmetz spielen auch unwillkürlich auf diese Beziehungen an. Indessen erfährt die Annahme, daß die Versiegelung eine Art von Superlativ des Kindschaftsbewußtseins ist, keine Berichtigung. Je mehr also in das Thema hineingelegt ist, um so schwieriger wird es gemacht, zu dem bezeichneten Ziel zu gelangen. Die Voraussetzung nämlich ist, daß man sich erst durch den heiligen Geist zu einem bußfertigen armen Sünder muß machen lassen. Man muß sich verdammlich finden, weil man nicht an den Herrn Jesum geglaubt, weil man aus seinen vermeinten guten Werken, die ein Gräuel vor Gott sind, sich eine Gerechtigkeit gemacht, weil man aus eigenen Kräften dem Satan zu widerstehen gesucht hat. Es ist zu bemerken, daß wenn diese Erkenntniß durch den heiligen Geist hervorgerufen werden soll, die Annahme Francke's, die Buße sei aus dem Evangelium zu schöpfen, an Deutlichkeit überboten wird; ferner daß dieses Maß der Sündenerkenntniß höher gegriffen ist, als bei Francke; endlich, daß doch die Schätzung der Sünde als abscheulich, gräulich, Armuth, Elend, Blindheit nur die ästhetische Linie innehält. Diese Beurtheilung der Sünde muß nun der widerstrebenden Stimmung, daß es nicht so schlimm sei, abgewonnen werden; diese Selbstüberwindung gehört dazu, wenn man im Glauben bis zur Versiegelung gelangen soll. Als die regelmäßigen Mittel derselben nennt Steinmetz ganz correct

---

1) Betrachtungen über das Evangelium von den zehn Jungfrauen (von 1742). Wernigerode 1789.

2) Schriftgemäße Betrachtung von der Versiegelung der Gläubigen mit dem heiligen Geist aus Eph. 4, 30. Zweite Aufl. Wernigerode 1770.

das Wort Gottes und die Sacramente. Indessen von der Taufe ist hiebei nicht die Rede, sondern von der heiligen Schrift im Hören und Lesen und vom Abendmahl. Daneben versichert der heilige Geist den Gnadenstand durch kräftige Wirkungen in der Seele, d. h. durch die Veränderung der Stimmung, daß man gegen die zeitlichen Dinge und fleischlichen Menschen einen Abscheu und desto mehr Lust daran findet, sich mit den Kindern Gottes zu unterhalten und zu erbauen. Dieser Erfolg ist natürlich von deutlicher Lustempfindung, von Friede und Freude begleitet. Indessen ist es nicht angezeigt, einen besonders hohen Grad derselben zu erwarten oder als Probe der Versiegelung zu fordern. Denn in dieser Hinsicht verfährt Gott mit den Menschen verschieden. Die hohen Empfindungen bezeichnen auch nicht die besonderen Lieblinge des Herrn Jesu, sondern die in ihrer Art schwachen Gemüther, deren Unglaube den anderen Versicherungsmitteln widerstanden hat. Es braucht sich Einer solcher Erfahrungen um so weniger zu rühmen, als die Gnade sich in der Demuth am reinsten spiegelt. Die rechte Versiegelung, welche in der schärfsten Prüfung und allen Anfechtungen nicht nur Bestand behält, sondern auch noch zunimmt, erprobt sich ferner in dem Muth und der Kühnheit, alles nach dem Vorbilde des Heilandes zu thun, zu lassen und zu leiden, und die Hindernisse zu überwinden, in der herzlichen Liebe zu Gott und Jesu und den Kindern Gottes, endlich in der innigen Lobeserhebung Gottes. In diesen Sätzen bricht, wie bei Porst, die richtige lutherische Praxis des Versöhnungsglaubens durch. Daß aber, nach dem Zeugniß von Steinmetz, diese Versiegelung durch den heiligen Geist so selten geworden ist, kommt daher, daß die Leute zu Viel empfinden, haben und thun wollen. Unter diese Rüge fallen nun alle Manieren, welche im Pietismus groß gezogen worden sind, das Streben nach Traurigkeit und Freude im höchsten Grad, das Sträuben gegen die Gemüthsberuhigung, die fanatischen Einwirkungen auf Andere. Wer nicht Pietist ist, wird daraus folgern, daß die christliche Vollkommenheit, welche so selten geworden sein soll, durch die pietistische Anweisung nicht nur nicht sicherer gestellt, sondern eher behindert wird. Indessen behält Steinmetz das Recht der pietistischen Methode vor, indem er zugleich auch diejenigen rügt, welche zu wenig empfinden, haben, thun wollen. Also man muß doch durch die bekannten Uebertreibungen des Sündenbewußtseins, durch das bekannte Streben und Beten um das directe Gefühl der Vergebung mit der Gnade cooperiren, um sie sicher zu haben. Nur soll man darin nicht zu hoch greifen. Allein das ist eine mißliche Anweisung. Denn die künstliche Spannung ist schon das Element der Methode; die Grenze zwischen dem richtigen und dem übertriebenen Maße ihrer Anwendung läßt sich überhaupt nicht bezeichnen. Uebrigens aber ist die Analogie mit der katholischen Lehre von der Justification hiebei unverkennbar.

In dem Sprachgebrauch von Steinmetz zeigt sich eine Vorliebe für die Anschauung von Blut und Wunden Christi; der blutige Christus ist eine Formel, die bei ihm unendlich oft wiederkehrt. Von einem gleichzeitigen Asketiker, Samuel Lau[1]) ist „die Kraft des Blutes Christi" in sechs Predigten (1744) erörtert worden. In der Vorrede führt derselbe aus, daß unter dem Blute Christi nicht sowohl der sinnliche Stoff, sondern die Leiden gemeint sind, welche zur Genugthuung für die Sünde der Welt Christus ausgestanden hat. „Ja auch der ganze verdienstliche Gehorsam Christi ist in dem Blute desselben mit eingeschlossen, indem bei Uebernehmung des Todes die Willigkeit gegen den Willen des Vaters die Hauptsache war". Diesem Prediger ist zugleich die Gefahr bekannt, daß Menschen von lebhafter Einbildungskraft, welche gern mit sinnlichen Bildern spielen, die gangbaren Formeln in materialistischer Weise mißverstehen. Es durfte ihm auch bekannt sein, daß die lutherischen Dogmatiker die geistige Motivirung der Erlösung durch den Gehorsam Christi in verständlicher Weise ausgearbeitet haben. Wenn er sich dennoch damit begnügt, den Sinn des „Blutes Christi" auf die Vergebung der Sünden zu bestimmen, übrigens aber jene Formel, ohne sie auf den Werth des Gehorsams Christi zurückzuführen, regelmäßig zu gebrauchen fortfährt, so erscheint hierin bei ihm wie bei den Anderen das Uebergewicht des mittelaltrigen asketischen Sprachgebrauches über die evangelisch-theologische Erkenntniß, welches schwerlich lobenswerth ist.

Andere Bedingungen als bei den Theologen treten in den asketischen Schriften eines Politikers uns entgegen, der schon als

1) Geboren 1703 zu Neukirch bei Elbing, in Wernigerode 1728 Hofmeister, 1731 Hofdiakonus, 1732 Hofprediger und Superintendent, gestorben 1746. Unter seinen Schriften ist noch zu erwähnen: Die Seligkeit der Gläubigen in der Gemeinschaft Jesu Christi. 1735. Schriftmäßige Beantwortung der Frage, ob es nothwendig, die Zeit seiner Bekehrung zu wissen. 1732.

Schriftsteller auf verschiedenen Gebieten einen weitern Gesichtskreis einnimmt als Jene. Philipp Balthasar Sinold von Schütz[1]), der Gründer der politischen Zeitschrift: Die Europäische Fama 1702, hat ohne Namen noch eine Reihe politischer Schriften, theilweise mit ironischen Titeln, unter dem Namen Ludwig Ernst von Faramond moralische Schriften, unter dem Namen Amadeus Creutzberg Erbauungsschriften herausgegeben. Unter diesen ist die „Wahre Seelenruhe in den Wunden Jesu", 1710 im Ganzen in dem vom heiligen Bernhard eingeführten Schema, in der Betrachtung der sich erniedrigenden Liebe Gottes, welche die Gegenliebe und die Verleugnung der Welt hervorruft, entworfen, mit der von Luther abstammenden Modification, daß das Leiden Christi auch der Spiegel der Sündenerkenntniß ist. Eine weniger concentrirte dogmatische Haltung nehmen die „Gottseligen Betrachtungen auf alle Tage des ganzen Jahres", 1718, und „Seelenerquickende Himmelslust auf Erden", 1728. 2. Theil 1748, deshalb ein, weil die Bücher dem Bedürfniß jedes Tages zu entsprechen bestimmt sind. Jede dieser Betrachtungen nun, welche in dem zweiten dieser Bücher zusammengestellt sind, besteht in Erwägungen der Weisheit Gottes in der Natur und christlichen Gedanken und Ermahnungen. Durch diese Compositionen, denen in späteren Ausgaben noch Gedichte aus Brockes' „Irdischem Vergnügen in Gott" hinzugefügt sind, sollen auch Atheisten auf den Weg der Nachfolge Christi geführt werden. Die christlichen Elemente in diesem Buch sind correct; das Zeitalter des Verfassers ist daran zu erkennen, daß die Formeln der Devotion vor Spener, nichts aber von den Halle'schen Besonderheiten vorkommt. Dieselben fehlen auch in den „Zwölf Zeichen der Wiedergeburt, woran sich jeder Mensch prüfen kann, ob er ein rechter Christ sei oder nicht", welche an die gleich zu erwähnende „Jesusschule" angehängt sind. Jene Merkmale der Wiedergeburt sind alles Selbstthätigkeiten, von dem Verzicht auf die Weltliebe an bis zu der Uebung der Liebe gegen Gott. Die Empfindung

---

1) Geboren 1657 in Königsberg bei Gießen, stand in Diensten verschiedener kleiner Reichsstände, 1704 des Grafen Heinrich XXIV. von Reuß zu Köstritz, 1709 der verwittweten Herzogin von Sachsen-Merseburg zu Forst NL., 1711 des Herzogs von Württemberg in Bernstadt, Schlesien, 1717 des Grafen von Hohenlohe zu Pfedelbach, Franken, endlich 1727 als Geheimerrath des Grafen von Solms-Laubach. Gestorben 1742.

der Süßigkeit von passiven Gnadeneindrücken fehlt hier durchaus. Die Forderung, immer zu beten, meint Sinold auch nicht in dem Sinne des an dem Hohenliede orientirten vertraulichen Redens mit dem Bräutigam oder Bruder Christus, als ein stetiges Bewegen der Zunge, Aufheben der Hände und Kniebeugen, sondern als innerliches Gebet, welches jeder Mensch ohne Versäumung seiner Berufsarbeit überall unter Gottlosen und Frommen verrichten kann. Das ist die Stimmung, welche dem Vertrauen auf Gott entspricht, aus dem bewußten Vertrauensact hervorgeht und wieder in ihn einmündet. Und hierauf kommt es an. An dem letzten Werke Sinold's „Betrachtungen über die allerheilsamste Jesusschule, darin der himmlische Lehrmeister allen Menschen seinen Willen zur Erlangung der Seligkeit eröffnet", 1748, kann man den Abstand von der Halle'schen Schule deutlich daran erkennen, daß, trotz aller Rechtgläubigkeit, welche in dem Buche niedergelegt ist, Christus nicht als der Erlöser, sondern als der Lehrmeister zur Erlangung der Seligkeit gewürdigt wird. Dieser Gesichtspunkt liegt nahe, wenn die Nachfolge Christi im Vordergrunde steht. Darin richtet sich Sinold theils nach den Mustern, welche schon vor Spener gangbar waren, theils nach dem allgemeinen praktischen Interesse, welches ihn auch zu seiner moralischen Schriftstellerei bewogen hat.

Zu den pietistischen Erbauungsschriften muß die Reisebeschreibung des Menoza von Erich Pontoppidan (S. 131) ebenso gerechnet werden, wie die Lebens- und Sterbegeschichten pietistischer Personen. Jenes Buch, welches 1742. 43 erschienen ist, enthält freilich auch allerlei Stoff zur Vertheidigung des Christenthums und Widerlegung des Katholicismus; indessen die Hauptsache in demselben ist die wiederholte Darstellung der pietistischen Methode und die Beurtheilung der Erscheinungen in der Kirche nach pietistischem Maßstabe. Alle Stichworte klingen an, und die Mitteldinge werden verpönt. In Genf und in Württemberg, hier durch das Verdienst des vorzüglichen theologischen Unterrichts, außerdem aber nur an wenigen Orten wird christliches Leben in Flor gefunden. Ein Einsiedler in Tyrol, der durch die lutherische Bibel zu evangelischen Ueberzeugungen gelangt ist und den Mittelpunkt einer kleinen Gemeinde von Gesinnungsgenossen bildet, erscheint als die einzige unzweifelhafte Lichtgestalt. Nur ist dieselbe nichts weniger als geschichtlich, sondern aus Anlaß der Salzburger Evangelischen erdichtet. In der pietistischen Methode ist bei Pontoppidan schon eine Ernüchterung und Ermäßigung eingetreten. Der Verfasser mißbilligt die eintönige Art, in welcher ein pietistischer Prediger bei jedem Text den bekannten Weg der Buße schildert, und eine vollkommene Versicherung des Gnadenstandes als deren Ziel vorschreibt, obgleich er weiß, daß kein Zuhörer danach verfährt. Er fragt denselben, ob er durch Gottes Wort berechtigt sei, Alle, die nicht durch eine fühlbare Versicherung, Besiegelung und ein unmittelbares Zeugniß des Geistes Gottes der Kindschaft Gottes gewiß werden, zur Angst und Unruhe zu verweisen. Er hält ihm vor, er fordere eine Hoffnung, welche gesehen wird, indem ihm der auf die Gerechtigkeit sich gründende Friede des Gewissens zur Versicherung der Seligkeit nicht genug sei; er schreibe eine Vergewisserung vor, die ihrer Art nach unmöglich ist, indem er sie der Evidenz der Anschauung der Sonne und der fünf Finger vergleiche. Er läßt sich von dem Prediger eingestehen, daß die Versicherung des Heils, die er besitzt, mittelbar sei und einen Schluß von der Heiligung auf die Wiedergeburt einschließe, und urtheilt, daß der Anspruch auf unmittelbare Evidenz des Gnadenstandes Zeichen der Unbekehrtheit und der gesetzlichen Haltung sei. Endlich läßt er durch den Wolfianer Reinbeck die pietistische Voraussetzung beanstanden, daß jeder Christ seine nicht pietistische Lebensführung als werthlos zu achten, unter das Urtheil unbedingten Sündenelends zu stellen und hiemit erst den Weg zu betreten habe, welcher der Gnade entgegenführt. Diese Erörterungen haben einen anderen Sinn, als wenn Breithaupt (S. 403) auf das Seligkeitsgefühl verzichten lehrt und mit dem Abscheu vor den Sünden sich begnügen will. Denn diese Forderung verweist den Pietisten auf den Weg der Gesetzlichkeit. Diese aber will Pontoppidan nicht begünstigen, indem er an der Unmittelbarkeit der Heilsversicherung zweifelt, und dieselbe aus dem Gebiete des Gefühls in das der verständigen Ueberlegung verlegt. Auf die Ermäßigung der pietistischen Weltanschauung kommt auch der Schluß des Buches hinaus. Wie Luther das Kreuz unter die Merkmale der richtigen Kirche rechnet, so erklärt Menoza die Trübsal für den Weg des Reiches Gottes, für jeden Einzelnen, wie für die Kirche überhaupt. Inzwischen müsse Jeder auf seinem Posten seine Pflicht thun, und alles, was ihm widerfährt, hinnehmen als das Beste, was zur Durchführung des göttlichen Weltplanes zweckmäßig sei. Ob die besseren Zeiten, von denen man geredet hat, bei dieser Haushaltung Gottes eintreten werden, möge dahin gestellt bleiben, jedenfalls sei deutlich, daß sie nicht nahe bevorstehen, oder daß sie wenigstens jetzt nicht vor der Thür sind.

Die Einschränkungen, welche dieser Schriftsteller gegen das Ende seines Buches der von ihm vertretenen Richtung auferlegt, müssen wir als Merkmale des Verfalles derselben verstehen. Indessen für ihn selbst haben sie nicht die Bedeutung, daß er an dem Pietismus irre geworden wäre. Vielmehr ist für denselben eine Episode im Menoza besonders charakteristisch, in welcher wir auf einen eigenthümlichen Auswuchs der von Francke aufgebrachten öffentlichen Verhandlung von Gebetserhörungen stoßen. Der indische Prinz, welcher in allen Ländern Europa's nach Christen sucht, trifft in Venedig mit einem jungen Grafen aus Deutschland zusammen, welcher, ohne zu wissen, daß Menoza über unermeßliches Geld verfügt, ihm seinen durch Verschwendung verschuldeten Mangel daran klagt. Menoza empfiehlt demselben, seine leibliche und geistliche Noth vor Gott auszuschütten, und verspricht, ihn mit seinem eigenen Gebet zu unterstützen. Da er bemerkt, daß der junge Mann dem Rath Folge leistete, wird der Vorsatz, den er zuerst obenhin gefaßt hat, in ihm zum Entschluß. Er schickt am dritten Tage an den Grafen durch unbekannte Hand gerade die 500 Pistolen, die derselbe als seinen Bedarf bezeichnet hatte. Als dieser den Wohlthäter erräth und ihm seinen Dank ausspricht, weist derselbe den Grafen auf Gott hin, von welchem gewiß solche Hilfe entstanden sei: Gott sei das große Rad, das alle Menschen nach seinem Gefallen in Bewegung setzt. Menoza fordert zugleich, daß der Andere ihn nicht mehr fragen solle, da er Alles Gott verdanke. Diese absichtlich veranstaltete Gebetserhörung macht anschaulich, welche Folgerung aus der übernatürlichen Beleuchtung des eigenen pflichtmäßigen Handelns gezogen werden konnte. Indem Menoza die Unterstützung des jungen Grafen als eine Pflicht für sich erkennt, hält er sich für berechtigt, zugleich die Zuversicht des Andern auf Gott in einer Weise zu erwecken, welche durch seine eigene Absicht beherrscht ist. Obgleich er nicht wissen kann, ob die prompte Deckung der Schulden des Grafen Gottes Willen gemäß sei, schiebt er den eigenen wohlthätigen Vorsatz in Gottes Absicht hinein. Deshalb ist auch die Ablehnung des Dankes, der ihm gebührt, und die ausschließliche Richtung desselben auf Gott, die er vorschreibt, eine unrichtige Folgerung aus den verschrobenen Voraussetzungen, welche angenommen worden sind. Dieser Mißbrauch, welchen Pontoppidan von der Erhörung des Gebetes um materielle Güter gemacht hat, ist aber nur dadurch möglich geworden, daß Francke den demonstrativen Gebrauch solcher Erfahrungen für die Ueberzeugung Anderer in Gang gebracht hat.

In die durch Pontoppidan bezeichnete Einschränkung der pietistischen Aufgabe stimmt auch der Schriftsteller ein, welcher in der Abfassung von Erbauungsschriften die größte Fruchtbarkeit entwickelt hat, Carl Heinrich von Bogatzky[1]). Derselbe hat zuerst 1721 das „Güldene Schatzkästlein" aus Bibelsprüchen und Liederversen als ein Mittel zur Fixirung religiöser Betrachtungen zusammengesetzt. Jedoch seine erste selbständige Schrift ist „Kurze und einfältige, jedoch gründliche und erbauliche Gedanken von der wahren Bekehrung eines Menschen zu Gott", anonym erschienen 1744. Auf 38 Seiten entwickelt er in knapper und kräftiger Rede die bekannte Anweisung dazu, daß wer sich recht bis zu Christus bekehren will, sich das Gefühl gänzlicher Armuth und ausschließlicher Verderbtheit in der Sünde erwerben muß. Hiemit gewinnt man das Armenrecht auf den Himmel, dem gemäß man sich in das Himmelreich hineinbettelt. Ohne diesen Grad der Demuth empfängt man in dem Glauben an Christus keine Vergebung, keine Beruhigung und Frieden. Aber ferner muß man sich immer im Glauben mit dem Herrn Jesus beschäftigen, in ihm allein Ruhe und Frieden suchen, an seinem Heil, seiner Gerechtigkeit als unserem schönen Brautschmuck sich vergnügen; sonst entsteht Zerstreuung, Strauchelung, endlich gar der Fall. Besondere Versicherung und Versiegelung dieses Genusses wird jedoch nicht in Aussicht gestellt. Vielmehr soll das Gefühl der Sünde und Armuth in dieser Anschauung von Christus fortdauern. „Denn der Herr Jesus und ich schicken sich recht wohl zusammen, wenn ich mich gleich noch so verderbt und elend fühle", oder vielmehr weil ich mich so fühle. Denn für den Arzt muß ich krank, für den reichen Geber arm, für der Sünder Heiland Sünder sein. Diese Betrachtung, welche wiederum nur scheinbar mit Breithaupt (S. 403) übereinkommt, da Bogatzky die gesetzliche Haltung ausschließt, hat er stets gegen die abweichende Ansicht aufrecht erhalten[2]). Als ihm die Behauptung entgegentrat, wer die Versicherung der Vergebung der Sünden nicht hätte, sei noch kein Kind

1) Ueber dessen Leben ist nachher Capitel 41 zu vergleichen.

2) Lebensbeschreibung S. 219.

Gottes, widersprach er. Und als die Anderen die Gotteskindschaft beim Mangel der Versicherung zwar zugestanden, aber es mißbilligten, daß man Solchen diese Qualität zuspreche, bis Gott selbst sie dessen gewiß machte, so verlangte er gerade diesen Trost für die Blöden und Zaghaften, indem er vor dem beständigen Treiben, ja Uebertreiben jener Versicherung warnte, welches nach seiner Erfahrung nachtheilige Folgen nach sich zöge [1]). Das letztere wird ja der Fall sein; allein welches ist der Sinn der Verzichtleistung auf das Gefühl der Versicherung? Man soll das Gefühl der Unseligkeit, welches an der vorgeschriebenen Steigerung der Erkenntniß der Sünde haftet, und nach der ursprünglichen Anweisung die Anwartschaft auf ein ebenso umfassendes Gefühl der Seligkeit in der von Gott unmittelbar eingeprägten Vergebung der Sünden gewährt, schon durch die nüchterne Reflexion compensiren, daß man mit jener Unseligkeit am besten zu dem Heiland paßt. Wenn man nun, wie Bogatzky annimmt, dadurch Ruhe gewinnt, so würde dieselbe die Versicherung sein, welche der bisher genährten Unseligkeit ein Ende macht. Allein darauf kommt es ihm nicht an; zugleich fordert er, daß mit dem Gefühl der Armuth die Unseligkeit fortdauern soll, um die Werthschätzung des Heilandes aufrecht zu halten. Das sind nun entweder widerspruchsvolle Annahmen und Vorschriften, oder das Ergebniß ist eine dem romantischen Weltschmerz analoge Stimmung, in welcher man einen Genuß von Befriedigung gerade an die Reflexion knüpft, daß man durch seine Unseligkeit sich vortheilhaft auszeichnet. Diese Stimmung aber ist nur eine ästhetische Leistung, weil bei ihr nicht nachweisbar ist, wie sie das Motiv einer freudigen Erfüllung der sittlichen Aufgabe sein kann.

Mit dieser Anweisung Bogatzky's ist die pietistische Heilsordnung zerstückelt. Die Anforderung ist um das erstrebte Ziel verkürzt, welches weniger aus der Absicht des Bußfertigen zu erreichen ist, als die Zerknirschung über die Sünde, deshalb also von Gott erwartet wird. Die pietistische Zumuthung ist erleichtert, wenn man mit der der eigenen Absicht unterworfenen geistigen Armuth die beruhigende Reflexion verbinden darf, zu dem Heilande zu passen,

1) In diesem Zusammenhange erklärt Bogatzky: „Unter die Dinge, die schädliche Folgen haben, gehört auch dies, wenn man seine eigene Seelenführung Anderen aufdrängt, oder fast Alle nach einerlei Führung geformt wissen will". Wieviel bleibt vom Pietismus übrig, wenn dieser Satz richtig ist?

ohne dessen Wirkungen in eigenthümlicher Weise zu erfahren. Daß Bogatzky den Pietismus auf diesen verkrüppelten Fuß gesetzt hat, wird nicht dadurch widerlegt, daß er Zinzendorf gegenüber darauf gehalten hat, das Christenthum müsse als ein rechtes Ganzes verstanden werden[1]). Denn in der zuletzt angeführten Schrift verfährt er lediglich lehrhaft, um die Nothwendigkeit der Buße vor dem Glauben, die Geltung der drei Aemter Christi, die Bestimmung zur Heiligung gegen die einseitige Liebhaberei des Grafen an der Versöhnung durch die Wunden Christi zu betonen. Von der Methode der Heilsgewißheit ist in diesem Zusammenhang überhaupt nicht mehr die Rede, also auch nicht in einer Weise, welche von den oben nachgewiesenen Sätzen abwiche. Nun aber wird durch die Verzichtleistung auf die gefühlte Versicherung das System des pietistischen Lebens noch in einer andern wichtigen Beziehung verändert. Die Aufgabe der in Stufen vorschreitenden Vollkommenheit fällt für Bogatzky aus. Die Reihenfolge der Kinder, Jünglinge, Männer in Christo hat für ihn, welcher in allen Beziehungen seines Lebens keine Männlichkeit erworben hat, keine Geltung mehr. Dadurch wird auch die Stellung und der Inhalt dessen verändert, was Porst als Auszeichnung der Männer in Christo darstellt, der vertraute Umgang mit Gott und Christus. Die umfangreiche Schrift darüber, welche aus Bogatzky's Feder geflossen ist[2]), verräth das Gegentheil der Zurückhaltung, in welcher Porst die Sache mehr angedeutet als verrathen hat. Obwohl der Jüngere sich selbst als schwach und blöde im Glauben, also als Kind beurtheilt, will er die Gläubigen, die ihm in diesem Charakter gleich sind, gerade zu dem vertraulichen Verkehr mit Gott locken, in welchem er selbst noch nicht geübt zu sein erklärt. Das Muster des Hohenliedes bildet auch in dieser Darstellung den Hintergrund. Allein die Anleitung dazu, daß man ununterbrochen und immer im Gebet alle kleinen Nöthe dem Herrn Jesus vortragen soll, würde nur für Menschen passen, welche wie Bogatzky beruflos und ohne

---

1) Vorrede zu „Die Weide des Glaubens an Christo dem Lamme Gottes", 1746. Vorrede zu „Evangelische Uebung des Christenthums oder Freiheit der Gläubigen vom Gesetz", 1750. „Das rechte Ganze im Christenthum nach der ganzen Heilsordnung", 1751.

2) Einer gläubigen Seele vertrauter Umgang mit Gott und unserem Heiland Jesu Christo. 1752. 552 Seiten.

Arbeit leben, und würde dieselben gerade in die kleinliche und unsichere Haltung verstricken, welche er in seiner Lebensbeschreibung kund giebt. Denn die Regel, welche er jener Zumuthung zu Grunde legt, daß man einem guten Freunde Alles, auch das Kleinste sagt, ist vielleicht in seiner Erfahrung giltig gewesen; aber nicht Alle werden derselben zustimmen, und noch weniger die Anwendung machen, daß man so Gott den Vater und den Herrn Jesus wie gute Freunde behandeln dürfe. Sofern man sich in Gottes Vorsehung hineinzufinden hat, hat man sich vor der Art von Gebet zu hüten, welches auf einen kurzen Wechsel unserer Geschicke dringen würde. Auf kurzen Wechsel nämlich sind die kleinen Sorgen gestellt, mit welchen Gott zu behelligen nichts anderes bedeutet, als daß man sich in einer kleinlichen Gemüthsstimmung befestigt, die einem reifen und männlichen Charakter nicht ziemt. In dieser Zumuthung verräth Bogatzky die schwache Seite seines kindlichen Wesens. Hingegen ist er deswegen zu rühmen, daß er auch das rechte Lob- und Dankgebet in dem vertrauten Umgang mit Gott nöthig findet, obgleich er daran erst auf Anlaß der erhaltenen Erhörung und Hilfe denkt. Er kennt doch daneben alle empfangenen Gaben und Wohlthaten als Motive, welche unsern uneigennützigen Dank gegen Gott hervorrufen. Daß aber der Dank das Uebergewicht über das Bitten haben soll, diese Erkenntniß ist bei einem Manne aus Francke's Schule nicht zu erwarten.

Wenn man mit Theilnahme und Achtung den Aufschwung der Richtung verfolgt hat, welche dem Verfall des christlichen Lebens den Anspruch auf Vollkommenheit entgegengesetzt und die Möglichkeit, die Gebote Gottes zu halten, sowie Stufen des christlichen Charakters behauptet hat, so ist es betrübend wahrzunehmen, wie schnell diese Spannung verschwunden ist. Bogatzky, der Vertrauensmann aller erweckten Kreise von der Oder bis zur Elbe, der Gast des Waisenhauses in Halle, der unermüdliche Schriftsteller während eines Menschenalters, verleugnet den männlichen Charakter, in welchem Spener, A. H. Francke, Porst, Steinmetz, jeder in seiner Weise sich darstellen. Die Kindlichkeit, in welcher er, wie wir noch sehen werden, sein Leben geführt und in hohem Alter beschrieben hat, ist von greisenhafter Schwäche auch in der Beziehung nicht zu unterscheiden, wie er die Aufgaben des Pietismus einschränkt. Die Art aber, in welcher dieses geschieht, läßt erwarten, daß der Pietismus in einer reflectirten Manier erstarrt. Denn wenn man mit der gesteigerten Unseligkeit im Gefühl seiner Sünden den nüchternen Trost verbinden soll, so am besten zu dem Heiland der Sünder zu passen, so wird auch die erstere Erkenntniß alsbald in einer conventionellen Formel abgemacht werden. Der bessere Fall unter diesen Umständen ist eine quietistische Haltung, die jedoch an sich gegen die ursprüngliche Methode des Pietismus indifferent ist, und ohne die vorgeschriebenen Gemüthsbewegungen erreicht werden kann [1]). Denn man kann die Erkenntniß, der vornehmste Sünder zu sein, in derselben nüchternen Reflexion feststellen, in welcher man das Urtheil bildet, daß man als solcher gerade dem Heiland angemessen ist. Damit aber kommt man auf dem Boden der rechtgläubigen Stimmung an, welche den Urhebern des Pietismus nicht als das rechtschaffene Christenthum erschienen ist. Es ist wohl nicht zufällig, und auch nicht blos aus der gewerbsmäßigen Schriftstellerei erklärbar, daß eine große Zahl der von Bogatzky herausgegebenen Schriften, mit Einschluß seines „Täglichen Hausbuches der Kinder Gottes“ (1748. 49. Zwei Bände in Quart) durchaus doctrinäres Gepräge trägt [2]). Indem er andererseits das Christenthum für die einzelnen Berufskreise und Stände wirksam zu machen sucht [3]), läßt er sich zu einer Methode

1) Graf Christian Friedrich von Stolberg-Wernigerode (1746—1824) schreibt aus Halle 13. Februar 1766 an eine seiner Schwestern: „Erkennst Du Dich für die vornehmste unter den Sündern, so wird Dir Barmherzigkeit widerfahren, wenn es Dir gleich nicht so scheint. Durch die Erfahrung dieser Wahrheit wirst Du von Zeit zu Zeit immer zufriedener mit den Leitungen Deines guten Gottes werden. Du hast, nach Deinem Zeugniß, diese selige Ruhe schon öfters geschmeckt, und gewiß wirst Du sie noch mehr schmecken. Halte Dich nur ans Wort und nicht an süße Empfindungen. Sind sie aber zuweilen vorhanden, so genieße sie mit dankbarem Herzen. Ich bitte Gott, daß er Dich wolle recht leidentlich und stille machen, und Dir die Fassung schenken, daß sein Geist in Dir hervorbringen könne, was Dir nützlich und heilsam ist“.

2) Dahin gehören: Schriftmäßige Bewegungsgründe zu einer wahren frühzeitigen Bekehrung. 1750. Nöthige Warnung und Verwahrung vor dem Rückfall. 1750. Die überschwengliche Erkenntniß Jesu Christi. 1752. Betrachtungen von der Menschwerdung und Geburt Christi. 1753. Das Leben Christi auf Erden. 1753. Betrachtungen über das Leiden Christi. 2 Theile. 1753. Betrachtungen über die Auferstehung Christi. 1754. Das Leben Christi im Himmel. 1754. Betrachtungen über das ganze Neue Testament. 1755.

3) Reisegespräch vom Wege der Seligkeit für Fuhrleute und Landleute.

herab, welche in der Aufklärungsepoche weiter ausgeführt worden ist.

Unter den Dichtern, welche dem Pietismus angehören, sind verschiedene Gruppen zu unterscheiden. Die Anregung Spener's wird man am einfachsten an Henriette Katharina von Gersdorf, geborenen Freiin von Friesen [1]) beobachten können. Neben ihren poetischen Betrachtungen über die Sonn- und Festtags-Evangelien, Passionsbetrachtungen und Neujahrsgedanken kommt es hauptsächlich auf 99 Lieder nach gebräuchlichen Melodieen an. Diese Lieder, welche meistens von ansehnlicher Länge sind, verrathen freilich wenig poetische Gabe, und haben sich auch nicht gerade für den kirchlichen Gebrauch geeignet. Dreizehn von ihnen beziehen sich auf die Jahresfeste der Kirche; alle übrigen sprechen die Zuversicht auf Gottes Gnade und Güte, den Entschluß zur Geduld im Leiden, das Lob und den Dank gegen Gott aus. In den Weihnachts- und Karfreitagsliedern begegnet man manchen nackten dogmatischen Sätzen:

Im Anfang war das Wort, eh' etwas ist gewesen,
Da war das Wort bei Gott in unzertrenntem Wesen,
Und Gott war selbst das Wort, von Ewigkeit
War solches schon bei Gott vor aller Zeiten Zeit. —
Der Tod hat auch sein strenges Recht, das ihm der Fluch gegeben,
Verscherzt an diesem Gottesknecht, den er, da doch sein Leben
Nie unter seine Macht gehört,
So frech erwürgt hat und zerstört,
Sein Stachel ist verloren. —

1754. Der christliche Haus- und Ehestand. 1756. Der christliche Schulhalter. 1762. Der christliche Diener und Unterthan. Der christliche Handwerksgeselle. Von der christlichen Herrschaft und Obrigkeit. 1764. Der gottselige und christliche Hofmann. 1767.

1) Geboren 1648, war sie vor ihrer Vermählung mit Nicolaus von Gersdorf, Geheimerathsdirector und Landvogt der Oberlausitz (1672) durch ihre gelehrte und künstlerische Bildung nicht minder berühmt als die Schurman. Als Wittwe seit 1702 in Großhennersdorf wohnhaft, erzog sie seit 1704 ihren Enkel, den Grafen Ludwig von Zinzendorf. Sie ist ein Mittelpunkt der pietistischen Gesellschaft gewesen, in welcher auch Petersen Zutritt und Unterstützung fand (S. 241). Gestorben 1726. Ihre „Geistreichen Lieder und Poetischen Betrachtungen", 1729, hat Zinzendorf mit einem Gedicht eröffnet. Ueber ihre Stellung zu Francke vgl. Kramer II. S. 17.

Die feurig starke Liebesglut hat dich für mich gebraten;
Nun aber ist der Feinde Wuth dir zum Triumph gerathen.
Du hast nun als ein starker Leu dein Leben wohl gerochen,
Die Feind' erlegt und ganz entzwei der Hölle Schloß zerbrochen.

Indessen nehmen diese Lieder zugleich ihre Wendung stets zu der subjectiven Heilserfahrung. Als Voraussetzungen kommen die Formeln vom Wurm oder der Made, welche der Mensch ist, zur Geltung; das eine Weihnachtslied bewegt sich in der Ausführung des Gedankens, daß Gott nun den Vermählungsrath mit uns und seinem Sohn vollzogen hat, wobei nur das zu vermissen ist, daß die Geltung dieser Anschauung nicht streng für uns, die Gemeinde, durchgeführt ist, sondern mit der Anwendung auf die einzelne Seele als Braut abwechselt. Aber in der andern Klasse der Lieder findet sich nichts von diesem Colorit; in ihnen findet die lutherische Frömmigkeit ihren vollen und wahren Ausdruck. Anstatt hievon Proben zu geben, genügt es mir, aus dem Gedichte, welches Zinzendorf der Liedersammlung vorgesetzt hat, folgende Zeilen zur Charakteristik der Dichterin anzugeben:

Ihr bewährtes Mittel war Beten, Glauben, Stillesein,
Und auf ihres Gottes Wink weder Kreuz noch Arbeit scheun.
Wer dies von ihr lernen will, kann in diesen Blättern lesen,
Was bei ihrem ganzen Lauf ihre beste Kunst gewesen.

Ein ganz anderes Gepräge tragen die Lieder von Joh. Christian Lange (S. 323). Es entspricht seiner Stellung zu Petersen und Arnold, daß er in seinen von Freylinghausen aufgenommenen Liedern [1]), dem Genuß der bräutlichen Liebe mit Christus und der Erwartung des Falles Babels in der römischen wie in den anderen Kirchen einen nicht ganz geschmackvollen Ausdruck verleiht. Unter den Prädicaten, welche er in „Mein Herzens-Jesu, meine Lust" auf den Herrn häuft, begegnen wir folgender Zusammenstellung:

(61) Du bist mein Trost im Herzeleid,
Mein Lustspiel, wenn ich lache,
Mein Tagewerk, das mich erfreut,
Mein Denken, wenn ich wache,
Im Schlaf mein Traum und süße Ruh,

---

1) Die den Proben beigefügten Nummern bezeichnen die Lieder aus dem ersten Theil des Gesangbuchs.

Mein Vorhang, den ich immerzu
Mir um mein Bette mache.

Auch die umgekehrte Combination auszusprechen scheut er sich nicht:

(546) Mein Jesu, der du mich zum Lustspiel ewiglich dir hast erwählet,
Sieh wie dein Eigenthum des großen Bräutgams Ruhm so gern erzählet.

Geradezu fanatisch ist das Lied: „Glück zu Kreuz von ganzem Herzen, komm du angenehmer Gast". Hier kommen folgende Sätze vor:

(402) Wohl dir, Schwester Katharina, dich erfreut die Folterbank ....
Brät Laurentius in Freuden doch auf jenem Feuerrost ....
Drum so kommt ihr Kreuzesbrüder, folget unserm Bruder nach,
Kommt und singt ihm neue Lieder mitten in der Todesschmach.
Band' und Striemen sind uns Kronen, unser Schmuck und Eigenthum,
Und die Kerker sind wie Thronen, Schmach und Schande unser Ruhm.

Der Mann war, ohne solche Erfahrungen zu machen, mit 28 Jahren Professor in Gießen! Für ein Martyrium, wie er es besungen hat, war damals in Kursachsen keine Aussicht. Durchaus fanatisch ist auch die Uebersetzung einer lateinischen Ode von Petersen: „Auf Triumph, es kommt die Stunde, da sich Zion die geliebte, die betrübte hoch erfreut". Gegen allen guten Geschmack verstößt es, daß in dem Liede das bekannte Prädicat Babels in den derbsten Ausdrücken vorgeführt wird. Dabei ist, nicht blos für Löscher, besonders anstößig der Satz:

(534) Deine (Roms) Schwestern groß und kleine
Laufen mit dir nach den Buhlern,
Daß du nicht alleine bleibst.

Sieht man von diesem Manne ab, der eben zu einer andern Gruppe gehört, so sind die Dichter, welche persönlich in der Nähe von Francke stehen, im Ganzen von gemäßigter Haltung, aber auch von wenig hervorragender dichterischer Kraft. August Hermann Francke selbst hat mit dem schon (S. 264) berührten Liede: „Gottlob ein Schritt zur Ewigkeit" den überlieferten Ton der Brautliebe zu Christus angeschlagen, der in seiner Genossenschaft mehr oder weniger stark weiter klingt. Mehr in dem Geiste, welcher sein Lebenswerk bezeichnet, ist das Lied, welches im Anhang zu diesem Capitel mitgetheilt wird, weil es der Zuversicht auf Gott einen glänzenden, der Geduld aber einen fast quietistischen Ausdruck verleiht, wobei der 5. und 6. Vers ohne Schaden fehlen könnten. Unter den 20 Liedern von Joh. Caspar Schade, welche in dem Ersten Theil des Gesangbuches von Freylinghausen stehen, und überwiegend auf Liebe Christi und Gegenliebe, auf Geduld und Entsagung von der Welt sich beziehen, ist eines (437) ansprechend: „Sei getreu in deinem Leiden, lasse dich kein Ungemach von der Liebe Christi scheiden, murre nicht mit Weh und Ach" u. s. w. Daß die Tendenz des Pietismus auf das wahre und rechtschaffene Christenthum im Gegensatz gegen das oberflächliche und falsche nicht gerade in der Poesie zur Darstellung gebracht werden kann, mag man aus einem 16 Verse langen Lied von Schade (244) lernen:

Du sagst, ich bin ein Christ! Wohlan wenn Werk und Leben
Dir dessen, was du sagst, Beweis und Zeugniß geben,
So steht es wohl um dich. Ich wünsche, was du sprichst,
Zu werden alle Tag', nämlich ein guter Christ.

Weil diese Antithese nur in sehr nüchterner Weise erläutert werden kann, findet die praktische Aufgabe des Halle'schen Pietismus keine vorherrschende dichterische Darstellung; vielmehr wirken die gesunden wie die ungesunden poetischen Motive der vorangegangenen Periode in dem Francke'schen Kreise fort. Während nun die Lieder von Freylinghausen selbst ohne Ausnahme unbedeutend sind, verfügt Joh. Daniel Herrnschmid über eine glänzende, schwungvolle Form. Aber mit diesem Vorzug ist ein Mangel an Einfachheit verbunden, welcher seinen Liedern zum Lobe Gottes, zur Empfehlung von Geduld und Gelassenheit, von Buße und Bekehrung das Gepräge gekünstelter Producte verleiht. Diesem Dichter ist Christian Friedrich Richter[1]) in der schwungvollen Darstellung gleich, an Leichtigkeit und Durchsichtigkeit der Rede überlegen. Er erscheint als der dichterisch am meisten Begabte in diesem Kreise. Er versteht es auch, die Aufgabe der Buße in treffender und geschmackvoller Weise zu bezeugen, theils als Object der Erinnerung vom

1) Geboren zu Sorau 1676, Arzt des Waisenhauses in Halle, gestorben 1711.

Standpunkt des erreichten Friedens aus, so daß der zurückgelegte Weg bald als schwer bald als leicht erscheint, theils in der Form des Gebets und der Klage. Jene Betrachtungsweise ist die häufigere; allein für die directe Vergegenwärtigung der Reue sind von großer Wirkung die Lieder: „Wirf ab von mir das schwere Joch der Sünden" (274) und: „Hüter wird die Nacht der Sünden nicht verschwinden?" (599). Zugleich setzt Richter wenigstens in einzelnen Proben die passionirte Liebe zu Christus fort. Sein Lied: „Mein Salomo, dein freundliches Regieren" (II. 512) macht starken Gebrauch von der Prätension der Freundschaft mit Christus. Uebrigens singt Richter:

(349) Nenne mich nur deine Braut,
Nenne mich nur deine Taube,
Mache mich dir recht vertraut,
Mache, daß ich an dich glaube.....

(454) Die sanfte Bewegung, die liebliche Kraft,
Die bei mir sich reget und die mich beweget,
Hat Jesus, mein holder, mein treuer geschafft.
Der hat mich berührt, den hab ich verspürt,
Sein freundlicher Scherz erquicket mein Herz....

(512) Drum wer sollte sonst was lieben
Und sich nicht beständig üben,
Des Monarchen Braut zu sein?
Muß man gleich dabei viel leiden,
Sich von allen Dingen scheiden,
Bringt's ein Tag doch wieder ein.....
Ohne Fühlen will ich trauen,
Bis die Zeit kommt, ihn zu schauen,
Bis er sich zu mir gesellt,
Bis ich werd' in seinen Armen
In gar süßer Lieb erwarmen,
Und er mit mir Hochzeit hält.

Wie wenig fern diese Tonart den Genossen Spener's und Francke's gelegen hat, bezeugt weiterhin Sinold von Schütz, der sogar die Initiative zum Brautstand mit Christus nimmt:

Ich will mich mit dir verloben,
Süßer Jesu, du allein
Wirst von mir aus Lieb erhoben
Und ich bin nun gänzlich dein.

Zwar die Welt wird mich stets hassen,
Denn sie hasset dich zugleich,
Kann ich aber dich umfassen,
So bin ich vergnügt und reich.

Erst im zweiten Vers besinnt sich der Dichter darauf, daß seine Liebe zu Jesus auf seiner vorweltlichen Erwählung beruht.

Endlich sind in diesem Zusammenhang die sogenannten Köthnischen Lieder keine auffallende Erscheinung. Der Fürst August Ludwig von Anhalt-Köthen (1697—1755) war nach einander mit zwei Schwestern Gräfinnen von Promnitz auf Sorau vermählt, welche pietistisch erzogen und gesinnt waren. Durch diese beiden Fürstinnen wurde Köthen ein Mittelpunkt des Halle'schen Pietismus, obgleich das Land und das regierende Haus reformirter Confession war. Die beiden Theologen, welche den Fürstinnen zur Seite standen, waren lutherischen Bekenntnisses: Johann Ludwig Conrad Allendorf [1]), der Hofprediger, und Leopold Franz Friedrich Lehr [2]). Dieselben haben nun kleine Liedersammlungen ausgehen lassen, welche zuerst 1736 gesammelt und 1740 unter dem oben angegebenen Titel mit einigen Anhängen wieder aufgelegt worden sind. In dieser Sammlung sind die meisten Lieder von den genannten Männern; aber auch Andere, z. B. Samuel Lau (S. 475) haben Beiträge geliefert. Das Lied: „Ich habe nun den Grund gefunden" ist von Joh. Andreas Rothe, Pastor in Berthelsdorf. Da nun die Mehrzahl der Lieder der Manier von Zinzendorf nahe tritt, so könnte diese gangbare Beobachtung die Annahme begünstigen, daß man hier auf eine eigenthümliche Einwirkung des Grafen auf das Gebiet der Hallenser träfe. Indessen ist dazu gar kein Grund vorhanden, wenn man weiß, daß die Dichtung im 17. Jahrhundert gerade mit dem spielerischen Gebrauch der Bilder aus dem Hohenliede, den möglichst sinnlichen Anschauungen vom Tode Christi, und den Uebertreibungen eines doch nur ästhetischen Sündengefühls ausgestattet ist, und daß diese Manier in dem von Spener und Francke beherrschten Kreise fortgesetzt worden

---

1) Geboren 1693 zu Josbach bei Marburg, also in Oberhessen. Er wurde später Pastor in Wernigerode, 1759 zu S. Ulrich in Halle, gest. 1773.

2) Geboren 1709 zu Cronberg bei Frankfurt a. M. als Sohn eines Nassau-Idsteinschen Beamten, 1731 Hofmeister der Prinzessin von Anhalt, 1740 Diakonus in Köthen, gestorben 1744.

ist. Im Vergleich mit den Vorgängern im 17. Jahrhundert ist auch Zinzendorf's Dichtung nur Fortsetzung, und in Hinsicht des regelmäßigen Inhaltes ohne Originalität. Die Köthnischen Lieder aber unterscheiden sich von den anderen aus dem Kreise Francke's dadurch, daß die spielerische Behandlung der bekannten Themata gesteigert, und daß dieselben in dem Maße leidenschaftlicher angelegt sind, als in ihnen das amphibrachysche Versmaß mit Vorliebe angewendet wird. In einem Liede von 23 Strophen, deren jede ein neues Prädicat für das Lämmlein einführt, heißt es:

Osterlämmlein, ach wie süße
Süße süße schmeckest du;
Deiner Wunden Honigflüsse
Schaffen meiner Seelen Ruh.
Ewig Leben mir zu geben
Läßt du dich in Liebe braten;
Osterlämmlein, welche Gnaden.

Andere Proben sind:

O theurer Riß, o süße Höhle,
Laß dies verlockte Täubelein,
Die jämmerlich verletzte Seele
In dir nun ganz verschlossen sein;
Dein heilger Blut- und Wasserstrom
Mach' mich gerecht und gründlich fromm.....

Du hast mir das Herz genommen,
Meine Schwester, liebe Braut
Mit dir, mit dir, meiner Frommen
Hab ich ewig mich vertraut
Weil dein Glaube, liebe Taube, mich den Bräutgam nun will kennen,
Muß mein Herz in Lieb entbrennen.....

Außer dem Lied von Rothe zeichnen sich noch folgende Lieder in dieser Sammlung aus, von Lehr: „Mein Heiland nimmt die Sünder an", von Kunth, Pfarrer in Pölzig: „Es ist noch eine Ruh vorhanden", endlich: „Wenn der Herr in seinem Rath wird an die Gefangnen denken".

Pietistische Dichter, welche sich in verschiedenen Formen bewegen, sind Ulrich Bogislav von Bonin[1]) und Joh. Jakob Ram-

1) Geboren zu Carzin bei Cöslin 1682. Nachdem er zehn Jahre lang

bach. Die geistlichen Lieder und Arien, d. h. die singbaren Lieder von Bonin sind viel weniger zahlreich als seine meistens in Alexandrinern verfaßten Meditationen und Gelegenheitsgedichte religiösen Inhaltes. Er bewegt sich in den bekannten Anschauungen, wenn auch nicht immer in solcher Ueberschwenglichkeit, wie in einem sieben Strophen umfassenden Liede, dessen erste so lautet:

Liebe, ach Liebe! du liebende Liebe,
Laß uns dich Liebe mit Liebe umfangen,
Schenk uns der Liebe liebreizende Triebe,
Daß wir dir Liebe mit Liebe anhangen.
Laß uns dich lieben, weil du uns geliebet,
Liebende meiden das, was dich betrübet.

Rambach (S. 388) verleugnet diesen Ton keinesweges [1]); namentlich in seinen Cantaten bringt er ihn zur Anwendung. Ein Document von eigenthümlichem Geschmack sind seine „Gedanken bei dem Aderlassen":

Mein Heiland, da mein Blut aus meinen Adern fließt,
So denk ich an das Blut, das du am Kreuz vergossen.....

Es könnte diese Dichtung unerwähnt bleiben, wenn nicht auch unter den Köthnischen Liedern das 22ste „Geistliche Gedanken bei dem Aderlassen" hieße, obgleich der Text dazu keinen directen Anlaß giebt. Was jedoch bei Rambach die Hauptsache ist, er ist auch als Dichter der Schultheolog. Schon Palmer hat den Eindruck ausgesprochen, daß Rambach sich hat angelegen sein lassen, alle theologischen Lehren poetisch zu bezeugen, auch wenn sie sich zu dieser Darstellung gar nicht eignen. Diese Lieder erkennt man schon an ihren Ueberschriften: Ueber das Wesen, die Wahrheit, die Majestät, die Allmacht, die Allgegenwart und Allwissenheit, die vollkommene Weisheit Gottes, über die ewige Gnadenwahl. Andererseits wird die Deutung der menschlichen Vollkommenheit Jesu specificirt: Ueber die Treue, die Demuth und Geistesarmuth, die Geduld, die Mäßigkeit und Wachsamkeit des Herrn Jesu, über seinen Beruf als Lehrer. Dieses Lied:

Soldat gewesen, studirte er von 1710 an in Halle Theologie, war darauf Erzieher des Grafen Heinrich XXIX. von Reuß zu Ebersdorf, später Rath desselben, gestorben 1752. Seine Gedichte erschienen als Theophili Pomerani Poesieen auch Freuden= und Trauergedichte. Greiz 1727.

1) Gesammelte Geistliche Gedichte. Jena 1740.

O Lehrer, dem kein Lehrer gleich
An Weisheit, Lieb' und Eifer reich
Gefallner Sünder Licht und Rath,
Prophet, berühmt durch Wort und That.....
Du wiesest uns die wahre Spur
Zu Gott, dem Schöpfer der Natur,
Du hast den Weg uns recht gezeigt,
Auf welchem man zum Himmel steigt....
Das Lehramt, welches du geführt,
Hast du mit Heiligkeit geziert,
Mit Wundern hast du es bestärkt,
Die deine Feinde selbst bemerkt,
Und als die Zeit herangerückt,
Ein blutig Siegel drauf gedrückt....

hat Rambach den Verdacht zugezogen, daß er direct in die Aufklärung umzuschlagen verspreche. Indessen darf dieses Gedicht nicht von den Documenten seiner Rechtgläubigkeit isolirt werden, oder man wird in bekannter Weise ungerecht. Wenn man jedoch in dieser Darstellung ein Symptom der theologischen Umstimmung erkennen soll, so verräth dasselbe nicht die Neigung des Pietismus zur Aufklärung, sondern die Disposition des rechtgläubigen Theologen zur Zersetzung des Systems, dessen Glieder durch keinen einheitlichen praktischen Zweck geordnet und beherrscht sind. Die oben bezeichnete Rücksicht Rambach's auf die Vollständigkeit des Systems erklärt auch die Abfassung des Liedes über die Vermählung Jesu Christi mit seiner Kirche:

Kommt, wertheste Seelen, betrachtet die Ehe,
Die Christus mit seiner Gemeine gemacht....

Der Pietismus hat für diesen seit Spener (S. 28) verschollenen Gedanken kein Verständniß; aber es ist bemerkenswerth, daß er für Rambach wieder vorhanden ist. Uebrigens ist die poetische Kraft von Rambach nicht höher als diejenige, welche Bonin bewiesen hat.

Die doctrinäre Absicht, in welcher Rambach die Lücken der Liederdichtung in den ungedeckt gebliebenen Themata hat ausfüllen wollen, beherrscht die Dichtungen von Ernst Gottlieb Woltersdorff[1]) vollständig. Nicht nur repräsentirt das Verzeichniß

---

1) Geboren zu Friedrichsfelde bei Berlin 1725, Prediger zu Bunzlau

derselben einen Entwurf der Glaubenslehre, sondern der Lehrzweck nimmt den Dichter so sehr ein, daß vielfach polemische Excurse in seine Lieder eingestreut, und nicht einmal die Lob- und Danklieder von doctrinären Ueberlegungen frei sind. Die pietistischen Dichter finden fast sämmtlich sehr schwer das Ende ihrer Gedichte, aber an die Länge der Woltersdorff'schen Dichtkunst reicht Keiner heran. Scheinen Andere mit Liedern von 20 Strophen schon große Ansprüche an die Geduld ihrer Leser oder Mitsänger zu machen, so ist das geringfügig gegen die Leistungen dieses Dichters, welcher ein Lied von der Kirche in 263 Strophen geschmiedet hat. Es ist wirklich so, als wenn Woltersdorff sich vorgesetzt hätte, den Satz der Augsburgischen Confession wahr zu machen, die deutschen Lieder seien dazu bestimmt, das Volk zu belehren. Gleich das erste Lied führt die Ueberschrift: Das Nöthigste von den verschiedenen Religionen, Kirchen und Secten zum kurzen Unterricht für die Einfältigen, nach der Melodie: Nun danket alle Gott. Wie wird es sich gesungen ausnehmen:

2. O Mensch, damit du nicht den rechten Weg verfehlest,
Und das was schädlich ist, für wahres Heil erwählest,
Noch gar bei dir gedenkst, daß Alles einerlei,
So komm und lerne hier, was Licht und Dunkel sei.

5. Ein großer Theil von uns sind jene griechschen Christen,
Die sehr verschieden sind, theils gleichen den Papisten,
Theils übertreffen sie an reinem Unterricht
Und nähern sich schon mehr dem hellen Gnadenlicht.

6. Verdienst und Götzendienst erfüllt des Papstes Lehre,
Sie nimmt dem Volk die Schrift, giebt Menschenwort die Ehre,
Ist Irrthums voll, vermehrt der Sacramente Zahl,
Herrscht mit Gewissenszwang, verfälscht das Abendmahl.

7. Die Reformirten sind vom Papstthum ganz geschieden;
Doch haben sie und wir noch nicht vollkommen Frieden.
Theils ist uns ihr Begriff vom Abendmahl zu schlecht,
Theils lehren Etliche die Gnadenwahl nicht recht.....

Der Dichter steht in dem Bewußtsein, die lutherische Kirche in correctester Weise zu vertreten. In dem Lied von der Kirche (56) heißt es:

---

in Schlesien 1748, gestorben 1761. — Die verschiedenen Sammlungen seiner Gedichte, 1750. 51 zusammengefaßt in: Evangelische Psalmen, herausgegeben von Schneider. Dresden 1839. 4. Aufl. 1855.

34. Wir haben Wort und Lehre rein,
Ein jeder kann versichert sein,
Daß er sich nichts zum Schaden glaubt,
Weil man ihm nicht die Prüfung raubt;
Und daß man unsere Glaubensbücher schilt,
Verachten wir, weil der Beweis nicht gilt.

Seine Rechtgläubigkeit aber ist sehr zweifelhaft; denn er rechnet als drittes Gnadenmittel neben Wort und Sacrament zu deren Unterstützung den Geist Gottes. Indessen so weit seine Absicht in Betracht kommt, können wir an Woltersdorff's Dichtung eine Veränderung der Richtung im Vergleich mit dem Ursprung des Pietismus nicht verkennen. Während derselbe gerade in der Dichtung seine Art an der Begeisterung für rechtschaffenes Christenthum, an dem subjectiven Entschluß der Weltverleugnung, an der Gewißheit der Versöhnung besitzt, kehrt der jüngste Dichter in der Gruppe zu dem mißlichsten Gebrauch der Poesie, nämlich dem des Unterrichts in der christlichen Lehre zurück, und zwar in einem Umfang, welcher bis dahin nicht vorgekommen ist. Diese Veränderung verräth es, daß dem Pietismus nicht mehr die Rechtgläubigkeit gegenübersteht, welche ihm von 1689—1730 das Recht des Daseins bestritten hat. Um die Mitte des Jahrhunderts darf Woltersdorff den Pietismus als die Rechtgläubigkeit behaupten, wahrscheinlich ohne Widerspruch zu erwarten. Aber zugleich giebt sich an seiner Dichtungsart kund, daß der Antrieb subjectiver Frömmigkeit, der den Pietismus hoch getragen hat, in diesem Vertreter sich zu erschöpfen im Begriff ist. Denn auch die Lieder von subjectiver Haltung, die bei Woltersdorff vorkommen, wiederholen theils nur die bekannten Stichworte, theils sind sie mit so vielen Anklängen an ältere Dichtungen erfüllt, daß eine Fortsetzung dieser Dichtungsart als überflüssig erscheint. In anderer Weise machen Bogatzky's Gedichte [1]) die Erschöpfung der dichterischen Kraft des Pietismus anschaulich. Sie behaupten die subjective Haltung, welche der Richtung zukommt, sie machen dem kindlichen Gemüth ihres Verfassers und seiner aufrichtigen Frömmigkeit alle Ehre, sie sind von maßvollem Ausdruck und ohne leidenschaftlichen Rhythmus; in ihnen hat der Dichter sich über die Unsicherheit seines Heilsbewußtseins, die ihn in seinem Leben begleitet hat, erhoben. Allein

1) Die Uebung der Gottseligkeit in allerlei geistlichen Liedern. Halle 1750.

die Fülle von 362 Liedern, welche der Dichter in seinem 60sten Lebensjahr veröffentlichen konnte, läßt nicht auf poetische Eigenthümlichkeit und Kraft in denselben rechnen. Die Fertigkeit in Reimen zu reden oder zu schreiben, welche dem schlesischen Dichter beigewohnt hat, hat aber in dieser Art Nichts für Andere zu leisten übrig gelassen. Bogatzky und Woltersdorff sind demgemäß die letzten Dichter in der Gruppe des Halle'schen Pietismus.

Anhang.

Lied von A. H. Francke.

1. Was von außen und von innen täglich meine Seele drückt,
Und hält Herz, Gemüth und Sinnen unter seiner Last gebückt,
In dem Allen ist dein Wille, Gott, der aller Unruh wehrt,
Und mein Herz hält in der Stille, bis es deine Hilf erfährt.
2. Denn du bist mein Fels auf Erden, da ich still und sicher leb,
Deine Hilfe muß mir werden, so ich mich dir übergeb.
Dein Schutz ist mein Trutz alleine gegen Sünde, Noth und Tod;
Denn mein Leiden ist das deine, weil ich dein bin, o mein Gott.
3. Auf dich harr ich, wenn das Leiden nicht so bald zu Ende eilt;
Dich und mich kann's nimmer scheiden, wenn's gleich noch so lang verweilt.
Und auch dies mein gläubig's Hoffen hab ich nur allein von dir;
Durch dich steht mein Herz dir offen, daß du solches schafffst in mir.
4. Bei dir ist mein Heil und Ehre, meine starke Zuversicht.
Willst du, daß die Noth sich mehre, weiß ich doch, du läß'st mich nicht.
Meint der Feind mich zu erreichen und zu werfen unter sich,
Will ich auf den Felsen weichen, der wirft alles unter mich.
5. Lieben Leute, traut beständig auf ihn als auf euern Hort;
Er ist Gott und heißt lebendig, ist euch nah an jedem Ort.
Wenn und wo euch Hilfe nöthig, da klopft an, er ist zu Haus,
Kommt und ist zur Hilf erbötig, schütt't das Herz nur vor ihm aus.
6. Aber wie kann's dem gelingen, der auf Fleisch die Hoffnung richt't?
Große Leut' sind sammt geringen in der Noth gar ohn Gewicht.
Traut doch lieber auf den Einen, welcher Lieb und Allmacht hat,
Daß er helfen will den Seinen, und beweisets mit der That.
7. Auf dich mein Gott bau ich feste, geh in aller Stille hin;
Denn zuletzt kommt doch das Beste, und das Beste ist Gewinn.
Deine Allmacht hilft mir tragen, deine Lieb' versüßet mir
Alles Bittre, alle Plagen, darum bin ich still zu dir.
8. Laß, o Seele, es nur gehen, wie es geht und sorge nicht,
Endlich wirst du dennoch sehen, daß Gott übt ein recht Gericht.

Jetzo ist er deine Stärke, daß dir gar nichts schaden kann.
Dort vergilt er alle Werke, so ein jeder hat gethan.
9. Breit, o Herr, doch deine Güte über mich, nimm mich in dich,
So wird hinfort mein Gemüthe stille bleiben ewiglich.
Werde alles und in allen, gieb uns, daß wir dir allein
Trachten allzeit zu gefallen, so wird alles stille sein.

---

41. Verbreitung des Pietismus und Charakterbilder desselben.

In der Vorrede zu dem ersten Stück der Sammlung auserlesener Materien zum Bau des Reiches Gottes (1731) sagt der Herausgeber, Jerichow: Wir leben jetzt in einer Zeit, die vor vielen anderen einen besondern Vorzug hat. Den Leuten gehen immer mehr die Augen auf einzusehen, was schwarz oder weiß ist, ihr Geschmack will sich nicht mit purem Winde abspeisen lassen. Man fragt überall nach Solidität und Grund; an allen Enden finden sich Seelen, die der Träberkost satt und überdrüssig sind und des fremden Schandjoches der Sünden lieber müßig gehen wollen. So viel Licht hat die Christenheit seit der Apostelzeit kaum gehabt. Die mancherlei guten Gaben und geistlichen Kräfte, so Gott seinen Kindern und Knechten bereits geschenkt hat, sind ganz ausnehmend. Die da gern wollten, daß Zion gebaut werde, finden dazu überall Steine und Kalk schon zugerichtet. Im 5. Bande der Fortgesetzten Sammlung S. 770 findet sich eine poetische „Freudenbezeugung über den gesegneten Bau des Reiches Gottes in unseren Tagen, bei Gelegenheit der Hochzeit eines Lehrers in Pommern" (1735); hier heißt es:

Seit der Apostel Zeit ists kaum so licht gewesen,
Als es im Christenthum nunmehro worden ist.
Wo läßt das Alterthum uns solche Nachricht lesen,
Als man zu unsrer Zeit vom Reiche Gottes liest?
Gott hat sich aufgemacht sein Zion aufzubauen .....
Wann hat die Kirche doch in alt- und neuern Zeiten
Das theure Wort des Herrn so reichlich wohl gehabt?
Ist jeder nicht bemüht, es weiter auszubreiten?

Es wird auf die Missionen in Indien und Nordamerika hingewiesen. Ferner:

Baut unser Landesherr nicht selbst an Gottes Reiche?
Sucht Seine Majestät nicht selber Lehrer aus?
Er bessert Kirch und Schul, wie wen'ge thun's Ihm gleiche;
Gott baue doch dafür auch seinen Thron und Haus.

Sehen wir von Friedrich Wilhelm's I. Verdiensten ab, so ist die günstige Veränderung der allgemeinen Lage des Pietismus in dem vierten Jahrzehnt des Jahrhunderts durch zwei Edicte in Kursachsen und in Dänemark deutlich bezeichnet. Dort, wo die erste Proscription durch die Staatsgewalt vierzig Jahre vorher eingetreten war, erließ 1731 das Oberamt des Markgrafthums Oberlausitz im Namen des Kurfürsten von Sachsen ein Mandat an alle Geistlichen, worin der gehässige Gebrauch der Wörter Pietist und Pietismus verboten wird, unter welchen öfters redliche und unbescholtene Leute und Lehrer mit unerwiesenen Irrthümern fälschlich belastet worden sind. Auf die Nichtachtung dieses Verbotes wird Suspension, bei hartnäckiger Uebertretung Remotion vom Amt angedroht. Ebenso verbot unter 7. October 1733 Christian VI. für seine Königreiche Dänemark und Norwegen das Schelten auf den Kanzeln gegen die sogenannten Pietisten bei Strafe von 50 Thalern, im Wiederholungsfall von 100 Thalern, die an das nächste Hospital zu entrichten sind. Ebenso gestattet eine Kurhannover'sche Verordnung vom 8. Juni 1734, indem sie die separatistischen Vereinigungen verbietet, Conventikel innerkirchlicher Art[1]).

Hiemit war der Pietismus über das Königreich Preußen hinaus in den maßgebendsten Gebieten öffentlich legitimirt. Um diese Zeit und etwas später kommt auch ein Umstand zur Sprache, welcher die Stellung des Pietismus in der Gesellschaft beleuchtet. Nämlich in bestimmter Begrenzung auf einen besondern Fall sagt Menoza von dem gräflichen Hofe, wohin ihn der von ihm unterstützte junge Graf führte: An diesem Hofe war in der That etwas vom wahren Christenthum zu spüren, obgleich es dabei auch an Heuchelei nicht fehlte, welche sich an etlichen Bedienten ziemlich deutlich spüren ließ. Dieser war der erste Ort in der Christenheit, wo ich vermerkte, daß die Gottesfurcht in solchem Ansehen stand, daß man es der Mühe werth hielt, einen Heuchler abzugeben[2]). Ganz im

1) Walch a. a. O. V. S. 487. 506. 545.
2) Menoza (1742. 43) S. 297.

Allgemeinen aber bezeugt Sinold[1]) vielleicht schon für eine frühere Zeit: Wenn sie (gewisse unfruchtbare Zweige in der Christenheit) in der Gesellschaft wahrer Kinder Gottes sind, so wissen sie dermaßen erbaulich zu reden, über die Bosheit der Welt zu klagen und das Verderben aller Stände so deutlich vorzustellen, daß man meinen sollte, sie würden, wenn es in ihrem Vermögen stände, die Gottlosigkeit auf einmal ausrotten. Unter Weltkindern aber führen sie deren Sprache und geben kund, daß sie mit deren Treiben übereinstimmen. Ebenso sagt Steinmetz[2]): Es ist sonst so Mode unter den heutigen so genannten Christen, daß sie, wenn sie zu Kindern oder Knechten Gottes kommen, sich frömmer zu stellen suchen, als sie sind. Was Menoza erzählt, kann nicht befremden. Daß Personen, welche in gesellschaftlicher Abhängigkeit von pietistischen Herren oder Wohlthätern standen, sich dem Tone anbequemten, welchen jene angaben, ist verständlich. In dieser Beziehung war auch Francke der Studenten nicht sicher, denen er im Waisenhause Freitisch gab. Als Büsching's Vater (geb. 1694) zum juristischen Studium nach Halle kam, traf er auf einem benachbarten Dorfe solche Waisenhäusler an, welche sich wüst betrugen und ein Lied sangen, dessen Refrain lautete: Hier sieht uns Francke nicht, nachher aber in der Stadt dem Berichterstatter in kopfhängerischer Haltung begegneten[3]). Solche Fälle sind kein Gegenstand der Verwunderung. Etwas anderes aber bedeutet die übereinstimmende Angabe von Sinold und Steinmetz. Wenn sie in größerem Umfange richtig ist und selbständige Personen betrifft, so heißt dies, daß der Halle'sche Pietismus als die Ton angebende Macht in der Gesellschaft seit derselben Zeit aufgetreten ist, in welcher die orthodoxe Polemik verstummte, und die neue Richtung freies Feld für ihren Anbau des Reiches Gottes vor sich sah.

Allein ohne eine genauere Bestimmung wird man auch jene Angabe nicht verstehen dürfen. Sie bezieht sich ohne Zweifel auf die Kreise der Gesellschaft, in welcher sich die beiden Zeugen bewegten. Dabei hat man also an den Adel, einen Theil der Beamten

---

1) Seelenerquickende Himmelsluft, 1. Theil (1728). Zweite Aufl. 1742. S. 48.

2) Schriftmäßige Betrachtungen von der Versiegelung. S. 126.

3) Büsching, Beiträge zur Lebensgeschichte denkwürdiger Personen. VI. S. 21.

und die Geistlichkeit zu denken. Innerhalb dieser Gesellschaftsklassen wird etwa seit dem Tode von Francke das Uebergewicht des Pietismus bemerkbar geworden sein. Sie sind eben das Gebiet, auf das sich die Einwirkung der Halle'schen Schule erstreckte, und dabei kommt in Betracht, daß das weibliche Geschlecht hauptsächlich des Adelstandes der neuen Frömmigkeit sich besonders zugänglich zeigte. In Graf Henckel's „Letzten Stunden" lernen wir 58 gottselige Personen kennen. Abgesehen von 3 Kindern sind es 4 Männer adeligen und 21 bürgerlichen Standes, unter den letzteren 19 Prediger und Studenten der Theologie. Von den 30 Frauen ist die eine Hälfte aus dem adeligen, die andere aus dem höhern Bürgerstande. Aus dem Handwerker- und Bauernstande kommt Niemand vor. Man dürfte vielleicht diese Auswahl dem Stande des Verfassers anrechnen. Jedoch auch in der Fortgesetzten und der Verbesserten Sammlung auserlesener Materien zum Bau des Reiches Gottes, zusammen 7 Bände, welche Steinmetz von 1735 bis 1743 herausgab, finden sich fast in jedem Heft wie bei Henckel Darstellungen frommer Personen, namentlich ihrer letzten Lebenstage. An Zeitgenossen kommen in den 56 Stücken jener 7 Bände 43 vor, darunter 3 Kinder, 18 Männer, 22 Frauen. Von den Männern und Jünglingen sind 7 Geistliche und Theologen, unter den 22 Frauen und Jungfrauen 9 adelige. Dem Handwerkerstand gehört nur ein Bäcker in Berlin an, der Landbevölkerung 4, ein Mädchen und ein Schafhirt in Pommern, ein Bauer aus Brandenburg, eine Kinderwärterin aus Bogatzky's Familie. Daß der Pietismus, welcher dieser Zeitschrift entspricht, auf dem Lande selten gewesen ist, wird schon durch die Ueberschriften jener Beiträge verrathen: Gottes Gnade an Personen niedrigen Standes, Letzte Stunden einer armen a b e r gottseligen Frauensperson. Es liegen nun auch sonst deutliche Anzeigen davon vor, daß die pietistischen Gruppen im städtischen Handwerkerstande und in der ländlichen Bevölkerung von Nord- und Mitteldeutschland[1]) separatistisch und nicht gemäß der Halle'schen Methode gesinnt waren. Kommen solche Fälle vor, so sind es seltene Ausnahmen. Findet doch Spangenberg (S. 428) in Halle unter den Bürgern nur Fühlung mit Separatisten! Zu Francke kommen zahlreiche Adelige und Grafen auf Besuch. Ist einmal ein Bürger oder Bauer dabei, so wird es ganz besonders angemerkt[2]). Ferner stand der Bauer

1) Württemberg kommt jetzt nicht in Betracht.

2) K r a m e r II. S. 171 ff.

Jakob Schneider in Mehrow bei Berlin, welcher 1697 durch den Prediger Richler zu Arensfelde bekehrt worden war, in seinem Dorfe und der Parochie ganz allein. Die Leute verspotteten ihn als den Betkobes. Hingegen der Freiherr von Canstein suchte ihn als eine seltene Erscheinung auf, ließ ihn zu sich nach Berlin kommen, und stellte ihn 1716 auf seinem Gut Schöneberg in der Altmark als Hausvater in dem Armenhause an. Auch dort ist er mit keinem Gesinnungsgenossen zusammengetroffen, sondern nur in Seehausen mit einigen bekannt geworden, die in keine Kirche, auch nicht zum Abendmahl gingen, und den Ehestand verwarfen[1]). Als Woltersdorff 1746 die Stelle eines Katecheten zu Drehna in der Niederlausitz einnahm, fand er die vielen Erweckten der Umgegend in lauter sectirerischen Gruppen[2]). Deshalb ist der größte Theil seines Liedes von der Kirche (S. 494) der Widerlegung des Separatismus gewidmet. Sachlich kommt mit diesen Erscheinungen überein, daß Bogatzky's Lebensbeschreibung auch nicht eine Berührung des viel herum gereisten Mannes mit Gruppen bürgerlicher oder bäuerlicher Gesinnungsgenossen verräth. Personen seiner Gesinnung und bürgerlichen Standes kommen in seiner Selbstbiographie nur vor als Professoren und Geistliche, als Beamte des Waisenhauses in Halle, ein Rath des Herzogs von Sachsen-Saalfeld, Walbaum, vielleicht noch zwei oder drei zufällig Begegnende und drei ältere unverheirathete Damen in Halle und in Schlesien. Die Demuth, welche dem Manne unzweifelhaft beigewohnt hat, mußte ihn den Verkehr mit übereinstimmenden Frommen aus anderen Ständen suchen lassen, wenn solche in erheblicher Anzahl in Schlesien, im Vogtland, in Thüringen, in Anhalt und im Magdeburgischen zu finden waren. Allein indem er z. B. von der Einweihung des Waisenhauses in Glaucha bei Oels erzählt, welches der Pastor Mischke zu Stande gebracht hatte, sagt er, dazu seien viele redliche (pietistisch gesinnte) Herrschaften und andere (Herrschaften) gekommen, nicht allein aus Breslau und dem Fürstenthum Oels, sondern auch aus anderen schlesischen Fürstenthümern, um sich zu erbauen[3]). Von Bürgern und Bauern ist dabei nicht die Rede; solche also gab es nicht in der Richtung. Dieselbe Thatsache ergiebt sich indirect auch aus einer Streitschrift, welche 1737 gegen den Halle'-

1) Fortgesetzte Sammlung. 5. Theil. S. 460. 473.

2) Lebensbeschreibung (vor dessen. Evangel. Psalmen) S. 44.

3) Lebenslauf S. 104.

schen Pietismus von separatistischer Seite gerichtet wurde[1]). Hier wird den Predigern jener Gruppe vorgehalten, sie machten sich über die armen Bürger und Bauern her und wollten sie mit Gewalt fromm haben, die Sünden der Großen aber schonten sie und kitzelten sich selbst und ihres Gleichen, sonderlich vornehme Standespersonen mit Vorträgen, die dem Fleisch angenehm sind. Den Werkzeugen des Teufels in den beiden oberen Ständen schmeichelten sie; über das arme Volk aber führen sie unbarmherzig her, ließen die Leute auch nicht los, wenn der Heiland sie von ihrem unerträglichen Joch erlösen will, oder verketzern sie, wenn sie es nicht wehren können. Diese Aeußerungen, von welchen die Mißdeutungen der Motive der Gegner leicht abgesetzt werden können, haben den Sinn, daß die Prediger Halle'scher Schule mit dem Adel und den Beamten im Einverständniß stehen, jedoch an den Bürgern und Bauern ihre Absicht nicht erreichen.

Wenn man also von den zahlreichen Erweckungen durch pietistische Prediger hört, z. B. von denen, welche Steinmetz in Niederschlesien herbeigeführt hat, so können dieselben bei der niedern Bevölkerung von Land und Stadt keine dauernde Wirkung hinterlassen haben, wenigstens nicht in dem beabsichtigten Umfang, die Leute in den Bußkampf zu führen und sie als Partei zu sammeln. Denn daß dieser Erfolg in weiten Kreisen eingetreten sei, ist ein Vorurtheil[2]), für welches ein Beweis nicht geführt werden kann. In der Stadt Hannover kommen 1734 Conventikel von Leuten aus dem Bürgerstande vor, welche Arndt und Halle'sche Bücher lesen. Sie sind eine geringe Minorität neben den Separatisten, von denen sie sich durch Anhänglichkeit an die Kirche unterscheiden; aber daß sie auf Bußkampf gestimmt gewesen seien, wird nicht bezeugt, und ist indirect durch das, was über die Einzelnen mitgetheilt wird, ausgeschlossen[3]). Hat der Pietismus nicht einmal in Schlesien die beabsichtigte Wirkung in den niederen Ständen gehabt, so ist das in den anderen Gebieten von Mittel- und Norddeutschland noch

---

1) In der Geistlichen Fama Stück 22. Der Verfasser war gewäß dem Zeugniß von Edelmann (Selbstbiographie S. 229. 244) ein in Zeulenroda abgesetzter Pfarrer Küntzel.

2) Welchem auch Tholuck, Gesch. des Rationalismus I. S. 61 Ausdruck giebt.

3) Sammlung auserl. Materien 3. Band S. 860. Acta hist. eccl. I. S. 79.

weniger zu erwarten. Es kann nicht festgestellt werden, daß die Darguner Prediger auf die Mecklenburgischen Bauern einen dauerhaften Eindruck gemacht haben, indem sie mit ziemlicher Eile in ihren Gemeinden Bekehrte und Unbekehrte unterschieden. Wenn dennoch Personen jener Stände durch pietistische Predigt gründlicher eingenommen worden sind, so folgt aus den oben gemachten Mittheilungen, daß sie auch in der Epoche von 1730—50, als der Halle'sche Pietismus seine Höhe behauptete, größtentheils dem Separatismus verfielen. Oder ein pietistischer Prediger, welcher alle Mittel, die ihm zu Gebote standen, in Bewegung setzte, brachte seine Bauerngemeinde in eine leidliche Verfassung bürgerlicher Ordnung und kirchlicher Regelmäßigkeit, also in den Stand, auf welchen die Pietisten von Anfang an grundsätzlich mit Verachtung herabsahen. Dieser Fall ergiebt sich ganz deutlich aus Christoph Matthäus Seidel's „Für seinen Nachfolger im Lehramt zu Schöneberg verfaßte Nachricht von den nöthigsten Umständen der daselbstigen Gemeinde" [1]). Der Verfasser dieser Schrift (geb. 1668 zu Weißenfels, gest. als Propst zu Berlin 1722) war von 1700—1717 Pastor in Schöneberg in der Altmark, wohin der Freiherr von Canstein ihn als einen Anhänger Spener's berufen hatte. Er schildert nun die Unordnungen und die Gleichgiltigkeit, welche er in der Gemeinde vorgefunden, die Anstrengungen und Maßregeln, die er dagegen aufgeboten hat, und begleitet diese Angaben mit dem Lobe Gottes, welcher Gnade gegeben hat, daß endlich sein Wort kräftig an ihren Herzen gewesen, und *sie zu erkennen angefangen* haben, Gottes Wort sei die Wahrheit, in welcher sie auch der heilige Vater heiligen wolle. Mit dieser Andeutung stimmt das Zeugniß des oben erwähnten Jakob Schneider überein, daß er 1716 in Schöneberg Niemand gefunden, der wie er eine formelle Bekehrung erlebt hat. Im Grunde ist die Thatsache, daß diese Methode in den mit der Hand arbeitenden Ständen nicht populär geworden ist, sehr verständlich, wenn man vernimmt, daß als der Zweck der Prediger angenommen wird, ihre Zuhörer aus dem Stande der Unwiedergeburt in den Stand der Gnaden zu bringen [2]).

---

1) Theologia pastoralis practica, oder Sammlung nutzbarer Anweisungen zur gesegneten Führung des evangelischen Lehramts (herausg. von J. A. *Steinmetz*) III. S. 220 nebst Fortsetzung in demselben Bande.

2) Sammlung auserlesener Materien. 1. Theil S. 277.

Dieser Anspruch soll der rechtgläubigen Predigt überlegen sein, steht aber in einer bedenklichen Abweichung von deren Bestimmung, den Zuhörern die rechtgläubige Lehre beizubringen. Ist nämlich diese Absicht nicht erfolgreich gewesen, so ist die Lösung der noch schwierigeren Aufgabe, den Gemeinden die methodische Wiedergeburt so zu vermitteln, daß die Auctorität des Predigtamtes wie unter den früheren Verhältnissen fortbestehen sollte, im Ganzen daran gescheitert, daß der Anspruch auf Wiedergeburt in dem halb enthusiastischen Sinne des Pietismus gerade die Ueberordnung des Predigers über die Gemeinde ausschließt. Demgemäß haben die Glieder der niederen Stände, auch wenn sie etwa durch Prediger der Halle'schen Schule erweckt wurden, sich deren Herrschaft durch den Uebergang in den Separatismus entzogen. Die Genossen höherer Stände aber sind diesen Predigern treu geblieben, einmal indem sie in deren Auctorität ihre eigene privilegirte Stellung gesichert fanden, dann indem die Conventikel den Personen der gebildeten Stände Anlaß gaben, sich den Predigern wiederum gleich zu stellen.

Diese Wirkungen des Pietismus in der lutherischen Kirche Deutschlands sind der Erscheinung des Pietismus in der reformirten Kirche überwiegend ungleich. So weit der letztere während des 17. und 18. Jahrhunderts der Kirche treu blieb, nahm er gerade seinen Sitz in den niederen Klassen in Stadt und Land. In den Niederlanden sind adelige Personen, und zwar weiblichen Geschlechts, nur bei der Separation von Labadie betheiligt. Also gerade die umgekehrte Erscheinung als im lutherischen Deutschland! Dieselbe erklärt sich daraus, daß die Richtung in der niederländisch-reformirten Kirche in dem Interesse an der Disciplin wurzelte; dieses aber wurde in den höheren Klassen gerade nicht gehegt, vielmehr wird von Voet bezeugt, daß Personen dieser Klassen der Disciplin durch Berufung auf die Staatsgewalt sich zu entziehen suchten. Die Anhänglichkeit der adeligen Damen an Labadie ist ebenso eine Ausnahme von der Regel, wie dessen Separation selbst. Die separatistische Wendung der von Horche angeregten Bewegung reformirten Ursprungs hängt auch nur davon ab, daß die reformirte Kirche in Nassau, Hessen, Wittgenstein der Disciplin entbehrte. Das Interesse der Grafen von Wittgenstein und von Isenburg an der Sache ist aber ursprünglich mehr fiscalisch; die persönliche Betheiligung des Grafen Kasimir von Berleburg und seiner Schwestern am Pietismus ist durch die Einwirkung ihrer Mutter vermittelt. Daß also die Wirkungen der Bewegung Horche's den Erscheinungen des Pietismus in der lutherischen Kirche gleichartig sind, ist auch nur eine Ausnahme im reformirten Pietismus, welche durch die angegebenen Umstände erklärt wird. Diese Ausnahme läßt den Abstand der übrigens gleichartigen Erscheinungen in den Niederlanden (einschließlich Jülich-Cleve-Berg) und in Deutschland noch deutlicher werden. Dort eine pietistische Minorität aus den niederen Gesellschaftsklassen in der Kirche als eine stete Mahnung an dieselbe; hier die Bürger und Bauern, wenn sie pietistisch sind, von der Kirche abgewendet, der Adel und ein Theil des Beamtenstandes mit den Pastoren in der Kirche, und auf deren Verbesserung im pietistischen Sinne bedacht, aber eben dadurch geschieden von den Pietisten in den niederen Ständen, welche die Kirche hassen. Und so sehr die Prediger der Halle'schen Schule sich abmühen, das Volk in den Bußkampf hineinzutreiben, so ist diese Predigt entweder überhaupt erfolglos, oder von dem unerwünschten Erfolge begleitet, daß die zur Wiedergeburt disponirten Zuhörer zum Separatismus abschwenken, oder nur wirksam zu einer gewissen kirchlichen und sittlichen Legalität.

Wenn die Beschränkung des Halle'schen Pietismus auf die höheren Gesellschaftsklassen einen Mangel dieser Richtung verräth, so kann man in der großen räumlichen Verbreitung, welche sie sehr schnell erreichte, keinen Ersatz erkennen; zumal man alle Ursache zu der Annahme hat, daß überall, wohin der Halle'sche Pietismus reichte, die Einwirkungen der separatistischen Kreise in Deutschland ihn begleiteten. In manchen Gebieten lassen sich sogar nur die letzteren nachweisen. Der Halle'sche Pietismus occupirt die Länder an der ganzen Küste der Nordsee und der Ostsee, von Ostfriesland bis Reval in Estland. Darüber hinaus greift er nach Dänemark und Schweden. Aber wie hier, namentlich in Stockholm, Dippel ihm auf dem Fuße nachfolgt, so berichtet die Geistliche Fama für die erste Zeit der Regierung Christians VI. von Dänemark, des Gönners des Pietismus, daß die Berleburger Bibel in diesem Lande reichen Absatz finde. Der Halle'sche Pietismus erstreckt sein Gebiet von Schlesien durch Mitteldeutschland bis nach Gießen und Darmstadt, reicht auch bis nach Straßburg und Zürich; aber dazwischen, in den Gebieten der schwäbischen Reichsstädte, in der Pfalz, im Elsaß und im Badischen Oberlande hat der Separatismus Platz gegriffen, und der kirchlich gesinnte Pietismus in dem damaligen

Herzogthum Württemberg geht seinen von der Halle'schen Methode unabhängigen Gang.

Von nicht geringer Bedeutung für die universelle Stellung des Halle'schen Pietismus war ein Unternehmen des Königs von Dänemark Friedrich IV. (1699—1730). Für seine Person stand freilich derselbe dem Pietismus sehr fern. Vermählt mit Luise von Mecklenburg-Güstrow, einer Schwester von Christine und von Auguste (S. 457), hat der König nach einander mit zwei Mätressen gelebt; als die Königin 1721 gestorben war, hat er in unschicklicher Eile mit der zweiten jener Damen, Anna Sophia von Reventlow sich trauen lassen. Freilich hat er es nicht verhindern wollen, daß neben der Königin Luise sein Bruder Karl mit den gleich Gesinnten in Deutschland Verkehr hielt. Dieser Prinz von Dänemark hat sowohl das Waisenhaus in Halle, als auch die Canstein'sche Bibelanstalt mit erheblichen Summen wiederholt unterstützt. Wie aber der König ungeachtet seiner Prachtliebe und des Druckes, den der nordische Krieg seinem Reiche auferlegte, die Pflichten der Regierung ernst nahm, so hat er 1705 den Entschluß gefaßt, für die Bekehrung seiner heidnischen Unterthanen in den dänischen Colonien in Asien, Africa und America zu sorgen[1]). Er zog seinen Hofprediger Lütkens zu Rathe, welcher bis 1704 Propst zu Cölln in Berlin gewesen war (S. 285), um zu Missionaren geeignete Personen zu ermitteln. Dieser wandte sich an Joachim Lange, damals Rector eines Gymnasiums in Berlin. Lange wies Bartholomäus Ziegenbalg und Heinrich Plütschau nach, welche ebenso wohl seine wie Francke's Schüler waren; dieselben wurden von der dänischen Regierung nach Trankebar in Ostindien gesandt. Bei der Einleitung dieser Sache war Francke nicht betheiligt. Allein die Correspondenz, in welche jene Männer mit ihm traten, gab zunächst den Anlaß, daß Geldunterstützungen, deren sie bedurften, von Francke erbeten und von ihm angenommen wurden. Dadurch wurde eine dauernde Verbindung der dänischen Regierung und der Verwaltung des Waisenhauses herbeigeführt, um gerade für jene Missionsstation in Ostindien zu sorgen. Eschatologische Rücksichten haben, wie man sieht, die Vertreter des Pietismus für die Aufgabe der Heidenmission nicht interessirt. Der zufällige Anlaß hat jedoch bei Francke und seinen Anhängern die Erkenntniß der Pflicht hervor-

1) Kramer, Francke II. S. 88 ff.

gerufen, der Verbreitung des Christenthums in dem gegebenen Rahmen nach Möglichkeit zu dienen. In derselben Unabhängigkeit von eschatologischem Drange hat Joh. Heinr. Callenberg (1694—1760), als Professor der Theologie in Halle Zögling und Gesinnungsgenosse von Francke, die Judenmission zu seiner Aufgabe gemacht. Er vereinigte von 1728 an junge Theologen zu einem Missionsseminar, gab in jüdisch-deutscher Sprache gedruckte Schriften zur Bekehrung der Juden heraus, und entsendete Missionare an die Juden, unter denen Stephan Schultz (S. 252) hervorragt. Große Erfolge sind auf keinem der beiden Missionsfelder gewonnen worden; aber der Gesichtskreis der Richtung, welche diese Unternehmungen trug, ist durch sie erweitert worden. In dieser Beziehung ist es auch der Erwähnung werth, daß Steinmetz in der Closterbergischen Sammlung Berichte über das erste Auftreten des Methodismus in England mittheilt, der ihm mit seinen eigenen Bestrebungen gleichartig erscheint. Ja so weit bequemt er sich den Bestrebungen englischer Frömmigkeit an, daß er einen von London 1757 ausgehenden Wiederholten ernstlichen Zuruf aus der Stadt an das Land mittheilt, gemeinschaftlich eine Zeit anzusetzen (Mittwoch 7—8 Uhr Morgens), Gott feierlich um Errettung von den Gerichten anzurufen, die unsere Nation verdienet[1]). Die Fühlung nach der römisch-katholischen Kirche hin ist bei den Theologen und den Edelleuten pietistischer Richtung ungleich. In der bezeichneten Sammlung[2]) findet sich eine „Anzeige einiger merkwürdiger römisch-katholischer Schriften“. Dieselben waren als Hinterlassenschaft von fliehenden Soldaten der französischen und der Reichs-Armee auf dem Schlachtfeld bei Roßbach aufgelesen worden. Während der Berichterstatter empört ist über ein Officium von der unbefleckten Empfängniß der Maria und über Betrachtungen zum Herzen Jesu und zum Herzen der Maria, zeigt er sich sehr angenehm überrascht durch eine Schrift, welche zur Verehrung Jesu nach dem Muster des heiligen Bernhard anleitet. Man weiß ja eben unter pietistischen Theologen nicht, daß man im eigenen Gebrauch dieses Stoffes katholischem Muster folgt. Hingegen Anton von Geusau (1695—

1) Closterbergische Sammlung 5. Band S. 401.

2) A. a. O. 5. Band S. 541. Die Berücksichtigung französischer Prediger und Katecheten katholischer Confession in der Theol. past. pract. betrifft nur die formale Seite ihrer Kunst.

1749), welcher als Rath und Gehilfe des Grafen Heinrich XXIV. von Reuß-Köstritz dessen Mündel Heinrich XI., Sohn von Heinrich II. von Obergreiz (S. 450) auf einer Reise nach Paris 1740 begleitete, konnte jene Ansicht berichtigen[1]). In Paris hatten die Reisenden hauptsächlich Verkehr mit den vornehmen Familien von jansenistischer Ueberzeugung, welche die Devotion zur Gnade Gottes und zur Erlösung Christi pflegten. Darin fanden sie sich zusammen. Die frommen Französinnen hatten an den deutschen Gästen nur auszusetzen, daß sie keine Wunder aufzuweisen hätten, wie solche in ihrem Kreise durch die Vermittlung des 1727 gestorbenen Franz von Paris gewirkt und als Argumente für die ausschließliche Geltung der katholischen Kirche gedeutet wurden[2]).

Besondere Charakterzüge des Halle'schen Pietismus, und ein Verständniß seiner Bedeutung für die Reform der Gesellschaft werden aus der Darstellung einzelner Personen dieser Richtung gewonnen werden. Was die Geistlichen betrifft, so kann man freilich auf alle verzichten, welche unter Francke's Einfluß in Halle gebildet, in dessen Schablone auftreten, und in deren Leben die Bekehrung nach bekanntem Muster das allein Wichtige ist. Von Interesse ist in diesem Stande nur die Schilderung eines Geistlichen, welcher einer ältern Generation angehört. Nicolaus

---

1) Vgl. in Büsching's Beiträgen II. die Lebensgeschichte Anton's von Geusau, innerhalb welcher der Reisebericht den größten Raum einnimmt.

2) Büsching a. a. O. II. S. 142 begleitet diese Notiz mit der Bemerkung, auch in der evangelischen Kirche hätten sich wunderbare Begebenheiten zugetragen, und erzählt darauf Folgendes: Eine gottselige Frau in einem Orte des Fürstenthums Minden, die er gekannt hat, wird durch Geschwüre, hauptsächlich an den Beinen heimgesucht, welche die Aerzte nicht heilen konnten. Als sie nun hörte, daß kein Mensch ihr helfen könne, richtete sie in ihrer Kammer ein Gebet an den Herrn Jesus, dem sie seine wunderthätigen Curen vorhielt, und bat ihn um ihre Genesung, die sie ihrer Kinder wegen für nothwendig halte. Hierauf ergriff sie die Bibel, und als sie dieselbe aufschlug, fiel ihr Blick auf die Worte: Dir geschehe wie du geglaubet hast. Anstatt der vorgeschriebenen Salben legte sie auf die Geschwüre blos kaltes Wasser, und genas nach wenigen Tagen. Ebenso ist in Johann Jakob Moser's Lebensgeschichte III. S. 10 zu vergleichen, wie während seiner Gefangenschaft auf dem Hohentwiel nach einem Gebet um Heilung von der Gicht die Lähmung augenblicklich gehoben worden ist. Besonders verehrungswürdig aber ist die discrete Art, wie er diese Wundererfahrung erzählt.

Lange[1]), Sohn eines Rathmanns zu Gardelegen in der Altmark, geboren 11. November 1659, ist wie sein jüngerer Bruder Joachim ein Mann von hohem Wuchs, großen Körperkräften und natürlichem Muth gewesen. Seine theologischen Studien begann er in Jena. Durch eine Seuche von dort vertrieben, setzte er dieselben in Magdeburg unter der Leitung von Joh. Scriver, der ihn wie einen Sohn in sein Haus nahm, dann seit 1685 in Hamburg unter Esra Edzardi fort. Er empfahl sich daselbst auch als Prediger so, daß er von unbekannten Personen wiederholt Geschenke empfing, die nicht nur seinen eigenen Bedürfnissen genügten, sondern ihn auch befähigten, seinen Vater bei dem Aufbau seines abgebrannten Hauses zu unterstützen. Die Anstellung als Montagsprediger an der Nicolaikirche, welche er Hinckelmann verdankte, wurde für Lange der Anlaß zu Katechismusübungen, in denen sich eine Menge christlich interessirter Personen sammelte. In deren Leitung war ihm Eberhard Zeller behilflich. Nun aber wurde diese Unternehmung in den Verdacht gezogen, welcher auf der von Zimmermann geleiteten böhmistischen Gruppe lastete; auch Hinckelmann und Horb ließen sich aus Rücksicht auf die rechtgläubigen Gegner von Lange und Zeller abwendig machen. Beide wurden vom Abendmahl ausgeschlossen und jenem sein Predigtamt abgenommen. So genau haben sich Beide freilich nicht von dem Verkehr mit den Böhmisten abgesondert, wie es der Biograph darstellt. Denn in dem „Zeugniß eines guten Gewissens", welches Beide später 1692 herausgaben, gestehen sie zu, daß sie die ungewöhnlichen Redensarten Anderer in rechtgläubigem Sinne gedeutet, also unter dieser Bedingung ertragen haben (S. 177). Auch in den Verdacht des Socinianismus gerieth Lange. Schließlich aber wurde er durch eine vom Rath der Stadt Hamburg angeordnete Commission vorwurfsfrei gefunden und mit Zeller zum Abendmahl wieder zugelassen. Auf einer Reise nach den Niederlanden, wohin ihn 1689 ein reicher Gönner mitnahm, lernte er in Utrecht Hermann Witsius, in Amsterdam Gichtel und Ueberfeld, im Haag Breckling kennen, besuchte in Wieuwerd die Labadisten und fand an Yvon Gefallen; endlich suchte er in Lüneburg Petersen und

---

1) Sein Leben von seinem Amtsgenossen in Brandenburg, Georg Christian Adler in Graf Henckel's Letzte Stunden, Theil 3. (1720) S. 79—278.

die Asseburg auf, denen er seinen Widerspruch nicht vorenthielt. Nach Hamburg zurückgekehrt wartete er vergeblich auf seine Einsetzung in die ihm entzogene Predigtstelle, welche dem Widerstreben des Ministeriums nicht abzugewinnen war, und begab sich endlich 1692 nach Berlin, wo Schade ihn in sein Haus aufnahm. Hier gab er Unterricht im Hebräischen und Griechischen, und erklärte einer Anzahl von Candidaten die Propheten aus dem Grundtext nach emphatischer Methode. Zu Lange's Charakteristik dienen folgende Geschichten. Im Sommer des Jahres fand sich in Berlin ein Mann in langem Rock mit langem Stabe ein, der sich für den andern Elias ausgab, und Spener wie Schade überlief, um sie Heuchler und Babelsbauer zu schelten, die nicht recht durchbrechen und den Fuchs nicht beißen wollten [1]). Diesen wunderlichen Heiligen griff Lange eines Morgens auf und nöthigte ihn, mit ihm drei Stunden lang Holz zu sägen, was derselbe mit Seufzen that. Darauf speiste er ihn, und hielt ihm sein unordentliches Leben vor, lud ihn auch für den nächsten Tag ein, ihre gesegnete Arbeit fortzusetzen. Der andere Elias ist jedoch nicht wieder gekommen. Eine Frau ferner, die einen gar frommen Wandel führte und in großer Beredtsamkeit ihre hohe Erkenntniß von göttlichen Dingen mittheilte, übrigens von ihrem Manne getrennt lebte, legte Lange die Frage vor, was er von ihr und ihren Wegen urtheile, worauf er die Antwort gab, er würde noch viel mehr von ihr halten, wenn sie bei ihrem Manne lebte und für ihn sorgte. Er war auch sonst der Meinung, daß man keiner Frau, wenn sie sonderbare Dinge vorgebe und von der Ordnung ihres Berufs abweiche, trauen solle.

Gegen Ende 1693 ging Lange als Prediger zu dem Schwedischen Gesandten in Wien, Graf von Horn. Für die Familie des Gesandten selbst und dessen Gesinde hielt er tägliche Morgenandacht, und nahm alle Hausgenossen in genaue Seelsorge. Den Gesandten selbst hat er mit seiner energischen Aufrichtigkeit dazu genöthigt, sich ihm zu fügen, und zu dessen Gemahlin, welche sich länger sträubte, fand er während einer dauernden Krankheit derselben den Zugang. Die Gäste, welche an der Tafel des Hauses erschienen, Diplomaten und Offiziere, pflegten ihre Unterhaltung auch in Gegenwart der Damen durch Flüche und Unzuchtsgeschichten zu würzen. Als

1) Vgl. S. 322 Babels Grablied.

Lange nun nicht erreichen konnte, daß er abgesondert essen dürfe, überraschte er eines Tages diese Gesellschaft durch einen nachdrücklichen Vortrag aus der Bibel, die er heimlich sich hatte bringen lassen, daß er als Botschafter Christi die Sünder zu strafen habe. Hiemit setzte er durch, daß die unanständigen Gespräche aufhörten, und die Gelegenheit zu religiöser Unterhaltung von ihm wahrgenommen werden konnte. Um den Gottesdienst, welchen Lange an den Sonntagen hielt, sammelten sich alle Evangelischen, die sich in Wien aufhielten; dieselben bestanden zum großen Theil aus Handwerksburschen, die ihm sehr anhingen, und die er gelegentlich gegen Conversionsversuche zu befestigen hatte. Die Besuche bei Kranken in der Stadt brachten ihn manchmal in Gefahren. Einem dänischen General, den Lange an seines Gesandten Tafel als einen Flucher und frechen Menschen kennen gelernt hatte, hielt er, während jener im hitzigen Fieber lag, seine Untugenden vor. Derselbe greift nach einer Pistole, die über dem Bett hängt, Lange drückt ihn an beiden Armen im Bett nieder, und beginnt für ihn zu beten. Hiedurch wird der Kranke umgestimmt, und bekennt Reue, beharrt auch in dieser Stimmung bis zu seinem am dritten Tage erfolgten Tode. Ein anderes Mal, als Lange in einem vornehmen Hause einen kranken Bedienten besuchte, hatten sich die Anderen vorgenommen, ihn bei dem Rückweg zu überfallen. Zufällig verließ er das Haus durch eine andere Thür und entging so der Nachstellung. Auch einem Mordversuche in seiner Wohnung hatte Lange auszuweichen. Seine Thätigkeit in Wien hat wenig mehr als ein Jahr gedauert. Als der Graf von Horn im Anfang 1695 abberufen wurde, begleitete Lange denselben auf seine Güter in Vorpommern. Indem er hier die Privatandachten mit der Familie und dem Gesinde fortsetzte, fühlte sich einer der Bedienten durch wiederholte Anspielungen auf das sechste Gebot so getroffen, daß er in seiner Erbitterung einen Mordversuch auf Lange auf offener Landstraße beabsichtigte. Auch diesen entwaffnete er durch seine Kaltblütigkeit und sein Gebet.

Im Herbst 1695 wurde Lange durch die Vermittlung Spener's als Pastor in Derenburg bei Halberstadt berufen. Hier fand er nicht nur eine verwahrloste und unwissende Gemeinde, sondern auch einen Amtsgenossen, welcher dem Trunk ergeben war. Er wußte jedoch denselben gefügig zu machen, so daß er ihm nicht entgegenwirkte, vielmehr an der Beichtprüfung Theil nahm, welche Lange am Freitag Abend regelmäßig übte. Die, welche sich hiebei als unwissend erwiesen, versammelte er Abends zu einem Unterricht im Katechismus, zu welchem die Leute sich meistens willig zeigten. Einem verderbten Menschen, der sich nicht beikommen lassen wollte und Drohungen ausstieß, imponirte er so, daß derselbe den Ort verließ. Indessen erfüllten sich die Erwartungen, die er auf seine katechetischen und disciplinarischen Bestrebungen setzte, so wenig, daß er sich entschloß, in der Vorenthaltung der Absolution und Ausschließung vom Abendmahl streng zu verfahren. Dadurch wurden jedoch die Leute erst recht gereizt, am Sonntage zu trinken und zu tanzen; und seine dagegen gerichteten Rügen steigerten nur den Haß gegen ihn. Bürgermeister und Amtmann schlugen sich auf die Seite seiner Gegner und brachten die Klage gegen Lange und seinen Amtsgenossen (einen anderen, als welcher oben erwähnt ist) an den König. Eine Commission, welche an Ort und Stelle unter dem Schutze eines Militärcommando die Sache untersuchte, entschied jedoch 1705 zu Gunsten der Geistlichen. In demselben Jahre wurde Lange als Pastor und Inspector nach Brandenburg versetzt. Nach dem, was bisher erzählt ist, darf man sich freuen, daß die Leute in Derenburg ihm ein dankbares Andenken gewidmet haben. Nach Brandenburg aber war das Gerücht von Lange's Strenge vorausgegangen, und hatte den Rath und die Bürgerschaft bewogen, beim Könige gegen ihn Einspruch zu erheben. Indessen überwand er sehr schnell die Verstimmung, mit der man ihn daselbst empfing. Eine Wiederholung der Derenburger Conflicte wurde dadurch vermieden, daß Lange wegen seines zarten Gewissens von der Verwaltung des Beichtstuhls und des Abendmahls befreit wurde. Man darf dabei die Frage erheben, ob es ganz gewissenhaft war, auf diese Amtspflichten unter der Voraussetzung zu verzichten, daß die Collegen dieselben in einem andern Sinne verrichteten, als Lange sie erfüllt haben würde. Wenn aber deren Verfahren im Beichtstuhl in der Ordnung war, und von Lange nicht beanstandet wurde, dann scheint der von ihm selbst vertretene Rigorismus nicht in der Ordnung zu sein. Indessen gerade wenn man sich in Lange's Ansicht von der Sache zu versetzen weiß, hat man das Abkommen zu billigen. Denn ohne Compromisse kann auch keine richtige Leitung der Kirche bestehen. Lange hat übrigens sich besondere Verdienste um die Ordnung der kirchlichen Stiftungen und der in Verfall gerathenen höhern Schule in Brandenburg erworben. In jeder Woche ferner vereinigte er die Geistlichen und die Gymnasiallehrer zu einer Betstunde und begründete dadurch deren einträchtiges Streben. Er hat auf diesen Gebieten seine Fähigkeit zu herrschen bis an seinen Tod bewiesen, welcher 19. Mai 1720 ohne vorhergegangene Krankheit eintrat. Lange gehört nicht wie sein mehr als 10 Jahre jüngerer Bruder Joachim der Halle'schen Schule an. Er ist Francke gleich in der Strenge, welche er im Beichtstuhl geltend machte. Uebrigens hält er wie Spener darauf, daß die Bekehrung ihre Probe an der sittlichen Praxis findet. Daß er hierin vorherrschend gesetzlich verfährt, wird die Folge seines affectvollen Temperamentes gewesen sein; für seine eigene Person erscheint er bei der strengen Zucht, die er gegen sich geübt hat, frei und selbständig, ohne alle Manier.

Auf Spener's Einfluß hat auch der Freiherr Carl Hildebrand von Canstein[1]) seine christliche Lebensanschauung zurückgeführt. Allein er ist in dieselbe mit einem Entschluß eingetreten, welcher von Spener schwerlich angerathen worden wäre. Nachdem er die Rechte studirt und eine große Bildungsreise gemacht, darauf unter dem Kurfürsten Friedrich III. einen Hofdienst angenommen hatte, zog er 1689 mit den brandenburgischen Truppen nach Flandern. Dort lebensgefährlich erkrankt, that er das Gelübde, wenn ihm Gott das Leben erhielte, wolle er sich dem Herrn zum Dienst opfern, und äußerliche Bedienungen in der Welt ausschlagen. Dieses ist dieselbe Ansicht von der gegenseitigen Ausschließung zwischen dem Dienst Christi und dem weltlichen Beruf, aus welcher Hochmann (S. 339) zum Führer des Separatismus wurde, und gemäß welcher Friedrich Wilhelm I. urtheilte, man könne nur als Rentier ein vollkommener Christ sein (S. 289). Canstein hatte schon sein Leben im Sinne dieser Ansicht eingerichtet, als er 1691 die Bekanntschaft Spener's machte, welcher es bekanntlich nicht billigte, daß man um christlich zu leben, aus Amt oder Gewerbe ausschiede (S. 101). Aber im Sinne Spener's hat er die Aechtheit seines Glaubens durch einfache, demüthige Lebensführung und durch großartige Wohlthätigkeit bewährt. An die

1) Geboren zu Lindenberg in der Mark Brandenburg 1667 als Sohn des Geheimerathes und Kammerpräsidenten Raban von Canstein, gestorben zu Berlin 1719. Vgl. Plath, C. H. von Canstein. Halle 1861.

Unterstützung des Waisenhauses in Halle und an die von ihm gegründete Bibelanstalt hat Canstein, der für eigene Kinder nicht zu sorgen hatte, sein Vermögen in dem Umfang verwendet, daß, als seine Güter durch seinen Tod 1719 gemäß seinem Testament dem Waisenhause zufielen, Francke die Erbschaft anzutreten verweigerte, weil die Güter mit Hypotheken fast überlastet waren. Der Kern von Canstein's Frömmigkeit aber war der Glaube an Gottes Vorsehung, dem er in seinen Tagebüchern bei allen Veranlassungen dankbaren Ausdruck verleiht. Dankt er doch der göttlichen Vorsehung besonders auch dafür, daß er bei dem Verkauf eines Gutes von dem Käufer gutwillig einen Preis empfangen hat, wie er ihn niemals erwartet hätte.

Auf den Vorsehungsglauben kommen schließlich alle Bekenntnisse derer hinaus, welche von Spener angeregt und mit Francke in Beziehung getreten sind. Allein jene Haltung nimmt bei verschiedenen Personen eine verschiedene Färbung an. In dieser Beziehung gewähren die beiden Frauen, zu denen Spener in engem Vertrauen stand (S. 219), nebst ihren Angehörigen ein besonderes Interesse. Die Aeltere unter ihnen, Benigna Gräfin von Solms-Laubach[1]), als Gräfin von Promnitz geboren zu Sorau 1648, früh verwaist, verlebte ihre Jugend unter mancherlei Druck bei verschiedenen Verwandten, und heirathete 1667 den Grafen Johann Friedrich von Solms, welcher seit 1680 in Laubach in der Wetterau wohnte. Durch Spener angeregt gelangte derselbe zu einer ernsten Frömmigkeit, welche er durch Lesung der Bibel und anderer zur Gottseligkeit dienlichen Bücher, durch regelmäßige Theilnahme am öffentlichen Gottesdienst, am Abendmahl, an den Hausandachten geübt hat. Dabei hat er sich des Evangelii nicht geschämt und sein Gebet überall und an allen Orten mit Andacht, auch äußerlicher Ehrerbietung mit zusammengelegten Händen verrichtet. Für seiner Unterthanen zeitliche und ewige Wohlfahrt war er mit unermüdeter Sorgfalt bemüht, hat allen Berathungen seiner Beamten täglich beigewohnt, und ist jedem seiner Unterthanen zugänglich gewesen. Für seine glückliche und friedliche Ehe ist er von stetem Dank erfüllt gewesen. Dieser einfachen und sichern Haltung des Mannes gegenüber war seine Gemahlin von Natur

---

1) Graf Henckel, Letzte Stunden II. S. 80. Ueber ihren Gemahl daselbst S. 42.

schüchtern und hat die Verlassenheit ihrer Jugend nie verschmerzt, hat aber zugleich bekannt, durch alles Kreuz ihres Lebens im Vertrauen auf Gott geübt zu sein und in ihrem Alter nur loben und danken zu können. In ihrer melancholischen Demuth spricht sie aus, ihr ganzer Gottesdienst habe nur im Leiden bestanden, ohne daß sie das geringste wahre Gute verrichtet hätte; aber darum preist sie in demüthiger Dankbarkeit die ihr widerfahrene Gnade Gottes. Obgleich sie die Anleitung durch Arndt darin verräth, daß sie sich für Nichts, Gott in Christo für Alles hält, und den schönen Jesus in Anspruch nimmt, so hat sie an dieser Betrachtungsweise nicht das eigentliche Gepräge ihrer Frömmigkeit, da sie von großen Süßigkeiten, Herrlichkeiten und Geheimnissen nichts erfahren hat und nichts zu sagen weiß. Sie spricht es aus, in ihr sei nur ein Fünklein des Vertrauens auf ihren Gott und Vater übrig; das Andere alles sei ihr ferne; oder wenn sie auch manchmal einige Tropfen aus dem Meer der göttlichen Liebe in Christo schmeckte, so haben sie bald wieder aufgehört. An dieser leidmüthigen Frau ist der vorherrschende Zug die Wahrhaftigkeit, welche sie vor manierirter Frömmigkeit bewahrt hat. Sie starb 1702.

Dieselbe Freiheit bezeichnet die Gräfin Christine von Stolberg-Gedern, geborene Prinzessin von Mecklenburg-Güstrow (1663—1749), Gemahlin des Grafen Christian Ludwig von Stolberg (gestorben 1710). Aber im Unterschiede von der Gräfin von Solms hat sie in freudiger Zuversicht auf Gottes Vorsehung gelebt, und durch dieselbe auch die widerwärtigen Verhältnisse beherrscht. In der Erziehung ihrer Kinder hat sie die größte Sorgfalt geübt, in der vormundschaftlichen Regierung (1710—1714) in Wernigerode für ihren Sohn Christian Ernst hat sie ihre Umsicht und Beharrlichkeit (S. 288) bewährt; in dem Kreise ihrer zahlreichen Familie hat sie bis in ihr hohes Alter mit Genugthuung und Dankbarkeit gewaltet. In wie weit ihr Glaube an die Wiederbringung (S. 457) Einfluß auf ihren religiösen Charakter gehabt hat, läßt sich nicht erkennen; auf Bußkampf, und was dazu gehört, ist sie durch Spener nicht hingewiesen worden. Auch ihr Sohn Christian Ernst von Wernigerode (1691—1771) verräth nicht, daß er durch diese Methode beherrscht gewesen wäre[1]). Aus

1) Vgl. Förstemann, Graf Christian Ernst von Stolberg-Wernigerode. 1868. (Nicht im Buchhandel.)

seiner Jugend sind im Manuscript zahlreiche Gedichte von ihm vorhanden. Ein Theil derselben bezieht sich ohne Zweifel auf die Schwierigkeiten, welche bei der Ordnung der staatsrechtlichen Stellung der Grafschaft Wernigerode zu Preußen vorgekommen, und durch den Receß vom 19. Mai 1714 zu Ende gebracht sind. Der Graf begleitet diese Verwickelungen mit Gebeten um die Hilfe Gottes, mit dem Bekenntniß, daß diese Leiden Strafe für begangene Sünden seien, um schließlich bei der Uebernahme seiner Herrschaft zu bezeugen:

Mein Gott ich danke dir, daß du mir beigestanden,
In allem, was du mir gegeben unter Handen,
Daß ich ohn' Widerspruch in's Mein' gelanget bin,
Ach nimm dies zum Geruch anstatt des Weihrauchs hin.

Ein anderer Theil der Gedichte sind Bußbekenntnisse, welche sich auf begangene Sünden, auf das Ergreifen der Gnade und den Vorsatz der Besserung beziehen. Wie der Berichterstatter sich ausspricht, so müssen diese Sündenbekenntnisse eine ganz individuelle Farbe an sich tragen. Sie sind also von der Manier frei, kehren auch in dem folgenden Leben des Grafen nicht wieder. Dasselbe ist durch ein umfassendes gemeinnütziges Streben ausgezeichnet. Wie Christian Ernst die volkswirthschaftlichen Bedingungen für das Wohl seines kleinen Landes in umsichtiger Weise nach allen Seiten hin entwickelt hat, so hat er durch Anlegung einer Druckerei, durch bessere Ausstattung des Lyceums, durch Stiftung einer Naturaliensammlung die geistige Bildung seiner Unterthanen befördert. Seit 1732 gründete der Graf die Bibliothek, in welcher es ihm auf Sammlung von Bibeln und Gesangbüchern, aber auch von pietistischer Literatur hauptsächlich ankam [1]). Für die Kirche seines Landes sorgte er durch sorgfältige Besetzung der Pfarren, ferner dadurch, daß er zu dem Drucke der Bibel und der Schriften von Arndt, zu der Zusammenstellung eines Gesangbuches, und zu verschiedenen Hilfsbüchern zum Katechismus, welche von Geistlichen in Wernigerode verfaßt sind, den Anlaß gab. Für

1) Nur mit dem aufrichtigsten Danke kann ich dieses Verdienst des Grafen Christian Ernst erwähnen, da ein großer Theil dieses Bandes der Geschichte des Pietismus aus den Schätzen der Gräflichen Bibliothek zu Wernigerode geflossen ist, in deren Mittheilung der gegenwärtige Verwalter, Herr Archivrath Dr. Jacobs, eine unvergleichliche Bereitwilligkeit mir bewährt hat.

seine Person hat er sich ferner in ausgedehnter Weise mit theologischen Sammlungen biblischer Sprüche und mit hymnologischen Studien beschäftigt. Wie er im Interesse des Halle'schen Pietismus seiner Tante in Dargun die Hand gereicht hat, ist erwähnt worden (S. 459); nicht minder haben die Angelegenheiten der dänischen Mission ihn auf das lebhafteste beschäftigt. Die schweren Erfahrungen, die er als Landesherr durchgemacht hat, die Einäscherung eines großen Theils der Stadt Wernigerode (1751), die Einwirkungen des siebenjährigen Krieges auf sein Gebiet, haben die Energie und Umsicht des Grafen in glänzender Weise bewährt; und bis über sein 80stes Lebensjahr hinaus hat er die Früchte seines verdienstvollen Lebens in der Pietät seiner zahlreichen Familie und in der Anhänglichkeit seiner Standesgenossen geerntet.

Seine Gemahlin Sophie Charlotte, geboren 1695, mit welcher Christian Ernst 1712 sich vermählte und welche 1762 nach der Feier ihrer goldenen Hochzeit gestorben ist, hat eine eigenthümliche religiöse Entwickelung durchgemacht. Nachdem ihr Vater Johann Anton, Graf zu Leiningen-Westerburg, Präsident des Reichs-Kammergerichts zu Wetzlar, schon 1698 gestorben war, begegnen wir dessen Wittwe Christiane Luise, geborenen Gräfin von Wittgenstein-Vallendar (geb. 1673, gest. 1745) in Schwarzenau[1]), wo sie in Gesellschaft der beiden älteren Gräfinnen von Wittgenstein-Berleburg (I. S. 421) mit ihrem Sohn und ihrer Tochter in grundsätzlicher Zurückgezogenheit lebte. Schon für diese Zeit 1704 erwähnt der Berichterstatter das Gerücht, daß sie in einer Gewissensehe mit dem ehemaligen Prediger in Detmold, Jakob Bierbrauer gelebt habe, welcher als ein hagerer, bleicher Mann mit auffallenden Manieren und fanatischer Rede eingeführt wird und sich zur Lehre von der Wiederbringung bekennt, in welche die genannten Gräfinnen einstimmen. Noch in demselben Jahre hat sich die Gräfin von Leiningen mit ihren Kindern nach Holland begeben; als sie aber 1708 in die Ehe mit Bierbrauer[2]) trat, wurde ihre 13jährige Tochter, wahrscheinlich durch die Vormünder, von ihr getrennt, und zunächst nach Frankfurt zu einer ungenannten

1) Gemäß dem Bericht eines Ungenannten von 1704 im Wittgensteinschen Archiv, bei Goebel II. S. 764 ff.

2) Derselbe ist später als Bergrath in den Dienst des Schwiegersohns seiner Gemahlin getreten, und hat als solcher in Ilsenburg gelebt.

Frau, nach kurzer Zeit, noch in demselben Jahre, nach Gedern an den Stolberg'schen Hof unter den Schutz der Gräfin Christine gebracht, deren Sohn sie 1712 geheirathet hat. In einem 1728 verfaßten Aufsatz hat nun diese Frau die Geschichte ihres innern Lebens und ihrer Bekehrung beschrieben [1]). Sie bezeugt hier zunächst, daß sie bis in ihr 14tes Jahr beständig von der Welt abgekehret, und das einfältige schlechte Leben ihr das liebste und angenehmste gewesen sei. Sie ist also an der Seite ihrer Mutter mit deren weltflüchtiger Lebensweise, welche nach den Anweisungen von Horche und Hochmann in Wittgenstein heimisch war, einverstanden gewesen. Noch im Jahr 1728 schildert sie in ergreifender Weise, wie schwer ihr die aufgezwungene Trennung von ihrer Mutter geworden, und mit welchem Widerwillen sie an den Hof zu Gedern gegangen ist, „damit ich ein honetter Christ würde". Da es ihr „nirgends konnte zu schlecht und zu still hergehen", so erstaunte sie vor der Menge von Menschen, unter welche sie gerieth. Obwohl nun diese Gesellschaft durch beständiges Aufmuntern und Flattiren ihr allmählich einen angenehmeren Eindruck machte, sehnte sich doch ihr Herz sehr stark nach den vorigen vergnügten Zeiten und Umständen. Durch diese Collisionen ermattet entschloß sie sich endlich, alles zu thun, was ihr geheißen wurde, so weit es die honette Welt erlaubte. „Da ging denn das honette Leben an", freilich in vollständiger Unsicherheit, ohne daß sie Vertrauen zu irgend Jemand faßte, da auch ihr einziger Bruder auf der Universität zu Halle starb. Dabei kam es so weit, daß sie sich vor rechtschaffenen Frommen, welche zu sehen sonst ihre Freude war, fürchtete und ihnen aus dem Wege ging. In dieser Stimmung, in dem Wunsche, daß sie nur das Hofleben los würde, hat sie geheirathet. Den gesellschaftlichen Obliegenheiten ihrer Stellung hat sie sich gefügt, aber so, daß sie den Mangel an Lust und Befriedigung daran als ihre den Umständen entsprechende Gerechtigkeit sich zurechnete. Ja sie hat, wenn ihr Kinder in dem frühsten Alter starben, nur Gott dafür gedankt, daß er dieselben aus der bösen Welt genommen

1) Denkmal der Gnade Gottes, welche sich an der Frau S. Ch. Gräfin zu St.... in dero gottseligem Leben und seligem Ende bewiesen hat. Wernigerode 1763. Gedächtnißpredigten und Lebenslauf. Der letztere auch besonders: Das gottselige Leben und Ende der Gräfin S. Ch. zu St. Halle 1764. Hierin der erwähnte Aufsatz S. 14—53.

habe. Von dieser Verfassung ihres Gemüths hat die Gräfin keinem Menschen etwas eröffnet, also auch nicht ihrem Gemahl, dem sie inzwischen bis 1728 zwölf Kinder gebar. Da schlug zuerst 20. April 1727 eine Predigt über den Seelenfrieden in ihr Gewissen, welche M. Liborius Zimmermann aus Jena bei einem Besuche in seiner Wernigerodischen Heimath hielt. Andere Predigten desselben so wie eine Predigt von Samuel Lau führten im Herbst 1728 die Gräfin zu der Gewißheit der Gotteskindschaft. Die Angaben über diese Krisis sind jedoch insofern weniger verständlich, als wir keine Auskunft darüber erhalten, daß die Gräfin nach ihrer Bekehrung das „honette Leben" entgegengesetzt als vorher beurtheilt und den Entschluß gefaßt hat, sich an demselben mit gutem Gewissen und Freudigkeit zu betheiligen. Der specielle Fehler, in dem sie sich bewegt hatte, das Vorurtheil für die einsiedlerische Lebensweise, wird in dem Bericht von der Bekehrung verwischt durch die Anerkennung der allgemeinen Bosheit der Natur und Blindheit des Herzens. Und wenn sie die Belehrung ihres Rathgebers, man müsse sich das Leiden des lieben Heilandes zu Nutze machen, sein Herz Gott gänzlich hingeben und der Welt absagen, als einen rechten Strahl in ihrem Gemüthe empfand, so darf man fragen, warum sie nicht hiedurch in ihrem Vorurtheil befestigt worden ist. Kurz das psychologische Interesse, welches durch die erste Hälfte des Berichts erweckt wird, kann durch die Geschichte der Bekehrung nicht befriedigt werden. Denn auf die genau begrenzte individuelle Situation der Vergangenheit passen die allgemeinen überall vorkommenden Züge des Bußkampfs nicht. Indessen wird den beiden Männern, von denen Zimmermann alsbald als Hofprediger, Lau als Hofkaplan angestellt wurde, eine noch umfangreichere Wirkung in jenem Jahre bezeugt. Die Veränderung, welche sie an der Gräfin hervorgerufen haben, hat eine Erweckung zur Folge gehabt, die nicht blos das gräfliche Paar, sondern auch die höhere und niedere Dienerschaft, die Bewohner der Stadt und der Grafschaft ergriffen hat. Wir dürfen die Art und den Werth dieser weiter greifenden Bewegung dahin gestellt sein lassen. Daß aber Graf Christian Ernst die Bekehrung seiner Gemahlin mit eigener lebhafter Gemüthsbewegung begleitet hat, darf man erwarten, wenn deren bis dahin geübte Vertrauenslosigkeit einer entgegengesetzten Stimmung Platz gemacht hat. Jedoch Genaueres darüber erfahren wir nicht.

In dem engsten Gebetsverkehr mit Francke [1]) standen zwei Freunde, welche mehr als alle Anderen ihres Standes eine weit greifende Wirksamkeit im Sinne des Pietismus ausgeübt haben. Dem ersten von ihnen, Heinrich XXIV. Grafen Reuß jüngerer Linie sind wir schon öfter begegnet [2]). Geboren zu Schleiz 1681, empfing er seine Bildung auf der herzoglichen Akademie zu Wolfenbüttel. Nach der großen Reise, welche er von 1698 bis 1701 nach Frankreich und Italien gemacht hatte, suchte er sich in Berlin und in Warschau auf eine politische oder militärische Laufbahn vorzubereiten, nahm auch 1702 an der Belagerung von Landau unter dem römischen König Joseph Theil. Dort jedoch machte er die Bekanntschaft eines rechtschaffenen Christen, der ihn in die Gesellschaft Gleichgesinnter führte und ihn zu der Erkenntniß brachte, daß es ihm noch an der gänzlichen Sinnesänderung fehle. Die Beschäftigung mit diesem Gedanken begleitete ihn auch während des folgenden Krieges in Ungarn, bis er den Dienst verließ, der ihm für seine damals noch unsichere Ueberzeugung hinderlich zu sein schien. Er beschloß, sich in das Privatleben auf seine Herrschaft Köstritz zurückzuziehen, und fand 1704 eine Gemahlin gleicher Gesinnung an einer Gräfin von Promnitz. In der Uebung regelmäßigen kniefälligen Gebets, in der Führung eines Tagebuches über sein Gemüthsleben, in der Einrichtung von Erbauungsstunden, an denen seine Beamten und Bedienten mit der Familie theilnahmen, giebt der Graf seine Ergebenheit gegen die Halle'schen Grundsätze kund. Dabei aber war er nichts weniger als kopfhängerisch, sondern freudig und heiter allen Aufgaben des Lebens zugewandt. Um die Erziehung seiner Kinder war er mit großer Sorgfalt bemüht, seinen Unterthanen widmete er sich in allen Beziehungen, Kirche und Schule erfreuten sich seiner besondern Aufmerksamkeit, Wohlthätigkeit übte er in reichem Maße, die Gefängnisse versah er mit humanen Einrichtungen, die Strafgelder, welche manche der kleinen Herren jener Zeit als willkommene persönliche Einnahme ansahen, verwendete er zur Verbreitung von Bibeln, Gesang- und Erbauungsbüchern. Insbesondere wirkte er auf eine gesellschaftliche Organisation des Pietismus hin. Nicht nur wählte er zu seinen Beamten und

1) Kramer II. S. 171 ff.

2) Vgl. über ihn die kurze Biographie von Büsching a. a. O. II. S. 3—30.

Bedienten lauter Gleichgesinnte, sondern er machte sich auch ein Geschäft daraus, solchen Personen überall, wohin sein Einfluß reichte, Stellung zu verschaffen. Er hielt sich ein Register der zu Geschäften aller Arten brauchbaren Leute, die ihm nahe kamen, und ihm gleiche Gesinnung kund gaben, um sie in dem zahlreichen Kreise seiner Bekannten als Beamte, Prediger, Hauslehrer, Bediente unterzubringen. Bogatzky hat von ihm die Mittel zum Studiren jahrelang empfangen; andere junge Leute adeligen und gräflichen Standes nahm er zur Erziehung in sein Haus. Ein weiter greifendes Verdienst erwarb er sich durch seine eifrige Mitwirkung an der Altranstädter Convention, in welcher Carl XII. von Schweden dem Kaiser die bekannten Zugeständnisse an die Evangelischen in Schlesien abgewann. Für seine Familie, in welcher er schließlich die Ehrenstellung als Senior einnahm, hat er als Vormund von Heinrich II. von Obergreiz (S. 450) und dessen Sohn, Heinrich XI., ferner von Heinrich XXIX. von Ebersdorf segensreich gewirkt. Auch als Vertrauensmann des Kaisers und vieler fürstlichen und gräflichen Familien hat er bis an seinen Tod 1748 eine in jeder Beziehung ausgezeichnete Stellung behauptet.

Eng verbunden mit diesem hervorragenden Manne war sein gleichaltriger Freund Erdmann Heinrich Graf Henckel, Freiherr von Donnersmarck[1]) aus der in Oberschlesien begüterten Familie (1681—1752). Seine Aeltern waren, um ihre Kinder vor gewaltthätiger Bekehrung zur römischen Kirche zu schützen, auf das Rittergut Poelzig in dem Herzogthum Sachsen-Altenburg gezogen; dieses ist auch der Wohnsitz des Sohnes geblieben. Auf der Universität zu Leipzig faßte er den Entschluß, auf Tanz und Spiel zu verzichten, als sein Vergnügen daran ihm die Gefahr enthüllte, daß ein überwiegender Hang daraus entstehen könnte. Hiemit entschied er sich für die Halle'schen Grundsätze überhaupt, und ließ sich darin nicht irre machen, als Gichtelianer, Inspirirte und andere Separatisten ihre Netze nach ihm auswarfen. Nach seiner großen Reise entschied er sich aus ähnlichen Gründen wie Canstein und Heinrich XXIV. für das Privatleben in Poelzig, wo er sich der Nachbarschaft der Grafen in Greiz und in Köstritz erfreute. Seine Ehe mit einer Gräfin von Solms-Sonnenwalde wurde 1717 durch deren Tod getrennt; in wehmüthiger Erinnerung

1) Büsching a. a. O. IV. S. 3—50.

an diesen Verlust schrieb er die „Letzten Stunden". Nach zehn Jahren fand er eine gleichgesinnte zweite Gemahlin an einer Gräfin von Leiningen-Dachsburg. Ein Hauptgeschäft in seinen mittleren Jahren war neben anderen Vormundschaften diejenige, welche er mit Heinrich XXIV. über den früh verwaisten Heinrich XI. von Obergreiz führte. Auch dieser Anhänger Francke's bewährte in seinem Leben die gesellige Heiterkeit, die Dienstfertigkeit und Humanität, welche ihm von allen Seiten Vertrauen eintrugen. Um so weniger erwies er sich als geeignet, in einen Kreis des Pietismus einzutreten, welcher seit 1730 eine eigenthümliche Anziehungskraft auf alle vornehmen Elemente der Richtung in Deutschland ausübte.

In diesem Jahre nämlich bestieg Christian VI. den Thron von Dänemark. Durch seine Mutter Luise von Mecklenburg-Güstrow (S. 506) für den Pietismus gewonnen, ward er durch seine Gemahlin Sophia Magdalena von Brandenburg-Culmbach seit 1721, insbesondere durch den Einfluß der Schwiegermutter, welche seit 1722 in Kopenhagen geblieben war, in demselben befestigt. Daß er 1733 das Schelten gegen die so genannten Pietisten in seinen Königreichen verbot (S. 498), war zu loben. Allein der Zwang zum Gottesdienst, welchen seine Sabbathsordnung von 1736 darbietet [1]), die Verordnung von Geldstrafen für Versäumniß der Predigt, von Prangerstrafe bei wiederholter Verachtung des Gottesdienstes, bezeichnet eine Verirrung des Urtheils, welche dem Grundsatz des Pietismus direct widerspricht. Schauspielern, Seiltänzern, Marionettenspielern wurde das Reich verboten. Endlich der königliche Befehl von 1738 an alle Beamten, Hausväter und Gastwirthe, bei hoher Strafe alle Zungenverbrechen, Gotteslästerung, Fluchen, Mißbrauch des göttlichen Wortes, nicht geziemende Scherze anzuzeigen, läßt erkennen, wie verhängnißvoll für die Gesellschaft die gesetzliche Strenge werden mußte, welche nach pietistischen Grundsätzen dem Einzelnen gegen sich selbst oblag. Der König und seine Gemahlin führten bei Hof einen ernsten Ton ein, legten aber durch die Pracht der Hofhaltung, namentlich durch umfangreiche Bauten von Schlössern den Grund zur Zerrüttung der Finanzen. Dabei war Christian VI. in Folge seiner religiösen Richtung seinem Volke innerlich so abgeneigt, daß er sich in der schriftlichen Mittheilung nur der deutschen Sprache bediente, und

---

1) Acta hist. eccl. I. S. 817.

daß er eine Menge seiner gräflichen Verwandten und Gesinnungsgenossen aus Deutschland in sein Reich zog. Es kam ihm nicht darauf an, auch einen geschworenen Separatisten, wie den Leibarzt Carl (S. 353) in seine Nähe zu bringen, und Zinzendorf, der 1731 noch eine dem Separatismus verwandte Stellung einnahm, die Aussicht zu eröffnen, daß er in Dänemark seine Mission für den Heiland in großem Stil treiben dürfe. Natürlich scheiterte dieser von Zinzendorf gehegte Gedanke an der Unmöglichkeit, ihn in bestimmte Formen und Maßregeln umzusetzen, und der Graf brachte aus Dänemark nur den Danebrog-Orden zurück, der ihm jedoch schon 1736 wieder abgenommen wurde. Ebenso zerschlug sich ein Versuch des Königs 1734, den Grafen Henckel für eine unbestimmt bleibende Stellung im Dienste des Reiches Gottes zu gewinnen. Auch Joachim Lange weigerte sich, einem Ruf nach Kopenhagen zu folgen. So kam die Gunst der Verhältnisse weniger einer großartigen Leistung des Pietismus zu Gute, als einer Reihe von Grafen aus pietistischen Familien, zwei Söhnen von Heinrich XXIV. Reuß, dessen Schwiegersohn, dem Grafen von Lynar, einem Castell-Remlingen aus Franken, einem Isenburg-Büdingen, einem Stolberg-Stolberg, welche mit hohen Aemtern und reichen Pfründen ausgestattet wurden [1]). Im Ganzen bietet die sechszehnjährige Regierung des dänischen Königs die ungünstigste Probe für die Ausführbarkeit des Gedankens, einen Staat mit der persönlichen religiösen Gesinnung seines Oberhauptes kurzer Hand in Einklang zu setzen, und ihn zu einer Erscheinung des Reiches Gottes umzugestalten. Solche kurzsichtigen Unternehmungen gereichen der Sache, welcher sie dienen sollen, immer zum Schaden. Nach dem Tode Christian's VI. (1746) schlug der Sohn und Nachfolger Friedrich V. ganz andere Wege ein, auf denen der Pietismus nicht mehr geachtet wurde.

Für seinen Staat hat Friedrich Wilhelm I. von Preußen mehr geleistet, als jener dänische König für den seinigen, obwohl oder weil er persönlich dem Pietismus fern blieb. Während nun seine Ansicht, man könne nur als Privatmann der pietistischen Methode leben, durch Männer wie Canstein, Heinrich XXIV. und Graf Henckel bestätigt wird, bieten die frommen Generale in dem Heer des preußischen Königs eine Probe dafür dar, daß auch die

---

1) Hierüber vgl. Barthold 1853. S. 276.

am meisten entgegengesetzte Combination ausführbar war. Es sind [1]) die Feldmarschälle Reichsgraf Hermann von Wartensleben (1650—1734), Georg Abraham von Arnim (gest. 1734), Gneomar Dubislav von Natzmer, die Generale von Gersdorf und von Löben. Neben denselben werden noch einige Offiziere niederen Ranges genannt [2]); in den Auserlesenen Materien kommt auch ein Unteroffizier als Muster pietistischer Ueberzeugung vor. Man hat sich zu hüten, jene Erscheinung aus einer besondern Wahlverwandschaft zwischen Strategie und Pietismus zu erklären; denn die Ueberlistung des Königs, welche Natzmer und Löben in der Sache Wolff's sich erlaubten (S. 290), war wenig christlich. Vielmehr ist die Anziehung, welche der Pietismus auf das adelige Standesbewußtsein ausübte, auch für diese Soldaten maßgebend gewesen. Und wenn man das Heerwesen unter Friedrich Wilhelm I. bedenkt, so mochte sich die methodische Frömmigkeit gerade mit dem methodischen Mechanismus der Friedensarmee vertragen. Daß aber jene Generale eine humanere Behandlung ihrer Soldaten ins Werk gesetzt hätten, ist nicht überliefert. Deutlicher tritt der pietistische und zugleich militärische Charakter an dem kaiserlichen General-Feldmarschall-Lieutenant, Freiherrn von Wuttgenau [3]) hervor. Freund der Wissenschaften, früher mit den Höfen zu Weimar und Dresden verbunden, hielt er seit seiner Erweckung alles üppige und ruchlose Weltwesen von sich fern. In verschiedenen Feldzügen in Italien und Ungarn seit 1730 zeichnete er sich aus, besonders aber durch die schließlich erfolglose Vertheidigung der Reichsfestung Philippsburg gegen die Franzosen (1734). Daß seine energische Pflichterfüllung durch seine Gottesfurcht erhöht worden ist, darf man nicht bezweifeln. Er starb 1736. Nicht durchaus gleichartig mit diesen Männern erscheinen die schwedischen Offiziere, welche bei Pultava (1709) von den Russen gefangen, großentheils zu Tobolsk in Sibirien bis 1721 zurückgehalten wurden, welche durch die Noth ihrer Gefangenschaft religiös angeregt, seit 1713 mit Francke in Verbindung traten und dessen Fürsorge in mannigfacher Weise erfahren durften [4]). Sie sind nicht sowohl als Soldaten, sondern als Arme und Gefangene für das Evangelium zugänglich geworden.

---

1) A. a. O. S. 218.

2) Bei Tholuck, Gesch. des Rationalismus I. S. 61.

3) Barthold a. a. O. S. 283.

4) Kramer II. S. 181

Allein die idealste Ausprägung pietistischer Frömmigkeit findet sich im weiblichen Geschlecht. Sie begegnet uns zunächst ohne alle Manier in zwei gleichaltrigen adeligen Fräulein, von denen die eine Norddeutschland, die andere Mitteldeutschland angehört. Sophie Ernestine von Alefeldt[1]), geboren 1723, war in früher Jugend in das adelige Damenstift zu Itzehoe in Holstein eingetreten. In ihrem 18. Jahr lernte sie einen Herrn von L., Kammerherrn an dem königlichen Hof (wahrscheinlich zu Kopenhagen) kennen. Die gegenseitige freundschaftliche Zuneigung Beider führte zur Verabredung künftiger Ehe, da die Vermögensverhältnisse auf beiden Seiten wenig vortheilhaft waren. In der Erwartung, daß hierin einmal eine Aenderung erfolgen werde, führten die Verlobten einen geheimen Briefwechsel. Inzwischen erfuhr die Dame die Erweckung, Gott und den Heiland der Welt über Alles zu lieben. Der Verlobte, dem sie diesen Umschwung der Gesinnung nicht verhehlte, schloß sich derselben aufrichtig an. Verschiedene Heirathsanträge, die sie empfing, lehnte sie ab, ohne ihr Geheimniß zu verrathen; so vergingen mehr als zehn Jahre, bis die Aussichten der Verlobten in gewaltsamer Weise durchkreuzt wurden. Die Mutter des Cavaliers wünschte dessen Verheirathung mit einer schönen und reichen Hofdame. Als sie dieselbe ihm vorschlug, mußte er sein Verhältniß zur Alefeldt offenbaren. So wenig nun die Mutter an derselben auszusetzen hatte, fand sie es natürlich nicht im Einklang mit ihren Absichten, daß die Verheirathung ihres Sohnes mit seiner Freundin auf die ungewisse Frist der Beerbung einer Tante ausstehen sollte. Mit der Mutter vereinigte der König sein Zureden unter der Drohung seiner Ungnade im Falle des Widerstrebens. Als der Cavalier so in die Enge getrieben war, gab die Alefeldt ihn in der großmüthigsten Weise frei, und die neue Braut war es zufrieden, wenn er nur nach seiner alten Freundin sie am meisten lieben wollte. Durch die Bitten des Ehepaars ließ die Verlassene sich auch bewegen, den Briefwechsel, natürlich in anderem Tone, fortzusetzen. Allein der Gram tödtete das Opfer mütterlicher Politik schon nach einem halben Jahr. Seine Jugendfreundin vermochte diese Schläge in der Gesinnung zu ertragen, welche sie in die Worte faßte: Wie Gott mich führt, so will ich gehen, ohne alles eigene Wählen. Uebereinstimmende Zeugnisse

1) Büsching IV. S. 53—72.

des schlichtesten und klarsten Gottvertrauens theilt Büsching aus Briefen mit, welche er von ihr empfangen hat. In diesem Gleichgewicht mit sich und der Welt befestigt, lehnte sie es weiterhin ab, in die Ehe zu treten. Unter mißlichen Erfahrungen in ihrer Familie war sie die großmüthigste Versorgerin derselben. Frühzeitig von Kränklichkeit heimgesucht, starb sie sich selbst treu, 1779.

Ebenfalls im Jahre 1723 war in Frankfurt am Main Susanna Catharina von Klettenberg[1]) geboren, die älteste Tochter eines Arztes, welcher später in den Rath der Reichsstadt eintrat. Sie war 1745 verlobt mit Johann Daniel von Olenschlager, der nachher als Publicist berühmt geworden und als Schöff 1778 gestorben ist. Die Eheschließung wurde dadurch verzögert, daß man den reich gebildeten, wohlhabenden und ehrgeizigen Mann von einem höhern Amte vorläufig zurückhielt. In der angegebenen Zeit nun gelangte die Klettenberg zu einer innern Einkehr, und in der Hingebung an Gott, ihren unsichtbaren Freund, verlor sie mehr und mehr das Interesse selbst an unschuldigen Belustigungen. In diesem Falle ging der Bräutigam nicht auf die veränderte Gesinnung der Braut ein, wußte sie in seinem weltlichen Ehrgeiz auch nicht zu würdigen. Es trat eine gegenseitige Entfremdung ein; als er das erstrebte Amt endlich erhielt und seine Bewerbung erneuerte, lehnte die Klettenberg dieselbe ab. Die Frömmigkeit, in welcher sie ihren Frieden fand, war die Combination der Liebe zu Christus und des Verzichtes auf Befriedigung an der Welt; und in dieser Haltung war sie der Erlösung von der Sünde gewiß[2]). Es hatte sie keinen Bußkampf gekostet, in diese Gedankenreihe sich einzuleben, deren Vorbilder aus dem 17. Jahrhundert herüberreichten. Sie erschien auch in ihrer ruhigen Gelassenheit den Freundinnen, welche Halle'scher Richtung waren, gar nicht als vollkommen; namentlich hatte die Tochter von J. J. Rambach, welche die Gattin des Pfarrers zu Frankfurt Conrad Caspar Griesbach war, eine gelehrte,

1) J. M. Lappenberg, Reliquien der Fräulein Susanna Catharina von Klettenberg, nebst Erläuterungen zu den Bekenntnissen einer schönen Seele. Hamburg 1849.

2) Dies ergiebt sich aus den a. a. O. mitgetheilten Liedern VI—X, welche, obgleich sie mit der Jahreszahl 1756 bezeichnet gewesen sind, vor der an dem Schluß dieses Jahres eingetretenen, in den Liedern XII—XV. ausgesprochenen neuen Wendung in dem Leben der Dichterin entstanden sein müssen. Vgl. Lappenberg S. 223.

nüchterne, strenge Frau, an der Klettenberg den formellen Bußkampf zu vermissen. Im Jahre 1756 wendete sie sich Herrnhutischen Anschauungen zu, welche in ihren späteren Liedern hervortreten. Bei sachlicher Gleichheit des Thema, der Verehrung des gekreuzigten Herrn, unterscheiden sie sich von den früheren durch die schwüle Hitze der Stimmung und die spielerische Hervorhebung der Nebensachen, die für Zinzendorf die Hauptsachen gewesen sind. Ueber diesen Umschwung äußert sie sich 15. December 1768 in einem Briefe an einen Herrnhuter: „Nun geht es in das zwölfte Jahr, daß Er sich mir als den für mich Gekreuzigten offenbarte. Von dem ersten Augenblick dieser seligen Erfahrung liebte ich die Gemeine der Brüder, und der Gedanke wandelte seit diesem Moment mich an, ob ich nicht unter diese Verfassung gehörte. Bis auf diese Minute aber habe ich von meinem besten Freunde, von meinem so treuen Führer, der sich unbeschreiblich zu mir herabläßt, und in so vielen großen und kleinen Fällen mir klar gesagt, was er von mir wollte, in dieser wichtigen Sache keine entscheidende Antwort“. In diesen Sätzen ist es nicht verständlich, daß sie erst in der Billigung des Herrnhutischen Geschmackes Christus als ihren Heiland erkannt haben will, und die gemäßigte Frömmigkeit ihrer früheren Jahre dadurch für werthlos erklärt. Sie hat zwischen 1760 und 1763 in den Privaterbauungen eines Herrn von Bülow aus Celle, vorher Capitän eines deutschen Regiments in französischem Dienst, ihre herrnhutischen Neigungen weiter gepflegt. Vor dem förmlichen Eintritt in die Gemeinde aber ist sie durch einen Besuch gewarnt worden, den sie 1766 in Marienborn machte, und der allerlei ungünstige Eindrücke zurückließ. Die Veränderung ihres religiösen Geschmackes ist gewiß nicht von der Bedeutung für ihren Charakter gewesen, welche sie sich vorgestellt hat. Die heitere Gelassenheit, die Geduld in ihrer Kränklichkeit, die Geneigtheit zur Beobachtung sittlicher Zustände und Wechselbeziehungen, und die unbefangene Anknüpfung ihrer religiösen Ueberzeugungen an solche Unterhaltungen, welche Goethe von der Klettenberg bezeugt, sind in den Jahren 1767 und 1768 nicht anders gewesen als früher. Die fünf Aufsätze über die Freundschaft, welche zwischen 1745 und 1747 geschrieben sein müssen, vergegenwärtigen schon den von Goethe bezeichneten Unterhaltungsstoff der späteren Jahre in authentischer Weise. Sie starb im December 1774.

Maria Eleonore, die jüngste Tochter des Grafen Friedrich

Carl August zur Lippe-Bisterfeld, wurde als Zwillingsschwester ihres Bruders Ferdinand am 16. Juni 1744 geboren [1]). Sie verlor ihre Mutter unmittelbar nach ihrer Geburt. Im Hause einer ältern Schwester, Wittwe des Grafen Seyfried von Promnitz in Drehna, trat sie seit 1760 unter den Einfluß des Pietismus. Darin wurde sie befestigt durch einen Besuch in Wernigerode und die Freundschaft mit den Töchtern des Grafen Henrich Ernst. Aus Briefen jener Zeit erkennen wir, daß die junge Gräfin, ohne Bußkampf durchzumachen, sich etwa in der Stimmung bewegt hat, welcher der Bruder ihrer Freundinnen gleichzeitig Ausdruck gegeben hat (S. 484). Sie ist aufmerksam auf ihre große Untreue und Undank gegen Gott, aber auch der Treue Gottes gewiß, welcher ihr alles vergiebt. Sie vertraut auf die Führung durch Gottes gnädige und allmächtige Hand in der Art, daß sie recht gelassen und willenlos zu werden sucht. Mit dieser religiösen Ergebung verband sie aber das klarste Gefühl ihrer Verantwortlichkeit in ihrer speciellen Lebensaufgabe, seitdem sie 1765 mit dem regierenden Grafen Wilhelm von Schaumburg-Lippe in die Ehe getreten war. Derselbe war 20 Jahre älter als sie, hatte durch die Verbesserung der Verwaltung und Hebung der Cultur in seinem kleinen Lande, durch sein Interesse am Kriegswesen überhaupt und seine Reorganisation des portugiesischen Heeres sich einen Namen gemacht, war empfänglich für Politik, Philosophie und Kunst, gestimmt für alles Ernste, Große und Heroische, imponirend durch die Kraft und Hoheit seiner Erscheinung. Neben diesem Gemahl beschreibt Herder die Gräfin als das Bild der Sanftmuth, Liebe und Demuth, „um sie zu zeichnen, müßte man das schönste kleine Marienbild zeichnen". Ihre demüthige Gelassenheit hatte sie in dem ersten Jahre ihrer Ehe zu erproben, da der Graf an seinem Hof- und Consistorialrath Thomas Abbt (geboren 1738) einen Gesellschafter gewonnen hatte, welcher seinen geistigen Bedürfnissen völlig genügte, und seinen Bildungsinteressen nach allen Seiten hin fördernd und anregend entgegen kam. Durch diesen Verkehr ließ der Graf sich zunächst abhalten, sich gegen seine Gemahlin so aufzuschließen, wie sie es erwarten durfte. Ihre ehrfurchtsvolle Schüchternheit vermochte daran nichts zu ändern. Als aber Abbt gegen Ende 1766 gestorben

---

1) Emil Frommel, Ludaemilia von Schwarzburg-Rudolstadt und Maria von Schaumburg-Lippe. 1874. Haym, Herder I. 2. S. 512ff.

war, gewann sie gerade durch ihre stille Demuth und ihr Zartgefühl das Vertrauen und die völlige Theilnahme ihres Gemahls. Sie bezeugt schon nach einem halben Jahr, daß sie das vergnügteste und glücklichste Leben, die beste Ehe führe. Im Stillen aber war sie ihrer Gelassenheit doch nicht so sicher. Die Selbstbeobachtung, in welcher sie sich die stete Ergebung in Gottes Willen abzugewinnen trachtete, zeigte ihr immer wieder das Auf- und Abwogen entgegengesetzter Antriebe. Sie bezeugt, daß wenn die Stunden der Prüfung fern sind, sie der Liebe Gottes gewiß und, so unerforschlich Gottes Wege sind, von seiner Güte und Weisheit überzeugt, daß sie dann stark in ihrem Vertrauen sei, Gottes Gnade rühmen und preisen und auch Andere zum Vertrauen ermuntern könne; wenn die Prüfung aber nahe tritt, so sei sie klein, dann kämpfen Ergebung und Unmuth in ihrer Seele. Dieses Bekenntniß richtet sie an Herder, als sie den von ihr geliebten Zwillingsbruder hat sterben sehen; aber gleiche Aeußerungen sind auch in Briefen der frühern Zeit enthalten. Herder nun ist es, welcher, seitdem er im Mai 1771 als Oberpfarrer und Consistorialrath in Bückeburg eingetreten war, ihr über diese Wirkungen der pietistischen Methode hinausgeholfen hat; sie selbst aber hat zugleich durch ihr Beispiel der Sanftmuth seinen hypochondrischen Launen Einhalt zu thun vermocht. Aus ihren Briefen an ihn erkennen wir deutlich den Gewinn, welchen die Gräfin von dem Verkehr mit ihrem „Lehrer“ davon getragen hat. Herder hatte sie vor dem „Regelzwang“ in der Frömmigkeit gewarnt. Sie erwidert, daß sie aus Erfahrung wisse, wie wenig man damit gewinnt; „gewiß, wie Sie sagen, nichts als Knechtsgestalt; man wird matt, sclavisch, dürre, müde; man träumt mehr als man lebt, läßt wohl gar an allem Guten nach“. „Daß jeder nach seiner Seelenanlage und Beruf nach dem Wohlgefallen Gottes strebe, bleibt wohl die einzige wahre Regel; alles übrige von angemerkten Empfindungen und Erfahrungen kann unmöglich Gesetz für Alle werden. Was hilft es mir, mich nach den besten Beispielen in allen Empfindungen zwingen zu wollen, wenn sie nicht schon vorher meiner Seele von Gott gegeben sind? Ja ich glaube nun, daß es mir nicht einmal erlaubt sei, mir selbst so ängstlich nachzugehen, weil es mich eher von Gott entfernen, als eine wahre Verehrung gegen ihn befördern kann. Und es bleibt uns wohl ganz gewiß: so uns unser Herz nicht verdammt, dürfen wir Freudigkeit zu Gott haben; so es uns aber auch verdammt, dürfen wir doch glauben, daß Gott größer ist, als unser Herz". „Ich muß bekennen, die Bürde meiner Beziehungen, die vielerlei Verbindungen, wo ich mit leide, ist mir oft so etwas, das ich nicht benennen kann; aber auch nicht das Mindeste dieser Bürde, des Mitleidens möchte ich missen, da ich endlich einsehen lerne, das sei mein bester Gottesdienst; es doch auch mit alledem ein größeres Glück ist Antheil nehmen, als nur für sich allein Platz haben wollen" [1]). Sie hatte 1774 ihr einziges Kind, ein Mädchen von drei Jahren verloren; da schreibt sie: „Ich habe kein Kind mehr und nichts mehr, doch ich klage nicht; jeder ruhige Blick, den ich im Wachsbild meines schlafenden Engels erblicke, predigt mir Hoffnung, Seligkeit, Zukunftsfreude, Leben nur durch den Tod in jedem Betracht, predigt mir aber auch laut die zwei Worte: Keine Götzen". Von da an geht sie mit immer zunehmender Sehnsucht und Freudigkeit ihrem eigenen Tode entgegen. „Gestern, als wir in diesem fruchtreichen Garten umhergingen, hatte ich einen Gedanken, der mich ordentlich aufjauchzen machte; irre ich, so weisen Sie mich zurecht. Wie Gott zu Adam sagt: Du bist Erde und sollst zur Erde werden, das dünkte mich so ganz kein Fluch, sondern ein recht lieber Vatersegen, wenn ich bedenke, welche unendliche Kraft Gottes in der Erde ist. Wie keimt und wächst und blüht und reift jede Saat nicht jedes Jahr aus der Erde; sollte nicht allein der kindlichste, einfältigste Blick in einen Garten uns voll Gottes Ergebung und Freude machen können? Auf die Zeit, wenn man auch unsern Leib dereinst zur Erde senkt. Gewiß in Gott ist Alles ja und Amen". Die Gräfin Maria starb 1776 an der Schwindsucht an dem Tage, mit welchem sie ihr 32stes Jahr vollendete. Ihr Gemahl hat sie um wenig mehr als ein Jahr überlebt.

Einen eigenthümlichen Contrast zu der Reife und Klarheit dieser Frauen bildet der Charakter eines Mannes, welcher als Vertreter des Halle'schen Pietismus eine weitgreifende Thätigkeit entwickelt hat. Carl Heinrich von Bogatzky [2]) ist 7. September 1690 zu Jankowe in Niederschlesien geboren. Sein Großvater war vor der Religionsverfolgung aus Ungarn nach Schlesien geflohen; die Familie war, dem Namen nach zu schließen, slovakischen

1) Vgl. oben S. 49.

2) Lebenslauf von ihm selbst beschrieben. Halle 1801.

Stammes. Sein Vater trat wenige Jahre nach des Sohnes Geburt in kaiserlichen Militärdienst, und war meistens von seiner Familie getrennt. Die Erziehung des Sohnes fiel also der Mutter anheim, einer frommen Frau, welche die Bibel und das wahre Christenthum von Arndt las, und den Knaben zu regelmäßigem Gebet anhielt. Lange konnte sie ihn nicht bei sich behalten. Des Unterrichts wegen kam er schon im achten Lebensjahre aus dem Hause. Ein falsches Gerücht, der Vater sei katholisch geworden und wolle den Sohn bei sich haben, bewog die Mutter, denselben in seinem 14. Jahre nach Sachsen zu schicken, um ihn an einem kleinen Hof als Pagen unterzubringen. Nach mehreren vergeblichen Versuchen wurde er von dem Herzog zu Sachsen-Weißenfels angenommen. Auch hier war er mit Erfolg bemüht, den Versuchungen auszuweichen, mit welchen ihn der Verkehr mit den anderen Pagen bedrohte. Sein Vater, der ihn zum Soldaten bestimmt hatte, rief ihn nach einigen Jahren von dort nach Breslau, damit er sich dort auf diesen Beruf vorbereite. Indessen durchdrang er sich in einer anhaltenden Krankheit mit einer entschiedenen Abneigung dagegen, weil er das Duell, zu welchem der Soldatenstand so viel Anlaß gebe, für eine große Sünde erkannte. Wider sein Erwarten überzeugte sich der Vater davon, daß er zum Soldaten nicht tauge, und überließ ihn seinem Vertrauen, daß Gott in anderer Weise für ihn sorgen werde. Dies bewährte sich, indem der Graf Heinrich XXIV. Reuß ihn zum Studium der Rechte zu unterstützen versprach. Auf dessen Antrieb widmete der Zwanzigjährige sich erst dem vorbereitenden Unterricht in Breslau, und bezog danach 1713 die Universität Jena. Hier führte er ein zurückgezogenes Leben. Von seinen juristischen Studien erzählt er nichts, sondern nur von seiner Theilnahme an Vorlesungen von Buddeus. Inzwischen sah er wiederholt seinen Gönner in Halle, und wurde mit Francke und anderen Personen daselbst bekannt. Deshalb siedelte er 1715 dahin über. Während eines Aufenthaltes in Schlesien, wohin er durch den Tod seiner Mutter gerufen war, drängte ihn der Vater wieder zum Eintritt in den Militärdienst, und als er beim Studiren bleiben zu dürfen bat, sagte sich Jener von ihm los. Diese Befreiung benutzte Bogatzky dazu, 1716 sich ausschließlich der Theologie zuzuwenden; zwei Jahre lang wohnte er den Vorlesungen in Halle bei, und arbeitete dabei in einem Maße, daß seine Gesundheit erheblich litt. Als er 1718 nach Schlesien zurückkehrte, mußte er sich überzeugen, daß seine schwache Stimme, sowie die Nervosität und Schlaflosigkeit, welche das Reden ihm zuzog, ihm die Uebernahme eines Predigtamtes verbot. Seine Bekanntschaft mit dem gleichgesinnten Adel seiner Heimath, und die Gastfreiheit, welche derselbe zu üben gewohnt war, führte ihn zu einem Wanderleben, das ihm überall die Gelegenheit eröffnete, durch Hausandachten, die er abhielt, seine geistliche Befähigung zu verwerthen.

Die Darstellung seines Lebens bis zu diesem Punkte hat Bogatzky durch eine Fülle von Reflexionen begleitet, in denen einmal sein energisches Vertrauen auf Gottes Vorsehung bezeugt wird, andererseits die Erfahrungen betont werden, welche die pietistische Methode empfehlen sollen. Obgleich eine große Blödigkeit und Unentschlossenheit den Grundzug seiner Natur bildet, hat er doch durch seine Frömmigkeit den Muth erworben, gegen Fremde, die ihn im Postwagen durch frivole Gespräche behelligten, aufzutreten, mit dem Erfolge, daß sie seiner Unterhaltung zugänglich wurden. Auf die pietistische Bahn trat er kurz vor seiner Bekanntschaft mit dem Grafen Reuß, als sich ihm der Contrast zwischen Scriver's Predigt über die Freude im heiligen Geiste und Thomasius' Sittenlehre lebendig einprägte. Er empfand damals den Gegensatz des Gnadenstandes gegen gesetzliche Moralität in einer so überschwänglichen geistlichen Freude, daß er auf die Kniee fiel, den Herrn lobte, und zu lebenslänglicher Gefangenschaft entschlossen war, wenn er nur diese Freude oft erfahren könnte. Jedoch erst als er in Halle zu studiren begonnen hatte (1715), machte er die grundlegende Erfahrung, daß ihm sein tiefes inneres Verderben entdeckt wurde, daß er sich für den größten Sünder hielt, und einen Hunger und Durst nach der dem Glauben zuzurechnenden Gerechtigkeit Christi empfand. In diesem Stadium aber erfuhr er nur um so stärkere Versuchungen, indem er Gott nicht als Vater anzurufen vermochte, ihn für grausam und feindselig ansah; von einer entsprechenden Ausgleichung seiner Erschütterung durch eine Fülle geistlicher Freude erzählt er nichts. Kehren auch in seinem Leben die Momente von freudiger Heilsgewißheit zurück, so weiß er doch vorherrschend von Bedenken gegen seine Gotteskindschaft und von Störungen seines Gleichgewichtes durch Sorgen, mitunter recht geringfügiger Art zu berichten. Deshalb hat er absichtlich auf die geistliche Freude als Merkmal des Gnadenstandes verzichtet (S. 480).

Die starke Betonung der Vorsehung Gottes in seiner Lebensbeschreibung läßt den lutherischen Untergrund seiner gesammten Ueberzeugung erkennen. Allein er deutet diesen Einschlag seiner Erfahrungen in kleinlicher Weise, und ist immer bemüht, sich der Vorsehung Gottes für die augenblicklich zu fassenden Entschlüsse zu versichern. Erinnert dieses Verfahren an Francke (S. 279), so ist der Unterschied zwischen Beiden der, daß Francke die Weisungen Gottes für seine Entschlüsse und Handlungen in seinem Berufe als Leiter des Waisenhauses abwartet, Bogatzky aber nach denselben in seinem beruflosen Leben hascht. Das ist die schwache Seite an diesem Mann. Es mangelt ihm durchaus die Erkenntniß, daß er einen Beruf zu erstreben und auszufüllen habe. Im Alter von 20 Jahren empfängt er, der vorher nur gewußt hat, daß er nicht Soldat werden wolle, den Antrieb vom Grafen Reuß, die Rechte zu studiren. Drei Jahre lang nimmt er dessen Unterstützung zu diesem Zwecke an, ohne, wie es scheint, der ihm gestellten Aufgabe nachzugehen. Anstatt dessen dilettirt er in der Theologie, und mit der ihm zustehenden Fertigkeit religiöser Rede erweckt er bei manchen seiner Landsleute die Vermuthung, er wolle Prediger werden. Indem er gemäß diesem Anstoß durch Andere sich klar macht, daß die Jurisprudenz ihm gleichgiltig ist, und daß die theologischen Vorlesungen seine Anfechtungen erleichtern, kommt er auf den Einfall, mit 26 Jahren erst ordentlich Theologie zu studiren. Und als dieser Gedanke recht kräftig und durchdringend sein Herz bewegte, war es ihm, als ob der Entschluß vom Himmel herab in sein Herz gesprochen würde! Freilich erprobt er noch im Gebet, ob dieser Antrieb ein Ruf Gottes oder eine Versuchung sei; aber durch sein Gebet wird er darin befestigt, und die Menschen, deren Rath er begehrte, zogen natürlich ihre Einwendungen zurück, als sie sahen, daß Bogatzky dieselben nicht beachtete. Nun hat er sich in den folgenden zwei Jahren so überarbeitet, daß seine Gesundheit ihm nicht erlaubte, ein Predigtamt zu übernehmen. Er selbst findet keinen Anlaß zur Klage darin, daß ihm ein ordentlicher Beruf entgeht, sondern tröstet sich mit der besondern Vorsehung Gottes, welcher durch seine freien Dienstleistungen hier und da das Heil anderer Seelen und die Förderung seines Reiches bezweckt habe. Indem Bogatzky von 1718 an, ohne zu arbeiten, von der Gastfreundschaft und von den freiwilligen Gaben seiner Gesinnungsgenossen lebte, machte er sich eine ordentliche Lebensführung und Charakterbildung unmöglich.

Im Jahr 1725 fixirte er seinen Wohnsitz in Glaucha bei Oels, wo der Pastor Mischke ein Waisenhaus gegründet hatte. An dessen Leitung betheiligte sich Bogatzky, aus Liebhaberei, ohne amtliche Verantwortlichkeit. Hier trat er 1726 in die Ehe mit der Tochter einer Schwester seiner Mutter, Eleonore von Felß, mit welcher er schon lange in religiösem Austausch gestanden hatte. Er hatte deshalb bald nach ihrer besondern Erweckung seine Gedanken darauf gerichtet, sie, so der Herr wollte, zu heirathen, konnte aber des göttlichen Willens nicht versichert werden. Er hielt vielmehr dafür, daß der ehelose Stand ihm besser und seliger sei, und glaubte eine göttliche Ueberzeugung zu haben, daß er unverheirathet bleiben solle. Aber seine Freunde redeten ihm zu der Verbindung zu, und „nachdem der Herr sein irrendes Gewissen zurechtgewiesen“, verlobte er sich mit seiner Verwandten, nicht ohne danach wieder die heftigsten Bedenken zu empfinden, welche alsbald durch die zufällige Erinnerung an einen Liedervers verscheucht und in die kräftigste Versicherung der Gnade Gottes umgesetzt wurden. Die Ehe, in die ihn seine Freunde hineingeredet hatten, stellte ihn vor schwere Nahrungssorgen, da seine Capitalschuldner keine Zinsen zahlten. Bogatzky motivirt nun sein unter diesen Verhältnissen gehegtes und nicht getäuschtes Vertrauen auf Gott in einer Weise, welche an dem Grundsatze des Paulus vorbeigeht, daß, wer nicht arbeitet, auch nicht essen soll. Er erklärt, daß nicht das Vermögen an Land und Capital den Unterhalt gewährleiste, da dasselbe verloren gehen kann. Indem er die Arbeit als Mittel des Unterhaltes in diesem Zusammenhange gar nicht erwähnt, fährt er fort, die Hand Gottes sei unser Gut oder Capital. Diese, welche die ganze Welt hält, also auch alle Kassen unter ihrem Verschlusse hat, kann den Bedarf, den wir von ihm erbitten, aus zehn Kassen nehmen und uns reichen. In diesem Sinne hat auch Bogatzky nicht seinen Freunden seine Bedürfnisse offenbart, um nicht in Unglauben und Abgötterei zu verfallen. Sie haben ihm „durch göttliche Regierung“ geholfen, wahrscheinlich weil sie sich zugleich verpflichtet fühlten, das Paar nicht im Stich zu lassen, dessen Ehe sie gestiftet hatten. Die Reflexionen auf ganz besondere Fügungen Gottes knüpfen sich in dieser Lebensbeschreibung sehr oft an Geldangelegenheiten; sehr begreiflich, weil Bogatzky, wie er selbst erzählt, in der Verwaltung seines Vermögens und in der Ueberlegung dessen, was er hatte und was er bedurfte, nicht sorgfältig war. Von Hause aus scheint er jedoch nicht ganz gleichgiltig gegen Geldbesitz gewesen zu sein. Er stellt es wenigstens als einen Beweis der Fürsorge Gottes für ihn und seine Geschwister dar, daß seine in Breslau wohnende Mutter auf dem Lande, als sie ihren Schwager besucht hat, gestorben und beerdigt worden ist, da das Begräbniß für Adelige in Breslau sehr kostbar wäre.

Die Ehe Bogatzky's wurde 1734 durch den Tod der Frau getrennt. Im folgenden Jahre machte er den Plan, eine reiche Frau zu nehmen, wieder unter der Zustimmung anderer Kinder Gottes. Die Art, wie er sich über diese Sache ausspricht, ist nun höchst charakteristisch für seine Ansicht vom Leben. In Carlsbad, wo er seiner Gesundheit wegen war, begegnet ihm, nachdem er Gottes Fürsorge für seinen Heimweg angerufen, ein nach Görlitz zurückfahrender leerer Wagen, der ihn für geringen Preis dahin mitnimmt. Er erkennt darin eine Versicherung der göttlichen Führung auch insofern, als die Dame, welche er zu heirathen gedenkt, in der Nähe von Görlitz wohnte. Dorthin gekommen erfährt er aber von derselben eine Abweisung; die Dame erklärt ihm, unverheirathet bleiben zu wollen, und wünscht zugleich ihm die Unruhe ersparen zu sollen, welche ihm die Verwaltung ihres Vermögens erwecken würde. Er sah jedoch diesen Bescheid nicht für definitiv an, weil er sich bisher der wunderbaren göttlichen Führung in der Sache bewußt war, und wurde von den Anderen darin bestärkt; ja er meinte endlich so gewiß zu sein, daß wenn er daran zweifeln sollte, er es für lauter Unglauben ansah. Als er dennoch eine nicht mehr mißzuverstehende Antwort bekam, wollte er in seiner Anfechtung fast an Gott irre werden, weil er eine lautere Absicht, und dann immer die meiste Hoffnung gehabt hatte, wenn er recht ins Gebet ging. Er zieht aus dieser Erfahrung den Schluß, daß die Freudigkeit im Vertrauen auf Gott nicht das zuverlässige Zeugniß der Billigung eines Schrittes durch Gott sei, sondern eine Versuchung, der man auszuweichen hat. Der Fehler liegt darin, daß er für Sachen, welche der pflichtmäßigen Ueberlegung der Menschen anheimgestellt sind, einen Nothzwang durch Gott im Voraus nach Anzeigen indifferenter Art festzustellen sucht. Die Verbindung von Gebet und günstigen Zeichen, auf welche sich Bogatzky einläßt, um die einzelnen Fügungen Gottes im Voraus zu erforschen, ist überhaupt kein einem Christen geziemendes Verfahren. Und wenn dasselbe nur rein auf Gott gestellt wäre! Aber bei seinen Heirathsangelegenheiten haben immer auch Andere eingeredet; nicht minder erzählt Bogatzky von mehreren Heirathsvermittelungen, die er selbst besorgt hat, ohne daß dabei die göttliche Fügung beachtet würde.

Aus seiner Ehe hatte Bogatzky zwei Söhne; wegen deren Erziehung zog er nach dem Tode seiner Frau nach Breslau. Als jedoch 1740 der Aeltere auf der Schule in Oels eine Freistelle erhielt und der Jüngere von dem alten Gönner des Vaters, dem Grafen Reuß zur Erziehung begehrt wurde, fühlte er sich nicht mehr verpflichtet, für seine Söhne zu sorgen. Er gab den bisher behaupteten festen Wohnsitz in Breslau auf, und begab sich wieder auf die Wanderung. Als Vorwand diente ihm dazu der eben in Schlesien ausgebrochene Krieg. Nach einem längern Aufenthalt in Köstritz ging er über Obergreiz und Ebersdorf nach Saalfeld, wo er bei dem Herzog Christian Ernst von Sachsen Aufnahme fand. Dieser Enkel Ernst des Frommen, von der Linie Koburg, geb. 1683, hatte wegen seiner Ehe mit der Tochter eines fürstlichen Stallmeisters von Koß auf die Regierung verzichtet, die seinem jüngern Bruder Franz Josias zufiel. Noch ehe er seine Apanagenherrschaft in Saalfeld antrat, hatte er 1727 sich von Zinzendorf besuchen lassen, und tiefe Eindrücke zur Befestigung seiner Liebe zum Herrn Jesu empfangen, auch einen Regierungsplan von demselben erhalten. Seit 1729 in Saalfeld, von seiner Gemahlin und deren Mutter beherrscht, machte er Hof und Stadt zur Heimath pietistischer Bestrebungen nach Halle'schem Muster [1]). Als Superintendent ward, unter Zurücksetzung des Archidiakonus Semler, aus Schlesien Lindner, und als Hofdiakonus der aus Teschen vertriebene Muthmann, auf Landpfarren wurden andere Pietisten berufen. Der neue Superintendent, welcher nach Semler das bei Schlesiern gleichsam erbliche Talent der Suade besaß, gewann alsbald die Oberhand über das Herzogspaar und die ganze Hofgesellschaft, und seine Thätigkeit im Dienste der pietistischen Erbauung beschäftigte ihn so, daß er die Prüfung der Candidaten, die Einführung der Prediger, die Erledigung der Kirchenrechnungen dem Vater Semler's überließ. Jeden Sonntag Nachmittag leitete Lindner die Andacht im herzoglichen Speisesaal, zu der sich auch die „Caravane

1) Hierüber J. Sal. Semler's Lebensbeschreibung, von ihm selbst abgefaßt. 1781. 1. Theil S. 28. 48. 100.

aus der Stadt" einstellte, alle, Beamte wie Bürger, welche sich den leitenden Personen empfehlen wollten. Nach der Rangordnung saßen sie um den Proponenten herum, der Hof auf Kanapee's, die Anderen auf Bänken; Schlechtere blieben stehen. Die vielen neuen (namentlich Ebersdorf'schen) Lieder, häufig mit schönen Melodieen, übten ihre Anziehung. Als der Superintendent kränklich wurde, kam sogar der Hof und die ganze Gesellschaft in dessen Wohnung zusammen. Auch in anderen Häusern waren erbauliche Zusammenkünfte. Andächtige Versammlungen wurden daneben im Walde gehalten; der Herzog gab nebst der leiblichen Bewirthung den Conversationswagen dazu her; ja er war oft selbst der Kutscher, um etliche fromme Schusterweiber, die viel Glaubenskraft besaßen, öffentlich zu ehren. Semler's älterer Bruder, welcher etwa 1739 von seinem Studium in Jena zurückgekehrt war, und im ziellosen Ringen um die Versiegelung seine geistigen und körperlichen Kräfte aufrieb, paßte zu den in Saalfeld herrschenden Bestrebungen. Ja der Vater bequemte sich denselben an, und nöthigte den jüngern Sohn an den Erbauungsstunden theilzunehmen, welche der Conrector hielt. Es hieß, dem Hofe sei es nicht gleichgiltig, daß der Sohn des Archidiakonus unbekehrt bleiben wolle, und durch sein Beispiel andere Schüler verderben helfe. Mit dieser Pflege des Pietismus im Schloß und in der Stadt ging die Uebung der Alchymie Hand in Hand. Semler spricht von mehreren Häusern, in welchen treufleißige fromme Laboranten wohnten, und im Schlosse war ein Gewölbe zum Laboratorium eingerichtet, in welchem ein Kammerdiener auf herzogliche Kosten unaufhörlich arbeitete. In diesen Kreis also trat Bogatzky ein, und widmete seine Fertigkeit erbaulicher Rede den Bestrebungen, welche das ganze Dasein des Hofes umspannten.

Diese Dinge nahmen aber mit dem Tode des kinderlosen Herzogs (1745) ein Ende. Dessen Bruder in Koburg war schon mit der sehr unsichern Wirthschaft in Saalfeld unzufrieden, wo Küche, Keller, Wohnung und Geldunterstützungen nicht blos für Bogatzky, sondern auch für Andere zu Gebote standen, welche die täglichen Erbauungen leiteten. Dem wurde nun auf einmal ein Ende gemacht; jene Gäste mochten einen andern gutmeinenden Hof aufsuchen. Aber auch unter den Stadtbewohnern, sagt Semler, hörte sogleich alle jene Andacht und Frömmigkeit auf. Bogatzky ließ sich 1746 in Halle nieder, auch hier auf Gastfreundschaft hin, da ihm der jüngere Francke eine freie Wohnung im Waisenhause anwies. Hier begann er im nächsten Jahre mit dem „Täglichen Hausbuch der Kinder Gottes“ die umfangreiche Schriftstellerei, in welcher er endlich eine Art von Beruf gefunden hat, und hielt daneben Erbauungsstunden mit Studenten und in der Nachbarschaft, wo frommer Adel zu finden war. Auch jetzt freilich ist er von Anfechtungen nicht verschont geblieben. Es war ihm oft so, als wenn er niemals die lebendige Kraft Gottes in sich empfunden hätte; und er mußte sich aus den Tagebüchern, die er gemäß dem Rath von A. H. Francke seit 1716 geführt hatte, überzeugen, daß Gott ihn zu der und der Zeit besonders erweckt, erquickt und gestärkt habe. Diese Anfechtungen aber sind damals immer dann eingetreten, wenn er nicht mit seiner Arbeit beschäftigt war; unter der Arbeit, auch wenn er körperliche Hinderungen zu überwinden hatte, hat er die Freudigkeit erfahren, die er auf dem contemplativen Wege nie erreicht hat. Das ist der Beweis dafür, daß der Ansatz zu dem frommen Leben, den er für sich gemacht, in welchem die Pflicht der Arbeit nicht eingeschlossen war, fehlerhaft gewesen ist. Durfte er sich wundern, daß die jüngeren Zeitgenossen sich den Maßstäben entzogen, nach denen er niemals ein sicheres Gleichgewicht der Lebensstimmung gewonnen hatte? Als er 15. Juni 1774 im Alter von 84 Jahren starb, hatte er mit Kummer den Umschwung des Pietismus zur Aufklärung schon lange beobachtet. In seine Lebenszeit fällt die aufsteigende und die absteigende Bewegung des Pietismus, welcher in der Linie von Spener und Francke verläuft, sein Kampf, sein Sieg, sein Verfall und seine Zersetzung. Die Art, wie Bogatzky das Leben angesehen hat, und wie er im hohen Alter seine Ansichten vom Leben vorträgt, ist nicht geeignet, besondere Hochachtung vor ihm zu erwecken. Daß es auch in diesem Kreise, wie überall, Menschen von abgestufter Charakterkraft und Reife gegeben hat, ist jedoch denen gegenüber in Erinnerung zu bringen, welche immer Heiligenbilder zu sehen erwarten, wo eine mit ihnen übereinstimmende Richtung der Frömmigkeit dargestellt wird. Die Geschichtschreibung aber kennt keine Heiligen in dem bestimmten Sinne.

Sie kann auch nicht mit der wünschenswerthen Sicherheit die moralischen Resultate dieses Pietismus in den von ihm beherrschten Ständen nachweisen. Unter den Zeitgenossen ist Niemand gewesen, der eine Moralstatistik des Pietismus entworfen hätte. Und wäre dieses der Fall gewesen, so käme es erst darauf an zu ermitteln, ob er nicht ein voreiliger Beobachter und ein verdächtiger Rechner gewesen ist. Im Predigerstande müssen beim Eintreten der pietistischen Bewegung Trunksucht und Ehebruch häufig vorgekommen sein; man hat als wahrscheinlich anzunehmen, daß diese Laster durch die pietistische Bildung der Geistlichen aus diesem Stande verdrängt worden sind. Ein näherer Grund dazu ist die Thatsache, daß die pietistischen Geistlichen enger zusammen gehalten haben, als die der frühern Generation. Die Theologia pastoralis practica, eine Zeitschrift, welche Steinmetz von 1737—1758 (10 Bände) herausgegeben hat, enthält in jedem Hefte Berichte von Pastoralconferenzen, namentlich von derjenigen, welche in Kloster-Bergen zusammen zu treten pflegte. Solche Vereinigungen stärken das Ehrgefühl und sind dadurch geeignet, groben Lastern vorzubeugen. Jedoch bieten jene Berichte von der Kloster-Bergischen Pastoralconferenz immer nur Vorschriften über dasjenige dar, was die Prediger thun sollen und müssen, geben aber keine Andeutung über deren wirkliches Verhalten im Leben. Eine einzige Aeußerung stellt 1737 fest, daß man über die Verachtung des Lehramtes klagt, und leitet diese Thatsache daraus ab, daß unter denen, die es führen, allzu Vielen an dem guten Zeugniß solcher fehle, welche draußen stehen[1]). Dabei aber ist zu erwägen, daß an diesem Mangel nicht blos wirkliche Verschuldung der Geistlichen, sondern auch die Feindschaft derer betheiligt sein wird, welche aus allerlei Gründen sich des Pietismus entschlagen haben. Im zweiten Bande der angeführten Zeitschrift bietet die Lebensbeschreibung von Friedrich Eberhard Collin[2]) haarsträubende Proben davon dar, wie die Jugend in Wertheim sich benommen hat, als derselbe wider die Sonntagsentheiligung zu predigen anfing. Sie brachten Schnupftabak mit, um ihn durch Niesen zu stören, stampften auf den Emporen mit Füßen, antworteten im Beichtstuhl auf die Frage, ob sie sich bessern wollten: das könnten sie nicht versprechen. Und wenn Collin darauf erwiderte, er könne sie nicht absolviren, so sagten sie höhnisch, das müsse er thun, deswegen bekomme er

1) Band 1. S. 238 ff.

2) Geboren in Worms 1684, Prediger zu Wertheim am Main 1709, zu Zeulenroda 1724, Hofprediger in Lobenstein 1725, gestorben 1727. Vgl. a. a. O. Band 2. S. 371. 714.

seinen Lohn. Solchen Erscheinungen gegenüber sieht es ganz verzweifelt aus, daß die Pietisten nach dem Vorgange von Francke die Handhabung des Beichtinstitutes als das nachdrücklichste Mittel zur Durchsetzung ihrer Bemühungen um die Sitte des Volkes festzuhalten suchen. Eine Abhandlung: Zufällige Gedanken vom Mißbrauch und Gebrauch des Beichtstuhls[1]) von 1739 bezeugt zugleich, daß es noch so viele Miethlinge gebe, welche gegen ihr Gewissen ohne Unterschied die Absolution ertheilen, und ruft sogar die hohe Obrigkeit der Consistorien an, dem Verderben des Beichtstuhls, d. h. der schlaffen Verwaltung desselben gehörig zu begegnen. Und in welche Klemme kamen gewissenhafte pietistische Prediger, wenn ihren Bestrebungen, der Trunksucht zu steuern, die Grundherren und Patrone aus der Rücksicht entgegenwirkten, daß sie keine Einbuße an der Accise erleiden wollten[2]), oder wenn ein Herr von Tschirnhausen in Kieslingswalde bei Lauban 1709 seinen Bauern das Tanzen bei Strafe gebot, wegen dessen ihnen die Ausschließung vom Abendmahl durch den Pastor angedroht war[3]). Hatte also die Verachtung des Predigtamtes solche Motive, so gereichte sie den ernsten und gewissenhaften Predigern nur zur Ehre. Wie gesagt, es fehlt an zureichenden Mitteln um zu entscheiden, ob die Widersetzlichkeit der Landbevölkerung gegen die Sittenzucht des Pietismus seit dem Anfang des Jahrhunderts sich im Ganzen vermindert hat. Daß sie auch in den dreißiger Jahren noch durch die althergebrachte Schlaffheit in der Handhabung des Beichtstuhls an vielen Orten Nahrung empfing, haben wir vernommen. Allein es liegt aus derselben Zeit eine Betrachtung darüber vor, woher es komme, daß es mit der Bekehrung der Prediger so schwer hält[4]). Wenn man derselben direct Glauben schenken soll, so würde der Pietismus auf die Geistlichkeit durchweg unwirksam geblieben sein. So pessimistisch lautet sie. „Guten Theils sind sogenannte Geistliche Predigersöhne. Nun taugen die meisten Prediger nichts. Wie es denn in diesem Stande unter den Vorfahren schier noch ärger ausgesehen, als etwa seit 30 und 40 Jahren", u. s. w. Ich vermuthe jedoch, daß hier

1) A. a. O. S. 293.

2) Vgl. ein Gutachten der Theol. Facultät zu Leipzig von 1700, a. a. O. S. 780 ff.

3) Walch V. S. 982.

4) Theol. past. pract. Band 2. S. 562.

ein Separatist spricht; die Wendung „Sogenannte Geistliche" läßt darauf schließen. Zugleich aber erkennt derselbe doch die Besserung des Standes seit dem Anfange des Jahrhunderts an. Andererseits entzieht es sich jeder Beobachtung, wie die Vorschriften Friedrich Wilhelm's I. über die Prüfung der Studenten auf ihre pietistische Gesinnung (S. 293) seit den dreißiger Jahren gewirkt haben.

Mit größerer Sicherheit wird man den sittlichen Einfluß des Pietismus auf den Adel abschätzen können. Denn in diesem Kreise ist die gesellschaftliche Bedeutung der Frauen durch die von ihnen geübte Frömmigkeit in dem Maße gehoben worden, als auch die Männer sich derselben beflissen. Wenn man aus dem Leben von Nic. Lange (S. 510) sich erinnert, daß an der Tafel des schwedischen Gesandten in Wien die Männer durch die Gegenwart der Frau und der Töchter desselben sich nicht hindern ließen, zu fluchen und Zoten zu reißen, so hat der Pietismus unter den Adeligen mit solchen Unsitten aufgeräumt. Unter den Frauen dieses Standes hat freilich außer der Freifrau von Gersdorf (S. 485) keine einen weitgreifenden Mittelpunkt der pietistischen Gesellschaft gebildet; jedoch erfahren wir[1]), daß die besondere Gönnerin Büsching's, die Gemahlin des Ministers Gerhard Adolf von Münchhausen in Hannover, in ihrem Hause nach der Mahlzeit geeignete Tischgäste dazu veranlaßte, einen religiösen Vortrag in Gegenwart ihrer Familie und anderer gottseliger Personen zu halten. Ihr Gemahl, welcher nicht Pietist war, hat ihr also überlassen, in dieser Beziehung den Ton anzugeben. Was in der adeligen Gesellschaft beiden Geschlechtern gleich wichtig war, und den Grundton der Sitte bildete, war die peinliche Enthaltung von den Mitteldingen, namentlich vom Tanze. Für Heinrich II. Reuß und den Grafen Henckel hängt an dieser Enthaltung die Entscheidung für die übrigen Elemente der pietistischen Frömmigkeit. Die Zöglinge Heinrich's XXIV. wurden allerdings durch einen Tanzmeister in einem Theil seiner Kunst unterwiesen[2]); aber diese Elemente sollten niemals zu eigentlichem Gebrauche verwendet werden. Barthold wiederholt eine Angabe aus Büsching's Leben von Carl Gottlob von Nüßler, daß dieser als Kammerjunker der Herzogin von Sachsen-Dahme in Drehna, wenn deren Sohn aus erster Ehe, der pietistische Graf Friedrich

1) Büsching a. a. O. VI. S. 109.
2) Büsching a. a. O. VI. S. 127.

Erdmann von Promnitz, mit seinen Töchtern auf Besuch bei seiner Mutter war, den letzteren die Gelegenheit zum Tanzen bereitet habe, sobald der Vater sich zu Bett verfügt hatte[1]). Indessen kann dies nicht richtig sein. Wenigstens eine dieser Gräfinnen von Promnitz, Maria Elisabeth (1717—41), die erste Gemahlin von Henrich Ernst, Graf von Stolberg-Wernigerode, erklärt in ihrem Lebenslauf[2]), sie habe nur einmal an einem fremden Ort von weitem tanzen sehen, und davon den Eindruck empfangen, als seien die Leute verrückt. Ein Fräulein von Fragstein in Oberschlesien, welches in Henckel's „Letzten Stunden" vorkommt, macht sich sogar vor ihrem Tode Gewissensbisse darüber, daß sie einmal dem Tanzen nur zugesehen hat! Die Ehen, welche in den Kreisen des reichsgräflichen und in denen des niedern Adels pietistischer Richtung geschlossen wurden, sind durch die Convenienz der Familien bedingt; aber indem sie durch die religiöse Uebereinstimmung geregelt werden, gereichen sie dem Pietismus zur Ehre. Indem sie von sorgfältiger Erziehung der Kinder begleitet sind, ist in manchen der besprochenen Familien eine Ueberlieferung ehrenhafter und ernster Gesinnung durch den Wechsel der Generationen hindurch maßgebend geworden. Die Rücksichten des Standes, die Abstufung zwischen den gräflichen und denjenigen adeligen Personen, welche als Beamte und Gesellschaftsdamen sich anschlossen, wurde in strenger Etikette vorbehalten. Wenn sich in Köstritz die Gäste zur Tafel Heinrich's XXIV. versammelten, durften die jungen Grafen keine Dame von einfachem Adel zu Tische führen[3]). Wenn solche Vorbehalte der Etikette die Gräfin Sophie Charlotte von Stolberg-Wernigerode befremdet haben, so ist zu erwägen, daß der Verzicht auf diese Ordnung der höhern Gesellschaft die Aussicht auf nicht standesmäßige Ehen eröffnete, wie ihre Mutter eine geschlossen hatte. Davor durften die vornehmen Geschlechter sich schützen, auch indem sie die Gleichheit aller Stände vor Gott durch Aufnahme einzelner Bürgerlicher in ihre Vereinigungen zum Gebet anerkannten. Leider waren die gleich gesinnten Glieder der niederen Stände so selten.

---

1) A. a. O. I. S. 267. Barthold 1853. S. 212.

2) Lau, Der Ruhm göttlicher Gnade (1741) S. 87. 88.

3) Was Büsching a. a. O. II. S. 13 als fehlerhaft bezeichnet, da die jungen Grafen, wenn sie in die Welt kamen, sich dieses zur Ehre rechnen mußten.

Seine öffentliche Legitimation vor der Gesellschaft erwirkte der Pietismus durch die Gründung von Armenschulen und Waisenhäusern. Das Vorbild Francke's in dieser Beziehung hat überall in Deutschland, in Dänemark und Norwegen gleiche Unternehmungen ins Leben gerufen. Die Opferwilligkeit der Gesinnungsgenossen für diese Zwecke hat auch auf solche anregend gewirkt, welche nicht zu den Pietisten zu rechnen sind. Auf diesem Felde sind auch nicht blos die Adeligen und die Prediger thätig gewesen. Vielmehr haben in Langendorf bei Weißenfels ein Bauer, Christoph Buch seit 1710, in Bunzlau der Maurermeister Zahn seit 1754 Waisenhäuser gegründet[1]). Merkwürdig ist nur, daß man blos auf diese Form rettender Liebe aufmerksam war, und daß andere Aufgaben derselben nicht entdeckt wurden. Eine Ausnahme macht Bogatzky, welcher die christliche Uebung der Krankenpflege empfahl, indem er in den Beguinen des Mittelalters ein Vorbild dazu zu finden glaubte[2]). Erst einer spätern Zeit ist es vorbehalten gewesen, diese Aufgabe zu lösen.

Ich schließe diese Sammlung von Charakterzügen des Pietismus mit einer Beobachtung, welche, da sie diese Richtung nur in negativer Beziehung angeht, vielleicht weiterer Bestätigung bedarf. Es ist eine Genugthuung des natürlichen Menschen, in den Erlebnissen Anderer Strafgerichte Gottes nachzuweisen. Solchen Fällen begegnet man auch in der Kirchengeschichte des 16. und 17. Jahrhunderts, als Proben der naiven Rohheit, welche der theologischen Schätzung der Vergeltung Gottes als Fundament des Systems entspricht. Eine gesteigerte Anwendung findet nun diese Betrachtungsweise bei solchen Personen, welche von radicalen oder separatistischen Grundsätzen aus den Anspruch machen die Kirche zu reformiren. Die Schurman sieht in der Heimsuchung der Bürger von Herford durch Einquartirung von Kriegsvolk und durch ansteckende Krankheiten die Strafe für deren Feindseligkeit gegen die Labadisten. Um persönlicher Verletzungen willen finden sich die Anderen durch deutliche göttliche Strafen an ihren Feinden gerächt, Jakob Nethenus, Petersen, Johann Michaelis, Römeling[3]).

---

1) Kramer, Francke II. S. 173. Schneider, Lebenslauf von E. G. Woltersdorff S. 57.

2) Lebenslauf S. 277.

3) Vgl. I. S. 240. 393. II. S. 240. 241. 347.

Nun setzt sich diese Urtheilsweise auch in das Gebiet fort, welches uns hier angeht; allein es sind nicht die Anhänger Spener's und Francke's selbst, welche sie üben, sondern die Leute niedern Standes, welche sich für dieselben interessiren. In der Biographie von Nicolaus Lange erzählt deren Verfasser, daß von den Pfarrgenossen in Derenburg, die sich gegen Jenen am meisten vergangen haben, keiner lange gelebt noch sonst Stern und Glück gehabt habe, zumal die, bei welchen keine wahre Buße stattgefunden hat. Er erzählt dieses als Beobachtung der Derenburger, welche ihrem ehemaligen Pastor nach seinem Abgange eine dankbare Erinnerung gewidmet haben. Hat nun der Biograph diese Notiz wahrscheinlich von Lange empfangen, so liegt doch in seiner Darstellung kein Grund zu der Annahme, daß Lange selbst darin eine persönliche Genugthuung durch die Rache Gottes gefunden habe. Aus der Gemeinde in Wertheim, welche ihrem Pfarrer Collin so viel Noth gemacht hat (S. 539), werden einige Fälle von schrecklichem Lebensausgange unbußfertiger und gegen Collin widersetzlicher Menschen erzählt[1]), welche dieser selbst aufgeschrieben hat. Hinzugefügt wird, daß nach seinem Tode Gott noch erschrecklichere Rache an denen geübt hat, die sich ihm widersetzt haben, und daß eine gewisse Familie ihren schlimmen Verfall selbst dahin beurtheilt hat, sie habe ihn an ihrem Pfarrer Collin verdient. Der Zusammenhang dieser Angaben schließt es direct aus, daß Collin selbst diese Fälle als Proben göttlicher Rache zu seiner Rechtfertigung beurtheilt hat. Diese selbstgerechte Deutung fremder Schicksale ist mir auch weder bei Spener, noch bei Francke, noch bei irgend einem ihrer Anhänger begegnet. Dieselben bezeugen den Glauben an die Vorsehung Gottes über ihr Leben so stark wie möglich. Verzichten sie also auf jene Proben derselben, welche die vulgäre Meinung, und in verstärktem Maße die radicalen Reformer beachten, so hat das die Bedeutung, daß die εὐλάβεια, die demüthige Vorsicht und das Zartgefühl im Urtheil über die Schicksale Anderer in dem Kreise des kirchlich gesinnten Pietismus eine Ausprägung erreicht hat, wie zuvor niemals. Allerdings ist jene Enthaltung nicht durch genaue Ueberlegung und bestimmte Absicht geleitet, sondern entspringt aus religiösem und sittlichem Takt. Deshalb aber ist diese Erscheinung nicht von geringerer Bedeutung. Sie ist vielleicht die werthvollste Wirkung von Spener's Vorbild.

1) Theol. past. pract. II. S. 367.

42. Der Ausgang des Halle'schen Pietismus.

Francke und seine Anhänger haben sich allmählich immer deutlicher von dem radicalen Pietismus unterschieden und den separatistischen Bewegungen, welche sich an diese Richtung anschlossen, Widerstand geleistet. Es war aber ein Verhängniß für die Halle'sche Schule, daß sie an dem Ort ihrer Wirksamkeit seit Gründung der Universität mit einer Schule des Kirchenrechtes zusammentraf, welche in gewissen Beziehungen sich dem radicalen Pietismus näher stellte als der kirchlichen Tendenz der Halle'schen Theologen. Dieselben waren auch, obgleich in abgestufter Weise, mit Christian Thomasius[1]) und Johann Samuel Stryck in persönlichen Beziehungen, welche eine vollständige Abgrenzung der beiderseitigen Wirkungskreise unmöglich machten. An sich betrachtet sind die naturrechtlichen Grundsätze über das Verhältniß zwischen Kirche und Staat und die Bestrebungen um die Verbreitung des rechtschaffenen Christenthums in den gegebenen rechtlichen Formen der Kirche gleichgiltig gegen einander. Allein in der Praxis trafen sie mehrfach zusammen. Spener hat ursprünglich der Cäsareopapie der Staatsgewalt, welche schon zu seiner Zeit in Deutschland ausgebildet war[2]), durch Einrichtung der Conventikel ein Gegengewicht setzen wollen, dann aber durch deren Uebergang in den Separatismus und durch die Willkür der Pastoren in der Handhabung der Disciplin sich während seiner Amtsführung in Dresden von der Unumgänglichkeit des staatlichen Kirchenregiments überzeugen lassen (S. 134). Als Propst in Berlin hat er sich der Gunst der preußischen Regierung für seine Zwecke ohne Umstände bedient, und Francke, so wie dessen Genossen und Nachfolger haben darin fortgefahren, ohne nach dem theoretischen Rechte zu fragen. Hierin

1) Geboren in Leipzig 1655, Lehrer der Rechtsgelehrsamkeit daselbst, seit 1690 in Halle, seit 1694 an der Universität, gestorben 1728. Vgl. Biedermann, Deutschlands Zustände im 18. Jahrh. II. S. 355 ff. Tholuck, Kirchl. Leben im 17. Jahrh. II. 2. S. 61 ff. Gesch. des Rationalismus I. S. 107 ff.

2) Proben bei Tholuck, Kirchl. Leben im 17. Jahrh. II. 2. S. 3.

also haben sie sich thatsächlich in derselben Bahn bewegt, welche Hugo Grotius[1]) abgesteckt hat, und welche nach dem Vorgange von Johann Brunnemann[2]) in Frankfurt an der Oder (1608—1672) die Halle'schen Juristen inne hielten.

Thomasius stützt sich zugleich auf die Auctorität von Samuel Pufendorf[3]), und es wäre von Interesse, das Maß der Uebereinstimmung und des Gegensatzes zwischen Pufendorf und Grotius zu erörtern. Allein theils ist hier nicht der Ort dazu, theils ist es insofern nicht angezeigt, als Thomasius den leitenden Gedanken Pufendorf's ablehnt. Daß nämlich das Christenthum dasselbe Verhältniß zum Staat einnimmt, wie die fremden Religionen zum römischen Reich als collegia, daß aber unter einem christlichen Regenten die Kirche nicht mehr collegium privatum, sondern collegium legitimum ist, und daß der Regent als Glied der Kirche besondere Rechte in derselben ausübt, obgleich dieselbe als collegium vom Staate unterschieden bleibt, — diese Grundsätze Pufendorf's werden von den genannten Halle'schen Juristen nicht in Geltung gesetzt. Sie bleiben bei Grotius stehen, welcher es als Naturrecht behauptet, daß die Staatsgewalt als solche, sie mag monarchisch oder aristokratisch oder demokratisch sein, die Religionsgemeinschaft zu regieren hat, sofern dieselbe in äußeren Handlungen erscheint, daß aber die Staatsgewalt auch die inneren Ueberzeugungen insofern regelt, als dieselben auf äußere Handlungen abzwecken. Daß diese Ordnung dem Naturrecht entspricht, leitet Grotius aus einem historischen und einem dogmatischen Grunde ab. Wie alles vorgebliche Naturrecht immer in der Generalisirung einer besondern Gruppe von geschichtlichen Erscheinungen besteht, so abstrahirt Grotius die Vollmacht des Regenten über die Religion von der Competenz des römischen und der hellenischen Staaten über die in ihnen öffentlich geltenden Culte, und von der entscheidenden Gewalt der christlichen Kaiser von Constantin an über die christliche Kirche. Allein dazu kommt der andere Grund, daß die Souveränetät der Staatsgewalt das Nachbild der Souveränetät Gottes über die

1) De imperio summarum potestatum circa sacra. Commentarius posthumus. 1647.

2) De iure ecclesiastico tractatus posthumus, ed. Jo. Sam. Stryck. 1681.

3) De habitu religionis christianae ad vitam civilem. Liber singularis. 1687.

Menschen ist, wie diese von allen reformirten Theologen des 17. Jahrhunderts gedacht wurde. Es gehört zu der Eigenthümlichkeit jenes Attributes der Staatsgewalt, daß sie auch durch positives menschliches Recht nicht eingeschränkt sein soll. Hingegen legt Grotius derselben in Religionssachen die Schranke auf, daß sie unangetastet lassen muß, was durch göttlichen Befehl feststeht, das Evangelium, die Sacramente, das Lehramt. Demgemäß soll der Staat, den er construirt, keinen Platz für solche haben, welche Gottes Dasein, Vorsehung und Endgericht leugnen, oder Gott für den Urheber aller Sünden erklären, oder die Gottheit Christi und die Erlösung durch ihn in Abrede stellen.

Um solche Personen aus dem Staat auszuschließen, bedarf nach Grotius die Staatsgewalt nicht einmal der Synoden, da dieselben ohnedies der Staatsgewalt unterworfen sind. Und nun folgt in entschiedenem Contrast zu den aus dem byzantinischen Vorbild abgeleiteten Folgerungen orthodoxen Gepräges eine sehr nach Aufklärung klingende Annahme, daß der Regent, der sich auf die res sacrae versteht, mit frommem Sinne ausgerüstet ist, und ausgezeichnete Pastoren zu Rathe zieht, ohne Schwierigkeit religiöse Differenzen entscheiden wird. Denn er wird sich auf die Hauptsache des Glaubens beschränken und alles Metaphysische, Historische und Grammatische, quae a theologis solent magnis contentionibus et clamoribus agitari dahin gestellt sein lassen. Also wird man nur an den Umfang der natürlichen Religion denken, den der christliche Regent des Grotius durchsetzt! Indem übrigens dieses Kirchenrecht von der Norm des byzantinischen Kaiserthums beherrscht ist, so wird die Thatsache der Trennung der Kirche in mehrere Particularkirchen durchgängig außer Acht gelassen. Es ist also ein unvorbereitetes Gewalturtheil, mit welchem Grotius, indem er einmal beiläufig auf jene Thatsache aufmerksam wird, die unbedingte Vollmacht der Staatsgewalt auch darüber behauptet, quaenam religio publice exerceatur. Glaubt man aber hienach erwarten zu sollen, daß Grotius die vollständige Absorption der Kirche in den Staat lehren, und alle amtlichen Functionen der Diener der Kirche von der Staatsgewalt ableiten werde, so ist das nicht der Fall. Denn er findet, daß mit dem Priesterthum als solchem keine Jurisdiction verbunden, sondern in gegebenen einzelnen Fällen nur zufällig combinirt, nämlich durch die Kaiser übertragen worden ist. Pufendorf stellt dasselbe Ergebniß in engerem Zusammenhang mit seiner

Unterscheidung zwischen Kirche und Staat fest. Denn wie Christus keinen Staat gegründet hat, so ist die Schlüsselgewalt kein imperium. Die Ausschließung vom Abendmahl ist ebenso wie dessen Spendung actus ministerialis, und da die Ausschließung nur das geistige und nicht das bürgerliche Leben angeht, keine iurisdictio. Deshalb nimmt Grotius an, daß auch die Inhaber der Staatsgewalt als Christen der Schlüsselgewalt unterworfen sind. Wenn nämlich dieselbe iurisdictio wäre, so wäre der Geistliche Delegat der Staatsgewalt, und es wäre widersinnig, daß er gegen den Inhaber der letztern ein Recht übte, das er nur von demselben zu Lehen trüge. Deshalb macht Grotius nur den Vorbehalt, daß die Schlüsselgewalt gegen einen Regenten nicht in Aufwiegelung des Volkes auszuüben sei.

Bei Pufendorf begegnen wir noch einem Gedanken, welcher die Gemeinschaft der Schule mit den verschiedenen Formen des Pietismus erklärt. Pufendorf nämlich behauptet, weil alle Religion sich auf Gott bezieht, so sei für deren Existenz die Verbindung Mehrerer nicht nothwendig, und dem Heilswerth der Religion wachse nichts dadurch zu, daß eine Mehrheit in ihr übereinstimmt. Es ist merkwürdig, daß der Mann von so großer Erfahrung in der Geschichte sich vorspiegeln konnte, daß die Gemeinschaftlichkeit der Religion immer nur zufällig sei. Es ist aber auch nicht schwer, das Interesse Pufendorf's an diesem Satze zu entdecken. Er will in der Quantität die möglichste Unähnlichkeit zwischen Staat und Religion nachweisen, um eine befriedigende Combination zwischen beiden zu finden. Ist nämlich die Religion ursprünglich Privatsache eines Einzelnen, so ist sie auch als Besitz Mehrerer Privatsache, erreicht niemals den öffentlichen Charakter des Staates; also kann die Kirche im Verhältniß zu ihm als collegium im Sinne des römischen Rechtes begriffen werden. Thomasius hat in der Disputation vom Recht des Fürsten in Mitteldingen einen übereinstimmenden Gedanken ausgesprochen, obgleich er unmittelbar vorher die Taufe und das Abendmahl als Anordnungen Christi für seine Jünger erwähnt hat. Ungeachtet dessen nämlich behauptet er nicht nur, die natürliche Religion erfordere keinen äußern (also gemeinschaftlichen) Gottesdienst, sondern auch, das Christenthum, welches der Naturreligion näher steht als das Judenthum, scheine ursprünglich sich mit dem innern Gottesdienst, der Demuth, Selbstverleugnung und Ergebung an Gott begnügt zu haben. Das läßt die Folgerung zu, das Christenthum sei gleichgiltig dagegen, ob es als Kirche oder Secte oder in ganz isolirten Subjecten, wie unter den Separatisten in der Grafschaft Isenburg existirt. Gottfried Arnold hat sich auch auf den Satz des Thomasius berufen, um seine Zurückziehung vom öffentlichen Gottesdienst zu rechtfertigen, obgleich die Stellung der Kirche zum Staat, welche die Naturrechtler behaupten, von ihm durchaus abgelehnt wird. Aber nicht blos mit dem Separatismus berührt sich jener Gedanke von Pufendorf, sondern auch mit der Ansicht Francke's von der Bekehrung, bei welcher ja von den Bedingungen abgesehen werden soll, welche die Kirche nach lutherischer Lehre für die Entstehung und Bewahrung des christlichen Lebens darbietet. Auch diese Form des Pietismus leidet an dem fehlerhaften Individualismus, welcher überhaupt seit Melanchthon's Heilsordnung, noch mehr seit der Schätzung der Mystik als höchster Leistung im Protestantismus, endlich seit der willkürlichen Ausbeutung vereinzelter Schleiermacher'scher Sätze fortfährt die evangelische Kirche zu verwirren. Für alle diese Vertreter des religiösen Individualismus ist das Wahrzeichen in Pufendorf's aufklärerischer Formel aufgesteckt: Weil die Religion Beziehung zu Gott ist, so ist sie nicht zugleich auch eine eigenthümliche Stellung des Menschen zur Welt, und deshalb dagegen gleichgiltig, in einer Gemeinde zu existiren, welche immer nur zufällig zu Stande kommt.

Es giebt aber noch einen andern Punkt, in welchem sich das Kirchenrecht von Grotius und Pufendorf mit den Wirkungen des Halle'schen Pietismus berührt. Beide Männer unterscheiden, wie schon angeführt worden ist, die Art der kirchlichen und der staatlichen Functionen so, daß jene keine iurisdictio einschließen. Diese Lehre wird von Pufendorf ausführlicher erörtert als von Grotius. Er erinnert nämlich daran, daß die Grenze zwischen beiden Gebieten nicht immer deutlich und sicher geblieben sei; manchen kirchlichen Zuchtmitteln sei die Bedeutung von Strafen zugewachsen, weil der Staat die entsprechenden Vergehen unbestraft gelassen habe[1]). Diese Seite kirchlicher Disciplin also soll der Staat durch sorgfältige Gesetzgebung an sich ziehen. Wenn jedoch kirchliche Züchtigung, wie der Bann, zweckmäßig erscheint, so soll darüber die Staatsgewalt entscheiden und nur in ihrem Auftrage der Diener der Kirche

1) Ueber das gleiche Urtheil in den ältesten Kirchenordnungen aus der Reformation vgl. Bd. I. S. 65.

ihn verhängen. Denn, sagt Pufendorf, in einem Staat, welcher blos aus Christen besteht, wird ein solcher Act kirchlicher Disciplin einer Verrufserklärung gleichen und ungünstige Folgen für die bürgerliche Stellung des Betroffenen nach sich ziehen. Hierüber aber darf die Entscheidung nur der Staatsgewalt zustehen. Dieser Grundsatz steht im Gegensatz zu der Ansicht, welche nicht nur der katholischen Kirche des Mittelalters eigen, sondern auch unter den Angehörigen der lutherischen und der reformirten Kirche gangbar geblieben war, nämlich daß die Kirche den Rahmen für das bürgerliche Leben abgebe. Wenigstens die Bauern, welche sich der Zucht pietistischer Pastoren widersetzten und trotzdem im Beichtstuhl absolvirt zu werden verlangten (S. 192. 539), deuten dadurch an, daß sie bei ihren schlechten Sitten ihre bürgerliche Ehre an die kirchliche Absolution geknüpft dachten. Wenn dieselbe vulgäre Ansicht die kirchliche Zucht einfach entwürdigte, so traf die von Grotius und Pufendorf klar gestellte Unterscheidung zwischen staatlicher Jurisdiction und kirchlicher Disciplin mit den Bestrebungen Francke's und seiner Schüler zusammen, die letztere als Attribut des kirchlichen Amtes ebenso ernst zu nehmen, wie im Dienste des rechtschaffenen Christenthums wirksam zu machen. Denn in diesem Falle mußten die Pietisten sich sagen, daß sie sich wie ihre Pfarrgenossen in dem Maße vor der Vermischung der religiösen und der bürgerlichen Interessen zu hüten hätten, als sich ihre Gemeinden zur Erfahrung sorgfältiger Disciplin willig finden sollten. Oder die Pietisten mußten in ihrem eigenen Interesse ihren Gemeinden jenen Grundsatz des neuen Kirchenrechts verständlich und zugänglich machen. Ob sie dieses gethan, oder ob es ihnen gelungen ist, vermag ich nicht nachzuweisen. Jedenfalls ist es außer Zweifel, daß jene Lehre des neuen Kirchenrechtes und das Interesse der Pietisten sich decken, und daß beide dieselben Gegner sich gegenüber fanden. Deshalb kommen auch die neue kirchenrechtliche Bildung und ernste religiöse, beziehungsweise pietistische Gesinnung in denselben Personen vor. Joh. Brunnemann eröffnet sein Grotianisches Kirchenrecht mit einer Klage über den verfallenen Zustand der Kirche, welche an Spener erinnert. Dessen Schwiegersohn Joh. Samuel Stryck ist mit Francke und dessen Collegen in voller religiöser Uebereinstimmung. Ich erinnere ferner an Otto Heinrich Becker (S. 438) und an Enno Rudolf Brenneysen, welcher nach Thomasius' Vorträgen und Anleitung die Disputation von dem Rechte der Fürsten in Mitteldingen verfaßt hat, und nachher als Ostfriesischer Kanzler eine Stütze pietistischer Bestrebungen war.

Allein Thomasius und Stryck haben aus der gemeinsamen Ansicht von der Stellung der Staatsgewalt zur Kirche Folgerungen gezogen, welche theils über das Interesse der Halle'schen Theologen hinausgingen, theils nach Maßstäben berechnet wurden, welche ihnen mehr oder weniger fremd waren. Der Veränderung von Kirchengebräuchen waren die Pietisten in einzelnen Fällen nicht abgeneigt. Was Spener in dieser Beziehung für wünschenswerth hielt, ist S. 152 angegeben worden. Schade's Widerstand gegen die Privatbeichte ist bekannt (S. 202). Indessen ist Francke nebst seinen Schülern auf die Freilassung der allgemeinen Beichte nicht eingegangen. Hingegen der pietistische Oberprediger Hauber in Stadthagen stellte die Privatbeichte ab, band sich nicht an die Liturgie und die Perikopen[1]). Nachher hören wir, daß die Dargun'schen Prediger durch Veränderung gewisser Cultusordnungen Anstoß bei ihren Gemeinden erregt haben; wie weit sich dieses Verfahren erstreckt hat, bleibt unbekannt. Nun beschäftigen sich die beiden parallelen Disputationen von Thomasius, de iure principis circa adiaphora (1695) und von Stryck, de iure sabbathi (1702) mit der Frage, wie weit das Recht der Obrigkeit in der Veränderung von Kirchensachen reicht. Ueberein stimmen Beide in dem Grundsatze des Grotius, daß der Fürst als solcher nicht über innere Ueberzeugungen, aber über diejenigen äußeren Ordnungen der Religion verfügen könne, welche von Gott weder geboten noch verboten sind, also über die Ceremonien im Cultus, zu welchen nach Stryck der Gebrauch des Sonntags zum öffentlichen Gottesdienst in erster Reihe gehört. Die Schrift von Stryck ist systematischer als die von Thomasius. Während jener sich bemüht, den Umfang der zweckmäßigen Veränderungen zu erschöpfen, begnügt sich dieser mit einigen Beispielen. Stryck bekämpft das unter den Lutheranern herrschende Vorurtheil, daß der Sabbath, weil er durch Gottes Abschluß der Schöpfung geheiligt wurde, hiemit zu einem unverbrüchlichen Element der natürlichen Religion gemacht und deshalb auch im Christenthum von Gottes wegen verbindlich sei. Es wiederholt sich hier der Gegensatz der Coccejaner gegen die Voetianer (I. S. 138). Wir können nun von den einzelnen Vorschlägen

---

1) Büsching, Beiträge III. S. 182.

absehen, in welchen die beiden Juristen die Vereinfachung des Cultus erstreben. Wichtig ist zunächst nur, daß Beide gegen den Beichtstuhl sich erklären, Thomasius definitiv, Stryck in der Art, daß Beichte und Absolution nicht zum Empfang des Abendmahls nothwendig sein sollen. Gemeinsam ferner ist Beiden der Gesichtspunkt, daß es Reste des Papstthums im lutherischen Cultus sind, die sie durch die Staatsgewalt abgestellt zu sehen wünschen. Thomasius folgt hierin seiner allgemeinen Abneigung gegen alles, was mittelaltrigen Geschmack hat. Stryck hingegen hat in seiner Verantwortung gegen Mayer, zu welcher er sich durch dessen bekannte Schrift (S. 425) herausfordern ließ, den Zweck seiner Disputation dahin erklärt, daß ihn die Beschaffenheit der Kirche des N. T., ihre Bestimmung zum Gottesdienst im Geist und in der Wahrheit, und das Vorbild der ältesten Kirche bestimmt habe, die Ceremonien in Abgang zu bringen, in denen sich der herrschende religiöse Mechanismus gesichert findet. Das Argument von der ältesten Gestalt der Kirche stellt Stryck an die Seite der radicalen Pietisten. Für die Halle'schen Theologen war dieser Gesichtspunkt nicht maßgebend (S. 447). Ebenso wenig werden sie einverstanden gewesen sein mit Stryck's Disputation de reliquiis sacramenti in causis matrimonialibus (1704), welche den Grundsatz der Reformation wieder in Erinnerung brachte, daß die Ehe res civilis sei und nicht zur Competenz der Kirche gehöre. Daß die Hallenser darauf nicht eingegangen sind, beweist eine Menge von Gutachten der theologischen Facultät in Ehesachen, welche Baumgarten's Sammlung enthält.

Thomasius stand mit Francke schon seit der Leipziger Zeit in Verbindung, als er dessen Protest gegen das Verfahren der Sächsischen Regierung in Sachen des Pietismus mit einem Rechtsgutachten unterstützte. In Halle hatte er Francke zu seinem Beichtvater erwählt. Allein er paßte sehr wenig zu der pedantischen und im Ganzen conservativen Art der Halle'schen Theologen. Sein joviales Temperament, seine satirische Begabung, seine vielseitige Bildung, seine Rührigkeit in der rücksichtslosen Bekämpfung alles dessen, was seinem gesunden Menschenverstand als Vorurtheil erschien, seine Prätension, daß er nicht blos im Recht, sondern auch in der Philosophie und der Theologie mitzureden habe, seine Beflissenheit gegen höher Gestellte, um ihnen mit Folgerungen aus seinem Naturrecht gefällig zu sein, seine Geschäftigkeit alles Mögliche durch einseitiges Räsonniren aufzuregen, dies alles wird nicht dadurch aufgewogen, daß er gelegentlich auch für pietistische Rührungen zugänglich war, und dieses öffentlich bekannte. Schließlich hat er Francke's Beichtstuhl verlassen, weil derselbe in einer Predigt den geselligen Verkehr von Wiedergeborenen mit Unwiedergeborenen verboten hatte. Im Dienste des Naturrechts, mit welchem er die Bigamie (1685) und den Concubinat (1713) rechtfertigte, findet er sich möglichst vieler Auctoritäten enthoben. Jesus Sirach und das Buch der Weisheit will er als Uebungsbücher in der griechischen Sprache, der Rhetorik und Moral dem Narren Homeros und allem Geschmiere des heidnischen Aristoteles vorziehen. Alles, was zur Scholastik zu rechnen ist, behandelt er mit Verachtung. Obwohl er gegen die herkömmliche Theologie eine Menge von skeptischen Vorbehalten in seinen Cautelae circa praecognita iurisprudentiae (1713) vorträgt, ist er übrigens mit dem orthodoxen Lehrbegriff im Ganzen einverstanden. Insbesondere zieht er die göttliche Eingebung der heiligen Schrift nicht in Zweifel, indem er die damals streitig gewordene Art derselben zu untersuchen empfiehlt. Er nimmt die Lehre vom Sündenfall und seinen Folgen für das menschliche Geschlecht um so entschiedener an, als ihr seine Ueberzeugung, der religiöse Irrthum entspringe aus dem Verderben des Willens, entgegenkommt. In seiner Disputation de crimine magiae (1701) erkennt er die Existenz des Teufels, die Verleitung der ersten Menschen durch ihn, und allerlei unbegreifliche Wirkungen desselben durch Zauberer und Hexen an, und erklärt sich blos gegen leibliche Erscheinungen desselben und die so mit ihm eingegangenen Bündnisse von Menschen. Er will gegen die Lehre vom Verdienst Christi zu unserer Rechtfertigung nicht verstoßen. Auch seine Sittenlehre, welche das höchste Gut in der aus vernünftiger Liebe entspringenden Gemüthsruhe nachweist, behält ihre Ergänzung durch die Gnade Gottes vor. Aber er ist allen speculativen Erkenntnissen in der Theologie abgeneigt, indem er in der heiligen Schrift nur die einfachste praktische Darstellung des Christenthums sieht. Deshalb weigert er sich, sich der Auctorität von Vätern, Concilien und symbolischen Büchern ohne Weiteres zu unterwerfen.

Wodurch aber Thomasius sich am gründlichsten von den Theologen trennte, war seine Disputation, An haeresis sit crimen (1697). In der Beantwortung dieser Frage legte er die Definition zu Grunde, Häresie sei ein halsstarriger Irrthum im Grunde des Glaubens, entschied nun aber, daß das Fundament der Lehre in demselben bestehen müsse, was den Zweck des Glaubens bildet. Hiemit kam er zu dem Satz, das Fundament sei die Liebe zu Gott und der Haß oder die Verleugnung seiner selbst, und folgerte daraus, daß Irrthümer in den Geheimnissen des göttlichen Wesens, welche auch den erleuchteten Verstand überragen, nicht fundamental und nicht häretisch seien, wenn sie nur nicht die Liebe gegen Gott und die Selbstverleugnung behinderten [1]). Erinnert das an Spener (S. 159) so wurde zugleich das Recht des Fürsten, theologische Streitigkeiten zu schlichten, ebenso gegenstandlos, wie die Annahme, die heilige Schrift sei der Richter, nicht ausführbar erscheint, da sich immer nur verschiedene Auslegungen der heiligen Schrift gegenüber stehen. Hiemit entledigt sich Thomasius des Zutrauens zu der Instanz der heiligen Schrift, welches noch Pufendorf bekannt hatte [2]), und setzt die Erwartung von Grotius in Geltung, ein Fürst werde bei Streitigkeiten auf den Kern des Christenthums halten und alles Metaphysische, Historische und Grammatische bei Seite setzen. Ob man den Kern in der natürlichen Religion sucht, oder mit Thomasius in der Liebe gegen Gott und der Selbstverleugnung findet, oder ob man den Funken des göttlichen Ebenbildes, der zu diesen Leistungen entwickelt wird, für den Christus hält, kommt ziemlich auf dasselbe heraus. Aber hiedurch eben forderte der Jurist die Ablehnung seiner indifferentistischen Ansicht durch die Theologen heraus. Breithaupt's in demselben Jahr 1697 gehaltene Disputation de haeresi iuxta s. scripturae sensum (S. 399) stimmte zwar mit Thomasius darin überein, daß Häresie Sache des Willens sei, fixirte aber den fun-

---

1) Programm zu der zweiten Disputation von 1697 de iure principis circa haereticos ex hypothesi iuris clericalis in Programmata Thomasiana (1724) p. 426.

2) Dabei macht derselbe §. 50 folgende beachtenswerthe Bemerkungen: Pro convictis nequaquam dissentientes sunt habendi, in quos ab adversariorum aliquo conciliabulo sententia fuerit pronunciata, qualem horum rationes status et emolumenta dictabant, iisdem actorum, testium ac iudicum vices subeuntibus... Igitur multi falso zelum veritatis iactant, qui revera metuunt, ne inscitia sua in lucem protrahatur, ubi ad disceptationem cum dissentientibus descendendum fuerit. Et experientiâ constat, illis seculis aut locis, ubi parum aut nihil dissensionis circa religionem agitatum est, sacerdotes in socordiam et barbariem degenerasse.

damentalen Werth gewisser Dogmen. Daß dennoch diese Entscheidung nicht den durchschlagenden Gegensatz zu Thomasius erreicht hat, braucht nicht wiederholt zu werden.

Die Theologen waren sich freilich nicht bewußt, daß in ihrer Unterscheidung von Fundamentallehren ein Zug zum dogmatischen Indifferentismus lauerte. Thomasius hingegen scheute sich nicht, die Folgerungen zu ziehen, welche seiner Ansicht von dem Fundament des Christenthums entsprachen. Er hat vor Allem der theologischen Streitsucht den Makel angehängt, welchen er Ketzermacherei nannte [1]). Er fuhr zwar fort, sich auf die lutherischen symbolischen Schriften zu berufen, und den Umständen gemäß seine Angehörigkeit zur lutherischen Kirche zu betonen, jedoch pflegte er die Mehrheit der Kirchen in abschätziger Weise Secten zu nennen. Den Exorcismus bei der Taufe rieth er als Adiaphoron abzuschaffen, hauptsächlich weil dadurch die Annäherung der Lutheraner an die Reformirten befördert werde. Als die Enkelin des Herzogs Anton Ulrich von Braunschweig katholisch werden sollte, um den spätern Kaiser Karl VI. zu heirathen, stellte er das Gutachten, daß jener Schritt an der Seligkeit keinen Abbruch thun könne. Er rathe freilich nicht dazu; aber auch einem Katholiken könne er nicht rathen, lutherisch zu werden. Bekannt ist das Urtheil über Luther als Reformator, welches er 1702 in dem Programm zu seinen Winterlectionen ausgesprochen hat. Alle Reformationen, sagt er, welche von Lehrern angefangen sind, seien der Kirche und dem gemeinen Wesen schädlich gewesen. So lange Friedrich der Weise und Spalatin Luther's Eifer zurückgehalten haben, und der Kurfürst Gott reformiren und alles sachte gehen ließ, sei alles glücklich gegangen, obgleich Luther noch so sehr schalt, und seinen Kitzel zu reformiren für starken Glauben, des Fürsten Klugheit aber für politische Kleingläubigkeit ausgab. Wie ging es aber, sobald Luther aus seinem Pathmo auslief und sich in das Reformationswerk mischte, auch die Händel mit Carlstadt und sonsten anfing? Ist daraus nicht das Unglück entstanden, das die Protestirenden im römischen Reiche, ja in Europa nicht verwinden können? Die

---

1) Das wurde in seiner Schule ein Stichwort. In Leipzig begegnen uns zwei Juristen, Rechenberg, mit einer Disputation vom Laster der Ketzermacherei, und Schöne, Quintessenz der Ketzermacherei, gegen Neumeister. 1728.

dogmatische Indifferenz in diesem Urtheil ist klar; weniger klar aber ist der Gesichtspunkt, nach dem Luther mißbilligt wird. Aus einer Vertheidigung dieser Sätze gegen die von Joachim Lange verfaßte „Nothwendige Gewissensrüge“ ergiebt sich, daß Thomasius das Wort Reformiren in dem engen Sinn der Veränderung des Cultus und der Kirchenverfassung verstand, und daß er dieses Geschäft als Auftrag Gottes an die Fürsten und Obrigkeiten betrachtet hat. Nur konnte er nicht nachweisen, daß die Fürsten in der Reformationszeit diese Competenz in der genauen Abgrenzung gegen die Rechte der reformatorischen Lehrer gekannt und geübt haben. Und deshalb ist das Urtheil schief [1]).

Eine der schlimmsten Leistungen im Kirchenrecht ist Thomasius Bedenken über die Frage: Wieweit ein Prediger gegen seinen Landesherrn, welcher zugleich Summus episcopus ist, sich des Bindeschlüssels bedienen könne (Wolfenbüttel 1707). Aus der Einleitung ergiebt sich, daß die Frage den Herzog Anton Ulrich von Braunschweig wegen des von ihm zugelassenen Uebertritts seiner Enkelin zur römischen Kirche angeht. Wegen dieses Verstoßes gegen die Schätzung der eigenen, der lutherischen Kirche muß demselben durch seinen Hofprediger die Ausschließung vom Abendmahl in Aussicht gestellt worden sein. Indem Thomasius die Entscheidung fällte, daß diese Ausübung der Schlüsselgewalt ein Act der Jurisdiction sei, daß aber Jurisdiction von dem Delegaten nicht gegen den Fürsten geübt werden könne, dem er sie verdankt, hat er sich in directen Widerspruch nicht blos gegen die Schmalkaldischen Artikel, sondern auch gegen Grotius und Pufendorf gesetzt. Denn in jenen

1) In deutlicher Anlehnung an Thomasius hat Joh. Michael von Loen (1694—1776) in der Schrift: „Die einzige wahre Religion, allgemein in ihren Grundsätzen, verwirrt durch die Zänkereien der Schriftgelehrten, zertheilt in allerlei Secten, vereinigt in Christo“ (2 Theile 1750) — die Vereinigung der christlichen Particularkirchen durch die Staatsgewalt auf die Fundamentalartikel des Glaubens an Gott durch Christum und des Wandels nach dem Gesetz der Liebe, unter Abschaffung der Ceremonien, und Herstellung einer Hierarchie mit Ehelosigkeit, sowie des Klosterlebens vorgeschlagen. Der Verfasser ist von 1712—15 Schüler von Thomasius gewesen. Tholuck (Gesch. des Rationalismus I. S. 175) fügt hinzu, daß auch Francke auf ihn gewirkt habe. Indessen finde ich davon auch in seinen frühsten Schriften keine Spur. Man vergleiche nur seine Beurtheilung August's des Starken in Loen's Kleine Schriften (1749) I. S. 187.

Artikeln wird die Ausschließung vom Abendmahl von dem großen Bann unterschieden, und die beiden Rechtslehrer haben ausdrücklich und mit guten Gründen den Unterschied der Schlüsselgewalt von der Jurisdiction und die Unabhängigkeit jener von der Staatsgewalt festgestellt, Grotius auch die von Thomasius gestellte Frage in entgegengesetztem Sinne beantwortet. Thomasius hat deren Argumente theils nicht beachtet, theils unvollständig berücksichtigt, wie es eben zu gehen pflegt, wenn etwas bewiesen werden soll, was man zu beweisen wünscht. Dieses rabulistische Verfahren folgt nicht aus Thomasius' aufklärerischer Richtung; denn Aehnliches kommt auch als Begleitung von Rechtgläubigkeit und kirchlicher Reaction vor. Allein es ist eben auch eine Art von Indifferentismus, die Grenzen zwischen Kirche und Staat in der angegebenen Weise zu verwischen. Für die mystischen Verwandten des aufgeklärten Juristen konnte es nur erfreulich sein, wenn der babelische Charakter der Kirche durch die Exemtion der Fürsten von der Disciplin noch deutlicher gemacht wurde. Schließlich ist die genaue Selbstunterscheidung der Halle'schen Theologen von Arnold, Dippel und ihren Genossen erheblich durchkreuzt worden, indem in ihrer nächsten Nähe das Kirchenrecht angesiedelt war, welches fortfuhr, die Uebermacht der Staatsgewalt über die kirchlichen Functionen im Dienste der Toleranz zu empfehlen. Auch die Theologen in Halle haben unter der Regierung Friedrich Wilhelm's I. gegen das stramme staatskirchliche Regiment dieses Königs nichts eingewendet, weil es meistens zu ihren Gunsten verfügte. Zu einzelnen Acten der Willkür entgegengesetzter Richtung, wie zu der Versetzung des Predigers Fuhrmann von Berlin nach Heiligenbeil wegen Haltung von Conventikeln (S. 294), haben sie geschwiegen!

Daß Friedrich II. eine andere Haltung zu ihnen einnehmen werde, konnten die Halle'schen Theologen erwarten. Hatte er doch schon als Kronprinz, als der jüngere Francke 1733 in Wusterhausen war, seinen Spott mit demselben getrieben[1]). Im November 1742 verbot der König dem Prediger Schubert in Potsdam, der von seinem Vater eine Zeitlang bevorzugt worden war (S. 291), Conventikel zu halten, mit Beziehung auf das Verbot, welches gegen Fuhrmann erlassen worden war[2]). Im Jahr 1745 mußte

1) Tholuck, Gesch. des Rationalismus I. S. 67.

2) Acta h. e. VII. S. 27.

Francke einen Act despotischer Willkür durch den König erfahren. Als es im Schauspielhause zu Halle zur Schlägerei unter den Studenten gekommen war, und die Universität unter Zustimmung des vorgesetzten Ministers auf Wegweisung der Schauspieler antrug, vermuthete der König hinter dem Gesuch der Universität einen nicht begründeten Schritt des „geistlichen Muckerpacks", und verfügte, daß Francke die Komödie besuchen und darüber eine Bescheinigung des Schauspieldirectors dem Könige eingeschickt werden solle. Hiedurch sollte den Studenten Genugthuung gegeben werden. Obgleich der König durch wiederholte Befehle diese unerhörte Gewaltthat gegen Francke aufrecht erhielt, ließ er sich doch dahin bestimmen, eine Geldstrafe von 20 Thalern an die Armenkasse zu substituiren, welche auch Francke entrichtet hat [1]). Es ist bekannt, daß Friedrich II. gleich nach Antritt seiner Regierung das Verbot aufhob, welches sein Vater 1736 gegen den liturgischen Gesang und den Gebrauch katholischer Gewänder in der lutherischen Kirche gerichtet hatte. Er verzichtete auf dieses Mittel der Annäherung der lutherischen und der reformirten Kirche, welches sein Vater nach der Anleitung des neuen Kirchenrechtes gebraucht hatte, welches aber den Gemeinden Anstoß gegeben hatte [2]). Büsching urtheilt gewiß richtig, daß dieser Schritt nicht aus irgend einem religiösen Interesse, sondern aus Gleichgiltigkeit gegen die Sache und aus der Absicht hervorgegangen ist, einen unnöthigen Anlaß zur Unzufriedenheit der Unterthanen zu beseitigen. Konnte doch der König auch ganz correcte Entscheidungen nicht ohne Beschimpfung kirchlicher Institute fällen. Er verbietet 1744 den Predigern in Pommern, die Kirchenbuße, d. h. die Ausschließung vom Abendmahl eigenmächtig und ohne Erkenntniß und ausdrücklichen Befehl des Consistoriums zu verhängen [3]). Aber er enthält sich nicht, die Veranlassungen zur Kirchenbuße als Kleinigkeiten und indifferente Dinge zu bezeichnen, und sie selbst eine schädliche, papistische, unnütze und unvernünftige Sache zu nennen. Jene Verfügung war offenbar gegen pietistische Prediger gerichtet, welche, so weit man beobachten kann, die Consistorien mit den Disciplinarfällen nicht behelligten. Es ist der staatliche Grundsatz der Toleranz, welchen

1) Büsching, Beiträge V. S. 55 ff.
2) A. a. O. V. S. 166 ff.
3) Acta h. e. VIII. S. 732.

Friedrich II. 1749 dem geistlichen Ministerium zu Stargard in Pommern vorhält, indem er das Schelten auf den Kanzeln gegen Separatisten verbietet, und es rügt, daß denselben die Beerdigung auf den Kirchhöfen versagt wird [1]). Sofern die Stargarder Pastoren hierin Rechte der Kirche zu üben meinten, mußten sie sich hüten, die bürgerliche Ehre der Separatisten zu verletzen. Liegt in diesen Fällen nichts vor, was etwa nach dem Grundsatze des Collegialsystems der Eigenthümlichkeit der Kirche zuwider liefe, so steht der König in seinen späteren Lebensjahren gerade im Einklang mit demselben, indem er bei Besetzung von Pfarrstellen seines Patronates den Gemeinden die Prediger zuzugestehen pflegte, welche sie erbaten [2]).

Demgemäß ist es nicht wahrscheinlich, daß Friedrich II. durch absichtliche Ausübung des Kirchenregiments nach den launenhaften Rathschlägen von Thomasius die Kirche mehr zu einer Function des Staates gemacht hätte, als es schon früher der Fall war [3]). Vielmehr hat seine niemals verhehlte Verachtung gegen Dogma und Cultus der evangelischen Kirchen einen übeln Einfluß auf die Stellung der gebildeten Stände dazu ausgeübt. Diese Wendung war dem Pietismus ebenso ungünstig wie der Rechtgläubigkeit. Für die Aussichten jener Richtung ist nun die Angabe von Bogatzky im Jahre 1750 wichtig: Es kommt ein anderes Geschlecht auf [4]). Das hat man von dem Gesellschaftskreise zu verstehen, in welchem Bogatzky sich bewegte, nämlich von dem Adel, ferner den theologischen Studenten in Halle und der Schuljugend im Waisenhause. Der Nachwuchs des Adels war damals durch den preußischen Kriegsdienst in Anspruch genommen. Nach den beiden ersten schlesischen Kriegen sah er einem neuen Waffengang entgegen. Er bewegte sich nothwendig in einer andern Schule, als die frommen Friedensgenerale Friedrich Wilhelms I. Die theologische Studentenschaft in Halle folgte damals hauptsächlich der Fahne von Baumgarten, und war mehr wissenschaftlich als asketisch gesinnt. Unter

---

1) Acta h. e. XIV. S. 241. Büsching a. a. O. V. S. 142.

2) Büsching a. a. O. V. S. 144 ff.

3) Diese Untersuchung überschreitet die Grenzen meiner Aufgabe. Ich bemerke nur, daß die 5 Bände „Ueber den Religionszustand in den preußischen Staaten seit Friedrich II.“, 1778—82, so gut wie unbrauchbar zu jenem Zwecke sind.

4) Vom Tanzen und Spielen S. 5.

den Schülern im Waisenhause hatte 1746 eine Massenerweckung stattgefunden; Bogatzky war nüchtern genug, darauf nicht erheblichen Werth zu legen.

Das neue Geschlecht, welches um die Mitte des Jahrhunderts eine veränderte Stellung zum Pietismus gewann, können wir danach beurtheilen, was Baumgarten in der Theologie erstrebt und geleistet hat. In ihrer ersten Generation war die theologische Facultät in Halle durch die Einigkeit ihrer Glieder ausgezeichnet. Mit dem Tode von A. H. Francke (1727) jedoch beginnt das Ringen zwischen Lange und dem jüngern Francke um den Einfluß auf den König und auf die Besetzung der vacanten Stellen[1]). Sie waren schon wegen Ausstellung der Zeugnisse über den Gemüthszustand der Studirenden uneins (S. 293); dazu kamen Angelegenheiten persönlicher Art, in welchen Gotthilf August Francke, ein Mann von unfreier frömmelnder Manier[2]) und ohne theologisches Verdienst, eine Herrschsucht kund gab, zu welcher er als der Sohn und Erbe seines Vaters sich berechtigt fand. Andererseits litt Lange daran, daß schon seit 1730 seine Vorlesungen gar nicht mehr besucht wurden[3]). Wie es in diesem Fall zu gehen pflegt, so schob er die Schuld theils auf die Studenten, welche, wie er sagt, auf das Nachschreiben der Vorlesungen erpicht waren, wozu er ihnen keine Gelegenheit gab, theils auf Sigmund Jakob Baumgarten[4]), welcher seit 1732 als Adjunct, seit 1734 als Ordinarius der Facultät angehörte. Wiederholt hat Lange seit 1733 Beschwerde gegen diesen Collegen erhoben, daß er zu viele Collegien lese und den Anderen Concurrenz mache, daß er, um Zuhörer anzuziehen, eine übele Methode, nämlich die des Dictirens anwende, endlich daß er der Wolff'schen Philosophie ergeben sei. Seine Antwort darauf eröffnet Baumgarten damit, daß seine Erklärungen Lange's Gemüth nicht eher beruhigen würden, bis demselben die verlorene Frequenz der Zuhörer wieder hergestellt worden, was er, Baumgarten trotz aller Bemühungen nicht herbeiführen könne[5]). Die

---

1) Hierüber vgl. Eckstein, Chronik von Halle. S. 79 ff.

2) Vgl. bei Tholuck, Gesch. des Rationalismus I. S. 64 den Bericht von G. A. Francke über seinen Besuch beim König im J. 1733.

3) Lebenslauf von ihm selbst verfasset (1744). S. 96.

4) Geboren zu Wollmirstedt 1706, gestorben 1757.

5) Tholuck a. a. O. S. 136, aus dem Facultätsarchiv.

Facultät war 1739 mit Lange, Francke, Christian Benedict Michaelis, Baumgarten, Benedict Gottlieb Clauswitz, Joh. Heinrich Callenberg, Joh. Georg Knapp besetzt. Außer Lange war keiner der Anderen Doctor der Theologie. Nach dem Vorgange A. H. Francke's erschien es überflüssig, diese wissenschaftliche Legitimation ordnungsmäßig zu erwerben. Da hat Lange, als er im März 1739 lebensgefährlich erkrankt war, in edelmüthiger Vergessenheit aller Reibereien seine sechs Collegen mit Unterlassung der sonst vorgeschriebenen Riten von seinem Bette aus auf Einmal zu Doctoren der Theologie creirt, damit die Würde in Halle nicht aussterbe.

Sehen wir von Lange ab, der auf ein an theologischer Schriftstellerei reiches Leben zurückblickte, so ist in dieser Facultät die Ueberlieferung der Pietät nur in der Person Baumgarten's mit einem lebhaften und fruchtbaren theologischen Interesse verbunden. Wie er seine Bildung in Halle erfahren hatte, so hat er die Gemeinschaft mit seinen Collegen zunächst darin bewährt, daß er für die Studenten Freitag Abends asketische Vorträge gehalten hat [1]). Auch hat er in seinen Vorlesungen über Dogmatik [2]), welchen er bald Freylinghausen's Grundlegung der Theologie, bald Lange's Oeconomia salutis zu Grunde legte, nach dem Vorbilde des erst Genannten an jede Lehre praktische Betrachtungen, Pflichtgrundsätze und Trostgründe angeknüpft. Baumgarten hält nämlich den

---

1) In seiner Verantwortung gegen Lange's Denunciation, bei Tholuck a. a. O. S. 137, erwähnt Baumgarten, daß auch Bürger und Soldaten seine lectiones asceticae besuchen. Man könnte hieraus vielleicht eine Einwendung gegen das S. 470 gewonnene Ergebniß ableiten. Deshalb glaube ich es wahrscheinlich machen zu dürfen, daß diese Gäste entweder nicht specifisch pietistisch oder, wenn sie dieses waren, nicht sehr zahlreich gewesen sind. In „Oetinger's Leben und Briefen" von Ehmann S. 498 kommt 1736 ein Lieutenant im Regiment Anhalt-Dessau zu Halle, Carl Heinr. von Peistel vor, welcher Zinzendorf gegenüber zwei gemeine Soldaten erwähnt, die wie er selbst den Herrn Jesum lieben und mit dem Offizier religiöse Zusammenkünfte halten. Zwei Jahre vorher wird es in dem Regiment kaum mehrere der Art gegeben haben. Uebrigens waren diese drei herrnhutisch und nicht hallisch gesinnt.

2) Evangelische Glaubenslehre. Drei Bände. 1759. 60. Aus Nachschriften herausgegeben von J. S. Semler. Die Beurtheilung der Theologie Baumgarten's durch Gaß, Gesch. der protest. Dogmatik III. S. 185 ff., welche zu vergleichen ist, läßt sich auf die Stellung des Mannes zum Pietismus nicht ein.

pietistischen Gesichtspunkt fest, daß die Theologie auch als Wissenschaft praktischer Art ist und auf die Ausübung ihres Inhaltes abzielt, oder daß die Glaubenslehre und deren Erkenntniß ihren eigentlichen Zweck, die Vereinigung mit Gott nicht erreichen kann ohne Ausübung und Beobachtung ihrer Wahrheiten. Allein die Art des Vortrages, dessen er sich bedient, ist von den asketischen Anweisungen Francke's (S. 254) ebenso weit entfernt, als er mit der nüchternen, blos verständigen Darstellung der Rechtgläubigen zusammentrifft. Denn obwohl er eine lebendige Erkenntniß Gottes, in welcher das Gefühl zur Bestimmung des Willens eingeschlossen wäre, verlangt, so stellt er doch wieder die Erleuchtung vor die Wiedergeburt oder die Bekehrung, weil die Entschließung des Willens in den Einsichten des Verstandes gegründet sein muß. Das Interesse des Pietismus wahrt er hier nur durch die Nebenbemerkungen, daß der Zeitfolge nach keine Absonderung beider Gnadenwirkungen obwaltet, und daß die Erleuchtung ohne die Sinnesänderung auch in ihrer Art unvollständig ist. Demgemäß erkennt er zwar oratio, meditatio, tentatio als die Hilfsmittel der heilsamen oder lebendigen Erkenntniß der göttlichen Wahrheiten an, nicht aber als die Hilfsmittel der theologischen Wissenschaft oder deren Erlernung. Diese Unterscheidung verstößt freilich gegen die vorher ausgesprochene Abzweckung der Theologie auf die Seligkeit; jedoch hat das Zusammentreffen dieser Annahme mit jener Unterscheidung den Sinn, daß Baumgarten sich an die Seite von Buddeus (S. 391) stellt. Oder man darf sich überzeugen, daß seine Glaubenslehre nur noch einen beiläufigen Zusammenhang mit der Schule von Francke behauptet.

Die Abweichung von der ersten Generation der Halle'schen Theologen zeigt sich demnach auch an anderen Punkten. Auch Baumgarten unterscheidet die articuli fundamentales und non fundamentales, und innerhalb der ersten Klasse solche von erstem und von zweitem Range. Allein weder knüpft er an diese Unterscheidungen solche verfängliche Erörterungen wie Breithaupt und Lange (S. 400), noch läßt er sich durch sie dazu anleiten, die Lehre von der Heilsordnung ausführlicher und specifischer zu behandeln als die anderen Lehren. In seiner pedantischen Darstellung erscheinen vielmehr die verschiedenartigen Lehren des Systems in völlig gleichem Gewichte. Oder vielmehr er hat in der Lehre von der Bekehrung alle pietistischen Eigenthümlichkeiten wieder ausgeschieden. In einem Gutachten der theologischen Facultät zu Halle vom 6. Juli 1737, welches durch die Fülle der Distinctionen seinen Ursprung von Baumgarten verräth[1]), wird die Aufgabe des Bußkampfes als Wirkung des Glaubens aufrecht erhalten, mit der Veränderung, daß im Ganzen zwischen Bußkampf und Glaubenskampf nicht zu unterscheiden sei, nur daß zu jenem zu rechnen wäre, was näher ad contritionem, zu diesem, was eigentlich ad primos fidei motus gehört. Diese Entscheidung also läßt den Begriff als relativ erscheinen; dann aber ist auf seine Beseitigung zu rechnen. Baumgarten hat auch in dieser Richtung mit der Disputation de conversione non instantanea (1743) fortgefahren, sich von dem Hauptzuge der Halle'schen Theologie loszusagen, und die Glaubenslehre läßt die Lehrweise Francke's kaum mehr deutlich erkennen. Baumgarten trägt die Lehre von der Bekehrung in dem gewöhnlichen Schema als contritio et fides vor. Er sagt nicht, daß die contritio nur aus einem Grade des Heilsglaubens entspringt. Allein er schränkt die Ableitung der contritio aus dem Gesetz ein. Zuerst lehrt er, das Gesetz wirke eigentlich zum ersten Theil der Sinnesänderung, zur Erkenntniß der Sünde und Abkehr von derselben. Darauf folgt der Satz, das Evangelium bringt die Abkehr von der Sünde zu Stande, indem es den Glauben wirkt. Was er also meint, kommt durch diese knapp gehaltenen Urtheile nicht zur Klarheit. Er lehrt ferner, daß die heilsame Erkenntniß der Sünde nicht eine Theorie von der Sünde in abstracto, also etwa von der allgemeinen Nichtigkeit und Häßlichkeit derselben sei, sondern Erkenntniß der eigenen Sünde in concreto, eingeschlossen den Haß gegen die Sünde, daß man geneigt ist, sich an der Wegschaffung der Sünde zu belustigen (odium poenitentiale). Die entsprechende Unlust an der Sünde muß man zugleich immer größer wünschen, als man sie empfindet. An dem Acte des Glaubens in der Sinnesänderung hebt Baumgarten vor der Ergreifung der Sündenvergebung den Hunger und Durst danach noch besonders hervor. Man kann in jenen Bestimmungen über die Reue vielleicht das wieder erkennen, was sonst Bußkampf heißt. Aber dieser Ausdruck fehlt, weil Baum-

1) In dessen Sammlung einiger Bedenken der theol. Fac. zu Halle IV. S. 323 ff. — **Tholuck**, Gesch. des Ration. I. S. 33 nimmt G. A. Francke als den Verfasser an.

garten's Vorstellung von der Sache verändert ist. Soll man in der Buße nur seine Sünde in concreto erkennen, so ist das ein anderes Object als die Bespiegelung seiner selbst in der allgemeinen Verderbniß des Geschlechtes, durch welche in dem Bußkampf der Mensch sich seine Nichtigkeit und Häßlichkeit einprägen soll. Und daß man den Haß der Sünde größer wünschen soll, als er in jedem Augenblick gelingt, ist etwas anderes, als daß man den Grad des Abscheus vor der Sünde erreicht, der nicht überboten werden kann. Diese Verhältnisse sind im Vergleich mit der Theorie der frühern Epoche des Pietismus auf ein relatives Maß zurückgeführt. Diese Veränderung aber wird weiter durch folgende Aufstellung Baumgarten's vollendet. Ihm zufolge gehört zur Anrichtung der neuen übernatürlichen Fertigkeit im Menschen, nämlich der überwiegenden herrschenden Neigung gegen Gott eine Reihe übernatürlicher Wirkungen, wodurch der Mensch eine Gewohnheit bekommt, sich mit Gott zu beschäftigen. Deshalb soll die Bekehrung successive, nicht in instanti bewerkstelligt werden, die zeitliche Dauer des Vorganges aber bei Verschiedenen verschieden sein, und es wäre eine mißbräuchliche Nachgiebigkeit gegen persönliche Beispiele von Bekehrung, wenn Nebenumstände als wesentlich genommen und zur Regel gerechnet würden. Demgemäß finden wir bei Baumgarten auch kein Interesse mehr an den Bedingungen und Erscheinungen von Versicherung und Versiegelung des Heiles. Er begnügt sich, diese Wirkungen in der Lehre vom heiligen Geiste zu registriren; bei der Bekehrung kommen sie nicht wieder vor. Er kennt als Merkmale der Wiedergeburt den kindlichen Geist oder die Zärtlichkeit und Zuversicht gegen Gott, die beständige Ablegung und Anziehung des neuen Menschen, die Ueberwindung der Welt, die geduldige Ertragung des Kreuzes. Um so mehr war er berechtigt, von dem gegen diese Functionen isolirten Gnadengefühl abzusehen, als er hierin Bogatzky und Pontoppidan zu Genossen hatte.

Weiterhin zeigt sich die Veränderung der Lehrweise Baumgarten's in dem Abschnitt von der unio mystica. Dieses Prädicat erklärt er, wie es herkömmlich war, für die nothwendige Folge der Rechtfertigung und der Wiedergeburt des einzelnen Gläubigen, in welcher die Bestimmung des Christenthums gegenwärtig verwirklicht wird. Diese Stufe des Gnadenstandes besteht in einer besondern Annäherung Gottes an den Gläubigen, so daß er Gott zum unmittelbaren Umgange hat. Da der Gläubige hierin sich leidend verhält, so besteht sein Antheil an dem Verhältnisse in der Empfindung, dem Genuß und der Genehmhaltung der göttlichen Wohlthat. Indem Baumgarten wie die Dogmatiker des 17. Jahrhunderts die falschen Deutungen der Sache ablehnt, so weicht er doch von denselben darin ab, daß er sie nicht in unbestimmbarem Geheimniß läßt, sondern auf die Empfindung der größeren, merklicheren und unmittelbareren Gnadenwirkungen Gottes hinausführt. Deshalb führt er als Merkmale dieses Zustandes an die Herrschaft über die Sünde, die Nachahmung Gottes, den Gehorsam gegen ihn, die Nachfolge Christi, die Bruderliebe, das Bekenntniß zu Christus, die Geduld unter dem Kreuz, die Begierde nach der Vollendung. Dieses ist nun im Wesentlichen mit dem identisch, was als Wirkung der Wiedergeburt anerkannt ist. Also ist der Sinn, in welchem seit Nicolai der Lehrtitel der unio mystica ausgeprägt ist, für Baumgarten nicht mehr giltig. Denn er erklärt auch die Vorstellungen von der geistlichen Eheverbindung zwischen Christus und dem Gläubigen für uneigentliche sinnliche Ausdrücke, hat also auch verzichtet, der darauf gerichteten Anstrengung der Phantasie irgend einen Werth beizulegen. Bedeutet nun alles dieses eine specifische Abwendung von dem Wege, auf dem sich die Frömmigkeit seit Arndt bewegt hatte, so fragt es sich, welches Element in der Bildung Baumgarten's die Ursache dieser Entfremdung von den hervorragendsten Interessen seiner theologischen Lehrer gewesen ist.

Ohne Zweifel kommt zur Beantwortung dieser Frage die Wolff'sche Philosophie in Betracht, an welcher Baumgarten sein Interesse genährt hat, möglichst viel an der Religion zu erklären. Zur Erklärung aber dient im allgemeinsten Sinne das Verhältniß von Ursache und Wirkung, oder wie der Grundsatz von Wolff lautet, die Ermittelung des zureichenden Grundes. Dieses Verfahren ist gerade an der eben geschilderten Umdeutung oder Auflösung der unio mystica zu beobachten. Die Einstellung dieses Begriffs in die lutherische Dogmatik hat den Sinn, daß man den religiösen Besitz in einer Form nachweisen wollte, welche über das Schema von Ursache und Wirkung hinauslüge und die Phantasie in unbestimmbarer oder auch in bestimmter Weise anregen dürfte. Baumgarten aber will den Inhalt dieser Formel weder als Geheimniß gelten lassen, noch den sinnlichen Vergleichungen anheim geben. Indem er also ihn als Complex eigenthümlicher Wirkungen der Gnade Gottes erklärt, hebt er die Bedingungen auf, unter denen der Lehrtitel alle die bekannten Erzeugnisse der frommen Phantasie gedeckt hatte. Aber überhaupt ist die Sorgfalt, welche Baumgarten auf die Unterscheidung und auf die Anordnung aller theologischen Erkenntnisse verwendet, die Abwesenheit jedes Pathos, durch welche bestimmte Lehren vor anderen bevorzugt würden, eine Eigenschaft seiner Lehrweise, in welcher mit seinem Temperament der methodische Einfluß der Schule Wolff's zusammentrifft. Diese geistige Verfassung aber ist dem Pietismus so entgegengesetzt, daß in ihr das Interesse des letztern sich nicht behaupten konnte. Daß Wolff'sche Schule und Pietismus sich eigentlich widersprechen, hatte A. H. Francke erfahren, als die Studenten nicht mehr ihm, sondern Wolff zuliefen (S. 289). Diese Erfahrung hatte er dadurch bestätigt, daß er Wolff von Halle verdrängte. Eine neue Probe davon, daß dessen Philosophie und der Pietismus sich ausschließen, bietet die Ausscheidung der pietistischen Probleme in der Theologie Baumgarten's, welcher als Pietist und Wolffianer angefangen hatte. Zugleich dient diese Theologie dazu, die Kurzsichtigkeit Francke's festzustellen, welcher durch einen äußern Gewaltact die von ihm empfundene Ueberlegenheit Wolff's unwirksam zu machen unternahm, dadurch aber nicht verhindern konnte, daß der Gegner in seinem eigenen Lager Aufnahme fand, und daß mit dessen Mitteln der Pietismus aufgelöst wurde. Baumgarten behauptet übrigens um so absichtlicher die Linie der Rechtgläubigkeit, und setzt namentlich die Vertheidigung der Lehren fort, welche von den Socinianern in Anspruch genommen, und schon von Anton und Lange mit besonderer Sorgfalt gerechtfertigt worden waren. Er tritt hiemit an die Seite von Bogatzky und von Woltersdorff, an welchen schon die Wendung des Pietismus zur Rechtgläubigkeit anschaulich geworden ist (S. 484. 494). Ohne Zweifel hat auch Baumgarten's Theologie auf viele seiner Zuhörer in dieser Richtung endgiltig gewirkt. Denn daß in der zweiten Generation der Halle'schen Facultät der kirchliche Charakter der Theologie noch mehr zurückgetreten sei, als bei den Vorgängern[1]), kann ich nicht richtig finden. Das Interesse an der rechtlich verfaßten Kirche unterscheidet den Halle'schen Pietismus von dem radicalen, und die ausgesprochene Rücksicht auf

---

1) Tholuck, Gesch. des Rationalismus I. S. 33.

die symbolischen Bücher, an welcher die Kirchlichkeit gemessen werden soll, findet sich in den von Baumgarten herausgegebenen Gutachten der Facultät ebenso, wie in den Schriften von Breithaupt, Anton, Lange. Da unter der zweiten Generation nur Baumgarten Schriftstellerei getrieben hat, wird das genügen. In Baumgarten's Glaubenslehre wird allerdings kein Gebrauch von den symbolischen Büchern gemacht; allein das ist auch in den rechtgläubigen Werken des 17. Jahrhunderts nicht der Fall. Tholuck legt viel Gewicht auf eine Aeußerung von Joh. David Michaelis[1]), in seinen Studienjahren (circa 1735) habe man sich in Halle um die symbolischen Bücher zu wenig bekümmert; er und seine Mitschüler hätten sie auf der Universität nie gelesen. Das ist kein Beweis gegen die Schätzung derselben durch die Lehrer, da dieselbe Thatsache gegenwärtig gerade da vorkommt, wo die Lehrer mit ihrer Rechtgläubigkeit am meisten glänzen.

Obwohl also Baumgarten in der Theologie alle Rücksichten der Rechtgläubigkeit genommen, namentlich aber mit besonderer Sorgfalt die biblische Grundlage der einzelnen Lehren ausgeführt hat, so ist er durch sein Bestreben, möglichst Vieles zu erklären, sowohl von seinen pietistischen Vorgängern als von den rechtgläubigen Theologen verschieden, welche noch in das 18. Jahrhundert hineinreichen. Er führt den Samen der Aufklärung mit sich. Ein Element derselben ist schon bei Spener und bei Lange gelegentlich und ohne Absicht zum Vorschein gekommen, nämlich eine gewisse Gleichgiltigkeit gegen die Dogmen um des praktisch-religiösen Zweckes willen (S. 159. 401). Dieser Zug tritt in Baumgarten's Theologie nicht hervor. Allein mit seiner Neigung, möglichst Vieles zu erklären, verbindet sich noch eine Beurtheilung des Vorzugs der geoffenbarten Theologie vor der natürlichen, worin eigentlich die Umkehrung dieses Verhältnisses in Aussicht gestellt ist. Baumgarten bestimmt nämlich den Werth jener beiden Formen der Religion oder Theologie nur quantitativ. Der erste Vorzug der Offenbarung soll in ihrer größern Bequemlichkeit für jeden auch unfähigen Menschen bestehen, da die Gotteserkenntniß aus dem Zusammenhang der zufälligen Dinge ein höheres Maß von Beobachtung und Nachdenken erfordert. Ist nun hiemit angedeutet, daß der Inhalt der Erkenntniß in beiden Formen der

1) Lebensbeschreibung S. 14.

Religion oder Theologie identisch sei, so wird diese Voraussetzung nicht durchkreuzt, indem zweitens die größere Hinlänglichkeit des Inhaltes der Offenbarung zum Zweck der Vereinigung mit Gott behauptet wird. Für diesen Vorzug wird allerdings in Anschlag gebracht, daß die Vereinigung der Menschen mit dem durch ihre Sünden beleidigten Gott die Erkenntniß anderer Mittel der Versöhnung erfordert, als in der natürlichen Religion erkannt werden. Allein wenn vor dem Satze, die Versöhnung der Menschen mit Gott erfordere andere Wahrheiten und Begebenheiten, als die natürliche Religion darbietet, die Formel des blos quantitativen Abstandes der Zweckmäßigkeit der natürlichen und der Offenbarungsreligion zur Vereinigung mit Gott ausgesprochen ist, so lauert hierin die Versuchung, auch die Mittel der Versöhnung in beiden Fällen nur relativ zu unterscheiden. Dann wird der Werth des Christenthums darein gesetzt werden, daß es der natürlichen Religion zu allgemeiner Geltung verhilft. Vielleicht hat Baumgarten ungeachtet seiner Rechtgläubigkeit einzelne Schüler zu dieser Folgerung angeleitet, indem er auch nur dialektisch mit derselben sich eingelassen hat. Semler wenigstens erzählt[1]), in einer Privatgesellschaft, zu welcher auch Wolff und Voltaire gehörten, habe Clauswitz über die Zunahme der englischen deistischen Schriften geklagt; darauf habe Baumgarten die Partei des Deismus genommen und ausgeführt, daß die theologische technische Kunst für den Christen im Allgemeinen nicht wichtig sei, nicht zu den Grundsätzen der Religion gehöre, oder göttliche seligmachende Belehrungen besser enthalte. Semler fährt fort, so wenig Baumgarten diese Beobachtung in seinen Vorlesungen und Schriften jemals deutlich vorgetragen habe, um so tiefer habe er selbst sie sich eingeprägt, um sich über viele sehr zufällige Dinge zu beruhigen, welche von den Meisten als Theile der christlichen Religion behauptet werden. An diesem Punkte scheiden sich die Wege Semler's und der rechtgläubig bleibenden Schüler von Baumgarten. Um so beachtenswerther ist die Erscheinung, daß Woltersdorff (S. 493), der mit Semler gleichaltrig, gleichzeitig mit ihm Baumgarten's Zuhörer gewesen ist, in seine Rechtgläubigkeit doch auch ein Kennzeichen von Aufklärung zuzulassen vermochte. Er giebt der Indifferenz der Frömmigkeit gegen die Dogmen in seinem langen Liede über die

---

1) Lebensbeschreibung I. S. 108.

Kirche einen deutlichen Ausdruck. Nachdem er alle möglichen Umstände der Kirchlichkeit vorgetragen hat, heißt es zum Schluß in der Strophe 259:

Kommt ihr nicht völlig überein,
So laßt die Nebensachen sein.
Die Form macht nie ein Herz bekehrt;
Und was zur Bibelform gehört,
Ist, daß man redlich, arm und gläubig sei,
Da wird auch Sinn und Sprache einerlei.

Dieses Zeugniß von Indifferenz ist jedoch vielleicht nur sehr relativ gemeint, nämlich als Annäherung des Halle'schen Pietismus an den herrnhutischen.

Das neue Geschlecht unter den Theologen, das Bogatzky 1750 angekündigt hat, wird auf die Anhänger der nüchternen Theologie Baumgarten's zu beziehen sein, welche seit 18 Jahren immer eine Zuhörerzahl von mehr als 300 anzog. Im Jahre 1743 hatte sich derselbe durch die Disputation gegen die momentane Bekehrung von dem asketischen Interesse losgesagt, welches bis dahin das theologische Sudium in Halle beherrscht hatte. In demselben Jahre zu Michaelis kam Semler als Student dorthin und vernahm, daß von manchen Seiten der geistliche Saft und die Nahrung der Andacht an Baumgarten vermißt werde, auch daß derselbe erst vor Kurzem davon zurückgekommen sei[1]). Während Büsching auf dem Waisenhause unter seinen zahlreichen Mitschülern wenige echt gottselige fand, und zu dem kniefälligen Gebet, dessen er gewohnt war, in den gemeinschaftlichen Wohnräumen keine Gelegenheit fand, sich auch lange scheute, zu jenem Zweck die sogenannte Conferenzstube aufzusuchen, weil er das Aufsehen vermeiden wollte, traf er wie Semler unter den Theologie Studirenden eine Menge von solchen, die sich zu Privatversammlungen hielten. Beide wurden von den verschiedenen Kreisen umworben. Denn neben den Anhängern der Halle'schen Methode, welche z. B. von einem Muthmann aus Saalfeld vertreten wurde, übte eine Gruppe von Anhängern Zinzendorf's eine große Anziehung. Zu

1) Dies und das Folgende nach Semler's Lebensbeschreibung I. S. 76ff. und Büsching's Selbstbiographie, in dessen Beiträgen VI. S. 65ff. Der letztere kam 1743 zu Ostern als Schüler nach Halle und wurde 1744 zu Ostern Student. Beide Berichte ergänzen sich eigenthümlich.

ihr gehörten zwei Brüder von J. G. Woltersdorff und ein Candidat Räther, welcher wegen seiner Richtung aus dem Waisenhause hatte weichen müssen; in dieser Gesellschaft hat einer der (S. 561) erwähnten Soldaten Vorträge gehalten. Es sieht so aus, als ob die formellere Art der Halle'schen Erbauung im Anschluß an exegetische Uebungen, welche Muthmann hielt, hinter der herrnhutischen Methode zurückstehen mußte. Wenigstens wurde von dieser Seite Semler zugemuthet, sich des Studirens zu enthalten, um in der rechten Frömmigkeit durch die Lehre des Heilandes zu gedeihen. Da nun um 1750 die Spannung der Hallenser gegen Zinzendorf durch Schriften von Bogatzky wie von Baumgarten zu einem lebhaften Ausdruck kam, so muß das erfolgreiche Auftreten der Anhänger des damals sehr verdächtigen Grafen in der nächsten Nähe sehr übel empfunden worden sein. Ob durch Bogatzky's Ansiedelung in Halle 1746 unter den Studenten, die er zu Betstunden heranzog, ein erheblicher Wandel geschafft, und die herrnhutische Liebhaberei zurückgedrängt worden ist, läßt sich nicht ermitteln. Um so wichtiger ist die Angabe [1]), daß im Jahre 1770 Bogatzky durch den S. 561 erwähnten Herrn von Peistel mit der Brüdergemeinde ausgesöhnt worden ist. Er hat damals erklärt, daß er mit ihr in der Hauptsache einig sei. Diese veränderte Haltung des 80jährigen Mannes richtet sich nach der Veränderung der Verhältnisse. Die Brüdergemeinde ist 10 Jahre nach dem Tode ihres Stifters von den dogmatischen und sittlich verdächtigen Ausschreitungen frei gewesen, welche um 1750 am meisten Anstoß erregten. Zugleich war der gemeinsame Gegensatz zur Aufklärung ein genügender Grund, daß Bogatzky nach der Vorschrift von Woltersdorff die Nebensachen dahin gestellt sein ließ und sich von der vorwiegenden Uebereinstimmung der beiden Zweige des Pietismus überzeugte.

Wird man annehmen dürfen, daß dieser Friedensentschluß Bogatzky's bei anderen Anhängern des Halle'schen Pietismus Nachahmung gefunden hat? Seit Baumgarten hat sich diese Gruppe gespalten. Während ein Theil derselben in der überwiegenden Richtung auf Rechtgläubigkeit sich erhalten hat, geht der andere Theil in die Aufklärung über. Allein die letztere Erscheinung ist deutlicher ausgeprägt als die erstere. Aus Baum-

1) Nachträgliche Bemerkung zu B.'s Biographie S. 192.

garten's Schule ist allerdings der bekannte rechtgläubige Hamburger Hauptpastor und Senior Joh. Melchior Goeze (geb. zu Halberstadt 1717, gest. 1786) hervorgegangen. In seiner Theologie sind auch gewisse Spuren der pietistischen Bildung deutlich erkennbar[1]). Einmal behauptet er, daß der seligmachende Glaube an Christus seinen Hauptsitz im Willen habe, und daß die Probe für die Wahrheit der christlichen „Lehrsätze" nach Joh. 7, 17 durch die Erfüllung des göttlichen Willens geleistet werde. Er betont ferner sehr scharf den Unterschied zwischen den Fundamentalartikeln und den anderen, und gesteht nicht nur zu, daß die Kenntniß der letzteren den Laien fehlen, sondern auch, daß die Theologen sie abweichend deuten und beurtheilen dürfen. Er ist also weit entfernt von Schelwig's Rechtgläubigkeit. Allein er verräth zugleich in den obigen Sätzen die Schwäche, welche der pietistischen Rechtgläubigkeit bis in die Gegenwart eigen ist. Die von Spener gestellte Aufgabe einer lebendigen Erfahrung vom Christenthum (S. 121) wird gerade durch die Unterscheidung fundamentaler und nicht fundamentaler Lehrsätze gekreuzt. In dieser Unterscheidung wird eben die Anschauung des Christenthums als eines Ganzen, als einer Gesammtansicht von Leben im Verhältniß zu Gott und zur Welt, an welche sich lebendige Erfahrung knüpfen kann, aufgegeben. Denn von den einzelnen Lehrsätzen als einzelnen giebt es keine Erfahrung, so sehr die Pietisten dazu aufgefordert haben. Nun aber ist jene Unterscheidung zwischen den Lehrsätzen gänzlich willkürlich. Meist kommt sie sogar darauf hinaus, daß von den durch Melanchthon unterschiedenen **articuli fidei** und **doctrina de beneficiis Christi**, jener Theil, welcher den Evangelischen und den Katholischen gemein ist, für fundamental, dieser für variabel erklärt wird. Warum dürfte man nicht umgekehrt mit Christoph Matthäus Pfaff in Tübingen (1686—1760) im Sinne des Pietismus diejenigen Artikel für fundamental erklären, welche am nächsten an die Praxis hinanreichen? Aber überhaupt ist die ganze Unterscheidung hinfällig, weil sie uns verhindert, das Christenthum als Ganzes zu verstehen. Ohne dieses aber kann man nicht es wirklich erleben und in ihm selig sein.

Gegen das Ende des Jahrhunderts treten im Dienste der Be-

---

1) Vgl. G. R. Röpe, Joh. Melchior Goeze. Eine Rettung (1860) S. 56. 191.

kämpfung der Aufklärung durch Friedrich Wilhelm II. von Preußen, zur Durchführung seines Religionsedictes (1788) noch einige Schüler von Halle hervor [1]). Der Minister von Wöllner, ursprünglich Theolog und Prediger, war Baumgarten's Schüler, und etwa in seinem Sinne rechtgläubig. Unter seinen Gehilfen in der Immediat-Examinations-Commission war Hilmer Zögling der Brüdergemeinde; Hermes aus Breslau, ferner der Oberconsistorialrath Silberschlag, und der Prediger an der Georgenkirche in Berlin, K. G. Woltersdorff hielten die rechtgläubige und zugleich die pietistische Methode der Halle'schen Schule aufrecht. Aber wie diese beiden Männer in Berlin die Einzigen ihrer Art waren, so läßt der erfolglose Verlauf der Wöllner'schen Politik erkennen, daß der rechtgläubige Flügel des Halle'schen Pietismus viel zu schwach war, um gegen die Aufklärung aufzukommen. Die wenigen Männer, welche unter Wöllner's Leitung zum Vorschein kommen, haben auch für die Theologie nichts geleistet. Und wenn es unter den Geistlichen ihnen Gleichgesinnte gab, so blieben sie in der Verborgenheit. Die Schüler von Baumgarten hatten durch dessen frühen Tod ihren Mittelpunkt verloren; und wenn sie ihm treu blieben, so hatte er ihnen keine theologischen Aufgaben übrig gelassen. Die theologische Facultät in Halle aber findet, seit Semler 1752 in sie eingetreten war, ihre Ergänzung immer durch solche Lehrer, welche in abgestufter Weise von der Rechtgläubigkeit abwichen. Die Satisfactionslehre, welche bis auf Baumgarten zu Halle in aller Strenge gelehrt worden ist, wird nicht blos von Semler, sondern auch von Nösselt und Gruner aufgegeben [2]). Soweit der Adel in Preußen an dem Halle'schen Pietismus betheiligt war, kommt in Betracht, daß er während des siebenjährigen Krieges durch unermeßliche Verluste vermindert und daß er überhaupt durch den maßgebenden Einfluß des Königs von dem Pietismus abgezogen wurde. Der Pietismus hat freilich in einem Theil der reichsgräflichen Familien fortgedauert, allein eine genauere Kunde davon reicht nicht in die Oeffentlichkeit; nur ist zu vermuthen, daß diese Gruppe der Brüdergemeinde nahe getreten ist.

Deutlicher ist der Uebergang in die Aufklärung, welchen der andere Theil der pietistischen Theologen unter der Einwirkung von

---

1) Tholuck in der RE. XVIII. S. 224.

2) Lehre von der Rechtfertigung und Versöhnung I. S. 414. 470.

Baumgarten fand. Derselbe läßt sich an den beiden Zeitgenossen Anton Friedrich Büsching[1]) und Joh. Salomo Semler[2]) beobachten. Der erstere stand in seiner Jugend unter dem Einfluß von Eberhard David Hauber[3]), welcher als Oberprediger zu Stadthagen in seinem Hause Privatversammlungen hielt. Die pietistische Art dieses Mannes wird in der Schilderung seines Schülers nicht ganz deutlich, da derselbe von seinem spätern Standpunkte aus die Farbe der Aufklärung schon über die früheren Bestrebungen seines Lehrers verbreitet. Hat nun derselbe die moralische Zucht in der Weise Spener's bei den religiösen Uebungen in den Vordergrund gestellt, so beweist die Gewohnheit des kniefälligen Gebets, welche Büsching nach Halle mitbrachte, und der Verkehr Hauber's mit den frommen Damen in Hannover (S. 541), welcher auch dem jungen Büsching zu Gute kam, daß seine Praxis sich nicht in einer bewußten Abweichung oder im Gegensatz von Halle bewegte. Indessen ist Hauber's Gesichtskreis nicht auf die methodistische Art der Frömmigkeit beschränkt gewesen. Außer theologischen Schriften hat er auch solche über Geographie verfaßt, die Geschichte der Grafschaft Schaumburg behandelt, endlich von 1738 bis 1745 eine Zeitschrift: **Bibliotheca, acta et scripta magica** herausgegeben, in der Absicht, den Aberglauben zu schwächen und die Hexenprocesse zu vermindern, welches ihm auch gelungen ist. In seinem Amte war er beflissen, theils die Spannung zwischen den Lutheranern und den Reformirten, zu welchen das gräfliche Haus gehört, auszugleichen, theils die Betrachtung Gottes aus

---

1) Geb. 1724 zu Stadthagen (Grafschaft Schaumburg-Lippe), studirt in Halle 1744, Erzieher bei dem dänischen Gesandten Graf Lynar in Petersburg 1748, danach in Itzehoe, Soröe, Kopenhagen; 1754 ao. Prof. in der philosophischen und Adjunct in der theologischen Facultät zu Göttingen, 1761 Pastor an der Petrigemeinde in Petersburg, 1766 Oberconsistorialrath und Director des Gymnasiums zum grauen Kloster in Berlin, gest. 1793. — Selbstbiographie in seinen Beiträgen VI. 1789.

2) Geb. 1725 zu Saalfeld, studirt in Halle 1743, Prof. am Gymn. in Koburg 1750, Prof. der Geschichte in Altorf 1751, der Theologie in Halle 1752, gest. 1791.

3) Geb. in Hohenhaßlach (Württemberg) 1695, Oberprediger in Stadthagen, Superintendent und Consistorialrath für die Grafschaft Schaumburg-Lippe 1726, Pastor an der deutschen Petersgemeinde in Kopenhagen 1746, gest. 1765. — Seine Lebensgeschichte in Büsching's Beiträgen III. (1785) S. 163—262.

der Natur in der Predigt zu verwenden, entsprechend dem Geschmacke, welcher zu jener Zeit in der Literatur gangbar, und z. B. auch von einem Pietisten, wie Sinold von Schütz in Gebrauch genommen wurde (S. 476). Hauber hat jedoch daneben die Ansicht gehegt, daß der Geist Gottes auch da wirke, wo das Evangelium nicht verkündet wird, und deshalb auch außer der christlichen Kirche Menschen von göttlichem Sinn und gerechtem Wandel anzunehmen seien, welche selig werden, obgleich sie nicht die volle Ruhe der Seele erreichen, welche den Christen durch ihre Erkenntniß zu Theil wird. Diese Formel bewegt sich nicht in den Ausdrücken des mystischen Radicalismus, und weicht in der zuletzt ausgesprochenen Einschränkung von demselben ab; ist ihm jedoch aufs Nächste verwandt. Es ist zu vermuthen, daß Hauber diesen Grundsatz aus seiner Heimath mitgebracht hat, wo der Pietismus im Anfang des Jahrhunderts weniger geneigt war, sich vor den Extravaganzen zu hüten, wie in Halle. Was Büsching übrigens von den Ansichten seines Lehrers mittheilt, wird der spätern Lebensepoche Hauber's zuzurechnen sein. Die Darstellung bewegt sich deutlich in den Formeln des Berichterstatters. Indessen tritt ein Satz aus dieser Schilderung hervor, in welchem das Ziel, zu dem Hauber gelangt ist, in eigenthümlichem Ausdruck erscheint. Er hat sich die Ueberzeugung gebildet, daß das Unbegreifliche nicht zur Religion gehöre, daß dieselbe keine Geheimnisse einschließe, daß jeder durch Nachdenken die Religion begreifen könne; denn sie besteht nur in Erkenntniß und Ausübung.

Sein Jünger Büsching verband mit der Theologie alsbald die in der Zeit bei den Theologen sehr beliebten literarhistorischen und die geographischen Studien, in denen er sich besondere Verdienste erworben hat. Es verräth zugleich einen starken Ehrgeiz, daß er als Student durch die formelle Vollendung und Abgeschlossenheit der von ihm bewunderten Vorträge Baumgarten's sich zu einem schmerzlichen Eindruck bestimmen läßt, es bleibe für ihn nichts zu untersuchen und zu beweisen übrig, er sei darauf angewiesen zu wiederholen, was die Kirche lehrt. Freilich faßte er zugleich an einzelnen Lehrpunkten Zweifel gegen Baumgarten's Entscheidungen, welche er als Gegenstände künftiger eigener Untersuchung im Auge behielt. Er wußte damals noch nicht, daß was ihn befremdete, zu der *unerweislichen und verwerflichen Schulweisheit* gehörte. Allein er muß hierüber bis zum Schlusse seiner Studienzeit (1748) klar geworden sein, wenn anders er sich der Betrachtungen richtig erinnert hat, welche er in der Schloßkirche in Wittenberg angestellt haben will. „Ich stellte mir Luther in der Größe vor, in welcher er von Wenigen erkannt wird, und die darin besteht, daß er in Religionssachen schlechterdings von keines andern Menschen, sondern blos von seiner eigenen Einsicht, Ueberzeugung und Entscheidung abhangen wollte, zu der er durch fleißiges Lesen der Bibel gelangt war. Die Bibel erklärte er für die einzige Richtschnur und Richterin der sogenannten Glaubensmaterien". Diese Ansicht von der Reformation ist ein Specialfall des von Pufendorf ausgesprochenen Grundsatzes, daß die Religion wesentlich in dem isolirten Individuum, dagegen in der Gemeinde nur zufällig existirt (S. 548). Es wird nur der bekannte Satz aus der Concordienformel, welcher von allen übrigen geschichtlichen Bedingungen und Merkmalen der Reformation ebenfalls isolirt wird, als die einzige Quelle der von Luther in Anspruch genommenen individuellen Ueberzeugung hinzugefügt. Das ist die aufgeklärte Beurtheilung der Reformation, in welcher auf die Theilnahme Anderer nur zufällig, und in der Form gerechnet wird, daß alle Protestanten es Luther gleich thun. Dadurch werden alle Bedingungen außer Frage gestellt, unter welchen nachweislich durch Luther's Auftreten die evangelische Kirche entstanden ist. Damit verglichen ist die Ansicht des Thomasius von der Reformation eine Probe geschichtlichen Sinnes.

Als Büsching 1754 durch die Gunst des Geheimenrathes Gerlach Adolf von Münchhausen hauptsächlich zum Vortrag der Dogmatik nach Göttingen berufen war, entschied er sich für eine andere Methode, als welche Baumgarten vertrat. In dessen Schule hat er freilich die Werthlegung auf die biblische Begründung der Lehren gelernt. Demgemäß wollte er die theologischen Lehren durch ausdrückliche Sätze der Bibel und durch nothwendige Folgerungen aus denselben feststellen. Jene nahm er als göttliche Wahrheiten ersten Ranges, diese als solche zweiten Ranges an. Alles aber, was zur Schultheologie zu rechnen war, erläuterte er daneben geschichtlich, und führte endlich aus, was bei jeder Hauptlehre zur Zeit problematisch sei. Der Hauptgesichtspunkt in diesem Entwurf bezeichnet den Rückgang auf den frühern Stand der Halle'schen Theologie. Allein die scharfe Unterscheidung von fundamentalen und nicht fundamentalen Artikeln richtet sich bei Büsching nicht nach einem Urtheil über die Gliederung der Lehren durch die Zwecke der Seligkeit und der praktischen Ausführung des Christenthums. Diese Erwägung der älteren Theologen in Halle ersetzt er durch eine blos formale Unterscheidung der biblischen Begründung der Lehrsätze. Indem er demgemäß für alle schulmäßigen Elemente der Theologie kein praktisches Interesse, sondern nur noch eine geschichtliche Erläuterung übrig hat, giebt er einen Bruch mit dem geschichtlichen Zusammenhang der Theologie kund, welcher aus einem Mangel an Verständniß des religiösen Gemeinwesens, der Kirche hervorgeht. Das ist schon die Theologie der Aufklärung. Den Einblick in seine Methode gewährt Büsching durch die Dissertation, mit welcher er 7. August 1756 die theologische Doctorwürde in Göttingen erwarb, und welche mit einigen Vermehrungen 1757 in Lemgo von Neuem erschien: Epitome theologiae e solis sacris literis concinnatae una cum specimine theologiae problematicae. Diese Schrift verräth ihren Zusammenhang mit dem Pietismus durch den Satz, daß die göttliche Herkunft der Bibel nur dem zur Ueberzeugung kommt, welcher auf dem Wege des Heiles begriffen, durch eigene Erfahrung die Uebereinstimmung des Lehrinhaltes der Bibel mit seinem Gefühl, und die Zweckmäßigkeit desselben für sein Heilsziel erprobt hat. Pietistisch ist auch, daß die Erleuchtung von der Bekehrung abhängig gemacht, und daß das Gebet als specifisches Mittel der Bekehrung empfohlen wird. Büsching hält ferner die Lehren von der Inspiration, von der Erbsünde, von der Straffatisfaction Christi fest, indem er sie in der h. Schrift bezeugt findet. Aber problematisch findet er einerseits, ob das göttliche Ebenbild im Sündenstande verloren, ob der thätige Gehorsam Christi zur Erlösung nöthig sei, andererseits, ob die Bekehrung momentan, ob sie zeitlich genau bestimmbar sei, ob sie vom Willen oder vom Verstande ausgehe, ob der Glaube in der Rechtfertigung lebendig sein müsse, worin die mystische Vereinigung mit Gott bestehe. Büsching also stellt sich den speciellen pietistischen Maßstäben ebenso fern, wie den speciellen Sätzen der theologischen Schule. Was aber an dieser blos aus der Bibel geschöpften Theologie am meisten bezeichnend ist, es fehlt in ihr die Lehre von der Kirche! Daß diese ein nothwendiges Glied der christlichen Gesammtanschauung ist, hat Büsching aus dem N. T. nicht gelernt. Dieses aber ist nicht ausschließlich sein Fehler und seine Schuld. Hieran ist ebenso die Pflege der Mystik seit 150 Jahren, wie die Vorschrift der Halle'schen Pietisten über die von dem christlichen Gemeingefühl unabhängige Bekehrung, wie Pufendorf's Beurtheilung der Religion als individueller Angelegenheit betheiligt. Die Kirche kommt in der Schrift von Büsching nur in fünf problematischen Sätzen vor; auch die Merkmale der wahren Kirche stellt er nur in Frage. Hiedurch wird ein recht gründlicher Abstand seiner Theologie von dem Maßstabe der Reformation angezeigt; aber dieser Abfall ist seit 150 Jahren dadurch vorbereitet, daß die Lehre und die Aufgabe der blos individuellen unio mystica den Lehrtitel verdrängt hat, welchen Lucas Osiander als den ursprünglichen Besitz des Lutherthums bezeugt hat (S. 26), nämlich daß die Rechtfertigung der Einzelnen von dem Zusammenhange zwischen Christus und der Kirche umfaßt wird.

Allein noch in einem andern Punkt lehnt sich Büsching gegen die kirchliche Ansicht vom Christenthum auf. Er hat von Hauber (S. 574) die Ansicht von der Allgemeinheit der göttlichen Gnade übernommen, daß auch solche Menschen, welchen das Evangelium nicht verkündigt wird, wenn sie aus der Welt Gottes Dasein und Wesen erkennen, und dem Zeugniß ihres Gewissens gemäß das Gute erkennen und thun, von Gott um Christi willen für gerecht erklärt und selig werden. Er beweist dieses aus den bekannten Sätzen des Paulus, deren definitive Geltung bekanntlich durch die Bezeugung der allgemeinen Sünde durchkreuzt wird. Diese Behauptung mußte Büsching aus der Inaugural-Dissertation weglassen, welche die theologische Facultät in Göttingen annahm; das verlangte der Decan Feuerlein. Büsching erzählt nun, daß in seinem Colloquium die beiden anderen Mitglieder der Facultät, Heumann und Ribov in dieser Streitfrage seine Partei genommen und für ihn mit Feuerlein disputirt haben. Um aber seinen Satz nicht umkommen zu lassen, veranstaltete er alsbald die oben angeführte neue Ausgabe seiner Schrift, in die er denselben wieder einstellte. Das Aufsehen, welches dieselbe machte, kostete ihn seine theologische Laufbahn, da sein Gönner Münchhausen ihm vorschrieb, seine theologischen Schriften der Censur des Ministeriums zu unterwerfen, und ihm rieth, vorläufig auf die dogmatischen Vorlesungen zu verzichten; und da er ohnedies mit der weitläufigen Aufgabe seiner Geographie belastet war, so kam er von dem Interesse an der Theologie ab. Ferner überzeugte er sich bald, daß die göttlichen Wahrheiten zweiten Ranges, die er als nothwendige Folgerungen aus klaren Sätzen der Bibel angenommen hatte, nicht die von ihm vorausgesetzte Uebereinstimmung der gelehrtesten und einsichtsvollsten Forscher fanden. Deshalb ließ er dieselben fallen; es sind ohne Zweifel die rechtgläubigen Sätze, welche sich noch in der Epitome finden. Nichts desto weniger hat er noch in seinem hohen Alter der Empfindlichkeit darüber Ausdruck gegeben, daß sein Lehrer Baumgarten jene Leistung mißbilligte, in welcher er doch etwas demselben Entgegengesetztes beabsichtigt hatte. Was Büsching über seine Predigtweise, die er in Petersburg übte, mittheilt, verräth die möglichste Gleichgiltigkeit gegen die Dogmen; hingegen hat sie sich in dem wenn auch undeutlich gewordenen Rahmen des Pietismus gehalten, indem sie die Anbetung, Liebe und dankbare Verehrung gegen den einzigen wahren Gott und seinen Sohn Jesus empfiehlt. Daß er zugleich über moralische Sätze gepredigt hat, bezeichnet die Aufklärung; was er aber über seine Gebetsthätigkeit mittheilt, läßt erkennen, daß die pietistische Wurzel seiner persönlichen Entwickelung niemals abgestorben ist.

Endlich hat Büsching der Stellung seiner Zeitgenossen zu den geschichtlichen Bedingungen der evangelischen Kirche Ausdruck verliehen in den „Anmerkungen über die symbolischen Schriften der evangelisch-lutherischen Kirche" (1770. Zweite Ausg. 1771). Die Halle'schen Theologen haben deren Auctorität aufrecht erhalten, weil sie dadurch auch das Recht ihrer neuen Behauptungen in der Kirche legitimiren konnten. Der abschätzigen Beurtheilung derselben durch die Radicalen haben sie sich durchaus enthalten. An die Stelle jener Anhänglichkeit und dieser Feindseligkeit gegen die Lehrurkunden der lutherischen Kirche ist am Anfang des letzten Drittels des 18. Jahrhunderts eine Gleichgiltigkeit gegen dieselben eingetreten, da bis dahin auch aus der Rechtgläubigkeit der vorherrschende Zug zur Aufklärung entbunden worden war. Indem also Büsching die Möglichkeit vorbehält, daß die evangelischen Fürsten ihren Theologen befehlen, die Verbesserung jener Bücher aus und nach der h. Schrift vorzunehmen, und das Recht dazu jedem Theologen beilegt, so meint er zugleich, dieselben können bleiben, wie sie sind, weil sie weder der Grund noch die Richtschnur des evangelischen Glaubensbekenntnisses sind. Nach seinem Grundsatz, daß die Glaubenslehren, welche mit ausdrücklichen Worten der h. Schrift vorgetragen werden, verbindlich sind, bemängelt er die nicänische Formel und die Lehre der Dreieinigkeit. Dagegen meint er, daß die Wiederbringung nicht durch die h. Schrift und die Seligkeit der Heiden nicht durch den 5.

Artikel der Augsburgischen Confession ausgeschlossen werde. Der Fehler in allen diesen Erörterungen liegt darin, daß das Verständniß der Heilsanschauung der Reformatoren und der Stellung der Reformation in der Kirche verloren gegangen, und die blos formale Beurtheilung des Abstandes der symbolischen Schriften von der h. Schrift übrig geblieben ist. Hiedurch ist auch die Pietät und die Sympathie für jene Urkunden aufgezehrt, und die Gleichgiltigkeit erzeugt worden, in deren Kundgebung Büsching nur die öffentliche Meinung seiner Zeit vertritt. Denn die, welche anders dachten, waren in die Verborgenheit zurückgetreten. Aber auch dieser Zug der Aufklärung entspringt daraus, daß der Zusammenhang, welcher zwischen dem religiösen Gemeinwesen und der Aufgabe des individuellen christlichen Lebens obwaltet, durch die Mystiker und die Pietisten der bisher vorgeführten Gruppen vernachlässigt worden ist.

Semler[1]) hat es sich nicht so leicht gemacht, wie der in der Theologie recht oberflächliche und von Eitelkeit nicht freie Büsching; er ist deshalb auch nicht in das ganz glatte Fahrwasser der Aufklärung gelangt. Als Schüler unter dem Einflusse des Saalfelder Hofes (S. 536) und als Student in Halle hat er vergeblich um die Versiegelung gerungen und sich mit sittlichen Scrupeln über Kleinigkeiten, z. B. über den Erwerb eines philologischen Buches geplagt. Allmählich ist er mit seinen akademischen Freunden von solcher Mikrologie abgekommen, seitdem sie die Gelehrsamkeit zu schätzen begannen. Aber dem pietistischen Antrieb zu regelmäßiger Erbauung und sittlicher Genauigkeit ist er sein Leben hindurch treu geblieben. Er hat, wenn er allein war, geistliche Lieder gesungen, mit seiner Frau durch Gebet sich im Vertrauen auf Gott gestärkt. Er pflegte um die letzte Gnade Gottes zu seufzen, ihm auszuhelfen in das unsichtbare Reich des Lichtes, das Jesus offenbart und der Geist Gottes in allen wahren Christen angefangen hat. Er leugnet zwar, daß oratio, meditatio, tentatio Mittel sind um die Theologie zu lernen, bekennt aber mit Mosheim, daß durch sie die Geistlichen in ihrem Amte gestärkt werden. Er ermahnt die Studirenden zur Morgenandacht; in kurzer Zeit würden sie eine Kraft fühlen, welche unserer christlichen Erkenntniß von Gott eigenthümlich ist. Schon in seiner Studienzeit machte er sich den Unterschied

1) Lebensbeschreibung von ihm selbst verfaßt. 2 Theile. 1781. 82. Tholuck in Herzog's RE. XIV. S. 259. Diestel, Zur Würdigung Semler's in Jahrb. f. deutsche Theol. XII. (1867) S. 471.

zwischen Theologie und Religion klar. Aber derselbe hatte für ihn eine andere Bedeutung als für Büsching, welchen diese Unterscheidung dahin führte, die theologischen Begriffe überhaupt für werthlos und gleichgiltig zu achten. Semler ist im Privatverkehr mit Baumgarten (S. 568) zu der Erkenntniß gekommen, die Religion müsse oder könne allen Christen um ihrer eigenen Wohlfahrt willen gemein sein, die Theologie aber sei die Ausrüstung von Menschen, die zu einer im Staat ausgemachten Klasse gehören wollten und einen großen äußerlichen Endzweck befördern sollten[1]). In dem Gebiete der Religion sind nun aber die individuellen praktischen Erfahrungen von innerer Erhebung und Besserung maßgebend, und die Kirchengeschichte weist eine Menge von Modificationen der Frömmigkeit der Einzelnen auf, welche durch die öffentliche Lehre nicht gedeckt werden. Indem er ferner den Zwang der pietistischen Methoden um der Wahrhaftigkeit willen ablehnte, verminderte sich ihm der Eindruck der zuerst erwarteten Uebereinstimmung in der Religion. Deshalb zieht er sich auf die Privatreligion als den Ausdruck der individuellen, durch eigene Erfahrung erprobten Ueberzeugung, als den festen Punkt zurück, von welchem aus die Uebereinstimmung der Anderen zu suchen wäre. Erinnert das wieder an Büsching's Urtheil über Luther, so ist Semler weit entfernt, die Religion auf nüchterne Verständigkeit zurückzuführen. Er erklärt vielmehr ausdrücklich[2]), er wolle gewiß nicht unsere wenige und arme Vernunft zur Meisterin und Anführerin unseres Glaubens machen. Daß er Geheimnisse im Gebiete der Religion anerkennt, hat er ferner durch seinen Gebrauch mystischer Schriften und sein positives Interesse an Gaßner's Wunderkuren und Lavater's Wunderglauben bewährt.

Das praktisch religiöse Interesse, welches am Pietismus genährt worden war, ist auch der Hebel der theologischen That, durch welche Semler eine andere Ansicht von der heiligen Schrift der Theologie einverleibt hat, nämlich der Kritik des Kanons. Das bis dahin geltende Vorurtheil, daß alle Bücher der Bibel in gleichem Maße Träger des göttlichen Geistes, Gnadenmittel, von Gott inspirirt seien, schließt eine hartnäckige Oberflächlichkeit in ihrem Gebrauch in sich. Unter der Anleitung, welche die Halle'schen Theologen zur cursorischen Lesung der h. Schrift, zur Meditation und praktischen Anwendung auf den Lesenden gaben, hat

1) Lebensbeschreibung I. S. 107.

2) Einleitung zu Baumgarten's Glaubenslehre I. S. 103.

Semler zwischen den Büchern namentlich des A. T. unterscheiden gelernt; und durch die Erfahrung ihres Werthunterschiedes für die geistliche Veränderung des Lesenden ist er auf die geschichtliche Würdigung der Bücher geführt worden. Ebenso hat die Vergleichung des praktischen Interesses der Religion, welche an einer einfachen Reihe von Vorstellungen verläuft, mit der Fülle und Veränderlichkeit der öffentlichen Theologie in der Kirche ihn das Grundgesetz der Dogmengeschichte, nämlich ihre Gliederung in Stufen und Perioden, wenn auch zunächst noch nicht deutlich, erkennen lassen. In diesem Gebiete bewährt er seinen in der Jugend gewonnenen Gesichtspunkt, es sei zu unterscheiden zwischen dem Dogma, welches nöthig ist um der localen Wohlfahrt der ganzen Gesellschaft willen, und dem Kerygma, welches der individuellen geistlichen Religion, dem eigenen Glauben, dem neuen christlichen Zustande dient. Da er nun aber Theolog war, so empfing er aus seiner Privatreligion den Antrieb, eine Reihe von Dogmen, die bisher auch bei den Pietisten als nothwendig für die Frömmigkeit galten, theils für unrichtig, theils für gleichgiltig zu erklären, z. B. die Lehren von der Strafsatisfaction Christi und von der Rechtfertigung. Er scheint demgemäß, trotz aller Vorbehalte, in die Bahn von Büsching einzulenken. Allein das ist wirklich nicht der Fall. Die Formen der Schultheologie, deren sich Büsching, dessen theologische Gelehrsamkeit nicht groß war, leicht entledigte, haben Semler immer beschäftigt; aber er hat sie auch immer anerkannt unter dem Gesichtspunkt der öffentlichen Ordnung der religiösen Gesellschaft.

Hier eröffnet sich eine bedeutsame Abhängigkeit Semler's von den officiellen Grundsätzen von Grotius und Pufendorf. Wenn man Büsching's Gleichgiltigkeit gegen die Bedingungen des öffentlichen Bestandes der Kirche mit diesen Rechtslehrern vergleicht, so steht dieselbe allerdings in Abfolge zu Hilfssätzen, welche mit ihrer absichtlichen Lehre verbunden sind; ich meine Grotius' Behauptung, daß die Naturreligion, der das Christenthum am meisten verwandt ist, keine Nöthigung zu äußerem Gottesdienst einschließt, und den Satz Pufendorf's, daß die Religion wesentlich Privatsache und nur zufällig gemeinschaftlich sei (S. 548). Allein Semler hat sich offenbar deren absichtliche Lehre zu eigen gemacht, daß der Regent die allgemeinen und besonderen Lehren des Christenthums aufrecht zu erhalten habe. Freilich war der von Pufendorf angenommene Specialfall, daß der Regent für die Entscheidung von

Streitigkeiten nach der Norm der h. Schrift sorgen soll, schon nicht mehr in dem Gesichtskreise von Semler. Denn nicht nur für die Privatreligion der Einzelnen, sondern auch für die von der öffentlichen gesellschaftlichen Lehrnorm abweichende Privattheologie, wie er sie trieb, machte er den Anspruch auf Duldung durch den Regenten, welcher die öffentliche Ordnung vertritt. Wie er in seinem Sinn für die Geschichte den Gesichtspunkt fand, in welchem er das Christenthum von der natürlichen Religion unterschied, und der Auflösung desselben in diese, welche Reimarus und Bahrdt vornahmen, sich widersetzte, so rechtfertigte er aus der Geschichte der alten Kirche den Satz, daß verschiedene theoretische Deutungen der gemeinsamen praktischen Anerkennung der Erlösung durch Christus statthaft seien. Man habe dieselbe und den gleichwerthigen Titel der Gottheit Christi theils physisch, theils praktisch als die Herrschaft über die Welt verstanden, indem man an die eine oder die andere Deutung die Allen obliegende Aufgabe des christlichen Lebens anknüpfte. Die Festsetzung des öffentlichen Kirchenglaubens will er nur als eine geschichtliche Beschreibung der Ueberlieferung aufgefaßt wissen; die Christen hätten sie aus gesellschaftlichem Sinne, also aus Patriotismus angenommen. Aus dieser Rücksicht hat Semler das Wöllner'sche Religionsedict vertheidigt. Er hat auch die Folgerungen, welche daraus abgeleitet werden konnten, schon im Voraus sich klar gemacht. Er gesteht zu, als Professor gehorchen zu müssen, wenn die Staatsobrigkeit ihm verböte, seine Privatüberzeugungen vorzutragen, und ihm geböte, sich etwa an Lange's **Oeconomia salutis** bei seinen Vorlesungen zu halten; oder er müsse seine Professur niederlegen.

Diese Combination ist für Semler's Zeitgenossen unverständlich gewesen. Sie ist auch mit einer großen Unklarheit behaftet, und läßt den historischen Sinn Semler's als ziemlich verworren erscheinen. Entweder treten die Ansprüche der Privatreligion und individuellen Theologie mit der Auctorität des öffentlichen Kirchenglaubens in Widerspruch, obgleich die Rechte beider aus verschiedenen Motiven abgeleitet werden; oder die politische Anerkennung des Kirchenglaubens durch den auf seine Freiheit bedachten Theologen ist eine Fiction. Denn mit jenem „Patriotismus" wird die stillschweigende Erwartung verbunden, die Obrigkeit werde es niemals so ernst nehmen, um die heterodoxe Theologie zum Schweigen zu bringen. Diese Annahme kommt nun aber ziemlich damit überein, daß Büsching die symbolischen Bücher weiter gelten lassen will, indem Niemand um sie sich bekümmert. Semler verräth, indem er der individuellen Religion und dem Kirchenglauben gerecht werden will, eine umfassendere Beobachtung als seine Zeitgenossen. Allein wenn er richtig berichtet, daß er seine Formel schon als Student gefunden haben will, so kann man sich nur wundern, daß er über die unreife Gestalt seiner Ueberzeugung nicht hinaus gelangt ist. Mit aller Arbeit, die er der Geschichte der Theologie gewidmet hat, ist es ihm nicht gelungen den Gedanken zu finden, der zwischen individueller Religion und rechtlicher Lehrordnung in der Kirche vermittelt, nämlich daß die religiöse Gemeinschaft, welche durch das Evangelium und die Sacramente bestimmt ist, ebenso die Bedingung der Wiedergeburt des Einzelnen, wie der Zweck aller rechtlichen Mittel ist, welche zur Kirche gerechnet werden. Allein daß ihm dieser Gedanke unzugänglich war, ist durch den Gang der Theologie und der Frömmigkeit seit Melanchthon verschuldet worden. Deshalb hat er auch durch seine Anerkennung der Lehrordnung den Individualismus nicht von der Bahn der Aufklärung zurückzuhalten vermocht.

In seiner Verurtheilung der pietistischen Methode der Bekehrung hat er mit rechtgläubigen Gründen einen Maßstab verbunden, der nach Aufklärung schmeckt[1]). Dieselbe Anweisung, welche sich in seiner Studentenzeit ihm aufdrängen wollte, nämlich daß die Bekehrung auf Kosten des wissenschaftlichen Studiums zu erstreben sei, wurde in Halle von Bogatzky aufrecht erhalten, als Semler durch Baumgarten's Tod sich zum Vertreter der wissenschaftlichen Richtung desselben gemacht sah. Gegen jene Prätension richtet er die Bemerkung, daß die Bekehrung als Werk Gottes die übrigen von Gott gemachten Ordnungen äußern Berufs nicht ausschließe, sondern daß unter der Wirkung der göttlichen Gnade das Gemüth in allen Beschäftigungen stete Nahrung des Verlangens nach Gottgefälligkeit und Seligkeit und der Demüthigung und herzlichen Beugung finde. Ist also die Bekehrung Gottes und nicht unser eigenes Werk, so fällt auch die Zumuthung weg, man solle sich auf bestimmte Zeit um die Bekehrung und eine gesteigerte Empfindung des Gnadenstandes bemühen, denn alle solche Vorschriften besonderer Bußübung sind Erfindungen von Menschen. Die Versöhnung Jesu bietet sich Allen täglich dar, ohne alle

1) Versuch einer nähern Anleitung zu nützlichem Fleiße in der ganzen Gottesgelehrsamkeit für angehende Studiosos der Theologie. Halle 1757. Nebst zwei Anhängen. 1758.

weitere Bedingung, als daß man sie zuversichtlich auf sich anwendet. Diesen rechtgläubigen Bestimmungen aber steht der Satz gegenüber, das Wesentliche der Bekehrung bestehe in der Einsicht, daß unser Zustand noch nicht der ist, daß er Gott gefalle. Je lebendiger diese Einsicht sei, desto eifriger werde das Verlangen sein, sowohl von Gott begnadigt, als auch nicht mehr von der Sünde beherrscht zu werden. Mit der negativen Deutung der Sünde, daß man in ihr Gott noch nicht gefalle, ist das Problem der Bekehrung überhaupt so verschoben, wie es dem relativen sittlichen Maßstabe der Aufklärung entspricht. Man kann diesen Schritt Semler's nur daraus verstehen, daß alle Uebertreibung durch Erschlaffung abgelöst wird. Unter diesem Gesetz steht überhaupt die Geschichte des Halle'schen Pietismus in Hinsicht seines doppelten Ausganges in die trockene Rechtgläubigkeit und in die Aufklärung. Es ist ein merkwürdig schneller Verlauf, den diese Gruppe genommen hat. Es sind gerade 30 Jahre von dem Auftreten Francke's in Leipzig und dem Beginn der Verfolgung bis zu seinem persönlichen Siege über Löscher in Merseburg verstrichen, und nach neuen 30 Jahren kündigt Bogatzky das neue Geschlecht an, welches sich der Bekehrungsmethode Francke's und der Enthaltung von den Mitteldingen zu entziehen beginnt; wieder nach 30 Jahren ist die Gruppe fast spurlos verschwunden. Das Conventikelwesen, welches seit 1780 in Norddeutschland nachgewiesen werden kann, steht entweder unter süddeutschen oder unter herrnhutischen Einflüssen. Vergleicht man die flüchtige Erscheinung des Halle'schen mit der Dauerhaftigkeit des reformirten Pietismus in seinen niederländischen und niederrheinischen Sitzen, so erklärt sich dieser Unterschied daraus, daß der reformirte Zweig in den niederen Volksschichten wurzelt, der Halle'sche Zweig nur in den aristokratischen und gelehrten Ständen Platz gegriffen hat. Diese Thatsachen lassen darauf schließen, daß die niederländische Volksart, was sich schon im Mittelalter gezeigt hat, zu der contemplativen Devotion besonders geneigt ist, das norddeutsche Volk viel weniger. Oder wenn es der Fall ist, so muß der Reiz der Ueberhebung gegen die verfaßte Kirche dazu kommen, welcher die niederländischen Pietisten im Ganzen sich nicht entziehen wollten, und mit geringen Ausnahmen sich nicht entzogen haben, bis ihnen der Vorwand der Rechtgläubigkeit es möglich machte, ihre von der Landeskirche unabhängige Verfassung zu gründen.

Register.

Universitäts-Buchdruckerei von Carl Georgi in Bonn.